现代化学基础丛书·典藏版 7

有机电化学合成导论

马淳安 著

科学出版社
北 京

内 容 简 介

本书是有机电化学合成领域的一本专著，系统地介绍了这一学科的理论、方法和应用。本书的内容是绿色电化学合成领域的一个重要组成部分。

全书共分12章。首先介绍了有机电化学合成的基本理论、研究方法、电合成反应器、电极材料、隔膜材料、性能评价方法等内容，然后重点阐述了有机电氧化、有机电还原、有机电氟化、金属有机电合成、间接电合成和特殊电合成的原理与方法，最后介绍了工业上应用的电解槽、电极材料、隔膜材料以及有机电化学合成的技术和工艺。书中编有不同类型的有机电化学合成实例，每章末均附有参考文献。

本书可作为大专院校有关化学、化工、药物合成等专业高年级学生、研究生的教学参考用书，也可供从事相关领域研究的科学工作者、工程技术人员、师生及企业家参考和阅读。

图书在版编目(CIP)数据

有机电化学合成导论/马淳安著. —北京：科学出版社，2002

ISBN 978-7-03-010067-2

Ⅰ.有… Ⅱ.马… Ⅲ.有机合成-电化学反应-高等学校-教学参考资料 Ⅳ.TQ203.9

中国版本图书馆CIP数据核字(2002)第007474号

责任编辑：胡华强 杨向萍/封面设计：王 浩

责任印制：赵 博

科学出版社出版

北京东黄城根北街16号

邮政编码：100717

http://www.sciencep.com

北京华宇信诺印刷有限公司印刷

科学出版社发行 各地新华书店经销

*

2002年3月第 一 版 开本：B5(720×1000)

2025年2月第八次印刷 印张：23 3/4

字数：447 000

定价：136.00 元

前　言

有机电化学合成是有机合成与电化学技术相结合的一门边缘学科，广泛应用于染料、药物、农药、香料、有机试剂、氨基酸等精细化学品及有机中间体的合成。近 20 年来，世界各国在这一领域的发展速度很快，相继有近百个有机产品进入了工业化生产或中试阶段。尤其是进入 21 世纪后，一场以节约资源和能源，保护生态环境平衡为主的绿色工业革命正在蓬勃兴起。人们都在设想用原子经济性的科学方法来重新设计新的合成路线，从而在源头上防止污染的产生。这种以绿色合成为目标的方法和技术除化学催化合成和酶催化合成以外，最引人瞩目的合成方法当属有机电化学合成技术。目前，世界上许多先进的工业国家都陆续采用该方法在研究和开发各类环境友好、高附加值的有机产品及其相应的技术，发展速度非常迅速。

近年来，我国有机电化学合成领域的发展也比较快。据统计，已有 10 余种产品采用有机电化学合成的方法实现了工业化生产，30 多种产品正在研制和开发。更为可喜的是我国在这一领域的研究队伍正在不断壮大，研究单位日趋增多。至今，我国已成立了全国有机电化学和工业协作网理事会，召开了 8 次全国有机电化学和工业学术会议，而且每次会议都出版了论文集，这些都大大推动了我国有机电化学合成和工业领域的技术进步和发展。但与发达国家相比，我国仍有较大的差距，尤其是这一领域的知识传播还比较薄弱。许多高校化学化工类的大学生和研究生在这一领域中的培养和训练比较欠缺，大部分学生很少涉及到这一领域的理论知识和应用技术。同时，许多从事化学化工教学、研究和开发的科技工作者对这一领域的了解也相对较少。

为了使我国读者更好地了解这一学科的发展情况，传播这一领域的知识和技术，促进我国有机电化学合成领域的技术进步和发展，作者根据掌握的国内外资料和研究工作的积累，于 1991 年编写了《有机电解合成基础》试用教材，为浙江工业大学化学工程学院的研究生和大学生开设了这门课程，收到了良好的效果。在此基础上，作者根据近年来国内外在这一领域的最新进展以及我们在教学和研究工作中的积累，特编写成此书，以满足广大化学化工读者的需要。

本书共分 12 章，前 5 章分别介绍有机电化学合成的基本理论、研究方法、电合成反应器、电极材料、隔膜材料和性能评价方法等内容；第 6 章至第 10 章分别介绍有机电氧化、有机电还原、有机电氟化、金属有机电合成、间接电合成等；第 11 章重点介绍成对电化学合成、固体聚合物电解质(SPE)电合成、电化学不对称合成和电聚合反应等一些特殊的有机电化学合成;第12章介绍工业上应用的电解槽、电极材料、隔膜材料以及有机电化学合成的技术和工艺。

本书旨在使读者熟悉和了解有机电化学合成的基本知识和相应技术,并根据研究的实际体系设计出实验室规模的研究方案及操作方法,从而能达到开发一般有机电化学合成产品的目的;同时希望本书对拓宽大学生和研究生的视野,传播这一学科领域的知识,促进我国绿色化学合成领域的进步和发展有所裨益。鉴于该领域发展速度很快,加上作者学识有限,书中的遗漏和错误之处在所难免,敬请读者批评指正。

本书在编写过程中得到了浙江大学化学系曹楚南院士、上海大学材料科学与工程学院周邦新院士和成旦红博士的热情支持和鼓励;北京大学杨文治教授对本书第1～5章的初稿进行了评阅,并提出了许多宝贵意见;浙江工业大学张文魁博士、陈丽涛博士、黄辉博士、甘永平博士以及褚有群、王云刚、艾飞虎、黄行康、王素琴等同志在文稿的整理、打印等方面付出了许多辛勤的劳动;书中引用了国内外同行发表的一些宝贵资料,在此一并致谢。同时,十分感谢中国科学院科学出版基金对本书的优先资助,以及浙江省自然科学基金委员会、浙江省科技厅、浙江省教育厅对本书有关研究项目的资助。

马淳安

2001年10月于杭州

目　　录

符 号 表

A 面积、相对分子质量、活化能、离子膜交换容量
A_s 电化学反应器的比电极面积
a Tafel 公式中的常数、电解液的活度
a_+ 正离子的活度
a_- 负离子的活度
$a_\pm$ 电解质的平均活度
a_{Ox} 氧化态物质的活度
a_{Red} 还原态物质的活度
b Tafel 公式中的常数(半对数极化曲线的斜率)
C 电容
C_d 双电层微分电容
$C_{紧}$ 紧密层电容
$C_{分}$ 分散层电容
c_i i 离子的浓度
c_i^b i 离子在体相中的浓度
c_i^s i 离子在电极表面的浓度
$c^\ominus$ 体相浓度
c_R 离子交换膜中固定离子的浓度
D 扩散系数
d 直径、厚度
E 电动势、理论分解电压
$E^\ominus$ 标准电动势或标准理论分解电压
E_w 离子膜的当量质量
e 电子
F 法拉第(Faraday)常量
G 吉氏自由能
$\Delta G^\ominus$ 标准反应吉氏自由能
H 焓
I 电流强度
I_d 极限扩散电流
i 电流密度
i_C 双电层充电电流
i_d 极限扩散电流密度
i^0 交换电流密度
i_F 法拉第电流
i_l 极限电流密度
i_p 峰电流密度
$\vec{i}$ 还原反应绝对速度(以电流密度表示)
$\overleftarrow{i}$ 氧化反应绝对速度(以电流密度表示)
J 流量、传质通量
K 平衡常数
K_e 电化当量
k 速度常数
$\vec{k}$ 正向电化学反应速度常数
$\overleftarrow{k}$ 逆向电化学反应速度常数
L 电导
l 长度、电极长度
m 质量摩尔浓度、质量、质量传输系数
m_+ 正离子的质量摩尔浓度
m_- 负离子的质量摩尔浓度
$m_\pm$ 电解质的平均浓度
N 旋转环-盘电极收集系数
n 电化学反应中得失的电子数
p 压力、离子膜的选择透过性
pK 离子交换膜的酸度
Q 电量、热量
q 电量、电荷密度
q_M 电极表面的剩余电荷密度
q_s 双电层中溶液一面的电荷密度
R 电阻
R_D 隔膜的电阻
R_L 溶液的电阻
R_r 反应电阻
r 电池内阻

Re	雷诺数
S	面积、熵
Sh	旋转环-盘电极屏蔽系数
T	温度(K)
t	时间、迁移数
t_i	i 离子在电解液中的迁移数
t_i^m	i 离子在离子膜中的迁移数
U	离子淌度
U_+	正离子的离子淌度
U_+^∞	无限稀释时正离子的离子淌度
U_-	负离子的离子淌度
U_-^∞	无限稀释时负离子的离子淌度
V	体积、工作电压(槽电压或放电电压)
V_m	含有 1mol 电解质的溶液体积,$m^3 \cdot mol^{-1}$
$V_{槽}$	电解槽的槽电压
$V_{端}$	电池的端电压
V_D	隔膜的电压降
V_L	溶液的电压降
V_R	反应器体积
v	反应速度、流速
W	能耗、直流电耗、离子膜含水率
$W_{非}$	非体积功
$W_{电}$	电功
X	物质的百分含量,%
x	距离
Y_A	物料产率
Y_{ST}	时空产率
Z	反应级数
z_i	离子的价态
α	单电子转移步骤的还原反应传递系数、电离度
β	单电子转移步骤的氧化反应传递系数
γ	活度系数
γ_+	正离子的活度系数
γ_-	负离子的活度系数
$\gamma_\pm$	电解质的平均活度系数
δ	扩散层厚度、分散层厚度
δ_B	边界层厚度
δ_{pr}	Prandtl 层厚度
η	过电位、效率、黏度
η_I	电流效率
η_V	电压效率
η_W	能量效率
θ	电极表面覆盖度
θ_A	转化率
κ	电导率
Λ_m	摩尔电导
Λ_m^∞	极限摩尔电导
Λ_+^∞	无限稀释溶液中阳离子摩尔电导
Λ_-^∞	无限稀释溶液中阴离子摩尔电导
μ	化学位、动力黏度、反应层的当量厚度
ν	运动黏度、电解质分子中离子的总数、电位扫描速率
ν_+	电解质分子中正离子的数目
ν_-	电解质分子中负离子的数目
ν_i	参加反应的物质的计量系数
ρ	电阻率、密度
σ	表面张力、隔膜的曲折系数
τ	停留时间
τ_T	在贮槽中的停留时间
φ	相对电极电位
φ_a	零标电位、阳极电位
φ_c	阴极电位
$\varphi_{1/2}$	半波电位
$\varphi^\ominus$	标准电极电位
φ_{eq}	平衡电极电位
φ_0	零电荷电位
φ_1	分散层电位
ω	转速(角速度)

第1章 绪　　论

§1.1 有机电化学合成的研究对象

有机电化学合成，俗称有机电解合成，是一门有机合成与电化学技术相结合的边缘学科，主要研究有机分子或催化媒质在“电极/溶液”界面上电荷相互传递，电能与化学能相互转化及旧键断裂、新键形成的规律。

对一个完整的有机电化学反应而言，有机电化学合成最基本的研究对象应该是各类有机反应在“电极/溶液”界面上的热力学与动力学性质，证实这类有机反应在电化学体系内的反应可能性及其机理。鉴于化学反应的本质是反应物外层电子的运动，故任何一个氧化还原反应原则上都可以按照化学和电化学这两种本质不同的反应机理来完成，例如下列反应

$$A + B \longrightarrow [AB] \longrightarrow C + D \tag{1.1}$$

A粒子与B粒子通过相互碰撞形成一种活化络合物中间态[AB]，然后转换成产物。

如果将上述反应按图1.1所示的装置进行，则

阴极反应

$$A + e \longrightarrow [A]^- \longrightarrow C \tag{1.2}$$

阳极反应

$$B - e \longrightarrow [B]^+ \longrightarrow D \tag{1.3}$$

电化学总反应式

$$A + B \longrightarrow C + D \tag{1.4}$$

从上述反应组合可见，似乎所有的氧化还原反应都可以通过电化学方法加以合成，但在实际操作中发现，某些有机反应的电极电位往往超过电化学体系中介质的电位窗口范围，致使这些反应难以用电化学方法予以完成。因此，有机反应在电化学体系中是有选择性的，只有符合有机电化学合成的基本条件才有可能在电化学体系中合成。

根据现有报道的资料统计，有机电化学合成的主要类型包括：官能团的加成、取代、裂解、消除、偶合以及氧化和还原等反应。图1.2给出了有可能完成的几类有机电化学合成反应。

在有机电化学合成的实际体系中，对单个电极过程而言，通常由下列分步骤串联而成（图 1.3）[1]：

（1）有机物反应粒子自溶液本体向电极表面传递。这一步骤称为液相传质步骤。

（2）有机物反应粒子在电极表面或电极表面附近的液层中进行某种转化，例如表面吸附或发生化学变化。

（3）“电极/溶液”界面上的电子传递，生成有机产物。这一步骤称为电化学步骤或电子转移步骤。

（4）有机反应产物在电极表面或表面附近的液层中进行某种转化，例如表面脱附或发生化学变化。

（5）有机反应产物自电极表面向溶液本体中传递。

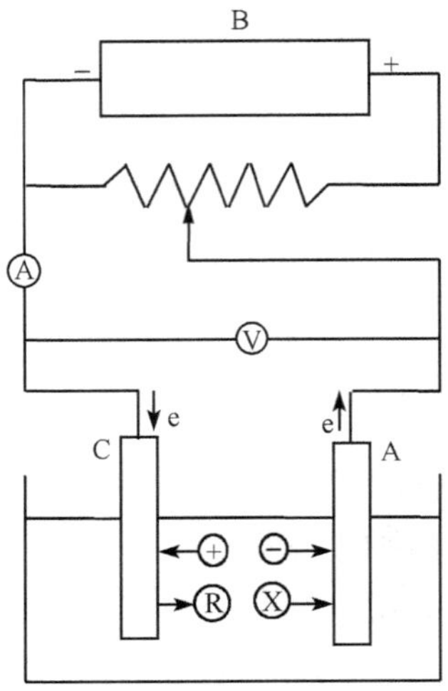

图 1.1　电化学合成系统示意图

A. 阳极；B. 直流电源；C. 阴极

任何一个有机反应的电极过程都包括(1)、(3)、(5)三步，某些还包括(2)、(4)步骤或其中一步。由于一个完整的有机电极过程由若干个分步骤串联组成，因此在整个有机电极过程中存在“最慢步骤”，这一步骤称为“控制步骤”。

由此可见，研究有机电极过程反应速度的快慢，首先要找出整个有机电极反应的基本历程，并弄清各分步骤的动力学特征。因此，有机电化学合成的关键问题是需要研究有机电极过程动力学特性及其反应机理。

§1.2　有机电化学合成的发展简史

有机电化学合成正如其他学科一样，也是在生产力不断发展的基础上成长起来的。早在 19 世纪初期，雷诺尔德（Rheinold）和欧曼（Erman）发现电是一种强有力的氧化剂和还原剂，那时他们就已经用醇稀溶液进行过电解反应的研究。1804 年，葛罗脱斯（Grutthus）在碱性溶液中电解靛白时发现在电极表面上生成了蓝色沉淀物，当改变电流方向时，这些蓝色沉淀物会自然消失。经确认，该现象是靛白的电氧化及靛蓝的电还原反应所产生的结果。1830 年，律多斯道夫（Ludersdoff）在醇溶液中利用不同电极材料进行了电氧化研究，并对各种产物进行了详细检测。1934 年，法拉第首先使用电化学法进行了有机物的合成和降解反应研究，发现在醋酸盐水溶液中电解时，阴极上会析出 CO_2，并生成烃类化合物。现在已经知道这

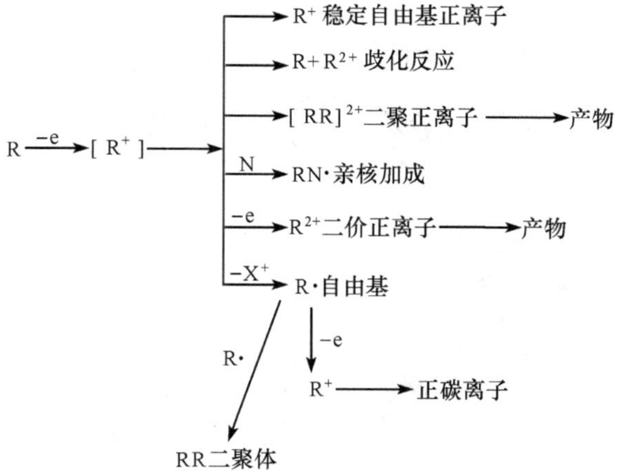

(a)

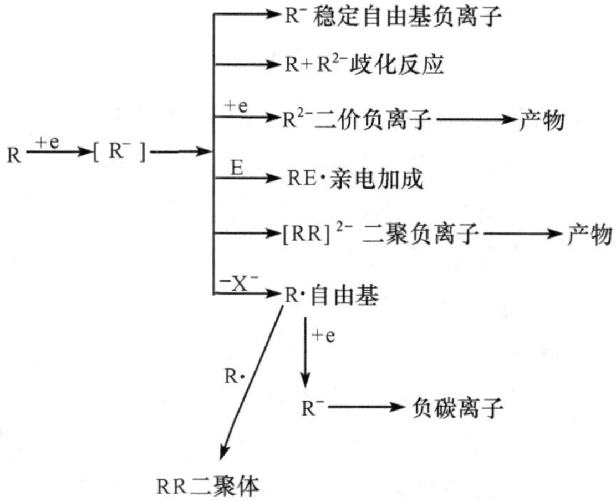

(b)

图 1.2 有机电化学合成反应的基本类型

(a) 阳极反应;(b) 阴极反应

种烃类化合物是乙烷和乙烯的混合物。该反应即是近代被称作“柯尔贝(Kolbe)反应”的著名有机电解反应。虽然法拉第最早发现了这个反应,并进行了广泛研究,但他没有创立电解氧化和还原理论。后来,柯尔贝在法拉第工作的基础上,做出了重大发现,创立了有机电解反应的基本理论。

1845 年,柯尔贝用电解法将氯甲基磺酸中的氯用氢来取代,发现三氯甲基磺酸在水溶液和铂阴极上能完全分解。柯尔贝还对有机物质的阴极还原进行了研究,并用一价脂族羧酸盐电解合成出了烃类。鉴于这些发现,人们又把研究的范围进一步扩展到芳族烃类及其衍生物,但没有取得实质性进展。直到 19 世纪末,葛

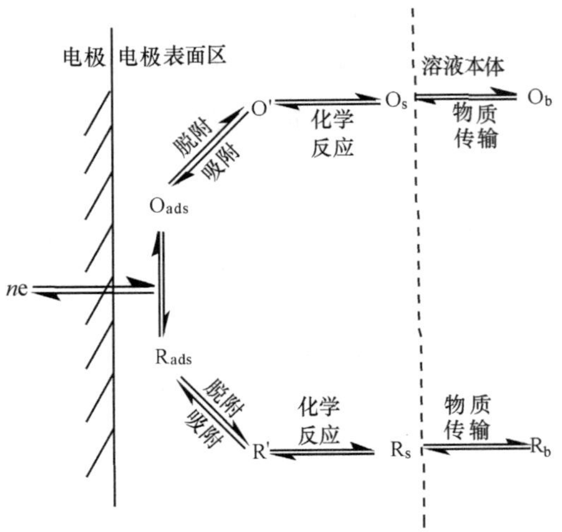

图 1.3　有机电极过程的反应途径

德尔曼(Gatterman)、哈布尔(Haber)、罗勃(Lob)和塔菲尔(Tafel)等,才对有机化合物在电解氧化和还原反应中量之间关系的研究做出了重大贡献。

1898 年,哈布尔研究了硝基苯的逐步还原问题,提出了控制电极电位的概念,为有机电解过程的系统研究奠定了基础。他指出,在使用不同的阴极电位时,硝基苯电解还原可以得到氧化偶氮苯或者肼撑苯的不同产物。他还指出:"人们一直认为有机电化学反应的结果主要取决于电流密度和电流持续的时间,有时也取决于电极材料。这种看法是不全面的,因为氧化和还原反应的结果主要取决于电极电位、电流密度、电流持续时间以及电极材料,只有在决定了电极电位及其在电解过程中电极电位的变化时才具有重要性。"但后来有机电化学方面的研究者似乎在很大程度上忽略了这一事实,结果历史上只有一些经验被传授下来。

后来人们通常认为,有机电化学合成只是有机化学家们在实验室中常用的一种制备方法,并未在工业化上迈出步伐,其主要原因是 1940 年以前对有机电化学动力学了解甚少。

1940 年以后,电子装置以及电极过程动力学研究的发展,加快了有机电化学动力学的研究步伐。各种有机化合物的电解氧化和还原试验不断盛行起来,并出现了指向实用化的研究,有的产品甚至实现了工业化生产。由于当时有机化学领域其他方面的研究进展很快(例如有机催化合成),有机电化学合成法竞争不过有机催化合成法,迫使当时采用有机电解合成法的工厂倒闭。后来,又遇世界战乱,因此有机电化学合成技术的发展受到了挫折。

直到 20 世纪 60 年代中期,美国孟山都公司贝泽(Baizer)教授研究的丙烯腈电解还原二聚合成己二腈实现了大规模工业化，年产达 2 万吨；随后，纳尔柯公司又实现了四乙基铅电解合成的工业化生产。这两项有机电合成项目的成功，在全世界化学化工领域产生了巨大影响，这是近代有机电化学合成的开端和兴旺期。

近 20 年来，世界工业先进国家有机电化学合成的发展非常迅速，已有近 100 种有机产品通过电化学合成达到了工业化生产或中试阶段，孟山都公司己二腈的电解合成已发展到年产 10 万吨。近 10 年来，我国有机电化学合成领域也得到了较大的发展，有 10 多个产品实现了工业化，研究的品种也日趋增多，我国有机电化学合成科学和技术与世界的差距正在逐步缩小。

随着有机电化学合成学科的日趋成熟，有机电化学合成必将在人类发展的历史上展示出更加美好的前景。

§1.3　有机电化学合成的主要特征

有机电化学合成之所以被人们重视，是与它所具有的许多优良特征分不开的。到目前为止，与化学法相比，大家所公认的有机电化学合成的主要特征包括：

(1) 有机电化学合成反应无需有毒或危险的氧化剂和还原剂，“电子”就是清洁的反应试剂。因此，在反应体系中除原料和生成物以外，通常不含其他反应试剂。故合成产物易分离和精制，产品纯度高，副产物少，环境污染可大幅度降低，有的甚至完全无公害，是今后发展“绿色化学合成工业”的重要组成部分。

(2) 在电合成过程中，可通过改变电极电位合成不同的有机产品；同时也可通过控制电极电位，使反应按预定的目标进行，从而获得高纯度的有机产物，收率和选择性均较高。

(3) 在反应体系中，电子转移和化学反应这两个过程可同时进行。因此，它与化学法相比，能缩短合成工艺，减少设备投资，缓解环境污染。例如，对氨基苯酚(PAP)的合成[2~4]。

化学法合成需 4 步反应才能获得 PAP

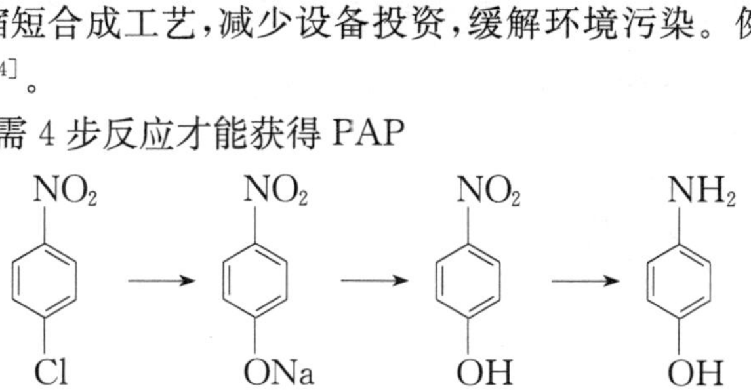

(1.5)

若用电还原法合成，则 1 步就获得产品，其阴极反应式如下

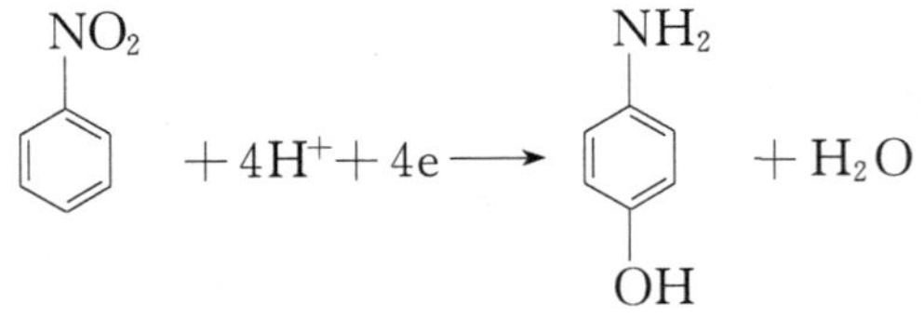

(1.6)

硝基苯先得到 4 个电子还原成羟基苯胺，然后在同一体系中经 Bamberger 重排生成 PAP，将化学法需要 4 步完成的过程缩短至 1 步完成，具有明显的优点。

(4) 有机电化学合成可在常温、常压下进行，一般无需特殊的加热和加压设备，不仅可以节省较多的能源和设备，而且操作简便，使用安全。

(5) 有机电合成的装置具有通用性，在同一电解槽中可进行多种合成反应。当改变某一电极材料或反应液时就能合成某种新的有机产品，尤其适合于多品种、少批量的生产部门。

(6) 在有机电化学合成过程中，可任意改变氧化或还原反应的速度，或随时终止及起动反应的发生，而化学法对此却无能为力。

从以上特征可以看出，有机电化学合成与传统的有机合成相比具有很多的优点，但也存在一些问题：

(1) 反应必须有特殊的装置和设备。例如，每一反应需要特殊种类的电解槽，而这些电解槽大都是非标准设备，加工和购置较为困难。

(2) 反应过程的影响因素较多。除常规有机合成反应条件（例如：酸、碱性，溶液种类，浓度，温度等）以外，还要考虑电压、电流、电极材料等因素，而这些条件的组合和优化较为复杂。

因此，在实际合成体系中，必须取长补短，尤其是要根据有机电化学合成可取的一些特征，去挖掘人类尚未开发的一些宝藏。

参 考 文 献

[1] 查全性等. 电极过程动力学导论. 第二版. 北京：科学出版社，1987

[2] 马淳安，俞文国. 精细化工，12(1)，39，1995

[3] 马淳安等. 电化学，5(4)，395，1999

[4] 孙彦平等. 化工学报，44(4)，389，1993

第 2 章　有机电化学合成的理论基础

有机电化学合成是电化学科学中的一个重要分支，主要研究化学能与电能相互转化时所遵循的规律，以及实现这一转化的基本条件。因此，在学习有机电化学合成以前，需掌握或复习电化学的一些基本理论。

本章的目的主要是通过阐述有机电化学合成中所涉及到的一些电化学基本概念和基本原理，使那些尚未系统学过电化学理论或长期没接触到电化学问题的读者能初步了解这一领域的主要基础理论，为以后章节的学习做好必要的知识准备。

§2.1　电解质溶液的基本性质

众所周知，一个完整的电化学体系必定包含两类导体，即第一类导体和第二类导体。第一类导体称为电子导体，主要靠自由电子的迁移导电；第二类导体称为离子导体，靠离子的迁移进行导电。当这两类导体在“电极/溶液”界面上发生电子得失时，就发生了电极反应。由此可见，电解液在一个电化学反应器内主要担负导电作用，有时还担负提供电极反应原料的重要角色。因此，电解液是构成电化学体系和完成电化学反应的重要组成部分。

通常所说的电解液按其组成及结构可分为电解质溶液和熔融电解质两大类。在有机电化学合成过程中最常见的是电解质溶液，故本节着重叙述这方面的内容。电解质溶液按溶剂不同又可分为电解质水溶液和非水电解质溶液。为便于阐述，本章主要讨论电解质水溶液，简称电解质溶液，而非水电解质溶液将在第 4 章中论述。

§2.1.1　电解质溶液的电导

电解质溶液和非电解质溶液之间最明显的区别在于前者能够导电，后者不能。电解质溶液的导电是由于电场中离子定向移动的结果，阴离子移向阳极，阳离子移向阴极，它们的导电能力大小用电导表示。

1. 电导

导体的导电能力可以用电阻 R 的倒数 $1/R$ 来表示，$1/R$ 称为电导，以 L 表示。它的单位是 Ω^{-1}，在 SI 制中电导的单位是 S，称为西门子，$S=A \cdot V^{-1}$（A 为安培，

V 为伏特)。

根据欧姆定律,通过导体的电流 I(A)、导体两端的电位差 $\Delta\varphi$(V)与导体的电阻 R(Ω)三者之间的关系为

$$\Delta\varphi = IR$$

因此

$$L=\frac{1}{R}=\frac{I}{\Delta\varphi} \tag{2.1}$$

2. 电导率

若导体具有均匀的截面,则电导与截面积 A 成正比,与长度 l 成反比,即

$$L = \frac{1}{R} = \frac{1}{\rho}\cdot\frac{A}{l} = \kappa\frac{A}{l} \tag{2.2}$$

式中,κ(Kapp)是比例常数,称为电导率,表示当 $A=1\text{m}^2$,$l=1\text{m}$ 时,即当导体的截面积是 1 m^2,长度为 1m 时的电导。电导率的 SI 单位为 $\Omega^{-1}\cdot\text{m}^{-1}$。电导率的倒数是电阻率

$$\kappa = \frac{1}{\rho} = \frac{l}{AR} \tag{2.3}$$

决定电解质溶液电导率大小的主要因素包括:

(1) 电解质溶液的性质。即组成电解质的正负离子的电量(价态)及其运动速度(淌度)。

(2) 电解质溶液的浓度。它决定单位体积溶液中导电质点的数量。浓度增大时,导电率提高。但当浓度增加到一定程度后,由于离子间的距离减小,相互作用增强,使离子运动速度减小,电导率下降。因此,上述两种相反的作用可能导致电导率与浓度的关系曲线出现最大值,如图 2.1 所示。表 2.1 则为一些工业上常用物质的电导率。表 2.2 中列出了几种电解质在不同浓度时的电解率。

表 2.1　第一类导体、超导体、绝缘体电导率(25℃)

物质		$\kappa/\Omega^{-1}\cdot\text{cm}^{-1}$	物质		$\kappa/\Omega^{-1}\cdot\text{cm}^{-1}$
金属	Cu	5.6×10^5	超导		10^{20}
	Al	3.5×10^5	石墨		2.5×10^2
	Pt	1.0×10^5	半导体(Si)		0.01
	Pb	4.5×10^4	绝缘体	水	10^{-7}
	Ti	1.8×10^4		玻璃	$\sim10^{-14}$
	Hg	1.0×10^4		云母	10^{-16}

(3) 电解质溶液的温度。温度升高使离子运动速度加快,电解质溶液的电导将提高。

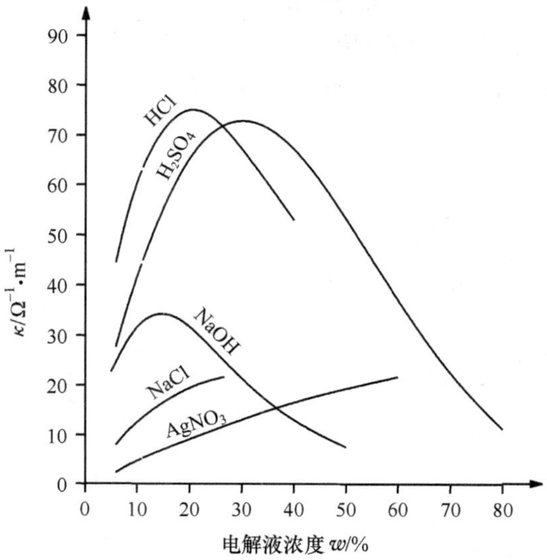

图 2.1　电解质溶液的浓度对电导率的影响

表 2.2　电解质水溶液的电导率(25℃, $\Omega^{-1}\cdot cm^{-1}$)

物质＼电导率＼浓度/mol·L⁻¹	0.1	1.0	10
NaCl	0.011	0.086	0.247
KOH	0.025	0.223	0.447
H_2SO_4	0.048	0.246	0.604
CH_3COOH	0.0004	0.0013	0.0005

3. 摩尔电导

在电化学的理论研究中还经常采用另一种电导,即摩尔电导。其定义为:当距离为单位长度(1m)的平行电极间含有 1 mol 电解质的溶液时,该溶液具有的电导称为溶液摩尔电导(Λ_m)。它与电导率的关系为

$$\Lambda_m = V_m \cdot \kappa$$

即

$$\Lambda_m = \frac{\kappa}{c} \tag{2.4}$$

式中, Λ_m——摩尔电导, $\Omega^{-1}\cdot m^2\cdot mol^{-1}$;

κ——电导率, $\Omega^{-1}\cdot m^{-1}$;

V_m——含有 1mol 电解质的溶液体积, $m^3\cdot mol^{-1}$;

c——电解质溶液浓度, $mol\cdot m^{-3}$。

电导率、摩尔电导与浓度之间的关系见图 2.2 和图 2.3。由图可见，强酸的电导率比较大，强碱次之，盐类较低，至于弱电解质乙酸的电导率就很低了。由此说明了在电化学体系中加入不同的电解质溶液，其导电能力是完全不同的。

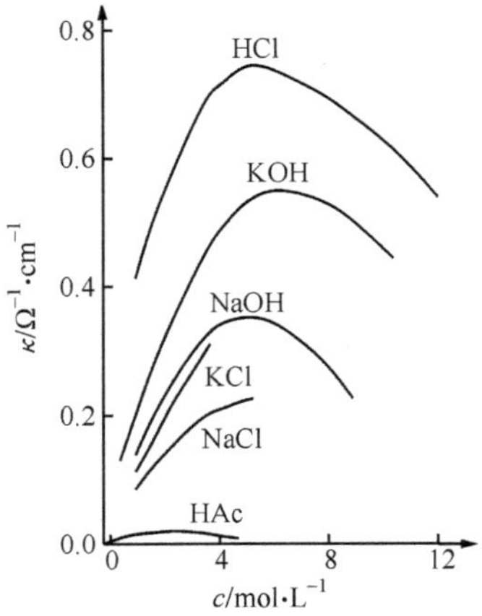

图 2.2　溶液电导率与浓度的关系(18℃)

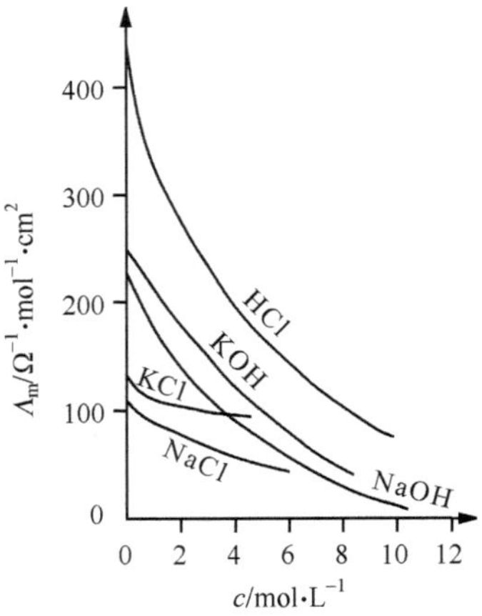

图 2.3　溶液摩尔电导与浓度的关系(25℃)

§2.1.2　离子独立移动定律

在无限稀释电解质溶液中，电解质的摩尔电导(Λ_m^∞)等于阳离子的摩尔电导 Λ_+^∞ 与阴离子的摩尔电导 Λ_-^∞ 之和，即

$$\Lambda_m^\infty = \Lambda_+^\infty + \Lambda_-^\infty \tag{2.5}$$

此式叫科尔劳奇(Kohlrausch)离子独立移动定律。Λ_+^∞，Λ_-^∞ 分别为无限稀释电解质溶液中阳离子和阴离子的摩尔电导。Λ_m^∞ 为电解质溶液无限稀释时的摩尔电导，称为极限摩尔电导。表 2.3 中列出部分离子的摩尔电导数值。

表 2.3　无限稀释水溶液中一些离子的摩尔电导(25℃)

阳离子	$\Lambda_+^\infty/(10^{-4}\Omega^{-1}\cdot m^2\cdot mol^{-1})$	阴离子	$\Lambda_-^\infty/(10^{-4}\Omega^{-1}\cdot m^2\cdot mol^{-1})$
H_3O^+	349.8	OH^-	198.3
K^+	73.5	Br^-	78.4
NH_4^+	73.4	I^-	76.8
Ag^+	61.9	Cl^-	76.3
Na^+	50.1	NO_3^-	71.4
Li^+	38.7	HCO_3^-	44.5
$1/2Ba^{2+}$	63.6	CH_3COO^-	40.9
$1/2Ca^{2+}$	59.5	$1/2SO_4^{2-}$	79.8
$1/2Mg^{2+}$	53.1		

任意浓度的电解质溶液中，摩尔电导和极限摩尔电导之比 $\Lambda_m/\Lambda_m^\infty$ 叫电导比。弱电解质的离解度 α 可认为等于 $\Lambda_m/\Lambda_m^\infty$

$$\alpha = \frac{\Lambda_m}{\Lambda_m^\infty} \tag{2.6}$$

§2.1.3　离子淌度和迁移数

在单位电场强度，即单位电位梯度下，离子移动的速度叫离子淌度(U)。它的SI制单位是 $m \cdot s^{-1}/(V \cdot m^{-1})$，即 $m^2 \cdot s^{-1} \cdot V^{-1}$。无限稀释水溶液中离子淌度 U_+、U_- 和无限稀释离子摩尔电导 Λ_+^∞、Λ_-^∞ 之间有以下关系

$$\Lambda_-^\infty = FU_-^\infty \qquad \Lambda_+^\infty = FU_+^\infty \tag{2.7}$$

部分离子的离子淌度值列于表 2.4 中。

表 2.4　无限稀释时的离子淌度(25℃)

阳离子	$U_+^\infty/(10^{-8}m^2 \cdot s^{-1} \cdot V^{-1})$	阴离子	$U_-^\infty/(10^{-8}m^2 \cdot s^{-1} \cdot V^{-1})$
H^+	36.3	OH^-	20.5
K^+	7.62	$SO_4{}^{2-}$	8.27
Ba^{2+}	6.60	Br^-	8.12
Ca^{2+}	6.16	Cl^-	7.91
Na^+	5.19	$NO_3{}^-$	7.40
Li^+	4.01	$HCO_3{}^-$	4.61

当有电流通过电解质溶液时，移向阴极的阳离子和移向阳极的阴离子所分担的输送电量比例叫各离子的迁移数。因为离子输送的电量和离子淌度成正比，若令阳离子、阴离子的迁移数分别为 t_+ 和 t_-，则

$$t_+ + t_- = 1 \tag{2.8}$$

$$t_+ = \frac{U_+^\infty}{U_+^\infty + U_-^\infty} \qquad t_- = \frac{U_-^\infty}{U_+^\infty + U_-^\infty} \tag{2.9}$$

测定迁移数的方法有希托夫(Hittorf)法、界面移动法、电池电动势法等。希托夫法测定的原理是利用电解时阳离子和阴离子的移动速度不同，从而导致阳极附近和阴极附近电解质浓度的不同而进行测定的。

根据式(2.7)和式(2.9)得

$$t_+ = \frac{\Lambda_+^\infty}{\Lambda_+^\infty + \Lambda_-^\infty} = \frac{\Lambda_+^\infty}{\Lambda_m} \qquad t_- = \frac{\Lambda_-^\infty}{\Lambda_+^\infty + \Lambda_-^\infty} = \frac{\Lambda_-^\infty}{\Lambda_m} \tag{2.10}$$

因此，通过极限摩尔电导和迁移数的测定，可求得各离子的摩尔电导。

离子的迁移，实际取决于该离子的运动速度(淌度)及其荷载电量(由离子价态

及浓度决定)，因此离子迁移数还可表示为

$$t_i = \frac{|z_i| \cdot U_i \cdot c_i}{\sum |z_i| U_i \cdot c_i} \tag{2.11}$$

式中，z_i——离子价态；

U_i——离子淌度；

c_i——离子浓度。

当溶液中存在多种离子时，所有离子的迁移数之和应为 1，即 $\sum t_i = 1$。

在电化学研究中常采用添加支持电解质(或称局外电解质)的方法来减小某种离子的迁移数，降低它在电迁移中的贡献。

§2.1.4 活度和活度系数

对于强电解质溶液，即使浓度相当稀时，离子之间仍存在较强的相互作用，所以与理想溶液的行为相比都有不同程度的偏离，因此必须用活度代替浓度。但是，电解质电离产生的阳离子和阴离子的活度与活度系数是不能单独确定的。如1-1型电解质(即产生一价阳离子和一价阴离子的电解质)，根据定义，电解质的活度 a 等于阳离子活度 a_+ 和阴离子活度 a_- 之积

$$a = a_+ \cdot a_- = a_\pm^2 \tag{2.12}$$

式中，$a_\pm$ 是阳离子活度和阴离子活度的几何平均值[$(a_+ \cdot a_-)^{1/2}$]，叫做平均离子活度。一般以 $M_{\nu_+}X_{\nu_-}$ 形式表示的电解质在溶液中按下式电离

$$M_{\nu_+}X_{\nu_-} = \nu_+ M^{z+} + \nu_- X^{z-}$$

根据电中性条件，有 $\nu_+ z_+ = \nu_- |z_-|$，故式(2.12)可写成如下形式

$$a = a_+^{\nu_+} \cdot a_-^{\nu_-} = a_\pm^{\nu} \tag{2.13}$$

阳离子和阴离子的活度系数 γ_+，γ_- 可由下式定义

$$a_+ = \gamma_+ \cdot m_+ \qquad a_- = \gamma_- \cdot m_- \tag{2.14}$$

式中，m_+，m_- 分别是阳离子和阴离子的质量摩尔浓度。平均活度系数定义为各组分离子活度系数的几何平均值

$$\gamma_\pm = (\gamma_+^{\nu_+} \cdot \gamma_-^{\nu_-})^{1/\nu} \tag{2.15}$$

设电解质的质量摩尔浓度为 m，则完全电离时 $m_+ = \nu_+ m$，$m_- = \nu_- m$，根据式(2.13)、式(2.14)、式(2.15)

$$a_\pm = \gamma_\pm (m_+^{\nu_+} \cdot m_-^{\nu_-})^{1/\nu} \tag{2.16}$$

由于平均浓度($m_\pm$)可按下式计算

$$m_\pm = (m_+^{\nu_+} \cdot m_-^{\nu_-})^{1/\nu} \tag{2.17}$$

因此

$$a_{\pm}=m_{\pm}\cdot\gamma_{\pm} \tag{2.18}$$

以上表达式中，ν_+——M^{z+} 的化学计量数；

ν_-——X^{z-} 的化学计量数；

ν——$\nu=\nu_+ + \nu_-$；

m——电解质质量摩尔浓度；

$a_{\pm}$——电解质的平均活度；

$\gamma_{\pm}$——电解质的平均活度系数；

$m_{\pm}$——电解质的平均浓度。

电解质的平均活度系数（$\gamma_{\pm}$）可以实测，但一般可从有关手册中查出，直接引用。表 2.5 为一些常用电解质的 $\gamma_{\pm}$ 值。$\gamma_{\pm}$ 数值与离子的价态、浓度、溶剂性质、温度等因素皆有关。$\gamma_{\pm}$ 偏离 1 的大小，反映了电解质溶液偏离理想溶液的程度。显然，$\gamma_{\pm}$ 愈接近于 1，电解液愈接近于理想溶液。

表 2.5　某些电解质溶液的平均活度系数 $\gamma_{\pm}$（25℃）

m/mol · kg^{-1}	0.001	0.005	0.01	0.05	0.1	0.5	1.0
HCl	0.966	0.928	0.904	0.830	0.796	0.758	0.809
NaCl	0.966	0.929	0.904	0.823	0.780	0.68	0.66
KCl	0.965	0.927	0.901	0.815	0.769	0.651	0.606
HNO_3	0.965	0.927	0.902	0.823	0.785	0.715	0.720
$AgNO_3$	0.965	0.92	0.90	0.79	0.72	0.51	0.40
$CaCl_2$	0.89	0.785	0.725	0.57	0.515	0.448	0.500
$CuSO_4$	0.74	0.53	0.41	0.21	0.16	0.068	0.047
$ZnSO_4$	0.734	0.477	0.387	0.202	0.150	0.063	0.043

§2.2　电化学热力学

§2.2.1　电动势和理论分解电压

在一个电化学反应器中，当无电流通过时，两电极之间自发产生的电位差，叫做电动势。就自发电池而言，该电位差达到了最高的电压值。而对电解池来说，则为电解反应所需的最低电压值，也就是理论分解电压。在这种情况下，电化学体系内部处于热力学平衡状态，反应以可逆方式进行，其电动势的大小与温度、压力、浓度以及热力学状态函数等因素有关。

1. 电动势与吉氏自由能的关系

根据热力学的吉氏函数定义

$$dG = -SdT + VdP - \delta W_{非}$$

在等温、等压条件下，即 $dT=0$，　$dP=0$

$$dG = -\delta W_{非} \qquad 即 \qquad \Delta G = -W_{非}$$

上式的意义是，在等温等压条件下体系吉布斯自由能的减少等于体系所做的最大非体积功。在电化学反应体系中，非体积功等于电功

$$\Delta G = -W_{电功} = -Q \times E = -nFE$$

或

$$\Delta G^{\ominus} = -nFE^{\ominus} \tag{2.19}$$

由上式可见，只要知道吉布斯自由能的变化值，就可求得可逆电池的电动势，反之亦然。

2. 电动势温度系数与电池反应的 ΔH、ΔS 之间的关系

已知电池反应的 $\Delta G=-nFE$，若对温度 T 微商，即得

$$\left(\frac{\partial \Delta G}{\partial T}\right)_p = -nF\left(\frac{\partial E}{\partial T}\right)_p$$

由热力学关系式

$$\left(\frac{\partial \Delta G}{\partial T}\right)_p = -\Delta S$$

$$\Delta S = nF\left(\frac{\partial E}{\partial T}\right)_p \tag{2.20}$$

又如热力学关系式

$$\Delta G = \Delta H - T\Delta S$$

则把 $\Delta G=-nFE$ 和 $\Delta S=nF\left(\frac{\partial E}{\partial T}\right)_p$ 代入上式，即得

$$-nFE = \Delta H - nFT\left(\frac{\partial E}{\partial T}\right)_p$$

$$\Delta H = -nFE + nFT\left(\frac{\partial E}{\partial T}\right)_p \tag{2.21}$$

其中，$\left(\frac{\partial E}{\partial T}\right)_p$ 称为电动势(或理论分解电压)的温度系数，它反映了电化学反应器工作时与环境的热交换关系。因为

$$Q = T\Delta S = nFT\left(\frac{\partial E}{\partial T}\right)_p \tag{2.22}$$

式中，Q——体系与环境的热交换，$Q>0$ 表示吸热，$Q<0$ 表示放热。

因此，

(1) 当 $\left(\frac{\partial E}{\partial T}\right)_p=0$ 时，$Q=nFT\left(\frac{\partial E}{\partial T}\right)_p=0$，说明体系与环境没有热交换，电池

做功的能量全部来自反应的焓变；

(2) 当$\left(\frac{\partial E}{\partial T}\right)_p<0$时，$Q=nFT\left(\frac{\partial E}{\partial T}\right)_p<0$，说明体系向环境放热，即反应的焓变大于电池做功所需的能量；

(3) 当$\left(\frac{\partial E}{\partial T}\right)_p>0$时，$Q=nFT\left(\frac{\partial E}{\partial T}\right)_p>0$，说明体系从环境吸热，即反应的焓变不足以供电池做功，尚需吸热。

3. 电动势与溶液浓度、温度、压力等之间的关系——能斯特(Nernst)公式

对于电池反应

$$\nu_1 A_1 + \nu_2 A_2 = \nu_3 A_3 + \nu_4 A_4 \tag{2.23}$$

因为

$$\Delta G = \Delta G^{\ominus} + RT\ln\frac{a_3^{\nu_3}\cdot a_4^{\nu_4}}{a_1^{\nu_1}\cdot a_2^{\nu_2}} \tag{2.24}$$

而

$$\Delta G = -nFE, \Delta G^{\ominus} = -nFE^{\ominus}$$

所以

$$E = E^{\ominus} - \frac{RT}{nF}\ln\frac{a_3^{\nu_3}\cdot a_4^{\nu_4}}{a_1^{\nu_1}\cdot a_2^{\nu_2}} \tag{2.25}$$

或者写成一般式

$$E = E^{\ominus} - \frac{RT}{nF}\ln\frac{\Pi a_{产物}^{\nu_B}}{\Pi a_{反应物}^{\nu_A}} \tag{2.26}$$

式中，E——电动势或理论分解电压；

$E^{\ominus}$——标准电动势或标准分解电压；

n——电化学反应中得失的电子数；

T——反应温度，K；

$a_{产物}$——电池反应或电解反应中产物的活度；

$a_{反应物}$——电池反应或电解反应中反应物的活度；

ν_A——反应物的化学计量数；

ν_B——产物的化学计量数。

此式叫做能斯特(Nernst)公式，它反映了当一个化学反应在电池中进行时，电池电动势或理论分解电压与参加电池反应的各物质活度和温度等之间的关系。这个公式在电化学中应用非常广泛。

§2.2.2　平衡电极电位

在§2.2.1中我们把电池作为整体，依据电池反应的热力学状态函数变化讨

论了电动势问题。为了深入研究电池中进行的反应，需要把注意力集中到某个电极，了解在电极上发生的具体反应和平衡。因此，电极反应和电极电位的概念在电化学中具有重要的理论和实践意义。电极反应是有电子参加的反应，电极反应有一自由能变化 ΔG，对应于可逆电极反应的平衡电位，称为平衡电极电位，用 φ_{eq} 表示，而 $\varphi^{\ominus}$ 则表示标准平衡电极电位。

目前，我们还无法测定单个电极电位的绝对值，一般是选择某一电极作基准，将其他电极与之比较来测得其相对值。国际上统一采用的基准电极是标准氢电极(normal hydrogen electrode, NHE)，规定标准氢电极的电位为零

$$2H^{+}\ (a_{H^{+}}=1)+2e = H_2(p^{\ominus}),\quad \Delta G^{\ominus}=0,\quad \varphi^{\ominus}=0 \tag{2.27}$$

这样，以标准氢电极为基准电极时，任何一个电极的相对电位就等于该电极与标准氢电极所组成的原电池的电动势。相对于标准氢电极的电极电位称为氢标电位。并规定，给定电极与标准氢电极组成原电池时，若给定电极上发生还原反应(给定电极作阴极)，则该给定电极电位为正值；若给定电极上发生氧化反应(给定电极作阳极)，则该电极电位为负值。这一关于氢标电位符号的规定原则也可以适用于其他基准电极。

相对电极电位不仅可以测量，而且可根据 Nernst 公式计算，因为它实际上是一个特殊的可逆电池(即由研究电极与参比电极构成的电池)的电动势。电极处于平衡状态下的相对电极电位称为平衡电极电位(φ_{eq})，如将任一电极反应表示为

$$Ox + ne = Red \tag{2.28}$$

式中，Ox——氧化态物质；

Red——还原态物质；

n——反应中得失的电子数。

则由 Nernst 公式，反应的平衡电极电位 φ_{eq} 可按下式计算

$$\varphi_{eq}=\varphi^{\ominus}+\frac{RT}{nF}\ln\frac{a_{Ox}}{a_{Red}} \tag{2.29a}$$

式中，a_{Ox}——氧化态物质的活度；

a_{Red}——还原态物质的活度。

当 $a_{Ox}=a_{Red}=1$ 时，$\varphi_{eq}=\varphi^{\ominus}$，称为标准平衡电极电位。在 25℃时，若采用常用对数，则式(2.29a)可写为

$$\varphi_{eq}=\varphi^{\ominus}+\frac{0.059}{n}\lg\frac{a_{Ox}}{a_{Red}} \tag{2.29b}$$

在实际研究中由于氢电极使用不便，人们常常用饱和甘汞电极或其他参比电极代替标准氢电极，如文献中常标以 v. s. SCE(saturated calomel electrode)，即表示相对饱和甘汞电极的电位。虽然这种电位标度起点不同，但很容易换算。已知

饱和甘汞电极在 25℃时的电极电位为 0.2412V，如果某电极电位标示为 v. s. SCE 0.2V，则它的氢标电极电位为 0.4412V。

应该注意的是在电化学研究中，为了测量电极电位，应根据不同的介质选择合适的参比电极，以使测量精确和具有良好的重现性。通常在氯化物介质中选用甘汞电极，硫酸盐介质中选用硫酸亚汞电极，碱性介质中选用氧化汞电极。

一些常见电极反应的标准平衡电极电位值可在有关手册中查到[3]，由这些数值大致可以判断反应的倾向性。$\varphi^{\ominus}$ 越正，则电极反应中的氧化态越容易获得电子，即越易还原，是强氧化剂；$\varphi^{\ominus}$ 值越负，则该电极反应中的还原态越容易失去电子，即越易氧化，是强还原剂。

因此，平衡电极电位能起到判断体系中氧化还原能力大小的作用，同样反映了电极上发生反应的倾向性。

§2.3　“电极/溶液”界面的基本性质

电极反应作为一种界面反应，是直接在“电极/溶液”界面上实现的。换言之，这一界面是实现电极反应的“客观环境”，其性质对电极反应的动力学行为有很大影响。我们研究“电极/溶液”界面的性质，主要目的就是为了弄清界面性质对电极反应速度的影响。

“电极/溶液”界面对电极反应动力学性质的影响因素，大致可以归纳为两方面：

1. 电极材料的化学性质与表面状态

这方面的因素可称为影响电极反应能力的“化学因素”。大量实验事实表明，通过控制这些因素，可以大幅度改变电极反应的速度。

2.“电极/溶液”界面上的电场强度

这方面的因素称为影响电极反应速度的“电场因素”，它通过影响电极反应的活化能起作用。

随着电极电位的改变，不仅可以连续改变电极反应的速度，而且可以改变电极反应的方向。同时，即使保持电极电位不变，改变界面层中的电位分布也会对电极反应速度有一定的影响。

§2.3.1　界面荷电层的形成

当两种不同物体接触时，界面层和相本体的性质往往有很大差别。由于两相界面之间的各种作用,导致在界面两侧出现电量相等而符号相反的电荷,使每一相的电中性遭到破坏,形成与充电电容器相类似的荷电层。界面荷电层是自然界普遍存在的现象,按形成机理分主要有以下几种类型:

1. 界面两侧之间的电荷转移

界面两侧之间的电荷转移是由于电子或离子等荷电粒子在两相中具有不同的化学位所致。例如:

(1) 两种金属界面(M_1/M_2)上的电子转移[图 2.4(a)],形成了"M_1/M_2"界面荷电层。

(2) 两种溶液界面(S_1/S_2)上的离子转移[图 2.4(b)],形成了"S_1/S_2"界面荷电层,并建立起相应的"液接电位"。

(3) 金属/溶液界面(M/S)上荷电粒子(离子或电子)的转移[图 2.4(c)]。若 $\mu_{M^+}^{M} > \mu_{M^+}^{S}$,则金属表面荷负电;若 $\mu_{M^+}^{M} < \mu_{M^+}^{S}$,则金属表面荷正电。

2. 离子特性吸附[图 2.4(d)]形成分布于溶液一侧的荷电层。

3. 偶极子的定向排列

例如,水偶极分子形成溶液一侧的荷电层[图 2.4(e)];当偶极子在电极表面定向排列时,由于偶极子的诱导,使金属表面层中的原子或分子发生了极化,产生分布于界面两侧的偶极子荷电层[图 2.4(f)]。

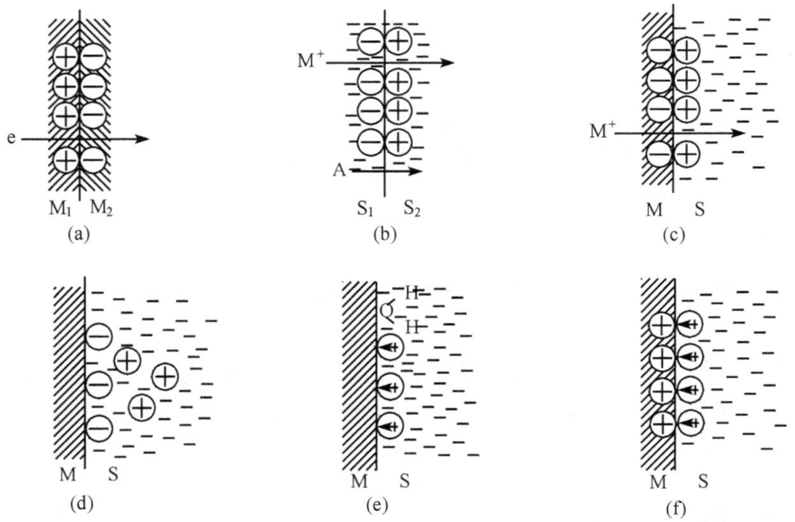

图 2.4 界面荷电层的形成

从上述可见，界面荷电层现象不仅在电子导体/离子导体的界面上存在，也同样能出现在离子导体/离子导体、电子导体/电子导体的界面。以下我们主要讨论金属电极与电解质溶液界面上形成的双电层结构。

§2.3.2 “电极/溶液”界面的结构模型——双电层模型

综合有关双电层结构的 GCS 分散层模型(即 Gouy-Chapman-Stern 模型)和不存在离子特性吸附的内层模型(即紧密层模型)，可将电极与溶液界面的结构简述如下：

(1) 由于静电作用和离子的热运动，离子双电层的特性具有双重性，即分散性和紧密性。在金属电极一侧，由于其电导率很高，全部剩余电荷集中在电极表面。而在双电层的溶液一侧则分为两部分：一部分是紧密层(compact layer)，厚度约几个 Å；另一部分为分散层(diffuse layer)，其厚度随电极表面的剩余电荷密度、溶液浓度和温度变化而变化，当溶液较浓和电极表面电荷密度较高时，其厚度较小，甚至可以忽略。图 2.5 表示了这种结构。

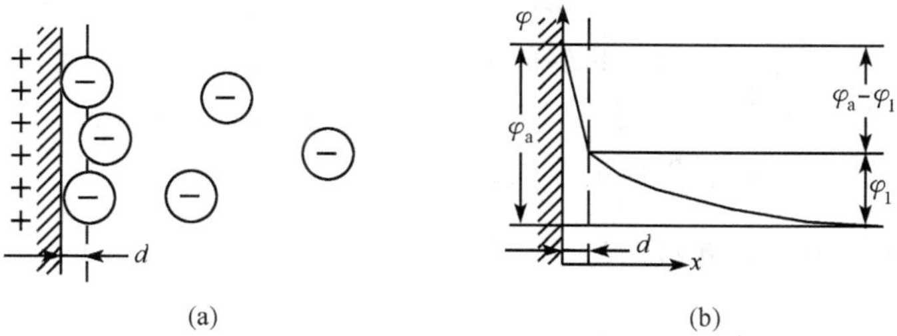

图 2.5　电极与溶液界面的结构及电位分布

(2) 紧密层的结构取决于两相中剩余电荷接近的程度，并与离子的水化程度有关。无机阳离子水化程度高，四周具有完整的水化膜，因而离子不可能直接吸附在电极表面，紧密层较厚，常称为外紧密层；而无机阴离子水化程度较低，容易失去水化膜，部分可直接吸附在电极表面，形成很薄的紧密层，称为内紧密层，如图 2.6 所示。

(3) 分散层是由于离子热运动引起的，其厚度及电位分布只与电解质溶液的浓度、温度、电解质价态及分散层中的剩余电荷有关，而与离子特性无关。

(4) 电极与溶液界面的电位差为 φ_a，可将其分为两部分，即分散层电位(φ_1)和紧密层电位($\varphi_a-\varphi_1$)，如图 2.5 所示。在电极过程动力学中分散层电位(φ_1)具有重要的意义，因为它表示反应粒子在电化学反应前所具有的能量，任何改变 φ_1 的因素，都可能影响电极反应的速度。

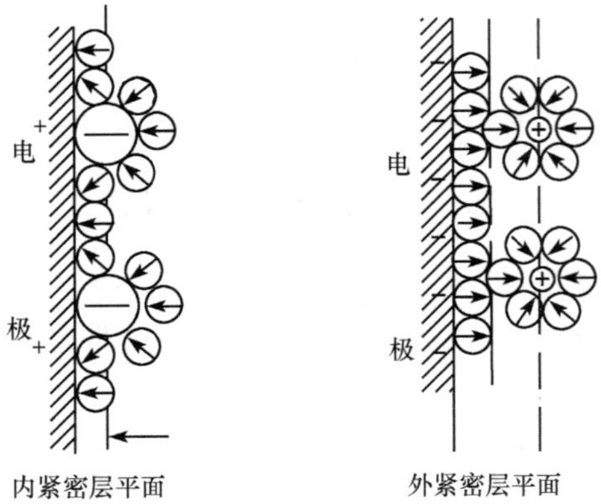

图 2.6　内外紧密层示意图

§2.3.3　双电层结构的研究方法

电极与溶液界面的微观结构难以直接研究，往往采用间接的方法。即一方面测量某些可检测的界面参数（如界面张力、界面电容、剩余电荷密度、粒子吸附量等），另一方面则根据某种界面结构的模型推算这些界面参数，倘若二者接近，则可认为所提供的模型反映了界面的真实结构。

1. 两种电流和两种电极

电极反应中，通向电极与溶液界面的电流可参加两种电极过程：

(1) 参与电化学反应，所耗用的电流称为电化学反应电流或法拉第电流(i_F)。

(2) 参与改变双电层结构，所耗用的电流称为双电层充电电流或电容电流(i_C)。

如果某种电极，通向其界面的电流只改变其双电层结构，不发生电化学反应，即 $i_F=0, i=i_C$，则称该电极为理想极化电极，它类似于一个平板电容器。改变双电层结构，使电极处于不同的电位，可定量地计算建立某种结构所需的电量。如通向界面的电流全部用于电化学反应，即 $i_C=0, i=i_F$，则称该电极为理想不极化电极。其特点是电极反应完全在平衡电位(φ_{eq})下进行，即完全可逆。实际电极过程一般介于这两种电极之间，即 i_C 和 i_F 均不为零，$i=i_C+i_F$，其等效电路相当于一并联的电阻和电容，如图 2.7 所示。

当 $R_r\to\infty$时，表示电化学反应阻力极大，即 $i_F\to 0$，全部电流用于双电层充电，电极成为理想极化电极；当 $R_r\to 0$ 时，电流全部通过 R_r，双电层电位不变，电极成为理想不极化电极。

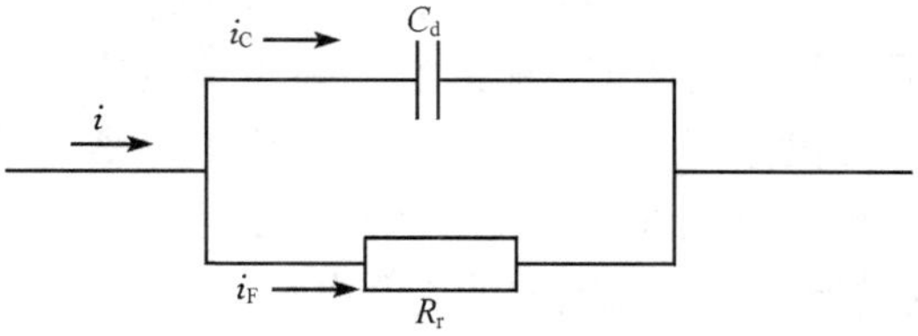

图 2.7　一般电极的等效电路

2. 电毛细曲线法

将理想极化电极极化至不同的电位并同时测量界面张力得到的曲线称为电毛细曲线，如图 2.8 所示。曲线最高点对应的电极电位称为零电荷电位(φ_0)，对应的电极表面剩余电荷密度为零($q_M=0$)。电位偏离 φ_0 后，电极表面都带有剩余电荷($q_M \neq 0$)，由于界面层中同种离子相互排斥，界面张力下降。著名的李普曼(Lipmann)公式将电毛细曲线的斜率与电极表面的剩余电荷密度(q_M)关联成下式

$$q_M = -\left(\frac{\partial \sigma}{\partial \varphi}\right)_{\mu_i} \tag{2.30}$$

因此，可根据电毛细曲线计算 q_M 值及确定 φ_0。

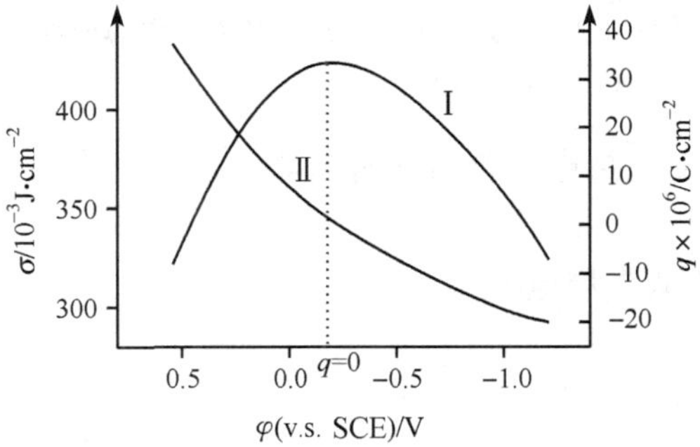

图 2.8　汞电极表面电荷密度及界面张力随电极电位的变化

3. 微分电容法

对于理想极化电极，可将电极与溶液界面视为电容元件，如向电极表面引入微小电量 dq，使溶液一侧产生等量的异号电荷 dq_s，从而引起界面电位变化 $d\varphi$。显然，"电极/溶液"界面不同时，dq 引起的 $d\varphi$ 值是不同的，则微分电容(C_d)为

$$C_d = \frac{dq}{d\varphi} \tag{2.31}$$

因此,C_d 反映了电极与溶液界面的结构及其变化情况,包括电极的表面状态、真实面积、吸附及表面膜的生成、剩余电荷、零电荷电位等。由于微分电容在电化学中可采用多种方法测量(如:交流电桥法、交流阻抗法、恒电位阶跃法、电位扫描法等),因此其应用远比电毛细曲线法广泛和重要。图 2.9 是 Hg 在 KCl 溶液中的微分电容曲线,其最低点对应的电位就是零电荷电极电位 φ_0。

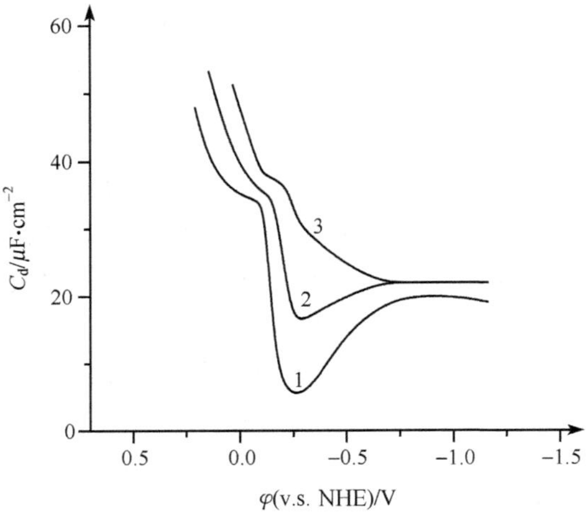

图 2.9 Hg 在 KCl 溶液中的微分电容曲线

1. 0.001mol · L^{-1};2. 0.01mol · L^{-1};3. 0.1 mol · L^{-1}

由图 2.5 可见,双电层电位差由紧密层电位差与分散层电位差两部分组成,即

$$\varphi_a = (\varphi_a - \varphi_1) + \varphi_1$$

所以可利用下式计算双电层电容

$$\frac{1}{C_d} = \frac{d\varphi_a}{dq} = \frac{d(\varphi_a - \varphi_1)}{dq} + \frac{d\varphi_1}{dq} = \frac{1}{C_{紧}} + \frac{1}{C_{分}} \tag{2.32}$$

即把双电层的微分电容看成是由紧密层电容 $C_{紧}$ 和分散层电容 $C_{分}$ 两部分串联组成,如图 2.10 所示。

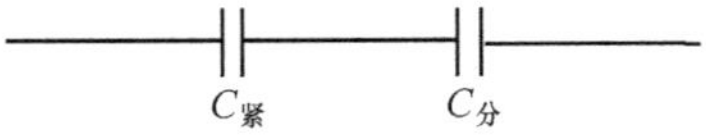

图 2.10 双电层微分电容的组成

§2.3.4 零电荷电位

前面已经提及,电极表面剩余电荷为零时的电极电位称为零电荷电位,用 φ_0

表示。由于电极表面不存在剩余电荷,“电极/溶液”界面就不存在离子双电层,所以也可以把零电荷电位定义为“电极/溶液”界面不存在离子双电层时的电极电位。

因为很多界面性质都与 φ_0 有关,而且是由相对于 φ_0 电位的数值($\varphi-\varphi_0$)决定或制约的,因此有的学者(Grahame)曾倡议建立以 φ_0 为起点的电位标度,称为“合理电位标”或称“零标电极电位”(φ_a),即 $\varphi_a=\varphi-\varphi_0$。显然,当 $\varphi_a>0$ 时,电极表面带正电;$\varphi_a<0$ 时,电极表面带负电;$|\varphi_a|$ 愈大,电极表面电荷密度愈高。

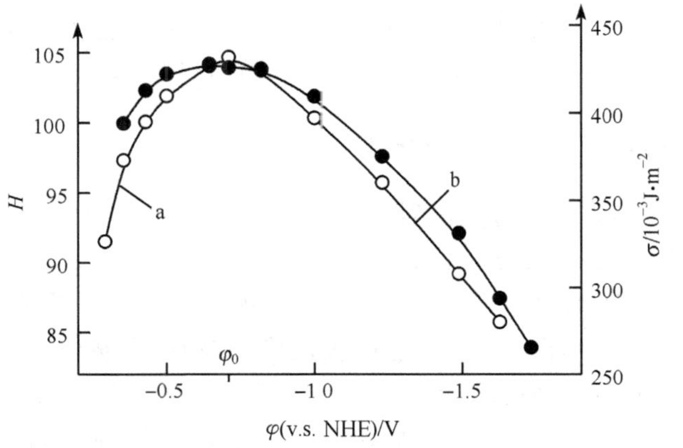

图 2.11　在 0.5mol · L^{-1} Na_2SO_4 溶液中

a. Tl 的硬度 $H\sim\varphi$ 曲线;b. 饱和铊汞齐的 $\sigma\sim\varphi$ 曲线

零电荷电位可以通过实验测定,测定的方法很多。经典的方法是通过测量电毛细曲线,与最大界面张力所对应的电极电位值即为零电荷电位(见图 2.8)。这种方法比较准确,但只适用于液态金属,如汞、汞齐和熔融态金属。对于固态金属,则可通过测量与界面张力有关的参数随电极电位变化的最大值或最小值来确定零电荷电位,例如测量固体的硬度、润湿性、气泡附着在金属表面时的临界接触角等。图 2.11 是通过测量金属硬度与电极电位的关系曲线来确定零电荷电位的一个例子。此外,还有一些其他方法,例如,利用比表面积大的固态电极在不同电位下形成双电层时离子吸附量的变化来确定 φ_0;利用金属中电子的光敏发射现象求 φ_0 值等。

目前,最精确的测量方法是根据稀溶液的微分电容曲线最小值来确定 φ_0。溶液越稀,微分电容最小值越明显,如图 2.12 所示。

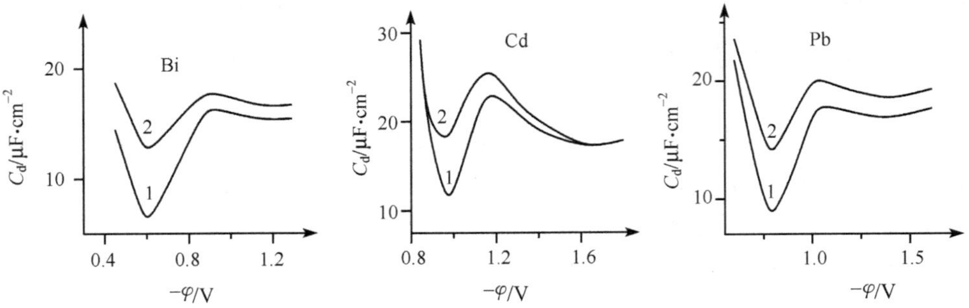

图 2.12　铅、铋、镉在不同浓度 NaF 溶液中的微分电容曲线

1. 0.001mol · L^{-1} NaF；2. 0.01mol · L^{-1} NaF

§2.3.5　“电极/溶液”界面的吸附现象

大量事实表明，在“电极/溶液”界面上，除了由表面剩余电荷引起的离子静电吸附外，还经常出现各种表面活性粒子的“特性吸附”。

这种界面上的吸附对电极反应动力学的影响主要有两种形式：

(1) 若表面活性粒子本身不参加电极反应，则吸附后将改变电极表面状态及界面层中的电位分布，从而影响反应粒子的表面浓度及电极反应活化能。

(2) 如果反应粒子或反应产物能在电极表面上吸附，则将直接影响到有关分步骤的动力学参数。

1. 无机离子在“电极/溶液”界面上的吸附

无机阴离子在“电极/溶液”界面上的吸附具有典型的离子吸附规律。含有不同无机阴离子时汞电极上测得的电毛细曲线(图 2.13)和微分电容曲线(图 2.14)表明，所有曲线在较负的电位区域趋于重合，说明界面结构基本相同；但在较正的电位区差别较大，阴离子的吸附引起界面张力下降、φ_0 负移以及微分电容值增大，表明界面结构与阴离子的吸附有关。在汞电极上，无机阴离子的表面活性顺序为：$S^{2-}>I^{-}>Br^{-}>Cl^{-}>OH^{-}>SO_4^{2-}>F^{-}$。

无机阴离子主要在带有正电荷的电极表面上吸附，在不带电或带有少量负电荷的表面上也能吸附，直至负电荷密度足够大时才从电极表面上脱附。由此看来，无机阴离子在电极表面上吸附，除了异号电荷之间的静电引力外，必然还存在某种与离子特性有关的化学力，即非库仑力引起的特性吸附，如图 2.15 所示。

上述图像只是示意阴离子在电极上发生特性吸附时可能出现的界面层结构，但实际情况要复杂得多。关于“特性吸附”的实质至今仍然缺乏明确的认识。因此，对于存在离子特性吸附时的“电极/溶液”界面的构造及其处理，要比上节中讨

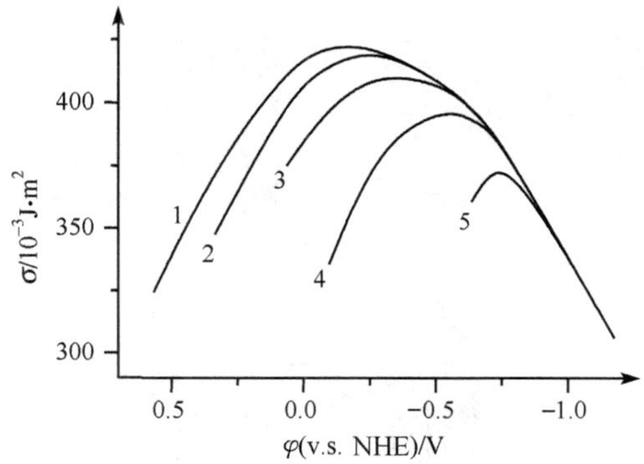

图 2.13 无机阴离子的吸附对电毛细曲线的影响
（溶液浓度为 0.1mol · L^{-1}，其中 Na_2SO_4 为 0.05mol · L^{-1}）

1. 0.5 mol · L^{-1} Na_2SO_4；
2. 0.5 mol · L^{-1} Na_2SO_4＋0.01mol · L^{-1} KCl；
3. 0.5 mol · L^{-1} Na_2SO_4＋0.01mol · L^{-1} KBr；
4. 0.5 mol · L^{-1} Na_2SO_4＋0.01mol · L^{-1} KI；
5. 0.5 mol · L^{-1} Na_2SO_4＋0.005mol · L^{-1} K_2S

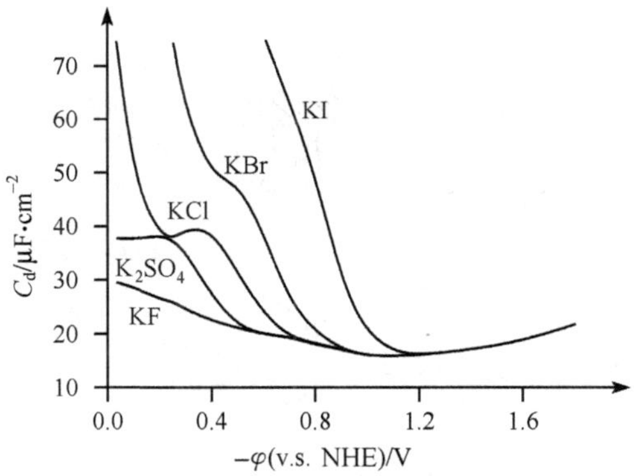

图 2.14 无机阴离子的吸附对微分电容曲线的影响
（溶液浓度 0.1mol · L^{-1}，其中 K_2SO_4 为 0.05mol · L^{-1}）

论的静电模型更为复杂。

2. 有机分子在“电极/溶液”界面上的吸附

绝大部分能溶于水的有机分子在“电极/溶液”界面上都具有不同程度的表面活性，可在“电极/溶液”界面上吸附。这些分子中均包含不能水化的碳氢链和能水

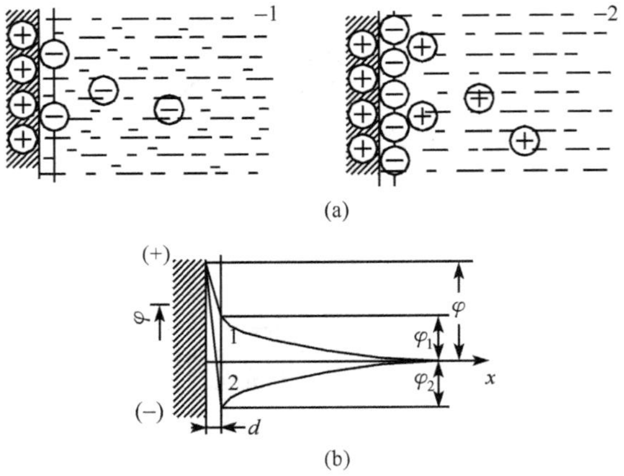

图 2.15　阴离子特性吸附对界面层构造的影响
(a)剩余电荷分布;(b)电位分布
1. 静电吸附;2. 特性吸附

化的极性基团。前者倾向于脱离溶液内部,称为“憎水部分”,后者则倾向于保持在溶液内部,称为“亲水部分”。它们在“电极/溶液”界面上形成如图 2.16 所示的吸附层。

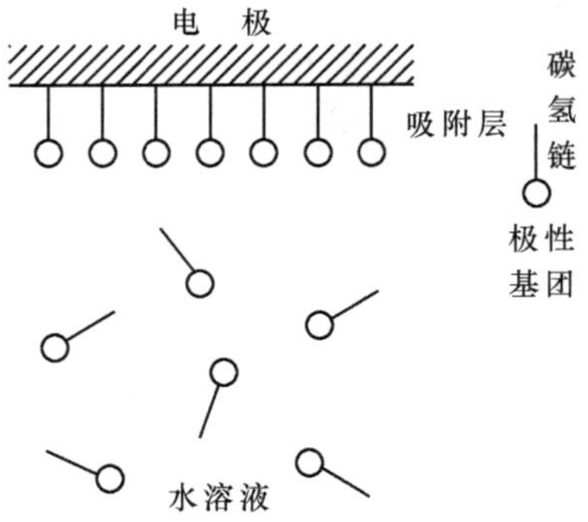

图 2.16　吸附层中有机分子的方式

当溶液中加入有机表面活性分子,则可以观测到在零电荷电位附近的一段电位范围内界面张力下降,从图 2.17 一组曲线可以看出,表面活性分子的浓度越大,发生吸附的电位范围越宽,界面张力降低的也越多。

微分电容法对于研究有机分子在“电极/溶液”界面上的吸附有着广泛的应用。加入表面活性有机分子后测得的微分电容曲线如图2.18所示。可以看出,在 φ_0 附近一段电位范围内界面微分电容值显著降低,在两侧则出现很高的电容峰;且随

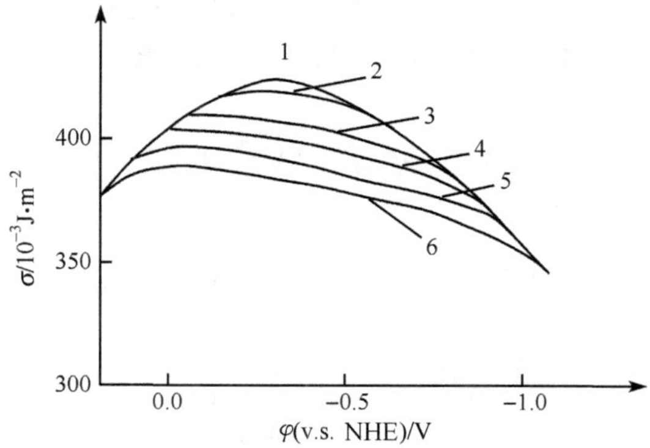

图 2.17　在含有不同浓度叔戊醇的 NaCl($1mol\cdot L^{-1}$)中测得的汞电极电毛细曲线

醇的浓度($mol\cdot L^{-1}$)：1. 0；2. 0.01；3. 0.05；4. 0.1；5. 0.2；6. 0.4

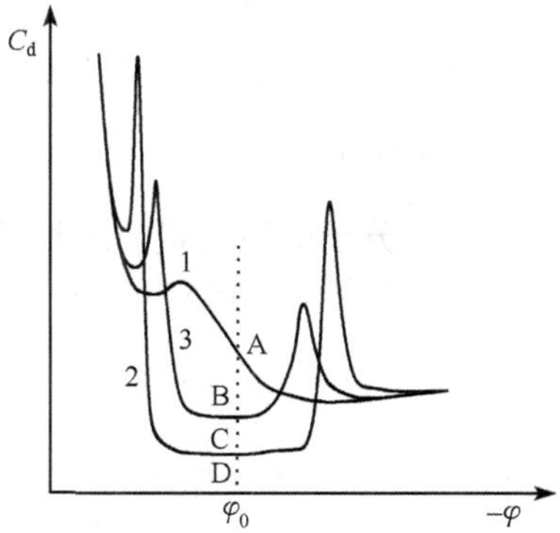

图 2.18　有机表面活性物质对微分电容曲线的影响

1. 未加入活性物质；2. 达到饱和覆盖；3. 未达到饱和覆盖

着活性物质浓度的增大，φ_0 附近 C_d 值逐渐减小，最后达到一个极限值。这种由于吸附-脱附过程而引起的峰值电容称之为“假电容”。根据假电容的位置，可以粗略估计电极表面上有机物发生特性吸附的电位范围。

利用微分电容曲线还可以估算电极表面的吸附覆盖度 θ。假设电极表面被覆盖部分和未被覆盖部分是彼此独立的。以 $q_{\theta=0}$ 表示未覆盖表面的

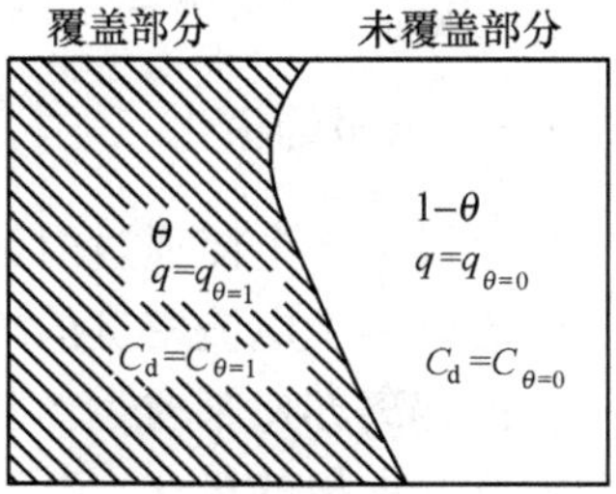

图 2.19　被表面活性有机分子部分覆盖的电极表面模型

电荷密度，以 $q_{\theta=1}$ 表示完全覆盖(饱和吸附时)表面的电荷密度，也代表电极表面覆盖部分的电荷密度(见图 2.19)。则未饱和吸附的电极表面可看成是部分覆盖的，其表面电荷密度 q 为

$$q = \theta q_{\theta=1} + (1-\theta)q_{\theta=0} \tag{2.33}$$

所以

$$C_d = \frac{dq}{d\varphi_a} = \theta\left(\frac{dq}{d\varphi}\right)_{\theta=1} + (1-\theta)\left(\frac{dq}{d\varphi}\right)_{\theta=0} - (q_{\theta=0} - q_{\theta=1})\frac{d\theta}{d\varphi}$$

$$= \theta C_{\theta=1} + (1-\theta)C_{\theta=0} - (q_{\theta=0} - q_{\theta=1})\frac{d\theta}{d\varphi} \tag{2.34}$$

式中，$C_{\theta=1}$ 和 $C_{\theta=0}$ 分别表示完全覆盖部分和未覆盖部分的微分电容。如前所述，在零电荷电位附近的吸附电位范围内，吸附覆盖度 θ 基本不变，即 $\frac{d\theta}{d\varphi}\approx 0$。所以

$$C_d = \theta C_{\theta=1} + (1-\theta)C_{\theta=0}$$

$$\theta = \frac{C_{\theta=0} - C_d}{C_{\theta=0} - C_{\theta=1}} \tag{2.35}$$

利用这一关系，即可根据微分电容曲线求得某一浓度下有机分子的 θ 值，在图 2.18中则有 $\theta=\frac{AB}{AC}$。若已知相应于 $\theta=1$ 时有机分子的饱和吸附量 Γ^{∞}，就可按照 $\Gamma=\theta\Gamma^{\infty}$ 求算不同覆盖度时有机分子的吸附量。这种处理方法虽然简便，但是由于其结果是按照假设的吸附层模型(图 2.19)推得的，因而在热力学上是不严谨的，只能作为一种粗略的估算而已。

§2.4　非平衡电极过程

在实际电化学体系中，电化学反应总是按一定的方向和有限的反应速度进行的。因此，任何工业电化学中进行的反应都是非平衡电极过程，它直接与电化学反应速度、电压或电极体系中的各因素有关。本节主要讨论这方面的有关概念。

§2.4.1　电极的极化

当电极上无电流通过时，电极处于平衡状态，与之相对应的电位是平衡电极电位。随着电极上电流密度的增加，电极的不可逆程度愈来愈大，电极电位对平衡电极电位的偏离亦愈来愈远。我们将电流通过电极时，电极电位偏离平衡电极电位的现象称为电极的极化。某一电流密度下的电极电位与其平衡电极电位之差称为过电位或超电位，用 $\Delta\varphi$ 表示，即

$$\Delta\varphi = \varphi - \varphi_{eq} \tag{2.36}$$

阳极极化时，$\varphi>\varphi_{eq}$，$\Delta\varphi$ 为正值。阴极极化时，$\varphi<\varphi_{eq}$，$\Delta\varphi$ 为负值。$\Delta\varphi$ 的绝对值表示极化作用的程度。

表示电极电位与电流密度关系的曲线（$\varphi\sim i$曲线）称为极化曲线。在电化学中，如给定（或控制）电流密度，测量相应的电极电位，所得到的极化曲线称为恒（控制）电流极化曲线，即 $\varphi=f(i)$ 曲线；反之，若给定（控制）电极电位，测量相应的电流密度，所得的极化曲线称为恒（控制）电位极化曲线，即 $i=f(\varphi)$ 曲线。电极的极化曲线可用图 2.20 所示的仪器装置测定。

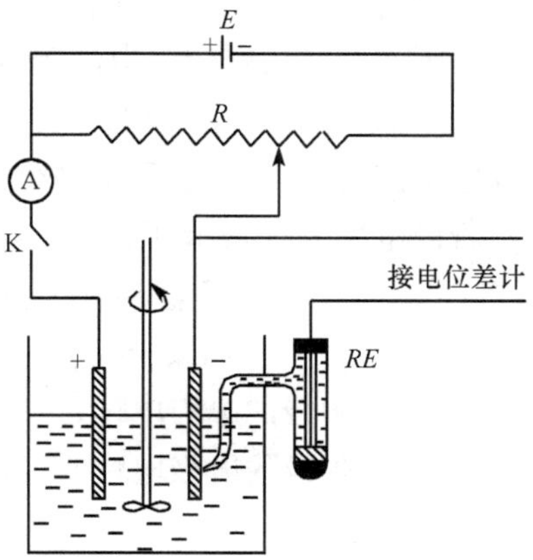

图 2.20　测定极化曲线的装置

由实验测得不同电流密度下的电极电位，减去平衡电极电位 φ_{eq}，就可求出不同电流密度下的过电位。影响过电位的因素很多，如电极材料、电极表面状态、电流密度、温度、电解质性质和浓度以及溶液中的杂质等等，故过电位的测定常不能得到完全一致的结果。

§2.4.2　电化学反应的工作电压

如前所述，就单个电极来说，阴极极化的结果使电极电位变负，阳极极化的结果使电极电位变正。

当两个电极组成电解池时，由于电解池的阳极是正极，阴极是负极，阳极电位的数值比阴极大。所以在电极电位对电流密度的图中，阳极极化曲线位于阴极极化曲线的上方，如图 2.21(a)所示。随着电流密度的增加，电解池端电压增大。也就是说，电解时电流密度若增加，消耗的能量也增多。

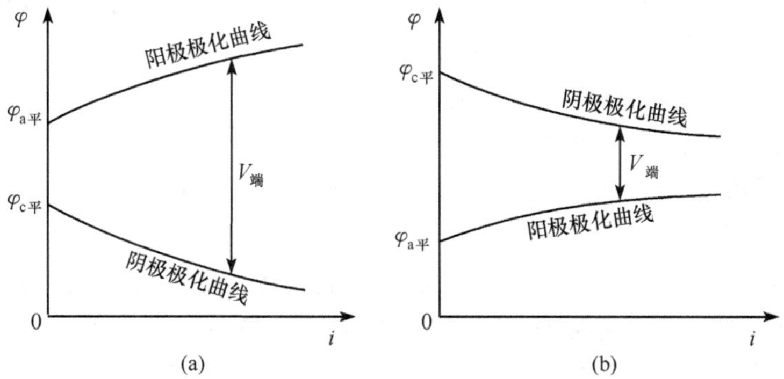

图 2.21　极化曲线

(a)电解池极化曲线；(b)原电池极化曲线

而原电池恰恰相反，原电池的阳极是负极，阴极是正极，阳极电位的数值比阴极小。因而在电极电位对电流密度的图中，阳极极化曲线位于阴极极化曲线的下方，如图 2.21(b)所示。所以原电池端电压随着电流密度的增大而减小，即随着电池放电电流密度的增大，原电池作出的电功减小。

若以电压方程表示，则端电压与电流的关系为

$$V_{端} = \varphi_c - \varphi_a - IR < E \quad （原电池） \tag{2.37}$$

$$V_{端} = \varphi_a - \varphi_c + IR > E_{分} \quad （电解池） \tag{2.38}$$

式中，φ_a——阳极的电极电位；

φ_c——阴极的电极电位；

I——电流；

R——电化学反应器内的各种欧姆电阻之和；

E——自发电池的电动势；

$E_{分}$——电解池的理论分解电压。

可以看出，$V \neq E$ 的原因，固然因为多出 IR 一项，即电流通过电化学反应器时产生了各种欧姆压降，但更重要的是每个电极通电后的电位不等于其平衡电极电位($\varphi \neq \varphi_{eq}$)。所以，若研究电化学反应器的工作电压，需对每一电极的电极电位进行分析。

§2.4.3 电极反应的基本历程与速度控制步骤

电极过程是由多个步骤组成的复杂过程，一般情况包括以下几个基本过程或步骤：

(1) 电化学反应过程——在“电极/溶液”界面上得到或失去电子时生成反应产物的过程，即电荷传递过程。

(2) 反应物和反应产物的传质过程——反应物向电极表面传递或反应产物自电极表面向溶液本体或向电极内部的传递过程。

(3) 电极界面双电层的充放电过程。

(4) 溶液中离子的电迁移或电子导体中电子的导电过程。

此外，还可能有吸(脱)附过程，新相生长过程，以及伴随电化学反应而发生的化学反应过程等等。

上述这些基本过程各有自己的特点及影响因素。在研究电极过程时首先应分析总的电极过程可能包括哪些基本过程，同时要了解各基本过程的特点及相互联系，尤其要抓住其主要矛盾。

在电化学研究中，必须要把所研究的过程突出出来，使它成为整个电极过程的

控制步骤，这样测得的电极性质才是所要研究的那个基本过程或步骤的特性。在稳态下，整个电极过程的动力学特征就和这个控制步骤的动力学特征相同。当电化学反应为控制步骤时，测得的整个电极过程的动力学参数，就是该电化学步骤的动力学参数。反之，当扩散过程为控制步骤时，整个电极过程的速度服从扩散动力学基本规律。当控制步骤发生转化时，往往同时存在着两个控制步骤，这时电极过程为混合控制。

§2.4.4　电极反应速度的表示方法

根据电极反应的特点，即它是有电子参与的氧化还原反应，可用电流密度来表示电极反应的速度。假设电极反应为

$$\mathrm{O} + n\mathrm{e} \rightleftharpoons \mathrm{R} \tag{2.39}$$

按照异相化学反应速度的表示方法，该电极反应的速度为

$$v = \frac{1}{S} \cdot \frac{\mathrm{d}c}{\mathrm{d}t} \tag{2.40}$$

式中，v——电极反应速度；

S——电极面积；

c——反应物浓度；

t——反应时间。

根据法拉第定律，电极表面上产生 1 克当量[1)]的物质，需要通过 1 法拉第(F)电量。因此，当电极上有 1mol 物质还原或氧化时，需要通过 nF 电量。n 为电极反应中一个反应粒子所消耗的电子数。所以，可以用电流密度来表示电极反应的速度

$$i = nFv = nF\,\frac{1}{S} \cdot \frac{\mathrm{d}c}{\mathrm{d}t} \tag{2.41}$$

当电极反应达到稳定状态时，外电流将全部消耗于电极反应，因此实验测得的外电流密度值就代表了电极反应的速度。

§2.5　浓差极化及其动力学方程式

当电极过程由液相传质的扩散步骤控制时，电极所产生的极化就是浓差极化。根据其特征和动力学方程式，可以判断电极过程是否由扩散步骤控制。

假设阴极还原反应为

$$\mathrm{O} + n\mathrm{e} \longrightarrow \mathrm{R} \tag{2.42}$$

1) 非法定单位，克当量克数×电荷数＝摩尔质量。

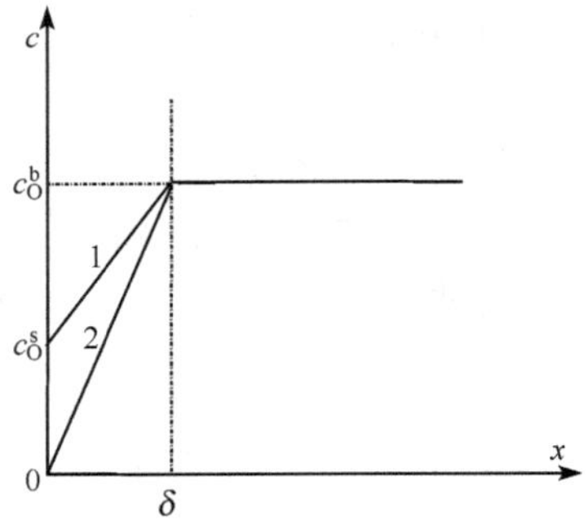

图 2.22 电极表面液层中反应物的浓度分布

则反应物在阴极表面被还原成产物，在界面区的浓度将逐渐减少，结果造成浓差，引起溶液本体中的反应物向电极表面扩散。当这种扩散进行到一定程度，有可能出现稳态过程。即有多少反应物扩散到阴极表面，便有多少反应物在电极表面被还原成产物，此时 c_O^s 值不随时间变化而变化，上述情形可用图 2.22 表示。图中 c_O^b 表示反应物在本体溶液中的浓度，δ 为扩散层厚度，x 为离开电极表面的距离。设电极表面反应物的浓度为 c_O^s，则溶液本体和电极表面间反应物的浓度梯度为

$$\frac{dc}{dx}=\frac{c_O^b-c_O^s}{\delta} \tag{2.43}$$

当扩散达到稳态时，需要了解有多少物质向电极表面传输，因此有必要介绍有关描述扩散现象的菲克(Fick)定律。

在稳态扩散中，通过扩散传质输送到电极表面的反应粒子，恰好补偿了电极反应消耗的反应粒子，其扩散流量可由 Fick 第一定律来表示

$$J_i=-D_i\frac{dc_i}{dx} \tag{2.44}$$

该式为 Fick 第一定律的表达式。

式中，J_i——i 离子的扩散流量，$mol \cdot cm^{-2} \cdot s^{-1}$；

D_i——i 离子的扩散系数，$cm^2 \cdot s^{-1}$；

$\frac{dc_i}{dx}$——i 离子的浓度梯度，$mol \cdot cm^{-4}$。

负号表示扩散传质方向和浓度梯度增大的方向相反。

当考虑反应粒子浓度随时间变化时，其扩散速率可由下式表示

$$\frac{\partial c_i}{\partial t}=D_i\frac{\partial^2 c_i}{\partial x^2} \tag{2.45}$$

该式是大家熟知的 Fick 第二定律，它表明了在非稳态扩散过程中，扩散粒子浓度 c_i 随离电极表面的距离 x 和时间 t 的变化规律。

若考虑稳态扩散，则通过式(2.43)、式(2.44)可得

$$J_O=-D_O\frac{c_O^b-c_O^s}{\delta} \tag{2.46}$$

这就是我们要求的通过扩散传输物质的量。若把它转变为电流密度，则可得到扩

散电流值

$$i=-nFJ_{\mathrm{O}}=nFD_{\mathrm{O}}\frac{c_{\mathrm{O}}^{\mathrm{b}}-c_{\mathrm{O}}^{\mathrm{s}}}{\delta} \tag{2.47}$$

如果阴极的电位足够负，则电极表面的反应粒子完全被还原，此时 $c_{\mathrm{O}}^{\mathrm{s}}=0$，则得到极限扩散电流

$$i_{\mathrm{d}}=nFD_{\mathrm{O}}\frac{c_{\mathrm{O}}^{\mathrm{b}}}{\delta} \tag{2.48}$$

这是扩散控制下所能达到的最大电流密度，即电极反应的最大速度，此时的电流不再随电极电位变化而变化。出现极限扩散电流是扩散控制电极反应的共同特征。

若将式(2.48)代回式(2.47)，则

$$i=i_{\mathrm{d}}\left(1-\frac{c_{\mathrm{O}}^{\mathrm{s}}}{c_{\mathrm{O}}^{\mathrm{b}}}\right) \tag{2.49}$$

或

$$\frac{c_{\mathrm{O}}^{\mathrm{s}}}{c_{\mathrm{O}}^{\mathrm{b}}}=1-\frac{i}{i_{\mathrm{d}}} \tag{2.50}$$

由于电极反应动力学方程式是表征电化学反应速度 i 和电极电位 φ 的函数关系，即

$$i=f(\varphi) \tag{2.51}$$

因此在扩散控制下，可以认为电极电位由物质的表面浓度所决定，并且服从 Nernst 方程式。这样，当产物不溶（形成固态产物或气体）时，通电前后的电位分别为

通电前　$$\varphi_{\mathrm{eq}}=\varphi^{\ominus}+\frac{RT}{nF}\ln a_{\mathrm{O}}^{\mathrm{b}} \tag{2.52}$$

通电后　$$\varphi=\varphi^{\ominus}+\frac{RT}{nF}\ln a_{\mathrm{O}}^{\mathrm{s}} \tag{2.53}$$

二者之差即浓差极化产生的过电位。假设两种情况下活度系数近似相等，则

$$\Delta\varphi=\varphi-\varphi_{\mathrm{eq}}=\frac{RT}{nF}\ln\frac{a_{\mathrm{O}}^{\mathrm{s}}}{a_{\mathrm{O}}^{\mathrm{b}}}=\frac{RT}{nF}\ln\frac{c_{\mathrm{O}}^{\mathrm{s}}}{c_{\mathrm{O}}^{\mathrm{b}}} \tag{2.54}$$

将式(2.50)代入上式，得

$$\Delta\varphi=\frac{RT}{nF}\ln\left(1-\frac{i}{i_{\mathrm{d}}}\right) \tag{2.55}$$

此即产物不溶（形成固态产物或气体）时的浓差极化方程式，图 2.23 表示了这一关系。由图可以看出，i 愈近于 i_{d}，$\Delta\varphi$ 愈大。

若 O、R 皆为可溶物，但起始溶液中仅含 O 时，$i=f(\varphi)$ 的关系式为

$$\varphi=\varphi^{\ominus}+\frac{RT}{nF}\ln\frac{m_{\mathrm{R}}}{m_{\mathrm{O}}}+\frac{RT}{nF}\ln\frac{i_{\mathrm{d}}-i}{i} \tag{2.56}$$

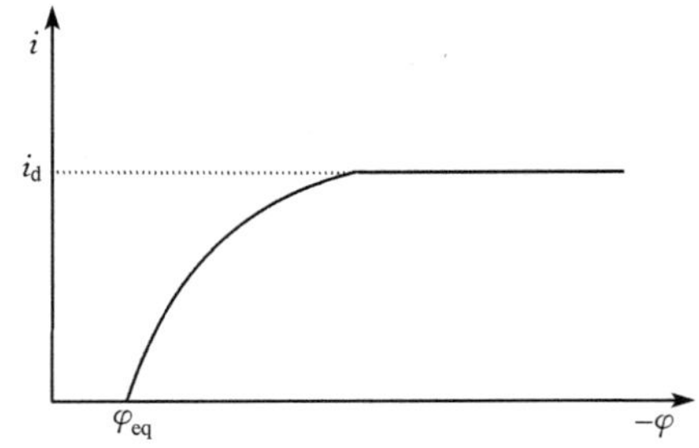

图 2.23　产物不溶时的阴极浓差极化曲线

式中，m 称为质量传输系数，其值为

$$m_i = \frac{D_i}{\delta_i} \tag{2.57}$$

若用 $\varphi_{1/2}$ 代替式(2.57)中等号右方的前两项，则

$$\varphi = \varphi_{1/2} + \frac{RT}{nF}\ln\frac{i_d - i}{i} \tag{2.58}$$

此处 $\varphi_{1/2}$ 称为半波电位，它决定于离子的本性，而与浓度无关。式(2.59)可用图 2.24(a)表示。图中标出了 $\varphi_{1/2}$ 所在的位置和极限电流密度 i_d。

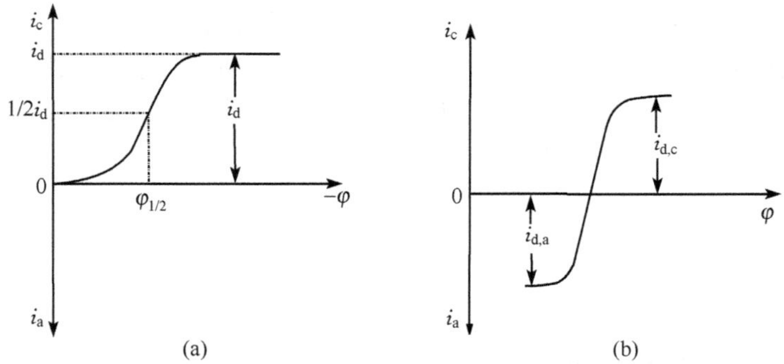

图 2.24　产物可溶时的浓差极化曲线

(a)O、R 皆为可溶物，但起始溶液中只含 O；(b)同(a)，但起始溶液中 O、R 都有

若起始溶液中含有 O 和 R，则 i 和 φ 的关系式为

$$\varphi = \varphi^{\ominus} + \frac{RT}{nF}\ln\frac{m_R}{m_O} + \frac{RT}{nF}\ln\frac{i_{d,c} - i}{i - i_{d,a}} \tag{2.59}$$

从图 2.24(b)曲线可见，阴极方向和阳极方向都出现极限电流，且其大小由 O 或 R 的浓度决定。

根据上述浓差极化的动力学特征，可以判别电极过程是否由扩散步骤所控制。

§2.6　电化学极化及其动力学方程式

当电极过程为电化学步骤控制时，由于电极反应本身的"迟缓性"而引起的电极极化，称为电化学极化。此时电极反应偏离平衡状态，Nernst 方程式不能表示电极电位和表面浓度的关系，故这类过程又称为不可逆电极过程。以下分述这类电极过程的动力学规律。

§2.6.1　电化学反应速度方程式

假设存在下述单电子反应

$$\mathrm{O} + n\mathrm{e} \underset{\overleftarrow{k}}{\overset{\overrightarrow{k}}{\rightleftharpoons}} \mathrm{R} \tag{2.60}$$

式中，$n=1$；

$\overrightarrow{k}$——正向电化学反应速度常数；

$\overleftarrow{k}$——逆向反应速度常数。

设在电极表面附近反应物质的浓度为 c^{s}，则以电流密度表示电极反应速度可分别表示为

正向速度　$$\overrightarrow{i} = nF\overrightarrow{k}c_{\mathrm{O}}^{s} \tag{2.61}$$

逆向速度　$$\overleftarrow{i} = nF\overleftarrow{k}c_{\mathrm{R}}^{s} \tag{2.62}$$

净反应速度应为上述二者的代数和，考虑阴极还原过程时，其电流密度值是

$$i = \overrightarrow{i} - \overleftarrow{i} = nF\overrightarrow{k}c_{\mathrm{O}}^{s} - nF\overleftarrow{k}c_{\mathrm{R}}^{s} \tag{2.63}$$

和一般化学反应不同，电化学反应的速度常数和电极电位 φ 有关，其关系可表示为

$$\overrightarrow{k} = \overrightarrow{k^{\ominus}}\exp\left[\frac{-\alpha nF}{RT}\varphi\right] \tag{2.64}$$

和

$$\overleftarrow{k} = \overleftarrow{k^{\ominus}}\exp\left[\frac{(1-\alpha)nF}{RT}\varphi\right] \tag{2.65}$$

可以看出，式中的 $\overrightarrow{k^{\ominus}}$ 或 $\overleftarrow{k^{\ominus}}$ 是当 $\varphi=0$ 时的速度常数值。与活化能对化学反应速度常数的影响公式相类似

$$k = A\exp\left(-\frac{\Delta G^{\neq}}{RT}\right) \tag{2.66}$$

实验表明：电极电位对 $\overrightarrow{k}$ 的影响是指数关系，即对正向还原反应来说，φ 值变负，$\overrightarrow{k}$ 值呈指数增加；对反向氧化反应，则 φ 值变正，$\overleftarrow{k}$ 值呈指数增加。应该注意的是：φ

对 k 的影响并不是电能 $nF\varphi$ 的 100%，而是它的一部分，即 $\alpha nF\varphi$ 或 $(1-\alpha)nF\varphi$。此处 α 称为传递系数，其值在 0～1 之间。例如 $\alpha=0.50$，则意味着所加电位中，只有 50%对阴极电荷传递过程产生有效影响，而另外 50%则用于影响阳极反应的速度。

把式(2.64)、式(2.65)代入式(2.63)，即得电极反应的净速度，亦即电路上所通过的电流密度大小和电极电位关系的速度方程式

$$i = nF\left\{\overrightarrow{k}^{\ominus}c_{\mathrm{O}}^{\mathrm{s}}\exp\left(\frac{-\alpha nF}{RT}\varphi\right)-\overleftarrow{k}^{\ominus}c_{\mathrm{R}}^{\mathrm{s}}\exp\left[\frac{(1-\alpha)nF}{RT}\varphi\right]\right\} \tag{2.67}$$

此式表明 $i=f(\varphi)$ 的复杂关系，由于式中含有未知参数 $k^{\ominus}$ 和 c^{s}，因此要作进一步分析，才能得到可直接应用的方程式。

§2.6.2 平衡电极的反应速度

若加到电极上的电位正好等于该电极的平衡电位 φ_{eq}，则电极反应将处于平衡态，即正向和反向进行的速度相等，净速度为零，故外电路上的电流等于零，即

$$i = \overrightarrow{i} - \overleftarrow{i} = 0 \tag{2.68}$$

或

$$\overrightarrow{i} = \overleftarrow{i} = i^{\ominus} \tag{2.69}$$

此时正向和反向的电流密度相等，并以符号 $i^{\ominus}$ 表示，称为交换电流密度，它表示平衡电位下氧化反应和还原反应的绝对速度。当 $i=0$ 时，物质在电极表面和本体中的浓度相同，即 $c^{\mathrm{s}}=c^{\mathrm{b}}$。对照式(2.69)和式(2.67)可得

$$i^{\ominus} = nF\overrightarrow{k}^{\ominus}c_{\mathrm{O}}^{\mathrm{b}}\exp\left(\frac{-\alpha nF}{RT}\varphi_{\mathrm{eq}}\right)= nF\overleftarrow{k}^{\ominus}c_{\mathrm{R}}^{\mathrm{b}}\exp\left[\frac{(1-\alpha)nF}{RT}\varphi_{\mathrm{eq}}\right] \tag{2.70}$$

若用 φ_{eq} 的 Nernst 方程式，把它换为标准电极电位 $\varphi^{\ominus}$，则可导出 $i^{\ominus}=f(c^{\mathrm{b}},\varphi^{\ominus})$ 的关系，即

$$i^{\ominus} = nF(c_{\mathrm{O}}^{\mathrm{b}})^{1-\alpha}(c_{\mathrm{R}}^{\mathrm{b}})^{\alpha}\overrightarrow{k}^{\ominus}\exp\left(\frac{-\alpha nF}{RT}\varphi^{\ominus}\right) \tag{2.71}$$

令

$$K_{\mathrm{O}}^{\ominus}=\overrightarrow{k}^{\ominus}\exp\left(\frac{-\alpha nF}{RT}\varphi^{\ominus}\right) \tag{2.72}$$

则式(2.71)可写作

$$i^{\ominus} = nF(c_{\mathrm{O}}^{\mathrm{b}})^{1-\alpha}(c_{\mathrm{R}}^{\mathrm{b}})^{\alpha}K_{\mathrm{O}}^{\ominus} \tag{2.73}$$

式中，$K_{\mathrm{O}}^{\ominus}$ 是电极电位处于标准平衡电极电位时的速度常数，称为标准速度常数。其值和交换电流密度 $i^{\ominus}$ 有关，但和浓度无关，是衡量电极处于标准平衡电位时，正、反方向电极反应绝对速度大小的一个很有用的参量。它和 $i^{\ominus}$ 一样，表征着电极催化活性的大小，其值越大，则电极的催化活性越高。表 2.6 反映了这一关系。

表 2.6　$i^{\ominus}$ 对电极性质及电极过程的影响

$i^{\ominus}$	$i^{\ominus}\to 0$	$i^{\ominus}$小	$i^{\ominus}$大	$i^{\ominus}\to\infty$
电极性质	理想极化电极	易极化电极	难极化电极	理想不极化电极
电极反应的可逆性	完全不可逆	可逆性小，高过电位	可逆性大，低过电位	完全可逆
$\Delta\varphi\sim i$ 关系	φ 可任意改变	一般为半对数关系 $\Delta\varphi=a+b\lg i$	一般为线性关系 $\Delta\varphi=Ki$	φ 几乎不变 $\varphi\to\varphi_{eq}$

§2.6.3　电流和过电位的关系式

过电位在数值上等于电极电位偏移的绝对值，即

$$\eta=|\varphi-\varphi_{eq}| \tag{2.74}$$

利用这个关系式，并引用式(2.70)后，可将式(2.67)简化成下式

$$i=i^{\ominus}\left[\frac{c_O^s}{c_O^b}\exp\left(\frac{\alpha nF}{RT}\eta\right)-\frac{c_R^s}{c_R^b}\exp\left(\frac{-(1-\alpha)nF}{RT}\eta\right)\right] \tag{2.75}$$

假定外电路电流很小，溶液得到充分搅拌，电极表面上物质的浓度与溶液本体的浓度相近，即认为 $c_O^s/c_O^b\approx 1$ 和 $c_R^s/c_R^b\approx 1$，则上式可简化为

$$i=i^{\ominus}\left[\exp\left(\frac{\alpha nF}{RT}\eta\right)-\exp\left(\frac{-(1-\alpha)nF}{RT}\eta\right)\right] \tag{2.76}$$

这就是著名的 Butler-Volmer 方程式，它表明了电化学控制时电流和过电位之间的关系。据此可画出它们二者的关系图，如图 2.25 所示。

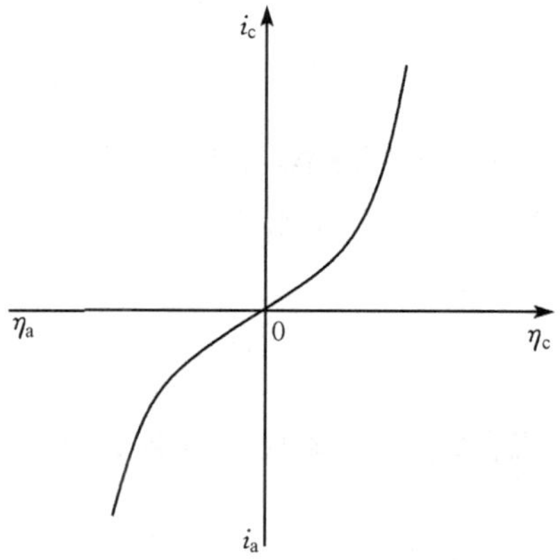

图 2.25　电化学极化控制下的极化曲线

与图 2.23 和图 2.24 相比，此图的显著特点是：不出现极限电流，当过电位加到某一足够大的数值时，电流将急剧上升。

根据式(2.76)可导出在还原反应高过电位下的 Tafel 方程式。此时，式中的

第二项数值较第一项小得多,可略去不计,则可得

$$i = i^{\ominus}\exp\left(\frac{\alpha nF}{RT}\eta\right) \tag{2.77}$$

或写作

$$\eta = \frac{RT}{\alpha nF}\ln\frac{i}{i^{\ominus}} \tag{2.78}$$

这和 Tafel 经验方程式

$$\eta = a + b\lg i \tag{2.79}$$

的形式相同。类似地,当氧化反应过电位高时,则有

$$\eta = \frac{RT}{(1-\alpha)nF}\ln\frac{i}{i^{\ominus}} \tag{2.80}$$

根据式(2.79)和式(2.80)作 $\ln i$ 对 η 图,成直线关系,如图 2.26 所示,常称为 Tafel

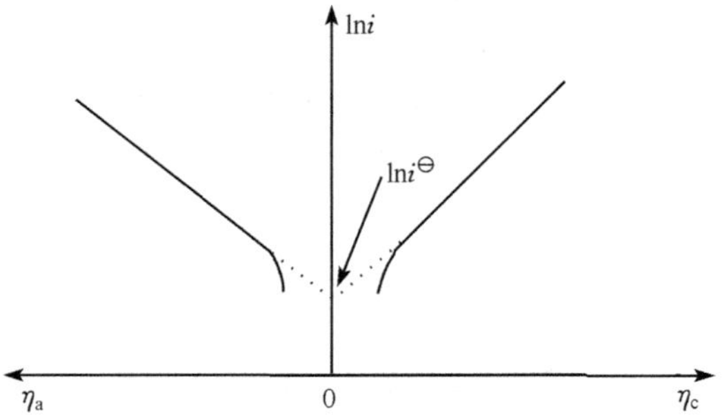

图 2.26 电化学极化的 Tafel 图

图。从图的截矩,可求得 $i^{\ominus}$;从图的斜率,可求得传递系数 α。当过电位很小时,式(2.76)中的两项相当,任何一项都不能略去。因 η 值很小,故按级数公式把其展开,整理后可得

$$\eta = \frac{RT}{nFi^{\ominus}}i \tag{2.81}$$

此时,电流和过电位之间成直线关系,该比例常数具有电阻的量纲,故称为电荷传递电阻 R_r,可表示为

$$R_r = \frac{RT}{nFi^{\ominus}} \tag{2.82}$$

实际上,电解电流常常包含电化学控制和扩散控制的电流。只不过在极化电流密度较小时,主要显现电化学控制的特征,i 和 η 之间有指数关系。而当过电位增至一定值后,i 增加的趋势渐趋缓和,即扩散控制的特征逐步显现出来,最后出现平阶,即转入扩散控制区域,出现极限电流。中间阶段会有一个由电化学控制转

化为扩散控制的混合控制区,以上情形可用图 2.27 表示。

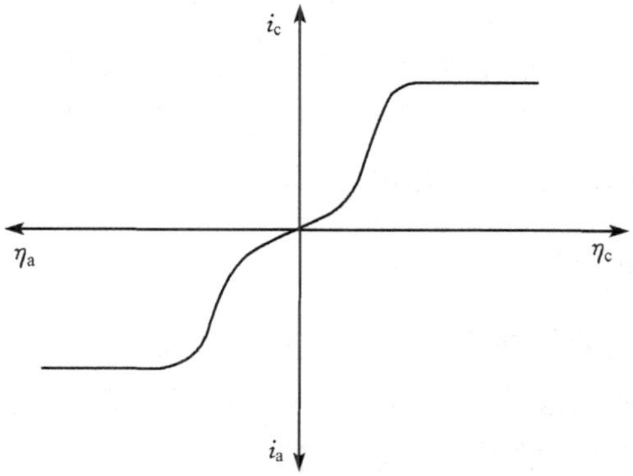

图 2.27　电流和过电位之间的关系

在有机电合成实践中,了解反应的动力学规律是很重要的。譬如,为使电合成反应能在较理想的条件下进行,必须确定电解所用的电流值和电位值。同时希望电解池通过的电流足够大,使生产能力足够高。但过大的电流会带来太高的过电位,从而使反应物处于较高的活泼状态,结果有可能使副反应增加,反应选择性降低,增加分离的困难。为此分别测出在某一电位下同时进行的两个反应的 $i \sim \varphi$ 曲线,然后作出它们的 Tafel 图(图 2.28)。图中直线 1 表示反应:A±e ⟶B,直线 2 表示反应:C±e ⟶D。因此,当电极电位选定为 φ_1 时,所得产物中[B]/[D]的值可能接近 1;若选择在 φ_2 下进行,则所得产物中 D 物质的量将会大于 B。

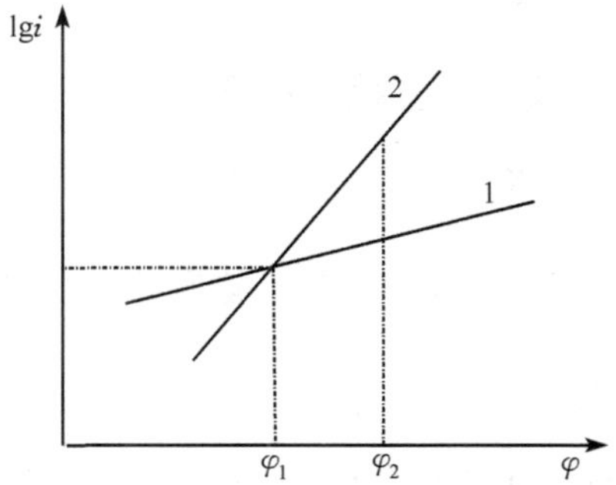

图 2.28　同时进行的两个电极反应的 Tafel 图

§ 2.7　复杂电极过程

在前几节中,我们讨论的均是简单电极过程。然而,许多实际电极过程要复杂得多，其复杂性主要表现在：电极反应（$O+ne \longrightarrow R$）中的 n 个电子转移是分几个步骤完成的，因而必然在反应过程中出现中间产物；整个电极反应历程中除了液相传质步骤与电化学步骤之外，还可能包括一些不涉及电子交换的表面化学转化步骤。例如，发生在电极附近液层中或“电极/溶液”界面上的均相转化和异相转化反应。本节着重阐述这方面的基础知识。

§2.7.1　多电子电极反应

前几节，我们讨论的都是单电子电极反应，而实际中遇到的不仅仅是单电子电极反应，还有很多电极反应涉及到多个电子的转移。那么，这些反应是按什么样的历程进行的呢？它的动力学规律又将如何呢？

通常，多电子转移步骤是由一系列单电子转移步骤串联组成的。例如，对于多电子电极反应

$$O+ne \longrightarrow R$$

其反应历程可描述为

$$\left.\begin{array}{l} O+e \xrightleftharpoons{i_1^{\ominus}} X_1 \\ X_1+e \xrightleftharpoons{i_2^{\ominus}} X_2 \\ \cdots\cdots\cdots\cdots \\ \cdots\cdots\cdots\cdots \\ X_{j-2}+e \xrightleftharpoons{i_{j-1}^{\ominus}} X_{j-1} \end{array}\right\} \text{控制步骤前共}(j-1)\text{个单电子步骤}$$

$$X_{j-1}+e \xrightleftharpoons{i_j^{\ominus}} X_j \qquad \text{控制步骤}$$

$$\left.\begin{array}{l} X_j+e \xrightleftharpoons{i_{j+1}^{\ominus}} X_{j+1} \\ \cdots\cdots\cdots\cdots \\ \cdots\cdots\cdots\cdots \\ X_{n-1}+e \xrightleftharpoons{i_n^{\ominus}} R \end{array}\right\} \text{控制步骤后共}(n-j)\text{个单电子步骤}$$

在这些连续进行的单电子转移步骤中，同样有一个速度控制步骤，如上例中的第 j 个步骤。

有时，控制步骤要重复多次，才开始下一个步骤。例如氢电极反应

$$2H^{+}+2e = H_2$$

即出现如下反应历程

$$\left.\begin{array}{l} H^+ + e \rightleftharpoons H_{吸附} \\ H^+ + e \rightleftharpoons H_{吸附} \end{array}\right\} \quad 控制步骤，重复两次$$

$$H_{吸附} + H_{吸附} \rightleftharpoons H_2$$

有些情况下，中间态粒子有可能发生歧化反应，如

$$2(O + e \rightleftharpoons X) \quad 单电子反应，重复两次$$

$$2X \rightleftharpoons O + R \quad 歧化反应$$

$$O + 2e \rightleftharpoons R \quad 净反应$$

而歧化反应可能是与电极电位无关的化学反应。所以，多电子转移步骤也不是在任何情况下都是由单电子步骤串联组成的。

凡是多个电子参与的电极反应，即 $n>2$ 时，肯定不可能一次转移 n 个电子，所以它的反应历程属多电子转移步骤类型，如 1,5 -二硝基蒽醌的电还原反应，其反应历程为[1,2]

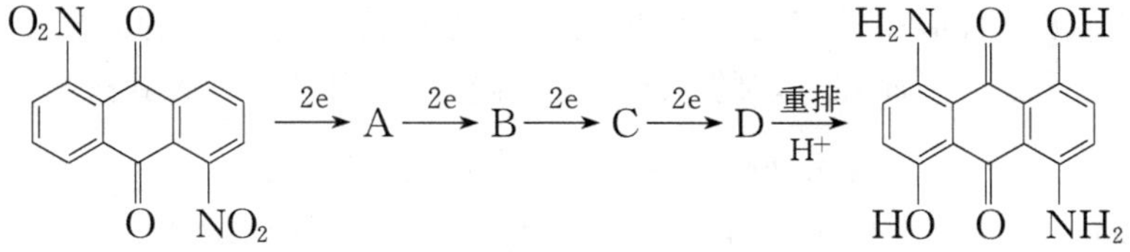

(2.83)

或

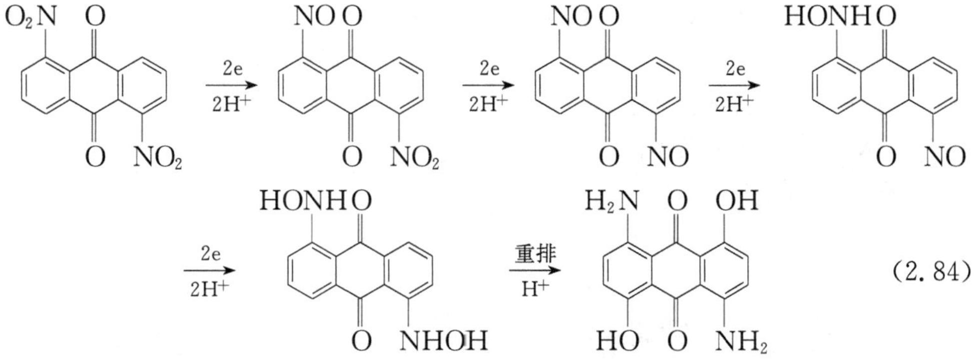

(2.84)

对于多电子转移步骤的动力学规律，可以依照前面推导的稳态动力学方程及其求解（参阅有关书籍），可以获得多电子分步转移电极过程的动力学方程为

$$i_a = nFKc_R \exp\left[\frac{\beta n_a F}{RT}(\varphi - \varphi_{eq})\right] \tag{2.85}$$

$$i_c = nFKc_O \exp\left[-\frac{\alpha n_a F}{RT}(\varphi - \varphi_{eq})\right] \tag{2.86}$$

式中，n——电极反应涉及的总电子数；

n_a——控制步骤中实际转移的电子数；

显然 $n_a \leqslant n$。

§2.7.2　偶合均相化学反应[3,4]

前面讨论的电极过程均只涉及到基本的液相传质步骤和电化学步骤。然而，还有一类反应，当始态反应粒子通过液相传质到电极表面后，需要经过某些转化步骤才能参加电极反应，且转化步骤还可能发生在两次电子转移步骤之间。虽然这些转化反应的速度常数与电极电位无关，但对整个电极过程的动力学却有明显的影响。有关这类反应的电极过程，称为偶合均相反应。

1. 前置反应(preceding reaction)

在一个电极反应过程中，当化学转化步骤(C)发生在电化学步骤(E)之前时，则该过程称为前置化学反应，简称 CE 过程。

这类电极过程应用较广泛。例如，有机酸还原反应，未解离的酸分子往往比阴离子更容易还原。因而在一定的 pH 值范围内，反应可按下列方式进行

$$A^- + H^+ \rightleftharpoons HA \xrightarrow{ne} \text{反应产物} \tag{2.87}$$

式中包括了 H^+ 与有机酸阴离子(A^-)复合形成酸分子(HA)的前置均相转化步骤。又如金属络离子的还原，常按下式进行

$$MXn \rightleftharpoons MX_p + (n-p)X,\quad MX_p \xrightarrow{ne} \text{反应产物} \tag{2.88}$$

式中，MXn——金属络合离子；

MX_p——活性中间体；

X——络合剂。

又如醛的还原

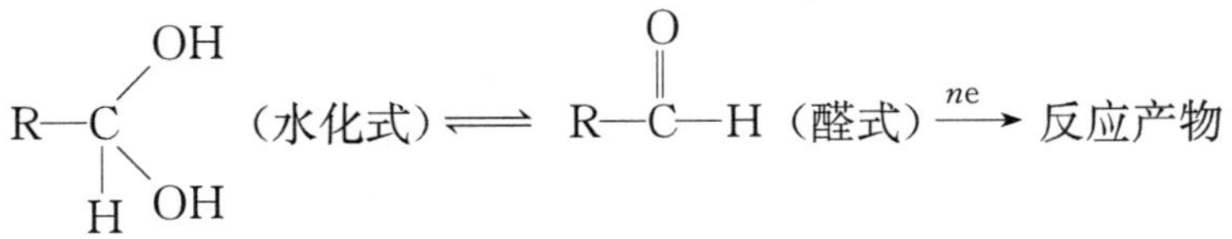

都属于 CE 型电极过程，其反应模式可表示为

$$Y \underset{K_b}{\overset{K_f}{\rightleftharpoons}} O,\quad O \xrightarrow{ne} R \tag{2.89}$$

式中，K_f 和 K_b 分别为前置转化反应的正、逆方向速度常数。在反应过程中前置反应生成的电极活性粒子(O)在电极表面上消耗，而后生成产物 R，形成反应周期。故“O”活性粒子随时间的变化率为

$$\frac{\partial c_O}{\partial t} = D_O \frac{\partial^2 c_O}{\partial x^2} + K_f c_Y - K_b c_O \tag{2.90}$$

式中,右方第一项为扩散项,后两项为均相反应。若假设前置反应的平衡常数很小,即 $c_O \ll c_Y$,则电极过程"Y"物的浓度基本不变,c_Y 可看作为常数。电极过程达到稳态时上式可表示为

$$D_O \frac{\partial^2 c_O}{\partial x^2} + K_f c_Y - K_b c_O = 0 \tag{2.91}$$

若产生极限电流时,则可用下列边界条件

$$\left.\begin{array}{l} x = 0, c_O = 0 \\ x = \infty, c_O = c^* \end{array}\right\} \tag{2.92}$$

求解,其结果为

$$c_O = c^* \left\{1 - \exp\left[-\left(\frac{K_b}{D_O}\right)^{0.5} \cdot x\right]\right\} \tag{2.93}$$

由此求得

$$\left(\frac{\partial c_O}{\partial x}\right)_{x=0} = c^* \left(\frac{K_b}{D_O}\right)^{0.5} \tag{2.94}$$

故阴极方向的极限电流为

$$I_{d,c} = nFAD_O\left(\frac{\partial c_O}{\partial x}\right)_{x=0} = nFA(D_O K_b)^{0.5} c^* \tag{2.95}$$

$I_{d,c}$ 称为极限动力电流,其数值比单纯扩散传质所产生的极限电流值要大。有时把式

$$\frac{c^*}{\left(\frac{\partial c}{\partial x}\right)_{x=0}} = \mu \tag{2.96}$$

中的 μ 值称为反应层的当量厚度,即为 $c=f(x)$ 曲线从 $x=0$ 处的斜率外推至水平线相交点处的 x 值,见图 2.29。由式(2.94)和式(2.96),可得

$$\mu = \left(\frac{D_O}{K_b}\right)^{0.5} \tag{2.97}$$

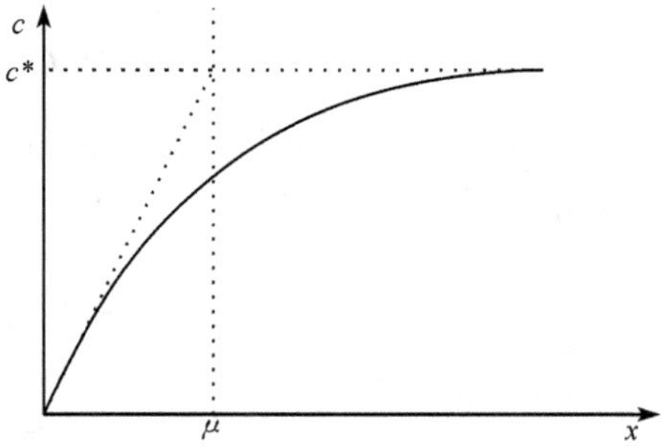

图 2.29　反应层当量厚度

由此可见,均相化学反应的速度越快,K_b 值越大,反应层的当量厚度值越小,动力电流值越大。

2. 随后反应(following reaction)

在一个电化学反应中,如果化学转化步骤(C)发生在电化学步骤(E)之后,则

称此过程为随后化学反应，简称“EC”过程。例如，在酸性介质中硝基苯电解还原制备对氨基苯酚的反应[5,6]

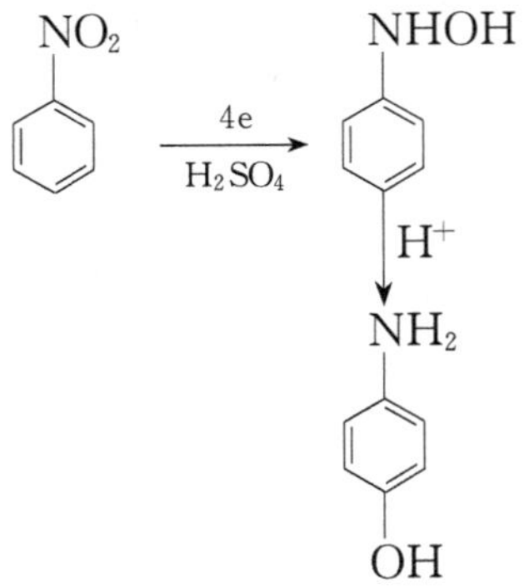

(2.98)

在反应过程中，硝基苯首先电还原成羟基苯胺(活性中间体)。随后，经化学重排生成对氨基苯酚。

这类电极过程的反应模式可表示为

$$\mathrm{O} + ne \rightleftharpoons \mathrm{R} \rightarrow \mathrm{T} \tag{2.99}$$

式中，R 为电极反应的可溶性中间产物，经随后转化反应生成可溶的最终产物 T。这类反应不会影响“O”对电极表面的扩散传质。在稳态下“R”产物产生的量等于它向本体相传质的量与随后反应消耗的量之和，即

$$\frac{-i}{nF} = m_{\mathrm{R}} c_{\mathrm{R}(x=0)} + \mu K c_{\mathrm{R}(x=0)} \tag{2.100}$$

式中，μ 称作反应层当量厚度。这里可把它看作一个参变量，乘积 μK 具有传质系数的量纲(长度・时间$^{-1}$)。由上式可解得

$$c_{\mathrm{R}(x=0)} = \frac{-i}{nF(m_{\mathrm{R}} + \mu K)} \tag{2.101}$$

另外，由稳态扩散关系

$$c_{\mathrm{O}(x=0)} = \frac{i - i_{\mathrm{d,c}}}{nFm_{\mathrm{O}}} \tag{2.102}$$

把上两式代入 Nernst 方程式，可得

$$\varphi = \varphi'_{1/2} + \frac{RT}{nF}\ln\frac{i_{\mathrm{d,c}} - i}{i} \tag{2.103}$$

因为

$$\varphi'_{1/2} = \varphi^{\ominus} + \frac{RT}{nF}\ln\frac{m_{\mathrm{R}} + \mu K}{m_{\mathrm{O}}} \tag{2.104}$$

而单纯扩散传质时的半波电位为

$$\varphi_{1/2} = \varphi^{\ominus} + \frac{RT}{nF}\ln\frac{m_R}{m_O} \tag{2.105}$$

相比较，得

$$\varphi'_{1/2} = \varphi_{1/2} + \frac{RT}{nF}\ln\left(1 + \frac{\mu K}{m_R}\right) \tag{2.106}$$

由上式可见：

(1) 当不可逆随后反应的速度极为缓慢时，$\mu K \ll m_R$，$\varphi'_{1/2} = \varphi_{1/2}$，电荷传递反应还原波的半波电位不受随后反应的影响。

(2) 当 $\mu K \gg m_R$ 时，则

$$\varphi'_{1/2} = \varphi_{1/2} + \frac{RT}{nF}\ln\frac{\mu K}{m_R} \tag{2.107}$$

随后反应的影响是把还原波曲线向正电位方向移动了某一定值，但波形不变。以上讨论是一种定性的近似处理法。

3. 催化反应(catalytic reaction)

这类电极过程的反应模式可以表示为

$$\begin{array}{c} O + ne \longrightarrow R \\ \uparrow \qquad\qquad\quad \downarrow \\ R + B \xrightleftharpoons{K_f} O + Y \end{array} \tag{2.108}$$

式中，电极反应($O \xrightarrow{ne} R$)产物 R 能与液相中某一氧化剂 B 相互作用，按照化学反应($R + B = O + Y$)重新生成 O。后一反应与电化学反应平行，故称为平行转化步骤。当化学反应与电化学反应达到稳态后，净反应是 $B \xrightarrow{ne} Y$。只是 B 不直接在电极上获得电子，而是通过电极活性较大的 O/R 体系的“催化作用”实现，故叫做催化反应。

例如，在有强氧化剂 H_2O_2 存在时，Fe^{3+} 的阴极还原反应就是这类电极过程的典型实例，其反应历程为

$$\begin{array}{ll} Fe^{3+} + e \longrightarrow Fe^{2+} & \text{(电极反应)} \\ Fe^{2+} + 1/2H_2O_2 = Fe^{3+} + OH^- & \text{(液相反应)} \end{array} \tag{2.109}$$

在这个反应中，由于 H_2O_2 在电极上还原需要很高的超电位，以致在 Fe^{3+}/Fe^{2+} 体系的平衡电位附近实际上不可能发生 H_2O_2 的直接还原。然而，H_2O_2 可使 Fe^{3+} 的阴极还原产物(Fe^{2+})再氧化。反应过程中，Fe^{3+} 实际上没有消耗，只起到均相催化的作用，并由此导致反应电流增大(图 2.30)。H_2O_2 浓度愈高，这种催化电流

就愈大。

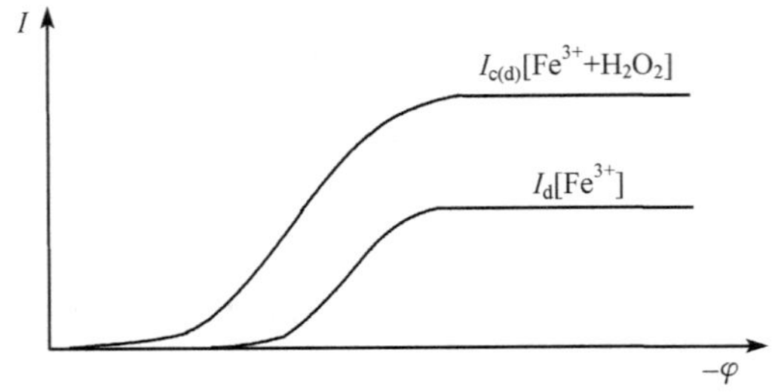

图 2.30　H_2O_2 对 Fe^{3+} 离子还原电流的影响示意图

又如,邻硝基甲苯间接电解合成邻硝基苯甲醛[7],其反应历程为

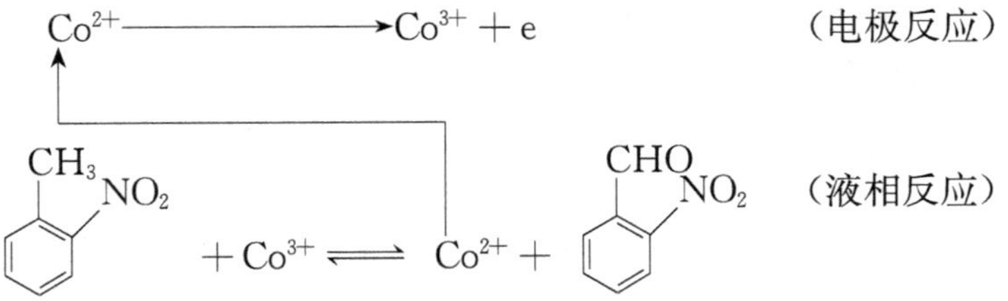

(2.110)

在这个反应中,二价钴离子(Co^{2+})首先在电极表面上被氧化成三价钴离子(Co^{3+})。然后,Co^{3+} 与溶液中的邻硝基甲苯反应,生成邻硝基苯甲醛,同时 Co^{3+} 被还原成 Co^{2+}。在反应过程中,Co^{2+} 没有消耗,只起到均相催化作用。因此,这类反应也构成了有机电合成中的间接电氧化反应,其通式为

$$
\begin{gathered}
M^{n+} \longrightarrow M^{(n+1)+} + e \\
M^{(n+1)+} + R \longrightarrow M^{n+} + P
\end{gathered}
\tag{2.111}
$$

式中,M^{n+} 和 $M^{(n+1)+}$——电对或“氧化媒质”;

R——反应原料;

P——产物。

除上述均相偶合反应外,在实际体系中还有 ECE 过程

$$
\begin{aligned}
A \pm n_1 e &\rightleftharpoons B \qquad (E) \\
B &\rightleftharpoons C \qquad (C) \\
C \pm n_2 e &\rightleftharpoons D \qquad (E)
\end{aligned}
\tag{2.112}
$$

这种反应与 EC 过程不同,这里化学步骤的产物 C 是电活性物质,而 EC 过程中则为稳定的产物。因此,在 ECE 过程中,C 的电活性比 A 更强。

另外,在实际反应体系中,也不像以上所述那样理想化。例如

$$AH_2 \rightleftharpoons A + 2H^+ + 2e \tag{2.113}$$

按反应式是一个较简单的反应，但按原理，A 还原时的反应途径可能为

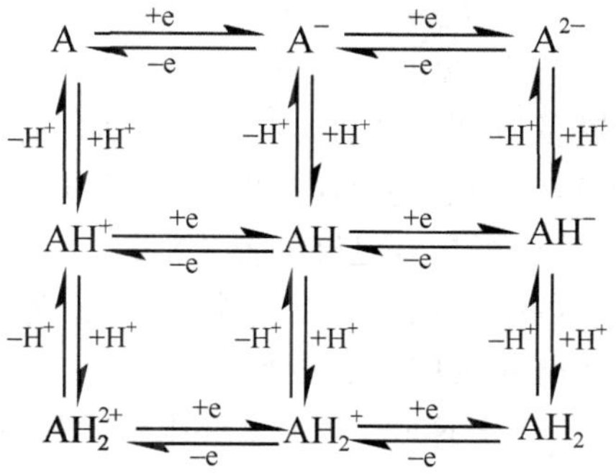

(2.114)

式中水平箭头表示电子传递，垂直箭头表示化学反应。由此可见，在一个反应体系中，因条件不同会产生很不一致的结果。对某一个具体的反应而言，应考虑如下几方面的问题：

(1) 酸、碱平衡常数；

(2) 电极过程动力学和化学反应动力学；

(3) 电极电位大小；

(4) 不同的电介质等。

§2.8　电 催 化

§2.8.1　基本概念和意义

在电化学反应中电极可分为两种类型。第一类电极，直接参加电极反应，并有所消耗(如阳极溶解)或生长(如阴极电沉积)，它们大都属于金属电极过程；另一类电极，本身不直接参加电极反应，因而被称为“惰性电极”或“不溶性电极”，但对电化学反应的速度和反应机理却有重要影响，这一作用称为电催化。电极的电催化作用既可由电极材料本身引起，也可通过各种工艺使电极表面修饰和改性后获得。因此，电催化剂既可以是电极本体，也可以是构成电极的反应表面，这时电极仅作为电催化剂的基体。通常把电催化分成两大类，即多相电催化和均相电催化。

多相电催化是指电极材料对电化学反应的催化作用，其研究目的主要是通过选择或修饰电极材料，去加速某一特定的电极反应。

例如，有一电极反应

$$A + e \longrightarrow A^- \tag{2.115}$$

假定这一反应要在过电位很高的情况下，才能以显著的速度进行反应，为了加速这

一反应，选择合适的电极材料 S，则反应途径改变为

$$A + [S] \longrightarrow A[S] \tag{2.116}$$

$$A[S] + e \longrightarrow A^{-}[S] \tag{2.117}$$

$$A^{-}[S] \longrightarrow [S] + A^{-} \tag{2.118}$$

这时电极的过电位大大降低，说明该电极对此反应具有良好的电催化活性。在这里，活性高低并无绝对标准。一般要求在过电位<100mV 的情况下，i 的数值达到 $0.1 \sim 1 A \cdot cm^{-2}$，就认为该电极具有足够的催化活性。

均相电催化是指产物的生成在均相反应中进行，而为此所需要的活性催化物质则在电极上产生。这种催化反应可表示为

$$Ox + e \longrightarrow Red \quad \text{(在电极上还原)} \tag{2.119}$$

$$Red + S \longrightarrow P + Ox \quad \text{(在溶液中)} \tag{2.120}$$

$$Ox + e \longrightarrow Red \quad \text{(在电极上再生 Red)} \tag{2.121}$$

这里 S 代表反应底物，P 代表产物。对于电极上发生氧化的均相催化，其反应模式可表示为

$$Red \longrightarrow Ox + e \quad \text{(在电极上)} \tag{2.122}$$

$$Ox + S \longrightarrow P + Red \quad \text{(在溶液中)} \tag{2.123}$$

电催化研究的意义是明显的。首先，它可大大降低电解能耗，电化学工业常常被称为“吃电的老虎”。例如，世界上每年用在氯碱工业上的电能为 10^{11}kW · h，铝电解、水电解、有机电合成等也要消耗大量的电能。如能降低过电位，减少电能消耗，将有极大的经济意义。其次，在许多电解工业生产中，要求反应按特定方向进行，同时能够抑制副反应的发生，这也可通过选择适当的电催化材料来实现。

§2.8.2　电催化剂的要求

电化学工业所使用的电催化剂应考虑或满足以下一些要求：

(1) 具有较高的电催化活性，能使电极反应速度加快，且电极电位较低，从而可降低槽压和能耗。

(2) 稳定、耐蚀，具有一定的机械强度，使用寿命长。

(3) 具有良好的电催化选择性，在给定的电极反应中具有较高的催化活性，同时对其他副反应则活性较低，这是提高电流效率的必要条件。

(4) 具有良好的电子导电性，可降低电极本身的电压降，使电极尽可能在高电流密度下工作。

(5) 易加工制备，成本较低。

要全面满足以上要求是困难的，但其中(1)、(2)最为重要，不满足这两个要求，

则无应用价值。

§2.8.3　影响电催化剂性能的主要因素

1. 材料性质

已知具有较高电催化活性的材料，几乎都是过渡金属及其化合物。这是因为过渡金属元素具有未配对电子或空轨道，容易形成中间化合物，降低反应活化能。它可以是金属单质，如 Pt、Ir、Ni 等；也可以是合金，如 PtSn、NiMo、CoMo；或单金属氧化物(如 RuO_2)、混合型金属氧化物(尖晶石型、青铜型或钙钛矿型)；或者是配位化合物(金属氰化合物、金属卟啉化合物等)。

2. 几何因素

在电催化作用中，催化剂和反应底物直接发生作用，这就要求催化剂的活性中心和底物分子在结构上具有一定的对应关系。

因为电催化反应是多相反应，要提高催化效率，一般都要把电催化剂制备成高分散性的形式，并涂抹在支持载体上。载体一般是抗腐蚀性能高的电子良导体，如钢、钛、石墨等。

3. 表面因素

由于电化学反应是多相反应，因此决定电极催化性能的最主要因素是电极的表面状态和比表面积，如表面缺陷的性质、浓度、各种晶面的暴露程度等。电极比表面积增大，将使真实电流密度降低，有利于降低过电位。

目前，一般使用的电极材料大多是金属、金属氧化物、碳等，难以适应电解反应的多种要求。为了提高电极对反应的催化性能，人们已设法用某种具有特殊功能的分子或原子(离子)去修饰电极表面。

从修饰方法看，主要有两种：吸附修饰(通过吸附作用把修饰物质引入到电极表面上)和化学修饰(通过化学键作用把修饰物质固定在电极表面上)。电极经过修饰后，所表现出来的活性就是基底材质和修饰物质共同作用的结果，将会降低某一反应的过电位，增大反应电流，延长电极寿命，抑制副反应发生。通过改变表面的亲水性、光敏性、空间性等方式，能够在普通材料上修饰出多种功能的电极。例如，采用聚硝基苯乙烯覆盖的铂电极，可把内消旋的二溴-1,2-二苯基乙烷催化还原成顺-1,2-二苯乙烯[8]；通过酰胺键作用氯基蒽醌类修饰的玻碳电极，在光线照射下可使异丙醇光催化电解氧化成丙酮[9]。

在修饰材料上，有的采用低分子有机物，如采用卟啉(porphyrin)修饰的 Co-Ag，Co-Fe，Co-Mn 等电极具有较高的催化活性，在燃料电池方面具有良好的应用前景；铁卟啉电极则可催化卤代烃的还原反应[10]。此外，高分子也可作为修饰物，如聚吡咯[11]、聚全氟化物（如 Nafion 膜[12]）等。这种高聚物膜可以把某些催化物质嵌入，反应时再通过离子交换释放出来。另外，还有人把生物催化剂即酶，用来修饰电极，具有优良的反应活性和选择性。

§2.8.4 电催化活性的表征

当同一反应在不同电极表面上进行时，一般认为，在相同电流密度下过电位较低的电极材料具有较高的电催化活性。在前已述，交换电流密度（$i^{\ominus}$）愈高，电化学反应的过电位将愈低。因此，在电化学文献中常以 $i^{\ominus}$ 值作为电催化活性高低的标志，但也不能忽略反映电极反应动力学性质的另一参数 b，即 Tafel 斜率。严格来说，只有在 Tafel 斜率相同时，才能用 $i^{\ominus}$ 表征电催化活性。因为有些 $i^{\ominus}$ 值较小的电极材料，也可因其 b 值较低，在高电流密度区间反而具有较高的电催化活性（见图 2.31 中的曲线 1）。

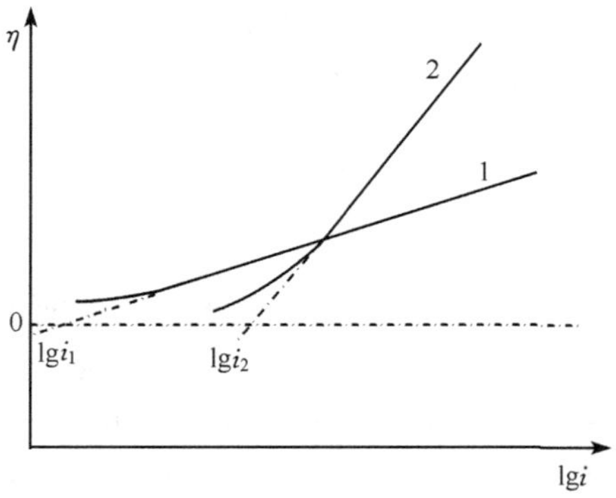

图 2.31 Tafel 斜率对电催化活性的影响

通常，一个实用的催化电极要求能在一定时期内稳定保持催化活性，在电解工业上一般要求电极有一年以上的使用寿命。电催化剂失去活性的原因可能有：使用中的剥蚀和磨损；电解液的侵蚀；由于副反应或吸附杂质而中毒；因表面上微粒的重结晶而减小反应面积。这些都是电极催化剂投入工业使用前必须解决的问题。

§2.8.5 几种典型的电催化反应

1. 存在吸附中间体的电极反应

存在吸附中间体的电极反应包括氢的析出、氧的还原和析出、氯的形成以及甲醇的氧化，在电化学中极为重要，现分述如下：

(1) 氢析出反应

氢析出反应是一种很常见的电解反应，因为许多电解反应都在水溶液中进行，故在阴极上总有可能发生 H^+ 离子或水的还原而放出氢气。例如，有机氧化反应中阳极发生电合成反应，阴极为析氢反应，其中

在酸性介质中

$$2H^+ + 2e \longrightarrow H_2 \tag{2.124}$$

在中性或碱性介质中

$$2H_2O + 2e \longrightarrow H_2 + 2OH^- \tag{2.125}$$

下面讨论酸性介质中的情形。如果不生成其他中间化合物，则反应机理可能是

$$H^+ + e \longrightarrow H_{soln} \tag{2.126}$$

$$2H_{soln} \longrightarrow H_2 \tag{2.127}$$

式中，H_{soln}是溶解状态的氢原子。据研究表明，这一机理不大可能实现。一般认为可能的机理是电极参与反应，因而反应的第一步是生成吸附氢原子

$$H^+ + e \longrightarrow H_{ads} \tag{2.128}$$

吸附物的形成，改变了电子传递步骤的自由能，其改变量与氢原子和电极表面原子间的成键能力，即吸附自由能有关。反应的第二步是吸附氢原子通过某种方式转化为氢分子，有两种可能的机理，即

机理Ⅰ

$$H^+ + e + M \longrightarrow M—H \tag{2.129}$$

$$2M—H \longrightarrow 2M + H_2 \tag{2.130}$$

机理Ⅱ

$$H^+ + e + M \longrightarrow M—H \tag{2.131}$$

$$M—H + H^+ + e \longrightarrow M + H_2 \tag{2.132}$$

这两种机理相类似，首先都要形成 M—H 键，然后将它打开，再将吸附氢释放出来。从反应第一步来看，吸附自由能 $\Delta G_{ads}^{\ominus}$较高将有利于 M—H 的形成，从而有利于加速整个反应。从第二步来看，过高的 $\Delta G_{ads}^{\ominus}$将导致吸附氢难以解离，从而不利于总反应进行。因此，氢析出反应的最大速度应该出现在某些适中的 $\Delta G_{ads}^{\ominus}$处。前面已指出，交换电流密度 $i^{\ominus}$的大小反映电极催化活性的高低。因此若以各电极析氢反应的 $i^{\ominus}$对 ΔG_{ads}作图，可形象地作出“火山图”，如图 2.32 所示[13]。表 2.7 为 $1mol \cdot L^{-1}\ H_2SO_4$ 中析氢反应的 $i^{\ominus}$值。

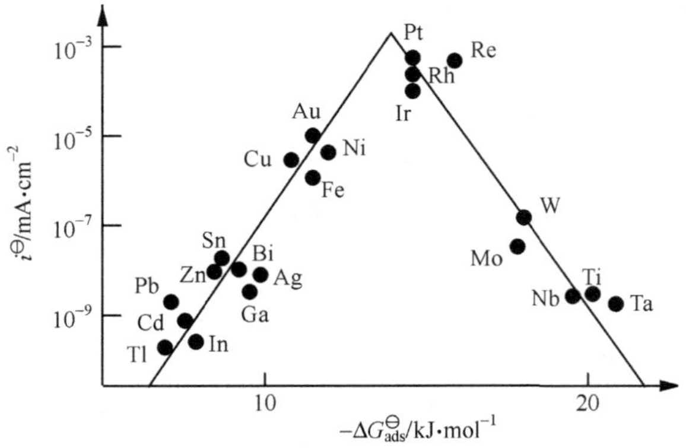

图 2.32　析氢反应电催化活性的“火山图”

表 2.7　在 1mol · L^{-1} H_2SO_4 中析 H_2 反应的 $i^{\ominus}$ 值

金属	$-\lg i^{\ominus}$	金属	$-\lg i^{\ominus}$
Ag	5.4	Ni	5.2
Au	5.5	Pb	12.3
Cd	11.0	Pd	2.3
Co	5.2	Pt	3.6
Cr	7.4	Rh	2.8
Cu	6.7	Ru	2.1
Fe	6.0	W	7.0
Hg	12.5	Zn	10.5

由图可以看出:对析氢反应来说,活性最高的材料是处于“火山顶”的 Pt、Rh、Ir、Re 等,它们都是贵金属;具有中间活性的材料是处在“火山腰”上的 Ni、Fe、W、Mo 等;而处在“火山脚下”的 Pb、Hg、Tl、Cd、Ti 等,电催化活性较差。

贵金属材料的电催化活性最高,但太昂贵,故一般电解工业中还是采用 Fe 或 Ni 作为阴极,过电位约 0.3V;采用合金材料,如 NiAl、ZnNi、NiMo 等,可降低过电位值,但在稳定性等方面,仍存在一些问题有待解决。

(2) 氧电极反应

析氧常常是析氢的成对反应。譬如,在水溶液中进行电解,阴极上析出氢气,则阳极上析出氧气。在有机电还原过程中,阴极发生电合成反应,则阳极通常为析氧反应。因此,研究析氧过程中的电催化问题在有机电合成中也十分重要。通常氧还原反应为

在酸性溶液中

$$O_2 + 4H^+ + 4e \longrightarrow 2H_2O \tag{2.133}$$

在碱性溶液中

$$O_2 + 2H_2O + 4e \longrightarrow 4OH^- \qquad (2.134)$$

以上4电子反应实际上是分步进行的,即反应过程中生成中间产物,已经证实的中间产物之一是 H_2O_2。因此,该反应在酸性条件下可能分两步进行

$$O_2 \xrightarrow{+2H^+ + 2e} H_2O_2 \xrightarrow{+2H^+ + 2e} 2H_2O \qquad (2.135)$$

在碱性条件下,可能是

$$O_2 \xrightarrow{+H_2O + 2e} HO_2^- + OH^- \xrightarrow{+H_2O + 2e} 4OH^- \qquad (2.136)$$

第一步要求把 O_2 还原为 H_2O_2 或 HO_2^-,需要部分破坏 O_2 中的键,第二步要求 H_2O_2 继续还原为水。因此,良好的电催化剂必须对这两步的影响有合适的选择。实验表明[14],若电位为800mV,电解液为85% H_3PO_4,电流密度 $i^\ominus$ 对 $\Delta G_{ads}^\ominus$ 作图,也呈"火山图"形分布,如图2.33所示。

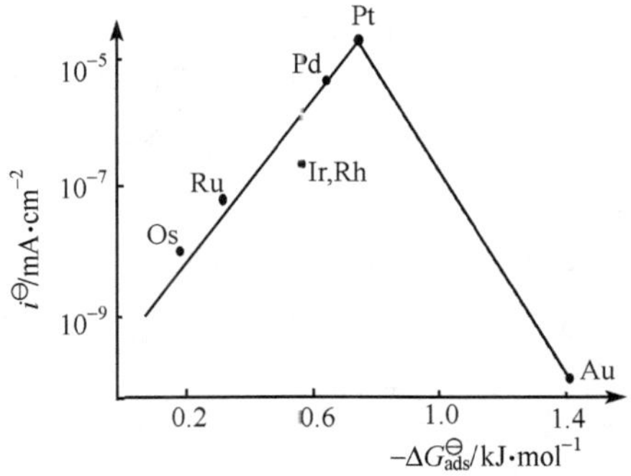

图2.33　氧电极反应催化活性的"火山图"

事实上,氧还原过程的关键是使O-O键断裂。倘若氧分子的两个氧原子都与催化剂表面作用,能受到足够的活化,对反应是有利的。现有的一些研究提出了氧分子在电极表面的三种吸附模式:

1) Griffiths模式(图2.34a)。氧分子中的O-O键与电极表面平行,两个氧原子同时与一个过渡金属原子(M)作用。由于这种作用较强,能使O-O键减弱或伸缩,以至断裂,因此有利于 O_2 的4电子还原反应。铂电极表面可能发生这种吸附。

2) Pauling模式(图2.34b)。氧分子仅有一个氧原子与电极表面的过渡金属原子(M)作用,发生吸附,因此只有一个原子受到较强的活化,故有利于2电子反应。大多数电极材料上的氧还原反应,可能按此模式进行。

3) 双中心模式(如图2.34c)。氧分子的两个氧原子分别被电极表面的两个原子吸附和活化,有利于4电子反应,但只有在电极表面的原子排列(即空间因素)合适时才能发生。

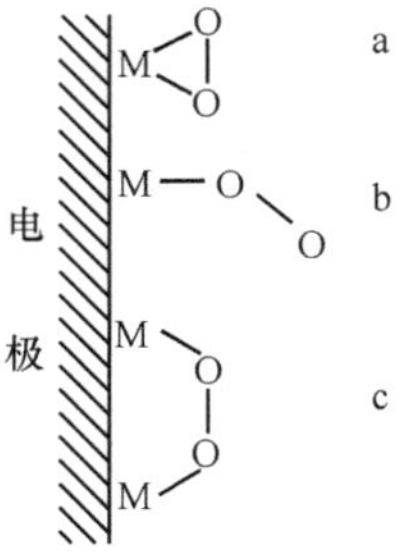

图 2.34 氧分子在电极表面的不同吸附模式

a. Griffiths 模式；

b. Pauling 模式；

c. 双中心模式

在氧电极反应中，实际可用的材料，除贵金属外还有铅、不锈钢等。近年还发现各类混合氧化物也有较好的电催化活性，如 $NiCo_2O_4$ 等。此外，二价钴离子卟啉二聚体的催化性能也相当好，在钛基上涂二氧化钌，再载入铱或铂，也可得到性能良好的氧电极。

(3) 析氯反应

由于氯碱工业是目前规模最大的电解工业，故析氯反应的电极材料曾引起广泛注意。在有机电合成中，有些反应体系析氯。例如，L-半胱氨酸的电合成，阳极析氯，阴极还原得到产品。氯电极的标准电位为 1.36V，而碱性溶液中析氧的电位为 0.401V，因此析氧在热力学上是有利的。优良的电极材料，必须对析氯有高的电催化活性，而又能抑制、至少不加速析氧反应，才有可能被采用。此外，由于氯气的强烈腐蚀作用，也使材料的选择范围大受限制。

贵金属铂是一种比较理想的电极材料，但其价格昂贵，且损耗大。每日生产 1t Cl_2，则损耗 Pt 0.2～0.4g。

磁铁矿电极也曾用过，但电阻大、性脆，不易加工。

石墨是长期以来工业上采用的电极，但电催化活性不够高，而且还易腐蚀损耗，需频繁更换电极，影响工厂的连续生产。

20 世纪 60 年代以后，研究成功一种催化性能高，且不受腐蚀的永久性阳极 DSA(dimensionally stable anode)。基体是 Ti，上面覆盖 TiO_2、RuO_2 和少许 Pt、Ir 等催化剂的涂层，过电位只有石墨阳极的十分之一。从根本上解决了氯碱工业阳极材料的催化活性和稳定性问题，这无疑是近 20 年来在电催化研究中取得成功最有代表性的例子[16]。

2. 有机电合成反应

在有机电合成过程中，许多反应都涉及到电催化问题，为此予以介绍。

(1) 四氯吡啶羧酸的电氢化

四氯吡啶羧酸在好几种电极上都可被氢化，但速度很慢，选择性很差。研究发现，反应过程中形成的海绵状银，具有很高的活性和选择性，它可定向地吸附反应物，并使之还原为所需要的二氯吡啶羧酸，选择性大于 90%。反应式为

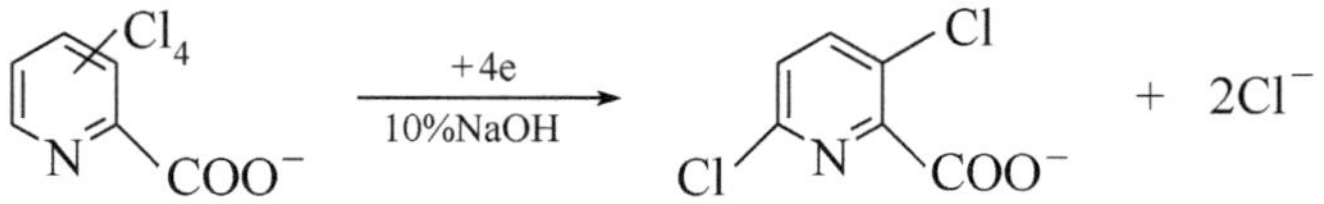

(2.137)

所得二氯产物的商品名叫 Lontrel，是一种很有价值的植物生长调节剂。这种还原氢化脱氯的方法，已在国外实现工业化生产[17]。

(2) 间接电氧化

电极反应的催化剂既可以是附在电极表面的催化物质，也可以是电解液中的某些离子。甲苯氧化成苯甲醛是一个典型的例子。若在溶液中加入某些金属离子 M^{n+}（如 Ag^+、Ce^{3+}、Mn^{2+}、Co^{2+}），则阳极反应通式可表示为

$$M^{n+} - e \longrightarrow M^{(n+1)+} \tag{2.138}$$

如果用 Ce^{4+} 作为均相催化剂，则此反应可表示为

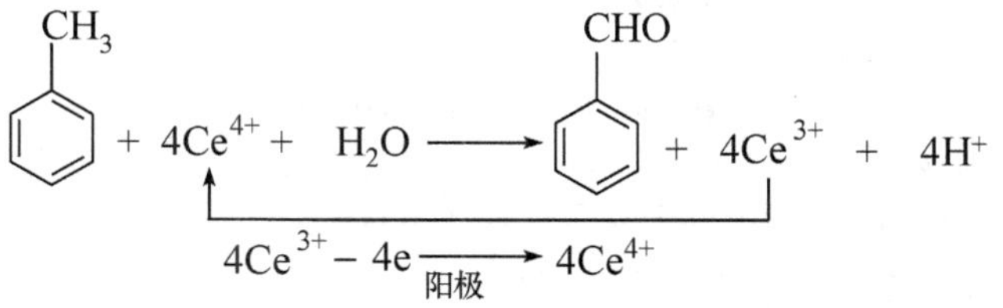

(2.139)

该方法已实现工业化生产。

另外，以葡萄糖为原料，在 Br^- 存在下，经间接电氧化可合成葡萄糖酸，从而制得葡萄糖酸盐[18,19]。其反应可表示为

$$2Br^- \longrightarrow Br_2 + 2e \tag{2.140}$$

$$Br_2 + H_2O \longrightarrow HOBr + H^+ + Br^- \tag{2.141}$$

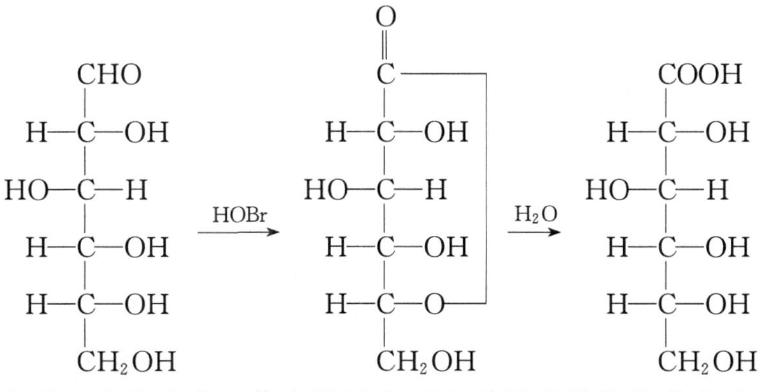

(2.142)

该过程已实现工业化生产。若在阳极表面上采用化学修饰的方法使之形成 $Fe(CN)_6{}^{2-}$ 电极，对 Br^- 的电氧化速度将具有明显的电催化作用[20]。

此外，丙烯腈的阴极还原聚合、二醛淀粉的间接电合成、维生素 C 的电氧化合成、丙烯电氧化合成丙烯、蒽电氧化合成蒽醌等，都是已成功实现商业化生产的电催化反应例子。

参 考 文 献

[1] Ma C A (马淳安), Ren Y Z (任永珍). *Chin. Chem. Let.* ,5,117,1994 and 5,81,1994

[2] 马淳安,任永珍. 第七届全国电化学会议论文摘要集. 长春:1993

[3] Greef R,et al. Instrumental Methods in Electrochemistry. Ellis Horwood Limited,1985

[4] 查全性等. 电极过程动力学导论,第二版. 北京:科学出版社,1987

[5] 马淳安等. 浙江工学院学报,1,1,1992

[6] Udupa H V K,et al. *Trans SAEST*,1,1,1992

[7] 马淳安,虞红强. 合成化学,3,345,1995

[8] Kerr J B,et al. *JACS*,102,3383,1980

[9] Fujihira M,et al. *J. Electroanal. Chem.* ,137,163,1982

[10] Elliot C M,Marrese C A. *J. Elecrtroanal. Chem.* ,395,159,1981

[11] Shih Y S. *J. Appl. Elecrtochem.* ,13,23,1983

[12] Anson F C,Tsou Y M. *J. Electrochem. Soc.* ,38,113,1984

[13] Trasatti S. *J. Electroanal. Chem.* ,39,163,1972

[14] Appleby A J. *Surf. Sci.* ,27,225,1971

[15] Wong C H,et al. *J. Chin. Chem. Soc.* (*Taipei*),25,149,1978

[16] Beer H. *Chem. Ind.* ,25,491,1981

[17] Dow chomical Co. U. S. Patent,421785. 1980

[18] Park K,Pintauro P N,Baizer M M, et al. *J. Electrochem,Soc.* ,132,1850,1985

[19] 马淳安,陈江渭. 科技通报,12,148,1996

[20] 朱则善等. 福建师范大学学报,8,53,1992

第 3 章　有机电极过程的研究技术

有机电合成研究的最终目标是尽可能采用最低的能耗、最简便的步骤及最少的投资来获得最佳的产物收率。为此，必须对所需的有机电化学反应体系进行优化和组合，选出最佳反应条件及寻找有关规律。

为达此目的，有机电化学工作者必须借助现有的电化学方法和技术对所需体系进行研究，从中汲取各种有价值的信息，然后通过归纳、筛选、优化获得所需的结果。

由于电化学研究的手段众多，难以一一在本章中介绍，以下就与有机电极反应联系较为密切的几种方法和技术予以简单描述。若需要深入了解，读者可参考有关文献[1～5]。

§3.1　稳 态 技 术

§3.1.1　稳态法的特点

稳态法就是测定电极过程达到稳态时电流密度与过电位之间的关系，即稳态极化曲线。由第 2 章可知，电极过程达到稳态后，整个电极过程的速度——稳态电流密度的大小，就等于该电极过程的控制步骤速度。因而，可用稳态极化曲线法测定电极过程控制步骤的动力学参数，进而研究电极过程的动力学规律及其影响因素。

要测出稳态极化曲线，必须在电极过程达到稳态时才能进行测定。电极过程达到稳态，即组成电极反应的各个基本过程，如双电层充电、电化学反应、扩散传质等都达到稳态。此时，电极电位、极化电流、电极表面状态及电极表面液层中的浓度分布，均不随时间变化而变化。稳态电流全部是由电极反应产生的。如果电极上只有一对电极反应($O+ne \rightleftharpoons R$)，则稳态电流就表示这一对电极反应的净速度。如果电极上有多对电极反应，则稳态电流就表示多对电极反应的总结果。

从极化开始到电极过程达到稳态需要一定的时间。双电层充(放)电达到稳态所需要的时间一般很短，但扩散过程达到稳态往往需要较长的时间。因为在实际情况下只有扩散层厚度延伸到对流区，才能使扩散过程达到稳态。也就是说，在实际情况下，只有对流作用(自然对流或强制对流)存在才能达到稳态扩散。

在测量过程中，若要提高 $i^{\ominus}$ 或 k_s 的测量上限，一般通过加强溶液搅拌来提高扩散速度。采用旋转电极可产生强制对流，不但可提高 $i^{\ominus}$ 的测量上限，而且产生的强制对流稳定，实验结果重现性也比较好。

旋转电极有旋转圆盘电极、圆环电极和圆柱电极。旋转电极的转速越高，反应粒子的扩散电流越大。现在旋转电极的最高转速可达 $10^5 r \cdot min^{-1}$，可将稳态传质速度提高到 $10A \cdot cm^{-2}$ 左右。换句话说，采用这种电极可将电流密度提高到 $10A \cdot cm^{-2}$ 而不致引起严重的浓差极化。因此，根据旋转电极测得的稳态极化曲线得到的交换电流密度为 $i^{\ominus} \leqslant 1A \cdot cm^{-2}$，即 $k_s \leqslant 10^{-2} cm \cdot s^{-1}$；测量上限比不加搅拌提高了大约 3 个数量级。旋转圆盘电极不但可以提高反应粒子的扩散速度，消除或减小浓差极化，而且电极表面上的电流密度、电极电位以及传质流量都是均匀的。因此，旋转圆盘电极非常适用于稳态极化曲线的测定。

此外，要使电极过程达到稳态还必须使电极真实表面积、电极组成及表面状态、溶液浓度及温度等条件在测量过程中保持不变。否则，这些条件的变化也会引起电极过程产生变化，因而得不到稳定的测量结果。因此，在实际测试中，除了合理地选择测量体系和实验条件外，还需要合理地确定达到稳态的时间。

§3.1.2　三电极体系与电流、电位的测定

1. 三电极体系

为了测定单个电极的稳态极化曲线，必须同时测定通过电极的电流和电位，为此常用三电极体系。其基本的测量线路如图 3.1 所示。

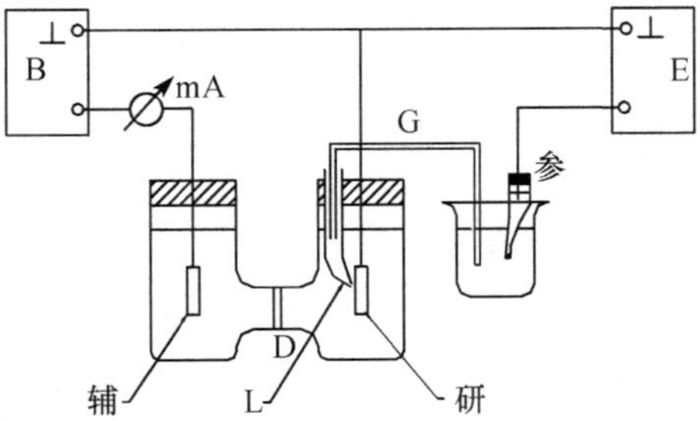

图 3.1　极化曲线测定基本线路图

图 3.1 中的电解池为 H 型管，这种形式便于电极的固定。为了防止辅助电极的产物对研究电极产生影响，常用素瓷或微孔烧结玻璃板(D)把阴阳极区隔开。

图中 B 表示极化电源，为研究电极提供极化电流。mA 为电流表，用以测量电流。E 为电位测量仪器。

图中研究电极称为工作电极或试验电极，该电极过程就是我们所要研究的对

象。研究电极应具有能够重现的表面性质,如电极组成和表面状态;另外该电极应完全浸入电解液中。

参比电极是用来测量研究电极电位的,要求具有已知的、稳定的电极电位,而且在测量过程中不发生极化。某些参比电极的电位及应用范围可参见表 3.1。

表 3.1　各种参比电极的应用范围及电位

电极体系	电解液	参比电极电位/mV(25℃时相对 NHE)	温度范围/℃	温度系数/mV · ℃$^{-1}$	应用范围
$Hg/Hg_2Cl_2/Cl^-$	KCl(sat.)	+242	0～70	0.65	一般
$Hg/Hg_2SO_4/SO_4^{2-}$	K_2SO_4(sat.)	+710	0～70	—	硫酸盐介质
$Hg/HgO/OH^-$	NaOH (1mol · L^{-1})	+113.5	—	—	碱性介质
$Ag/AgCl/Cl^-$	KCl (3mol · L^{-1})	+207	−10～+80	1.00	一般
HgTl/TlCl	KCl (3.5mol · L^{-1})	−507	0～150	0.1	热介质

辅助电极也叫对电极(counter electrode)。它只用来通过电流,实现研究电极的极化,其表面积应远大于研究电极,常用镀铂黑的铂电极作辅助电极。

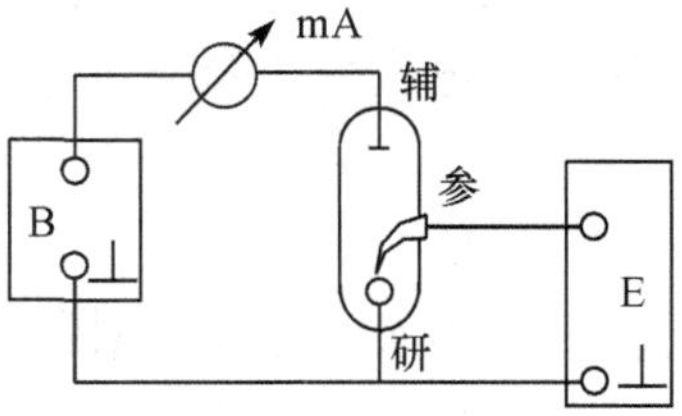

图 3.2　三电极体系示意图

由图 3.1 和图 3.2 可看出,三电极构成两个回路:一是极化回路(左侧);二是电位测量回路(右侧)。极化回路有极化电流通过,因此极化电流大小的控制和测量在此电路中进行。电位测量回路用于测量或控制研究电极相对于参比电极的电位,这一回路中几乎没有电流通过(电流$<10^{-7}$A)。可见,利用三电极体系既可使研究电极界面上有电流通过,又不影响参比电极电位的稳定。可同时测定通过研究电极的电流和电位,从而得到单个电极的极化曲线。

2. 电流与电位的测量

(1) 电流的测量:测定稳定极化曲线时需要测量极化电流大小。因此,一般在极化回路中串联一个适当量程和精度的电流表,如微安表、毫安表等。电流表的正端应该接到电路中电源正极的一端，负端接到电源负极的一端。如果被测电流范围在 3 个数量级以上，应选用多量程电流表。

在某些情况下，极化电流可用电位测量仪器进行测量或记录。通过在极化回路中串联一个精密电阻，测得该电阻上的电位降，然后将之除以该电阻的阻值就是被测电流值。

有些极化曲线测定过程中，电流密度有可能在几个数量级范围内变化。例如，金属从活化转为钝化时电流可从数十毫安迅速降到几微安。为了把变化幅度很大的电流记录在一张幅度有限的记录纸上，常用对数转换器将电流 i 转换为 $\lg i$，可直接测得 $\varphi \sim \lg i$ 半对数极化曲线，便于数据处理。

(2) 电极电位的测定：我们知道，单个电极的绝对电位是无法测得的。我们通常所说的电极电位是指该电极相对于标准氢电极的电位。因此，要测量某电极的电位，就必须把该电极与电位已知的参比电极组成测量电池，然后用电位差计或其他电位测量仪器测量该电池的电动势，从而获得被测电极的电位。

例如，在图 3.1 中，要测量研究电极的电位，就必须通过盐桥(G)把它与参比电极联结起来，组成测量电池。

测量电位时，将测量电池的正极和负极分别接到电位测量仪器的正极和负极，这样测得的电动势为正值。如果反接，则测得电动势为负值。

根据电池的电动势等于正极的电位减去负极的电位(忽略液接电位和金属接触电位)得

$$E = \varphi_{+} - \varphi_{-} \tag{3.1}$$

设被测电位为 $\varphi_{研}$，参比电位为 $\varphi_{参}$，当参比电极为测量电池的正极时，则

$$\varphi_{研} = \varphi_{参} - E \tag{3.2}$$

当参比电极为测量电池的负极时，则

$$\varphi_{研} = \varphi_{参} + E \tag{3.3}$$

$\varphi_{参}$ 可根据计算或查表得到。所以将测得的 E(包括符号)代入式(3.2)或式(3.3)，即可算出被测电极电位。

在极化曲线测定中，常以参比电极的电位为基准。这时测得的电动势 E 就等于研究电极相对于参比电极的电位，其符号取决于研究电极与参比电极的相对极性，可采用文字或符号加以说明。例如，相对于饱和甘汞电极的电位，用文字注明"相对于饱和甘汞电极"或用符号"v. s. SCE"表示。

测量电池的电动势时必须选取高输入阻抗的测量仪器，以减小测量回路电流引起的误差。例如，不能用伏特表来测量电池的电动势，因为它的输入阻抗低，通过测量回路的电流大，会造成研究电极和参比电极极化(极化值为 $\Delta\varphi$)；同时还会

使测量电池产生 Ir 压降(r 为测量电池内阻),所以伏特表上的读数只代表被测电池的端电压,$V=E-\Delta\varphi-Ir$。因此,只有通过测量电池的电流 I 足够小($<10^{-7}$ A),才可使极化值 $\Delta\varphi$ 和电压降 Ir 小到可以忽略不计。

实验室中经常使用的真空管伏特计、pH 计、数字电压表等,其输入阻抗都大于 $10^7\Omega$,因此可用于电位的测量。

直流数字电压表(如 pz8、qz26 等)是实验室使用最广泛的电位测量仪器。它的优点是输入阻抗高,测量速度快,并且结果能直接显示。测量时要预热半小时,先进行零位校正,标准校正,同时要注意量程范围,防止"溢出",暂时不用时应将输入端短接以保护电表。

X-Y 函数记录仪(如 L23 型)是一种双路电子电位差计,常用于自动记录 $\varphi\sim i$ 曲线和 $i\sim\varphi$ 曲线,但使用时应注意它的输入电阻随量程变化情况。例如,在 1～50mV · cm^{-1} 各档时输入电阻较低(10～500kΩ);在≥100mV · cm^{-1} 各档时,输入电阻约为 1MΩ;在 0.5V · cm^{-1} 档时,输入电阻大于 1MΩ。

§3.1.3　恒电流法与恒电位法

稳态法分为控制电流法与控制电位法。控制电流法也叫恒电流法,控制电位法也叫恒电位法。所谓稳态极化曲线,就是稳态电流密度 i 与稳态电极电位 φ 的关系曲线。过电位通常取正值,所以

阴极过程

$$\eta_c=-\Delta\varphi=\varphi_{eq}-\varphi_i \tag{3.4}$$

阳极过程

$$\eta_a=\Delta\varphi=\varphi_i-\varphi_{eq} \tag{3.5}$$

式中,φ_{eq}——平衡电位;

φ_i——电流密度为 i 时的电极电位。

1. 恒电流法

恒电流法,就是将研究电极的电流密度依次恒定在不同的数值,同时测量相应的稳态电极电位。也就是给定电流密度 i,测量电极电位 φ,$\varphi\sim i$ 之间的函数关系为

$$\varphi=f(i) \tag{3.6}$$

把测得的一系列 φ、i 画成曲线,就得到恒电流法稳态极化曲线。图 3.3 给出最简单的控制电流法测定阴极极化曲线的电路图,为经典恒电流源回路。即用一个 45V 的乙电池串联一组不同阻值的电位器(如取 $R_0=1$K,$R_1=1$M,$R_2=100$K,$R_3=10$K,功率 2～3W),调节这些电位器就可得到 0.05～30mA 之间变化的稳定

电流。电极电位可用 pH 计或数字电压表测量。图中其他符号同图 3.1。因要测阴极极化曲线，故研究电极为阴极，接电源负极，辅助电极接电源正极。

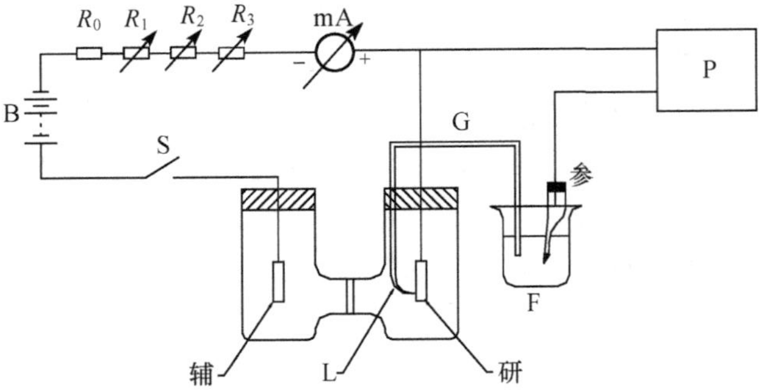

图 3.3　经典恒流法测定阴极极化曲线电路图

2. 恒电位法

恒电位法，就是将研究电极的电位恒定在不同的数值，同时测量相应的稳态电流密度。也就是给定电极电位 φ，测量电流密度 i，$i \sim \varphi$ 之间的关系为

$$i = f(\varphi) \tag{3.7}$$

把测得的一系列 i、φ 画成曲线，就得到恒电位法稳态极化曲线。

手动测定极化曲线采用恒电位仪比较方便。其接线图如图 3.4 所示。接线时将电解池的研究电极、参比电极和辅助电极分别接到恒电位仪的“研”、“参”、“辅”接线柱上，而且还必须将研究电极接到恒电位仪“⊥”端接线柱上。这样，便可测出恒电位下的阴、阳极稳定极化曲线。

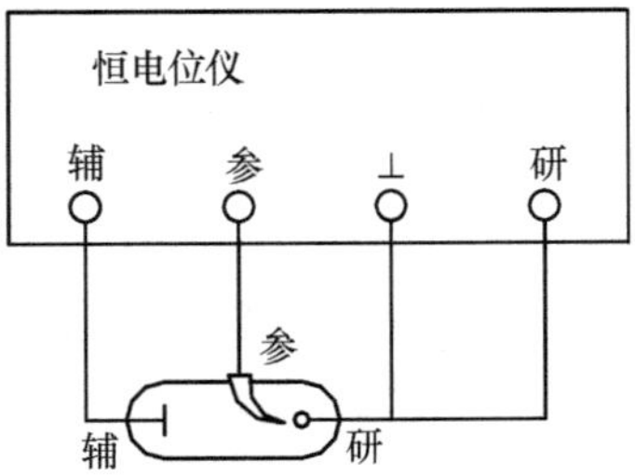

图 3.4　恒电位仪测定极化曲线的线路

恒电流法和恒电位法各有特点，要根据具体情况选用。对于单调函数的极化曲线，对应一个电流密度只有一个电位；或者对应一个电位只有一个电流密度。恒电流法与恒电位法得到的稳态极化曲线相同，在这种情况下采用哪种方法都行。

由于恒电流法所使用的仪器简单，易于控制，应用较为普遍。近些年来，随着电子技术的迅速发展，恒电位法的应用也越来越广泛。

§3.1.4　稳态极化曲线的形式与应用

1. 稳态极化曲线的一般形式

稳态电极电位 φ(或过电位 η)相对于稳态电流密度 i 作图，所得的曲线为稳态极化曲线。其一般形式如图 3.5 所示。根据过电位和极化电流的大小可将极化曲线分成 5 段：

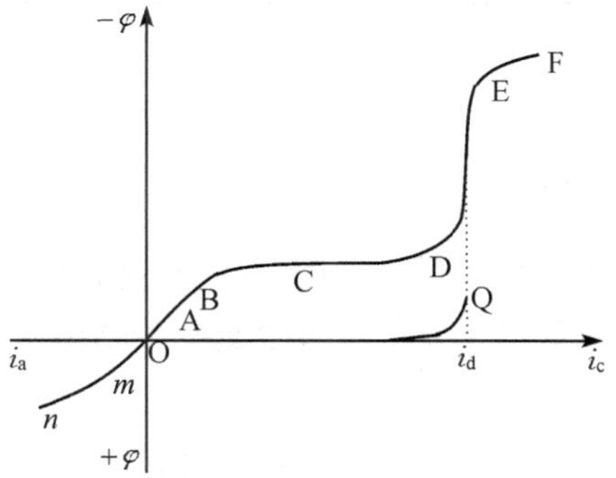

图 3.5　$\varphi \sim i$ 极化曲线示意图

(1) 当过电位 $\eta \ll 50/n$ mV 时，电极反应在 φ_{eq} 附近进行，相当于极化曲线上的 OA 段，称为线性极化区。

(2) 当电极电位偏离 φ_{eq} 不远，过电位约在 $(20 \sim 70)/n$ mV 范围内，相当于极化曲线上 AB 段，称为弱极化区。

(3) 当电极电位偏离 φ_{eq} 较大($\eta > 100/n$ mV)时，相当于极化曲线上的 BC 段，称为 Tafel 区。

(4) 当 $0.1i_d < i_c < 0.9i_d$ 时，相当于极化曲线上的 CD 段，称为混合控制区。

(5) 当 $i_c > 0.9i_d$ 时，相当于极化曲线上的 DE 段，称为扩散控制区，几乎完全为浓差极化。

极化曲线的 EF 段表示新的电极反应开始。

有时候极化曲线也用过电位与电流密度的对数 $\lg i$ 来描述，如图 3.6 所示。

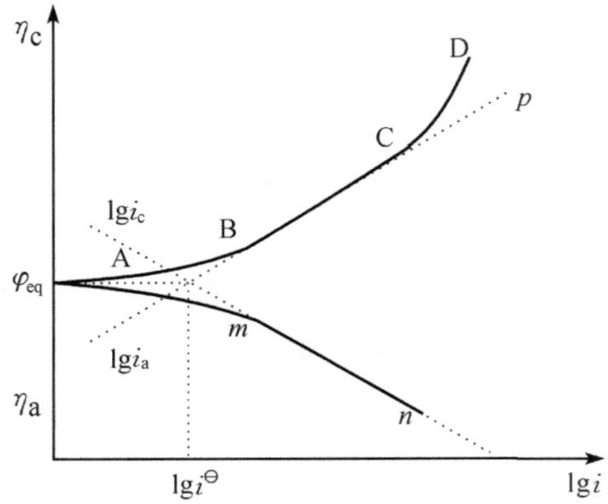

图 3.6　$\eta \sim \lg i$ 极化曲线

2. 稳态极化曲线的应用

稳态极化曲线在电化学基础研究、化学电源、有机电合成、电镀和金属腐蚀等领域中应用十分广泛，这里仅介绍与这些领域有关的电极反应动力学参数测定问题。

在理论电化学中描述电化学极化的基本方程为 Butler-Volmer 公式。即

$$i_c=\vec{i}-\overleftarrow{i}=i^{\ominus}\left[\exp\left(\frac{\alpha nF}{RT}\eta_c\right)-\exp\left(-\frac{\beta nF}{RT}\eta_c\right)\right] \tag{3.8}$$

$$i_a=\overleftarrow{i}-\vec{i}=i^{\ominus}\left[\exp\left(\frac{\beta nF}{RT}\eta_a\right)-\exp\left(-\frac{\alpha nF}{RT}\eta_a\right)\right] \tag{3.9}$$

利用稳态极化曲线各段的特性，对 Butler-Volmer 公式进行简化，从而达到测定电极反应动力学参数的目的。

(1) 用线性极化方程式求 $i^{\ominus}$

当外电流密度足够小，即 $i \ll i^{\ominus}$，$\vec{i} \approx \overleftarrow{i}$，电极反应基本上在 φ_{eq} 附近进行，此时电极的过电位 η 很小($\eta \ll 50/n$ mV)。当这些条件满足时，可将式(3.8)中的指数项以级数形式展开

$$e^{\pm x}=1\pm x+\frac{x^2}{2!}\pm\frac{x^3}{3!}+\cdots\cdots$$

略去高次项可得

$$\begin{aligned} i_c &= i^{\ominus}\left[1+\frac{\alpha nF}{RT}\eta_c-1+\frac{\beta nF}{RT}\eta_c\right] \\ &= i^{\ominus}\left[\frac{\alpha nF}{RT}\eta_c+\frac{\beta nF}{RT}\eta_c\right] \end{aligned}$$

$$=\frac{nFi^{\ominus}}{RT}\eta_c \tag{3.10}$$

或者改写成

$$i^{\ominus}=\frac{RT}{nF}\cdot\frac{i_c}{\eta_c} \tag{3.11}$$

同理，对于阳极极化可得

$$i_a=\frac{nFi^{\ominus}}{RT}\eta_a \tag{3.12}$$

$$i^{\ominus}=\frac{RT}{nF}\cdot\frac{i_a}{\eta_a} \tag{3.13}$$

式(3.10)和式(3.12)表明，过电位与极化电流密度成正比，即 $\eta\sim i$ 成直线关系。为了模拟欧姆定律，通常将此直线的斜率称为极化电阻或反应电阻 R_r。

$$R_r=\left(\frac{d\eta}{di}\right)_{\eta\to 0}=\frac{RT}{nFi^{\ominus}} \tag{3.14}$$

或者

$$i^{\ominus}=\frac{RT}{nF}\cdot\frac{1}{R_r} \tag{3.15}$$

利用稳态极化曲线的线性极化区作 $\eta\sim i$ 直线，并求此直线的斜率，即 R_r。然后根据式(3.15)可求得电极反应的重要参数——交换电流密度 $i^{\ominus}$。

交换电流密度 $i^{\ominus}$ 是电化学中的一个重要参数。它表示单位时间、单位电极面积上，电极与溶液界面间粒子的交换速度，可定量表示电极反应的可逆程度。$i^{\ominus}$ 与动力学性质之间的关系可见表 2.6。

(2) 利用 Tafel 方程式求 α、β、$i^{\ominus}$

当 $i\gg i^{\ominus}$ 或 $\eta>\frac{100}{n}$mV，电极上的电化学平衡受到很大破坏。这时 $\vec{i}$ 与 $\overleftarrow{i}$ 相差很大，可忽略其中一项。例如，在阴极极化下 $\vec{i}\gg\overleftarrow{i}$，与 $\vec{i}$ 相比 $\overleftarrow{i}$ 可忽略。于是式(3.8)第二项被忽略后，得

$$i_c\approx\vec{i}=i^{\ominus}\exp\left(\frac{\alpha nF}{RT}\eta_c\right) \tag{3.16}$$

取对数得

$$\eta_c=-\frac{2.3RT}{\alpha nF}\lg i^{\ominus}+\frac{2.3RT}{\alpha nF}\lg i_c \tag{3.17}$$

同理，对阳极极化可得

$$\eta_a=-\frac{2.3RT}{\beta nF}\lg i^{\ominus}+\frac{2.3RT}{\beta nF}\lg i_a \tag{3.18}$$

与 Tafel 公式 $\eta=a+b\lg i$ 相比，可得

阴极极化时

$$a=-\frac{2.3RT}{\alpha nF}\lg i^{\ominus} \tag{3.19}$$

$$b=\frac{2.3RT}{\alpha nF} \tag{3.20}$$

阳极极化时

$$a=-\frac{2.3RT}{\beta nF}\lg i^{\ominus} \tag{3.21}$$

$$b=\frac{2.3RT}{\beta nF} \tag{3.22}$$

利用稳态极化曲线的 Tafel 区，将 η 对 $\lg i$ 作图可得 Tafel 直线，从而可以求出阴极和阳极的 Tafel 斜率 b。进而应用式(3.20)和式(3.22)可求出传递系数 α、β。利用阴阳极极化曲线的 Tafel 直线的交点可求出 $i^{\ominus}$(图 3.6)。例如，在对氨基苯酚电解合成过程中，由于不同阴极材料在该体系中的反应活性不同，可通过求 $i^{\ominus}$ 的大小来选用合适的阴极材料[6,7]。

由于 $i^{\ominus}$ 和反应物浓度有关，所以用 $i^{\ominus}$ 表示电极反应的特征时，必须注明反应物质的浓度，使用极不方便。因此，人们提出了与浓度无关的标准速度常数 K 来描述电极反应的特征，$i^{\ominus}$ 与 K 的关系为

$$i^{\ominus}=nFKc_{\mathrm{O}}^{1-\alpha}\cdot c_{\mathrm{R}}^{\alpha} \tag{3.23}$$

通过实验求得 $i^{\ominus}$，然后利用式(3.23)就可计算出电极反应速度常数 K。

§3.1.5 旋转圆盘电极(RDE)[8,9]

RDE(rotating disc electrode)是测定体系电化学参数的重要实验方法之一。由于 RDE 的转速越高，反应粒子的扩散电流越大，同时电极各处扩散层厚度相同，电极表面上的电流密度、电极电位以及传质流量都均匀一致，因此旋转圆盘电极不但可以测定溶液中扩散过程的参数，也可以测定固体电极的电化学反应动力学参数，目前这种方法愈来愈广泛地应用于电极过程动力学研究。

1. 旋转圆盘电极的结构及流体动力学特性

旋转圆盘电极如图 3.7 所示。将电极材料制成圆盘(直径约 1cm)，嵌入绝缘物中。绝缘物和圆盘电极间应配合得非常紧密，以免溶液渗入。电极的实际使用面积就是圆盘的下表面，它和绝缘物在同一个平面上，整个电极表面要求很平而且

要抛光。圆盘电极可以由马达带动旋转，其转速应可调，而且要求稳定，同轴度高。电极表面的液流为层流，不能出现湍流。这个条件可以通过选择旋转圆盘系统的雷诺数 Re 来实现。一般要求 $10<Re<10^4$，Re 太小，自然对流将不可忽略；Re 太大，将出现湍流。

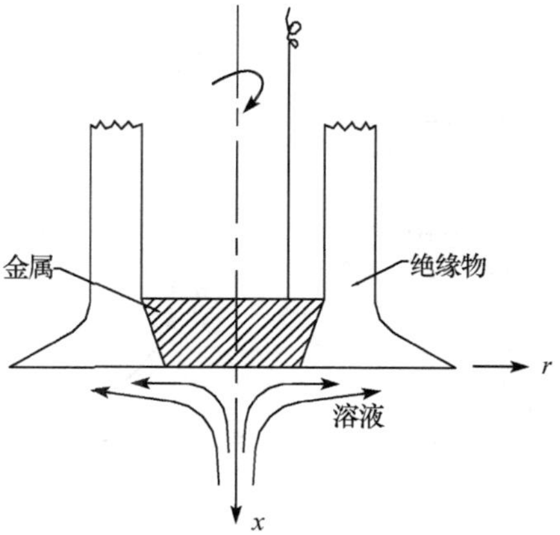

图 3.7　旋转圆盘电极

由于溶液具有黏度，电极旋转时其附近的溶液将发生流动。液体流动可分解为 3 个方向：在离心力的作用下，液体在径向上以流速 v_r 向外流动；由于液体的黏性，圆盘旋转时，液体以切向流速 v_t 沿切向流动；这样，在电极表面附近液体向外流动的结果，使电极中心区液体压力下降，于是离电极表面较远的液体以轴向流速 v_a 向中心区流动。这 3 个方向的流速与电极转速、液体黏度有关。它们与径向距离 r 及离电极表面的轴向距离 x 的关系如图 3.8 所示。从图中可看出，在电极表面，即 $x\to0$ 处，液体完全贴在固体表面，液体的切向速度与固体表面的切向速度相同，而这时径向和轴向速度均为零。随着离开表面的距离增加，切向速度 v_t 下降；而轴向速度 v_a 逐渐增加；液体径向速度 v_r 随 x 的增加，先增加而后又逐渐减小。在电极表面附近，由于电极的转动而使液体径向流速随趋近电极表面而逐渐减小的液层，称为流动动力学边界层，也叫 Prandtl 层。其厚度 δ_{pr} 与 $\sqrt{v\omega}$ 成正比。例如，在 25℃的水中，黏度 $\eta=0.0089\text{g}\cdot\text{cm}^{-1}\cdot\text{s}^{-1}$，密度 $\rho=0.997\text{g}\cdot\text{cm}^{-3}$，当转速 $f=1\text{r}\cdot\text{s}^{-1}$ 时，$\delta_{pr}=0.14\text{cm}$；当 $f=10\text{r}\cdot\text{s}^{-1}$ 时，$\delta_{pr}=0.043\text{cm}$。$x\gg\delta_{pr}$ 时，v_r 和 v_t 变得很小，液体基本上只作轴向流动。

上述情况只适合于层流状态下的情况。如果电极的转速太高，液体发生湍流运动，情况就变得复杂了。

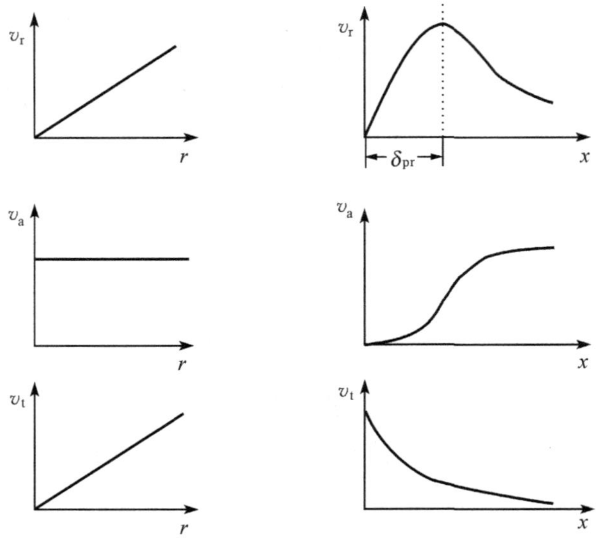

图 3.8　旋转圆盘电极表面附近的流体动力学性质

2. 旋转圆盘电极极限扩散电流公式

设旋转圆盘电极在液体中处于层流状态，则整个旋转电极表面上存在均匀的轴向速度 v_a，因而整个电极表面上的扩散层厚度是均匀的。根据流体动力学理论可导出扩散层厚度为

$$\delta=1.805\times\left[0.893+0.316\left(\frac{D}{\nu}\right)^{0.36}\right]D^{1/3}\nu^{1/2}\omega^{-1/2} \tag{3.24}$$

式中，δ——扩散层厚度，cm；

D——扩散系数，$cm^2 \cdot s^{-1}$；

ν——溶液的运动黏度，St，$1St=1cm^2 \cdot s^{-1}$；

ω——旋转角速度，$rad \cdot s^{-1}$，$\omega=2\pi f$，f 为转速，$r \cdot s^{-1}$。

溶液的运动黏度 ν 等于溶液的黏度 η 与其密度之比

$\nu=\eta/\rho$　（η 的单位：P，$1P=1g \cdot cm^{-1} \cdot s^{-1}$；$\rho$ 的单位：$g \cdot cm^{-3}$）

对于 25℃的水溶液，$\nu\approx10^{-2}$ St。一般扩散系数 D 在 $10^{-5}cm^2 \cdot s^{-1}$ 数量级，当取3%的精度时，式(3.24)可简化为

$$\delta=1.61D^{1/3}\nu^{1/6}\omega^{-1/2} \tag{3.25}$$

当电极过程为扩散控制时，将式(3.25)代入式(2.47)可得相应的扩散电流密度为

$$i=0.62nFD^{2/3}\nu^{-1/6}\omega^{1/2}(c^b-c^s) \tag{3.26}$$

式中，c^b 和 c^s 分别表示反应粒子的本体浓度和表面浓度（单位：$mol \cdot dm^{-3}$）。相

应的极限扩散电流密度为

$$i_d = 0.62nFD^{2/3}\nu^{-1/6}\omega^{1/2}c^b \tag{3.27}$$

令

$$B = 0.62nFD^{2/3}\nu^{-1/6} \tag{3.28}$$

则

$$i_d = B\omega^{1/2}c^b \tag{3.29}$$

可见，旋转圆盘电极的极限扩散电流密度 i_d 与 $D^{2/3}$、c^b、和 $\omega^{1/2}$ 成正比。对于一给定体系，n、D、ν、c^b 为定值。由式(3.27)可知，$i_d \sim \omega^{1/2}$ 关系应为通过原点的直线，直线的斜率为 $0.62nFD^{2/3}\nu^{-1/6}c^b$。若 n、c^b、D、ν 中任何 3 个参数已知，就可测出另一参数的大小[10,11]。

3. 旋转圆盘电极的应用

旋转圆盘电极在电化学研究中应用极为广泛，可测定扩散系数、反应级数、交换电流密度、传递系数及反应物的浓度等。利用它还可以判断电极过程的控制步骤及研究均相化学反应。下面举几个例子加以说明：

(1) 测定扩散系数 D

通过测定不同转速下的 $i \sim \varphi$ 极化曲线，从而可以得到一系列不同转速下的 i_d 值。然后，将 i_d 对 $\omega^{1/2}$ 作图可得一直线。由式(3.27)可知，此直线的斜率为 $0.62nFD^{2/3}\nu^{-1/6}c^b$，通常取 $\nu = 10^{-2}\,cm^2 \cdot s^{-1}$。故当 n、c^b 已知时，则可求出扩散系数 D。

图 3.9 给出了旋转圆盘电极测定 $Fe(CN)_6^{3-}$ 离子扩散系数的数据。该工作电极为铂电极，圆盘直径 0.31cm，溶液中含 $1mol \cdot L^{-1}$ NaOH 支持电解质。图中列

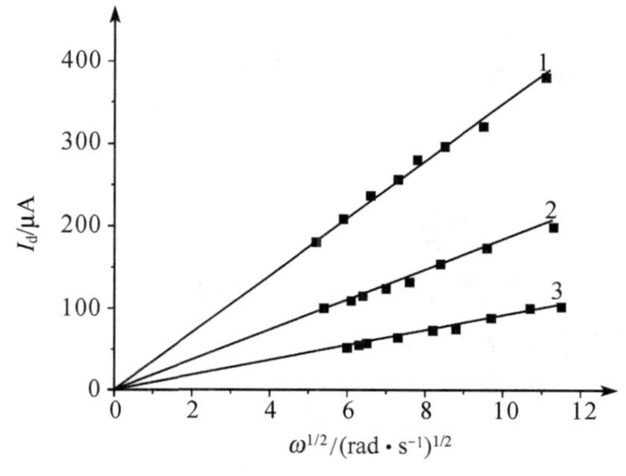

图 3.9　$Fe(CN)_6^{3-}$ 在旋转铂电极上的极限还原电流 I_d 与 $\omega^{1/2}$ 的关系

1. $1.014mol \cdot L^{-1}$ NaOH + $0.01mol \cdot L^{-1}$ $K_3Fe(CN)_6$ + $0.0104mol \cdot L^{-1}$ $K_4Fe(CN)_6$；
2. $1.031mol \cdot L^{-1}$ NaOH + $0.005mol \cdot L^{-1}$ $K_3Fe(CN)_6$ + $0.0053mol \cdot L^{-1}$ $K_4Fe(CN)_6$；
3. $1.031mol \cdot L^{-1}$ NaOH + $0.0025mol \cdot L^{-1}$ $K_3Fe(CN)_6$ + $0.0027mol \cdot L^{-1}$ $K_4Fe(CN)_6$

出在三种溶液中所测得的数据。显然，三种溶液中所测得的极限扩散电流与 $\omega^{1/2}$ 均成良好的线性关系。固定一个旋转速率，则极限扩散电流与 $Fe(CN)_6{}^{3-}$ 的浓度成正比。从图中直线的斜率，可求出 $Fe(CN)_6{}^{3-}$ 离子的扩散系数。三种溶液 D 值分别为 6.77×10^{-6} cm^2 · s^{-1}，6.84×10^{-6}cm^2 · s^{-1}，6.65×10^{-6}cm^2 · s^{-1}。

(2) 测定动力学参数 K、$i^{\ominus}$、α

当电极的极化电位比较小时，由于电极表面的电荷传递过程并不十分快，因此，电极过程的速度将由电荷传递和扩散传递混合控制。在混合控制的情况下，电极表面的浓度 c^s 将不为零，在稳态时保持一定的数值。这时，在电极表面电化学反应的速度与反应物质从溶液深处扩散到电极表面的速度相等。若反应为一级还原(或氧化)反应，且不考虑逆向反应，则反应式为

$$\mathrm{O}+n\mathrm{e}\longrightarrow\mathrm{R} \tag{3.30}$$

其电极表面的电化学反应电流密度 $i_{电}$ 为

$$i_{电}=nFKc^s \tag{3.31}$$

而扩散电流密度由式(3.26)得

$$i=0.62nFD^{2/3}\nu^{-1/6}\omega^{1/2}(c^b-c^s) \tag{3.32}$$

在稳定时

$$i_{电}=i$$

通过式(3.31)和式(3.32)可求出 c^s 的表示式

$$c^s=\frac{c^b}{1+1.61KD^{-2/3}\nu^{1/6}\omega^{-1/2}} \tag{3.33}$$

于是电流密度为

$$i=nFKc^s=\frac{nFKc^b}{1+1.61KD^{-2/3}\nu^{1/6}\omega^{-1/2}} \tag{3.34}$$

上式可改写为

$$\frac{1}{i}=\frac{1}{nFKc^b}+\frac{1.61\nu^{1/6}}{nFD^{2/3}c^b}\cdot\omega^{-1/2} \tag{3.35}$$

$1/i$ 对 $\omega^{-1/2}$ 作图，可得一直线，从直线的截距可求得电极反应速度常数 K。当研究体系同时存在氧化和还原反应时，则

$$\mathrm{O}+n\mathrm{e}\underset{\overleftarrow{K}}{\overset{\overrightarrow{K}}{\rightleftharpoons}}\mathrm{R} \tag{3.36}$$

式中，$\overrightarrow{K}$、$\overleftarrow{K}$ 分别表示正向和逆向反应的速度常数。当旋转圆盘电极进入稳态后，电极表面 O 物质的浓度 c_O^s 和 R 物质的表面浓度 c_R^s 保持不变。此时电极的电流为

$$i=\vec{i}-\overleftarrow{i}=nF\vec{K}c_{\mathrm{O}}^{\mathrm{s}}-nF\overleftarrow{K}c_{\mathrm{R}}^{\mathrm{s}} \tag{3.37}$$

由于在稳态时 O 和 R 两物质的扩散电流密度绝对值相等，而方向相反。根据前述一级还原(或氧化)反应的推导原理，可以求得

$$i=\frac{nF(\vec{K}c_{\mathrm{O}}^{\mathrm{b}}-\overleftarrow{K}c_{\mathrm{R}}^{\mathrm{b}})}{1+1.61\nu^{1/6}(D_{\mathrm{O}}^{-2/3}\vec{K}+D_{\mathrm{R}}^{-2/3}\overleftarrow{K})\omega^{-1/2}} \tag{3.38}$$

显然，当 $\omega\to\infty$，i 的数值纯粹是由电化学反应所控制时，为便于应用，可将上式以 i 倒数的形式表示

$$\frac{1}{i}=\frac{1}{nF(\vec{K}c_{\mathrm{O}}^{\mathrm{b}}-\overleftarrow{K}c_{\mathrm{R}}^{\mathrm{b}})}+\frac{1.61\nu^{1/6}(D_{\mathrm{O}}^{-2/3}\vec{K}+D_{\mathrm{R}}^{-2/3}\overleftarrow{K})}{nF(\vec{K}c_{\mathrm{O}}^{\mathrm{b}}-\overleftarrow{K}c_{\mathrm{R}}^{\mathrm{b}})}\cdot\omega^{-1/2} \tag{3.39}$$

以 $1/i$ 对 $\omega^{-1/2}$ 作图，可得一直线。根据直线的截距和斜率，可求出在给定极化电位时的速度常数 $\vec{K}$ 和 $\overleftarrow{K}$；若给定不同的极化电位值，则可测得不同的 $\vec{K}$ 和 $\overleftarrow{K}$。

反应速度常数与交换电流密度、传递系数和过电位之间的关系有

$$\vec{K}=\frac{i^{\ominus}}{nFc_{\mathrm{O}}^{\mathrm{b}}}\exp\left[-\frac{\alpha nF}{RT}(\varphi-\varphi_{\mathrm{eq}})\right] \tag{3.40}$$

$$\overleftarrow{K}=\frac{i^{\ominus}}{nFc_{\mathrm{R}}^{\mathrm{b}}}\exp\left[(1-\alpha)\frac{nF}{RT}(\varphi-\varphi_{\mathrm{eq}})\right] \tag{3.41}$$

取对数得

$$\ln\vec{K}=\ln\frac{i^{\ominus}}{nFc_{\mathrm{O}}^{\mathrm{b}}}-\frac{\alpha nF}{RT}(\varphi-\varphi_{\mathrm{eq}}) \tag{3.42}$$

$$\ln\overleftarrow{K}=\ln\frac{i^{\ominus}}{nFc_{\mathrm{R}}^{\mathrm{b}}}+(1-\alpha)\frac{nF}{RT}(\varphi-\varphi_{\mathrm{eq}}) \tag{3.43}$$

以 $\ln K$ 对 $(\varphi-\varphi_{\mathrm{eq}})$ 作图，可得直线。由直线的截距可求得交换电流密度 $i^{\ominus}$，而由直线的斜率则可求得传递系数 α。

图 3.10 和图 3.11 是在旋转铂圆盘电极上测定的实验数据[12]，其反应为

$$Fe^{3+}+e\rightleftharpoons Fe^{2+} \tag{3.44}$$

用上述方法可测得 $\alpha=0.63$，$i^{\ominus}=2.3\times10^{-3}\,\mathrm{A\cdot cm^{-2}}$。

(3) 电荷转移过程中反应电子数 n 的测定

从式(3.27)可知，如果扩散系数 D 已知，那么从 i_{d} 与 $\omega^{1/2}$ 关系直线的斜率可求出反应电子数 n。

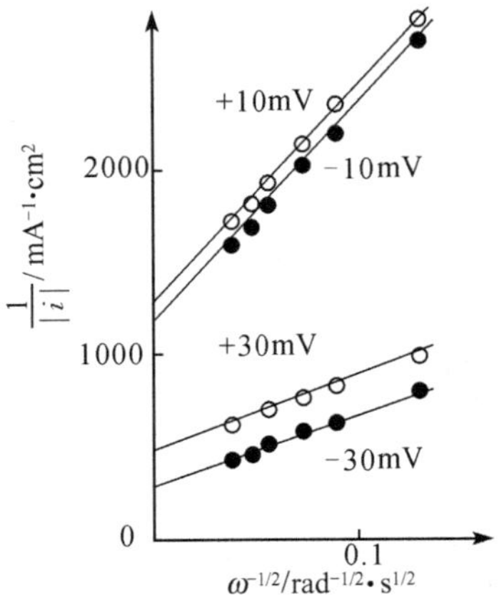

图 3.10　在旋转圆盘 Pt 电极上$\frac{1}{|i|}$与 $\omega^{-1/2}$ 之间的关系

溶液：1mol · L^{-1} $HClO_4^-$ +10^{-3}mol · $L^{-1}Fe^{3+}$ +10^{-2}mol · $L^{-1}Fe^{2+}$

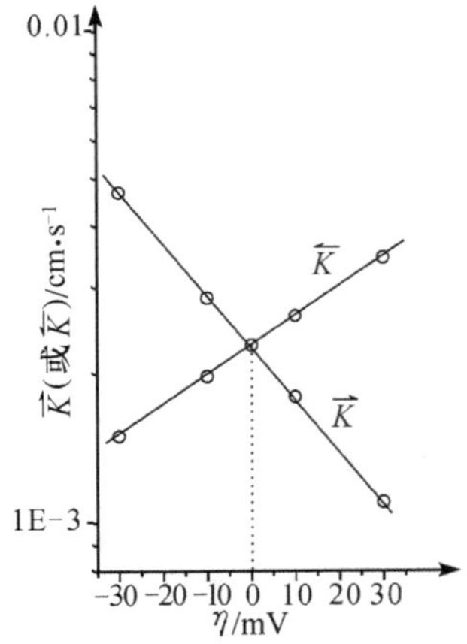

图 3.11　$\vec{K}$(或$\overleftarrow{K}$)和 η 的关系

溶液：同图 3.10

例如，利用旋转圆盘铂电极研究在 NH_4NO_3-NH_3 溶液中(NH_4NO_3 摩尔分数为 0.37)间二硝基苯的阴极还原反应[11]，所得极化曲线具有两个电流平段(图 3.12)。它相当于存在着两种电化学反应的极限扩散电流密度，而且第二平段的还原程度较高。该溶液 ν=0.0408cm² · s^{-1}，以 $i_d \times 1.61 \times \nu^{1/6} \omega^{-1/2} F^{-1}$ 对浓度 c^b 作图，可得一直线，其斜率为$nD^{2/3}$(见图 3.13)。用隔膜电解法，测得间二硝基苯的扩散系数为 $D=1.83\times10^{-6}$cm² · s^{-1}。由此可求得，第一个还原反应段的电子数$n=4$。在第二个极限电流区，间二硝基苯除第一平段还原反应外，还可进一步还原。从直线 2 的斜率求得总的电子得失数为 8。因此，间二硝基苯的还原反应为

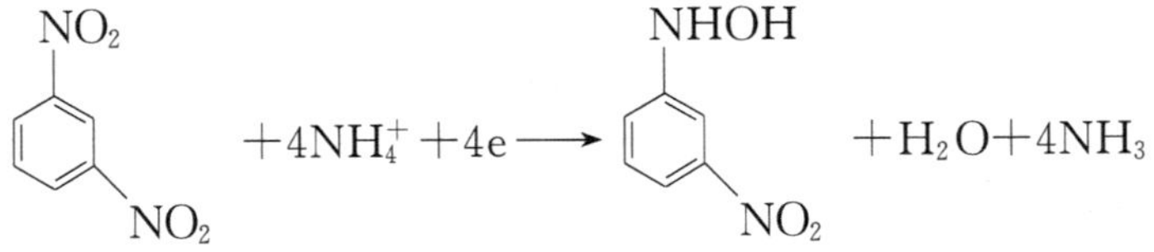

(3.45)

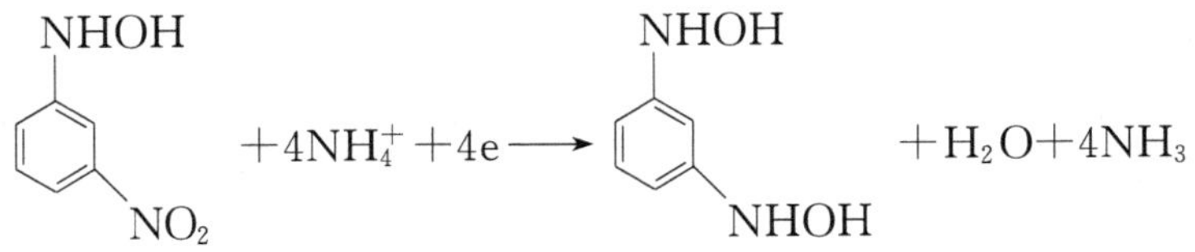

(3.46)

图中第一电流平段，相应于反应式(3.45)中的极限扩散电流密度。第二电流平段则相应于从间二硝基苯还原到 1,3-二羟氨基苯，总反应电子数为 8。

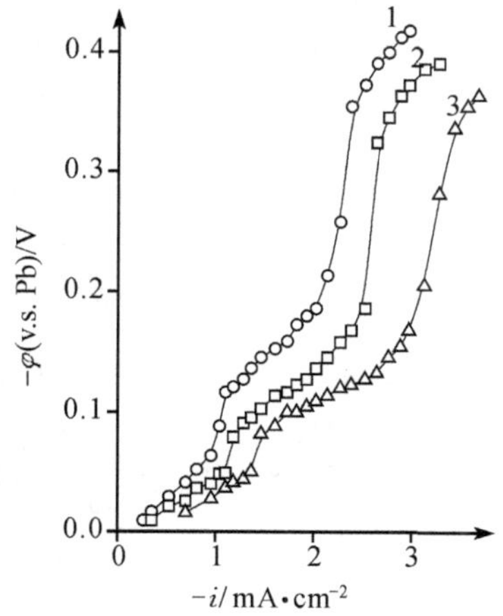

图 3.12　间二硝基苯在旋转铂圆盘电极上的阴极还原极化曲线[6]

浓度：2.88×10^{-3}mol·L^{-1}；温度：0℃；

转速：1——400 r·min^{-1}；

2——500 r·min^{-1}；

3——600 r·min^{-1}

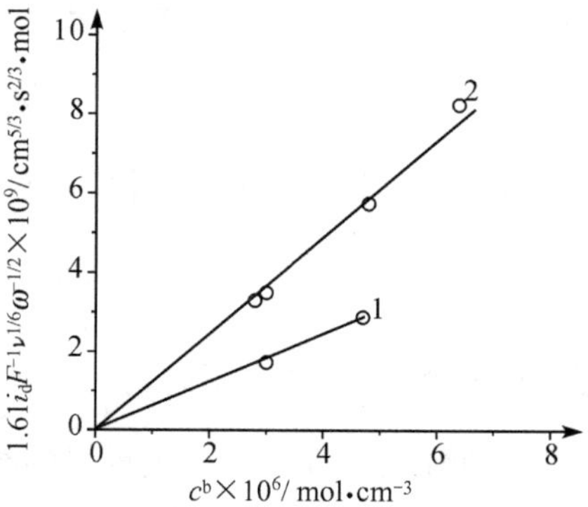

图 3.13　间二硝基苯阴极还原 $1.61i_dF^{-1}\nu^{1/6}\omega^{-1/2}$ 与 c^b 的关系[6]

1. 第一极限电流密度区；

2. 第二极限电流密度区

(4) 测定电化学反应级数

当利用旋转圆盘电极测定不可逆电极反应的级数时，不需要改变反应物的浓度。在稳态下可以用电流密度表示反应速度

$$i_c=K(c^s)^Z \tag{3.47}$$

式中，i_c——阴极电流密度，即阴极还原反应的速度；

K——反应速度常数；

c^s——反应物的表面浓度；

Z——反应级数。

根据旋转圆盘电极的扩散电流密度公式

$$i=\frac{nFD(c^b-c^s)}{1.61D^{-1/3}\nu^{1/6}\omega^{-1/2}}=0.62nFD^{2/3}\nu^{-1/6}\omega^{1/2}(c^b-c^s) \tag{3.48}$$

令 $B=0.62nFD^{2/3}\nu^{-1/6}$，则

$$i=B\omega^{1/2}(c^b-c^s) \tag{3.49}$$

当不可逆电极反应达到稳态时，$i_c=i$。于是

$$i_c=B\omega^{1/2}(c^b-c^s) \tag{3.50}$$

由式(3.27)可得

$$c^{\mathrm{b}}=\frac{i_{\mathrm{d}}}{B\omega^{1/2}} \tag{3.51}$$

将式(3.51)代入式(3.50)，并求出 c^{s} 得

$$c^{\mathrm{s}}=\frac{i_{\mathrm{d}}-i_{\mathrm{c}}}{B\,\omega^{1/2}} \tag{3.52}$$

再将式(3.52)代入式(3.47)并取对数得

$$\lg i_{\mathrm{c}}=\lg K+Z\lg\left(\frac{i_{\mathrm{d}}-i_{\mathrm{c}}}{\omega^{1/2}}\right)-Z\lg B \tag{3.53}$$

因此，在恒电位下，测定不同转速 ω 下的电流密度 i_{c}。再将 $\lg i_{\mathrm{c}}$ 对 $\lg\left(\frac{i_{\mathrm{d}}-i_{\mathrm{c}}}{\omega^{1/2}}\right)$ 作图得直线，直线斜率即为该电极反应的级数 Z。

(5) 判别电极过程的控制步骤

利用旋转圆盘电极可以判断电极过程的控制步骤。对于扩散控制或混合控制的电极过程，随着转速增加，在恒电位下电流将增大，或在恒电流下过电位将减小。由式(3.27)和式(3.39)可知，恒电位下 i^{-1} 与 $\omega^{-1/2}$ 成直线关系且通过坐标原点，说明电极过程为扩散控制。若恒电位下 i^{-1} 与 $\omega^{-1/2}$ 关系为直线，但不通过原点，则说明电极过程为混合控制。若电流与旋转圆盘电极的转速无关，则说明电极过程为电化学步骤控制。

(6) 研究均相混合化学反应

用 RDE 研究均相化学反应，一般是通过研究极限电流随转速的变化来实现的。因为，当圆盘表面的电子转移速率确实非常快时，边界条件将大大简化。假设电极反应为均相前置反应(CE 过程)，则

$$\mathrm{A}\underset{k_2}{\overset{k_1}{\rightleftharpoons}}\mathrm{Ox}\qquad（在溶液中）$$

$$\mathrm{Ox}+n\mathrm{e}\rightleftharpoons\mathrm{R}$$

电极总反应

$$\mathrm{A}+n\mathrm{e}\rightleftharpoons\mathrm{R}$$

若反应步骤的正、负向速率适中，阴极极化时通过 A 的化学转化足以补充 Ox 的消耗。则此时的极限电流密度 i_{l} 有可能与 RDE 转速无关，这就是化学步骤控制的极限电流密度，常称为“动力电流”。据此，可以推导出

$$i_{\mathrm{l}}=\frac{nFDc^{\mathrm{b}}}{1.61D^{1/6}\omega^{-1/2}\nu^{1/6}+D^{1/2}/(k_1/k_2)(k_1+k_2)^{1/2}} \tag{3.54}$$

式中，$c^{\mathrm{b}}=c_{\mathrm{A}}{}^{\mathrm{b}}+c_{\mathrm{Ox}}^{\mathrm{b}}$，$D=D_{\mathrm{A}}=D_{\mathrm{Ox}}$。在不同转速下测量极限电流密度 i_{l}，即可求得化学反应参数。为此，将式(3.54)改写成

$$i_l\omega^{-1/2}=i_d\omega^{-1/2}-\frac{i_l}{1.61\nu^{1/6}D^{-1/6}(k_1/k_2)(k_1+k_2)^{1/2}} \tag{3.55}$$

用 $i_l\omega^{-1/2}$ 对 i_l 作图，可得一直线。若离解平衡常数 k_1/k_2 已知，由直线斜率就可以求得均相前置化学反应参数 k_1 和 k_2。例如，乙酸的还原，是一个经典的 CE 反应

$$CH_3COOH \underset{k_A}{\overset{k_D}{\rightleftharpoons}} CH_3COO^- + H^+ \tag{3.56}$$

$$2H^+ + 2e \longrightarrow H_2 \tag{3.57}$$

这个体系由 Vieltich 和 Jagn 首先研究[13]，并推导出以下的方程式

$$\frac{I_l}{\omega^{1/2}}=0.62nFD^{2/3}\nu^{-1/6}c^b_{HOAc}-\frac{0.62\nu^{-1/6}D^{1/6}}{K(k_D+k_A)^{1/2}}\cdot I_l \tag{3.58}$$

式中，c^b_{HOAc}是乙酸的本体溶液，K 为平衡常数(k_D/k_A)。如果 K 已知，则可以计算出这两个速率常数。图 3.14 给出了在乙酸缓冲溶液中得到的 Pt 圆盘上的 $I_l/\omega^{1/2}\sim I_l$图，并从这些数据和已知的 k_D/k_A 值中估计得 $k_D=4.5\times10^5 s^{-1}$，$k_A=2.6\times10^{10} dm^3\cdot mol^{-1}\cdot s^{-1}$。应该注意，对一个简单的电极反应，$I_l/\omega^{1/2}$与 ω 无关。

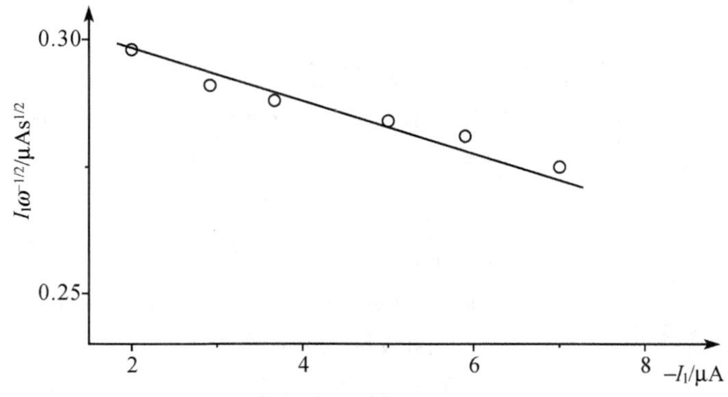

图 3.14　测定乙酸离解速率的 $I_l\omega^{-1/2}\sim I_l$ 图[7]

乙酸盐缓冲溶液：pH=7.7

对于 ECE 反应，是基于反应电子数 n 而进行研究的[14~16]。n 作为 ω 的函数关系，可由下式表示

$$n\propto\frac{|I_l|}{\omega^{1/2}c^b} \tag{3.59}$$

典型的 ECE 反应，苯蒽（DPA）变成吡啶盐[10]的反应电子数 n 取决于化学步骤的速率常数 k 和旋转速率 ω。如果 DPA^+ 紧靠着电极表面发生反应，则

氧化作用将发生 2e 反应；而若 DPA^+ 能在与吡啶反应之前离开电极表面，则仅发生 1e 的转移。因此，如果 k 值处于适当范围且 ω 增大时，n 将从 2 变到 1，见图 3.15。

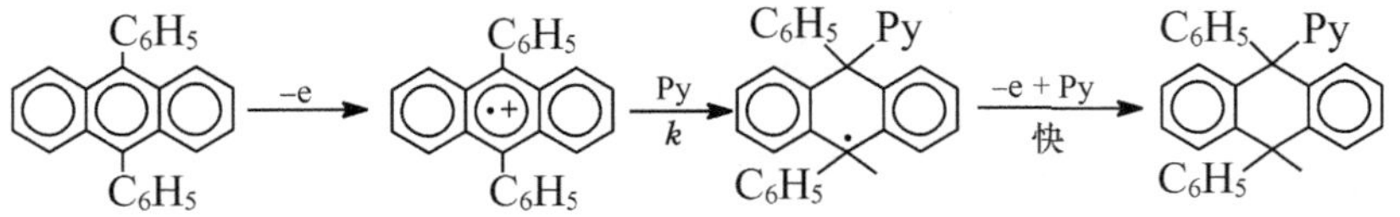

(3.60)

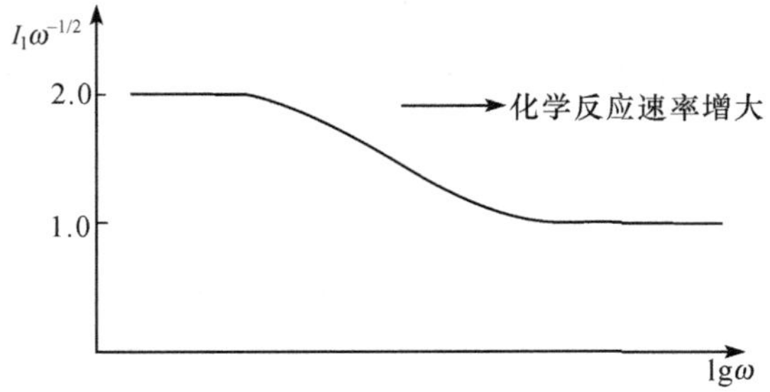

图 3.15　ECE 反应的旋转圆盘数据图

§3.1.6　旋转环-盘电极[2,17~21]

使用 RDE 可以控制扩散层的厚度，可用于研究电极反应速率常数较大的迁移反应。但是它不能辩认复杂电极反应中间产物的性质或吸、脱附过程等，对反应机理的了解也比较有限。若在圆盘旁装配上另一环状电极并独立控制其电位，观察电流变化值，这对中间产物的检出及反应机理的了解必将起到一定的作用，这就是 RRDE（rotating ring disk electrode）的使命。

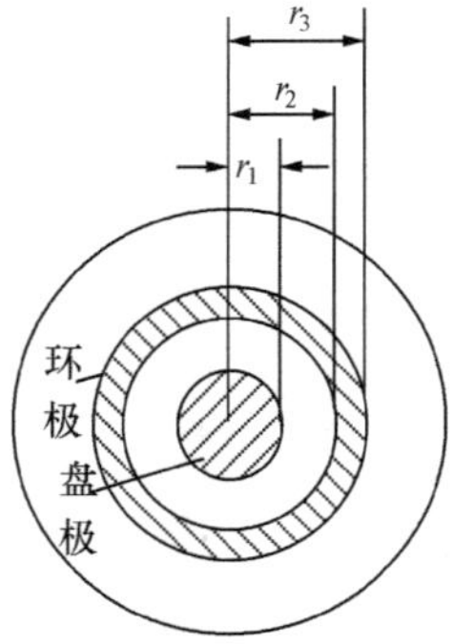

图 3.16　RRDE 结构示意图
r_1. 盘半径；r_2. 环内径；r_3. 环外径

RRDE 的结构如图 3.16 所示，盘、环极之间有很薄的绝缘层分开，环极外有聚四氟乙烯绝缘套。盘、环二电极的电位由一台“双恒电位仪”分别予以控制，相应的盘、环电极电流 I^{DS} 及 I^{RN} 可以分别测量。

1. 旋转环-盘电极的原理

从§3.1.5 节关于 RDE 流体力学特性的讨论中可以知道，在 RRDE 上盘电极的电位-电流关系不会受环电极影响，而环电极电流却要受盘电极电流大小的影响。这种作用关系可以用收集系数和屏蔽系数来表示，这是 RRDE 上的两个重要参数，也是探讨电极过程机理的依据。下面分别予以讨论：

(1) RRDE 的屏蔽系数(shielding coefficient，简写为 *Sh*)

设电极反应为式(3.36)，是单一的，故只要考虑迁移和扩散两步。先假设盘电极(disc)处于开路状态，即盘电流 $I^{DS}=0$，此时盘电极等于不存在。当环电极(ring)受到强阳极极化作用时，也将产生极限扩散电流，但由于圆盘中心新鲜电液的甩出，传递到环电极界面的 R 的量将比单纯对流扩散要高，环电极上的极限扩散电流$(I_d{^\circ})^{RN}$为

$$(I_d^\circ)^{RN}=0.62nF\pi(r_3{}^3-r_2{}^3)^{2/3}D_R^{2/3}\nu^{-1/6}\omega^{1/2}c_R^b \quad (3.61)$$

当盘电极闭路，且盘、环处于相同的 R 扩散控制的电位时，由于有一部分 R 已在盘上进行反应，使得传输到环极上的 R 减少，这时环电流为 I_d^{RN}，它小于$(I_d^\circ)^{RN}$。屏蔽系数的定义就是这两个电流的比值

$$Sh=\frac{(I_d)^{RN}}{(I_d^\circ)^{RN}} \quad (3.62)$$

Sh 值的大小取决于电极的几何参数，与转速无关。从 *Sh* 的大小可以判明电极过程是否伴有化学反应或吸、脱附过程的发生。

(2) RRDE 的收集系数 *N*(collecting coefficient)

假定在圆盘电极上发生如下的连续电荷传递反应

$$\mathrm{O}+n_1\mathrm{e}\rightleftharpoons\mathrm{R}$$

$$\mathrm{R}+n_2\mathrm{e}\xrightarrow{k_f}\mathrm{Y} \quad (3.63)$$

式中，若中间产物 R 是可溶的，在圆盘电极上的第二步反应速度常数 k_f 又不大。这样，由圆盘电极第一步反应所产生的中间产物 R，将只有一部分在圆盘电极上进一步被还原，其余部分被溶液的径向流动带往圆盘的边缘和扩散到溶液内部。圆环电极能够检测出这部分产物 R 当中的一部分，在环电极上发生如下反应

$$\mathrm{R}+n_2\mathrm{e}\longrightarrow\mathrm{Y} \quad (3.64)$$

圆环电极检测出的 R 数量取决于 R 在圆盘电极和圆环电极上的反应速度。似乎只要圆环电极足够大和中间产物在其上还原的速度足够快，圆环电极就可以检出离开圆盘电极的中间产物。但是，实际上环的面积相当小，最多大约能收集这个总量的 40%。而且，中间产物经常是不稳定的，它在前往圆环电极的途中在溶液里会进行化学反应。因此，到达圆环电极的 R 数量就更少了。通常用环电极上的极限电流(I_d^{RN})与盘电极上的电流(I_d^{DS})的比值来表示环盘电极的收集效率，即称为收集系数 *N*

$$N=\frac{I_d^{RN}}{I_d^{DS}} \tag{3.65}$$

N 的数值主要与环-盘电极三个区域的几何尺寸 r_1、r_2、r_3 有关，而与旋转速度 ω 无关。

图 3.17 是 RRDE 的测量数据示意图。实验开始时溶液中只有 R，曲线 1 为 I^{DS} 随 φ^{DS} 改变的极化曲线，环电极电位 φ^{RN} 维持在 φ_1，即 Ox 还原过程的扩散控制区。曲线 2 为 I^{RN} 随 φ^{DS} 改变的极化曲线，如 Ox 为稳定的生成物，则从 I_d^{DS} 和 I_d^{RN} 很易求出 N，并与理论值核对，从而判断 RRDE 的制作是否合适。根据收集系数 N，便能判断电极过程是否存在不稳定的液相中间物或是吸附在盘电极表面的不溶性产物，这为反应机理的研究提供了比较确切的信息。

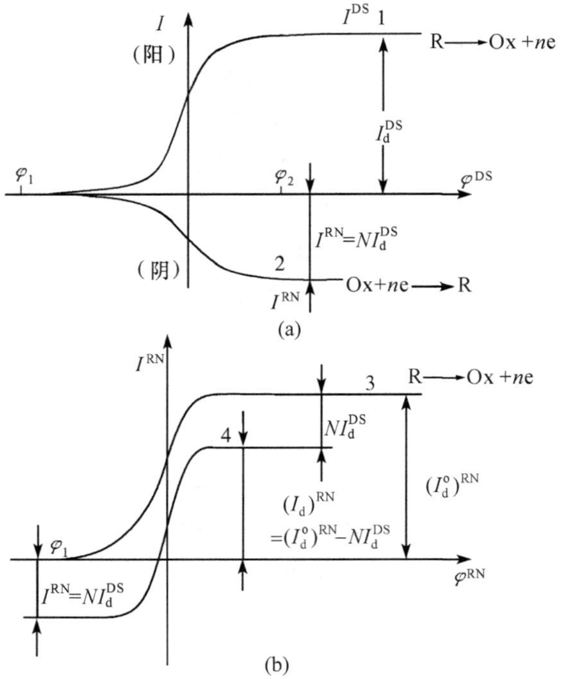

图 3.17　RRDE 的伏安曲线

(a) 收集系数实验示意图

曲线 1. $I^{DS}\sim\varphi^{DS}$ 关系；曲线 2. $I^{RN}\sim\varphi^{DS}$ 关系；

固定 $\varphi^{RN}=\varphi_1$ 进行 φ^{DS} 扫描，极化前溶液中无 Ox

(b) 屏蔽系数实验示意图

曲线 3. $(I^o)^{RN}\sim\varphi^{RN}$ 关系，$I^{DS}=0$；曲线 4. $I^{RN}\sim\varphi^{RN}$ 关系；

固定 $\varphi^{DS}=\varphi_2$ 进行 φ^{RN} 扫描，极化前溶液中无 Ox

(3) RRDE 上 N 和 Sh 的关系

图 3.17 是测定收集系数(a)和屏蔽系数(b)的实验结果。从曲线 1 和 2 可直接获得 N 值。对于屏蔽系数实验，开始时溶液中也只有 R，当盘电极开路时可获得曲线 3，其$(I_d^\circ)^{RN}$符合式(3.61)。当盘电极闭路并维持 $\varphi^{DS}=\varphi_2$ 时，盘电极上将产生恒定量的 Ox，与原来存在的 R 不断甩至环电极，故环电极的极化曲线如图中 4 所示，显然

$$I_d{}^{RN}=(I_d^\circ)^{RN}-NI_d{}^{DS}$$

或者

$$Sh=1-N[I_d{}^{DS}/(I_d^\circ)^{RN}] \tag{3.66}$$

这就是 Sh 和 N 两者之间的关系式。

2. 环-盘电极的应用

RRDE 技术的应用是多方面的，对于反应速率较大的电化学过程，若伴有均相化学反应，吸、脱附过程及具有不稳定的中间物，都可以使用。

(1) 氧还原反应的研究

RRDE 最早应用于氧还原电化学动力学的研究。例如：

在碱性介质中　　$O_2+2H_2O+4e \longrightarrow 4OH^-$

在酸性介质中　　$O_2+4H^++4e \longrightarrow 2H_2O$

两者都是有中间体 H_2O_2 参与的复杂反应。在酸性介质中可以用下式表示

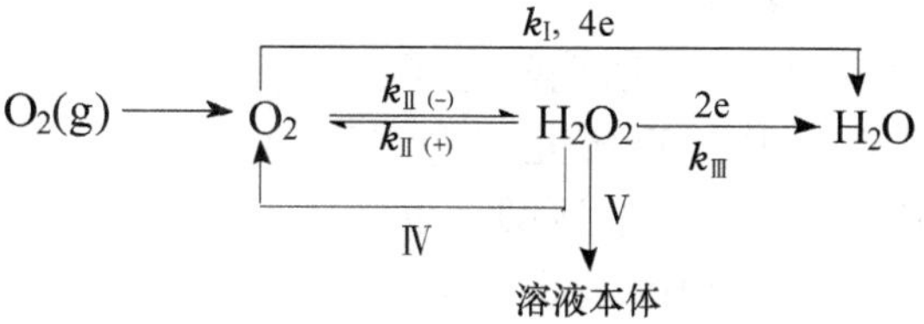

(3.67)

根据电极特性的不同，氧分子在电极表面上既可直接还原成水(Ⅰ)；也可先生成 H_2O_2[Ⅱ(－)]，其中一部分 H_2O_2 扩散到溶液本体(Ⅴ)，余下的 H_2O_2 还能在电极上进一步还原成 H_2O(Ⅲ)，或氧化成 O_2[Ⅱ(＋)]，或在电极表面经催化分解生成 O_2(Ⅳ)。

采用经典的稳态极化技术来研究其反应动力学问题是比较困难的，若采用 RRDE 技术则比较方便且可定量解决这个问题。如果氧在盘电极上发生阴极还原，测定不同转速下盘电流 I^{DS}与盘电位 φ^{DS}之间的关系。维持环电极处于较正的电势，使 H_2O_2 的氧化成为扩散控制，测出此时环电流 I^{RN} 与 φ^{DS} 关系，结果如图 3.18所示[20]。图 3.18(a)是在不同转速下 0.1mol · L^{-1}NaOH 中饱和 O_2 在盘极上还原过程的 I^{DS}与 φ^{DS}关系；图 3.18(b)是环电极电位为 0.0V 时(H_2O_2 发生

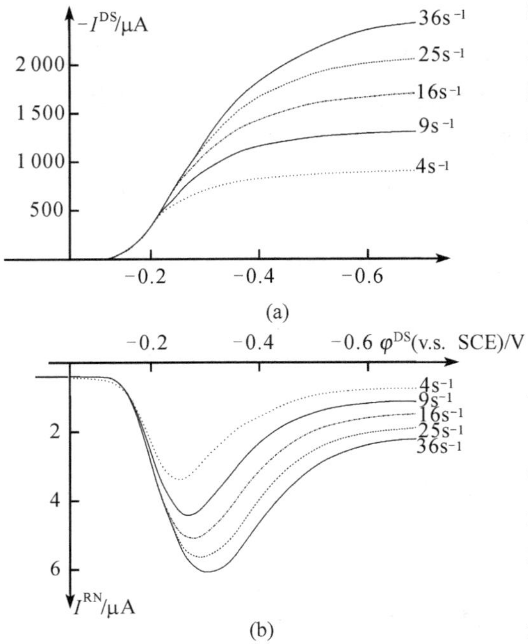

图 3.18　0.1mol · L^{-1} NaOH 中饱和 O_2 在 Pt-RRDE 中不同转速下的极化曲线

(2) 均相化学反应的研究

Albery 及其合作者们[22,23]已经叙述了准一级均相化学反应的 RRDE 研究方法。对圆盘电极施加一恒定电流，并监测圆环电极电流，所得到的 $-I^{RN}\sim I^{DS}$ 图是线性的。但其斜率是 ω 的函数，且速率常数可以从该斜率中得到。这种方法能够测定在 $3\times10^{-2}\sim10^{7}\,dm^3\cdot mol^{-1}\cdot s^{-1}$ 范围内的二级速率常数。

氧化) I^{RN} 与 φ^{DS} 之间的关系。当 φ^{DS} 约为 −0.25V 时，I^{RN} 达到极大值。φ^{DS} 进一步正移时，由于 H_2O_2 在盘电极上的还原作用减弱使 I^{RN} 下降，盘、环电流与电极转速之间的关系为

$$\frac{-I^{DS}}{I^{RN}}=\frac{1}{N}\left(\frac{2k_{\text{I}}}{k_{\text{II}(-)}}+1\right)+\frac{2k_{\text{I}}/k_{\text{II}(-)}+1}{0.62\nu^{-1/6}D^{2/3}}\cdot\frac{1}{\omega^{1/2}}\quad(3.68)$$

由上式可见，对 $-I^{DS}/I^{RN}\sim\omega^{-1/2}$ 作图，可得有关 O_2 还原动力学机理的信息。如果截距随电位改变，表示 O_2 还原的两种反应途径(Ⅰ、Ⅱ)同时进行；若不随电位改变，则 $k_{\text{I}}=0$，表示 O_2 还原经历 H_2O_2 还原成 H_2O。图 3.19 是 1mol · L^{-1} NaOH 中，O_2 在 Au 盘 Pt 环电极上还原过程的 $NI^{DS}/I^{RN}\sim\omega^{-1/2}$ 图。由图可见，截距集中在一点上，说明 O_2 在 Au 盘上阴极还原生成中间物 H_2O_2。

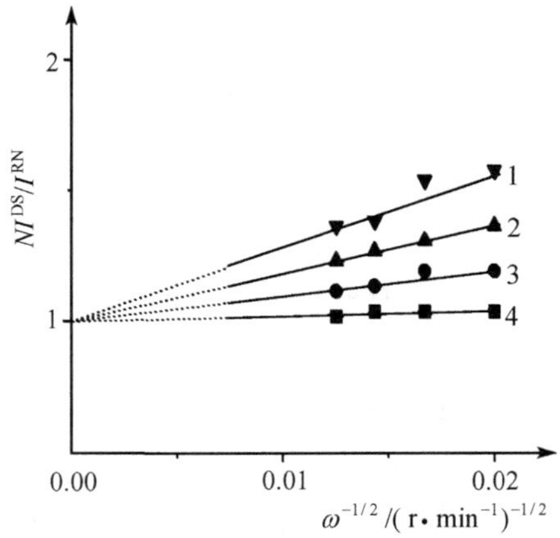

图 3.19　1mol · L^{-1} NaOH 中 O_2 在 Au 盘 Pt 环上(环电位 0.4V v. s. Hg/HgO)的 $NI^{DS}/I^{RN}\sim\omega^{-1/2}$ 关系[14]

盘电位：1——0.6V；
2——0.5V；
3——0.4V；
4——0.3V

表 3.2　在 DMF/$(C_4H_9)_4NI$ 中用 Pt/Pt 环盘电极测得的阴离子自由基二聚作用的速率常数

	烯烃		$k/dm^3 \cdot mol^{-1} \cdot s^{-1}$
	R_1	R_2	
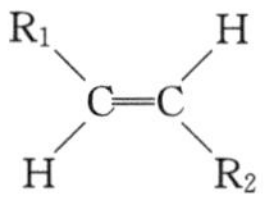	—CO—OCH_3	—CO—OCH_3	1.1×10^2
	C_6H_5	CN	8.8×10^2
	CN	CN	7×10^5

在使用旋转环盘电极研究均相化学反应中，活化烯烃阴离子自由基的研究即是其应用之一[24,25]。在许多情况下，阴离子自由基的衰减是通过二聚作用，因此反应对中间体而言是二级反应。在这些实验中，发现收集系数随圆盘电流（即来自圆盘中阴离子自由基的电流）增加而减小。表 3.2 中报道的速率常数是根据实验数据拟合得到的，并且通过改变烯烃的浓度和电极旋转速率，还可以测得更大范围内的速率常数。而马来酸二乙酯（DEM）阴离子自由基的行为是完全不同的，这可以用旋转环盘电极来证明。固定不同圆盘电极电位，DEM 溶液中的 $I^{RN}\sim\varphi_R$ 关系如图 3.20 所示。由图可见，曲线 a 出现一个小还原峰，是由马酸二乙酯（DEF）杂质引起的（此时圆盘电位为 0.0V，没有发生反应）；曲线 b 具有两种情况，当盘电位处于－0.90V 时，其环电流仍然是 DEF 的杂质峰，当盘电位处于－0.7V 时，则圆环上出现一个发生 DEF^- 氧化的阳极电流峰；曲线 c 表明，当圆盘处于－1.4V 时，DEF 和 DEM 两者均被还原。然而，从 $I^{RN}\sim\varphi_R$ 曲线可以看出，当电位正到

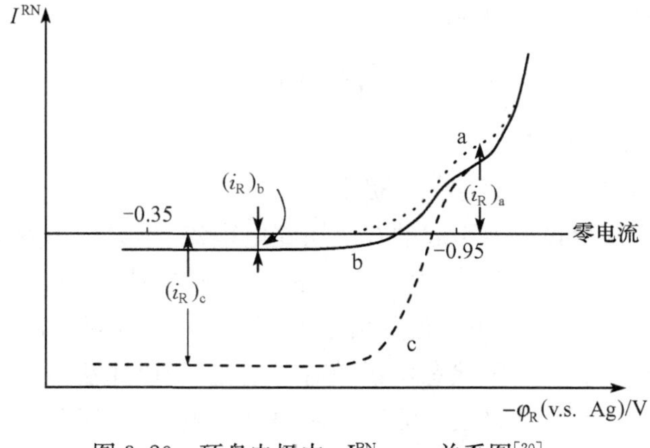

图 3.20　环盘电极中- $I^{RN}_R\sim\varphi_R$ 关系图[20]

圆盘电极电位：a. 0.0V；b. －0.9V；c. －1.4V

溶液：0.15mol·L^{-1} DMF/$(C_6H_5)_4NClO_4$＋3mmol·L^{-1}DEM

旋转速率：98.6N·s^{-1}

$-0.8V$时不会出现阳极电流，但是当电位进一步正到$-0.7V$时，则电流大幅度增加，表明 DEF^-被氧化。由此可断定，$DEM^{-\cdot}$不能稳定地从圆盘输送到圆环上，而是异构为 $DEF^{-\cdot}$随后在圆环上被检出。

§3.2 非稳态(暂态)技术

§3.2.1 暂态法的特点

暂态仅相对于稳态而言，电极过程从暂态进入到稳态需要一定的时间。刚开始通过电流时，电极体系的参量(Z)不能立即达到稳定值，而是随时间变化而变化，即

$$Z(c,\varphi,i,\cdots)=f(t) \tag{3.69}$$

因此，从电极开始极化到电极过程达到稳态这一阶段称为暂态过程，其相应的技术叫暂态技术或非稳态技术。

暂态技术与稳态技术相比，具有以下特征：

(1) 暂态阶段流过电极界面的电流 i 由两部分组成

$$i=i_F+i_C \tag{3.70}$$

式中，i_F 称作电化学反应电流，又称法拉第电流，它是由"电极/溶液"界面授受电子引起的。由于电极界面处参加反应的物质的量与电极所通过的电量符合法拉第定律，所以称为法拉第电流；i_C 称为双电层充(放)电电流，它是由双电层两侧电荷的变化引起的，其电量变化关系不符合法拉第定律，所以又称为非法拉第电流。稳态下 i_C 为零，暂态下 i_C 为变化值

$$i_C=\frac{dq}{dt}=\frac{d(C_d\varphi)}{dt}=C_d\frac{d\varphi}{dt}+\varphi\frac{dC_d}{dt} \tag{3.71}$$

式中，C_d——双电层电容；

φ——从零电荷电位算起的电极电位。

式中第一项为电极电位改变引起的双电层充电电流，第二项为双电层电容改变引起的双电层充电电流。例如，当电极表面发生吸、脱附时，双电层电容 C_d 将发生剧烈变化，由第二项引起的充电电流数值很大，常常形成吸(脱)附电流峰。稳态下电极电位、双电层结构、吸脱附状态均不随时间变化，所以非法拉第电流为零。利用非法拉第电流可以研究电极表面活性物质的吸脱附行为，还可以测定电极的双电层电容及真实表面积。

(2) 在暂态下，电极附近液层中的反应粒子浓度、扩散层厚度及浓度等均随时间变化，反应粒子浓度不仅是空间的函数，而且还是时间的函数，即

$$c_i = f(x,t), \qquad \frac{\partial c_i}{\partial x} \neq 常数 \tag{3.72}$$

(3) 暂态阶段的电极电位、极化电流、电极界面的吸附覆盖状态、双电层结构均可能随时间变化。

图 3.21 为“电极/溶液”界面通电前后的变化情况。

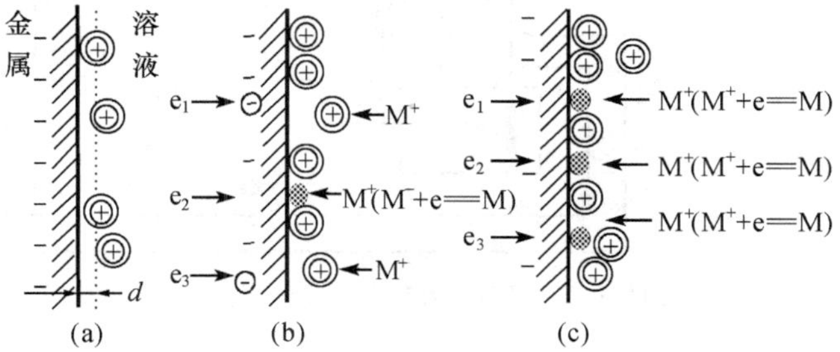

图 3.21　“电极/溶液”界面通电后的变化过程示意图

(a) 通电前，处于平衡电位下的双电层结构；

(b) 通电后，一部分电流用于双电层充电；一部分用于电极反应($M^+ + e \longrightarrow M$)；

(c) 通电达到稳态，全部电流用于电极反应

因此，暂态过程要比稳态过程复杂得多，但是暂态法与稳态法相比，具有许多优点：其一，暂态法适合于研究快速电极过程，可测定快速电极反应的动力学参数；其二，由于暂态法测量时间短暂，液相中的杂质粒子往往来不及扩散到电极表面，有利于研究界面结构和吸附现象，也有利于研究电极反应的中间产物及复杂的电极过程。此外，暂态法还适合于研究那些表面状态变化较大的体系。

非稳态技术可分为两种类型，其一是对研究电极的电极电位或电流施加瞬间扰动信号，然后检测这一扰动随时间变化的规律，例如阶跃电流法和阶跃电位法；其二是对研究电极施加周期性变化的电位或电流扰动信号，然后记录周期性变化的规律，如下图表示：

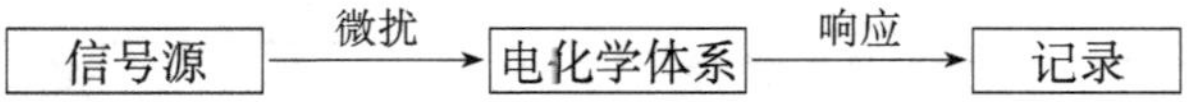

§3.2.2　线性扫描伏安法(LSV)和循环伏安法(CV)

线性扫描伏安法和循环伏安法能在很短时间内，观察到一个很宽电位范围内的电极过程变化图像，从而可以获得十分丰富的有关电化学反应的信息。因此，它已成为当前电化学研究中最常用的一种技术。就有机电极过程研究而言，伏安法是最有用和最易推广的方法之一。

该法的测量装置如图 3.22 所示。图中讯号发生器给出线性变化的电位信号，通过恒电位仪施加到研究电极上，再用 X-Y 函数记录仪或示波器记录相应电位

(时间)和电流的变化关系曲线。

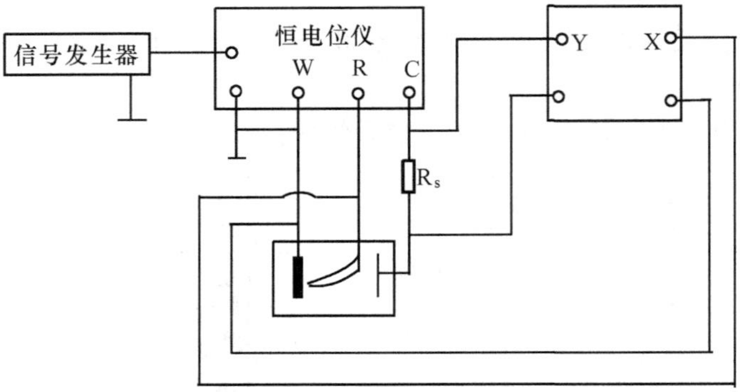

图 3.22　LSV 和 CV 实验示意图

1. 线性扫描伏安法[1~3,26,27]

在线性扫描伏安法中，电位随时间线性变化的关系如图 3.23。线性扫描伏安法又叫单扫描伏安法，其电位与时间的关系为

$$\varphi(t)=\varphi_i-\nu t \tag{3.73}$$

式中，　ν——扫描速率，$V\cdot s^{-1}$；

φ_i——起始电位，V；

t——扫描时间，s。

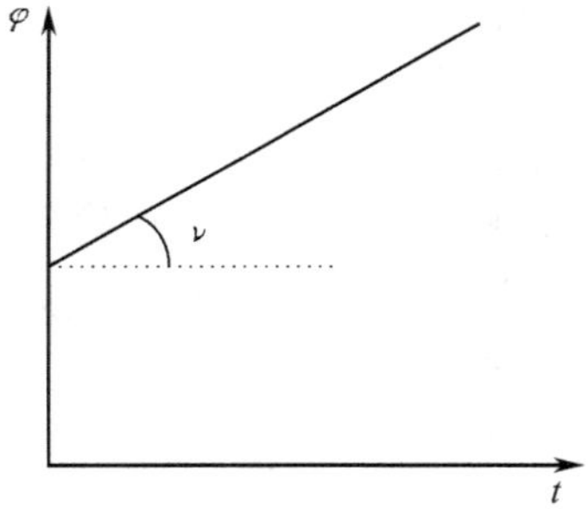

图 3.23　单扫描伏安法中电位～时间关系图

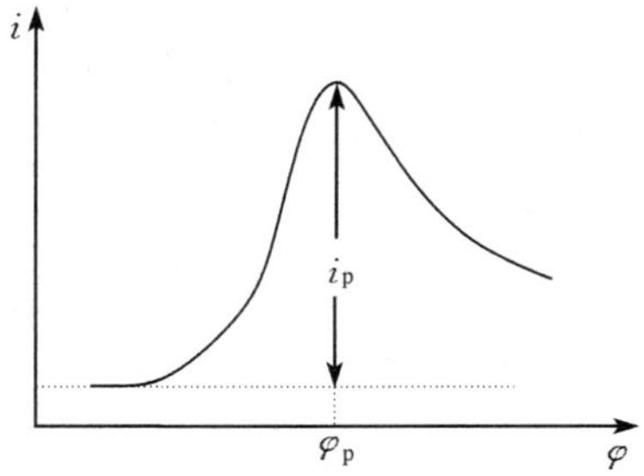

图 3.24　单扫描伏安图

若电解池中只有一种电活性物质，则其电流响应如图 3.24 所示。在开始扫描至电极上发生电化学反应电位以前，电流没有明显变化。当扫描至发生电化学反应电位以后，电流开始上升，至极大点后又逐渐下降，其伏安曲线呈峰形。在单扫伏安法中，峰电流 i_p 和峰电位 φ_p 是人们最感兴趣的两个参数。

假定电极过程符合 Nernst 方程，即在可逆电极反应条件下，25℃时峰电流的方程可表示如下

$$i_p = 269n^{3/2}AD^{1/2}\nu^{1/2}C^b \quad (3.74)$$

式中，A——电极面积，m^2；

D——扩散系数，$m^2 \cdot s^{-1}$；

ν——扫描速率，$V \cdot s^{-1}$；

c^b——电活性物质浓度，$mol \cdot L^{-1}$；

i_p——峰电流，A。

由式(3.74)可见，峰电流与电活性物质的扩散系数、本体浓度以及扫描速率等因素有关。

由 Nernst 方程还可以导出 25℃时峰电位的表达式

$$\varphi_p = \varphi^{\ominus}_{Ox/Red} - \frac{0.029}{n}\left(1 + \lg\frac{D_{Ox}}{D_{Red}}\right) \quad (3.75)$$

由式(3.75)可见，峰电位与标准氧化-还原电位之差和电活性物质的氧化-还原扩散系数之比有关。

由式(3.74)可看出，峰电流与电活性物质的本体浓度成正比，故式(3.74)的一个重要应用是分析测定反应物的浓度。例如，在 pH=2 的 Britton Robinson 缓冲溶液中，在铂丝电极上约+0.5V 处，四甲基联苯胺被氧化，其伏安曲线如图3.25所示。

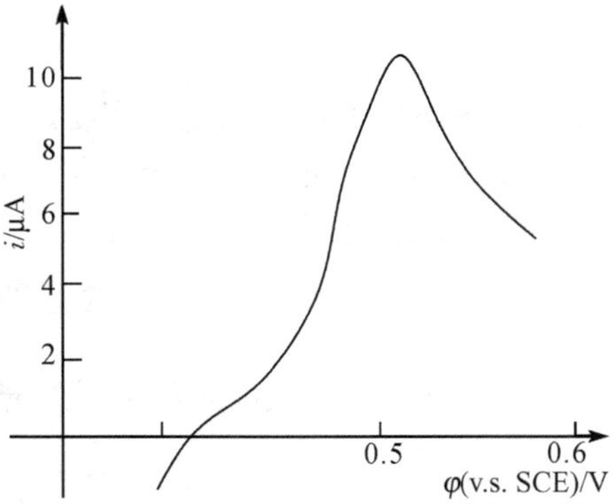

图3.25 四甲基联苯胺阳极氧化伏安图

pH=2，浓度为 $1.2\times10^{-4}mol \cdot L^{-1}$

表3.3列出了四甲基联苯胺的浓度在 $4\times10^{-5}\sim4\times10^{-4}mol \cdot L^{-1}$ 范围内，浓度与峰电流以及峰电流对浓度比值的数据，显然峰电流与四甲基联苯胺浓度之间成线性关系。由表3.3还可看出，该方法具有很好的重现性，在这样低的浓度下，使用

表3.3 四甲基联苯胺的实验数据

浓 度/$mol \cdot L^{-1}$	$i_p/\mu A$	$10^{-4}i_p/c/\mu A \cdot mol^{-1} \cdot L$
4.0×10^{-5}	3.6	9.00
8.0×10^{-5}	7.6	9.50
1.2×10^{-4}	11.1	9.25
1.6×10^{-4}	14.2	8.87
2.0×10^{-4}	17.4	8.70
3.2×10^{-4}	26.7	8.34
4.0×10^{-4}	32.7	8.18
	平均	8.83
	偏差/%	4.2

这一简单的技术就可获得令人满意的结果。

一般条件下，单扫描伏安法的测定下限约为 10^{-5} mol · L^{-1}，而式(3.74)只指出$i_p \propto c^b$，并未指明测定的下限，那么什么因素决定了测定下限呢？式(3.74)表明了由电活性物质所产生的法拉第电流与浓度的关系。但除此以外，式(3.74)没有反映出其他因素对电流的影响。当电位线性增加时，会产生背景电流，背景电流主要由充电电流引起。每一个"电极/溶液"界面相当于一个电容器，当电位改变时，就要向电容器充电，也就有电流通过线路，即为充电电流。图 3.26 中的虚线就是充电电流曲线。双电层的微分电容定义如下

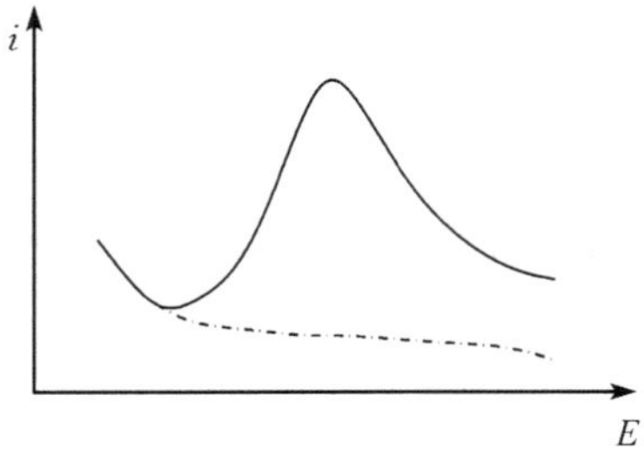

图 3.26 双电层充电电流(虚线)

$$C_d = \frac{dq}{d\varphi} \tag{3.76}$$

式中，q 为电极表面上的电荷密度。一般汞、铂等金属电极的双电层电容大小为 20～80μF · cm^{-2}。根据电极上电量随时间的变化，以及电位随时间的变化可得到充电电流 i_C 的关系式

$$\frac{i_C}{A} = \frac{dq}{dt} = \frac{dq}{d\varphi}\frac{d\varphi}{dt} = C_d \nu \tag{3.77}$$

由式(3.74)和式(3.77)可得到充电电流对峰电流之比为

$$\frac{i_C}{i_p} = \frac{C_d \nu}{269 n^{3/2} D^{1/2} c^b \nu^{1/2}} \tag{3.78}$$

式(3.78)表明了 i_C/i_p和扫描速率 ν 之间的关系。

表 3.4 单扫描伏安法中 i_C/i_p 比值与 ν、c^b 之间的关系

($n=1, C_d \approx 25\mu F \cdot cm^{-2}; D=10^{-5} cm^2 \cdot s^{-1}$)

c^b/mol · L^{-1}	ν/V · s^{-1}	i_p/μA · cm^{-2}	i_C/i_p
10^{-3}	0.1	269	0.009
	1	850	0.029
	10	2687	0.092
	100	8500	0.29
10^{-5}	0.1	2.7	0.9
	1	8.5	2.9
	10	26.9	9.2
	100	85.0	29

由表 3.4 中的数据可以看出，在比较高的浓度（如 10^{-3}mol · L^{-1}）下，扫描速率若不高（如 0.1V · s^{-1}），则比值 i_C/i_p 很小，i_C 不起什么作用，可以忽略不计。而当扫描速率高达 100V · s^{-1}时，则 i_C 的影响比较明显。若在这一扫描速率下，浓度降低至 10^{-5}mol · L^{-1}时，则 i_C 的影响十分显著。显然在这种情况下式(3.74)不能应用，说明达到了测定下限。

2. 循环伏安法[1~3,26,27]

(1) 循环伏安法的特点

所谓循环伏安法就是电位扫描到一定值，再反扫至原来的起始电位值。其电位与扫描时间之间的关系如图 3.27 所示。

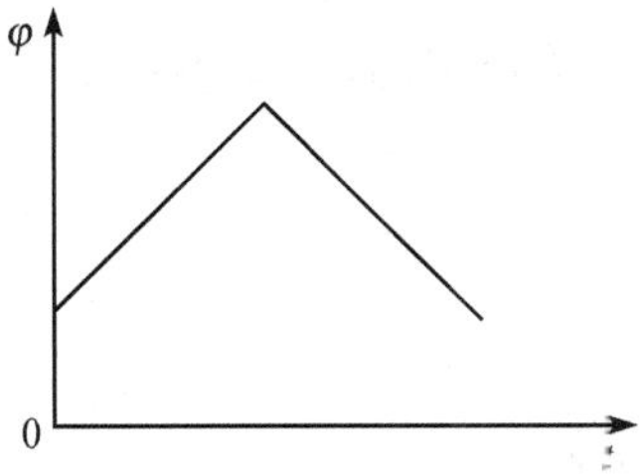

图 3.27　循环伏安法中电位～时间的关系

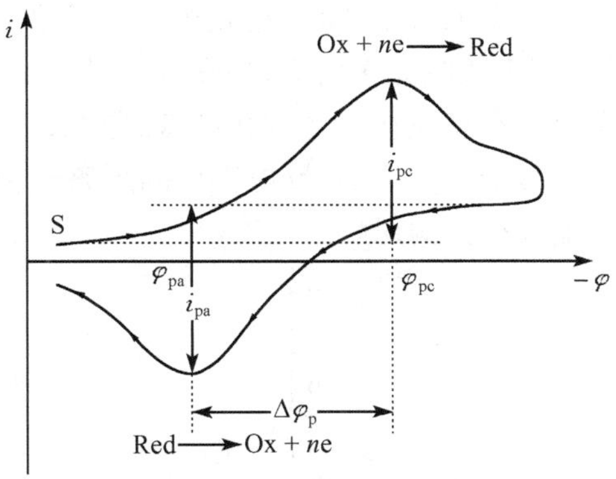

图 3.28　电化学循环伏安图

循环伏安法的电流响应如图 3.28 所示。图中两个峰电流值、两个峰电流的比值以及两个峰电位的值是循环伏安法中最为重要的参数。

对于符合 Nernst 方程的电极反应，在 25℃时

$$\Delta\varphi_p = \varphi_{pa} - \varphi_{pc} = \frac{57\sim63}{n}(\text{mV}) \tag{3.79}$$

即阳极峰电位(φ_{pa})与阴极峰电位(φ_{pc})之差为 $57/n$ ～$63/n$ mV 之间，确切的值与扫描中经过阴极峰电位之后多少毫伏再回扫有关。一般在过阴极峰电位之后再回扫，$\Delta\varphi_p$ 值为 $58/n$ mV。峰电位与标准电极电位的关系如下式

$$\varphi^{\ominus}_{Cx/Red} = \frac{\varphi_{pa} + \varphi_{pc}}{2} + \frac{0.029}{n}\lg\frac{D_{Ox}}{D_{Red}} \tag{3.80}$$

式(3.80)表明，标准电极电位等于两峰电位之和除以 2 再加上一个小的数值。由于 D_{Ox}/D_{Red} 接近于 1，这一项很小。所以只要反应符合 Nernst 方程，且反应产物是稳定的，则 $i_{pa} = i_{pc}$。可见循环伏安法是测量标准电极电位一种较方便的方法。

由于循环伏安法是一种很方便的定性方法，它在较短时间内即可得到很多电化学信息，因此，以下介绍循环伏安法的有关应用。

(2) 循环伏安法的应用

1) 电化学反应体系的研究

循环伏安法可用于研究电化学反应新体系。一般来说，阳极电流表示氧化反应，阴极电流表示还原反应，而峰值电流密度则表示在给定条件下该反应能够进行的最大速度及其稳定性。如果不存在干扰因素的话，对于给定的电极体系，在恒电位控制下，相同的电极反应发生在相同的电位下，并以同样的速度进行。如果把电流～电位曲线换算成电流～时间曲线，则电流峰下面的面积就代表该电化学反应所消耗的电量。因此可以用循环伏安法来研究电极体系可能发生的反应和反应的最大速度及其反应产物的稳定性。一个例子是四苯基卟啉(TPP)在碳酸乙酰(MC)溶液中的电化学反应，如图 3.29 所示。由图可见，一对响应峰是 TPP 被还原后负离子再被氧化；另一对响应峰是正离子被氧化后，然后再被还原。存在这两种响应信号的事实说明，反应得到的阴离子和阳离子都是稳定的，否则不会从循环伏安上曲线得到两对峰。

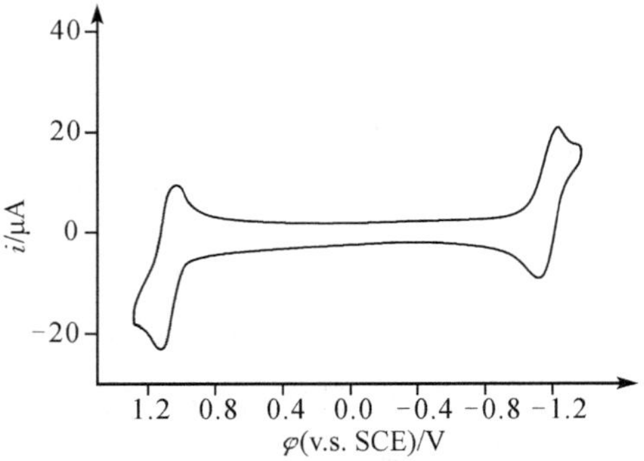

图 3.29 铂电极上 TPP 循环伏安图

MC 溶液中含 1mmol · L^{-1}TPP 和 2mol · L^{-1}TBAP，$\nu=100mV \cdot s^{-1}$

由 4 个铁，4 个五茂环和 4 个一氧化碳组成的金属有机化合物结构如图 3.30 所示。将该化合物溶于乙腈中，然后作循环伏安图，发现有 3 组峰，如图 3.31 所示，这说明有 3 个电子跃迁过程，而且这 3 个过程的产物都是稳定的。

又如 1,5 -二硝基蒽醌(1,5-DNA)在硫酸体系中电化学还原反应[29]，其循环安实验证实(图 3.32)，$Ⅱ_c$ 为析氢峰，$Ⅰ_c$ 为 1,5-DNA 的阴极还原峰，在该峰电位下进行恒电位电解，所得产物经红外光谱分析，确认为 1,5 -二氨基- 4,8 -二羟基蒽醌。图中虚线为空白伏安曲线，无 $Ⅰ_c$ 峰。

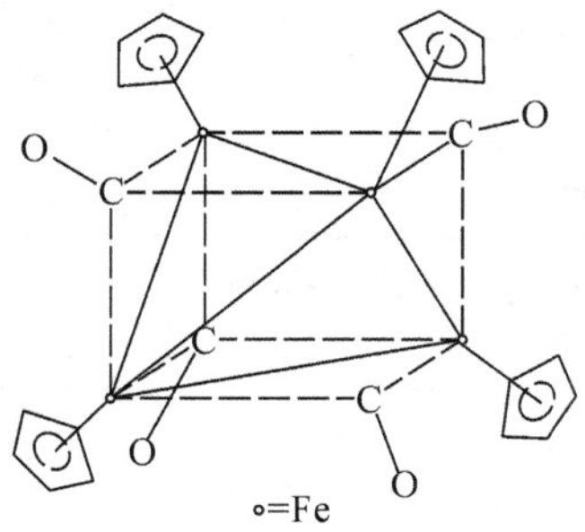

图 3.30　[γ-C_5H_4-Fe(CO)]$_4$ 的结构

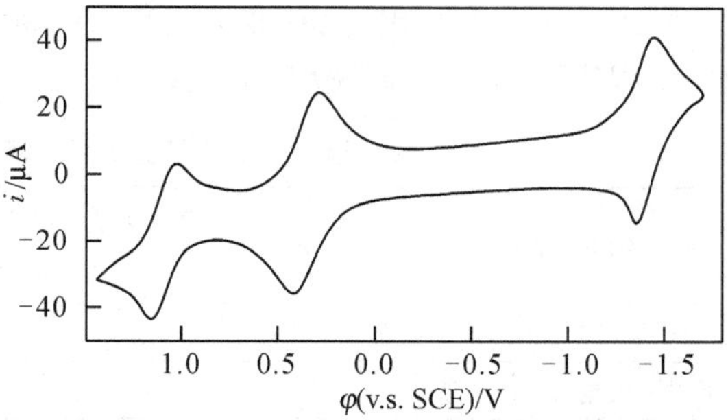

图 3.31　[γ-C_5H_4-Fe(CO)]$_4$ 的循环伏安曲线

ν=100mV · s^{-1};

溶液:10^{-3}mol · L^{-1}[γ-C_5H_4-Fe(CO)]$_4$+0.1mol · L^{-1}乙腈

其他一些方法往往很难将过程的中间状态反映出来,而电化学方法不仅可以鉴定中间状态,而且还可以知道中间状态发生在什么电位范围以及中间状态的稳定性如何。

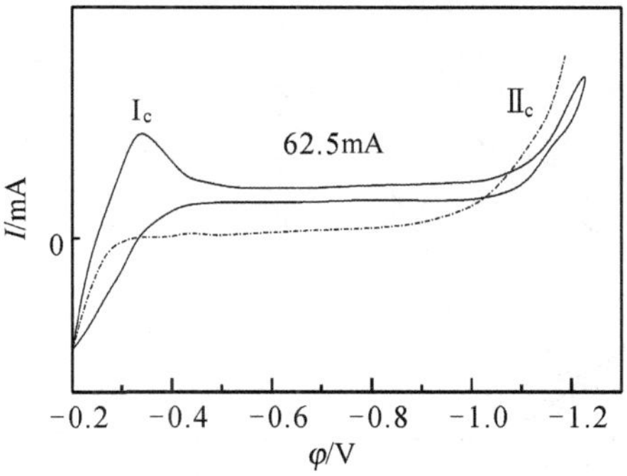

图 3.32　1,5-DNA 循环伏安图

实线:12.75mol · L^{-1} H_2SO_4+0.0067mol · L^{-1} 1,5-DNA;

虚线:12.75mol · L^{-1} H_2SO_4;

扫速:100mV · s^{-1}

2) 判断电极反应的可逆性

根据循环伏安曲线的形状(i_p 和 φ_p)可以判断电极反应的可逆程度。表 3.5、

表 3.5　可逆电极反应的判据(O+ne$\rightleftharpoons$R)

电位响应的性质	φ_p 与 ν 无关。在 25℃时,$\varphi_{pa}-\varphi_{pc}$=59/$n$ mV,与 ν 无关
电流函数性质	$i_p/\nu^{1/2}$ 与 ν 无关
阳极电流与阴极电流比的性质	i_{pa}/i_{pc} 为 1 时,与 ν 无关

表 3.6 和表 3.7 分别列出可逆、准可逆和不可逆三种电极反应的判据。图 3.33 为不同可逆程度下的理论循环伏安曲线。

表 3.6　准可逆电极反应的判据

电位响应的性质	φ_p 随 ν 移动。在低 ν 下，$\varphi_{pa}-\varphi_{pc}$ 可接近 $60/n$ mV，但当 ν 增加时也增加
电流函数性质	$i_p/\nu^{1/2}$ 实际上与 ν 无关
阳极对阴极电流比的性质	仅在 $\alpha=0.5$ 时，i_{pa}/i_{pc} 等于 1

表 3.7　不可逆电极反应的判据($O+ne\xrightarrow{k_s}R$)

电位响应的性质	当进行还原反应时，ν 增加 10 倍，φ_p 负移 $30/\alpha n$ mV
电流函数性质	$i_p/\nu^{1/2}$ 对扫描速率是常数
阳极对阴极电流比的性质	反扫时没有电流

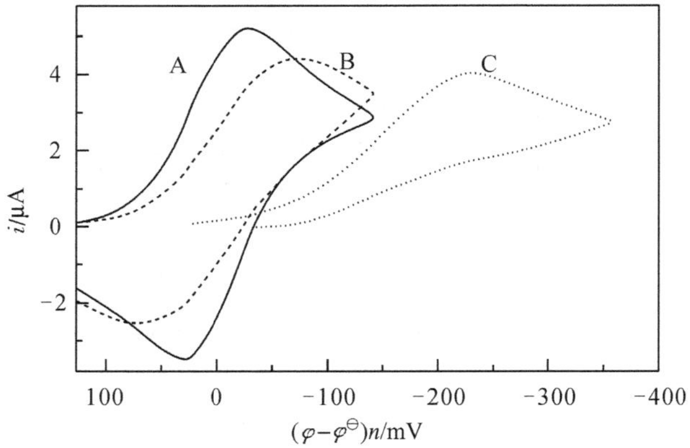

图 3.33　理论循环伏安曲线

A. 可逆；B. 准可逆；C. 不可逆

电极面积$=0.02cm^2$；$c_O=10^{-4}mol\cdot L^{-1}$；

$D_O=D_R=10^{-5}cm^2\cdot s^{-1}$；$\nu=1V\cdot s^{-1}$；$\varphi^{\ominus}=0$

图 3.33 代表了上述三种情况的循环伏安曲线，A 表示可逆，B 为准可逆，C 为完全不可逆。对完全不可逆的电极反应，反扫时不出现阳极峰，可见要判断反应的可逆性，只要将循环伏安图与标准的图形作比较即可达到目的。

3）偶合均相反应过程的研究

循环伏安法可能是研究偶合化学反应最强有力的技术之一，这在有机电极过程研究中显得格外重要。根据不同的电极过程，现分述如下：

a. 前置化学反应（CE 过程）[29]

如 § 2.7.1 节所述，CE 反应过程可用如下方式表示

$$Y \underset{k_b}{\overset{k_f}{\rightleftharpoons}} O$$

$$O + ne \rightleftharpoons R$$

服从这种模式的典型例子是水溶液中弱酸的还原和甲醛的还原，它们在水溶液中存在着电活性和非电活性两种形式的水合物，电子转移也分为可逆和不可逆两种情况。现举例如下：

镉离子与氨三乙酸的络合物 $Cd(NTA)^-$ 在溶液中有下述两个平行的离解平衡

$$Cd(NTA)^- \underset{k_{-1}}{\overset{k_1}{\rightleftharpoons}} Cd^{2+} + NTA^{3-} \tag{3.81}$$

$$Cd(NTA)^- + H^+ \underset{k_{-2}}{\overset{k_2}{\rightleftharpoons}} Cd^{2+} + HNTA^{2-} \tag{3.82}$$

上述络合物离解的反应速率比较大，在 $1.0 mol \cdot L^{-1}$ KNO_3 和 $0.1 mol \cdot L^{-1}$ 乙酸盐缓冲溶液中，速率常数为

$$k_2 = 4.1 \times 10^5 (mol \cdot L^{-1} \cdot s)^{-1}$$

图 3.34 为 $Cd(NTA)^-$ 溶液的循环伏安图。

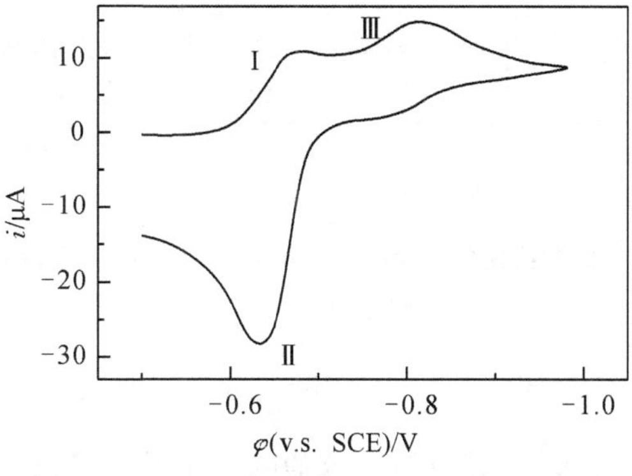

图 3.34　$Cd(NTA)^-$ 溶液的循环伏安图

$1.0 \times 10^{-3} mol \cdot L^{-1} Cd^{2+}$；$4 \times 10^{-2} mol \cdot L^{-1}$ NTA；

pH3.88 的乙酸盐缓冲溶液；$\nu = 0.062 V \cdot s^{-1}$

由伏安曲线可以看到，有两个阴极峰，其中峰Ⅰ对应于经典极谱中的第一个峰，即 Cd^{2+} 的还原峰；峰Ⅱ对应于经典极谱中的第二个峰，即 $Cd(NTA)^-$ 的还原峰。两峰的产物都是金属镉生成的汞齐。峰Ⅲ为镉汞齐氧化的阳极峰，但没有出

现与峰Ⅱ对应的阳极峰，说明 Cd(NTA)$^-$的还原是一个不可逆的电子跃迁过程。

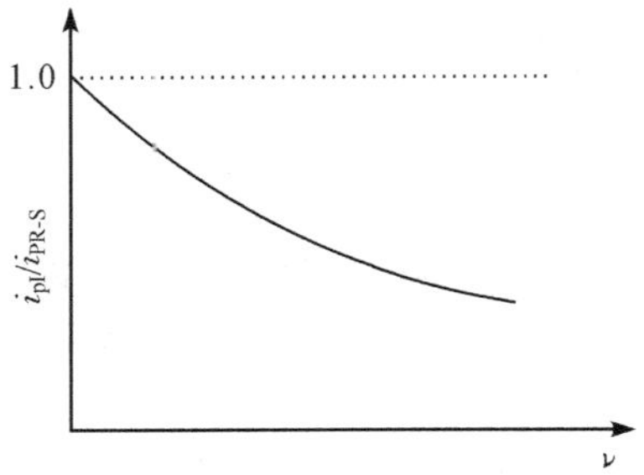

图 3.35　$i_{pI}/i_{PR\text{-}S}\sim\nu$ 图

将实验所得的峰电流 i_{pI} 与按式(3.74)计算出的峰电流 $i_{PR\text{-}S}$的比值与扫描速率 ν 作图。如果前置 Cd(NTA)$^-$离解反应速率很快($k\to\infty$)，则 $i_{pI}/i_{PR\text{-}S}$值与 ν 无关，Cd(NTA)$^-$立即离解以补充 Cd^{2+} 在电极表面的消耗，相当于 Cd(NTA)$^-$直接在电极上还原，如图 3.35 中虚线所示。而实际上 $i_{pI}/i_{PR\text{-}S}$随着 ν 的增加而逐渐下降，如图 3.35 实线所示。这说明随着 ν 的增加，前置反应来不及离解补充 Cd^{2+} 的消耗。当 ν 增至一定数值后，电流比值不再降低，这是由于 Cd(NTA)$^-$离解所提供的 Cd^{2+} 量很小，可忽略不计，所测 Cd(Ⅱ)也就是以 Cd^{2+} 平衡浓度按式(3.74)理论计算的电流值。

循环伏安法研究前置化学反应过程的判据列在表 3.8 中，

表 3.8　前置化学反应的判据

电位响应的性质	当进行氧化反应时，随着 ν 增加，φ_p 移向阳极方向
电流函数的性质	当 ν 增加 $i_p/\nu^{1/2}$减小
阳极电流对阴极电流之比的性质	i_{pa}/i_{pc}一般大于 1，且随 ν 的增加而增加，在低 ν 值时趋近于 1
其他	响应类似于可逆波，但当化学动力学慢，K 具有中等的数值时，电流响应大小低于可逆波的情形

b. 随后化学反应(EC 过程)[29]

随后化学反应是有机电化学中非常普遍的一种反应过程，其反应模式为

$$O + ne \rightleftharpoons R$$

$$R \underset{k_2}{\overset{k_1}{\rightleftharpoons}} Y$$

这类电极过程的例子较多，例如对氨基苯酚的氧化反应，就属此类型。

图 3.36 给出对氨基苯酚溶液的循环伏安图。由图可以看出，开始由较负的电位(图中起始点 S)沿箭头方向作阳极扫描，得到一个阳极峰 1，而后作反向阴极扫描，出现两个阴极峰 2 和 3，再一次作阳极扫描时，出现两个阳极峰 4 和 5(图中虚线)。峰 4 和峰 1 的位置不同。

图 3.36 表明，在第一次阳极扫描时，在溶液中电极表面只有对氨基苯酚是电活性物质，因此被氧化生成对-亚胺基苯醌，电极反应为

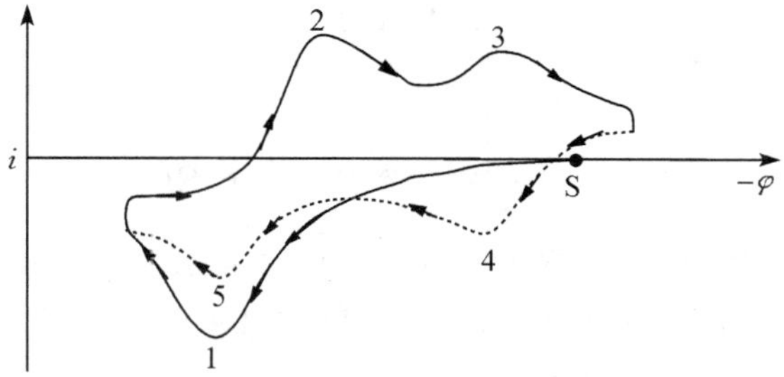

图 3.36　对氨基苯酚循环伏安图

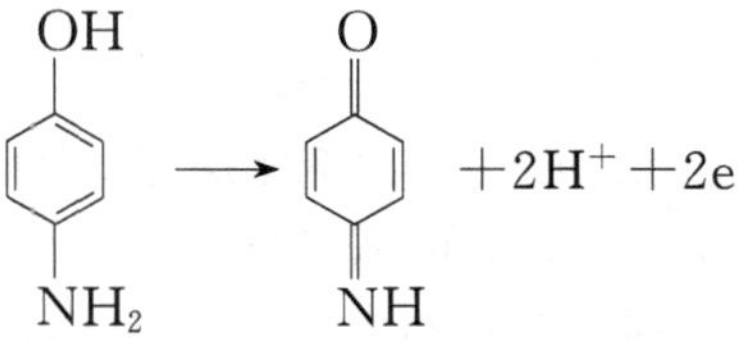

(3.83)

电流响应为阳极峰 1，然后生成的对-亚胺基苯醌在电极表面附近溶液中与水和氢离子进行如下化学反应

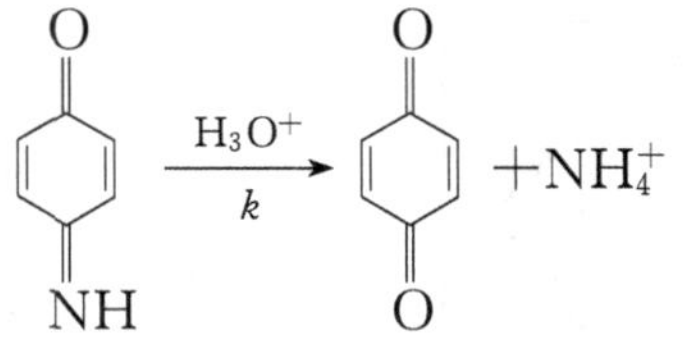

(3.84)

使对-亚胺基苯醌部分转化为苯醌。此时，两者均为电活性物质，因而在阴极扫描时，对-亚胺基苯醌被重新还原为对氨基苯酚，形成峰 2。而苯醌在更负的电位下被还原成对苯二酚，形成峰 3。电极反应为

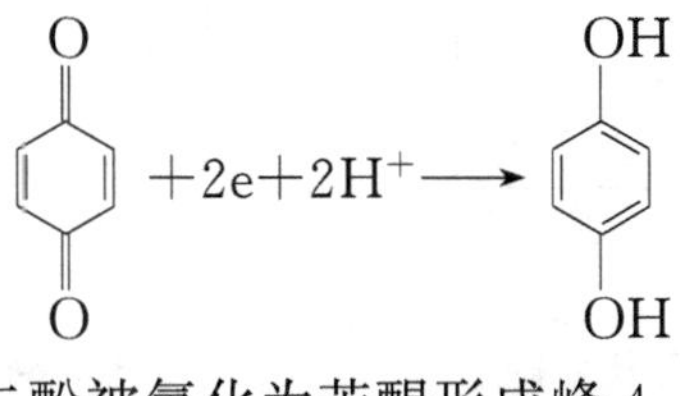

(3.85)

再一次阳极扫描时，对苯二酚被氧化为苯醌形成峰 4，而峰 5 为与峰 1 相同的过程。为证明峰 3 和峰 4 是苯醌与对苯二酚的氧化-还原过程，可用对苯二酚溶液作循环伏安图加以证实。

又如有机卤素化合物 RX 的电化学还原反应，其反应过程可表示如下：

RX 第一步得到一个电子后形成很不稳定的中间化合物 $[R^{\delta+}\cdots\cdots X^{\delta-}]$，然后迅速进一步分解为 R· 和 X^-

$$R—X + e \longrightarrow [R^{\delta+}\cdots\cdots X^{\delta-}] \longrightarrow R\cdot + X^-$$

R· 再进一步反应有两种途径

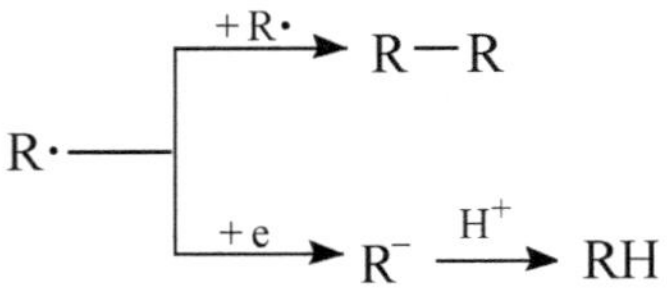

(3.86)

两个 R·形成 R_2 的反应为二聚化反应,一般为二级反应。

用循环伏安法研究二聚反应属于随后反应过程中的一种,二聚化反应过程一般可表示为

$$O + ne \rightleftharpoons R$$

$$2R \xrightarrow{k_2} R_2 \tag{3.87}$$

由于电化学反应在化学反应之前,二聚化反应对阴极峰电流影响不大,而对阳极电流却有很大的影响。从图 3.37 可清楚地看到这种情况。反应速率 k_2 愈大,阳极峰电流下降愈多。图中参数 Ψ 的大小实际上代表了化学反应速率的大小,$\Psi = k_2 c_O^* / a$,c_O^* 为 O 的起始浓度,$a = \dfrac{nF\nu}{RT}$,由 Ψ 可求得反应速度常数 k_2。

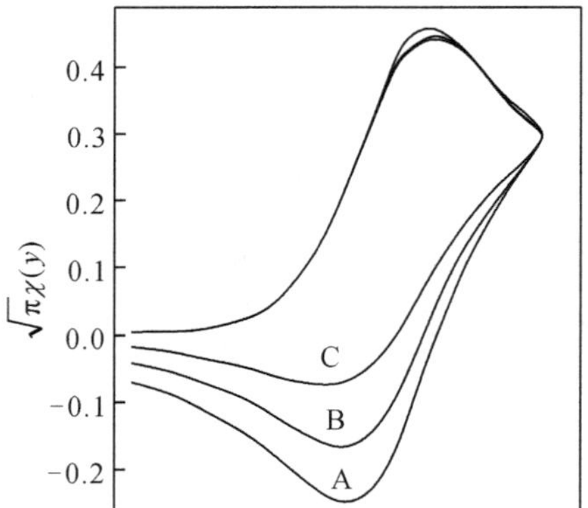

图 3.37 二聚化过程的循环伏安图

A. Ψ=0.005;B. Ψ=0.15;C. Ψ=0.675

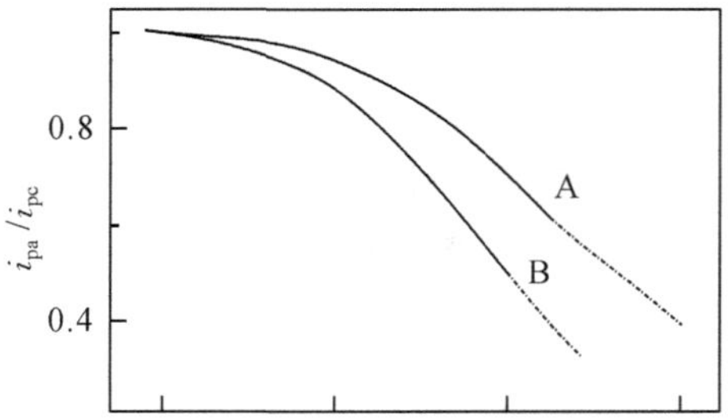

图 3.38 二聚化反应机理

$i_{pa}/i_{pc} \sim \lg(k_2 c_O \tau)$图

二聚化反应越快(k_2 越大),在电极表面溶液层中生成的 R_2 越多,剩余的R·越少,则 i_{pa}/i_{pc} 的值越小。图 3.38 反映了这一过程的变化情况,其中横坐标为 $\lg(k_2 c_O \tau)$,τ 为电位由 $\varphi^{\ominus}$ 扫至 φ_1 所需的时间,φ_1 为开始回扫时的电位。在 ν 恒定条件下,k_2 越小,二级反应越慢,电流比值越趋近于 1;k_2越大,则电流比值降低越多。若二级反应过程中浓度很大,则可作为一级反应来处理,动力学参数坐标可统一。对任何体系,可得到类似图 3.38 的一般工作曲线。只要在 τ 时间内体系的浓度不

变，就可以根据工作曲线的下降多少求出化学反应速率常数。图 3.39 是一个二聚化反应的实际例子。三种不同 R_1、R_2 基的烯类化合物，其反应通式可表示为

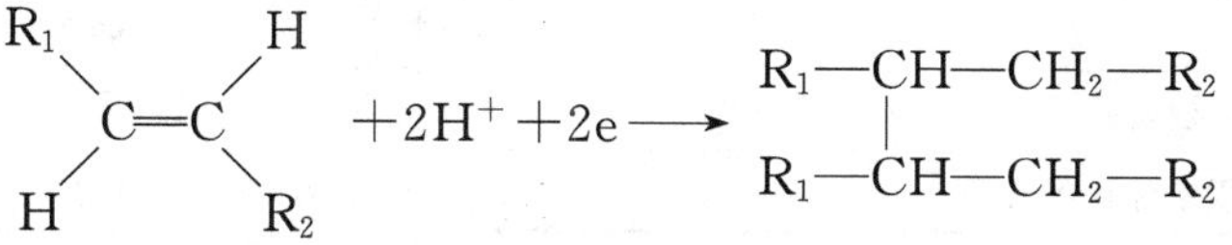

(3.88)

由于反应物取代基的不同，循环伏安图也不一样。图 3.39 中 c 为富马腈的循环伏安图，图中无阳极峰，表明二聚反应很快，而 b 次之，a 最慢。

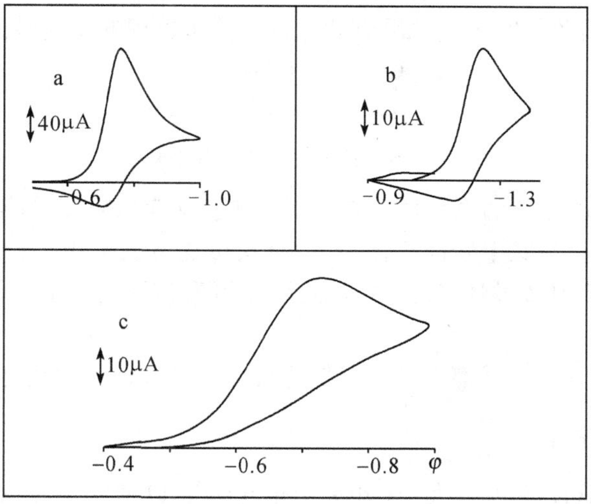

图 3.39　二聚化反应的循环伏安图($\nu=100mV\cdot s^{-1}$)

a. 4.45mmol · L^{-1}丁烯；b. 1.09mmol · L^{-1}肉桂腈；c. 1.92mmol · L^{-1}富马腈

用循环伏安法研究随后化学反应过程的判据总结在表 3.9 和表 3.10 中。表 3.9的随后化学反应可逆，表 3.10 的随后化学反应是不可逆的，利用 φ_p，$i_p/\nu^{1/2}$ 和 i_{pa}/i_{pc}对 ν 的响应进行判断是一种很好的方法。

表 3.9　可逆随后化学反应的判据

$O+ne \rightleftharpoons R \underset{k_b}{\overset{k_f}{\rightleftharpoons}} Z \qquad K=k_b/k_f$	
电位响应性质	当进行还原反应时，ν 增加，φ_p 移向阴极方向，若 k_f+k_b 大，K 小，ν 每增加 10 倍，φ_p 移动接近 $60/n$ mV
电流函数性质	ν 改变，$i_p/\nu^{1/2}$ 实际上恒定
阳极和阴极电流比的性质	ν 减小，i_{pa}/i_{pc}减小
其他	如果 K 小，化学动力学快，指出除电位移动外，为可逆电荷传递的典型响应

表 3.10　不可逆随后化学反应的判据

电位响应性质	当进行阴极还原反应时，在低 ν 时，φ_p 移向阴极方向 $30/n$ mV；在较高的 ν 值下，移动较少
电流函数性质	$i_p/\nu^{1/2}$ 与 ν 无关
阳极电流对阴极电流比的性质	当 ν 增加，i_{pa}/i_{pc} 增加并趋近于 1

c. 催化反应过程

将催化剂加入到溶液中或将催化剂接在电极上，可大大加快电极反应。在这种情况下常用循环伏安法监控反应的进行。催化过程的反应模式如下

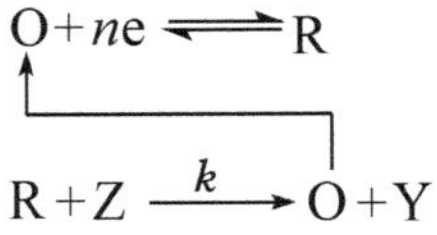

假设 O 还原为 R 的电化学反应很快(可逆反应)，且 R 与溶液中的催化剂 Z 作用，通过化学反应又重新被氧化为 O；O 又可在电极上被还原为 R，这样形成循环反应。若溶液中 Z 过量，反应中 Z 的浓度可看作不变，则催化反应为准一级反应。

图 3.40 中三组曲线都是准一级催化反应的循环伏安曲线，图中曲线只是参数 k/a 值不同，其中 $a=\dfrac{nF\nu}{RT}$。

当 k/a 值小时，k 小，ν 大。k 小表示催化再生 O 速率小，ν 大说明再生 O 的时间短。这样在电极表面溶液层中再生 O 的量小，因而由催化反应引起的阴极电流的增加也少，同时必然在电极表面溶液层中剩余较多的 R。反扫描时 R 在电极上被氧化，在循环伏安曲线上形成阳极峰。这相当于图 3.40 中 $k/a=0.01$ 的曲线。若 k/a 很大，即 k 大，ν 小。这时再生 O 的速率快，时间长，因而再生 O 的量大，阴极电流大大增加，阴极电流受催化反应速率控制，O 的扩散效应可以忽略，阴极方向曲线变平不呈峰形。另一方面，由于再生 O 的速率快，在电极表面溶液层中由电极反应产生的 R 几乎立即被催化反应消耗，以致在反扫时不出现阳极峰，如图 3.40 中上部曲线所示。

催化动力电流与 k 的关系，可通过图 3.41 在催化剂存在时的电流 i_k 与催化剂不存在时的纯扩散电流 i_d 之比对动力学参数 $\sqrt{\Psi}$ 作图来表示。若保持 a 恒定(即 ν 恒定)，k 值越大，则 i_k/i_d 越大，表示催化效应影响较大。当 $k/a\to 0$，$i_k/i_d\to 1$ 时，则表明该反应为有催化效应的纯扩散控制。

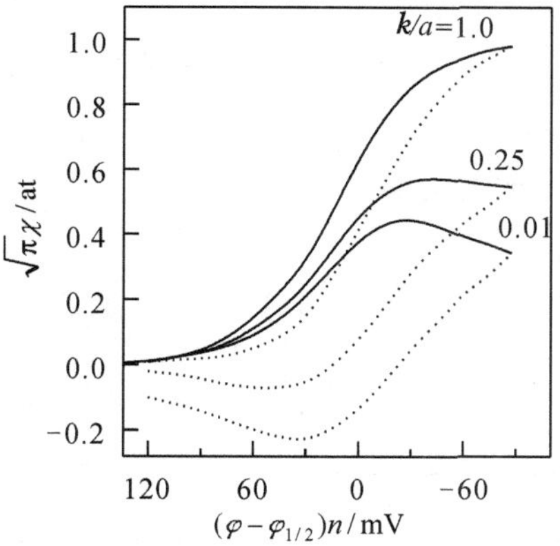

图 3.40　可逆电荷传递一级催化过程理论循环伏安图

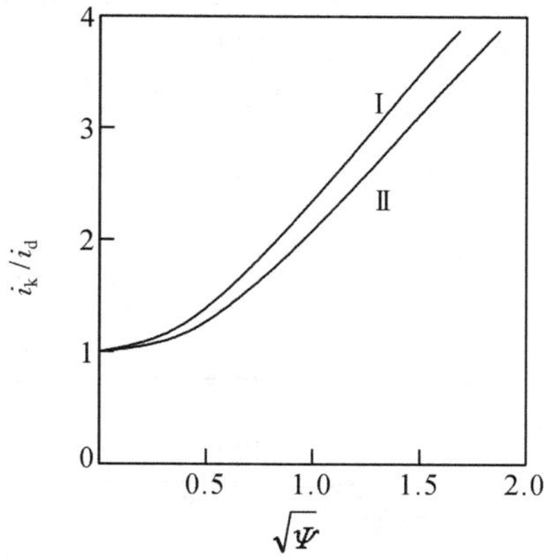

图 3.41　$i_k/i_d \sim \sqrt{\Psi}$图

Ⅰ. $\Psi = k/a$，可逆电极反应；

Ⅱ. $\Psi = k/b$，不可逆电极反应；

$$b = \frac{\alpha n F \nu}{RT}$$

对于某一确定的催化体系，在一定条件下，保持 k 值恒定，增加扫描速率，则 k/a 减小，电流比 i_k/i_d 也减小，伏安曲线的形状也将不同。以 Fe(Ⅲ)-三乙醇胺溶液中加入羟胺这一体系为例，以 L 表示三乙醇胺，则这一体系的催化循环反应可表示为

$$\mathrm{Fe(Ⅲ)L} + e \rightleftharpoons \mathrm{Fe(Ⅱ)L}$$

$$\mathrm{Fe(Ⅱ)L} + NH_2OH + H_2O \xrightarrow{k} \mathrm{Fe(Ⅲ)L} + NH_3 + 2OH^- \qquad (3.89)$$

图 3.42 是这一体系在两个不同扫描速率时的循环伏安图。图中 A 是在扫描速率很快($10V \cdot s^{-1}$)条件下得到的曲线，曲线呈峰形，说明电流主要受扩散控制，氧化峰的出现说明 Fe(Ⅱ)L 来不及被 NH_2OH 氧化，催化效应不明显。若扫描速率较小($0.1V \cdot s^{-1}$)时，所得到的循环伏安曲线如图中的 B 所示，其扫描曲线不呈峰形，说明该反应为催化反应动力学控制，图中没有阳极峰出现，说明有足够的时间容许 NH_2OH 将 Fe(Ⅱ)L 氧化再生为 Fe(Ⅲ)L。

用循环伏安法鉴别催化过程的判据列于表 3.11 中。

d. ECE 过程的研究

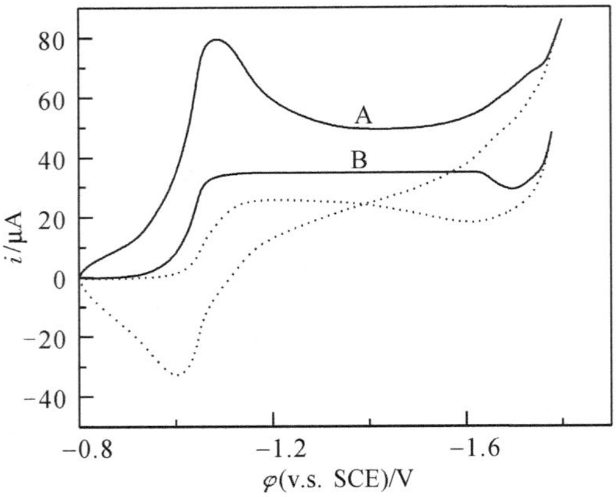

图 3.42　羟胺存在下，Fe(Ⅲ)-三乙醇胺络合物催化还原循环伏安图

5.32×10^{-4}mol · L^{-1}Fe(Ⅲ)；0.02mol · L^{-1}三乙醇胺；1.0mol · L^{-1}NaOH；0.06mol · $L^{-1}$$NH_2OH$

表 3.11　催化反应的判据

电位响应的性质	当进行氧化反应时，φ_p 随 ν 增加移向阳极方向，ν 每增加 10 倍，φ_p 移动的大小为 $60/n$ mV。在 k/a 的两极端 φ_p 与 ν 无关
电流函数性质	在低 ν 值下，$i_p/\nu^{1/2}$随 ν 增加，逐渐与 ν 无关
阳极对阴极电流比的性质	i_{pa}/i_{pc}为 1
其他	当 k/a 变大时，响应接近 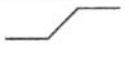 的形状

这是随后化学反应的另一种特殊类型，其反应模式如下

$$\begin{aligned} &O+n_1e \rightleftharpoons R \\ &R \xrightarrow{k} O' \\ &O'+n_2e \rightleftharpoons R' \end{aligned} \tag{3.90}$$

由式可见，该模式在整个电极过程中前、后两步为电化学反应，中间步骤为化学反应。这种类型的反应步骤在有机电化学多电子转移过程中相当普遍，如下式

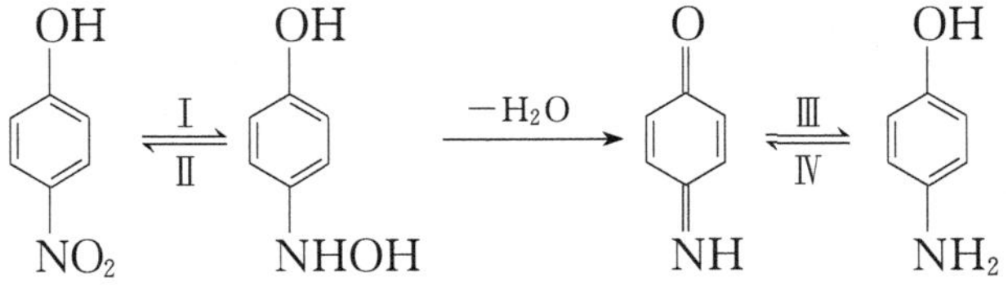

图 3.43 所表示的是 ECE 体系的循环伏安图。峰Ⅰ和峰Ⅱ相当于 O/R 氧化

还原对，而峰Ⅲ和峰Ⅳ相当于 O′/R′氧化还原对。因此，若增加 k 值或降低扫描速率时，则峰Ⅲ和峰Ⅳ的电流都会增加[30]。

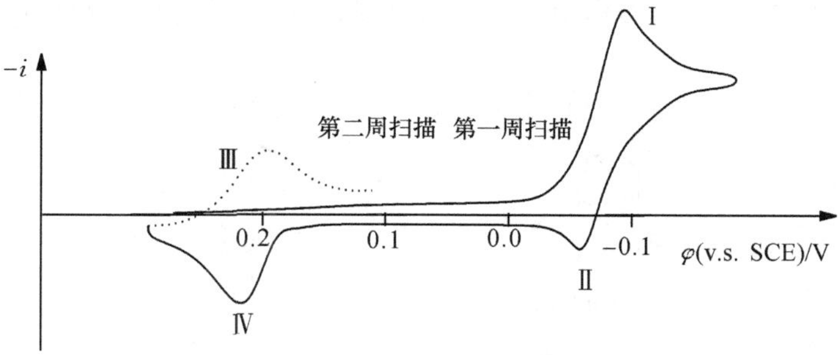

图 3.43　在滴汞电极上，醋酸盐缓冲溶液中对亚硝基苯酚还原反应的循环伏安图

又如 4-硝基苯磺酸苯酯的还原[31]，在电位扫描下，该化合物在 −0.74V，−1.23V和 −2.22V(v. s. SCE)处出现三个还原峰，且前两峰有对应的阳极峰。

如果电位扫描限制在 0 到 −1.0V 范围内，则在所有的扫描速率下，第一个还原峰均为可逆的单电子过程，参看图 3.44(a)。当扫描范围扩展到 −1.6V 时，第二个还原峰也能观察到。当扫描速度大于 50V · s^{-1}，$i_{pa}/i_{pc}=1$ 时，此阴极峰与在 −0.74V 时的峰同样高。可是对第二峰来说，$\Delta\varphi_p$ 远超过 60mV，其典型值为 150～200mV，因此第二个电子转移过程不处于可逆状态。此外，若降低扫描速

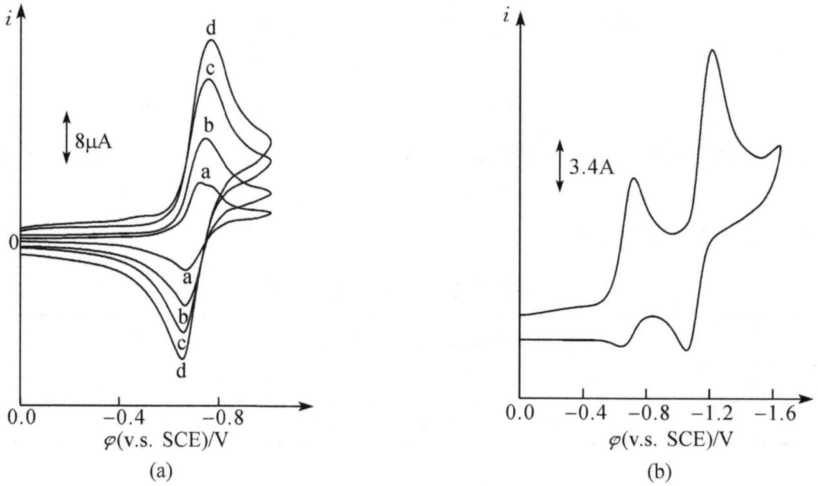

图 3.44　4-硝基苯磺酸苯脂在 0.1mol · L^{-1} MDF/Bu_4NBF 溶液中玻璃碳圆盘电极上的循环伏安图[32]

电位扫描速率：0.1V · s^{-1}；电位负限：(a)−1.0V，(b)−1.6V

率，则在－1.23V 处该峰值比在－0.74V 时更大，且 $i_{pa}/i_{pc}<1.0$。实际上，在极限条件下，图 3.44(b)中两个阴极峰的比例将变成 2∶1，同时第二个还原过程的阳极峰将消失。因此，在－1.23V 时，该还原过程具有 ECE 过程的特征，其反应机理可表示如下

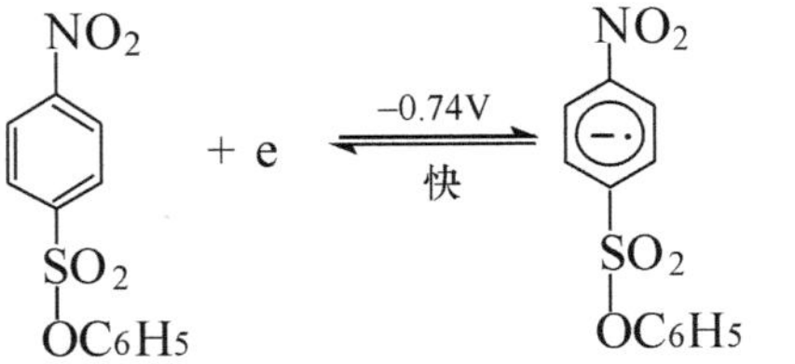

(3.91)

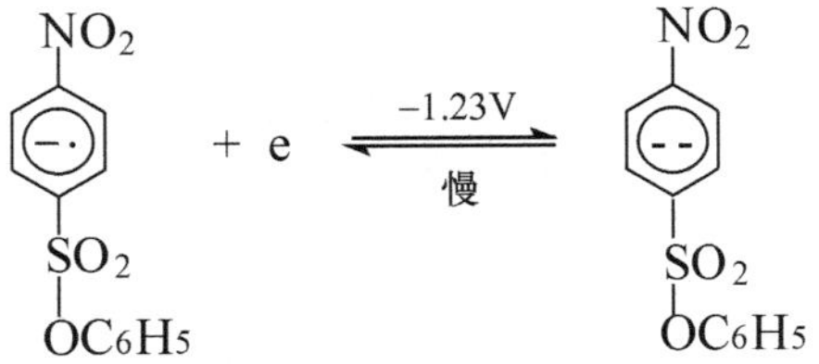

(3.92)

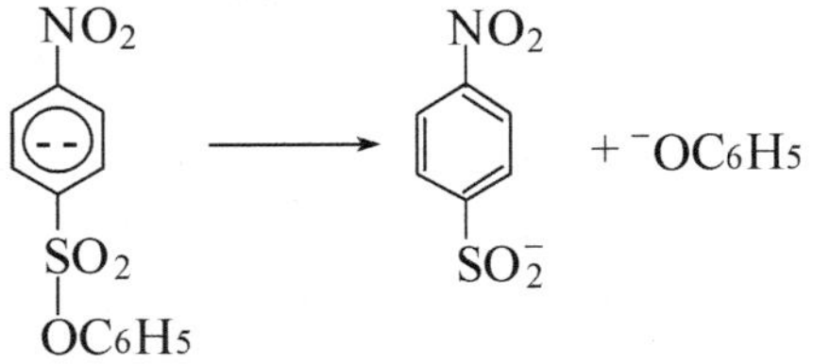

(3.93)

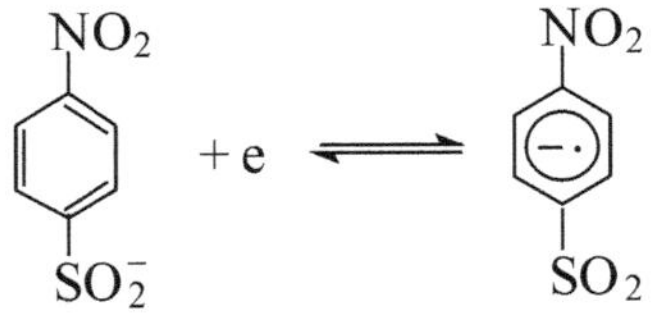

(3.94)

这一机理与观察到的 4-硝基苯亚磺酸盐在 $\varphi_p=-1.15V$ 处进行的还原反应一致。

ECE 体系的判据见表 3.12 中。

表 3.12　ECE 反应的判据

$i_{pc}/\nu^{1/2}$	随扫描速率而变，在高和低的扫描速率时可达极限值。 $\lvert i_{pc}/\nu^{1/2}\rvert$(低 ν)$>\lvert i_{pc}/\nu^{1/2}\rvert$(高 ν)
i_{pa}/i_{pc}	随扫描速率增加而增加，且在高扫描速率时趋向于 1

4）研究电极表面活性物质的吸附

线性电位扫描法中已谈到峰值电流 i_p 与 $\nu^{1/2}$ 呈线性关系，若反应物吸附在电极表面上，则所得 i_p 将大于线性关系值，循环伏安法中可以得到更为清晰的结果。

在循环伏安实验中,若反应物或产物在电极表面上弱吸附,伏安图变化不大,但电流值有所增加,如图 3.45 中的 A、B;如果反应物强吸附,在主峰后将产生一小吸附峰,如图 3.45C 所示;若产物强吸附,小峰发生在主峰之前,如图 3.45D 所示。

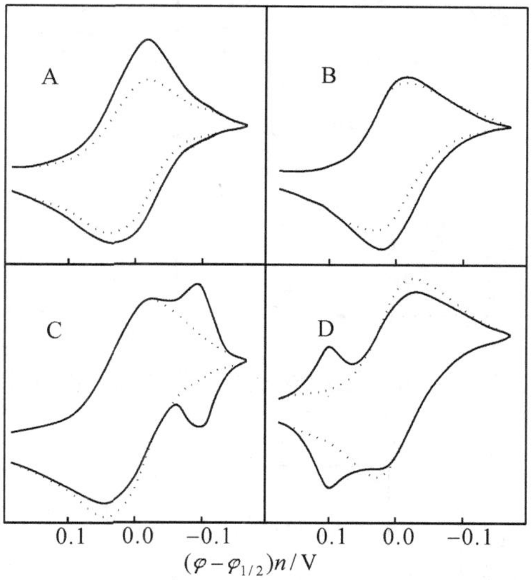

图 3.45　电极反应中反应物或产物吸附循环伏安图

A. 反应物弱吸附; B. 产物弱吸附;

C. 反应物强吸附; D. 产物强吸附

§3.2.3　阶跃电位法和阶跃电流法

1. 基本概念

这两种方法对于测定快速电化学反应动力学参数十分有用。因此,常用于测定电化学体系中的双电层电容(C_d)、溶液电阻(R_s)和电极反应电阻(R_r)等。

(1) 阶跃电位法

将处于平衡电位的电极瞬间加上一个小幅度电位($\Delta\varphi<10\mathrm{mV}$),同时记录电流随时间变化的曲线(如图 3.46 所示),这种方法称为阶跃电位法。若在实验中研究电位阶跃后电流(I)随时间(t)变化的曲线,则称为计时电流法;若研究电量(Q)随时间(t)变化的曲线,则称为计时电量法。

阶跃电位法的实验装置如图 3.47 所示。

该装置通过恒电位仪控制参比电极(R)与工作电极(W)之间的电位,使之按指令信号进行变化(要求采用快速响应的恒电位仪)。

对于较不精确的实验,可采用二电极测量体系,即控制整个电解池的槽电压。例如,在极谱分析中,因为溶液电导率较高,辅助电极的电位一般较稳定,可以采用

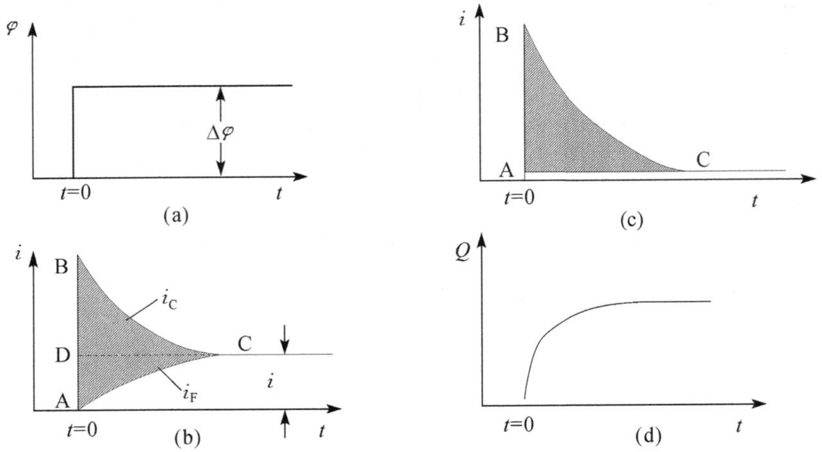

图 3.46　阶跃电位法中电极的电位、电流和电量的波形

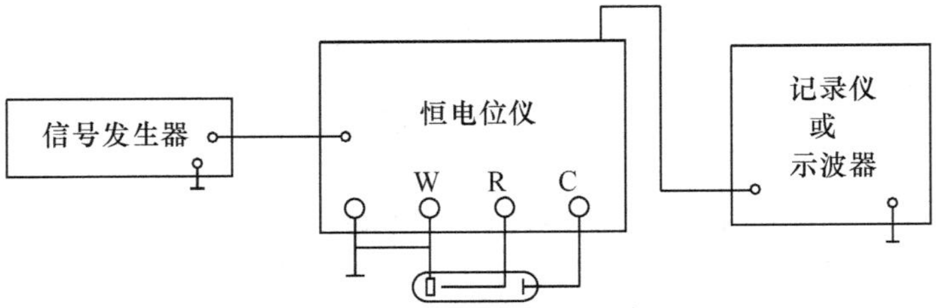

图 3.47　阶跃电位法测量装置示意图

二电极体系。但对于支持电解质浓度较稀的体系，最好采用三电极体系。

根据实验测定的曲线，可按极限简化法求得如下电化学反应参数

1）溶液电阻 R_s

$$R_s = \Delta\varphi / i_{t=0} \tag{3.95}$$

2）反应电阻 R_r

$$R_r = \Delta\varphi / i_F - R_s \tag{3.96}$$

式中，i_F——法拉第电流。

3）双电层电容 C_d

$$C_d = \Delta q / \Delta\varphi \tag{3.97}$$

式中，Δq——电量。

（2）阶跃电流法

将极化电流突然从零阶跃至 i_1，并保持此电流不变，同时记录工作电极与参比电极之间的电位变化规律（如图 3.48 所示），这种方法称为阶跃电流法。若记录电极电位随时间变化的规律，则称为计时电位法。

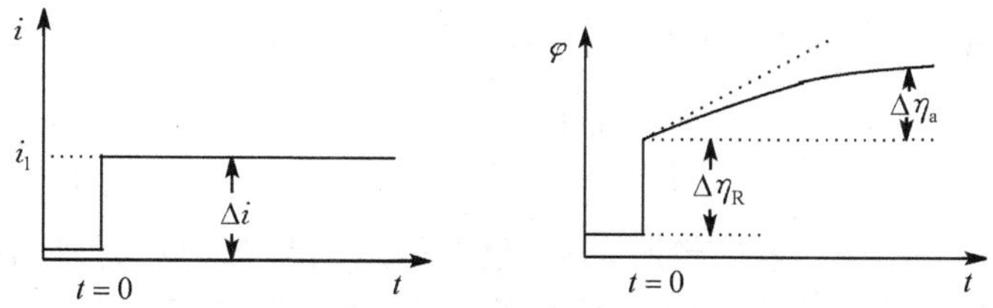

图 3.48　阶跃电流法中电流和电极电位的波形

阶跃电流法相对来说仪器要求较简单。若对电流突变瞬间要求不严格时，可用手动机械开关或电磁继电器来完成电流的切换。若对恒电流要求不严时，可以用高压直流电源串接高阻来获得恒电流；在比较严格的情况下，可以用电子仪器或快速响应的恒电位仪改接为恒电流仪。

阶跃电流法在平衡电位时，极化电流为零，即 $i=0$。因此，所谓电极电位随时间的变化，实际上是指过电位 η 随时间的变化（$\eta=\varphi-\varphi^{\ominus}$）。根据极限简化法可求出电化学反应参数：

1）溶液电阻 R_s

$$R_s=\Delta\eta_R/\Delta i \tag{3.98}$$

2）双电层电容 C_d

$$C_d=\Delta i/(d\eta/dt)_{t=0} \tag{3.99}$$

3）反应电阻 R_r

$$R_r=\Delta\eta_a/\Delta i \tag{3.100}$$

2. 计时电流法

假设电极反应为

$$O+ne \underset{\overleftarrow{k}}{\overset{\vec{k}}{\rightleftharpoons}} R \tag{3.101}$$

当起始溶液中只有物质 O 存在时，若在一个平板电极上将从无电流通过时的某一电位值 φ_1，突然阶跃至 φ_2 值（如图 3.46 所示），此时物质 O 将在扩散控制下进行还原反应，其电流～时间的关系可由著名的 Cottrell 方程式表示

$$I=\frac{nFAD_O^{1/2}c_O^b}{\pi^{1/2}\cdot t^{1/2}} \tag{3.102}$$

由上式可见，反应过程电流 I 与时间 $t^{-1/2}$ 呈线性关系，并通过原点。因此，可用来作为扩散控制的判据，而物质 O 的扩散系数 D_O，则可通过求直线斜率得到。

倘若电位阶跃后再进行线性电位扫描，则可以得到有关电极反应中间产物的性质（φ_p）和活性（i_p）[32]。例如，偶氮苯在酸性介质中的还原反应

（Ⅰ）　　（Ⅱ）　　（Ⅲ）

(3.103)

偶氮苯(Ⅰ)先还原成二苯肼,然后经化学重排得联苯胺(Ⅲ)。在这一反应过程中,化学重排步骤的速率常数 k 可以通过计算得到。然后又可以从速率常数 k 中求出峰高 i_p 和时间 t 的关系,如图 3.49 所示。这种阶跃电位与线性扫描相结合的方法,常用于定性研究,如文献[33]报道的 3,3′,4 -三甲氧基联苄分子内部偶联和分子间相互偶联的研究。

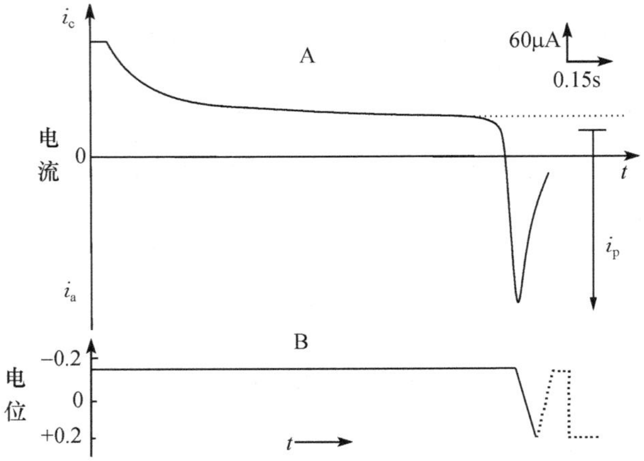

图 3.49　偶氮苯在乙醇/水溶液中的阶跃电位～线性扫描伏安图

A. 电流～时间特征曲线;B. 电位～时间曲线;扫描速率 4.15V · s^{-1}

3. 计时电量法

在计时电流法中,动力学常数是通过分析电流与时间之间的关系而得到的。如果进行类似的计时电量法实验,即将总电量作为时间的函数进行记录,则显得更为有利。图 3.50(a)给出典型的 $Q \sim t$ 暂态响应理论曲线[34],这种暂态响应的数学形式可以通过 $I \sim t$ 方程式积分得到。若忽略混合控制及逆向反应速率,则可将 $|Q|$ 作为 $t^{1/2}$ 的函数作图,其关系式可表示为

$$|Q| = \frac{4nFA\overrightarrow{K}}{\pi} c_o^b (t_L^{1/2} t^{1/2} - t_L) \tag{3.104}$$

式中,$t_L^{1/2}$ 为 $t^{1/2}$ 轴上的截距。图 3.50(b)给出 $Q \sim t^{1/2}$ 的关系图[34],通过直线斜率可求得 $\overrightarrow{K}$,若 $\overrightarrow{K}$ 值增大,t_L 值则减小,直至在扩散控制条件下 $t^{1/2}$ 轴上没有截距为

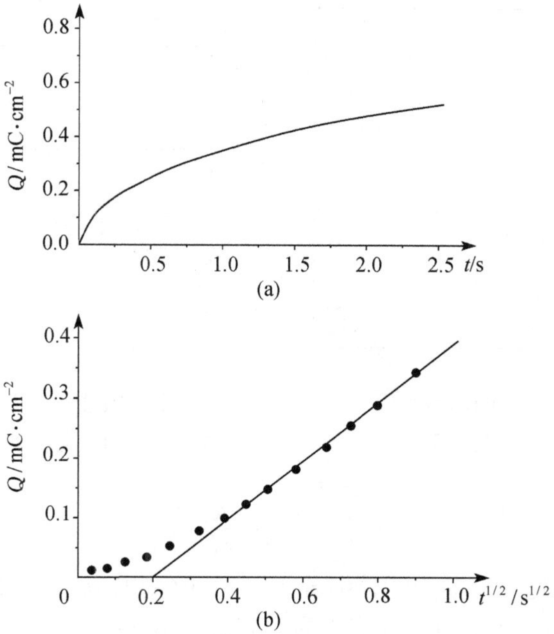

图 3.50　电量～时间曲线

(a) 扩散控制条件下还原过程的 $Q \sim t$ 暂态响应理论曲线

$c=1\times10^{-6}\text{mol}\cdot\text{L}^{-1}, D=10^{-5}\text{cm}^2\cdot\text{s}^{-1}$

(b) $Q \sim t^{1/2}$ 图

在含 $2\times10^{-5}\text{mol}\cdot\text{L}^{-1}Cd^{2+}$ 的 $1\text{mol}\cdot\text{L}^{-1}Na_2SO_4$ 溶液中，汞电极 φ_2 电位为 -0.595V(v. s. SCE)

止。因而 Cottrell 方程式的积分式可表示为

$$|Q|=\frac{2nFAD_O^{1/2}c_O^b t^{1/2}}{\pi^{1/2}} \tag{3.105}$$

由式可见，D 值可以从斜率中求得。

4. 计时电位法

在计时电位法中，当电流 i 恒定后，记录工作电极的电位与时间的关系曲线。随着时间增长，电极附近电活性物质的浓度不断下降，电位也随着变化。当浓度足够低时，则可观察到另一个氧化还原体系的电位上升值，或者是溶剂/支持电解质体系的放电值(图 3.51)。

由图可见，电位发生突变的时间，叫做“跃迁时间”，用 τ 表示。对于不复杂的电子传递过程，τ 可以通过 Sand 方程求得

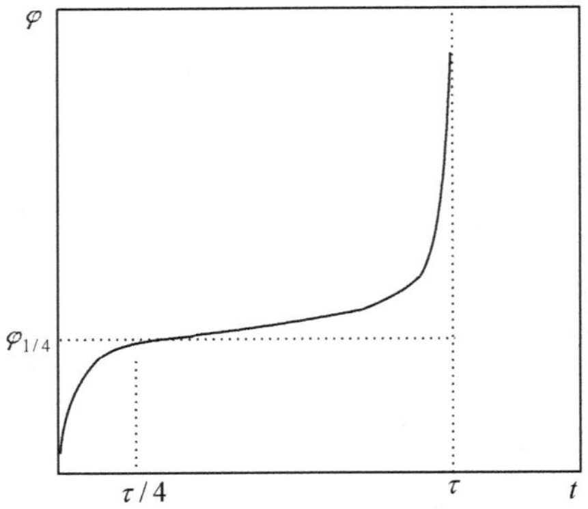

图 3.51　计时电位法中的电位～时间关系图

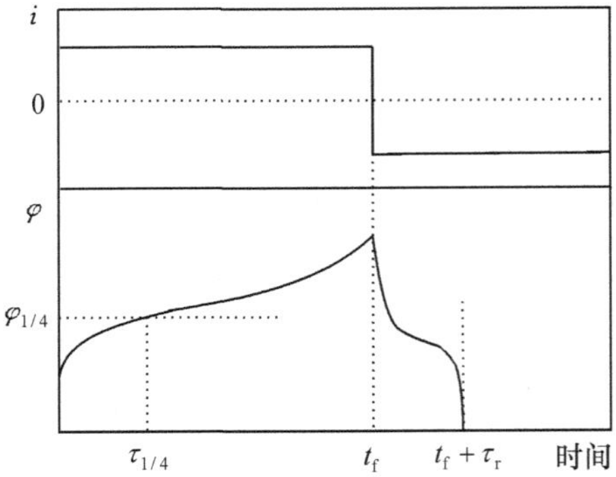

图 3.52　改变电流方向的计时电位法电流～时间及电位～时间的特征曲线

$$\tau^{1/2}=\frac{\pi^{1/2}nFAD_O^{1/2}c_O^b}{2I} \tag{3.106}$$

计时电位法适用于动力学精细分析，它是改变电流方向的研究方法中最常用的一种(图 3.52)。当只改变电流方向而其大小不变时，逆向跃迁时间 τ_r 的简单表达式为

$$\tau_r=\frac{t_f}{3} \qquad (t_f\leqslant\tau) \tag{3.107}$$

在最近 5～10 年间，与其他电分析技术相比，计时电位法在机理分析方面失去了某些应用场所。这主要是由于实验本身难度较大以及数学处理比较复杂。实验的主要困难是当 τ 很小时，如何正确地求出跃迁时间 τ。

以上介绍了有机电极过程最常用的几种研究技术，有关电极表面的现场研究技术及表面状态测试技术，有兴趣的读者可参阅文献[36]和[37]。

参 考 文 献

[1] Greef R, Peat R, Peter L M, et al. Instrumental Methods in Electrochemistry. Ellis Horwood Limited, 1985
[2] 田昭武. 电化学研究方法. 北京：科学出版社，1984
[3] 刘永辉. 电化学测试技术. 北京：北京航空学院出版社，1987
[4] 田昭武等. 电化学实验方法进展. 厦门：厦门大学出版社，1988
[5] 周伟舫等. 电化学测量. 上海：上海科学技术出版社，1985
[6] 马淳安. 郑勤安. 浙江工业大学学报，24(2)，138，1996
[7] 马淳安，苏为科，王焕华. 浙江工业大学学报，20，1，1992
[8] Pleskov Yu V, Filinovskli V Yu. The Rotating Disc Electrode. New York：Consultants Bureau，1976
[9] Balakarishnan K, Venkalsan V K. *Electrochimica Acta*，24，131，1979

[10] Bazan J C, Aria A J. *Electrochim. Acta*, 10, 1025,1965

[11] Tiedemann W H, Bennion D N. *J. Electrochem. Soc.*, 117, 203,1970

[12] Jahn D, Vielstich W. *J. Electrochem. Soc.*, 109, 849,1962

[13] Vielstich W, Jahn D. *Z. Electrochem.*, 64, 43,1960

[14] Blomgrenmj E A, Bockris O'M. *Nature*, 186, 305,1960

[15] Hills G J, Payne R. *Trans. Faraday Soc.*, 61, 316,1965

[16] Mohilner D M, Kreuser J C, Nakadomari H,et al. *J. Electrochem. Soc.*, 123, 359,1976

[17] Bard A J, Faulkner L R. Electrochemical methods. Wiley, 1980

[18] 查全性等. 电极过程动力学导论. 第二版. 北京：科学出版社，1987

[19] Filinovski V Yu, Pleskov Yu V. Comprehensive Treatise of Electrochemistry, Plenum, Vol. 9, Ch. 5,1984

[20] 杨文治等. 物理化学实验技术. 北京:北京大学出版社，1992

[21] Greef R, et al. Instrumental Methods in Electrochemistry. Ellis Horwood Limited, 1985

[22] Albery W J, Hitchman M L. Ring Disc Electrodes. Oxford;Clarendon Press, 1971

[23] Albery W J, Bruckenstein S. *Trans. Faraday Soc.*, 62, 1946,1966

[24] Puglisi V J, Bard A J. *J. Electrochem. Soc.*, 119, 829,1972 and 120, 748,1973

[25] Bard A J, Puglisi V J, Kenkel J V. *Faraday Disc.*,56, 353,1973

[26] Anson F. 电化学和电分析化学. 北京:北京大学出版社，1983

[27] Baizer M M, Lund H. Organic Electrochemistry. Marcel Dekker,InC., 1983

[28] Ma C A (马淳安), Ren Y Z.(任永珍) *Chin. Chem. Lett.*, 5, 81,1994

[29] Nadjo L, Saveant J M. *J. Electroanal. Chem.*, 48, 113,1973

[30] Nicholson R S, Shain I. *Anal. Chem.*, 37, 178,1965

[31] Pletcher D, Stradiotto N. *J. Electroanal. Chem.*, 186, 211,1985

[32] Schwarz W M, Shain I. *Phys. Chem.*, 70, 845,1966

[33] Ronlon A, Hammerich O, Parker V D. *J. Am. Chem. Soc.*, 95, 7132,1973

[34] Christie J H, Lauer G, Osteryoung R A. *J. Electroanal. Chem.*, 7, 80,1964

[35] Berzins T, Delahay P. *J. Am. Chem. Soc.*, 75, 4205,1953

[36] 林仲华等. 电化学中的光学方法. 北京：科学出版社，1990

[37] 陈震，姚建年. 电化学测定方法. 北京:北京大学出版社，1995

第 4 章　有机电化学合成技术

在有机电合成过程中，影响电极反应的因素很多，除一般化学反应动力学所涉及的压力、温度、时间、溶液组成和浓度、催化剂等因素以外，还必须考虑电极电位、电流、电量、质量传递、电极材料、电解槽、电路联接等因素的影响。因此，在一个具体的有机电合成体系中，产物收率的高低反映了上述这些因素在该电解过程中的影响程度。换言之，若上述诸因素匹配恰当，收率就高，否则就低。本章主要介绍有机电合成过程中的一些相关技术。

§4.1　电解装置和电解方式

§4.1.1　电解装置

有机电合成最基本的装置包括 5 部分：直流电源、阳极和阴极、电解容器、电压测量仪表、电流测量仪表。这 5 要素无论是实验室电解装置，还是工业化生产装置都缺一不可，只是规模大小有所不同。

图 4.1 为对氨基苯酚电解合成的试验装置[1]。由图可见，该装置中除了以上所说的 5 要素以外，还包括一些其他配件。因此，在具体的有机电合成体系中，要根据实验需要进行配置。

根据电解合成要求，实验室所用的直流电源大小可按溶剂来选用。若在水溶液体系中进行电解，一般选用 20A/20V 的电源就够了；若电解反应在有机溶剂中进行，由于这种体系导电性差，因而需增大其电压容量，通常选用 20A/100V 的直流电源。工业化规模的电解过程通常在高电压、大电流下进行，一般的电子直流电源无能为力，故常采用硅整流器，其电压、电流容量大小的选用主要取决于电合成产品的生产能力。

由于有机电合成所用的电流都是直流电，具有正、负极性，因此测量槽电压和电解电流的仪表都需用直流电压表和直流电流表。有关阳极和阴极以及电解容器这两个因素将在后续章节中讨论。

§4.1.2　电解方式

在有机电合成中，鉴于控制方法和操作方式不一样，其电解方式也不相同，以下将主要的几种电解方式予以简述。

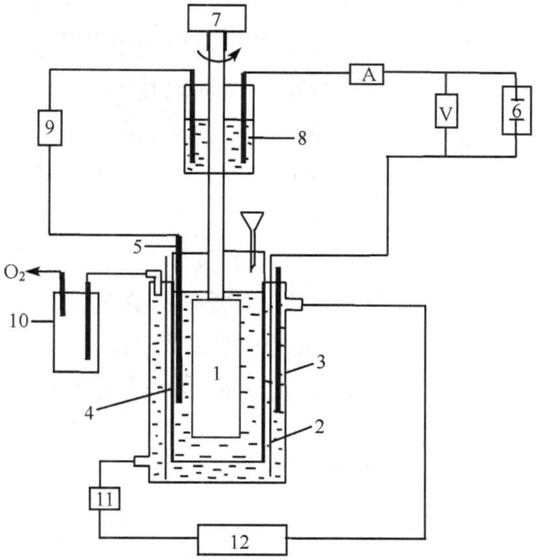

图 4.1　对氨基苯酚电合成试验装置示意图

1. 转动阴极；2. 阳极；3. 电解槽体；4. 离子交换膜；5. 参比电极；6. 直流稳压电源；
7. 小型电动机；8. 汞封；9. 数字电压表；10. 缓冲瓶；11. 阳极液循环；12. 恒温槽

1. 恒电位电解

在影响电化学反应的诸因素中，电极电位是起决定性作用的。所以，有人把电化学反应定义为反应速度是电极电位函数的化学反应。正是电极电位这个变量，决定着“电极/溶液”界面上发生何种反应，并以何种速度进行。对有机电合成过程来说，选择在合适的电位下进行电解，是控制电极反应方向、保证获得所需产品数量和质量的关键。恒电位电解正是根据这一需要而迅速发展起来的一种控制技术。

图 4.2 为恒电位电解系统的示意图。所用电解槽由两室组成，A 室为工作电极室，C 室为辅助电极室。有机电合成反应在 A 室的工作电极 WE 上进行，其电极电位通过参比电极 RE 测定。因为系统内有三个电极，即工作电极 WE、辅助电极 CE 和参比电极 RE，故称为三电极系统。负责实现工作电极的电位控制，并使其在恒电位下进行电解反应的仪器，叫做恒电位仪或恒电位装置。

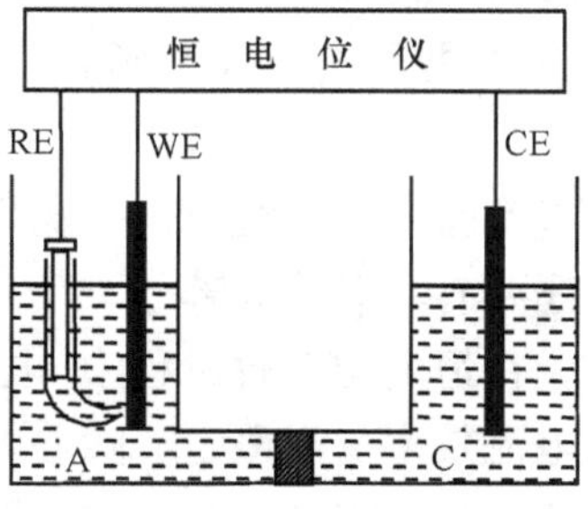

图 4.2　恒电位电解系统示意图

实现电极电位恒定控制的原始恒电位装置如

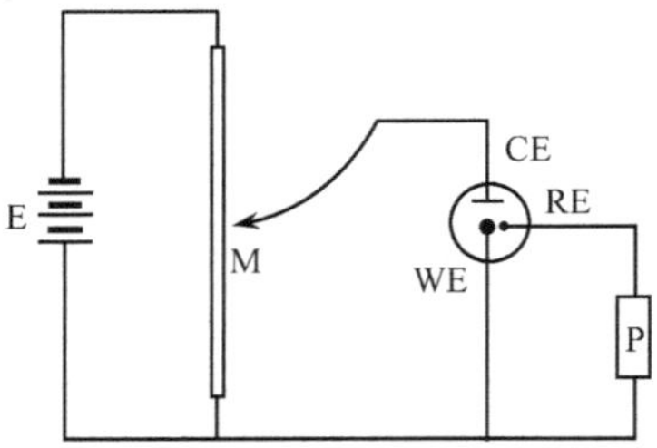

图 4.3 手动式恒电位装置

图 4.3 所示。由图可见，调节滑动接触点 M 就可改变工作电极的电位，电极电位由高阻抗伏特计 P 测定。当发现其值偏离给定值时，可改变接触点，使之恢复原值，从而实现 WE 的恒电位控制。这种方法由于精度较低，调整速度慢，加之操作复杂，目前几乎不再使用，但其反馈调节原理却是现代恒电位仪的设计基础。现代恒电位仪采用微电子学器件，主要是运算放大器，自动实现监测、反馈、调整等功能。设计思想是把研究电极的电位，反馈到运算放大器的输入端，与指令信号进行比较放大后，通过调节电流输出，而维持研究电极的电位恒定。

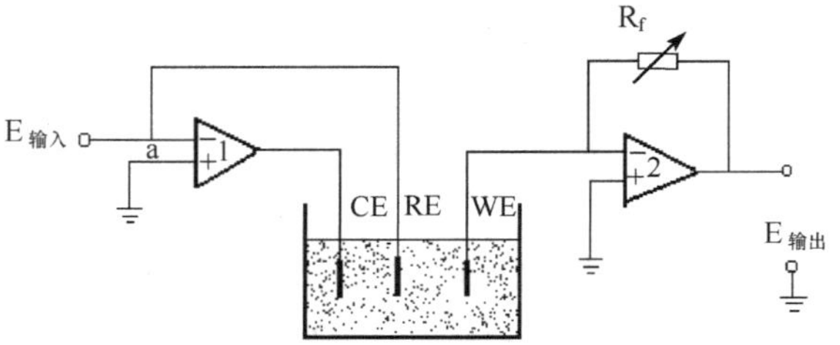

图 4.4 恒电位仪工作原理图

图 4.4 表示一个由两个运算放大器构成的恒电位仪线路。其中 1 用来控制电极电位，由于运算放大器的反相输入端可看作是虚地，故

$$E_{RE} - E_{WE} = -E_{输入} \tag{4.1}$$

即参比电极和工作电极的电位差等于指定的输入电位 $E_{输入}$，改变 $E_{输入}$ 即可改变工作电极的电位。在这里参比电极的电位被反馈送入反相输入端，从而保证电位被维持在给定的 $E_{输入}$ 值。运算放大器 2 是用来测量通过电池的电流，这是一个电流跟随器，它把流过工作电极的电流 i，转化为电位信号输出，并可送到 X-Y 函数记录仪上记录，显然

$$E_{输出} = -iR_f \tag{4.2}$$

如果实验中要求恒电位仪输出较大的电流，则电路中还要有功率放大部分。

在恒电位电解过程中，电位 E 恒定，故主反应的电流效率 η 也恒定。随着电解时间增长，电极附近浓度梯度降低，电流逐渐减小，反应物浓度[c]也随着下降，如图 4.5 所示。目前，由于恒电位仪制作技术比较复杂，价格较贵，故恒电位电解法在工

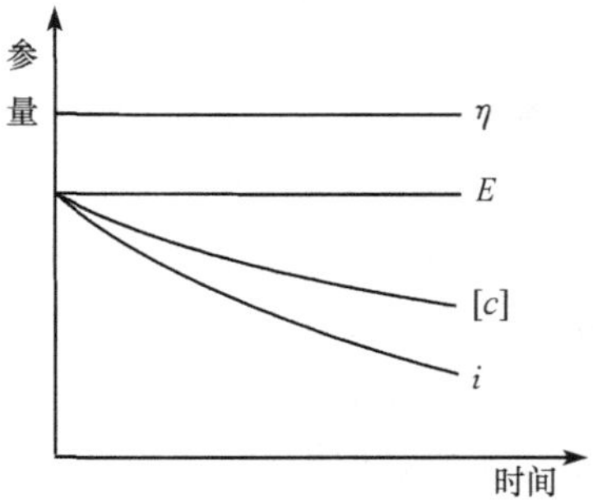

图 4.5 恒电位电解过程中几个参数的变化

业上仍然较少采用。

2. 恒电流电解

通常，有机电合成试验要求在电流恒定的情况下进行。特别在生产应用中控制电流要比控制电位容易得多，设备也简单。因此，恒电流电解技术是工业上经常使用的技术。

可以用一个简单的恒电流线路，来说明恒电流技术的原理(图 4.6)。图中 E 为高压直流电源，R 为高阻值的可调电阻，A 为电流表。因为在一般情况下，电解池的电阻总是较小的，若其值远远小于可调电阻 R 时，电路上的电流便由 R 数值决定，而与电解池在电解过程中的阻抗变化关系甚微，即通过电解池的电流基本上恒定。图中 P 为高阻抗伏特计，用来测量工作电极电位。在这里，以手动方式控制电流恒定，简易可行，但不够准确。

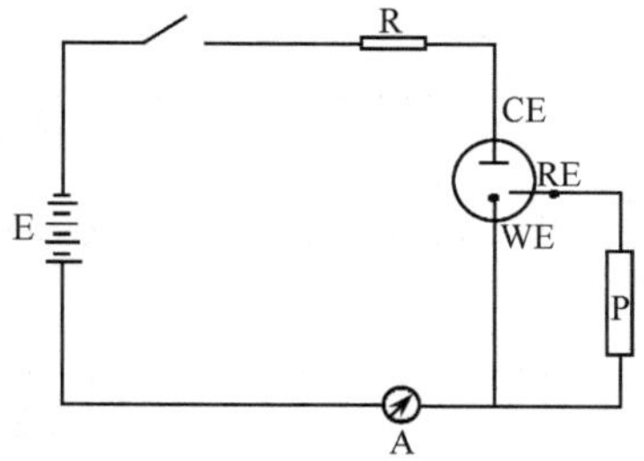

图 4.6　恒电流装置原理示意图

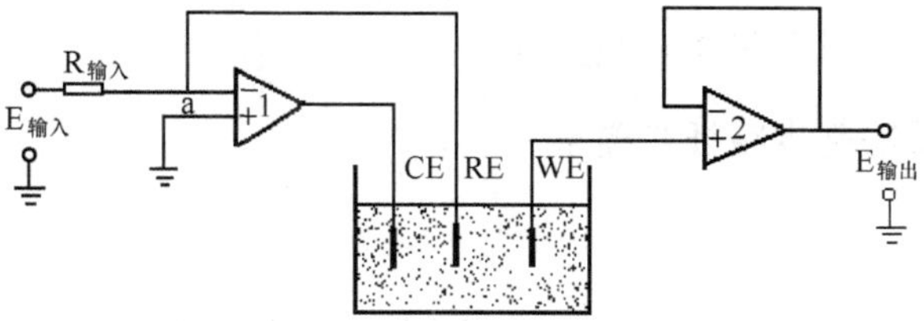

图 4.7　恒电流电解电路原理图

要准确而又自动地实现恒电流控制，需要采用运算放大器线路，如图 4.7 所示。这里给出的是用运算放大器 1 构成的恒电流电路，其中电解池的辅助电极和工作电极，接入反馈电路中代替反馈电阻。由于 a 点是虚地，故通过电池的电流 i 将由输入的电压和电阻决定，即

$$i=-\frac{E_{输入}}{R_{输入}} \tag{4.3}$$

为此，只要改变 $E_{输入}$，就可调节通过电池的电流，其值和电解池内发生的变化无关，从而实现恒电流的自动控制。图中另一运算放大器 2，用来测量工作电极电位，它由电压跟随器电路构成。若不需监测电极电位，这一部分可省去，即采用二电极电解系统。在恒电流电解(图 4.8)过程中，电流恒定，反应物浓度下降，电位不断上升，主反应的电流效率下降，而副反应的电流消耗会上升，造成反应选择性降低。为了克服这一缺点，在实用中可通过促使电解液流动的方法来保持反应物

浓度不变,从而使电位保持不变,主反应的电流效率便可维持恒定,这就是所谓恒电流～恒电位电解的情形(图 4.9)。

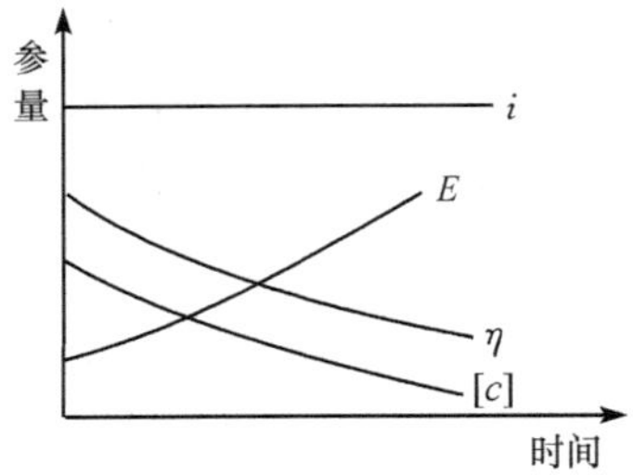

图 4.8 恒电流电解的参数变化

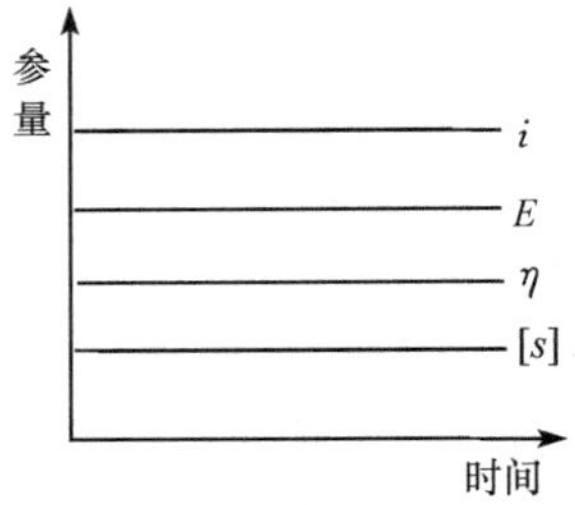

图 4.9 恒电流～恒电位电解的参数变化

§ 4.2 电化学反应器[2～5]

实现电化学反应的设备或装置称为电化学反应器,简称电解槽,它是有机电合成过程中的心脏。由于有机电合成过程的条件各不相同,因而对电解槽的要求和结构也不一样,所以以下仅对某些共同方面予以介绍。

§ 4.2.1 电解槽的基本特征和要求

1. 基本特征

在有机电合成中,虽然各电解体系所采用的电解槽结构和大小各不相同,功能及特点也各异,但都具有一些共同的基本特征:

(1) 所有电化学反应器都由两个电极(一般是第一类导体)和电解质(第二类导体)构成。

(2) 所有的电化学反应器都可归入两个类别:由外部输入电能,在电极和电解液界面上发生电化学反应的电解反应器;在电极和电解质界面上自发发生电化学反应产生能源的化学电源反应器。

(3) 电化学反应器中发生的主要过程是电化学反应,包括电荷、质量、热量、动量的 4 种传递过程,服从电化学热力学、电极过程动力学及传递过程的基本规律。

(4) 电化学反应器是一种特殊的化学反应器。一方面,它具有化学反应器的某些特点,在一定条件下可借鉴化学工程的理论及研究方法;另一方面,它又具有自身的特点及需要特殊处理的问题,如在界面的电子转移及在体相的电荷传递,电极表面的电位及电流分布,以及电化学反应中的新相生成等,而且它们与化学及化工过程交叉、错综复杂,难以直接用现有的化工理论及方法解释其现象,揭示其规律。

2. 基本要求

一般情况下，电解槽应尽可能满足如下要求：

(1) 在能实现所需有机电合成过程的前提下，尽可能价廉和简单，因此如果可能的话，隔膜、搅拌装置等最好省去。

(2) 如果电解以外的过程(如气体分离、萃取等)可以在电解槽内进行，尽量直接包括进去，以简化流程、减少设备投资。

(3) 电极上的电位分布尽量均匀，可采用辅助电极或特殊形状的对电极来达到这一目的。

(4) 阴、阳极之间的隔膜电阻尽可能少。

(5) 所用材料适合在电解过程的电解液中长时间使用(如耐腐蚀等)。

(6) 采用档板、湍流促进器、流动床、搅拌等措施，保证电解槽传输过程通畅。

§4.2.2　电解槽的分类

电解槽作为一种特殊的化学反应器，虽然可以仿照化学反应器的分类原则进行分类，但从电化学工程实际出发，通常以反应器的结构和工作方式进行分类。另外，电解槽的大小也有区别。例如，实验室用的电解槽和工业生产用的电解槽其结构、形状、材质等方面存在较大差异。实验室常用的一些电解槽如图 4.10 所示，一般用玻璃吹制或用塑料制成，其结构、形状视具体反应体系而定。工业上用的电解槽要比实验室所用的复杂的多，具体结构、形状在下文中进行详细介绍。

1. 按照电解槽结构分类

目前在有机电合成工业上应用的电解槽结构可分为 3 类：

(1) 箱式电解槽

箱式电解槽在有机电合成中应用较广，形式各异，大小不等。一般槽体为长方形，具有不同的三维尺寸(长、宽、高)，电极常为平板状，大多数垂直平行交错放置在槽内，电解液盛装在槽内。

箱式电解槽既可以采用间歇工作方式，也可以采用半间歇方式工作。在有机电合成中应用较多的是半间歇工作电解槽。

由于电解合成中要防止两极产物混合引起的副反应发生，因此有时需在两个电极之间使用隔膜。箱式电解槽中很少引入外加的强制对流，而往往利用溶液中的自然对流。例如，电解析气时，气泡上升运动产生的自然对流可有效地强化传质。

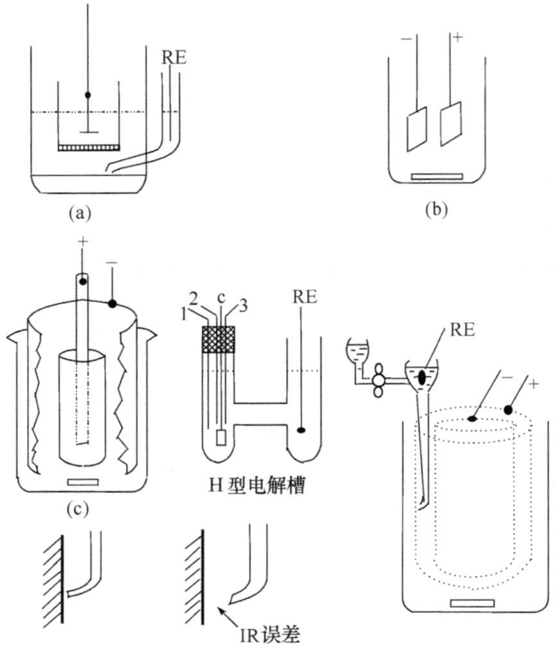

图 4.10　实验室用电解槽示意图

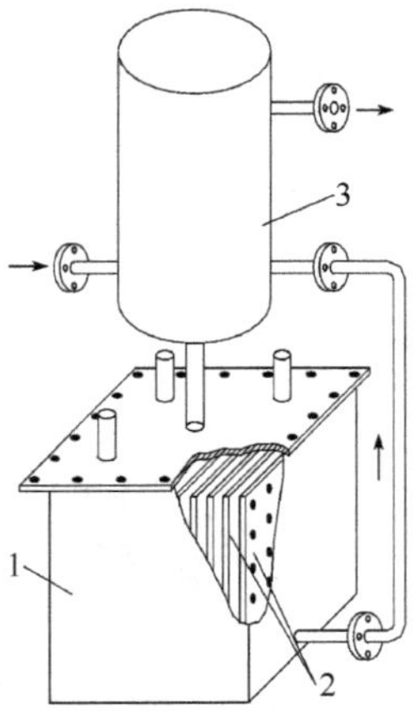

图 4.11　癸二酸二甲酯电合作用的箱式电解槽

1. 槽体；2. 电极组；3. 冷却器

箱式电解槽多采用单极式电联接，但采用一定措施后也可实现复极式联接。由于箱式电解槽的结构简单、设计和制造较容易、维修方便，因而得到了广泛应用，但其缺点是时空产率较低，难以满足大规模连续生产以及对传质过程要求很严的生产体系要求。

图 4.11 为癸二酸二甲酯电解合成的箱式电解槽。

（2）压滤机式或板框式电解槽

这类电解槽由很多单元反应器组合而成，每一单元反应器都包括电极、板框、隔膜，电极大多垂直安放，电解液从中流过，毋需另外制作反应槽体，图 4.12为其示意图。一台压滤机式电化学反应器的单元反应器数量可达 100 个以上。

压滤机式电化学反应器受到广泛应用的原因有：

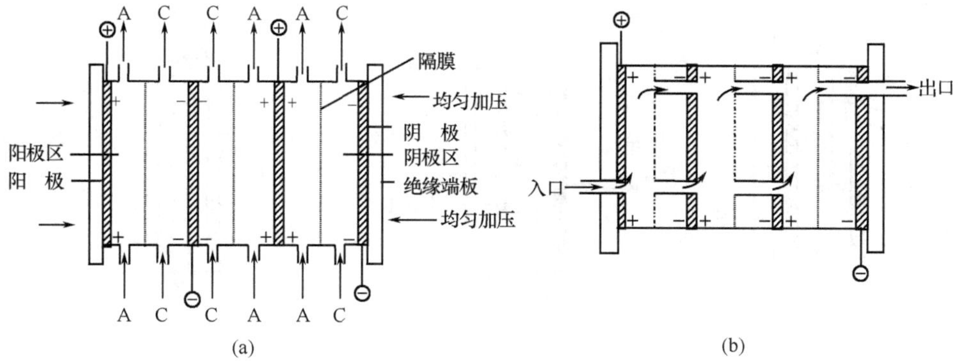

图 4.12　板框压滤机式电化学反应器

(a)单极式;(b)复极式

A. 阳极液;C. 阴极液

1）单元反应器的结构可以简化及标准化，便于大批量生产，也便于在维修中更换。

2）电极材料及膜材料的选用较为广泛，可以满足不同的需要。

3）电极表面的电位及电流分布较为均匀。

4）可采用多种湍流促进器(turbulence promoter)来强化传质及控制电解液流速。

5）通过改变单元反应器的电极面积及单元反应器的数量，可以方便地改变生产能力，形成系列产品，适应不同用户的需要。

6）可按复极式联接(其优点可减小极间电压降，节约材料，并使电流分布较均匀)，也可按单极式联接。

压滤机式电化学反应器还可组成多种结构的单元反应器，如包括热交换器或电渗析器的单元反应器，以及多孔电极及三维电极的单元反应器，如图 4.13 所示。

压滤机式电化学反应器的单极面积增大时，除可提高生产能力外，还可提高隔膜的利用率，降低维修费用及电解槽占地面积。

压滤机式电化学反应器的板框可用不同材料制造，如非金属的橡胶和塑料以及金属材料。前者价格较低，但使用时间较短，维修时间较长；后者使用时间长，但价格较高。

在有机电合成工业中，板框式电解槽已成功地应用于电解合成己二腈、乙醛酸等产品。

(3) 特殊结构的电解槽

为增大反应器的比电极面积、强化传质、提高反应器的空间-时间产率，目前已有多种结构特殊的电化学反应器可选择。

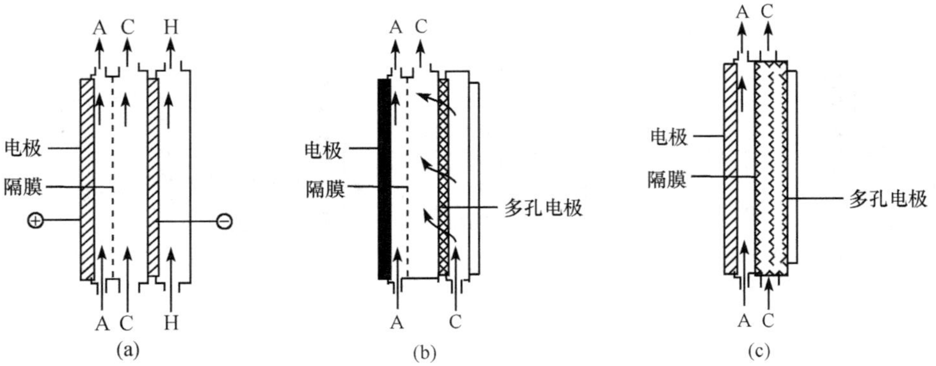

图 4.13　各种压滤机型电化学反应器

(a)带有第三室(作为热交换器)的反应器;

(b)三维电极反应器;(c)流化床电极反应器

1) 毛细间隙和薄膜反应器(capillary gap and thin film cells)

电化学反应器采用电导率很低的电解质,如电合成己二腈,采用减小电极间隙形成薄膜状电解液的毛细间隙反应器及薄膜反应器,对于降低电解液的欧姆压降具有显著作用。

图 4.14 为一种复极式涓流塔式反应器。圆柱形塔中水平排列着多层双极性石墨电极,电解液由塔顶进入,在重力作用下以涓流方式缓缓通过电极间隙。为了保持电解液涓流流动,并防止电流短路,必须限制流速,流速过高会引起溢流,过低则可能使电极表面不能完全湿润。

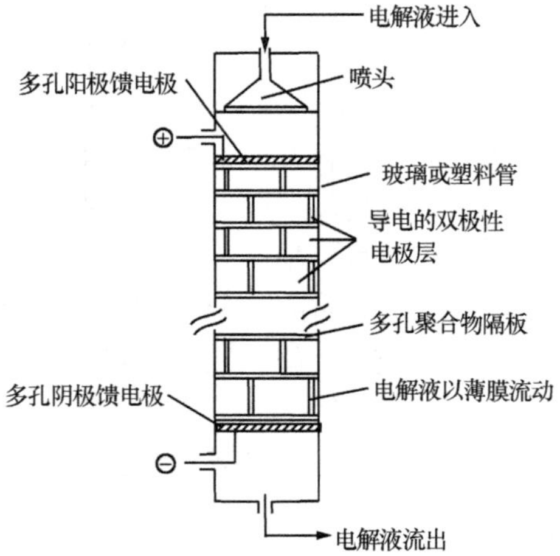

图 4.14　复极式涓流塔电化学反应器

图 4.15 为首先用于有机电合成的一种毛细间隙电化学反应器，它可以在使用导电率低的电解质时降低欧姆压降和能耗。反应器为圆柱体，内装一组双极性圆盘状石墨电极，每一片电极厚度约 1cm，面积为 100cm^2，电极间隙很小，有的仅为 $125\mu\text{m}$，电解液由液泵自上部送入流过间隙。德国巴斯夫(BASF)公司电解合成己二腈、癸二酸二甲酯时都采用这种电化学反应器。

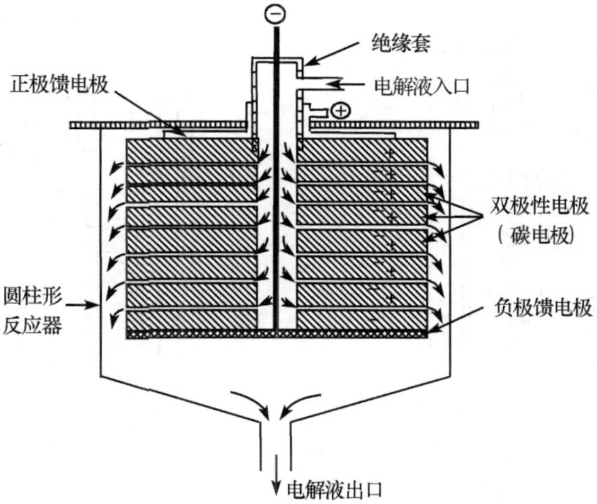

图 4.15 毛细间隙电化学反应器

2）旋转电极反应器

工业电解中使用的旋转电极分为两种，一种是圆柱形旋转电极，另一种是由旋转电极构成的“泵吸电解槽”(pump cell）。前一种圆柱形旋转电极与理论研究中使用的旋转圆盘电极具有不同的使用目的及特点，其工作表面，即圆柱面上的各点与转轴距离相等，因而具有相同的角速度和线速度，电极表面具有相同的传质条件及均匀的电流分布。如图 4.16 所示，由于电极旋转时使电解液与电极产生相对运动，从而强化传质，提高电流密度。这种电极表面附近的传质情况，可用下式表示

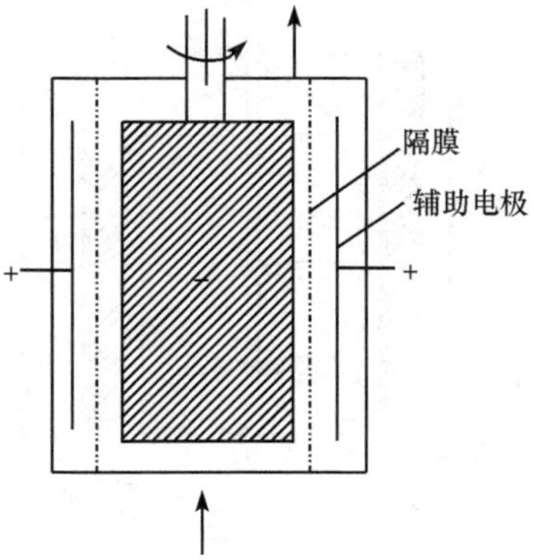

图 4.16 旋转圆柱电极反应器

$$Sh = 0.079Sc^{0.156}Re^{0.7} \quad (4.4)$$

式中，$Sh=\frac{k_m r}{D}$，$Sc=\frac{\nu}{D}$，$Re=\frac{r^2\omega}{\nu}$；

k_m——传质系数；

r——圆柱半径；

ω——转速。

当旋转速度和圆柱半径增大时传质系数将提高。

这种旋转圆柱电极已成功用于联苯胺和葡萄糖酸钙的电合成，如图 4.17 和图 4.18所示。

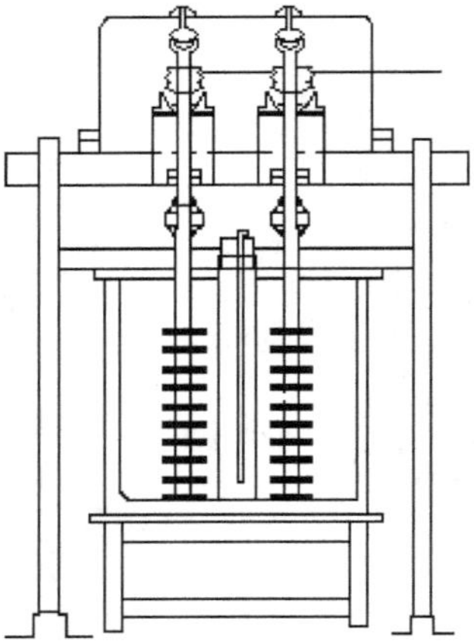

图 4.17　3 000A 联苯胺电合成旋转电极电解槽

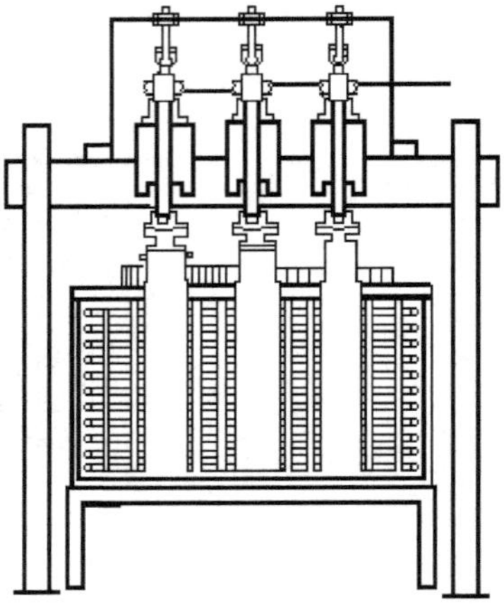

图 4.18　500A 葡萄糖酸钙电合成旋转电极电解槽

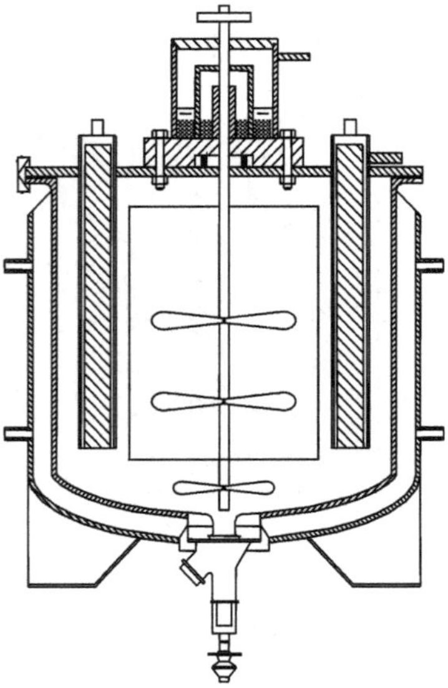

图 4.19　阴极转动分隔式电解槽

圆柱形旋转电极电解槽-阴极转动分隔式电解槽，如图 4.19 所示。该槽由电解槽槽体、电解槽槽盖和导电汞杯等组成。电解槽槽体内部设置阳极和圆筒状搅拌式阴极，它们之间由袋状阳离子交换膜分隔，各自构成阳极室和阴极室。由于采用圆筒状搅拌式阴极、袋状阳离子交换膜和导电汞杯等特殊结构，故该电解槽传质效率高，电流密度分布均匀，时空效率高，适合于大电流导电，具有较大的实用价值和工业化生产前景。目前该槽已用于对氨基苯酚电解合成[6,7]。

3）三维电极电解槽

在有机电合成中，可将使用三维电极的填充床（固定床）电解槽和流化床电解槽统称为三维电极电解槽。三维电极电解槽的突出特点是具有很高的比电极面积(A_s)(见表 5.2)。

早期的三维电极多采用微小的颗粒状或球状材料，包括碳粒、石墨粒、各种金属球，如美国 Nalco 公司电解合成四乙基铅时采用充填铅球的塔式固定床电化学反应器，如图 4.20 所示。

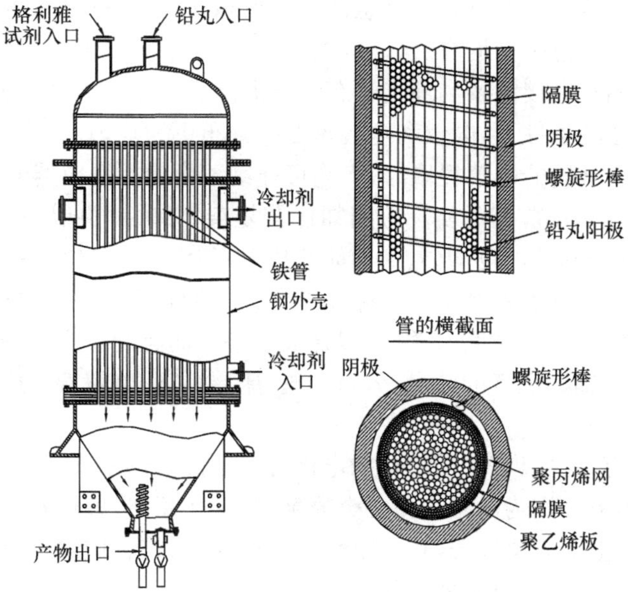

图 4.20　用于四乙基铅电合成的固定床电化学反应器

现在的三维电极材料并不限于颗粒状材料，选材范围大为扩大，其中有：

① 纤维状材料，包括金属纤维、碳纤维及其他纤维。

② 泡沫状材料，包括金属泡沫或碳质泡沫。

③ 由规则排列的微电极(包括各种网状电极、多孔电极)构成的三维电极。

④ 在不同工艺(如烧结、压制、腐蚀)制备的多孔基体上，以各种方法(如浸渍、涂覆、电镀)负载电催化剂、活性物质和导电材料的三维电极。

三维电极反应器设计中的关键问题是：

① 电解液的流动和传质强化。

② 保证导电良好及电流分布均匀，使电极活性表面能得到充分的利用，增大 A_s 值。

三维电极反应器中电解液的流动既可为涓流，亦可由液泵输送，具有较大的流速。其流动方向大多数与电流方向垂直，但也有相互平行的。三维电极反应器的结构除圆柱形、塔形之外，亦可为矩形或其他结构。电联接可为单极式或复极式，至于辅助电极，可采用三维电极或二维电极。

当通过颗粒床向上流动的电解液流速足够大时，床层发生流态化。这时电极和电解液近似单相的流体，处于此种状态的反应器称为流化床反应器。与固定床电极比较，它具有以下特点：

① 由于电极(颗粒状材料)呈悬浮分散状态，因而具有更大的比电极面积。

② 传质速度进一步提高。

③ 颗粒相互电接触及物理接触有助于提供活性更高的电极表面。

④ 在合适的条件下，电位和电流密度的分布更为均匀。

⑤ 在用于金属的电解提取时，产物可连续不断地由反应器取出。

然而，流化床反应器的实际应用却比较复杂，必须解决以下问题：如何使反应器的结构设计合理和电场均匀、如何防止颗粒的团聚、金属在馈电极上的沉积、隔膜的损坏(由于金属颗粒磨损或短路造成的)。此外，反应器内的电位及电流分布也相当复杂，它不仅与时间有关(难以建立稳态)，而且受反应器中流化床的形状及尺寸、馈电极及辅助电极的数量、分布位置、床层厚度、电解液组成、流量及流速、气体的析出等影响。

此外，还有一种具有叠层结构的电极(国外称为 Swiss-Roll cell)，如图 4.21 所示。阳极和阴极分别为两张很薄的金属箔，为防止短路，各用两层塑料网或织物隔开。这种网布上吸满电解质，构成电化学反应体系，将它们绕一个轴卷绕成一个整体后，即可作为电化学反应器工作。

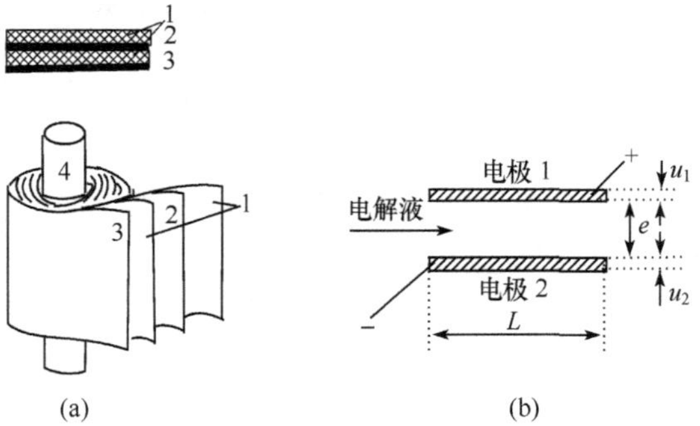

图 4.21　Swiss-Roll 电化学反应器

(a)1. 隔膜；2，3. 电极；4. 轴；(b)电极的排列

这种反应器可视为一个长度很长的平行电极，被一层薄薄的电解液隔开的电化学反应器，如图 4.21(b)所示。由于电极很薄，其电极电阻与电解液的电阻相比不能忽略，因此可将它视为三维电极。这种电极的特点是具有很高的比电极面积和较低的欧姆压降。为使电流分布均匀，这种反应器电极的联结最好一极由接近

轴的一端引出，另一极则从圆柱外面引出。

三维电极电解槽已用于四乙基铅、对氨基苯酚等产品的电合成。

4) 零极距电化学反应器(zero-gap cell)和 SPE 电化学反应器

零极距电化学反应器(zero-gap cell)和 SPE 电化学反应器表面近似，即电极距离非常小，贴近隔膜，实际却不同。零极距电化学反应器，如图 4.22 所示。其电极(一般为网状电极或孔板电极)直接压在隔膜上，因此使电解液的欧姆压降大大减小，适用于有气体析出的场合。气泡不会在电极与隔膜之间存留，能迅速逸散到电极背面，在水电解及氯碱工业中都得到了应用。

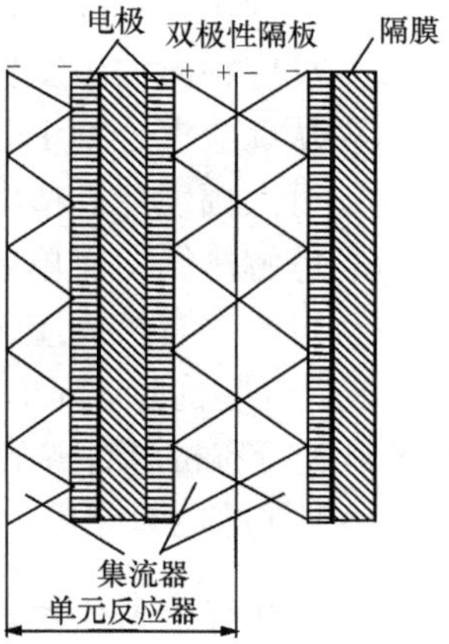

图 4.22　零极距电化学反应器

SPE 电化学反应器即固体聚合物电解质(solid polymer electrolyte)电化学反应器。最初在通用电器公司为 NASA 宇航计划研制的燃料电池中得到应用，后来逐渐推广到其他工业电解过程，如水电解、氯碱工业、有机电合成等。

SPE 电解槽在有机电合成和水电解中的反应原理如图 4.23 所示。图中 SPE 采用阳离子交换膜，膜两侧为金属催化剂涂层。其中一侧为阳极，另一侧为阴极，且阳极室盛水，阴极室装有机物反应原料。当在两极间施加电压时，阳极发生氧化反应析出氧气，并提供氢离子(H^+)，氢离子通过 SPE 膜移往阴极；阴极侧发生还原反应，生成氢气或有机产物。

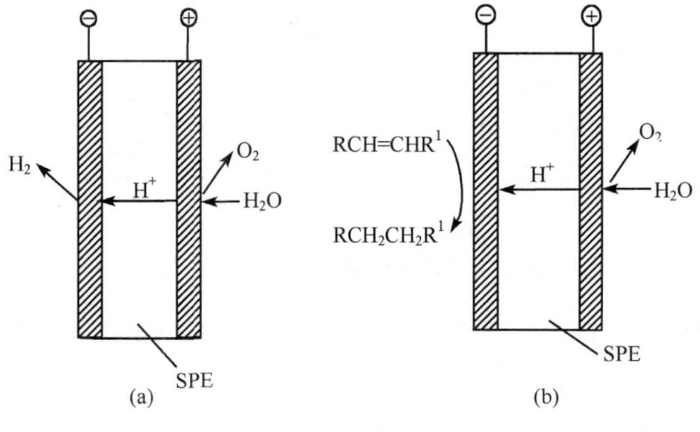

图 4.23　SPE 电解槽基本原理

(a) 水电解；(b) 烯烃电还原

显然，阳极产生的氢离子在 SPE 内是可以移动的，其作用类似于常规电解中的支持电解质。

在有机电解过程中,SPE 电解槽与常规电解槽相比,具有以下优点:

① 不需要支持电解质;

② 溶剂选择范围广;

③ 反应物质的浓度变化大;

④ 从反应混合物中分离产物容易;

⑤ 可大幅度降低槽电压,节约能耗;

⑥ 电解槽结构简单紧凑,可小型化;

⑦ 可改善有机反应的选择性和电流效率。

鉴于这些优点,SPE 电解槽可望在有机电解合成中得到应用。目前,利用 SPE 槽进行有机电合成的反应有:马来酸电解还原、对苯醌电解还原、硝基苯电解还原和肉桂醇电氧化等[8~10]。

2. 按电解槽工作方式分类

根据有机电解合成的工作方式,电解槽可分为 3 种。

(1) 间歇式电解槽(batch reactor)

简单的间歇式电化学反应器定时送入一定量的反应物(电解液),经过一定反应时间后,放出反应产物。显然,随着电化学反应和伴随化学反应的进行,反应物不断消耗,其浓度不断降低,而产物则不断生成,浓度不断提高。如图 4.24 所示。

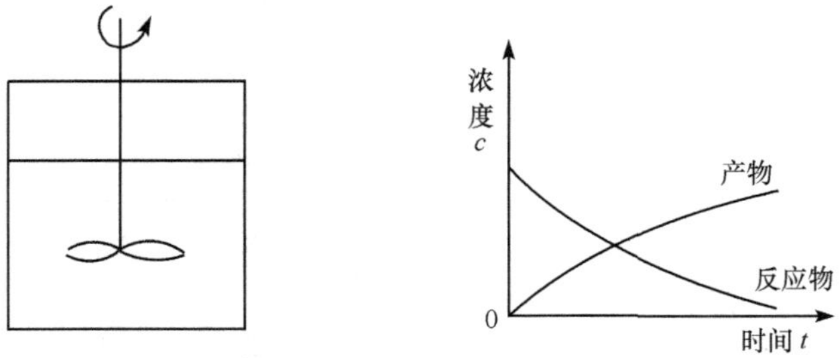

图 4.24 间歇式反应器及其浓度随时间的变化

间歇式反应器运行中耗费的劳动量较大,一般适用于小规模生产或间断提供产物的场合。

(2) 柱塞流电化学反应器(PFR,plug flow reactor or piston-flow reactor)

柱塞流电化学反应器又称为管式反应器或活塞流反应器,它是连续工作的,反应物不断进入反应器,产物则不断流出,达到稳态。理想情况下,这种反应器中的电解液由入至出,稳定地流向前方,不发生返混。而电解液的组成则随其在反应器中空间位置不同而不断变化(如图 4.25 所示),但对于每一反应粒子具有相同的停留时间。

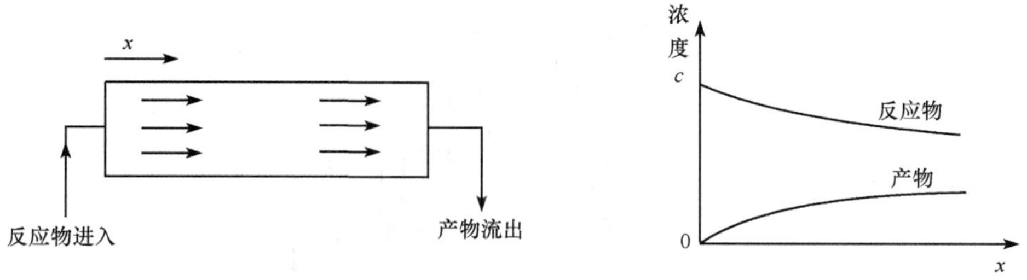

图 4.25　柱塞流反应器及其浓度的变化

(x 为距反应器入口的距离)

(3) 连续搅拌箱式反应器(CSTR,continuously stirred tank reactor)或返混反应器(back-mix reactor)

这种反应器的特点是,在连续加入反应物并以同一速率放出产物的同时,还在反应器中不断地搅拌,因此反应器内的溶液组成是恒定的。图 4.26 表示了这一反应器的特点。

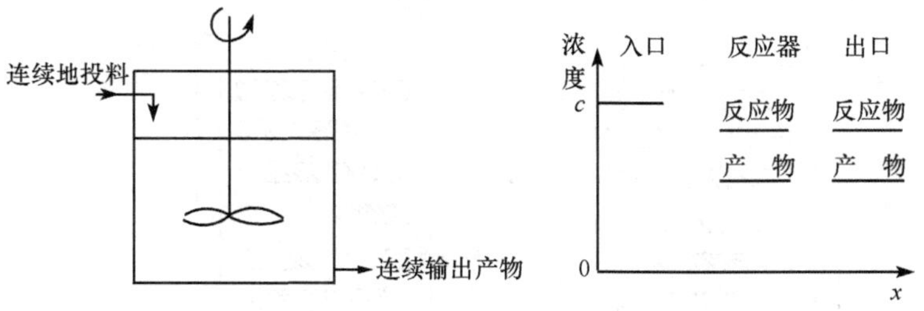

图 4.26　CSTR 反应器及其浓度的变化

这种电解槽在实际应用时为得到目的产物,也可将它多槽串联,构成串级式电解槽,如图 4.27 所示。

§4.2.3　电解槽的联接与组合

尽管在现代电化学工业中,电化学反应器的容量在不断增大,结构及性能在不断改进,生产电流密度也有所提高,但是和化工、冶金设备相比,单台电化学反应器的生产能力毕竟有限。因此,一般电化学工业的工厂(车间)都不可能仅仅设置一台电化学反应器,而必须装备多台电化学反应器同时运转。所以,电化学反应器的组合与联接成为电化学工程中的普遍问题,正确的联接不仅关系工厂的设计和投

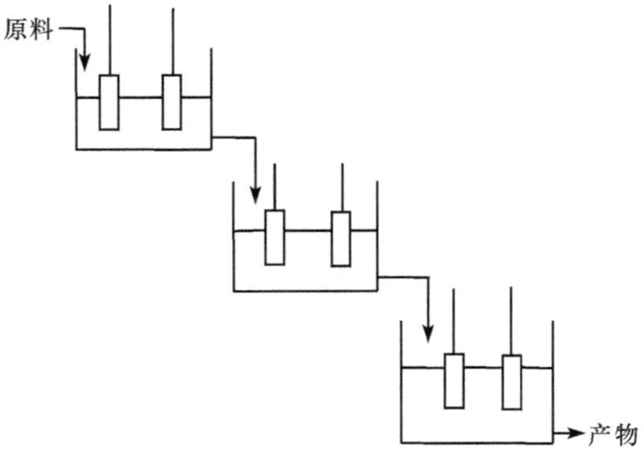

图 4.27　串级式电解槽示意图

资，也影响生产操作及运行的技术经济指标。

电化学反应器的联接包括电联接和液(路)联接。

1. 电化学反应器的电联接

按反应器内电极联接的方式可分为单极式槽和复极式槽(monopolar and bipolar)，有时也称为单极性槽和双极性槽，其原理如图 4.28 所示。

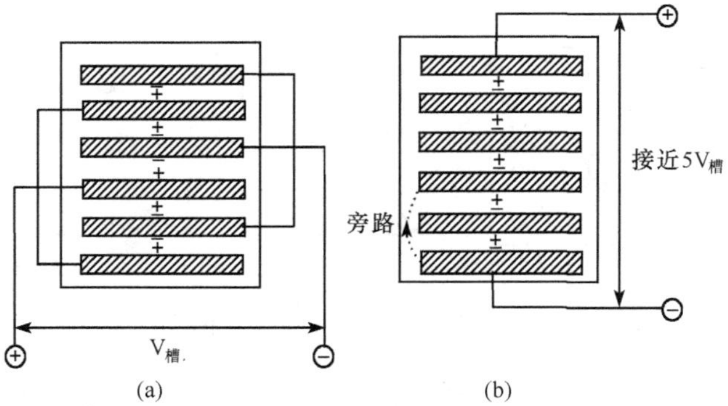

图 4.28　单极式(a)和复极式(b)电化学反应器中的电联接
[图中显示了旁路(bypass)的情况]

可以看出，在单极式电化学反应器中，每一个电极均与电源的一端联接，而电极的两个表面均为同一极性，或作为阳极，或作为阴极；复极式电化学反应器则不同，仅有两端的电极与电源两端联接，每一电极的两面均具有不同的极性，即一面是阳极，另一面是阴极。这两种电化学反应器具有不同的特点，如表 4.1 所述。

表 4.1　单极式和复极式电化学反应器比较

项目	单极式	复极式
电流	n[1)] I_1[2)]，需要大的汇流线	I_1[2)]，电流分布均匀
电压	V[3)]，第一类导体电压降较大	n[1)] V[3)]，第一类导体电压降小
安全性	低电压，较安全	高电压，较复杂、危险
整流器要求	低电压，大电流，价格贵	较高电压，小电流，较便宜
设计及制作	较简单	较复杂
物料投入产出	简单	较复杂，易漏电
维修	容易	比较困难

1)　一个回路的电极对数；
2)　通过单电极的电流；
3)　单元反应器电压。

采用复极式电化学反应器时应该注意两个问题：

1）防止“旁路”（bypass）和“漏电”（leakage）的发生，如图 4.28 所示。这是由于相邻两个单元反应器之间存在液路联接产生的，这时电流在相邻单元反应器中的两个电极之间流过（而不是在同一反应器内的两个电极间流过），不仅使电流效率降低，而且可能导致中间电极发生腐蚀。

2）不是任何电极都能作为复极式电极使用。复极式电极的两个表面分别作为阳极和阴极，对于两种电极过程应该分别具有电催化活性，若使用同一电极材料，往往难以实现，因此复极式电极的两个工作表面常需要选择不同的材料或工艺处理（如涂覆、镀覆、焊接不同的电催化层）。

2. 电化学反应器的液路联接

电化学反应器在液路中可以两种方式联接，即并联或串联，如图 4.29 所示。

在实际应用中，电化学反应器的液路联接方式可能介于两种典型联接之间，因此可能出现种种非理想情况，如混合不均匀、流体旁路等。反应器在液路联接方面的实际情况要复杂得多，既可部分或完全再循环，亦可部分串联或并联，这取决于电解液循环流动的目的。还应该指出，两种供液方式对电解液系统的要求，包括设备设计，如液泵、液槽的设置和调控方式，也是不同的。例如，若要在单元反应器中保持相同的流量和流速，显然并联供液需要的总液量大得多，而流量均匀分配到每一反应器成为关键问题；对于串联供液，由于流程长、阻力大，则需要液泵具有更高的液压。此外，串联供液将使电解液产生更大的温升，也是要考虑的。

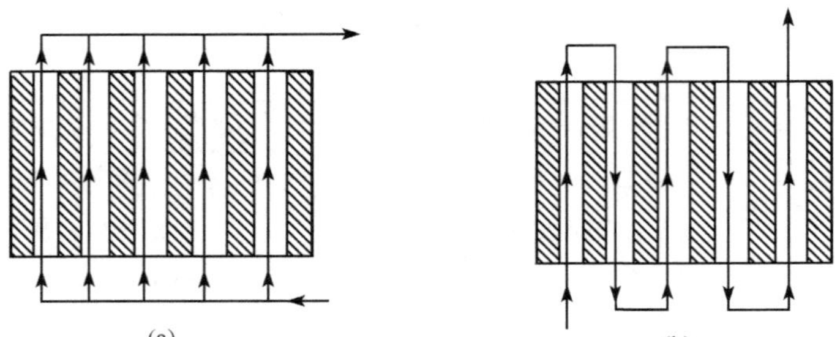

图 4.29 电化学反应器的液路联接
(a) 并联；(b)串联

3. 电化学反应器之间的组合

电化学反应器之间的电联接，主要考虑直流电源的要求。现代电化学工业采用的硅整流器，其输出的直流电压在 200～700V 时，整流效率达 95％，颇为经济。因此多台电化学反应器连接，一般是串联后总电压应在此范围内。例如，总电压在 450V，一般在中间接地，使两端电压分别为＋225V 和－225V 较为安全。至于直流电流的大小，可通过适当选择整流器的容量或通过并联来满足生产需要。

由于单极槽的特点是低压大电流，多台单极槽的电联接宜在电源之间串联工作；反之，由于复极式电槽的工作特点是高压低电流，多台复极式电槽的电联接宜在电源的正负极间并联工作，如图 4.30 所示。

§4.2.4 电化学反应器的设计

对于品种繁多的电化学反应器，由于功能、结构、大小的千差万别，不仅设计难度和工作量相差较大，而且也难以采用同一模式进行设计。有关讨论过宽则易失之空泛，过窄则可能局限片面。已经出版的几种电化学反应器专著，亦未达到令人满意的程度，即说明这一困难的存在。尽管如此，经验表明电化学反应器的成功设计基本取决于以下一些因素：设计要求是否明确及合理；设计资料是否可靠和完整；设计方法是否正确和有效。而这一切都与设计者的理论基础、实践经验密切相关。

1. 电化学反应器的设计要求及设计内容

设计电化学反应器首先应明确以下设计要求：

(1) 反应器的生产能力（包括额定产量及产率）。对于各种工业电解过程，产量和产率的含义颇为明确，分别为产物的数量(kg、t)和单位时间的产量(kg · h^{-1}、

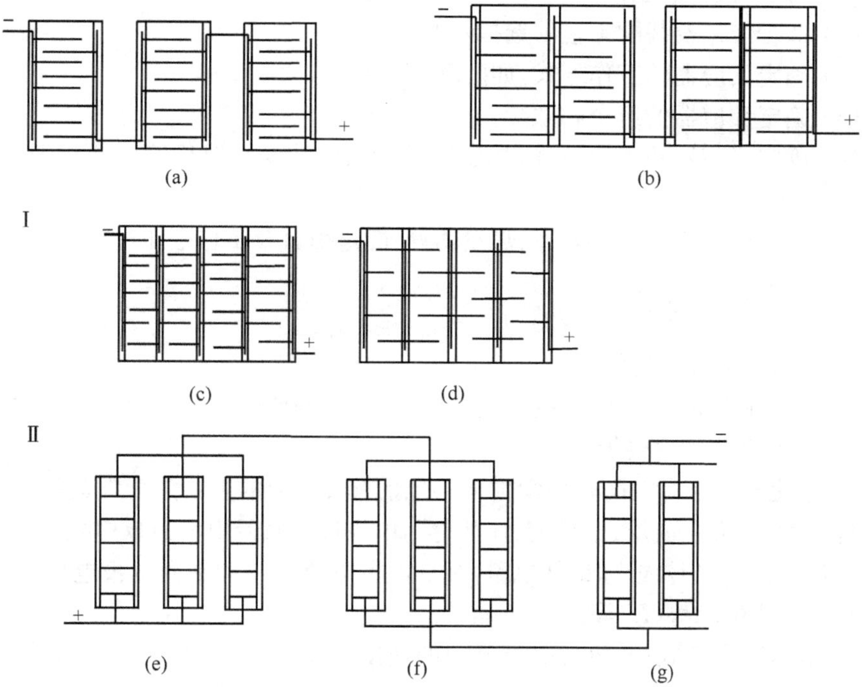

图 4.30　电解槽之间的组合
Ⅰ. 单极式电极的并联-串联连接；
(a)单独电解槽的串联；(b)两组电解槽的串联；
(c)电解槽与总电流分配线串联；(d)电极直接接触式并联；
Ⅱ. (e～g)复极式电解槽群的串联系统

$t \cdot d^{-1}$、$t \cdot a^{-1}$)。

(2) 反应器的技术经济指标。这些指标通常是对电化学反应器而言的，主要包括：

① 电流效率(即电流、电量利用率)；

② 物质的转化率及物耗；

③ 电化学反应器的工作电压，即电解槽的槽压；

④ 直流电耗及能量效率；

⑤ 时空产率或比特性，对工业电解而言，主要是电化学反应器的时空产率；

⑥ 成本，对于电解产品，指计入固定投资和运行费用后的单位质量产品成本。

电化学反应器的设计内容主要包括：

(1) 结构设计，包括电极结构及反应器结构设计。

(2) 材料的选择，包括阳极材料、阴极材料、隔膜材料和反应器的结构材料。

(3) 加工工艺及装配工艺的选择及制定。

(4) 确定反应器的工作方式，如间歇或连续。

(5) 确定反应器的组合和联接。

(6) 确定反应器的工作条件(如温度、湿度、清洁度)，对环境的要求及环保措施。

(7) 对反应器进行物料衡算、热量衡算、能量衡算及工作电压分析。

2. 设计的基础资料

(1) 电化学基础资料。

1) 电解体系的构成及其性质。包括电极和电解质的基本理化性质、机械物理性质等，以及来源和价格等。

2) 电化学反应有关的热力学数据。包括有关组分的主要热力学数据(如标准生成自由焓、标准生成焓、标准熵、比热等)，电极反应式及电解总反应式，主要产物的电流效率，电化当量或理论耗电量，标准电极电位($\varphi^{\ominus}$)和平衡电极电位(φ_{eq})，理论分解电压或电动势(E)等。

3) 基本动力学数据，包括电极反应的速度控制步骤及动力学特征，动力学参数(如速度常数、交换电流密度、Tafel 公式中 a、b 值)，极限扩散电流密度，工作电流密度区间及经济(最佳)电流密度，极化及过电位，工作电压及其组成。

(2) 有关设计规范、标准，包括有关部门和企业已制定或公布的各种标准及设计要求。

(3) 国内外同类产品(电化学反应器)的资料，这类资料包括样本说明书，研制、使用报告。

3. 电化学反应器设计的原则

(1) 在达到设计要求的前提下，尽可能简化反应器结构，选用价格较低廉的材料，降低制造成本。

(2) 反应器应可靠安全，操作和维修方便。

(3) 易加工和装配。

(4) 符合有关设计标准及规定，有较好的通用性、适应性，便于改变产量及产率。

(5) 满足电化学工程的特殊要求，包括电位及电流的均匀分布，传质、传热要求，时空产率及比特性的要求。

(6) 运行费用尽量低。

(7) 有利于产物的分离及处理，符合安全和环保要求。

4. 电化学反应器设计中的若干问题

(1) 反应器设计中的选择

Plectcher 将电化学反应器设计中面临的多方面问题及其选择进行了总结，见表 4.2[11]。表中有两种选择，即 A 和 B，选择后者，设计复杂、要求较高，但可能得到更佳的技术经济效果。

表 4.2　电化学反应器设计中的不同选择

项　　目	A 选择	B 选择
反应器的工作方式	间歇式	连续式
电极的数量	单个	多个
电极运动状态	静止	运动
电极结构	二维	三维
电极联接	单极性	双极性
电极间距	较大	较小
电解液流动	在反应器外	在反应器内
电极区间分隔	无隔膜	有隔膜
反应器的密封	开口	密封

(2) 电极大小(即电极工作面积)的选择

电极的大小取决于单元反应器额定的产量及产率，一般可按以下程序估算：

1) 由额定产量和产率，根据法拉第定律及电流效率，计算所需的总电量及总电流($I_{总}$)。

2) 由总电流及合理的工作电流密度计算所需要的电极总面积($S_{总}$)，即

$$S_{总} = \frac{I_{总}}{i} \tag{4.5}$$

3) 根据电极数目(n)决定单片电极的面积(S_i)，即 $S_{总} = nS_i$。

由于电流效率的数据不一定准确，加之工作电流密度可在一定区间调节，因此电极的大小实际上可在一定范围内变化。

(3) 电极结构的选择

可将电极结构分为两大类，即二维电极与三维电极。仅以其外表面作为电极工作的电极称为二维电极，平板电极和圆柱状电极是最简单和应用最广泛的二维电极。然而一些其他形状的二维电极在工业中也得到了应用，如拉网电极、孔板电极、百叶窗式电极及其他形状的开槽、开孔电极。采用这些电极的目的有多种，但

大多是为了使电极反应产生的气泡尽快逸散到电极背面的空间，减小电极之间(或电极与隔膜之间)电解液的充气率，从而降低溶液欧姆压降及电化学反应器的工作电压，并使气泡在电极表面附着及滞留的效应降低。但是电极开孔或拉网后，一般会使有效工作面积减小，真实电流密度提高，有可能使电化学极化增大。此外，开孔及拉网还将影响电流密度的分布及电解液的流动情况。

三维电极大多由非整体材料(粉末状、微粒状、纤维状、泡沫状)制成，因此其工作表面不限于电极的外表面(二维)。电解液及电流(即电极反应)可深入电极内部(第三维)，故称三维电极。表 4.3 列出了多种电极结构的选择。

表 4.3　电极结构的选择

	二维电极	三维电极
静止	平行板状电极(用于箱式反应器和板框压滤机式反应器)	多孔电极(叠层网状电极、叠层孔状电极、叠层纺织物电极)
	同心圆柱电极	填充床(固定床)电极颗粒状涓流塔
	叠层圆盘状电极(用于毛细间隙反应器和孔板涓流塔)	叠层多孔电极
运动	运动板状或线电极(往复运动或振动)	流化床电极
	旋转圆盘电极	移动床电极
	旋转圆柱电极	

三维电极的突出优点是具有很高的比电极面积(A_s)，因而有利于降低电化学极化，提高工作电流。三维电极的技术关键在于如何强化传质，使电极活性表面得到充分利用，同时如何确保导电良好，使电流分布更加均匀。

§4.3　电 极 材 料

在所有有机电化学合成的相关变量中，电极材料作为一种特殊的功能性材料，不仅涉及到反应过程中的能耗，而且直接影响反应的收率及产品质量，甚至决定整个反应体系的成败。因此，在有机电合成过程中，研制和选用合适的电极材料是至关重要的。故本节主要介绍在有机电合成过程中与电极材料相关的若干问题。

§4.3.1　有机电化学合成中所用的电极材料

迄今为止，人们已对成千上万种有机电合成反应进行了研究，并对相关的电极材料进行了摸索，其研究结果归纳在表 4.4[12] 中。表 4.5 是用于其他电化学工业的一些电极材料。

表 4.4　用于有机电合成的电极材料

电极材料	氧化反应	还原反应
Pt	饱和碳氢化合物	芳烃类化合物
	芳烃	烯烃
	烯烃	炔
	醇、酚	硝基化合物
	烯醇	醛、酮
	酯	$>C=N-$化合物
	羰化物	金属有机化合物
	酸酐	—
	醛、酮	—
	醚	—
	羧酸	—
	甲酮/二硫化物	—
	胺	—
	氨基化合物、内酰胺	—
	偶氮和氢化偶氮化物	—
	肼	—
	N-杂环	—
	芳胺聚合	—
	烷烃和卤代烷烃	—
	格利雅试剂	—
	硫醇	—
	焦硫酸盐	—
	烷烃和硫代烷烃	—
	亚砜	—
	硫脲	—
	硝基烷	—
	卤代芳烃	—
	电解氟化物	—
	乙酸铵	—

续表

电极材料	氧化反应	还原反应
碳/石墨	饱和双环碳氢化合物	硝基化合物卤代烷
	芳香烃、烷基芳香烃	烯烃电聚合
	醇、酚	—
	烯烃	—
	醛	—
	羧酸盐	—
	酯	—
	硝基烷盐	—
	胺	—
	肼	—
	N-杂环	—
	烷烃和硫代烷烃	—
	电解氟化物	—
PbO_2	饱和碳氢化合物	—
	芳烃、烷基芳烃	—
	烯	—
	炔	—
	卤代烷	—
	醇、酚	—
	内酯	—
	酯	—
	醛、酮	—
	氨基化合物、内酯胺	—
	N-杂环	—
	亚砜	—
Hg	烯烃(制备金属有机化合物)	芳烃
	频哪醇	烯烃
	N-杂环	炔
	肼	醛、酮
	酰肼	硝基化合物
	羟胺	卤代烷烃
	格利雅试剂	$\rangle$C═N—化合物、金属有机化合物

续表

电极材料	氧化反应	还原反应
Ag	硝基烷盐	芳烃
	醛	炔
	醇	醛、酮
	胺	—
	肼	—
	肟	—
Ni	醇	烯
	醛、酮	炔
	硝基烷	醛、酮
	电解氟化物	腈
	—	硝基化合物
Sn	—	芳烃
	—	醛、酮
	—	硝基化合物
	—	卤代烷烃(R_4Sn)
Cu	炔	烯
	醇、酚	炔
	CO	醛、酮
	N-杂环	硝基化合物
	—	$>C{=}S$(氢解作用)
Pb	醇、酚	芳烃
	格利雅试剂	醛、酮
	—	卤代烷烃
	—	硝基化合物
	—	$>C{=}N{-}$化合物
	—	腈
	—	N-杂环
	—	$>C{=}S$ (氢解作用)
	—	—S—S— 断裂

续表

电极材料	氧化反应	还原反应
Fe	烯	醛、酮
	醇	硝基化合物
	酮	—
	硝基烷	—
	苯胺	—
	喹啉盐	—
Au	烯	硝基化合物
	炔	酰胺
	羧酸	—
	肼	—
Zn	酚聚合	硝基化合物
	—	氯代烷
	—	酰胺
Mn	醇	—
Cr	醇	—
Al	卤代烷烃(生成金属有机物)	芳香族化合物、烯烃
	金属有机化合物(生成 R_3Al)	硝基化合物、N-杂环化合物
Mg	—	烯烃
Ru	—	芳香族化合物
Pd	烯烃	腈
Cd	—	N-杂环
	—	烯
	—	芳烃
Pb/Hg	—	葡萄糖、酰胺、硝基化合物
Ni/Hg	—	腈
Zn/Hg	—	醛、酮
Cu/Hg	—	水杨酸、金属有机化合物
Pb/Sb	电解	醛、酮
Pb/Sn	—	醛、酮
Pb/Ag	—	水杨酸
Cu/Ag	—	炔
蒙乃尔合金	电解氟化物、醇	硝基化合物
硅铁合金	芳烃硝化	—
耐酸硅铁	芳烃硝化	—
Ni/Pb	—	腈
Cd/Bi	—	醛、酮
黄磷青铜	—	硝基化合物
WC	醛	—

续表

电极材料	氧化反应	还原反应
Pd/Ni	—	腈
Pt/Ir	酚、羧酸盐	—

表 4.5　用于电解工业的电极材料

电极材料	阳极/阴极		电解过程
Pb	+	−	H_2SO_4 体系的电解
	+	+	有机化合物
Fe	+	+	水电解
	+	+	碱性溶液中的有机化合物
	−	+	氯碱电解
	−	+	ClO_3^-、ClO_4^- 及其过酸盐
	−	+	熔融盐电解(Na,Li,Be,Ca)
石墨	+	−	氯碱电解
	+	+	次氯酸盐的生产
	+	+	熔融盐电解(Na,Li,Be,Ca)
	+	−	有机化合物电解
	+	−	Al 电解
Fe_3O_4	+	−	氯碱、氯酸盐
Ni	+	−	水电解
	+	+	有机化合物电解
	+	+	熔融盐电解(Na)
Pt	+	+	含氯化物的有机化合物溶液电解
	+	−	ClO_3^-、ClO_4^-、过酸盐、次氯酸盐
Hg	−	+	氯碱电解
	−	+	汞齐化电解
	−	+	有机化合物电解
形稳阳极 DSA (Ti、Ru 和其他贵金属混合)	−	+	氯碱电解、次氯酸盐、ClO_3^- 的生产、电冶炼和阴极保护
Ta 或 Ti/Pt	+	+	过硫酸盐的生产、阴极保护、氯酸盐生产和电渗析
Ti/Pt-Ir	+	−	ClO_3^- 和氯酸盐生产
Ti/PbO_2	+	−	ClO_3^- 生产、酸性介质中的有机化合物

说明:其中“+”表示可以用作此种电极,“−”表示不能用作此种电极。

通常，可用作阳极的材料有 Pt、C 和 PbO_2[13] 以及某些金属氧化物。此外，Hg、Ag、Au、Cu、Fe 和 Ni 也经常用作阳极材料，它们主要用作易氧化有机化合物的阳极材料。Hg 本身较易氧化，一般不采用，但目前已发现它可用于氧超电势很低的有机化合物的氧化(即那些比 Hg 更易氧化的有机物)。Fe 和 Ni 是碱性溶液中常用到的电极材料，因为它们在碱性溶液中较稳定，不易腐蚀。镍和蒙乃尔合金是电解氟化物最理想的电极材料。用作阳极的合金电极有 Pb-Sb、蒙乃尔合金、硅铁合金、耐酸硅铁、WC[14~15] 和 Pt/Ir 等。

研究表明，在众多的阴极材料中应用最广泛的有 Hg、Pb、Al、Ag、Zn、Ni、Fe、Cu、Sn、Cd、C 和 Pt，而 Au、Mg、Ru 和 Pd 相对而言应用不多，其他经汞齐化后的 Pt、Ni、Cu 以及在特定条件下形成的有机 Hg、有机 Sn 及有机 Pb 等金属有机化合物都是很好的阴极材料。由于汞的污染问题，近几年以 Hg 为阴极材料的工业过程已日趋减少。

§4.3.2 电极材料对有机电合成反应选择性的影响

有机电合成反应的许多例子表明选择不同的电极材料将生成不同的产物，因此，在反应过程中选择合适的电极材料具有很重要的意义。有机电合成反应是一类很复杂的反应，它不但包括电子传递步骤，而且还包括随后的化学或电化学转化步骤。为了说明这一点，在下文中列举了一些有关电极材料对反应性能影响的例子。

根据所用电极材料的不同，丙酮经电解还原后可以生成异丙基乙醇、丙醇、丙烷或二异丙基汞，如图 4.31 所示。异丙基乙醇和丙醇的生成机理目前比较清楚，但丙烷的生成机理至今未明，而二异丙基汞是由于电解产生的自由基离子被汞阴极的金属原子吸附而生成的。

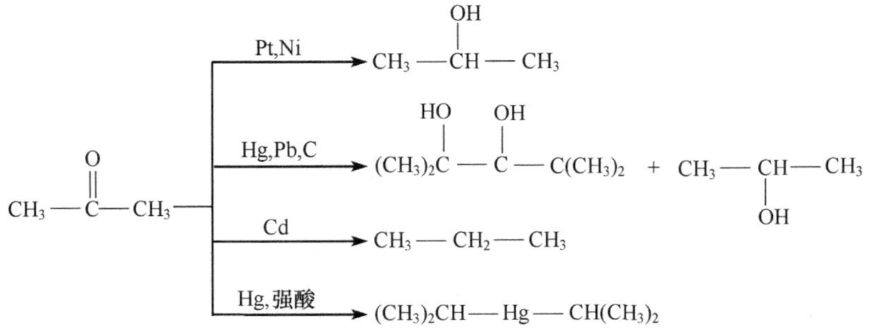

图 4.31 电极材料对丙酮电还原选择性的影响

只有少数几种阳极材料可以在有机氟化物电解合成中应用，如图 4.32 所示。

在 HF 溶液中可用 Ni，在 HF/KF 熔融体中可用多孔碳以及在含有 F^- 有机溶剂中可用 Pt。Ni 阳极在电解过程中会产生一种含有高价镍的氟化物，该高价化合物是不溶的，能连续生成并覆盖于电极表面，可与有机物发生进一步反应。多孔碳阳极在电解过程中也会产生一种非常特殊的氟化物，但其历程可能也包括电解产生氟原子或氟化粒子等过程。为了防止碳表面发生腐蚀，往往利用 C/F 表面层来导电，多孔结构为反应物和氟化产物提供进出"通道"。而有机化合物在 Pt 电极上电解则直接被氧化成阳离子，然后通过 F^- 的亲核性进行反应。其他材料如 Cu、Ag 和 Fe 等，在此过程中将会造成严重的钝化或腐蚀，从而导致氟化物的电合成反应效率为零。

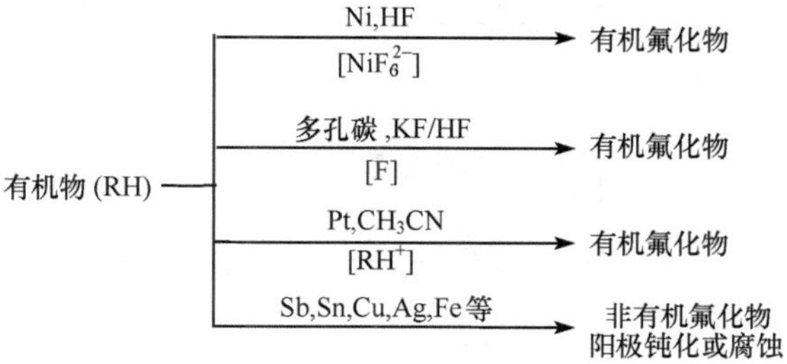

图 4.32　电极材料对电氟化作用的影响

在有机电合成中，丙烯腈的氢化二聚为电极材料的选择提供了参考。丙烯腈是通过 Pt 或 Ni 阴极吸附 H 原子而被还原成丙腈。若采用强酸体系、Pb 阴极，产物为烯丙基胺；若采用由 Sn 合成的金属有机化合物作阴极，Hg、Pb 或 C 为阳极，则生成己二腈和丙腈，如图 4.33 所示。

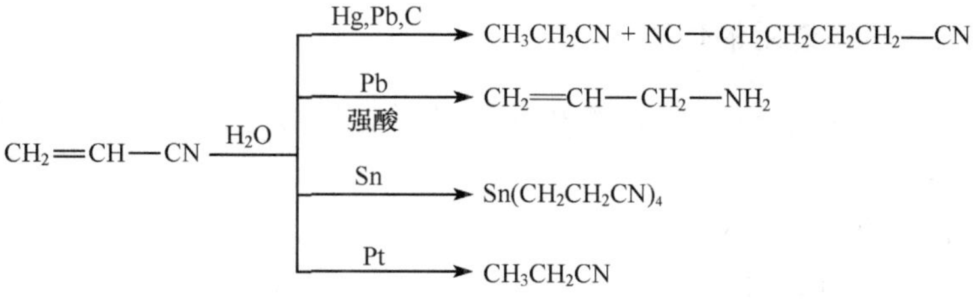

图 4.33　电极材料对丙烯腈氢化二聚作用的影响

在硝基苯电还原过程中，不同产物的生成很大程度上取决于阴极材料的选择、溶剂和支持电解质的性质以及其他如温度、反应物浓度等因素，在电解中除了主产物外，往往还伴有副产物的生成。图 4.34 给出了不同电极材料对硝基苯电还原产物的影响[16]。

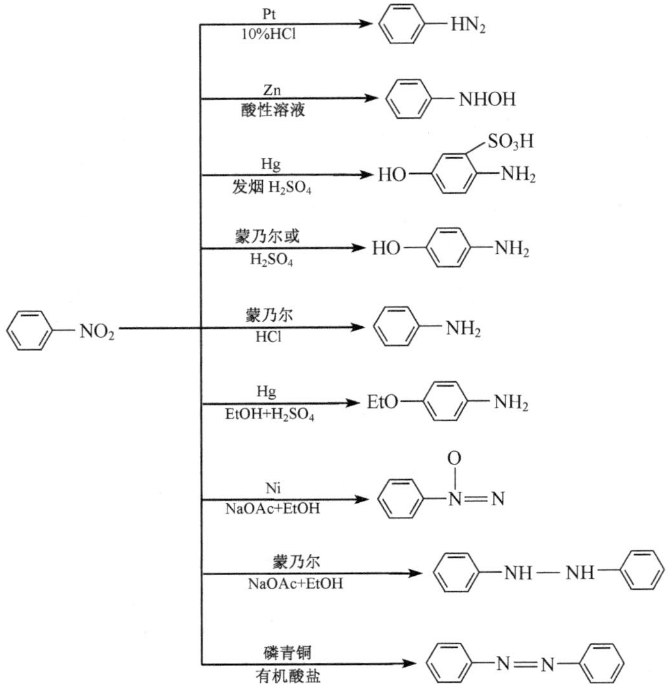

图 4.34　电极材料对硝基苯电还原反应的影响

从上述例子可以看出，在某一有机电解反应体系中，若采用不同的电极材料，可能得到不同的电解产物，这说明电极材料对电合成反应具有重要影响。因此，在实际应用中应根据电解反应体系的不同而选用合适的电极材料。

§4.3.3　电极材料选用的依据

对于一个特定的有机电合成过程而言，无论是阴极还是阳极，所选用的电极材料最好能满足以下要求：

(1) 价格低廉；

(2) 化学稳定性优良；

(3) 具有良好的电催化活性和选择性；

(4) 导电性良好；

(5) 易加工成型，机械强度好。

在实际有机电化学反应体系中，要完全满足上述要求是极其困难的。因为电极的催化活性随反应而异，而且一般具有催化活性的材料其价格都较昂贵，所以，在选择电极材料时必须综合考虑各种因素。本节主要对与电极材料选择有关的一些问题进行讨论。

1. 材料价格

电极材料的费用是整个电解过程费用的一个重要组成部分，其价格高低直接影响到整个电解过程的投资成本。因此，对一个特定的有机电解体系来说，除考虑电极材料的性能以外，还必须考虑其价格的因素。

通常，电极的价格很大程度上取决于电极的结构、所用材料以及某些涂层的加工技术。若要获得价廉物美的电极，必须在这些方面予以重视。

2. 稳定性

电极材料的稳定性是评价电极好坏的标准之一。以往，考察金属材料的稳定性一般根据其熔点、电负性等性质。但是在有机电化学反应过程中，金属材料常浸在导电介质中，金属和溶液界面存在电位差，故上述原则不适合于电极稳定性的考察。

一般来说，判断一种电极材料的稳定性优劣，可以从热力学因素、基体/涂层结构因素以及电极活性等方面加以考虑。热力学因素主要根据电极材料在反应前后的电极电位或开路电位的变化情况予以判别，或通过电位～pH 图进行预测。基体/涂层的结构因素则要从两方面予以考虑：一方面，要看电极表面涂层的制备技术是否完善或稳定；另一方面，要看电极反应达到一定时间以后，电极表面的失重或剥落情况是否严重，以及电极活性是否下降。电极活性的变化，主要看在相同电极电位下电流密度是否变化。若反应前后电流密度在相同电位下保持不变，则说明电极活性稳定，若电流密度下降，则说明电极活性降低或不稳定。

3. 导电性

电流通过任何导体都有一定的阻力，这一特性在电工学中称为电阻，以 R 表示。在一定温度下，导体的电阻 R 可用下式表示

$$R = \rho \frac{l}{A} \tag{4.6}$$

式中：l ——导体长度；

A ——导体截面积；

ρ ——电阻率。

同样，电极材料的导电能力称作电导(L)或电导率(κ)，其大小可由下式表示

$$L = \frac{1}{R}$$

$$\kappa = \frac{1}{\rho} \tag{4.7}$$

$$L = \kappa \frac{A}{l}$$

由式可见，ρ 越大，导电性越差，金属/溶液界面的欧姆降越大，电位损失越严重；反之则小。这说明电极材料的导电性直接与电极反应的性能和能耗有关，是一个很重要的参数，也是评判电极材料优劣的标准之一。

通过比较电极材料电导率(κ)的大小，可以获知此种材料导电性的好坏。一些常用电极材料的电导率可见本书第 2 章表 2.1，也可以通过查找一些电化学手册获得。通常，金属材料具有较高的电导率，一般在 $10^2 \sim 10^6 \, \Omega^{-1} \cdot cm^{-1}$(室温)之间，且随温度上升呈线性增加；绝缘体的电导率较低，约为 $10^{-3} \sim 10^{-17} \, \Omega^{-1} \cdot cm^{-1}$ 之间，且随温度升高呈指数下降。另外，某些氧化物也具有金属材料的导电性能，如 RuO_2、ReO_3、TiO、CrO 等；有些氧化物则具有绝缘体的性能，如 CrO_3、Fe_2O_3、MnO、CoO、NiO 等。因此，要根据实际所用的电极材料来判定其电导率的大小。

4. 电极活性

一种电极材料的活性好坏直接关系到产物的收率高低及其能耗大小，是选择电极材料最关键的依据之一。通常评价电极活性好坏的主要依据是表观活化能(A)和交换电流密度($i^{\ominus}$)。表观活化能大、交换电流密度小的电极材料，说明电极活性差；反之，则可认为电极活性好。表 4.6 中列出了几种用于硝基苯电解合成对氨基苯酚阴极材料的表观活化能和交换电流密度(90℃)[17]。由表可见，Cu-Ni 合金的 $i^{\ominus}$ 大、A 小，说明电极活性好；而纯铜的 $i^{\ominus}$ 小、A 大，说明电极活性差。

表 4.6　几种阴极材料的 $i^{\ominus}$ 和 A

阴极材料	Cu-Ni 合金	汞齐化铜	纯　铜
$i^{\ominus}/A \cdot m^{-1}$	371	366	40.0
$A/kJ \cdot mol^{-1}$	15.5	16.5	23.0

表观活化能 A 主要通过测定不同温度下电极体系的稳态极化曲线，然后根据下式

$$\left(\frac{\partial \ln i}{\partial T}\right)_{\eta} = \frac{A}{RT^2} \tag{4.8}$$

求得。交换电流密度的测定方法见 § 3.1.4 节。

在有机电合成体系中，衡量一种电极材料活性的好坏，主要看其所得产物收率的高低。因此，在筛选电极材料时，一般先通过测定 $i^{\ominus}$ 和 A 的数据选出 $i^{\ominus}$ 大、A 小

的材料，然后经实际电合成试验考察，最后判断电极活性的高低。

§4.4　隔膜材料

在有机电化学合成过程中，大多数电化学反应器都需要使用隔膜来分隔阴极和阳极区间，以避免两极所生成的产物混合，防止副反应和次级反应发生而影响产物的纯度、收率和电流效率，避免发生危及安全的事故（如某些气体混合引起的爆炸）。因此，在许多有机电合成的电化学反应器中，隔膜材料是不可缺少的重要组成部分。

§4.4.1　隔膜材料的种类及要求

常见的隔膜材料主要有两大类，即非选择性隔膜和选择性隔膜。

非选择性隔膜属机械性多孔材料，纯粹靠机械作用传输，不能完全阻止因浓度梯度存在而产生的渗透作用。这类隔膜主要包括：石棉（包括石棉纸、石棉布、石棉纤维吸附膜）、多孔陶瓷（例如素烧陶瓷、刚玉、石英、氧化铝等）、多孔橡胶、多孔玻璃等。这类隔膜价廉易得，可根据电合成体系的实际需要选用。例如，在对氨基苯酚电合成体系中，由于温度高、酸性强，且有硝基苯反应物存在，离子膜较难适应，可用多孔陶瓷膜[18]。

选择性隔膜又叫离子交换膜，分为阳离子交换膜和阴离子交换膜。一般来说，阳离子交换膜允许阳离子通过，阴离子交换膜则允许阴离子通过。这两种膜的主要基体材料包括：聚乙烯、苯乙烯-二乙烯基苯共聚物、聚苯醚、聚三氟苯乙烯、聚丙烯酸脂、聚四氟乙烯等。这类膜的结构和性能将在下节中进行详细介绍。

为了达到电化学反应器内的隔离目的，隔膜材料最好能满足以下要求：

(1) 可隔离阴、阳极生成的产物，但允许离子通过，并具有良好的导电性能和透过率。

(2) 有较强的化学稳定性和足够的机械强度，能够经受隔膜两侧电解液的化学腐蚀和机械磨损。

(3) 尺寸保持稳定，使用寿命长。

(4) 容易安装、维护和更换。

§4.4.2　多孔性隔膜[19]

1. 石棉隔膜

石棉是纤维状镁、铁、钙的硅酸盐矿物的总称。它分为蛇纹岩系和角闪石系两类，前者包括温石棉，后者包括青石棉、铁石棉等。世界石棉产量的 90% 是温石棉，通常用 $3MgO \cdot 2SiO_2 \cdot 2H_2O$ 或 $Mg_3(Si_2O_5)(OH)_4$ 表示其化学组成，但也常含有 Al_2O_3、Fe_2O_3、CaO 等杂质，对其性质有一定的影响。

温石棉由一束针状空心的原纤维组成，外径约 300Å，内径约 50Å，如图 4.35 所示。

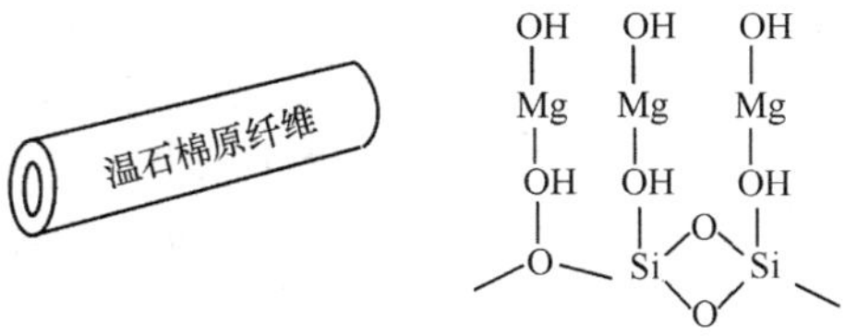

图 4.35 温石棉的纤维结构

加工后的石棉纤维具有很大的比表面，如表 4.7 所示。

表 4.7 石棉及其他几种纤维的直径及比表面积

纤维种类	纤维直径/mm	比表面积/$cm^2 \cdot g^{-1}$(氮气吸附法测定)
尼龙	0.007 6	3 100
棉花	0.010 2	7 200
羊毛	0.020 2～0.028 0	9 600
石棉(温石棉)	0.000 017 9～0.000 3	130 000～500 000

温石棉在碱性溶液中稳定耐蚀，但微溶于酸。表 4.8 给出温石棉等在几种酸和碱中的溶解度，其物理化学性质如表 4.9 所示。

表 4.8 石棉的稳定性(在 25%酸碱溶液中的失重，质量分数/%)

时间	品类	HCl	CH_3COOH	H_3PO_4	H_2SO_4	NaOH
2h(煮沸)	温石棉	55.69	23.42	55.18	55.75	0.99
	铁石棉	12.84	2.63	11.67	11.35	6.94
	青石棉	4.38	0.91	4.37	3.69	1.35
528h(26℃)	温石棉	56.00	24.04	56.45	56.00	1.03
	铁石棉	12.00	3.08	11.83	11.71	6.82
	青石棉	3.14	1.02	3.91	3.48	1.20

表 4.9　温石棉的物理化学性质

项　目	性　质	项　目	性　质
主要成分	镁的含水硅酸盐	电绝缘性	较好
化学式	$3MgO \cdot 2SiO_2 \cdot 2H_2O$	吸咐性	吸咐能力较强
外观	淡灰色	耐热性	良好
比热容/J·(kg·℃)$^{-1}$	1.112 9	耐碱性	非常好
熔点/℃	1 550	耐酸性	较差
机械强度/kg·mm^{-2}	374		

2. 改性石棉隔膜

一般的石棉隔膜往往存在溶胀和脱落的缺点，影响其使用寿命（仅约半年）和电解槽的正常运行。为此，提出了改性石棉隔膜。即在石棉纤维中加入少量耐蚀耐磨的热塑性聚合物，如聚四氟乙烯、聚全氟乙烯-丙烯、聚多氟偏二氯乙烯等含氟聚合物的纤维或粉末；同时在石棉浆液中加入一些非离子型表面活性剂，掺和均匀吸咐在阴极网上（氯碱工业）；再经干燥和热处理熔化，冷却后聚合物可将石棉纤维黏结成坚韧、形状固定并有弹性的隔膜，称为改性隔膜。它的厚度比普通石棉隔膜减小 20%～25%，隔膜压降减少 100～150mV，而且尺寸稳定。因此可缩短极距，降低槽压和能耗，同时由于机械强度提高，不易脱落及损坏，使用寿命大大延长，可达 1～2 年。另外，改性隔膜还具有孔率和渗透率稳定的优点。

3. 微孔隔膜

以合成材料制成的多孔性隔膜，广泛应用于各种工业电解、化学电源等电化学反应中。由于使用条件（包括电解质和电化学反应产物的性质、温度、压力、电解液流速、气泡的冲击）以及使用要求不同，因此开发出了多种合成微孔隔膜。

（1）聚四氟乙烯塑料隔膜

如 Hooker 公司研制的以改性聚四氟乙烯为基体的合成微孔隔膜，其孔隙率可控制，表面均匀平滑。美国 ICI 公司和日本汤浅公司也以聚四氟材料制得类似的微孔隔膜材料。

（2）聚氯乙烯软质塑料隔膜

适用于酸性介质，它具有孔径小、孔隙率高、电导率较高、耐热性好等优点。

（3）聚烯烃树脂微孔隔膜

主要指采用聚乙烯和聚丙烯树脂为原料制成的隔膜。

4. 多孔陶瓷隔膜[20~21]

多孔陶瓷是由无数均匀开口或闭口气孔组成的陶瓷体，具有耐高温、结构稳定、耐腐蚀等优点。一般多孔陶瓷由骨料、黏土和成孔剂组成，骨料起着基体骨架和主体作用，并保证制品的机械强度，通常选用钒土、氧化铝等。黏土用作成型时的黏结剂，如醴东乡泥、贵州泥等。成孔剂的作用是使成孔均匀，达到所需孔径要求，通常所用的成孔剂为木炭。

多孔陶瓷隔膜的气孔率、微孔孔径、耐酸碱度、抗折强度、抗压强度等性能可通过调整原料的配比，按需要制作。例如，对氨基苯酚电合成所用多孔陶瓷隔膜的基本性能如表 4.10 所示[18]。

表 4.10　多孔陶瓷隔膜的基本性能

气孔率/%	微孔平径/μm	耐酸度/%	耐碱度/%	抗折强度/MPa	抗压强度/MPa
39	5	82	87	35	48

§4.4.3　离子交换膜[3,22]

离子交换膜是一种具有高选择性的高分子功能膜或隔离膜，也称离子选择性透过膜。它仅让某种离子通过，而阻止其他离子穿透，性能十分优良。故在有机电合成反应器中应用非常广泛，为此予以简述。

1. 离子交换膜的结构

离子交换膜的化学结构一般可表示为

离子交换膜 { 高分子母体(基膜)；活性离子交换基团 { 固定离子；可解离离子(相对离子或反离子) } }

例如，磺酸型阳离子交换膜的化学结构(见图 4.36)为

$$\underbrace{\underset{\text{固定基团}}{R—SO_3^-}—\underset{\text{解离离子}}{H^+(Na^+)}}_{\text{活性基团}}$$

又如，季铵型阴离子交换膜的化学结构为

$$\underbrace{\underset{\text{固定基团}}{R—N^+(CH_3)_3}—\underset{\text{解离离子}}{OH^-(Cl^-)}}_{\text{活性基团}}$$

R——高分子母体(基膜)。

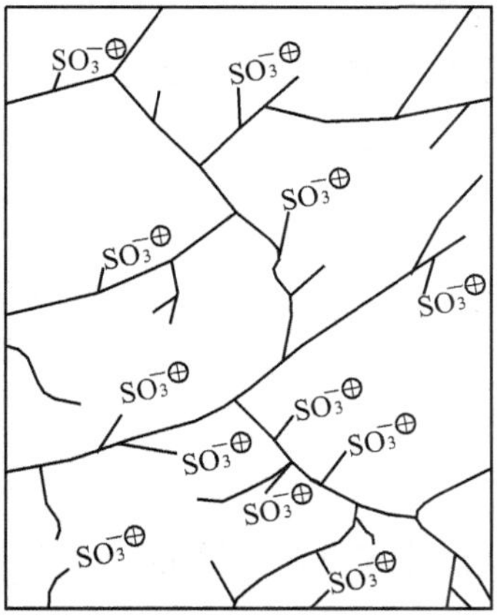

图 4.36　磺酸型阳离子交换膜的膜体结构示意图

$R—SO_3^-$——固定基团；Na^+——解离离子

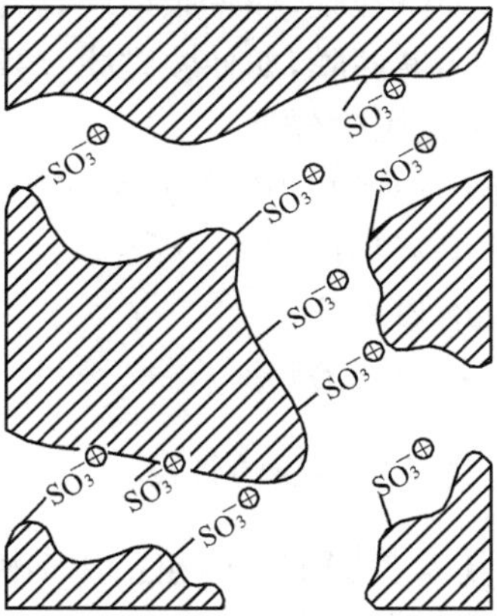

图 4.37　磺酸型阳离子交换膜的曲折通道示意图

$R—SO_3^-$——固定基团；Na^+——解离离子

膜中的解离离子，可与膜外同电荷的离子进行交换，又能参与电流传导和离子选择透过作用。由于磺酸基团和季铵基基团具有亲水性能，可使膜在水中溶胀，结构变松，从而形成微细、弯曲和贯通膜两面的通道，如图 4.37 所示。

2. 离子交换膜的分类

(1) 按膜体结构分类

1) 非均相离子交换膜

由离子交换树脂粉末与起黏合作用的高分子材料加工而成，具有不连续的结构，电化学性能差。但机械性能与化学性能尚可，较易生产。

2) 均相离子交换膜

离子交换树脂与成膜高分子母体成为一相，因此离子交换基团分布均匀且连续，并有良好的电化学性能。

(2) 按交换基团分类

1) 阳离子交换膜

带有酸性离子交换基团的离子交换膜，按其离解度大小，又可分为：

① 强酸性膜，如磺酸膜($R—SO_3H$)，离解度高，常在海水淡化中使用。

② 弱酸性膜，如羧酸膜(R—COOH)，离解度低，易受 pH 影响，适用于碱性介质。

2) 阴离子交换膜

带有碱性离子交换基团的离子交换膜，按其离解度大小，又可分为：

① 强碱性膜，如季胺型膜，离解度高，适用范围广。

② 弱碱性膜，如仲胺型膜，离解度低，易受 pH 影响，适用于酸性介质。

(3) 按用途分类

离子交换膜的用途甚多，如按用途可分为：

1) 电解膜；

2) 电渗析膜；

3) 扩散渗透膜。

3. 离子交换膜的性能

离子交换膜的性能包括化学性能、机械物理性能和电化学性能。

(1) 化学性能

1) 离子交换基团的 pK 值

pK 表示离子交换基团的离解度。若以 SH 表示离子交换基团，则其离解平衡常数 K 为

$$\mathrm{SH} = \mathrm{S^-} + \mathrm{H^+} \tag{4.9}$$

$$K = \frac{[\mathrm{S^-}]\cdot[\mathrm{H^+}]}{[\mathrm{SH}]} \tag{4.10}$$

$$-\lg K = \lg\frac{[\mathrm{SH}]}{[\mathrm{S^-}]} - \lg[\mathrm{H^+}] \tag{4.11}$$

令 p$K=-\lg K$，则

$$\mathrm{p}K = \mathrm{pH} + \lg\frac{[\mathrm{SH}]}{[\mathrm{S^-}]} \tag{4.12}$$

式中，$[\mathrm{S^-}]$、$[\mathrm{H^+}]$、$[\mathrm{SH}]$分别为三种质点的浓度，上式为 pK 定义式。

显然，pK 值较小时，表示交换基团较易离解，膜的导电性能也较高。

离子膜的 pK 值是决定其工作条件及导电率的重要因素之一，主要取决于膜的组成和结构。

2) 离子交换膜的交换容量和当量质量

离子膜的交换容量是指 1g 干膜所含交换基团的毫克当量数(毫克当量/克干膜，符号 A)。

由于离子交换膜内含有水，有时将膜内单位质量水中所具有的交换容量称为固定离子浓度(c_{R})。若以 W 表示含水率(克水/克干膜)，则

$$c_{\mathrm{R}} = \frac{A}{W} \tag{4.13}$$

离子膜的当量质量(E_{W})是交换容量的倒数，其物理意义是具有 1 克当量交换

基团的干膜质量，即

$$E_W = \frac{1}{A}(\text{克干膜} / \text{毫克当量}) \tag{4.14}$$

离子膜的交换容量取决于离子交换膜的组成、结构、基膜的交联度、制造工艺，因为它们都影响活性基团的引入数量。当交换容量增大时，膜中交换基团密度增大，因此膜的导电性提高。但在交换容量增大时，由于交换基团的亲水性、膜的含水率提高，使膜中通道膨胀，OH^- 离子较易通过，即反渗增强，会使膜的选择透过性降低。此外，还可能导致膜的机械强度变差。所以交换容量对膜的性能有多重影响，在使用离子时应全面考虑。

3）膜的化学稳定性

离子交换膜在给定条件下的化学稳定性是保证正常使用的首要条件。例如，在氯碱工业中，由于氯的强烈腐蚀性，碳氢链聚合物制成的离子膜不耐蚀就无法使用，而以碳氟聚合物为骨架的全氟离子交换膜稳定耐蚀，得到了成功的应用。

(2) 机械、物理性能

1）膜的含水率和溶胀度

每克干膜的含水量（克水/克干膜）称为膜的含水率，可用百分数（%）表示。膜的含水率取决于膜的结构，与膜中高聚物的交联度、交换容量有关。如全氟离子交换膜，当膜的结晶度降低时，交换容量增大，含水率也提高。此外膜的含水率还与使用条件有关，膜外溶液浓度愈高，膜的含水率愈低。至于含水率的影响，前已提及含水率增大使导电性提高，膜的选择性及机械强度有所降低。

离子膜的溶胀度是指离子膜在给定溶液中浸泡后，膜的面积或体积变化的百分率。膜本身的结构及使用条件同样影响膜的溶胀度。当膜的结晶度或交联度提高后，网状结构密度加大，溶胀度将降低。当交换容量增大时，往往引起溶胀度变化，可能使膜起皱弯曲，改变二维尺寸，甚至破裂或增大液流阻力。为此，一方面应稳定使用条件，另一方面可在均相膜中加入增强材料，如聚四氟乙烯网布，减少溶胀引起的变形。膜在组装前充分浸泡可使其达到溶胀平衡，对应用是有益的。

2）膜的机械强度

离子膜应具有一定的机械强度，才能在安装、使用时经受各种应力及液流、气泡的冲击。表征膜机械强度的指标有多种，如爆破强度（$kg \cdot cm^{-2}$）和抗拉强度（$kg \cdot cm^{-2}$）等。前者表征膜所能经受的垂直方向的最高压力，后者表示膜所能经受的平行于膜方向的最大拉力。膜的机械强度同样与膜的结构及化学性能有关，一般交换容量增大时，机械强度下降。提高交联度或结晶度可改善机械强度，但却使膜失去柔性，变得更脆。采取增强网布的方法，可使膜的机械强度提高。

(3) 电化学性能

离子交换膜的电化学性能主要包括膜的导电性能(即膜电阻)和膜的选择透过性。

1) 膜的导电性能

膜的导电性能直接关系到电化学反应器的内阻、工作电压和能耗。显然,提高膜的导电性、降低其电阻有利于降低电解槽的槽压和能耗。膜的导电性能可用电阻率(Ω·cm)、面电阻(Ω·cm^2)或电导率($Ω^{-1}$·cm^{-1})表示。影响离子膜导电性能的因素有多种:

① 膜的成分与结构。它们将影响交换基团的离解度和导电离子的数量,前已述及交换容量和含水率增加时,导电离子增多,同时膜内离子迁移通道——离子簇尺寸变大,这都有利于电导的提高,使膜的电阻减小。表 4.11 为一种用于电渗析的 SF-1 阳离子交换膜的电导率与交换容量的关系。

表 4.11　SF-1 阳离子交换膜的电导率与交换容量、含水率的关系

编　　号	1	2	3	4	5	6	7
交换容量/mg·g^{-1}	1.07	1.18	1.29	1.41	1.54	1.68	1.80
含水率/%	11.5	13.1	18.4	25.0	28.8	40.4	50.8
电导率×10^3/$Ω^{-1}$·cm^{-1}	1.95	1.99	2.06	4.45	5.59	13.65	24.9

导电性能也与相对离子的种类有关,因为它们的荷电量及迁移速度不同时,导电能力也会发生改变。

② 膜的工作条件。工作条件包括膜外溶液的组成、浓度和温度。一般温度升高时,膜的电导率增大;工作介质的变化,往往影响膜的含水率,也影响膜的导电性能。

2) 膜的选择透过性能

离子膜对于某种离子的选择透过性能可用下式给定的选择透过性(P)来表示

$$P = \frac{t_i^m - t_i}{1 - t_i} \tag{4.15}$$

式中,t_i^m —— i 离子在膜中的迁移数;

t_i —— i 离子在膜外溶液中的迁移数。

显然,当 $t_i^m = t_i$ 时,$P=0$,即离子膜没有选择性。当 $t_i^m = 1$ 时,$P=1$,离子膜具有理想的选择透过性。

通常情况下,$0<P<1$。但是,有时也简单地用 t_i^m 表示膜的选择透过性。

膜的选择透过性对于膜分离过程的效果,显然具有决定意义,它不但决定分离过程的效果(产品的纯度、质量),也决定过程的效率、能耗等技术经济指标。

膜的选择透过性能首先取决于膜本身的结构和性能,同时也与工作条件有关。

前者包括固定离子浓度(c_R)和膜中离子通道的宽窄。固定离子浓度(c_R)较大,微孔孔径较小的离子交换膜,选择透过性较高,这可以通过适当改变交换容量和交联度实现。亲水性较弱的全氟羧酸膜,选择性较高,也与此有关。膜的交换容量对膜的选择透过性能有双重影响,提高交换容量一方面可增大 c_R,有利于提高选择性,但同时又使膜的含水率增大,可能降低选择性。正因为如此,交换容量与选择透过性能的关系曲线有时会出现极大值。

膜的交联度提高时,通常有利于改善膜的选择性能。这可能与膜中通道孔径减小及通道曲折度增加有关。但是交联度提高会使膜电阻加大,膜变脆,同时膜过于紧密,离子透过率降低。

4. 几种离子交换膜的牌号和特点

目前,专供有机电化学合成使用的离子交换膜还很少见,大多数有机电合成体系所用的膜都是根据体系的性质从现有的膜中选用的。为此,有必要介绍一下目前国内外生产和销售的几种离子膜的牌号和特点,以便选用。

表 4.12 为国外氯碱工业用离子交换膜的牌号及特点。

表 4.12　国外全氟离子交换膜的牌号及特点

<table>
<tr><th>生产公司与产品牌号</th><th>产品系列</th><th>特点及应用</th></tr>
<tr><td rowspan="6">杜邦(美)
Nafion</td><td>100 系列</td><td>化学性能稳定,用于水电解</td></tr>
<tr><td>200 系列</td><td>全氟磺酰胺膜</td></tr>
<tr><td>300 系列</td><td>由两层容量不同的全氟磺酸膜压合而成的复合膜,
用于生产稀碱时,电流效率高</td></tr>
<tr><td>400 系列</td><td>全氟磺酸膜,适用于生产 KOH</td></tr>
<tr><td>900 系列
901
Nx-961
Nx90209</td><td>全氟羧酸/磺酸复合膜,有增强网布,电流效率高,
电导高,电压降低,经久耐用</td></tr>
<tr><td>10348</td><td>全氟羧酸、磺酸复合膜,无增强网布,厚 200μm,阴极侧涂多孔无机物涂层,与 901,Nx90209 同,均用于 30%～35%NaOH</td></tr>
<tr><td>旭化成(日)</td><td>按碱液浓度分类</td><td>全氟羧酸、磺酸复合膜,有增强网布,表面粗化改性</td></tr>
<tr><td rowspan="3">旭硝子
(日)</td><td>700 系列
F775
F783
F795</td><td>由两层交换容量不同的全氟羧酸膜层压合而成的复合膜,
改进膜的增强材料,强度提高,电压降、拉伸力降低</td></tr>
<tr><td rowspan="2">800 系列
F811,F855
F865,
F856,F854</td><td>制法同上
适用于零极距压滤机型电解槽</td></tr>
<tr><td>适用于隔膜槽改造</td></tr>
</table>

表 4.13 中列出了国外几种离子膜的性能。

表 4.13　国内几种离子交换膜的基本性能

性　能	离子交换基团			
	全氟磺酸膜 Hf-SO_3H	全氟磺酰胺膜 Rf-SO_2NHR	全氟羧酸膜 Rf-COOH	复合膜 Rf-COOH/Rf-SO_3H
pK （交换基团的酸度）	<1	8～9	<2～3	2～3/<1
亲水性	大	很小	小	小/大
含水率/%	高	很低	低	低/高
电阻	小	很大	大	小
化学稳定性	优良	差	良好	良好

图 4.14 为国内研制和生产的几种离子膜的基本情况。

表 4.14　国内几种离子交换膜的牌号和性能

品名	牌号	色泽	交换容量 /mg · g^{-1}	面电阻 /Ω · cm^2	爆破强度 /kg · cm^{-2}	含水率 /%	选择透过度 /%	厚度 /mm	化学稳定性	生产厂家
聚乙烯异相膜	3361（阳） 3362（阴）	浅黄 浅蓝	≥2.8 ≥1.8	8～12 8～15	≥40	≥40 ≥35	≥90	0.4～0.5	一般	上海化工厂，北京化工二厂等
聚氯乙烯半均相膜	KM（阳） AM（阴）	半透明	1.3～1.8	≥15	>1	35～45 25～35	≥90	0.2～0.45	一般	晨光化工研究院三分厂
聚砜型均相膜	S203（阴）	浅黄半透明	1.1～1.5	<8	≥6	20～30	>90	0.2～0.3	耐酸	宁波市环保设备厂，宜兴化学试剂厂等
聚偏氟乙烯均相膜	F101（阳）	浅色半透明	1.6～1.8	<10	>7	25～35	≥95	0.2	耐酸抗氧化	江阴化工一厂
聚苯醚均相膜	F102（阳）	棕色半透明	1.5～1.8	<10	7～20	28～35	98	0.2～0.5	耐碱耐温	湖州化工厂（目前停产）
聚乙烯含浸阳膜	E105	咖啡色半透明	2.0	5～6	>3.5	35～40	≥95	0.28～0.3	耐碱	湖州化工厂

在选用离子膜时,往往要求能符合多项性能指标,但不少指标是互相制约的。例如,膜的导电性达到了要求,而选择透过性不一定理想。所以完全理想的膜是没有的,必须根据所选的体系抓住主要问题来选用合适的膜。为便于选用,以下对膜应该具有的性能作一些说明,以供参考。

(1) 应平整均一、无针孔,并具有一定的机械强度和柔韧性。

(2) 应具有必要的选择透过性,即有较高的交换容量。膜的选择透过性与高聚物的交联度、厚度有关,一般交联度高和厚度大的膜,选择透过性较好。

(3) 应具有较高的导电性能,这项指标相当重要。显然,导电性能好的膜耗电量也少。欲提高膜的电导,则要提高交换容量和孔隙度,但这会使膜的选择透过性和强度下降。

(4) 应具有较好的形态稳定性,即膜的溶胀度不应太大,否则会造成浓差扩散和压差渗漏等不良后果。交联度低和较薄的膜,形态稳定性都差,为此常在膜中嵌入增强网布。

(5) 应具有耐高温、抗氧化、抗酸(或碱)腐蚀及耐有机溶剂等性能,这视具体使用条件而定。

§4.5 介　　质

介质指的是电解反应所采用的溶剂。通常,如果可能的话,人们总是选用水为介质,因为水是最容易得到的溶剂。但对于许多有机电合成来说,由于所用有机物在水中不溶或难溶,因而非用有机溶剂不可。一般说来,选择合适的介质需要考虑以下几个因素:

(1) 反应物的溶解度

良好的溶解度才能保证电解液具有高导电性,可通过较大电流进行电解。

(2) 较宽的电位窗口范围

为保证反应物进行电解反应,而不引起溶剂和其中的导电盐被电解破坏,要求所选用的介质-导电盐-电极系统有尽可能宽的可用电位范围(或称电位窗口),在这个范围内系统本身不会发生电解反应。只要反应物的氧化还原电位处于这一范围内,便可选用该体系进行电解。表 4.15 为某些溶剂和导电盐的可用电位范围。

(3) 符合所需反应的要求

特别是介质不会与所得产品发生反应。

(4) 好的导电性

电阻高的溶剂不仅会带来电能损失,而且还会造成温度升高,导致副反应发生。为此,需要加入足够量的支持电解质,以降低介质的电阻。表 4.15 中给出各有关溶剂所适用的支持电解质。

表 4.15　某些溶剂和支持电解质可用的电位范围

（铂电极对饱和甘汞电极）

溶　剂	支持电解质	阴极极限电位 E/V(v. s. SCE)	阳极极限电位 E/V(v. s. SCE)
乙酸	NaOAc	−1.0	+2.0
丙酮	$(n\text{-Bu})_4NClO_4$	−1.0	+1.6
乙腈	$LiClO_4$	−3.0	+2.5
乙腈	$(Et)_4NBF_4$	−1.8	+3.2
DMF，$(CH_3)_2NCHO$	$(n\text{-Bu})_4NClO_4$	−2.8	+1.6
DMSO，$(CH_3)_2SO$	$LiClO_4$	−3.4	+1.3
甲醇	$LiClO_4$	−1.0	+1.3
甲醇	KOH	−1.0	+1.3
吡啶	Et_4NClO_4	−2.2	+3.3
四氢呋喃	$LiClO_4$	−3.2	+1.6
二氯甲烷	Bu_4NBR	−1.7	+0.6

参　考　文　献

[1]　马淳安，苏为科，王焕华. 浙江工学院学报，**20**(**3**)，1，1992

[2]　Pickett D J. Electrochemical Reactor Design. Elsevier Scientific publishing Company，1979

[3]　陈延禧. 电解工程. 天津:天津科技出版社，1993

[4]　Baizer M M，Lund H. Organic Electrochemistry. Marcel Dekker，Inc.，1983

[5]　Krumpet M，Weissman E Y，Alkire R C. Electro-Organic Synthesis Technology. AIChE Symposium series，**75**，1979

[6]　马淳安. ZL93119242.0. 1993

[7]　马淳安. ZL9324517.8. 1993

[8]　小久见善八，西尾晃治，吉尺四郎. *Denki Kagaku*，44(4)，212，1981

[9]　陈震. 物理化学学报，**9**(**2**)，181，1993

[10]　Ogumi Z，Ohashi S，Takehara Z. *Electrochimica Acta*，**30**，121，1985

[11]　Pletcher D. Industrial Electrochemistry. Chapman and Hall，1982

[12]　Weinberg N L，Tilak B V. Technique of Electro-Organic Synthesis. Part Ⅱ. John Wiley and Sons，1982

[13]　马淳安，王仁康，童少平. 精细化工，**13**(增刊)，12，1996

[14]　杨祖望，马淳安. ZL860688A. 1986

[15]　马淳安，杨祖望，周运鸿，等. 物理化学学报，**6**(**5**)，622，1990

[16]　马淳安，苏为科，王焕华. 浙江工学院学报，**20**(**1**)，1，1992

[17]　马淳安，郑勤安. 浙江工业大学学报，**24**(**2**)，138，1996

[18]　马淳安，汪永键. 第四届全国有机电化学和工业学术会议论文集. 南京，1994
[19]　方度，蒋兰荪，吴正德. 氯碱工艺学. 北京：化学工业出版社，1990
[20]　Wendt H，Hofmann H. *J. Appl. Electrochem*，**19**，605，1989

第 5 章　有机电合成性能评价

为了表明有机电合成过程的效率及其技术经济价值，通常要对有机电解过程作出性能评价或技术经济评估。为此，需要确定一些判据。尽管有机电合成的方法不完全相同，产品各异，但评估这些过程的最终判据基本一致。为此，本章将阐述这些判据的基本概念以及一些简单的计算方法，以利读者在实际有机电合成体系中予以应用和参考。

§5.1　法拉第电解定律

1833 年，英国科学家法拉第(M Faraday)在研究电解过程时，从实验结果中归纳出了法拉第定律，从而揭示了电化学反应过程中物质的量与电量之间的定量关系，为电化学学科的发展作出了卓越的贡献。该定律无论是无机电解合成、有机电解合成，还是电沉积、电池反应等凡是与电化学反应有关的体系都能适用。因此，读者有必要了解该定律的基本含义及其应用。

§5.1.1　法拉第第一定律

法拉第认为，在电解过程中电极上生成物质的质量与通过两类导体界面的电量成正比，即与电流强度和通电时间成正比，可由下式表示

$$m = K_e \cdot I \cdot t = K_e \cdot Q \tag{5.1}$$

式中，m——电极上生成(或溶解)物质的质量，g；

I——通过的电流强度，A；

t——通电的时间，s；

Q——通过的电量，C；

K_e——比例常数(电化当量)，$g \cdot C^{-1}$。

由上式可见，电化学反应体系中通过的电量越多，生成物质的质量也就越多。若要增加电解产物，就需要提高电流强度或延长电解时间。当然，必须考虑体系中加入反应物数量的多少以及电流效率高低等因素。

§5.1.2　法拉第第二定律

在电化学反应体系中，电极上每产生 1 克当量的物质都需要消耗 96 490C(或 26.8Ah)的电量；或者说，每通过 26.8Ah 的电量，电极上都有 1 克当量的物质生成。这就是得到无数实验事实证明的法拉第电解当量定律，或称法拉第第二定律。

通常，将生成 1 克当量(eq)物质所需的电量 96 490C 称为 1 个电化当量。这是一个重要的物理常数，我们称它为法拉第常量，以 F 表示，即

$$1F = 96\,490\text{C} = 96\,490\text{C}/3600(\text{s}\cdot\text{h}^{-1}) = 26.8\text{Ah}$$

所谓的克当量就是生成物质的相对原子质量(A)与电化学反应中得失的电子数或化合价(n)之比，即$\frac{A}{n}$。例如，当有 1F 电量(26.8Ah)分别通过硝酸银和硫酸铜两种溶液时，在阴极上所生成物质的质量恰好分别等于它们的克当量

$$\frac{A_{\text{Ag}}}{n_{\text{Ag}^+}} = \frac{107.88}{1} = 107.88(\text{g})\text{Ag}$$

$$\frac{A_{\text{Cu}}}{n_{\text{Cu}^{2+}}} = \frac{63.55}{2} = 31.77(\text{g})\text{Cu}$$

因此，电解时在电极上生成(或溶解)物质的质量(m)与通过的电量(Q)及该物质克当量($\frac{A}{n}$)的乘积成正比，可用下式表示

$$m = \frac{1}{F}\cdot\frac{A}{n}\cdot Q \tag{5.2}$$

式中，F——Faraday 常量；

$\frac{A}{n}$——克当量。

若将式(5.1)代入上式，则

$$K_e = \frac{A}{nF} \tag{5.3}$$

该式表示各物质的电化当量(K_e)与克当量($\frac{A}{n}$)之间的关系，也说明物质电化当量(K_e)与相对原子质量(A)成正比，与反应中的得失电子数或化合价(n)成反比。电化当量的物理意义指电解时每通过单位电量所析出的物质质量，其单位为 $\text{g}\cdot\text{C}^{-1}$ 或$\text{g}\cdot(\text{Ah})^{-1}$。

表 5.1 列出了一些常见物质的电化当量及理论耗电量。根据各物质的电化当量、通电时间、电流强度、电极面积等因素，便可计算出电解合成的理论产量。

表 5.1 某些常用元素的电化当量

元素	元素符号	相对原子质量	化合价	密度 /g · cm^{-3}	电化当量 /g(Ah)$^{-1}$	理论耗电量 /kAh · t^{-1}
铁	Fe	55.85	2	7.866	1.0416	9.601×10^3
			3		0.694	
镍	Ni	55.89	2	8.90	1.095	9.132×10^2
			3		0.730	1.369×10^3
铬	Cr	52.01	3	7.138	0.647	1.546×10^3
			6		0.324	3.086×10^3
钛	Ti	47.90	2	4.526	0.894	1.119×10^3
			4		0.447	2.237×10^3
钴	Co	58.94	2	8.83	1.099	9.099×10^2
			3		0.733	1.364×10^3
铜	Cu	63.54	1	8.93	2.372	4.216×10^2
			2		1.186	8.43×10^2
铝	Al	29.97	3	2.69	0.373	2.681×10^3
镁	Mg	24.32	2	1.737	0.454	2.203×10^3
锰	Mn	54.93	2	7.3	1.025	9.756×10^3
			3		0.683	1.464×10^3
锌	Zn	65.38	2	7.140	1.220	8.197×10^2
锑	Sb	121.76	3	6.09	1.514	6.605×10^2
钨	W	183.92	5	19.24	1.374	7.278×10^2
			6		1.145	8.734×10^2
氧	O_2	16	2		0.597	1.675×10^2
氢	H_2	1.008	2		0.041	2.439×10^4
氯	Cl_2	35.457	2		1.323	7.559×10^2
溴	Br_2	79.916	2		2.982	3.35×10^2
氟	F_2	19.00	2		0.709	1.410×10^3

例 5.1 葡萄糖电解合成葡萄糖酸钙的阳极反应式为[1~3]

$$2C_6H_{12}O_6+CaCO_3+H_2O \longrightarrow Ca(C_6H_{11}O_7)_2+CO_2\uparrow+4H^++4e$$

已知葡萄糖酸钙(带 1 份结晶水)的相对分子质量为 448.4。试求该过程的电化当量(K)和理论量($Q_{理}$)。

解 根据题意,每产生 1mol 的葡萄糖酸钙将消耗 $4F$ 电量,故葡萄糖酸钙的电化当量(K_e)为

$$K_e=\frac{A}{nF}=\frac{448.4}{4\times26.8}=4.182\ g\cdot(Ah)^{-1}$$

每合成 1g 葡萄糖酸钙的理论电量($Q_{理}$)为

$$Q_{理} = \frac{m \cdot F \cdot n}{A} = \frac{1 \times 26.8 \times 4}{448.4} = 0.2391\ (\mathrm{Ah}) \cdot \mathrm{g}^{-1} \tag{5.4}$$

或

$$m = K_e \cdot Q_{理}$$

$$Q_{理} = \frac{m}{K_e} = \frac{1}{4.182} = 0.2391\ (\mathrm{Ah}) \cdot \mathrm{g}^{-1} \tag{5.5}$$

例 5.2　顺丁烯二酸电解合成丁二酸的阴极反应式如下[4]

$$\begin{matrix} HC\text{—}COOH \\ \| \\ HC\text{—}COOH \end{matrix} + 2H^+ + 2e \longrightarrow \begin{matrix} CH_2\text{—}COOH \\ | \\ CH_2\text{—}COOH \end{matrix}$$

该反应过程在电合成时所用电流为 15A，电解时间 1.5h。试求该过程所生成的理论产物有多少克？

解　已知丁二酸的相对分子质量为 118.09，电解过程制得 1mol 产物所需的电量为 $2F$，故丁二酸的电化当量为

$$K_e = \frac{A}{nF} = \frac{118.09}{2 \times 26.8} = 2.203\ (\mathrm{Ah}) \cdot \mathrm{g}^{-1}$$

丁二酸的理论产量为

$$m_{丁二酸} = I \times t \times K_e = 15 \times 1.5 \times 2.203 = 49.57\ \mathrm{g}$$

例 5.3　由硝基苯电解合成对氨基苯酚[5~7]的阴极反应为

$$C_6H_5NO_2 + 4H^+ + 4e \longrightarrow HOC_6H_4NH_2 + H_2O$$

反应过程中，体系通入的电流为 20A，得产品 10g。请问理论上需电解多长时间？

解　已知对氨基苯酚的相对分子质量为 109.13，反应电子数为 4，故理论电解时间应由下式求算

$$m = K_e \cdot I \cdot t$$

或

$$t = \frac{m}{K_e \cdot I} \tag{5.6}$$

由上式可知，应先求出对氨基苯酚的电化当量(K_e)，才能求算电解时间。故

$$K_e = \frac{A}{nF} = \frac{109.13}{4 \times 26.8} = 1.018\ (\mathrm{Ah}) \cdot \mathrm{g}^{-1}$$

将 K_e 及电解产物质量和电流强度代入式(5.4)，得理论电解时间为

$$t = \frac{m}{K_e \cdot I} = \frac{10}{1.018 \times 20} = 0.49\ \mathrm{h}$$

§5.2　电 流 效 率

无论是实验室电解合成，还是工业化电解生产，实际电解得到的产物往往总比

理论产物少，这就存在着电流效率(current efficiency)(η)问题。

通常，我们把实际生成物质的量与按法拉第定律计算应生成物质的量之比称作电流效率，如下式所示

$$\eta = \frac{\text{实际产量}}{\text{理论产量}} \times 100\% \tag{5.7}$$

另外，电流效率也可以按生成一定数量物质所必须的理论电量($Q_{理}$)与实际消耗的总电量(Q_r)之比来求算

$$\eta = \frac{Q_{理}}{Q_r} \times 100\% \tag{5.8}$$

式中，理论电量 $Q_{理}$ 可按法拉第定律计算

$$Q = \int It = \frac{m}{A} nF \tag{5.9}$$

式中，I——电流强度；

m——产物的质量；

A——产物的摩尔质量(相对分子质量)；

n——反应电子数；

F——法拉第常量。

电流效率通常小于 100%，这主要是由于电解过程"副反应"、次级反应(或是逆向反应)或电极上不只发生一个反应所引起的。例如，硝基苯电解合成对氨基苯酚的阴极反应过程中，按预定的主反应应为[5]

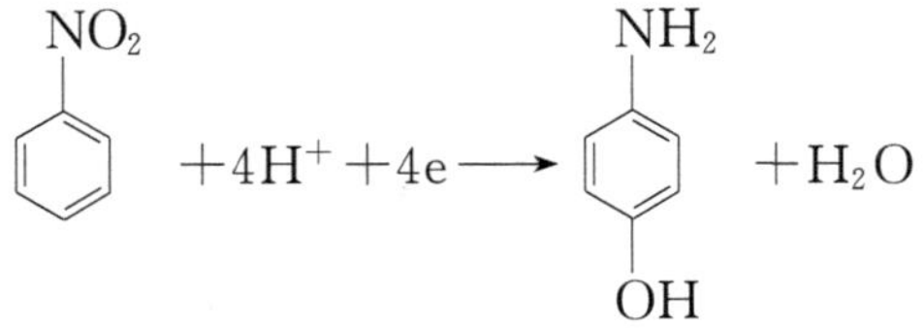

但在反应过程中由于受酸浓度、反应物浓度、温度、电极材料等因素的影响，往往还伴随着如下副反应

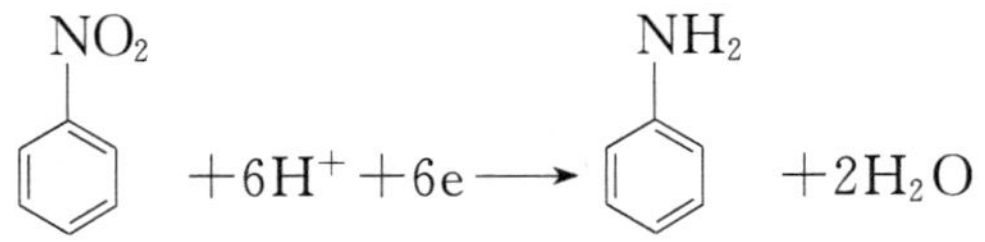

及 $$2H^+ + 2e \longrightarrow H_2\uparrow$$

因此，该反应的电流效率通常只有 60%～70%[6~10]。

由此可见，在电解合成过程中电流效率是一个十分重要的技术经济指标。电流效率越高，电流损失越少，产物的产量越大。所以，在每一个电合成体系中，我们必须找出影响电流效率的主要因素，并采取措施加以改进，寻找出最理想的操作条

件以及选择最合适的电极材料或催化剂，以达到最高的电流效率。

§5.3 电解槽工作电压和电压效率

§5.3.1 电解槽工作电压

在电解合成过程中，电解槽的工作电压常由以下几部分组成

$$V = \varphi_{eq,a} - \varphi_{eq,c} + \eta_a + \eta_c + IR_{l,a} + IR_{l,c} + IR_d + IR_J + IR_x \tag{5.10}$$

式中，$\varphi_{eq,a}$——阳极平衡电极电位；

$\varphi_{eq,c}$——阴极平衡电极电位；

η_a——阳极过电位；

η_c——阴极过电位；

$IR_{l,a}$——阳极区电解液欧姆电压降；

$IR_{l,c}$——阴极区电解液欧姆电压降；

IR_d——隔膜欧姆电压降；

IR_J——接触欧姆电压降；

IR_x——导线电压降。

1. 理论分解电压或电动势(E)

在§2.2节中已阐述，在一个电化学反应器中，当无电流通过时，两电极之间自发产生的电位差，叫做电动势或理论分解电压，也就是电解反应所需的最低电压值。它由阴、阳极的平衡电极电位构成，即

$$E = \varphi_{eq,a} - \varphi_{eq,c} \tag{5.11}$$

电动势或理论分解电压的大小直接与温度、压力、浓度以及热力学状态函数等因素有关，可参见式(2.26)。同样，影响阴、阳极平衡电极电位大小的原因也与上述因素有关，这部分内容可参阅§2.2.2节。

2. 过电位(η)

在电化学体系中，当外线路有电流通入电解槽时，在阴极上会发生阴极极化反应，产生阴极过电位

$$\eta_c = \varphi_{eq,c} - \varphi_c \tag{5.12}$$

在阳极上，则产生阳极过电位

$$\eta_a = \varphi_a - \varphi_{eq,a} \tag{5.13}$$

式中，η_c 和 η_a 表示电化学体系通入电流后阴极和阳极过电位。

一般来说，阴、阳极过电位的大小主要与电极反应过程中各个分步骤的“阻力”大小有关。因此，阴极或阳极总的过电位是各个分步骤过电位之和[11]，即

$$\eta_{总} = \sum \eta_i = \eta_d + \eta_{CT} + \eta_r + \eta_\Omega \tag{5.14}$$

式中，$\eta_{总}$——阴极或阳极的总过电位；

η_d——扩散过电位(diffusion overpotential)；

η_{CT}——迁移过电位(charge transfer overpotential)或活化过电位(activation overpotential)；

η_r——反应过电位(reaction overpotential)；

η_Ω——欧姆极化过电位(ohmic overpotential)。

另外，在电极反应过程中，过电位的大小还直接与电极材料、溶液成分和温度等外界条件有关。因此，它的大小也可用以下公式表示[12~13]：

(1) 在高电位极化区($\eta > \frac{100}{n}$mV)

$$\eta_c = -\frac{2.3RT}{\alpha F}\lg i^\ominus + \frac{2.3RT}{\alpha F}\lg i_c \tag{5.15}$$

$$\eta_a = -\frac{2.3RT}{\beta F}\lg i^\ominus + \frac{2.3RT}{\beta F}\lg i_a \tag{5.16}$$

或

$$\eta_c = a + b\lg i_c \tag{5.17}$$

$$\eta_a = a + b\lg i_a \tag{5.18}$$

该极化区中过电位与极化电流之间存在半对数关系($\eta \sim \lg i$)，也叫 Tafel 关系。

(2) 低电位极化区($\eta \ll \frac{50}{n}$mV)

$$\eta = \frac{RT}{nF} \cdot \frac{i}{i^\ominus} \tag{5.19}$$

或

$$\eta = \omega \cdot i \tag{5.20}$$

$$\omega = \frac{RT}{nF \cdot i^\ominus} \tag{5.21}$$

该极化区的过电位大小直接与极化电流呈线性关系($\eta \sim i$)。[式(5.15)～式(5.21)中的有关符号说明请参见第 3 章。]

由上可知，过电位在一个电化学反应体系中是一种客观存在的“推动力”，它的大小不仅与内在的各个分步骤有关，而且还与电极材料、反应物浓度和温度等外界条件密切相关。因此，在实际电合成过程中，必须了解和掌握这些控制因素，以找到低电位、高电流的电合成条件。

3. 溶液电阻(R_l)

阴极区和阳极区的电解液电压降($IR_{l,c}$，$IR_{l,a}$)是由溶液电阻所引起的。一般

说来，电流通过电解液时的电压降可由下式表示

$$V_1 = \frac{I \cdot L}{S \cdot \kappa} \tag{5.22}$$

或者

$$V_1 = \frac{i \cdot L}{\kappa} \tag{5.23}$$

式中，V_1——溶液电阻引起的电压损失，V；

I——通过溶液的电流强度，A；

S——阴极或阳极的有效电极面积，m^2；

i——阴极或阳极的电流密度，$A \cdot m^{-2}$；

L——阴、阳极之间的距离，m；

κ——溶液的电导率，$\Omega^{-1} \cdot m^{-1}$。

由式(5.22)和式(5.23)可见，为了减少电解液中的电压损失，必须有效地控制阴、阳极之间的极间距(L)以及提高溶液的电导率(κ)。而式(5.23)中的电导率大小则与电解质溶液的本性(价态、淌度)、浓度、温度等因素有关，因此在实际电合成体系中，必须综合考虑。

在某些电解过程中，由于有气体析出反应发生，导致溶液中充满气泡，使真实的电导率小于无气泡时的电导率。因此，电解过程中应设法减少溶液中的气泡以及使气泡顺利逸出。

另外，由于大部分有机反应物无极性或极性较差；有的呈油状，在水溶液中的溶解度较小(例如苯、硝基苯等)，故在有机电合成中电解液电阻较大。在电解液中加入某种助剂(例如十六烷基二甲基苄基氯化铵等)，将有利于提高反应物的溶解度或导电性，从而有利于降低溶液电阻。

4. 隔膜电压降(V_D)

在隔膜电解槽中，隔膜电压降的大小主要取决于隔膜电阻和电流密度。而隔膜电阻主要取决于膜的性质及工作条件，例如，膜的组成、结构、厚度以及电解液的组成、浓度、温度、电导率等。一般隔膜电压降可由下式求得

$$V_D = IR_D = i\left(\rho_0 d + \frac{K_D}{2} d^2\right) \tag{5.24}$$

式中，d——隔膜厚度，m；

i——电流密度，$A \cdot m^{-2}$；

ρ_0——隔膜中电解液的电阻率，$\Omega \cdot m$；

K_D——隔膜结构参数。

但由于上式中存在一些特定的参数，致使该式仅能粗略计算隔膜电压降，而难

以准确计算该值。因此，在具体体系中一般都注重实际测量。

5. 接触电压降(V_J)

在有机电合成体系中，导线与导线的连接，导线与阴、阳极之间的连接均存在着接触电阻(R_J)。当有电流通过时，在这些接点上将产生接触电压降(V_J)。在电解槽安装时，如果这些接点装配良好，接触电压降就低，反之则高。

为了有效地降低接触电阻，一般在接点处使用导电胶，这样可明显地降低接触电压降。由于接触电压降较难用公式求得，所以在生产或合成过程中通常用仪表予以测定。

6. 导线电压降(V_x)

由于金属导线具有一定的电阻(R_x)，当电流通过导线时将会产生放热反应，引起电压损失，这种电压损失称为导线电压降(V_x)，它可通过欧姆定律求得

$$V_x = \frac{I \cdot \rho \cdot L}{S} \tag{5.25}$$

式中，I——电流强度，A；

ρ——电阻率，$\Omega \cdot mm^2 \cdot m^{-1}$；

L——导线长度，m；

S——导线横截面积，mm^2。

由式(5.25)可知，导线电压降(V_x)直接与电阻率有关。由于不同的金属材料具有不同的电阻率，所以在选用导线时应选用电阻率低的材料，如银、铜、铝等金属。考虑到银价格较为昂贵，一般选用紫铜较合适。

另外，导线电压降还与导线的截面积、长度以及电流强度等有关。例如，截面积越大，导线上的 V_x 越小；但若太大，则投资成本太高。所以，在实际应用时，必须考虑各方面的因素，进行计算和优化。

§5.3.2　电压效率

电压效率(η_V)是电解反应的理论分解电压与电解槽工作电压之比，即

$$\eta_V = \frac{E}{V} \tag{5.26}$$

从上式可以看出，电压效率的高低不但可以反映出电极反应的可逆程度，即通电后由于阴、阳极极化产生的过电位的高低，而且综合反映了电化学反应器的结构、性能优劣，即电解槽各组成部分欧姆压降的高低。因此，通过电压效率可分析有机电合成中的经济利益和具体的一些措施。

§5.4　能耗及能量效率

§5.4.1　能耗

有机电解过程中的能耗主要指直流电耗，通常以单位产量(kg 或 t)消耗的直流电来表示，即

$$W = \frac{kV}{\eta_I} \tag{5.27}$$

式中，W——直流电耗，$kWh \cdot t^{-1}$；

k——生成产物的理论耗电量，$kAh \cdot t^{-1}$；

V——槽电压，V；

η_I——电流效率，%。

从式(5.27)可以看出，直流电耗由三大因素构成。但由于 k 值在体系确定的情况下基本不变，因此，影响直流电耗的主要因素是槽电压和电流效率。若能降低槽电压和提高电流效率，则可以降低直流电耗。

另外，在有机电解产品生产的全过程中，除电解需要直流电以外，其他过程也消耗能量，例如动力能耗、整流能耗、分离和干燥过程能耗等。因此，在实际生产过程中常使用总能耗这一指标。

§5.4.2　能量效率

能量效率是指生成一定量产物所需的理论能耗与实际能耗之比，即

$$\eta_W = \frac{W_{理}}{W} \tag{5.28}$$

因为

$$W_{理} = kE$$

$$W = \frac{kV}{\eta_I}$$

所以

$$\eta_W = \frac{W_{理}}{W} = \frac{kE}{kV} \cdot \eta_I = \frac{E}{V} \cdot \eta_I = \eta_V \cdot \eta_I \tag{5.29}$$

由此可见，能量效率的高低主要取决于电压效率和电流效率。

§5.5　转化率和产物收率

§5.5.1　转化率

反应物在电化学反应中转化为产物的比率称为转化率(fractional conversion)

(θ_A)。对于不同的电化学反应器，其转化率的表达式分别如下：

对于间歇式电化学反应器

$$\theta_A = \frac{c_0 - c_t}{c_0} = 1 - \frac{c_0}{c_t} \tag{5.30}$$

式中，c_0——反应开始时的反应物浓度；

c_t——反应终了时的反应物浓度。

对于连续式电化学反应器

$$\theta_A = \frac{c_{in} - c_{out}}{c_{in}} = 1 - \frac{c_{out}}{c_{in}} \tag{5.31}$$

式中，c_{in}——反应器入口处的反应物浓度；

c_{out}——反应器出口处的反应物浓度。

在有机电合成过程中，往往都希望提高反应物的转化率，这主要取决于反应的深度，例如，反应时间或停留时间以及体积电流密度等；另外，由于电解反应过程是在电极与电解液界面上进行的异相反应，因此转化率的高低与单位体积电解槽中的电极面积密切相关。

§5.5.2　产物收率

产物收率(material yield)是指由 1mol 参加反应的反应物所能得到产物的最大摩尔数，其定义为

$$Y_A = \frac{\text{反应物转化为产物的摩尔数}}{\text{起始反应物的摩尔数}}$$

即

$$Y_A = \frac{m_p}{m_0} \tag{5.32}$$

式中，m_p——转化为产物的反应物摩尔数；

m_0——反应开始时反应物摩尔数。

例 5.4[5~7]　在 90℃和 25%H_2SO_4 体系中投入硝基苯 11.24kg，硝基苯含量为 98.0%。电解过程通过电量 9.79kAh，槽电压 5.3V，电解还原所得对氨基苯酚(PAP)7.31kg，其含量为 97.8%。试求该电解过程中对氨基苯酚的收率、电流效率及直流电单耗多少？

解　1. 求对氨基苯酚的收率

设 m_1 为硝基苯加入量，m_2 为对氨基苯酚产量，X_2、A_2 为对氨基苯酚的含量及相对分子质量，X_1、A_1 为硝基苯的含量及相对分子质量。已知 $A_1=123.0$，$A_2=109.1$。因此，PAP 的收率为

$$Y_p = \frac{m_2 \cdot X_2/A_2}{m_1 \cdot X_1/A_1} \times 100\% \tag{5.33}$$

$$= \frac{m_2 \cdot X_2}{m_1 \cdot X_1(A_2/A_1)} \times 100\%$$

$$= \frac{m_2 . X_2}{m_1 \cdot X_1 \times 0.887} \times 100\%$$

$$= \frac{7.310 \times 0.978}{11.240 \times 0.980 \times 0.881} \times 100\%$$

$$\approx 73.2\%$$

2. 求 PAP 电解过程的电流效率

已知生产 1kg PAP 的理论电量为

$$Q_{理} = \frac{nF}{A_2} \tag{5.34}$$

式中,n 表示硝基苯电还原成 PAP 的反应电子数。由反应可知,$n=4$,F 为法拉第常量。A_2 为 PAP 相对分子质量,则

$$Q_{理} = \frac{4 \times 26.8}{109.1} \approx 0.983\ \mathrm{kAh} \cdot (\mathrm{kg\ PAP})^{-1}$$

所以,该电解过程的电流效率为

$$\eta = \frac{Q_{理} \cdot G_2 \cdot A_2}{Q} \times 100\% \tag{5.35}$$

$$= \frac{0.983 \times 7.31 \times 0.978}{9.79} \times 100\%$$

$$\approx 71.8\%$$

3. 求直流电单耗

已知 PAP 的理论电耗为 0.983kAh · (kg PAP)$^{-1}$,电流效率为 71.8%,槽电压为 5.3V,则每生产 1t PAP 的直流电耗为

$$W = \frac{Q_{理} \cdot V}{\eta} \times 1000 \tag{5.36}$$

$$= \frac{0.983 \times 5.30}{0.718} \times 1000$$

$$= 7\,256\ \mathrm{kWh} \cdot (\mathrm{t\ PAP})^{-1}$$

§ 5.6　电解槽的生产能力——比电极面积和时空产率[14]

在有机电合成过程中,电解槽的生产能力直接与比电极面积和时空产率有关。

§5.6.1 比电极面积

单位体积电化学反应器内所具有的电极活性面积称作比电极面积(specific electrode area)(A_s)

$$A_s = A/V_R \tag{5.37}$$

式中,A——电极面积,m^2;

V_R——电化学反应器体积,m^3;

A_s——电化学反应器的比电极面积,$m^2 \cdot m^{-3}$。

由上式可见,当体系内电流密度一定时,A_s 越大,反应器可通过的电流越大,生产能力越高;当固定反应器的总电流时,A_s 越大,电流密度越小,这将有利于降低电极的极化电位和槽电压。

由于电极的表观面积和真实面积并不相同,不同电化学反应器内的电极结构差异很大,例如粉末多孔电极、固定床电极、流化床电极等三维电极,其电极的真实工作面积不但受粉末或颗粒大小及分布的限制,而且还与电流密度的高低、电解液的流动方式及传质条件等有关,所以要精确测定 A_s 值较为困难,但根据电解槽内具体的电极结构,可大致求出 A_s 值,如表 5.2 所示。

表 5.2 不同电化学反应器的 A_s 值

反应器类型	A_s
箱式电化学反应器	10～15
压滤机式电化学反应器	30～170
毛细间隙电化学反应器	100～500
旋转电极电化学反应器	10～20
填充床(固定床)电化学反应器	1 000～5 000
叠层式电化学反应器	2 000～5 000
流化床电化学反应器	2 000～10 000

在有机电合成实践中,为了使电化学反应器结构紧凑、提高其生产能力,人们都在尽力提高 A_s 值,这已成为今后研究电化学反应器的努力方向。

§5.6.2 时空产率

时空产率,是指单位体积的电化学反应器在单位时间内所生产的产品质量,即

$$Y_{ST} = \frac{m}{tV_R} \tag{5.38}$$

式中，m——产品产量，kg；

V_R——反应器体积，m^3；

t——反应时间，s；

Y_{ST}——时空产率，kg·(m^{-3}·s^{-1})。

因为

$$m = It\eta_I K_e = iAt\eta_I K_e$$

所以

$$Y_{ST} = \frac{iAt\eta_I K_e}{V_R \cdot t} = iA_s\eta_I K_e \tag{5.39}$$

式中，i——电流密度，A·m^{-2}；

A_s——比电极面积，m^2·m^{-3}；

η_I——电流效率，%；

K_e——电化当量，kg·A^{-1}·s^{-1}。

由上式可见，时空产率与单位体积电化学反应器内所通过的有效电流成正比，即与电流密度、电流效率、比电极面积成正比。通常，电化学反应器设计的优劣直接与时空产率的高低有关。因此，在设计、制作电化学反应器时就必须考虑如何提高电解反应的时空产率这个问题。

参 考 文 献

[1] 马淳安，陈江渭. 科技通报，**12(3)**，148，1996

[2] Pintauro P N, et al. *J. Appl. Electrochem.*, **14**, 209, 1984

[3] Park K, et al. *J. Electrochem. Soc.*, **132(8)**, 185, 1985

[4] 浙江工业大学化工学院电化学工程教研室. 电化学工程实验讲义. 1995

[5] 马淳安，苏为科，王焕华. 浙江工学院学报，**20(1)**，1，1992

[6] 马淳安，俞文国. 精细化工，**12(1)**，39，1995

[7] 马淳安等. 硝基苯电解合成对氨基苯酚的研究(工业模试鉴定报告)，浙江工业大学资料，1992

[8] Marquez J, Pletcher D J. *J. Appl. Electrochem.*, **10**, 567, 1980

[9] Rance H C, Coulson J M. *Electrochimica Acta*, **14**, 283, 1969

[10] 马淳安. 中国发明专利，ZL93119242.0. 1993

[11] 杨文治. 电化学基础. 北京：北京大学出版社，1982. 169～178

[12] 查全性等. 电极过程动力学导论. 第二版. 北京：科学出版社，1987. 145～148

[13] 李荻等. 电化学原理. 北京：北京航空航天出版社，1989. 358～362

[14] Pletcher D. Industrical Electrochemistry. Chapman and Hall Ltd. First Published, 1982. 60～62; Second edition, 1990. 79～90

第 6 章　有机电氧化反应

从理论上讲，任何一种可用化学试剂进行的氧化反应，都能用电解氧化的方法来实现。某种物质在阳极上能否被氧化，主要取决于电化学氧化的电位值。如果电氧化电位比该物质的平衡电位正，从热力学角度分析该物质是可以被氧化的。如果用氧去氧化平衡电位比 1.23V 更正的一些物质，反应不能进行。因此，我们可以通过提高氧化的电位值，来实现许多氧不能进行的氧化反应。

鉴于电氧化反应品种及类型繁多，本章主要结合与工业或实际应用有关的一些电氧化反应予以介绍。

§6.1　烯烃的阳极官能团反应

烯烃的阳极氧化反应具有很高的工业价值，主要有两种类型：烯基基团的氧化以及 C-C 键的偶合。为便于理解，下面用具体反应的方式进行介绍。

§6.1.1　甲氧基化反应

1. 以香茅醇为原料，在碳阳极上经甲氧基化反应获得合成过程中关键的中间产物，然后继续进行化学反应得到最终产物玫瑰红氧化物[1]。其总反应式如下

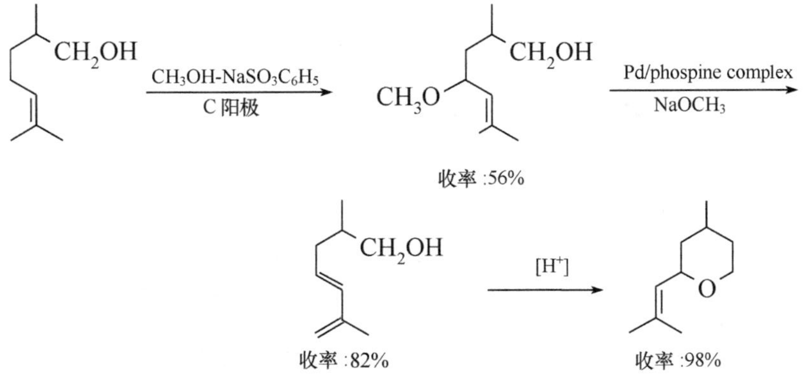

(6.1)

该反应的收率为 56%。

2. 以 1,4 -二醇-丁烯为原料，经呋喃甲氧基化反应合成 2,5 -二甲氧基- 2,5 -二氢呋喃[2]

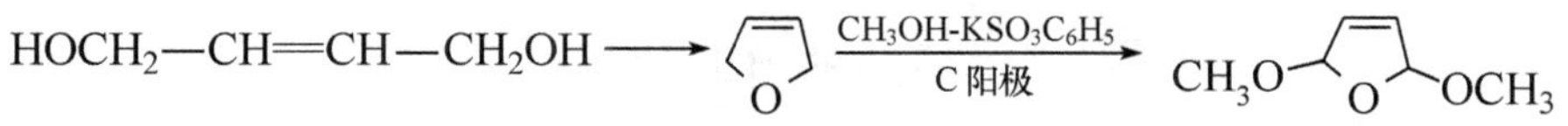

(6.2)

该工艺路线 BASF 公司已实现了工业化生产，其产品收率达 70%。

§6.1.2　C-C 键偶合反应

1，3 -二羰基化合物阳极氧化所生成的活性基团能与另一有机物发生加成反应，可实现 C-C 键的偶合，如下式所示

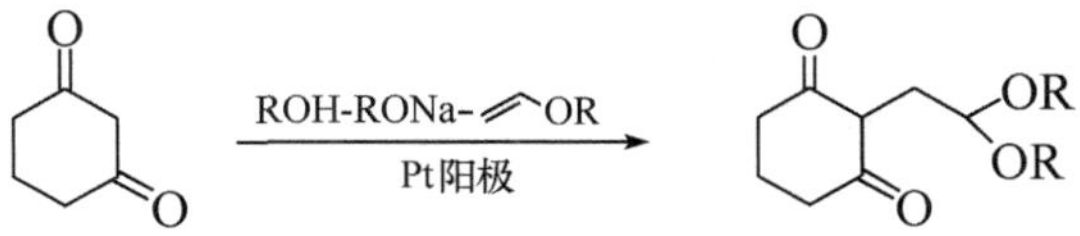

(6.3)

该反应的转化率可达 78%，选择性 79%[3]。

另外，烯萜经阳极乙酸化反应可合成新的香料，例如

(6.4)

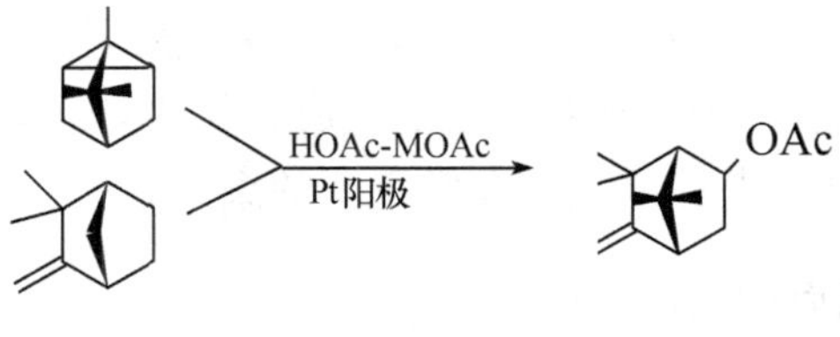

(6.5)

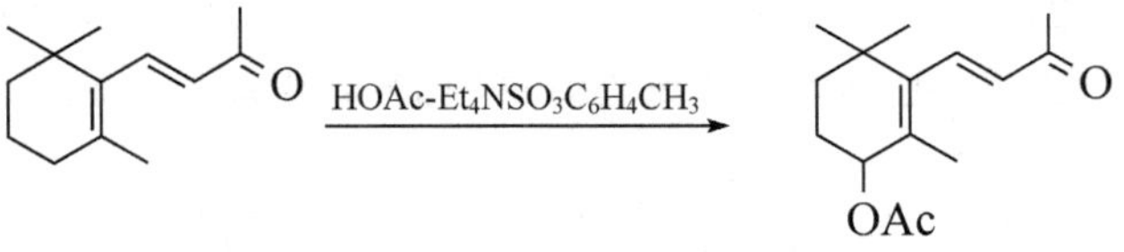

(6.6)

由于这类反应的选择性较差，目前实现工业化生产的产品比较少，但随着研究的不断深入，这一反应原理在解决精细化学品合成过程中遇到的一些难题方面，却非常有用。

§6.2　烯烃的电氧化环合反应

烯烃电氧化环合反应较典型及具有实用价值的例子，是环氧丙烷和六氟环氧丙烷的电合成。

§6.2.1　环氧丙烷电合成

在 20 世纪 60 年代，环氧丙烷（PO）电合成工艺就得到了详细的研究[4]，并已放大到中试水平。该反应采用非分隔式电解槽，RuO_2/Ti 作阳极，钢为阴极，其反应式为

阳极反应

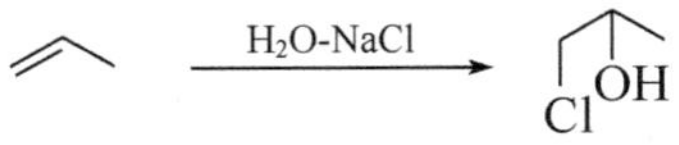

(6.7)

阴极反应

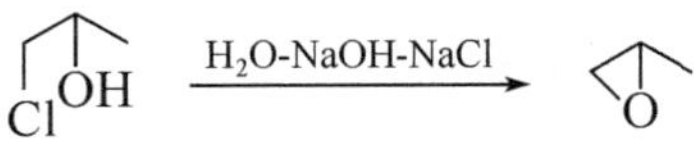

(6.8)

首先在阳极上发生烯烃的氧化反应生成中间产物，然后经阴极还原生成环氧丙烷，其电流效率达 85%～90%。由于该工艺存在副产物较多，后处理工序复杂等问题，至今尚未实现工业化生产。而传统的氯乙醇化学合成法尽管已实现了工业化生产，但在合成过程中不可避免地要生成大量的 $CaCl_2$ 副产物。因此，寻找一条合适的电化学合成工艺路线具有非常重要的意义。

§6.2.2　六氟环氧丙烷电环化反应

采用分隔式电解槽，以 PbO_2/钢为阳极，钢为阴极，Nafion 阳离子交换膜作隔膜，为便于连续化生产，电解槽设计成管状反应器，其电氧化反应式为

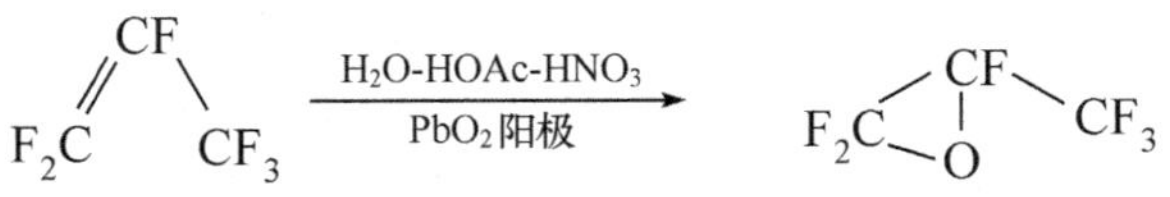

(6.9)

该反应的转化率为 65%～75%，电流效率达 65%，选择性为 90%。生成的产物可以以气体的形式分离，电解液循环相当方便，离子膜和电极的使用寿命在一年左右。该工艺已由 Hoechst 公司实现了工业化生产。

§6.3　电化学卤化反应

阳极卤化反应包括氟化、氯化、溴化和碘化，以下主要介绍氯化、溴化和碘化中的有关问题，电氟化的有关内容将在第10章中详细阐述。

§6.3.1　烯烃的阳极氯化反应

氯乙烯和氯丁二烯(2-氯-1,3-丁二烯)是一类重要的化工原料及中间体，可由乙烯或丁二烯经氯化反应制得，目前已实现大规模工业化生产。乙烯或丁二烯也可以通过电化学氯化法合成相同的产品[5]，其反应条件比化学氯化更为温和。电化学氯化一般以 HCl 水溶液为电解液，同时需加入少量的 $FeCl_3$，一般以石墨为阳极。在此条件下，乙烯可转化为1,2-二氯乙烷，该反应转化率很高，电流效率>95%，产品收率达97%，其反应式为[6]

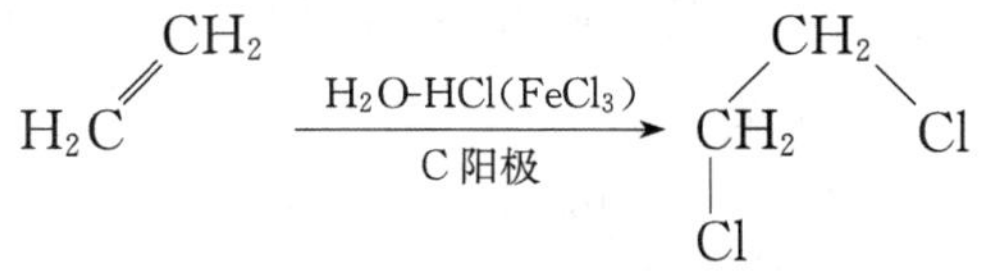

(6.10)

若采用非质子电解液(如 CH_3CN 和 Fe、Ce 及 Ca 的氯化物)进行丁二烯阳极氯化时，则产物为1∶1的3,4-二氯-1-丁烯和1,4-二氯-2-丁烯的混合物，其反应式为

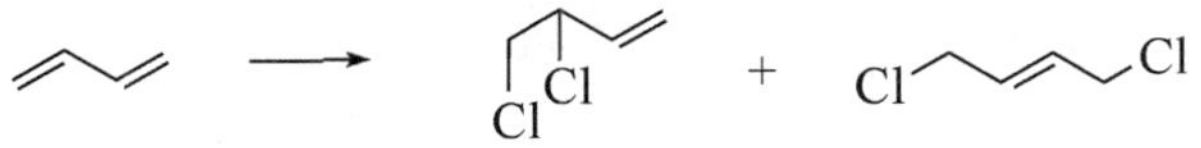

(6.11)

该反应电流效率低，当有水存在时，易生成二氯丁二醇副产物，与化学氯化法相比没有任何实质性的优势，所以至今还没有进行过放大研究。

但这种电化学氯化法在精细化工领域具有非常好的工业应用前景。Torii 等人[7]曾用铂为阳极，对烯丙基进行电化学卤化来合成 β-内酰胺抗生素的中间体，产物收率达93%，其反应式为

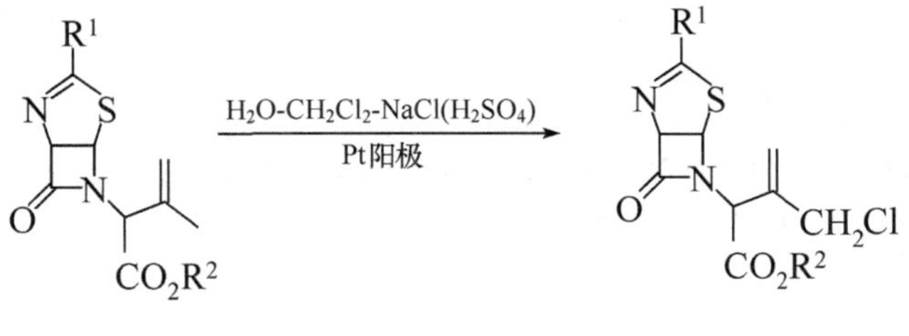

(6.12)

§6.3.2　芳香族化合物的阳极卤化反应

芳香族化合物在环上阳极卤化反应的选择性要比化学法高。例如，甲苯经阳极氯化生成的氯甲苯 *p*/*o*(对位/邻位)比要比化学法高 2.2 倍左右[8]。若用环糊精修饰过的石墨作阳极，并以 NaCl 或 HCl-H_2O 等水溶液作电解液，则可使氯甲苯的 *p*/*o* 比提高到 4 倍以上，与化学法相比，具有较强的竞争力。甲苯阳极氯化的反应式如下

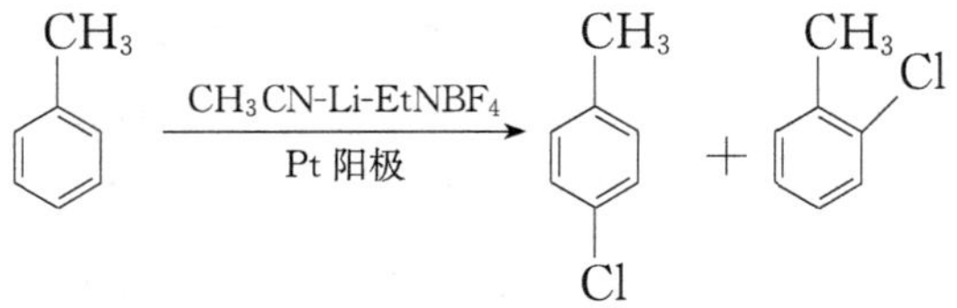

(6.13)

该反应甲苯的转化率约 50%，对、邻氯甲苯的总选择性达 99%。

目前，日本的一些公司对该类卤化反应进行了较多的研究，但规模较小，主要以实验室合成某些中间体为主，其中典型的一些例子如下[9,10]

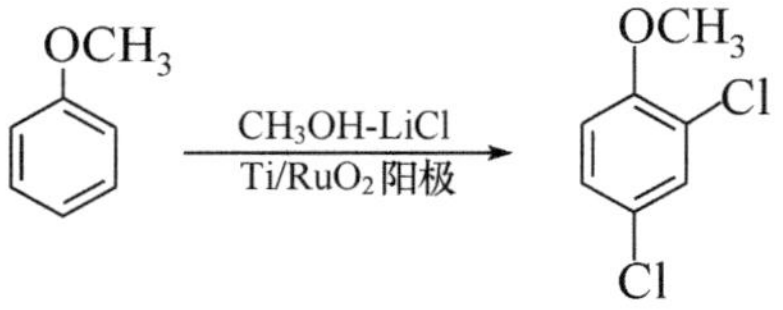

(6.14)

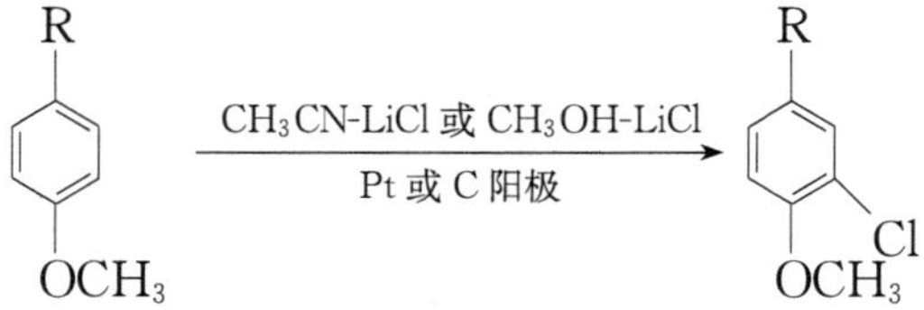

(6.15)

式中 R 为烷基或烷氧基，生成的产物为药物中间体。

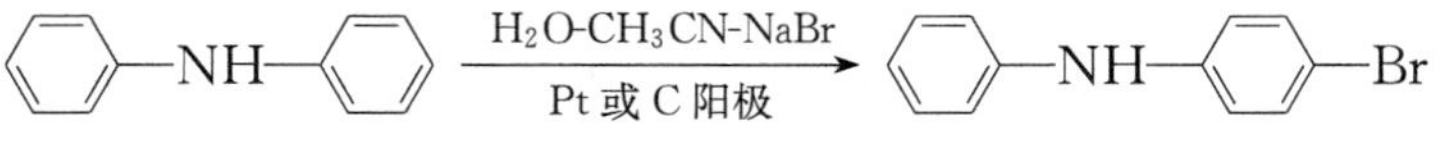

(6.16)

该反应的产物可用作药物中间体。

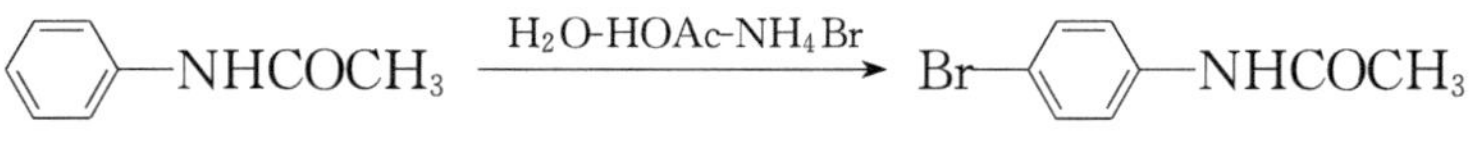

(6.17)

该反应的产率可达 99%。

另外，DuPont 公司[11]以苯胺为原料，采用 Pt 阳极，经碘化反应来制备对苯二胺的中间体 4-碘苯胺，其反应式为

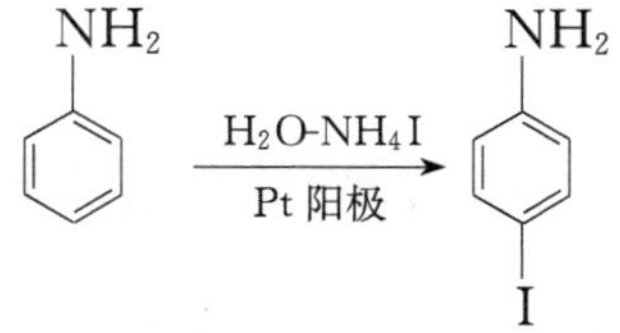

(6.18)

该反应的电流效率为 91%，产物的 *p*/*o* 比为 96∶4，4-碘苯胺进一步与 NH_3 反应可制得对苯二胺。

以对羟基苯腈为原料经阳极碘化反应可制备 4-羟基-3，5-二碘苯甲腈除草剂。该反应的产率可达 97%，其反应式如下

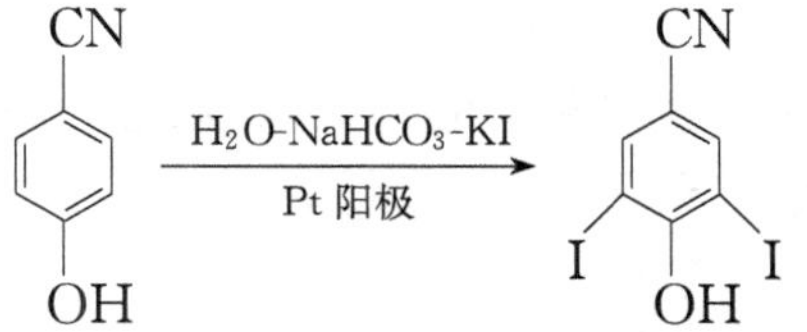

(6.19)

若以二氢萤光素为原料，铂或碳作阳极，在溴化钾水溶液中进行电解，则可制得四溴萤光素，其阳极反应式为

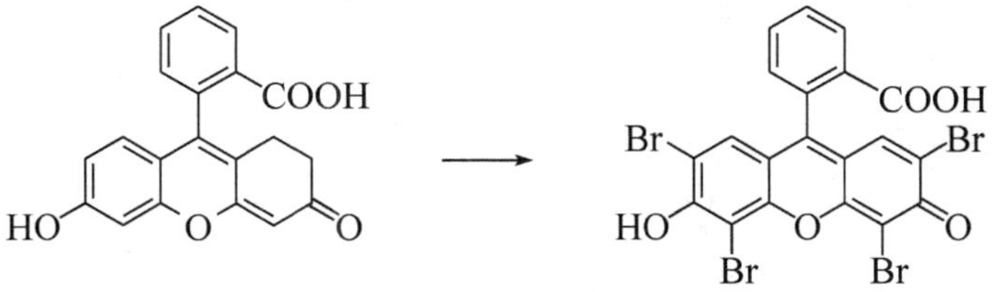

(6.20)

如果以靛蓝为原料，高浓度溴化物（51%氢溴酸）为电解液，并用碳作阳极，在 20～25℃条件下进行阳极取代反应，可以得到收率很高的 5，5′-二溴靛蓝，其反应式为

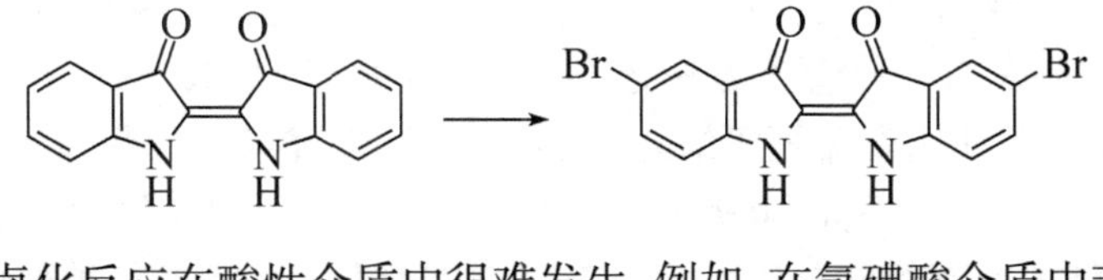

(6.21)

有一些卤化反应在酸性介质中很难发生，例如，在氢碘酸介质中苯酚的电解碘化反应。但如果在碱性介质中进行，酚基中的氢就较易被碘所取代。例如，百里酚在碘化钾的碱性溶液中电解，可生成二百里酚二碘化物

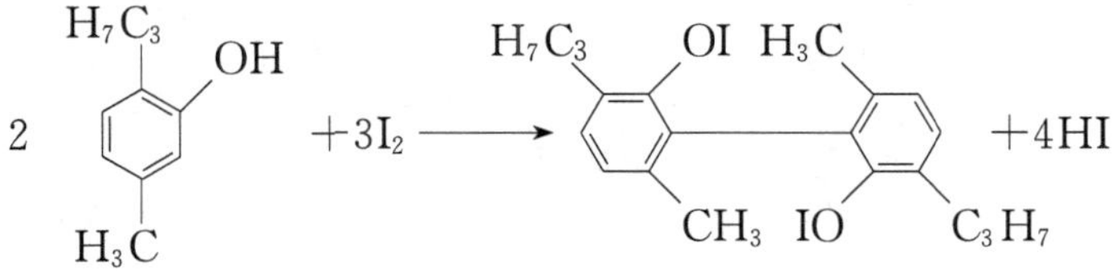

(6.22)

这种产物可用作防腐剂。

§6.4　芳香族化合物的阳极官能团化反应

芳香族化合物的电化学官能团化反应，在化学工业中具有十分重要的意义。本节将分苯环上阳极氧化反应和侧链上阳极氧化反应两部分予以阐述。

§6.4.1　苯环上阳极氧化反应

1. 苯醌及氢醌电合成

苯在阳极上电氧化可生成对苯二醌，然后该阳极产物又可在阴极上还原为对苯二酚(氢醌)，其反应式如下

阳极氧化反应

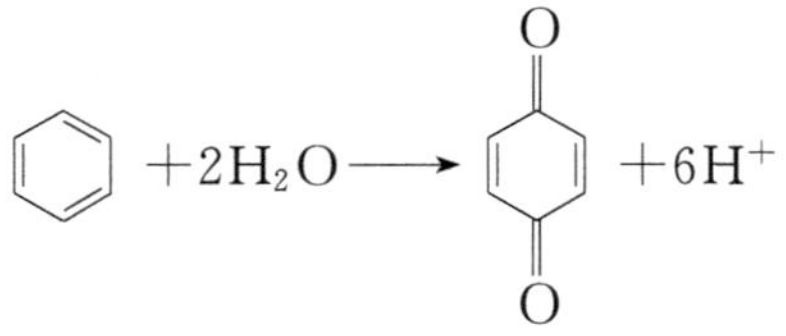

(6.23)

阴极还原反应

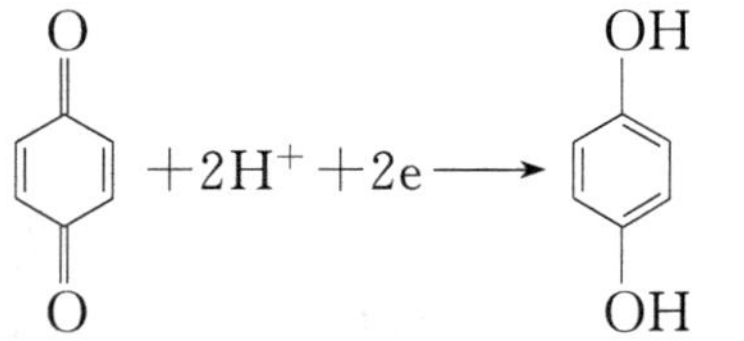

(6.24)

该方法通常以 PbO_2 为阳极，Pb 作阴极，在硫酸水溶液中将苯乳化形成电解液，同时控制电解条件，苯的转化率一般在 10%左右，电流效率约 38%，对苯二酚的选择性为 79%左右。尽管该方法还存在着苯的转化率低、醌的产率不高、后处理工艺复杂和电极使用寿命短等缺点，但仍具有许多优点。目前，除继续探讨苯醌和对苯二酚合成的工艺条件、电极材料、电解槽结构与形状，及如何提高苯的转化率、苯醌和氢醌的产率等问题以外，人们还利用这种方法来制备类似的醌和氢醌。例如，三甲基苯酚通过电解可制备三甲基对苯醌和三甲基氢醌[12]

阳极氧化反应

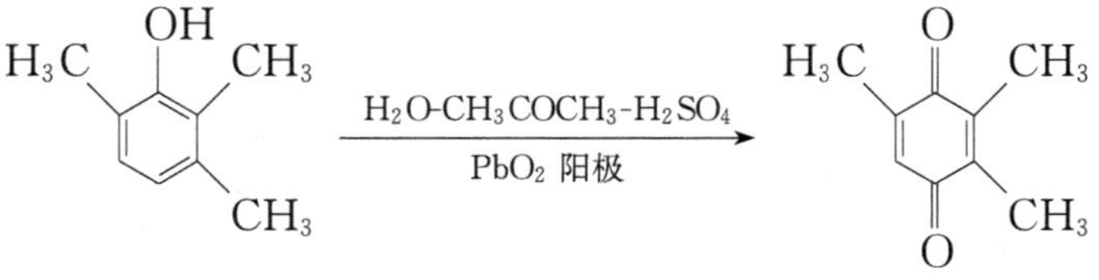

(6.25)

阴极还原反应

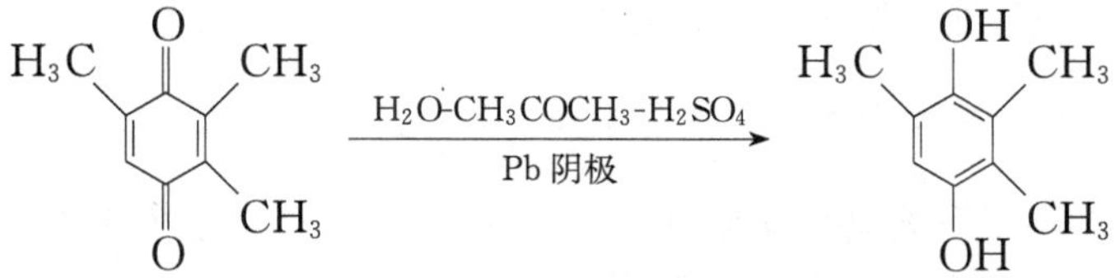

(6.26)

阳极氧化反应的选择性为 85%，电流效率为 54%，阴极还原反应的选择性为 77%，其中阴极产物是合成维生素 E 的中间体。

2. 萘醌的电合成

为了寻找一条以萘为原料，电合成 1，4 -萘醌的反应路线，人们已做出了巨大的努力。开展此工作的目的是为了开发一条以 1，4 -萘醌和丁二烯为反应物来制备蒽醌的新工艺路线。但用萘类化合物直接电氧化来制取萘醌类化合物，其产率都较低，例如，萘、2 -甲基萘和硝基萘的电氧化反应

(1) 以萘为原料

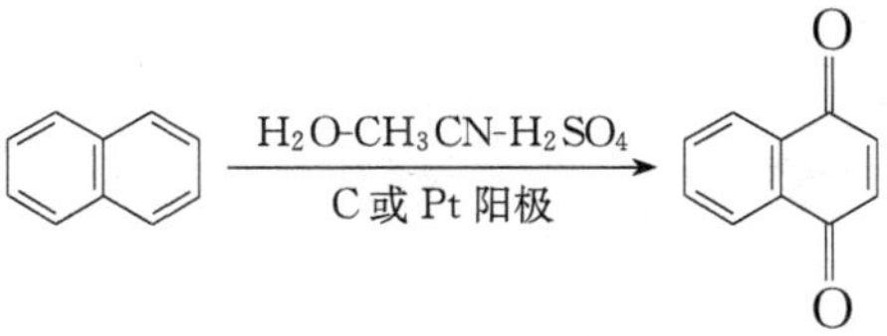

(6.27)

(2) 以 2 -甲基萘为原料

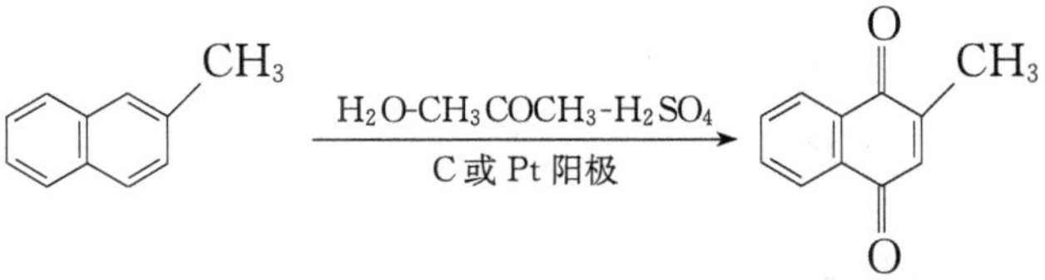

(6.28)

(3) 以硝基萘为原料

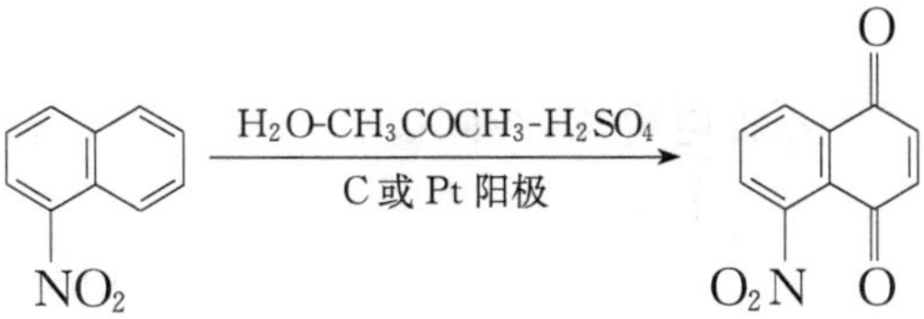

(6.29)

这 3 个反应的选择性一般都在 20%～30%之间，其中 2 -甲基萘醌和硝基萘醌分别是维生素 K 和染料的中间体。若要提高这类反应的选择性和产率，最好采用间接电合成法(见第 8 章)。以铬酸盐、铈盐等为媒质[13]，一般萘醌的选择性为 35%～40%，2 -甲基萘醌为 60%。若在电解液中加入适量的助催化剂(Ag^+、Co^+

等)[14]，则萘醌的选择性可提高到 95%以上。这种方法每生产 1kg 萘醌需使用和再生 100L 电解液，处理费用很大，因此至今尚未实现工业化生产。

3. 酚类化合物的电氧化

目前，芳族酚类化合物的电氧化反应主要用于实验室规模上制备一些特殊的产品，以下分别简述几个较典型的例子。

(1)

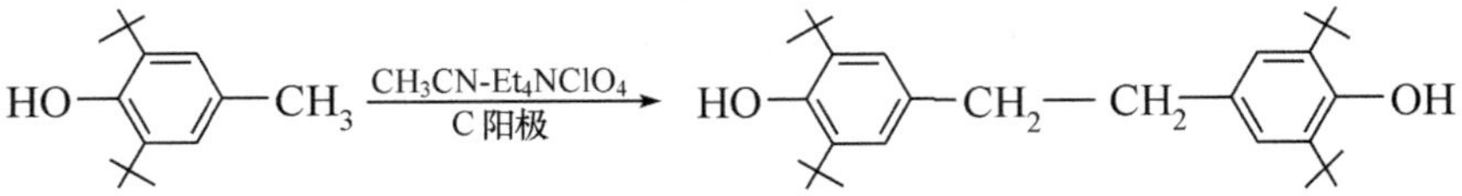

(6.30)

该反应的产率约 79%，产物主要用作抗氧化剂。

(2)

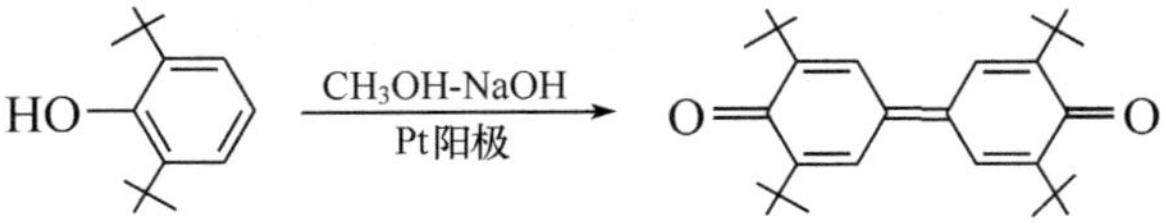

(6.31)

该反应的产率可达 94%。

(3)

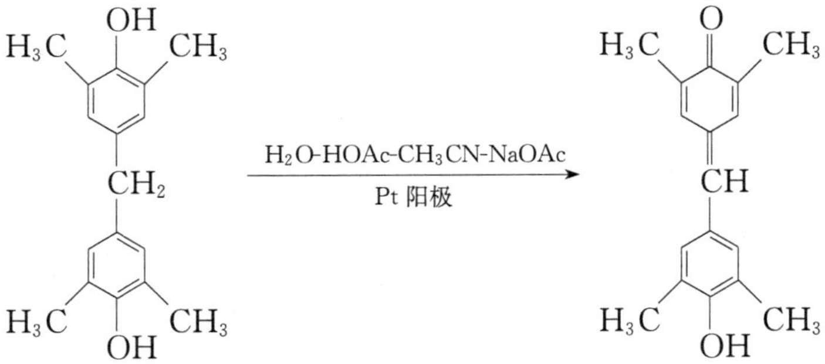

(6.32)

该反应的产率在 80%左右。

4. 酰氧基化反应

以萘为原料，采用无隔膜电解槽，经阳极氧化反应，可获得乙酸萘酯，其反应式为

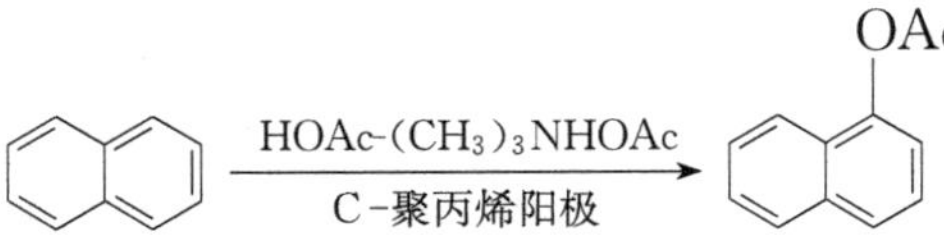

(6.33)

该反应中萘的转化率在 20%～50%之间，乙酸萘酯的选择性为 70%～80%，电流效率为 45%～65%。这个反应主要存在以下两方面问题：电合成过程中需分离、

回收大量的导电盐，费用很高；乙酸溶剂在电解过程中会产生甲基萘及乙酸化副产物，给分离带来一定的困难。但如果电解过程使用蒸馏过的导电盐，并采用导电聚合物作阳极，则可以克服以上问题。

乙酸萘酯可用很简单的方法转化为 α-萘酚，并可回收乙酸，同时 α-萘酚是一种重要的染料和杀虫剂的中间体，BASF 公司已将该电合成法成功地应用于工业化生产。

另外，当电解液中加入三氟乙酸时，苯也可以发生酰氧基化反应，例如

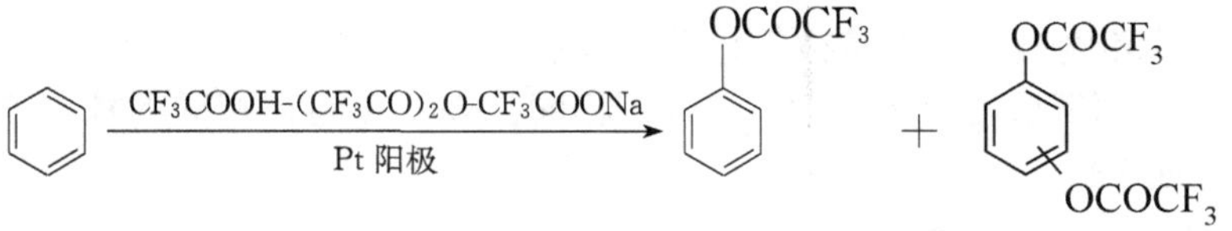

(6.34)

该反应总电流效率为 70%，其中邻位、间位和对位产物分别占 22%、17%和 31%。若电解液中加入少量的水(1%)，则电流效率显著下降。

近来，人们采用三氟乙酰氧基化反应来合成一种新型增甜剂的中间体，其反应式为

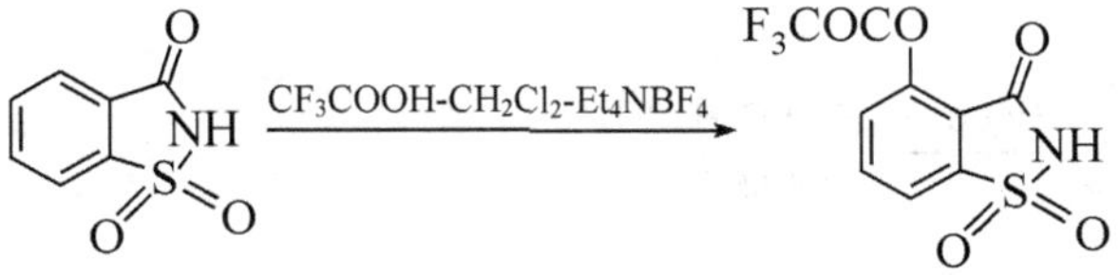

(6.35)

该反应的转化率为 41%，电流效率达 67%，反应选择性为 58%。

5. 磷酸化反应

芳香族化合物的环上进行磷酸化反应是一种较有价值的反应，如

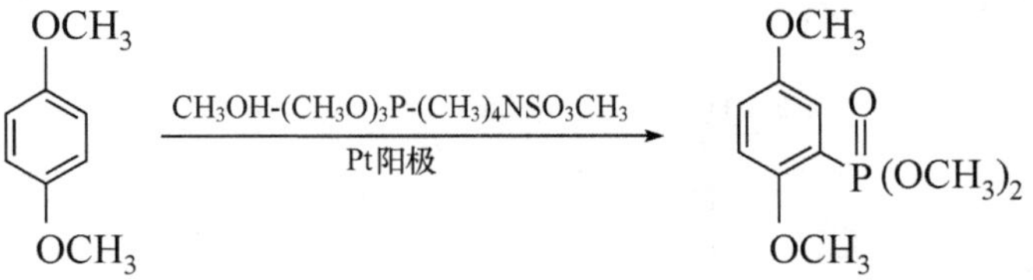

(6.36)

该反应的产率很高，可达 90%。

§ 6.4.2　侧链上阳极氧化反应

在苯环侧链上进行阳极氧化反应来合成相应的酸、醛和酮类等芳香族化合物，是有机电氧化反应的一个重要组成部分，也是有机电合成领域能够实现大规模生

产的主要领地之一，以下按反应类型予以简述。

1. 芳香醇酯类化合物的合成

苯环上的甲基通过阳极氧化反应生成相应的芳香醇酯类化合物，是苯环侧链上阳极氧化反应中很重要的一类反应，例如烷基甲苯的阳极氧化反应[15]

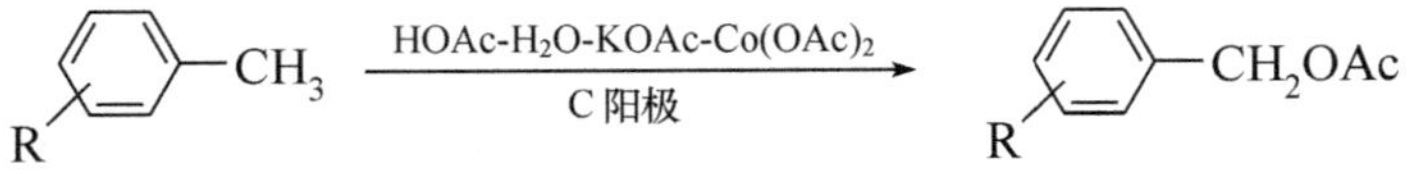

(6.37)

可以看出，苯环侧链上的甲基被氧化后，生成了乙酸酯芳香族化合物。反应物中烷基 R 不一样，则反应的电流效率(η_I)也不相同。表 6.1 为在相同的控制条件下，R 与 η_I 之间的关系。

表 6.1　烷基种类与电流效率之间的关系

R	H	3-Cl	4-Cl	3-CN	4-CN	3-CH_3	4-CH_3
η_I/%	61	52	66	13	13	46	62

上述反应若改用季铵盐作支持电解质，则可以获得比较高的产率，例如 2,4－二甲基苯的阳极氧化反应[16]

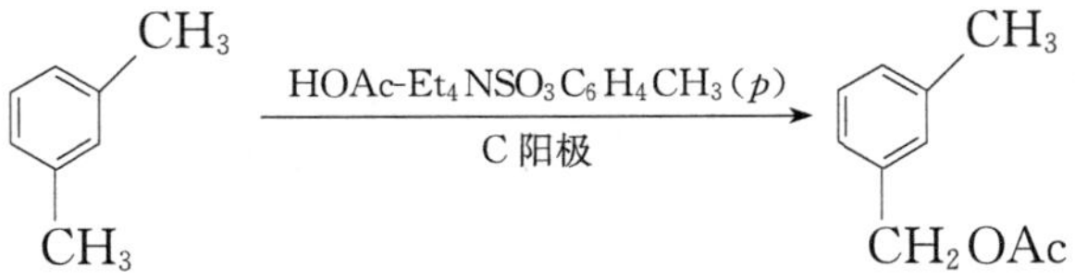

(6.38)

该反应的产率 64%。

芳香族化合物侧链上氧化反应的种类较多，现将主要的几个例子归纳如下：

(1)
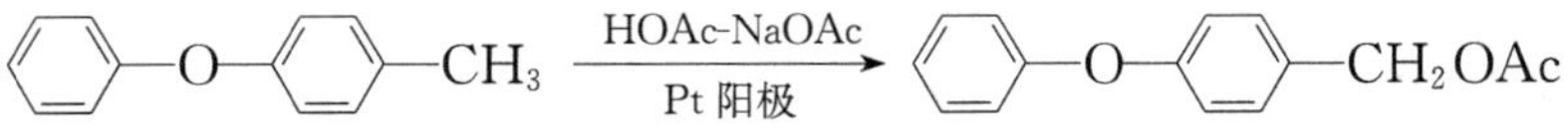

(6.39)

该产物为农药中间体[17]。

(2)
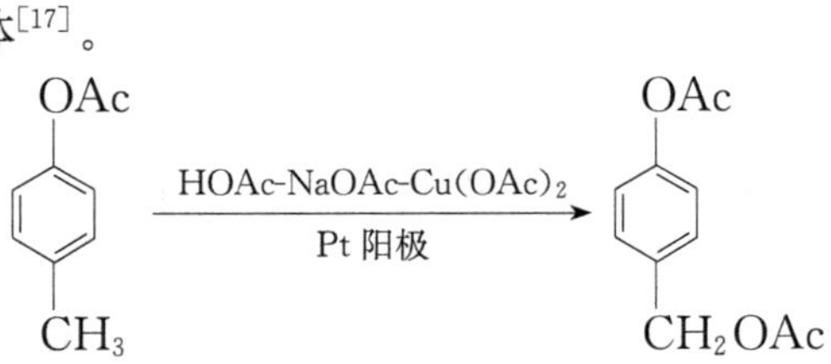

(6.40)

该产物为药物中间体。

(3)
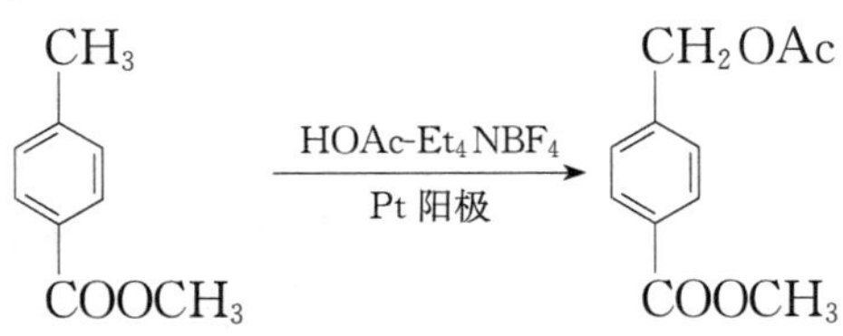

(6.41)

该反应的转化率为 48%,选择性为 31%,产物主要用于合成特种聚酯的中间体。

(4)

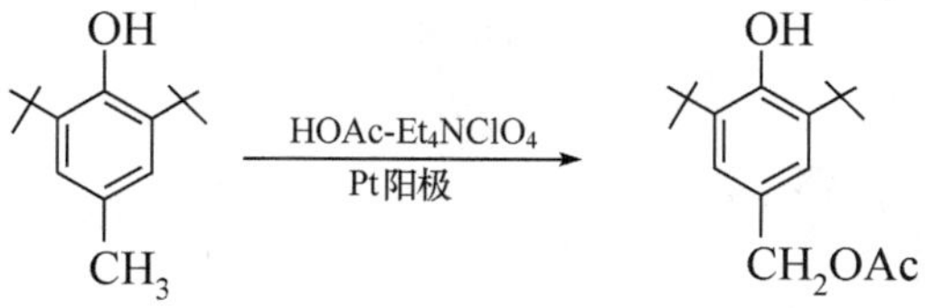

(6.42)

该产物为抗氧化剂的中间体。

2. 醛类化合物的合成

苯环上的甲基经阳极氧化后可以生成醛基。BASF 公司根据这一方法已开发出一条芳香醛的工业化生产工艺路线[18,19],其反应式为

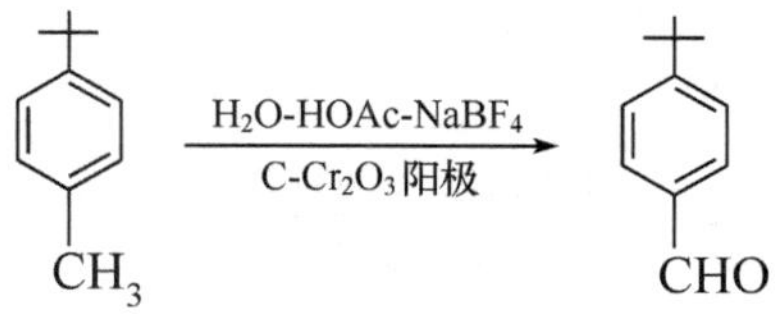

(6.43)

该反应产率达 87%,电流效率为 67%。若采用对甲氧基甲苯为原料,则可以制取茴香醛

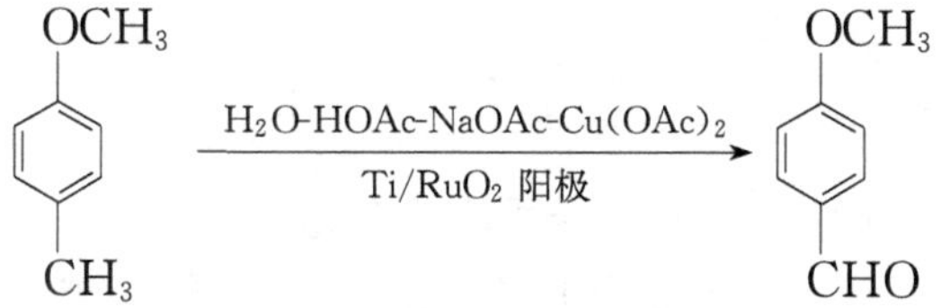

(6.44)

该反应的转化率为 18%,产率只有 10%左右。因此,近年来最受关注的茴香醛合成方法是间接电氧化法。茴香醛主要用于合成香料、医药等中间体。

另外,上述反应若采用甲醇电解液,则苯环上的甲基经氧化可获得苯甲醛缩二甲醇

(6.45)

该反应的产率很高,达 85%,并在 BASF 公司实现了工业化生产[20]。

与上述反应类似,若采用苄基烷基醚和二烷氧基甲苯为原料,也能合成相应的缩醛产品,并具有相当高的选择性[21,22],反应式分别如下

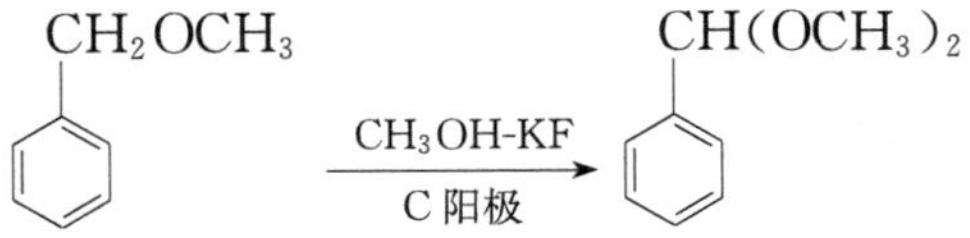

(6.46)

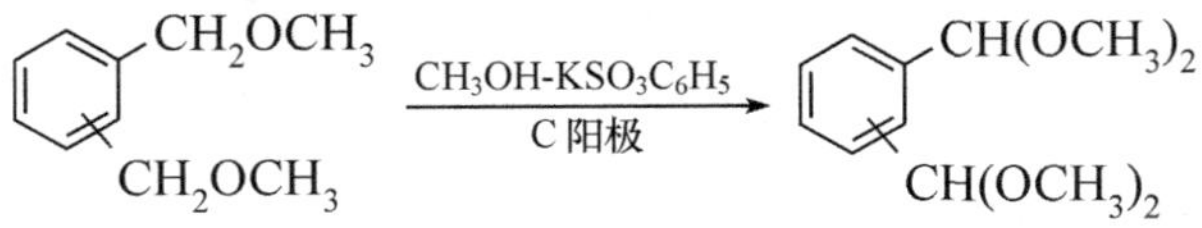

(6.47)

式(6.46)反应的转化率为 78%,收率为 83%。式(6.47)的转化率为 100%,产品收率为 80%。这两个反应都已在 Otsuka 公司实现了工业化生产。

除甲苯类化合物以外,上述方法也可以将乙苯类化合物氧化成相应的酮[23,24]。另外,还有一些化合物的侧链阳极氧化反应具有较高的开发应用价值,如

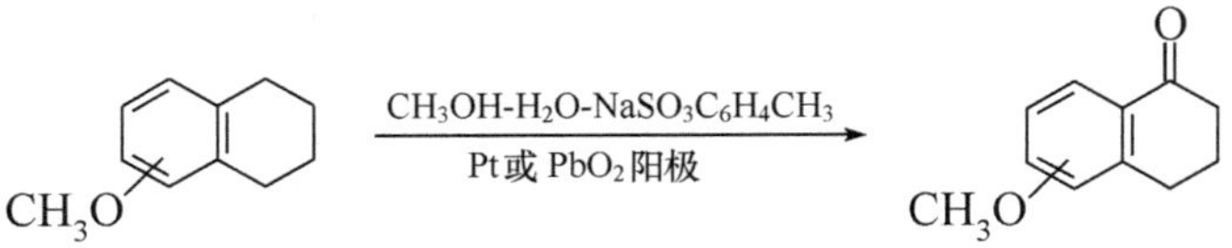

(6.48)

以及

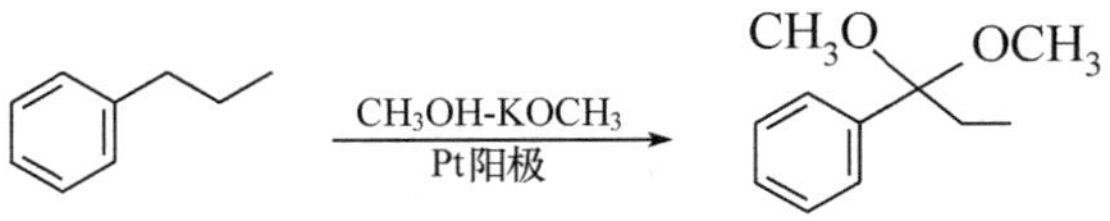

(6.49)

这两个反应都可以合成相应的酮类芳香族化合物,其中第一个反应收率达 92%。

以上酸、醛和酮等芳香族化合物的合成都是在苯环上或苯环的侧链上进行氧化取代反应的基础上开发出来的,这些反应都属直接电合成法,具有一定的优点。但在具体的合成中有些反应采用这种方法不一定合适,例如,芳香醛的电合成采用间接电合成法更为优越。因此,在实际应用中应根据具体情况选用合适的方法进行有效的合成。

§6.5　杂环化合物的阳极氧化反应

这类化合物在有机电合成领域中主要包括呋喃、噻吩、吡咯、苯并呋喃和苯并噻吩等的电氧化反应。这些反应如果能谨慎操作,可以合成很多有用的产物。尤其是呋喃及其呋喃衍生物的电氧化反应,有的已实现了工业化生产。以下予以简述。

§6.5.1　呋喃及其衍生物的电氧化反应

呋喃经电化学甲氧基化反应可以合成二甲氧基二氢呋喃，其反应式为

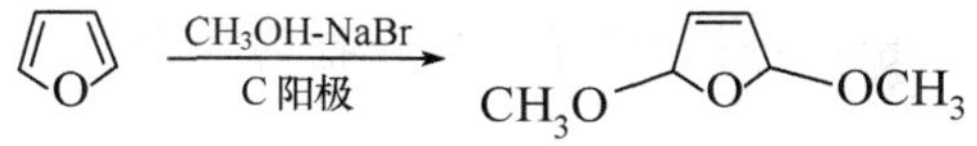

(6.50)

该反应转化率为 80%，选择性达 96%，在 BASF 和 Otsuka 等公司已实现了工业化生产[25,26]。

呋喃衍生物电氧化反应较典型的例子包括：

(1)

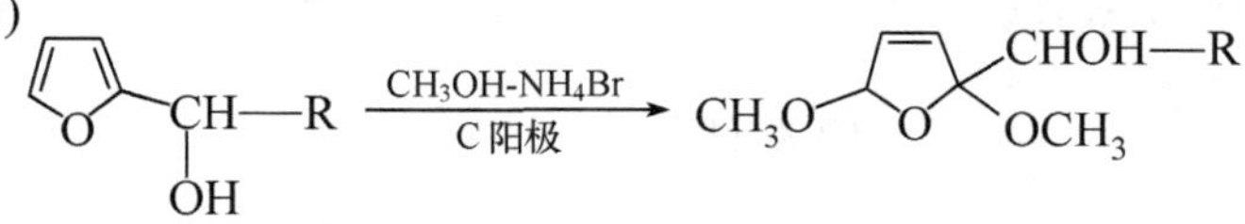

(6.51)

该反应收率为 73%，产物主要用于食用香料(麦芽酚、乙基麦芽酚)的中间体。

(2)

(6.52)

该反应的转化率为 85%，选择性为 89%，产物主要用于合成生物杀伤剂[27]。

(3)

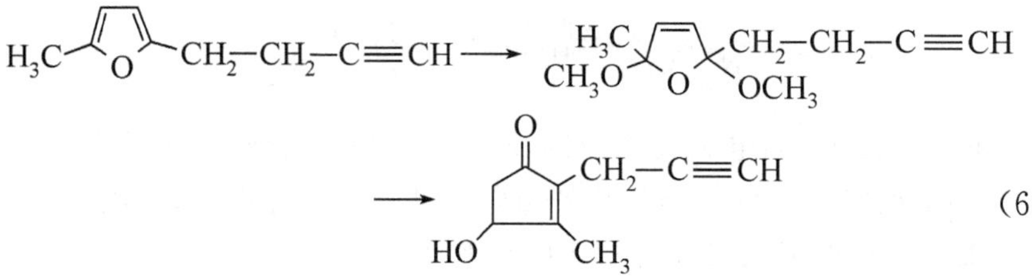

(6.53)

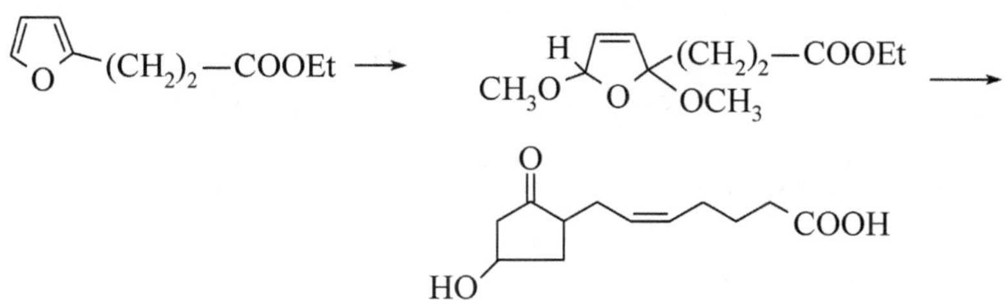

(6.54)

这两个反应的产物分别为合成环戊烯酮和前列腺素(prostaglandin)的中间体[28,29]。

(4) 异苯并二氢吡喃经电化学甲氧基化反应可制得烷氧基异苯并二氢吡喃，其反应式为

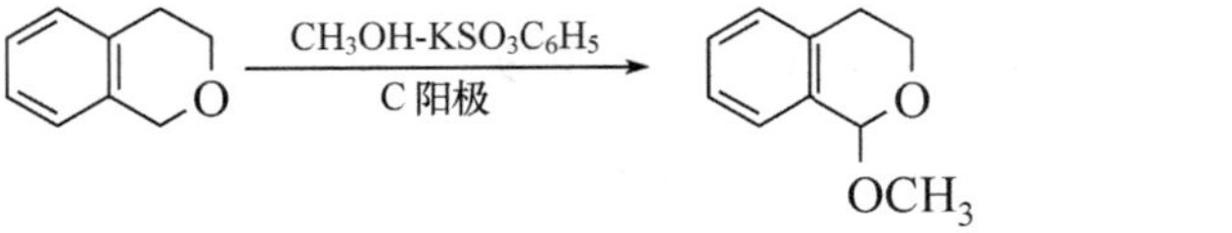

(6.55)

该反应的转化率可达 98%，选择性为 75%，产物为合成杀菌剂的中间体[30]。

§6.5.2　糠醛的电氧化反应

糠醛在分隔式电解槽中，采用二氧化铅阳极和稀硫酸水溶液进行电氧化反应时，其主要产物为顺丁烯二酸。若电解过程采用无隔膜电解槽，则由于阳极生成的顺丁烯二酸双键在阴极上被还原，即可得到丁二酸，其反应式为

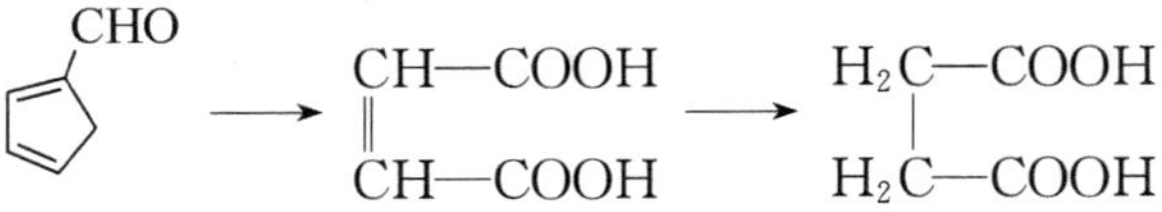

(6.56)

§6.5.3　含氮杂环化合物的电氧化反应

1. 吡啶甲酸的电合成

2-甲基吡啶经电化学氧化反应可制备吡啶甲酸，其合成反应式为

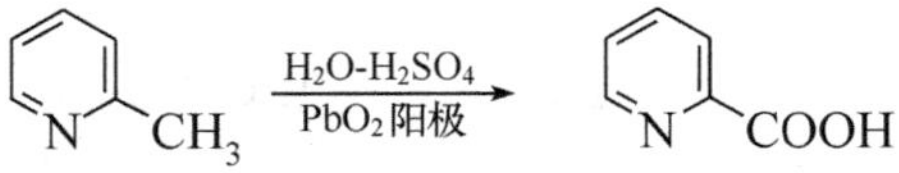

(6.57)

该反应的收率为 80%，电流效率 67%，Reily 公司采用分隔式电解槽已实现了工业化生产。用同样方法，Stamicabon 公司以烷基吡啶为原料，通过电氧化反应合成了吡啶羧酸。另外，该方法也可用于成对电合成，如

阳极反应

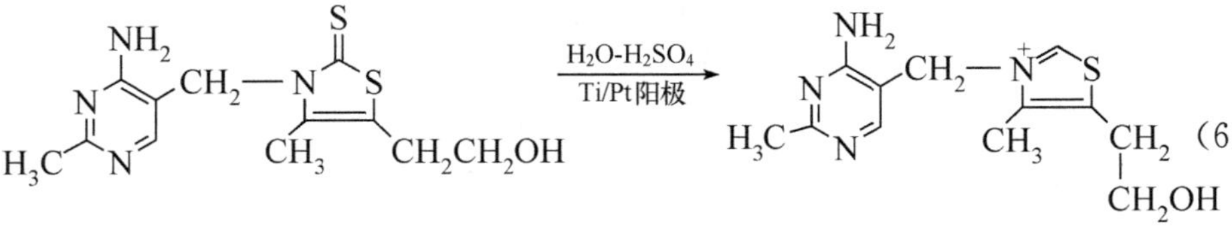

(6.58)

阴极反应

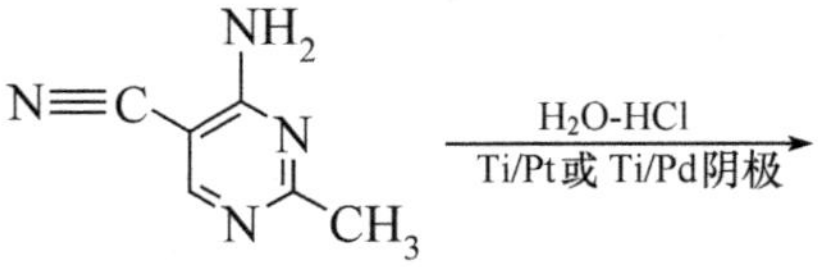

(6.59)

其中阳极反应的转化率和选择性分别为 85%和 99%，阴极反应的转化率和选择性分别为 74%和 97%，具有良好的经济效益。

2. 吡啶的电氧化反应

吡啶在铂电极上和硫酸水溶液中进行电氧化反应时，首先生成 2-吡啶基-吡啶硫酸盐中间体，然后进一步转化为戊烯二醛，其反应式如下

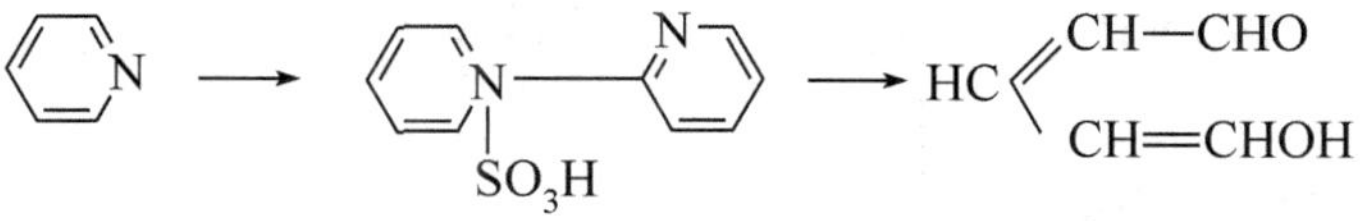

(6.60)

该反应若使用二氧化铅阳极，则将发生完全分解反应，产物为甲醛、甲酸、甲胺、氨、一氧化碳和二氧化碳等混合物。

3. 甲基吡啶的电氧化

甲基吡啶在二氧化铅阳极、硫酸水溶液中进行电氧化反应时，甲基吡啶中的甲基可氧化成甲酸，其反应式如下

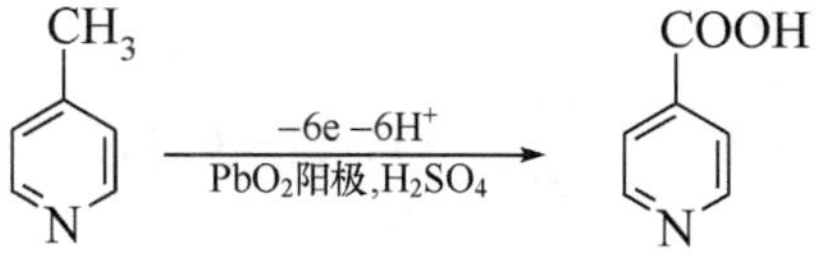

(6.61)

电解氧化生成的产物为异烟酸，是制造雷米封(异烟肼)药物的中间体，在药物合成工业很有实用价值。

4. 哌啶的电氧化反应

哌啶在二氧化铅阳极和硫酸水溶液中反应时，主要生成 δ-氨基戊酸，但有少量戊二酸和丁二酸副产物生成，反应式为

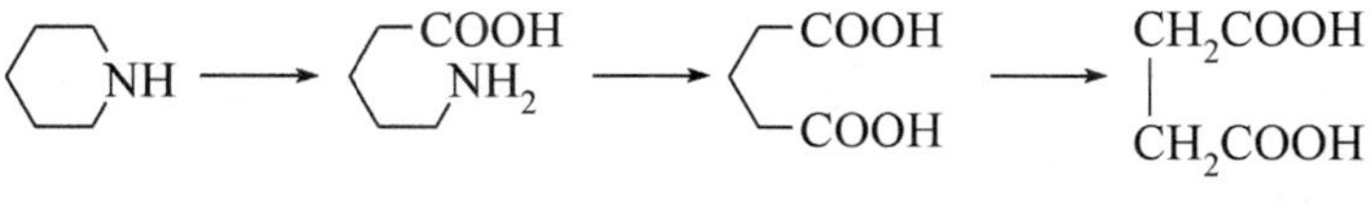

(6.62)

§6.6　羰基化合物的阳极氧化反应

§6.6.1　Kolbe 反应

Kolbe 反应是大家熟知的既古老又经典的著名反应，也是烃类化合物电合成中最重要的一类反应之一，在有机电合成领域中具有广阔的应用前景，以下列举一

些具体的反应予以阐述。

1. 一元羧酸盐的电氧化反应

通过 Kolbe 反应，可以把较短链的羧酸盐化合物电解制备成长链烃。羧酸盐首先在阳极上氧化生成羧酸基，再经脱羧反应失去 CO_2 生成自由基，然后通过二聚反应得到烃类化合物

$$RCOO^- \xrightarrow{-e} RCOO\cdot \xrightarrow{-CO_2} R\cdot \longrightarrow R—R \quad (6.63)$$

例如：

(1) 丙酸盐类的电氧化

$$2C_2H_5COO^- \xrightarrow[\text{Pt 阳极}]{CH_3OH} H_5C_2—C_2H_5 + 2CO_2 + 2e \quad (6.64)$$

(2) 正丁酸盐类的电氧化

$$2C_3H_7COO^- \xrightarrow[\text{Pt 阳极}]{CH_3OH} H_7C_3—C_3H_7 + 2CO_2 + 2e \quad (6.65)$$

(3) 正戊酸盐类的电氧化

$$2C_4H_9COO^- \xrightarrow[\text{Pt 阳极}]{CH_3OH} H_9C_4—C_4H_9 + 2CO_2 + 2e \quad (6.66)$$

研究表明，Kolbe 反应的产物并不是只有一种二聚烃，而是含有饱和烃、不饱和烃以及醇类、酯类、醚类等的混合物。表 6.2 给出一元脂肪酸盐经 Kolbe 反应后生成产物的一些例子。

表 6.2 某些一元脂肪酸盐经 Kolbe 电解反应后生成的产物收率

一元羧酸盐反应物	烷烃产物含量/%	烯烃产物含量/%	酯类产物含量/%
CH_3COO^-	85	2	2
$C_2H_5COO^-$	8	66	5
$C_3H_7COO^-$	14.5	53	10
$C_4H_9CO^-$	50	18	4
$(CH_3)_2CHCH_2COO^-$	43	42	5
$(CH_3)_3CCOO^-$	13	52	0
$C_5H_{11}COO^-$	75	7	1.5
$C_{15}H_{31}COO^-$	30	—	—
$C_{17}H_{35}COO^-$	27.6	—	—

Kolbe 反应在不同电解条件下脱羧可能生成两种活性中间体，即自由基 R· 和正碳离子 R^+。这两种活性中间体活性很高，可与不同物质反应，生成多种不同的产物，如图 6.1 所示。

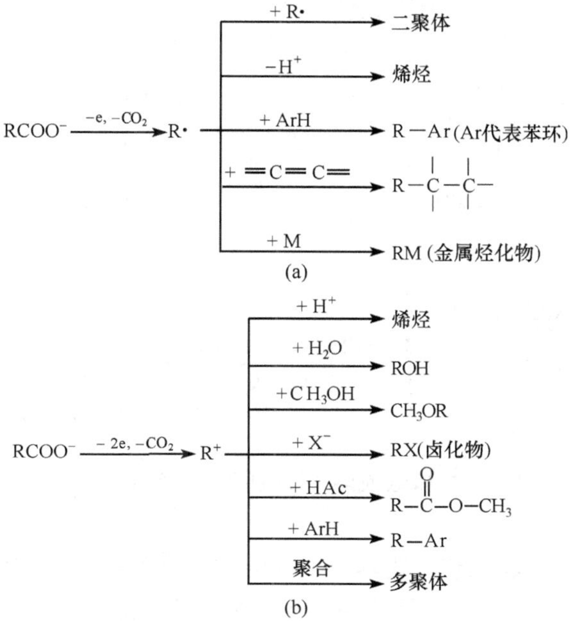

图 6.1　Kolbe 反应电解过程的可能途径

(a) $RCOO^- \longrightarrow R\cdot$；(b) $RCOO^- \longrightarrow R^+$

一元羧酸盐电氧化反应典型的例子是癸二酸二甲酯的电合成。它以己二酸单甲酯为原料，甲醇水溶液为电解液，采用 Pt/Ti 阳极进行电氧化反应，其反应式如下

$$\begin{array}{c} COOH \\ | \\ (CH_2)_4 \\ | \\ COOCH_3 \end{array} \xrightarrow[\text{Pt/Ti 阳极}]{CH_3OH\text{-}H_2O(0.2\%\sim3.0\%)} \begin{array}{c} COOCH_3 \\ | \\ (CH_2)_8 \\ | \\ COOCH_3 \end{array} \qquad (6.67)$$

该反应的选择性达 93%，电流效率为 70%。电解过程的电流密度一般控制在 $10\sim30A \cdot dm^{-2}$，初始反应物为己二酸单甲酯钾盐。同样，该方法也可用于合成长链癸二酸酯，其反应式为

$$\begin{array}{c} COOH \\ | \\ (CH_2)_4 \\ | \\ COOR \end{array} \xrightarrow[\text{Pt 阳极}]{CH_3OH\text{-}CH_3COC_2H_5\text{-}H_2O} \begin{array}{c} COOR \\ | \\ (CH_2)_8 \\ | \\ COOR \end{array} \qquad (6.68)$$

式中 R 为 2-乙基己基(2-ethylhexyl)。该反应的收率为 85%，电流效率为 65%。另外，若能配上合适的阴极反应，则可组成成对电合成反应。Monsanto 公司对此

进行了研究，其成对电合成反应式为[31]

阳极反应

$$\begin{array}{c} COON(C_2H_5)_4 \\ | \\ (CH_2)_4 \\ | \\ COOCH_3 \end{array} \xrightarrow[\text{Pt 阳极}]{H_2O\text{-}CH_3CN} \begin{array}{c} COOCH_3 \\ | \\ (CH_2)_8 \\ | \\ COOCH_3 \end{array} \tag{6.69}$$

阴极反应

$$\begin{array}{c} COOC_2H_5 \\ | \\ CH \\ \| \\ CH_2 \end{array} \xrightarrow[\text{Pt/C 阴极}]{H_2O\text{-}CH_3CN\text{-}(C_2H_5)_4NX} \begin{array}{c} COOC_2H_5 \\ | \\ (CH_2)_4 \\ | \\ COOC_2H_5 \end{array} \tag{6.70}$$

阳极反应和阴极反应的收率和电流效率分别为 87％、35％和 84％、61％，具有较高的经济性。

由于癸二酸电合成工艺路线具有很好的工业价值，加之癸二酸可用于合成聚酰胺树脂，癸二酸酯可用作增塑剂和合成润滑剂等，该反应已在前苏联实现了工业化生产。

2. 二元羧酸盐的电氧化反应

当有两种不同的羧酸盐同时在阳极上进行电氧化反应时，则可以生成 3 种不同的 Kolbe 二聚产物

$$RCOO^- + R^1COO \longrightarrow R-R + R^1-R^1 + R^1-R + 2CO_2 \tag{6.71}$$

例如

$$\underset{\text{A}}{\begin{array}{c} COOCH_3 \\ | \\ (CH_2)_7 \\ | \\ COOH \end{array}} + \underset{\text{B}}{\begin{array}{c} COOCH_3 \\ | \\ (CH_2)_4 \\ | \\ COOH \end{array}} \xrightarrow[\text{Pt 阳极}]{CH_3OH\text{-}KOH(H_2O)}$$

$$\underset{\text{A-A}}{\begin{array}{c} COOCH_3 \\ | \\ (CH_2)_{14} \\ | \\ COOCH_3 \end{array}} + \underset{\text{A-B}}{\begin{array}{c} COOCH_3 \\ | \\ (CH_2)_{11} \\ | \\ COOCH_3 \end{array}} + \underset{\text{B-B}}{\begin{array}{c} COOCH_3 \\ | \\ (CH_2)_8 \\ | \\ COOCH_3 \end{array}} + CO_2 \tag{6.72}$$

通常，Kolbe 二聚反应 A-B 产物的收率是相当低的。即使 B 反应物过量 4 倍，生成产物 A-A、A-B 和 B-B 的比例也仅为 1∶8∶21。若上述反应中的二

羧酸单甲酯用一元羧酸来代替，则产物的收率分别为 26.8%、25.8%、27.6%[32,33]

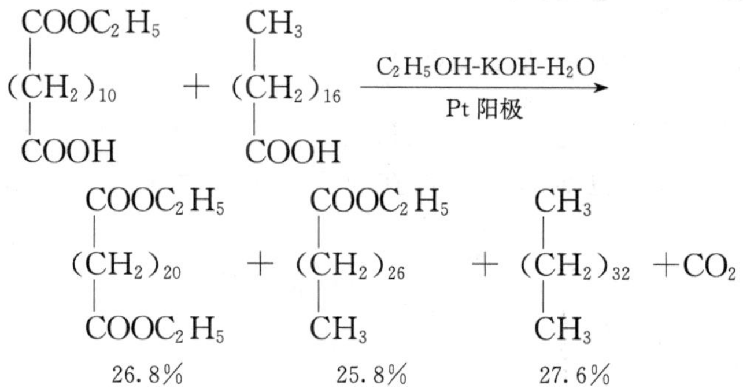

(6.73)

若羧酸反应物上带有某种官能团，也可以发生 Kolbe 反应，例如

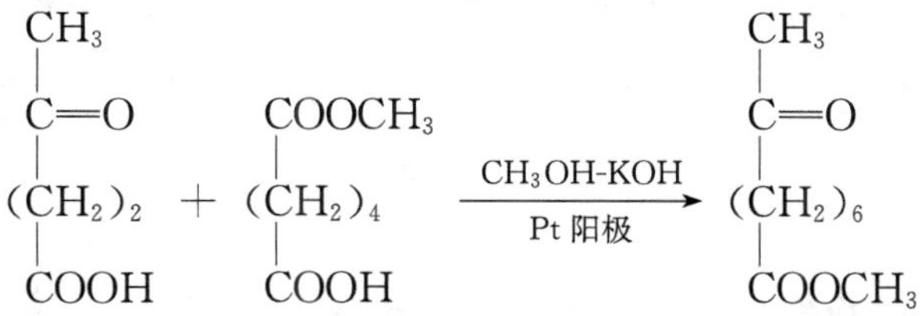

(6.74)

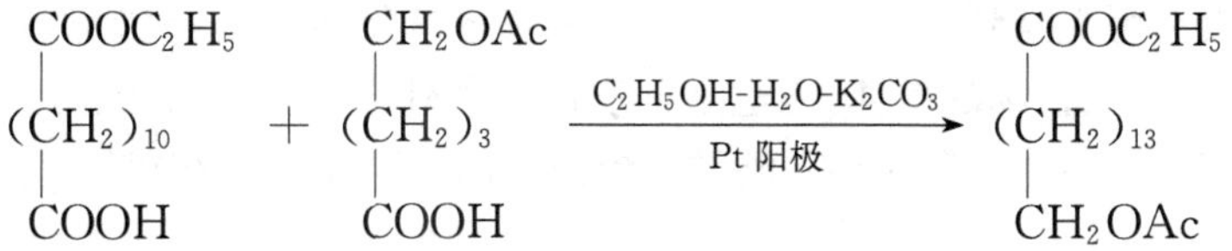

(6.75)

通过 Kolbe 二聚反应生成的产物可用作增塑剂、麝香香料中间体等，具有较好的应用前景。

另外，Kolbe 反应还可以用来合成氟烷烃、二醇和二酰胺等，例如

(1)
$$2CF_3COOH \xrightarrow[\text{Pt 阳极}]{CH_3OH\text{-}H_2O\text{-}DMF\text{-}NaOCH_3} CF_3—CF_3 \quad (6.76)$$

该反应的收率为 77%～85%。

(2)

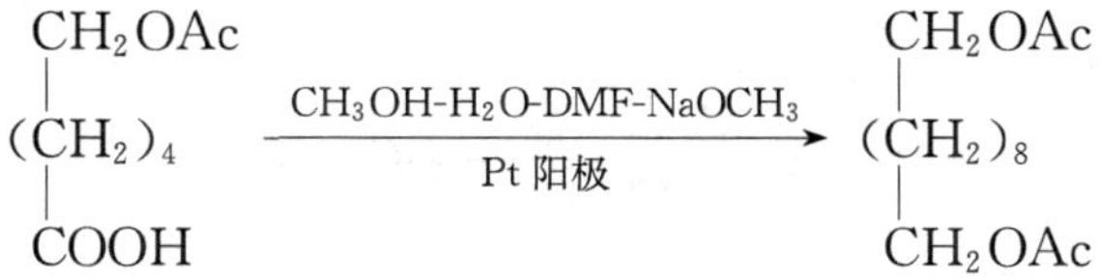

(6.77)

该反应在 25A · dm^{-2}的电流密度下，转化率为 80%，选择性为 83%，电流效率为 66%。

§6.6.2 酰胺的阳极烷氧基化反应

1. *N*-取代酰胺的阳极烷氧基化反应

对 *N*-取代酰胺的阳极烷基化反应已进行过广泛的研究，由于反应物中 R^1、R^2 和 R^3 不同，其产物收率也不相同，一般在 50%～90%之间，其反应式为

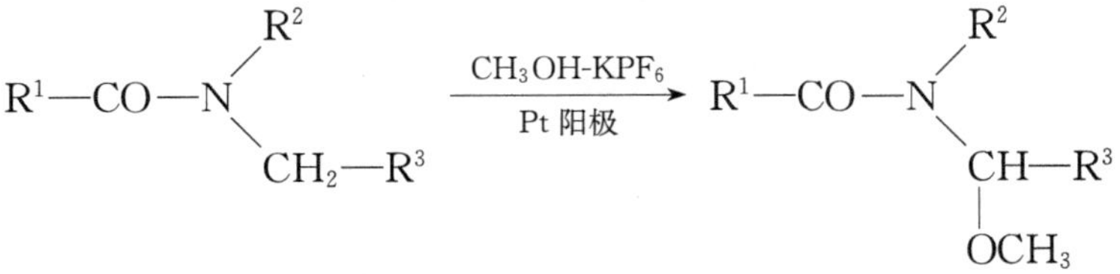

(6.78)

此反应开辟了一条合成 *N*-乙烯基酰胺的新路线，故研究更为深入，其反应式为

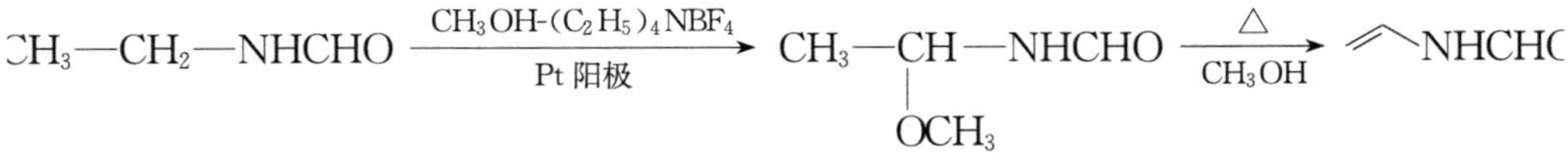

(6.79)

该电氧化反应的收率为 70%～74%，电流效率仅 21%～27%。若采用玻璃碳作阳极，则电流效率可提高到 50%左右。*N*-乙烯基羧酸衍生物是一种碱性离子交换剂和水溶性阳离子聚合物的单体，用途十分广泛。另外，采用以上类似的方法同样可制备出相应的 *N*-乙烯基氨基甲酸乙酯类化合物，而用其他方法是很难得到这种产物的。

2. *N*-酰基环酰胺衍生物(*N*-acyl derivatives of cyclic amines)的电合成

采用阳极烷基化反应的方法可用于合成 *N*-酰基环酰胺衍生物等产品[34,35]，例如

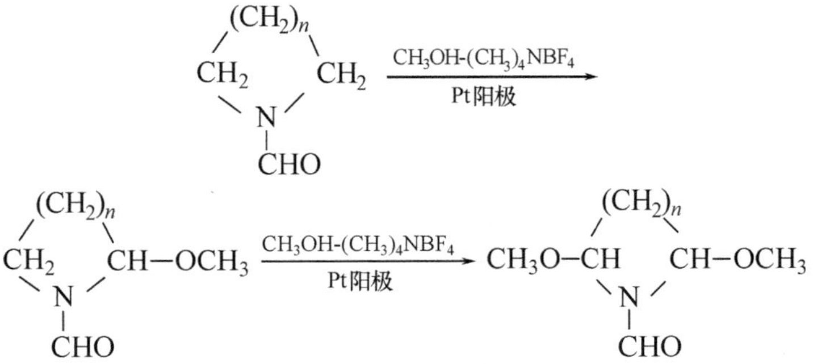

(6.80)

$n=3$	收　率/%	92.9	86.6
	电流效率/%	92.9	45.6
$n=2$	收　率/%	86.6	
	电流效率/%	86.6	

用类似的方法可制得收率很高的烷氧基化尿烷(alkoxylated urethanes),其电氧化反应式为

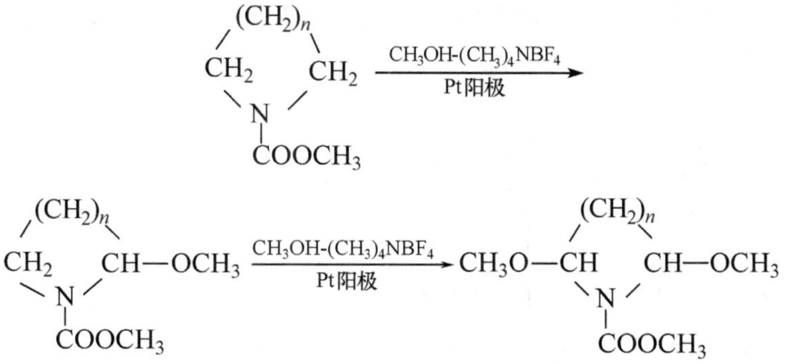

(6.81)

$n=3$	收　率/%	92.5	84.3
	电流效率/%	73.7	60.2
$n=2$	收　率/%	92.6	77.5
	电流效率/%	74.1	47.7

3. N,O-醛缩醇(N,O-acetals)的电合成

以内酰胺(lactams)为原料,经电氧化反应可合成 N,O-缩醛化合物,其反应式为

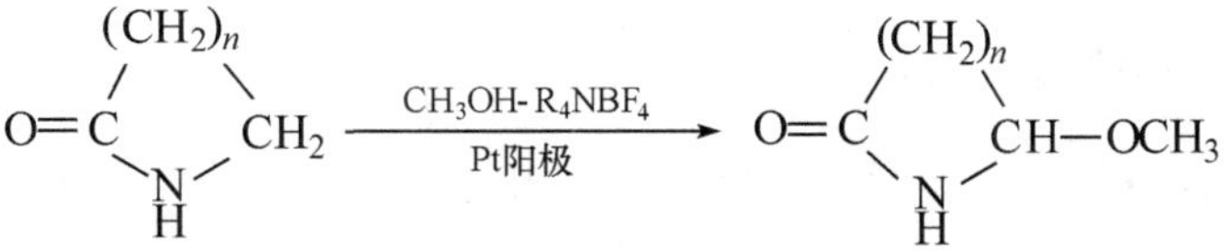

(6.82)

根据式(6.82)中数目 n 的不同,反应所得的收率也不一样,如表 6.3 所示。该反应产物可用于合成 ω,ω'-二烷氧基羧酸脂和 ω,ω'-羧酰胺类化合物等。

表 6.3　N,O-醛缩醇合成过程中 n 数目与收率和电流效率之间的关系

n	产物收率/%	电流效率/%
1	51.0	41.0
2	50.0	50.0
3	72.0	59.0
4	72.0	48.0
6	57.0	38.0
10	51.0	29.0

4. 五元杂环化合物的电合成

采用上述反应原理，可将含有两个杂原子的五元杂环化合物进行电氧化[36]，其反应式如下

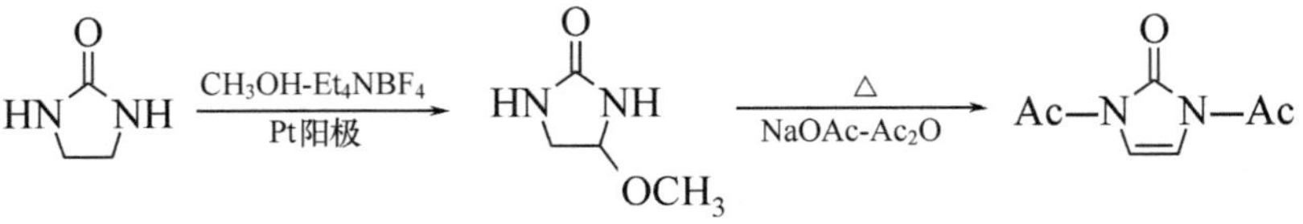

(6.83)

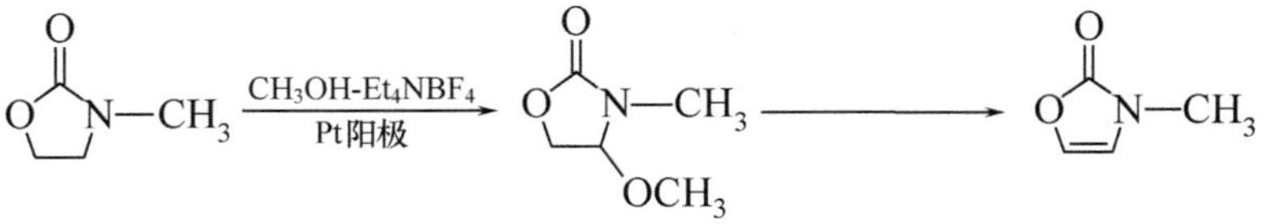

(6.84)

前者最终产物收率为 40%，后者为 80%。

§6.6.3　醛类化合物的电氧化反应

早在 1930 年，间接电氧化醛糖合成醛糖酸的反应就已实现了工业化生产。至今，Sandoz 公司和印度仍沿用此法进行工业化生产。在这类反应中，较为突出的反应简述如下：

1. 乳糖酸钙的电合成

以乳糖为原料，经电化学氧化反应可制得乳糖酸钙[37]，其反应式为

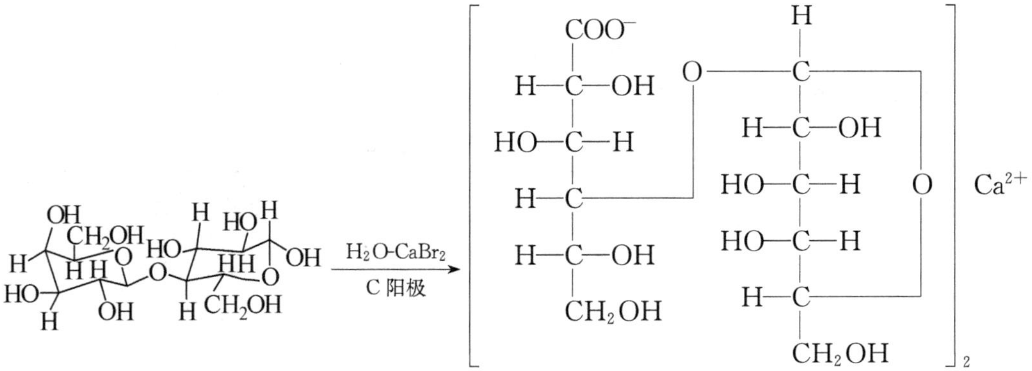

(6.85)

该反应产物的收率达 90%以上。

2. 葡萄糖酸钙的电合成[38~40]

以葡萄糖为原料，溴化钠作催化剂，经间接电氧化反应可制得葡萄糖酸钙，其反应式如下

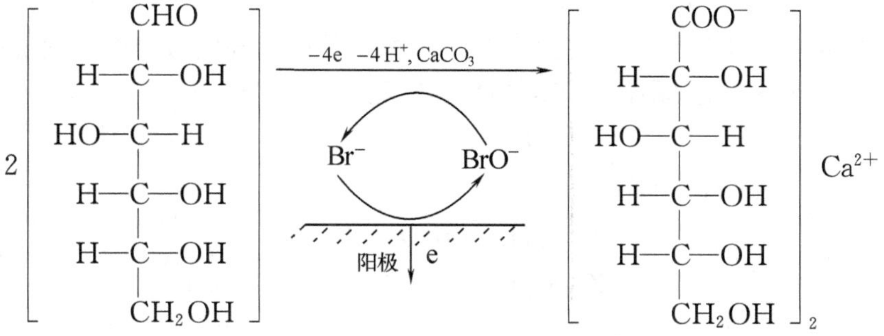

(6.86)

该反应在电氧化过程中，溴离子首先在阳极表面失去电子生成溴分子，然后在水溶液中生成次溴酸。后者与葡萄糖作用生成葡萄糖-δ-内酯中间体，在水溶液中与葡萄糖酸处于平衡。由于溶液中加有 $CaCO_3$，故与葡萄糖酸作用可生成葡萄糖酸钙。同样，若溶液中加入 Na_2CO_3、KOH、MgO、CuO、$MnCO_3$、$FeCO_3$ 等物质，则可生成相应的葡萄糖酸盐。另外，若仍以葡萄糖作原料，采用隔膜电解槽，则可进行成对电解合成，阳极产物为葡萄糖酸盐，阴极产物为山梨糖醇。

3. 乙醛酸的电合成[41,42]

电解法合成乙醛酸有两种途径：一种是以草酸为原料，在无机酸水溶液中进行，将草酸中的一个羧基还原成醛基，即得乙醛酸

$$\begin{matrix}COOH\\ |\\ COOH\end{matrix} + 2H^+ \xrightarrow{2e} \begin{matrix}COOH\\ |\\ CHO\end{matrix} + H_2O \tag{6.87}$$

另一种方法是以乙二醛为原料，经电化学氧化将乙二醛中的一个醛基氧化成羧基，而制得乙醛酸

$$\begin{matrix}CHO\\ |\\ CHO\end{matrix} \xrightarrow[\text{C 阳极}]{HCl\text{-}H_2O} \begin{matrix}COOH\\ |\\ CHO\end{matrix} \tag{6.88}$$

后者的转化率为 98%，选择性为 82%。这两种不同的反应可在同一有隔膜电解槽中进行成对电解合成。

§6.6.4　丙二酸衍生物的阳极二聚反应

除了烯烃阴极加氢二聚反应和 Kolbe 反应以外，C-H 酸式化合物的阳极二聚

反应也是实现 C-C 偶合的一种方法。例如,丙二酸酯的阳极二聚反应

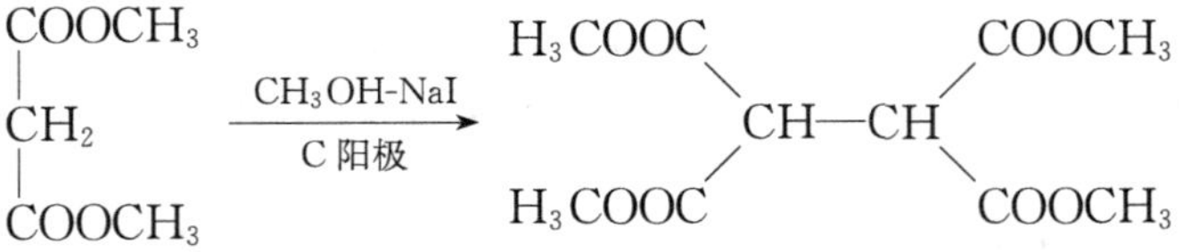

(6.89)

该反应的转化率为 70%,选择性为 98%,产物主要用于合成螯合剂和助洗剂的中间体。另外,这种反应原理也可用来合成环丁烷的衍生物,例如

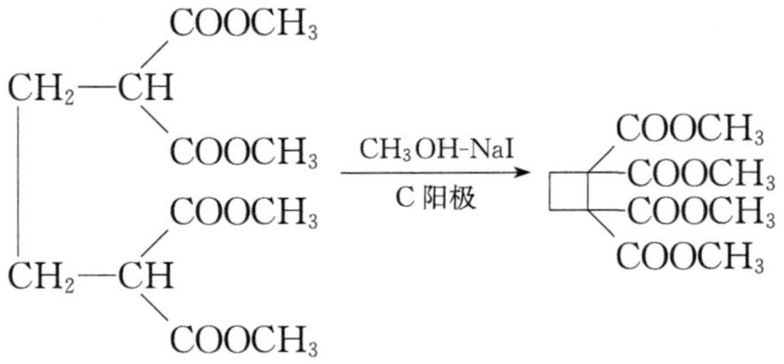

(6.90)

该反应的产物收率达 97%。

§6.7　醇和脂肪族醚的阳极氧化反应

§6.7.1　羧酸的电氧化合成

在碱性溶液中,以氧化镍作阳极材料,醇类化合物经电氧化反应可制得转化率相当高的羧酸。例如,以二丙酮-*L*-山梨糖为原料,采用氧化镍阳极,经电氧化反应可合成二丙酮-2-酮古洛糖酸(diacetone-2-ketogulonic acid)[43],其电氧化反应式为

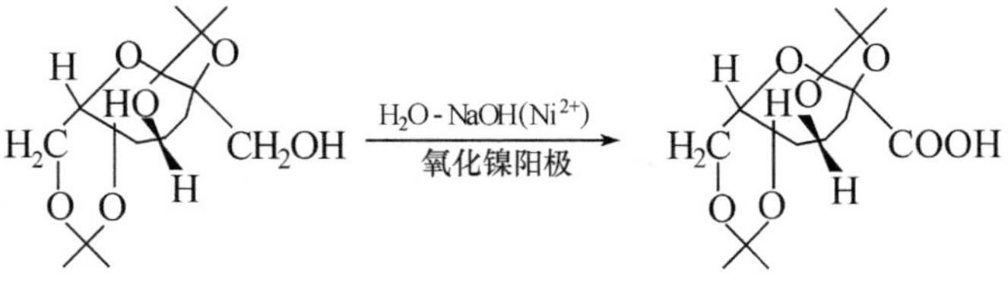

(6.91)

该反应转化率为 90%以上,电流效率为 70%,产物收率达 93%。该产物是合成维生素 C 的中间体,在 Rohe 公司已实现了工业化生产。

1. 脂肪族羧酸的合成

采用以上方法也可合成脂肪族羧酸化合物,例如

(1)

$$\begin{matrix}H_3C \\ \quad\diagdown \\ \quad CH{-}CH_2OH \\ \quad\diagup \\ H_3C\end{matrix}\xrightarrow[\text{氧化镍阳极}]{H_2O\text{-}NaOH}\begin{matrix}H_3C \\ \quad\diagdown \\ \quad CH{-}COOH \\ \quad\diagup \\ H_3C\end{matrix}\tag{6.92}$$

该反应的电流效率为 90%，产物收率达 95%以上。

(2)

$$HO{-}H_2C{-}H_2C{-}\overset{\displaystyle OH}{\underset{\displaystyle CH_3}{\overset{|}{\underset{|}{C}}}}{-}CH_2{-}CH_2{-}OH\xrightarrow[\text{氧化镍阳极}]{H_2O\text{-}NaOH}HOOC{-}CH_2{-}\overset{\displaystyle OH}{\underset{\displaystyle CH_3}{\overset{|}{\underset{|}{C}}}}{-}CH_2{-}COOH\tag{6.93}$$

该反应的产物收率一般在 70%～85%之间。

(3) 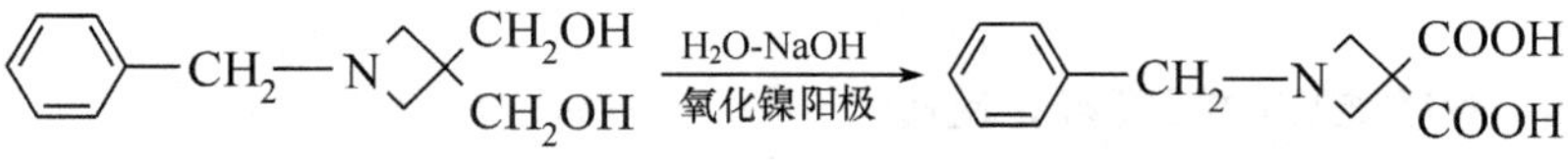

(6.94)

该反应的收率为 70%。

(4)

$$\begin{matrix}CH_2{-}CH_2{-}OH \\ | \\ O \\ | \\ CH_2{-}CH_2{-}OH\end{matrix}\xrightarrow[\text{氧化镍阳极}]{H_2O\text{-}NaOH}\begin{matrix}CH_2{-}COOH \\ | \\ O \\ | \\ CH_2{-}COOH\end{matrix}\tag{6.95}$$

该反应的电流效率在 69%～76%之间，产率在 75%～88%左右。

(5) 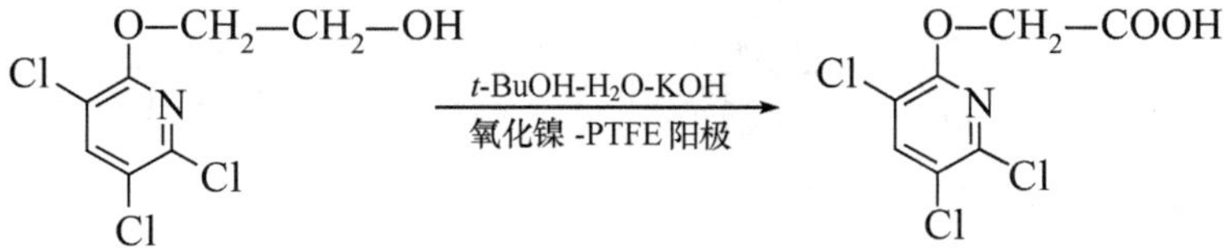

(6.96)

该反应的选择性为 97%，电流效率为 70%，产物苯氧基乙酸可用作除草剂。

2. 炔基羧酸的合成

若用酸性电解液及二氧化铅阳极时，炔醇能被电氧化成炔基羧酸。例如

(1) 丙炔酸的合成

$$HC\equiv C{-}CH_2OH\xrightarrow[T_i\text{ 或 }PbO_2\text{ 阳极}]{H_2O\text{-}H_2SO_4}HC\equiv C{-}COOH\tag{6.97}$$

(2) 乙炔二羧酸的合成

$$\begin{matrix}C{-}CH_2OH \\ ||| \\ C{-}CH_2OH\end{matrix}\xrightarrow[PbO_2\text{ 阳极}]{H_2O\text{-}H_2SO_4}\begin{matrix}C{-}COOH \\ ||| \\ C{-}COOH\end{matrix}\tag{6.98}$$

反应(1)的收率为 76%，反应(2)的收率为 70%以上。

§6.7.2 酮类化合物的电氧化合成

仲醇电氧化合成酮类化合物的方法，一般来说还不如催化脱氢法，因此这类化合物的电合成通常只适用于一些特殊场合。其中 1,4,3,6-二脱水己糖醇的电氧化反应是一个较有意义的例子，其反应式如下[44]

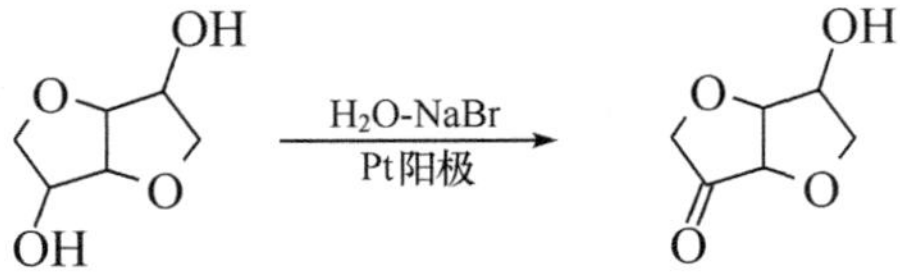

(6.99)

该反应属内羟基选择性电氧化反应，电流效率为 50%，单羟基氧化反应选择性为 80%。

§6.7.3 脂肪族醚的阳极氧化反应

脂肪族醚的电氧化反应在文献中报道较多，一般以玻璃碳作阳极材料进行电合成时，其电流效率较高，以下是这类反应的几个例子

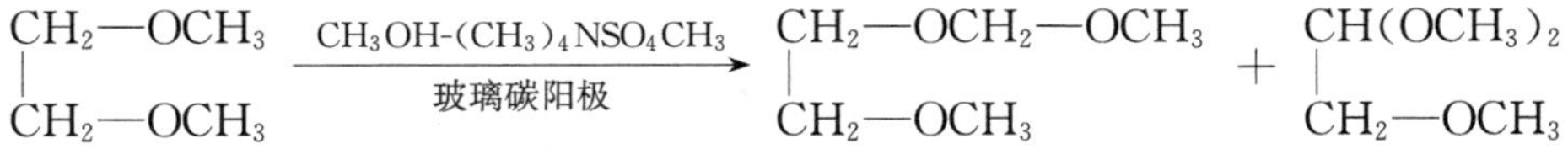

(6.100)

该反应的转化率为 65%，产物的选择性分别为 19%和 40%。

(6.101)

该反应的选择性为 81%，电流效率为 75%。

(6.102)

该反应的选择性为 82%，电流效率为 72%。

§6.8 含氮化合物的阳极氧化反应

胺的电氧化反应在文献中已有较多报道，但由于这类反应的收率都比较低，因而很少实现工业化生产。近年来，含氮化合物在材料、药物等合成领域的研究比较活跃，以下予以介绍。

1. 对苯二胺的电氧化反应

以对苯二胺为原料，碳作阳极材料，经电氧化反应可合成工程塑料单体，其反应式如下[45]

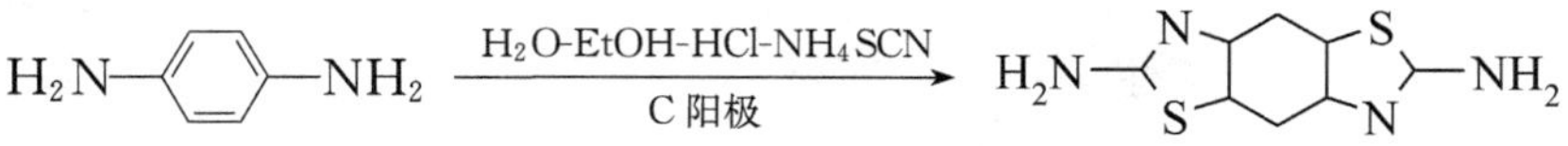

(6.103)

2. 取代萘胺衍生物的阳极二聚反应

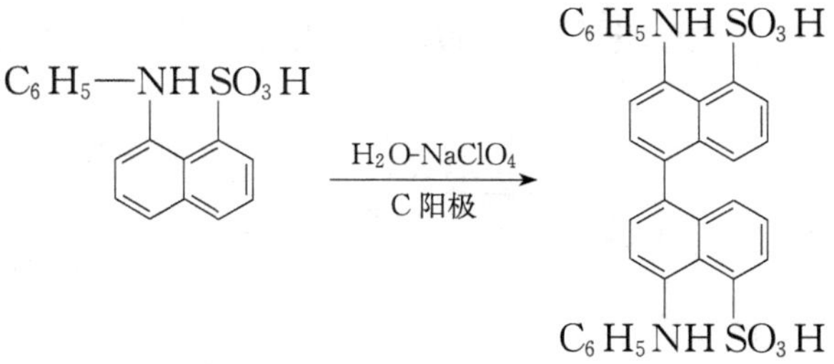

(6.104)

该二聚反应的转化率为 88%，产物收率为 30%[46]。

3. 肾上腺素的电氧化反应

以肾上腺素衍生物为原料，碳作阳极材料，经电氧化反应可制得缩氨基脲(semicarbazone)的单体。其反应式如下

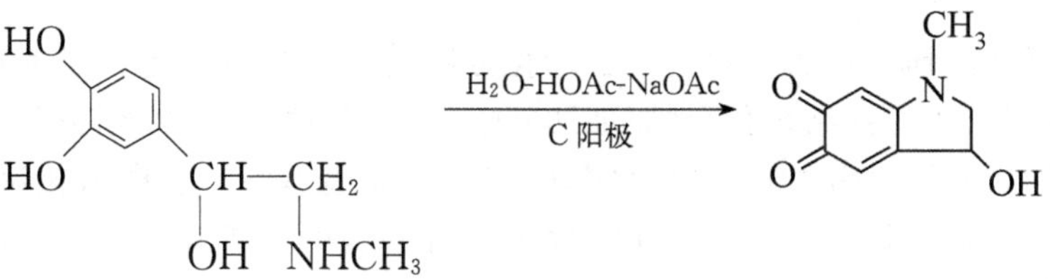

(6.105)

该反应的收率为 82%。

4. 烯胺的电氧化反应[47]

以烯胺为原料，铂作阳极材料，经电氧化反应可获得合成药物的中间体，其反应式为

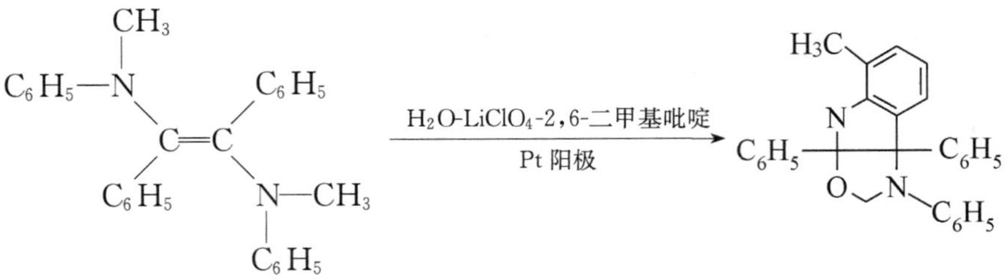

(6.106)

该反应的收率为 59％。

5. 肟的电氧化反应

作为 α,β-不饱和羰基化合物的肟，在阳极上很容易被氧化成异噁唑（isoxazoles），其反应式为

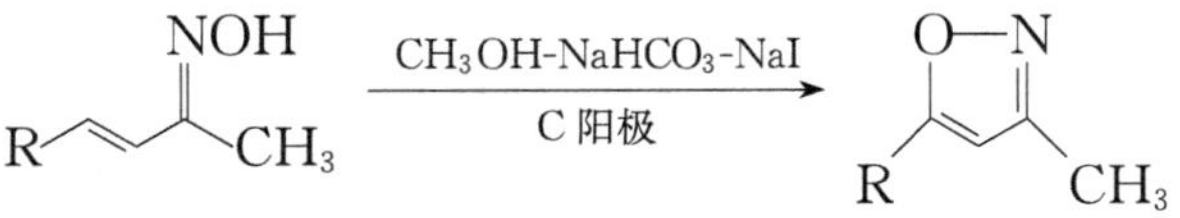

(6.107)

式中 R 为 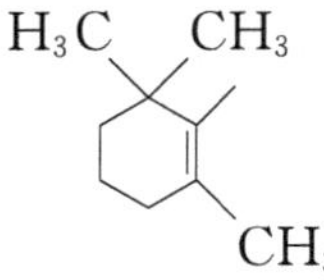，该反应的收率为 85％。

§6.9　含磷化合物的阳极氧化反应

前苏联的科研工作者曾对有机含磷化合物的电氧化反应进行了大量的研究。研究表明，当有芳香或杂环化合物（如四氢噻吩）存在时，三苯膦经阳极氧化可分别制得芳香三苯基鏻盐和杂环三苯基鏻盐，二烷基亚磷酸酯通过电氧化反应可制得芳香基磷酸酯或四烷基磷酸酯。所有这类化合物的电合成都有一个共同的特点，即都需要使用非质子电解液，例如，$CH_3CN/NaClO_4$ 等。另外，三苯基鏻盐通过阳极氧化也可以实现 C-C 键的偶合[48]，例如

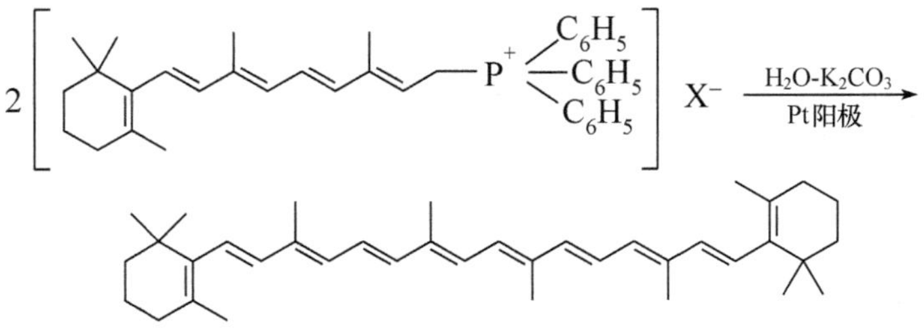

(6.108)

该反应是一种合成 β-胡萝卜素(β-carotene)的新方法，其选择性为 58%。

另外，Monsanto 公司开发出一种用二氧磷甲基化合物进行电化学选择性消除的工艺路线[49]，其反应式为

$$N(CH_2—PO_3H)_3 \xrightarrow[\text{C 阳极}]{H_2O\text{-}HCl} HN(CH_2—PO_3H)_2 \tag{6.109}$$

该反应的收率可达 91%，其产物可用于合成特殊金属离子的螯合剂，如

$$R — N(CH_2 — PO_3H)_2 \longrightarrow R — NH — CH_2 — PO_3H \tag{6.110}$$

用上述阳极氧化的方法也可合成 N-氧磷甲基甘氨酸[50]，其电氧化反应式如下

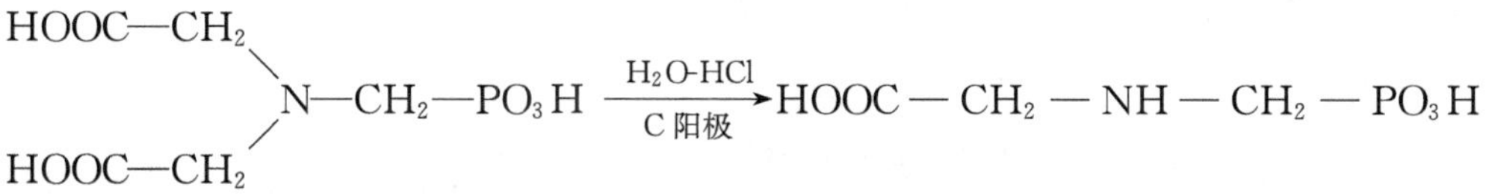

(6.111)

该反应的产物收率可达 96%。

§6.10　含硫化合物的阳极氧化反应

§6.10.1　二硫化四烷基秋兰姆的合成

有机含硫化合物的电氧化反应，大多仍处于实验室研究阶段。近年来，这类研究主要集中在寻找一条生产二硫化四烷基秋兰姆的替代工艺路线，目前研究的电氧化反应为[51]

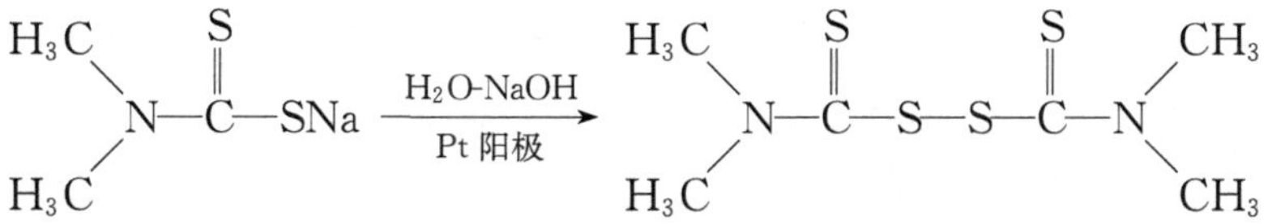

(6.112)

该反应的转化率在 10%～25%之间，选择性为 95%，电流效率为 88%。当有胺存在时，二硫化四烷基秋兰姆通过电氧化反应可制得亚磺酰胺，其反应式为

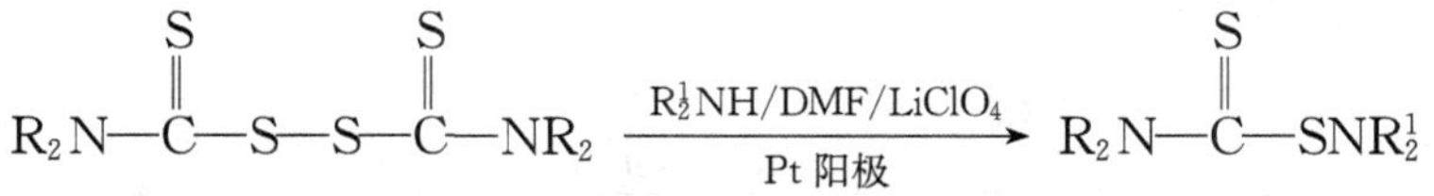

(6.113)

二硫化四烷基秋兰姆可用作硫化增强剂、杀菌剂和种子处理剂，具有较高的应用价值。

§6.10.2　二硫化二苯噻唑基和苯并噻唑基亚磺酰胺的电合成[52,53]

上述阳极氧化反应原理也可用来合成二硫化二苯噻唑基和苯并噻唑基亚磺酰

胺，其反应式分别如下

(1)

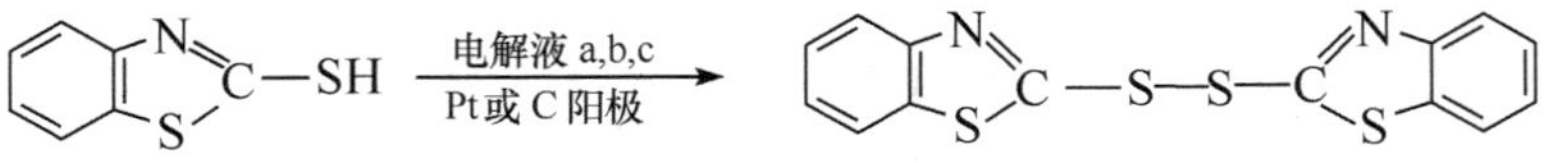

(6.114)

式中，电解液 a——Et_3N-CH_3OH；

b——CH_3OH-NaBr；

c——H_2O-KOH。

a 电解液时的收率为 99%，b 为 99%，c 为 98%。

(2)

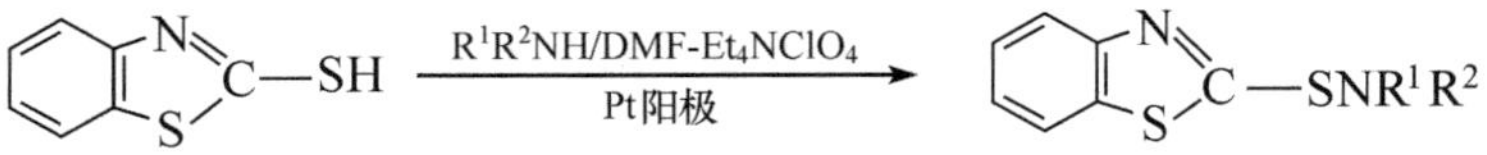

(6.115)

式中，R^1 表示 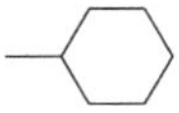，R^2 表示 H，反应收率为 99%。

(3)

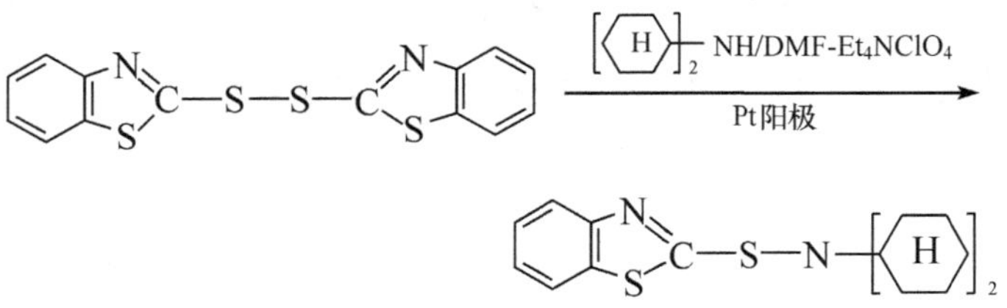

(6.116)

该反应的收率为 98%。

§6.10.3 硫化增强剂、苯亚磺酰酯及青霉素、头孢菌素中间体的合成[54~56]

通过二硫化物的阳极裂解反应可合成相应的硫化增强剂、苯亚磺酰酯及青霉素、头孢菌素中间体等，其反应式分别为

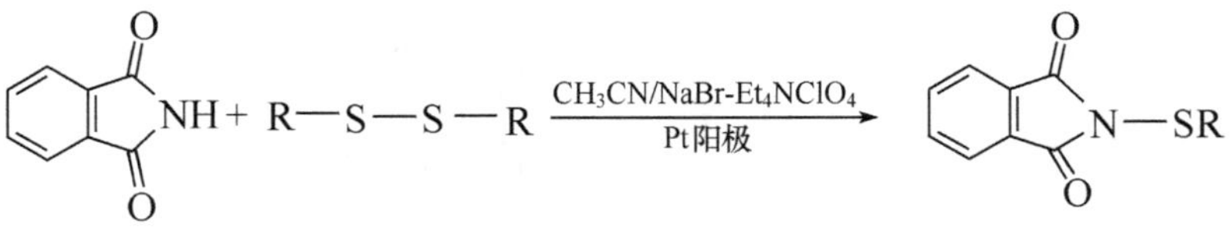

(6.117)

式中，R 为 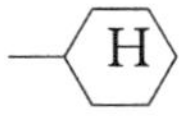，该反应的收率为 99%。

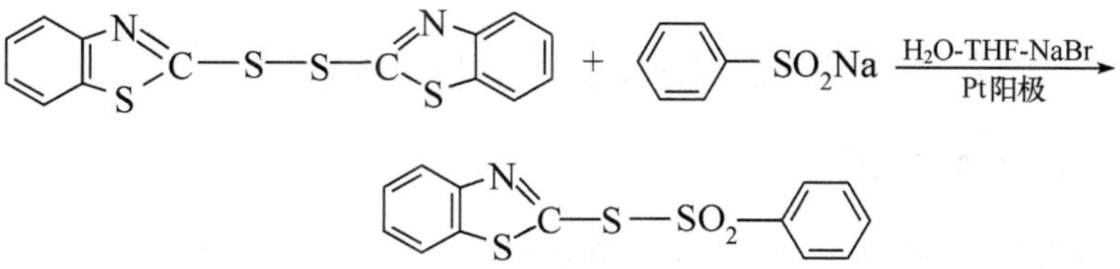

(6.118)

该反应的收率为 92%。

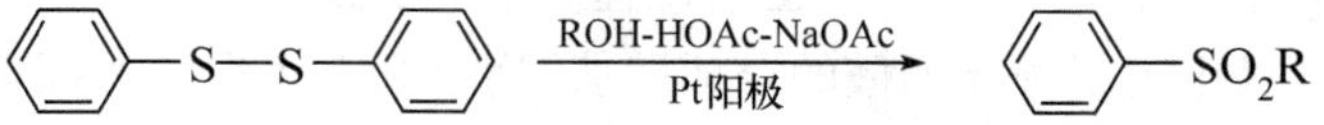

(6.119)

该反应的收率为 74%。

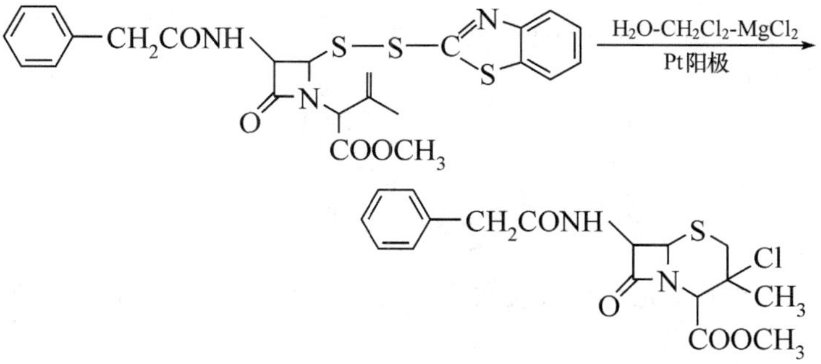

(6.120)

该反应的收率为 93%。

§6.10.4　亚砜的电合成[57]

除了上述 S-S 键偶合和裂解反应以外，含硫化合物的电氧化反应还可以用于合成亚砜，例如

$$CH_3-S-CH_3 \xrightarrow[\text{C 阳极}]{H_2O\text{-}DMSO\text{-}HCl} CH_3-\overset{\overset{\displaystyle O}{\|}}{S}-CH_3 \qquad (6.121)$$

该反应的选择性为 91%，电流效率为 70%。

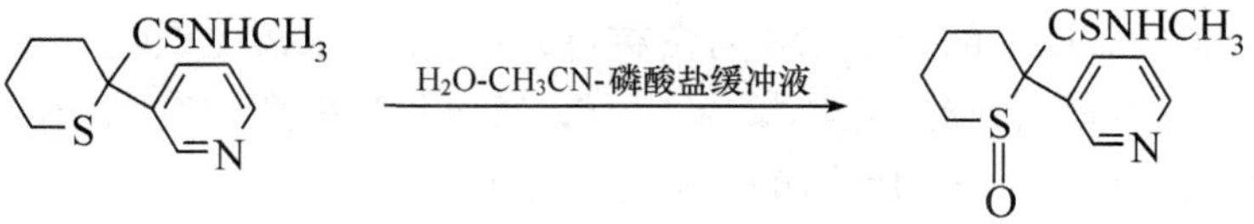

(6.122)

该反应的收率为 73%。

§6.11　阳极氧化反应合成实例

§6.11.1　异烟酸的电合成[58,59]

异烟酸也称4-吡啶甲酸，是合成雷米封的重要中间体，工业上也用作抗腐蚀剂、感光树脂稳定剂、有色金属浮选药剂和电镀添加剂等，具有重要的应用价值。异烟酸常规的合成方法包括催化氧化法、高锰酸钾法、臭氧化法和硝酸氧化法等。由于这些方法存在环境污染严重、工艺过程复杂等问题，故20世纪50年代起人们就开始研究电氧化法制备异烟酸的合成路线，通过半个多世纪的探索，该方法已逐渐成熟。

该合成路线以4-甲基吡啶为原料，采用隔膜式电解槽，Pt/Ti或PbO_2/Ti作阳极，Cu为阴极，阴、阳极之间用全氟阳离子交换膜分隔，反应在酸性电解液中进行，其阳极反应式为

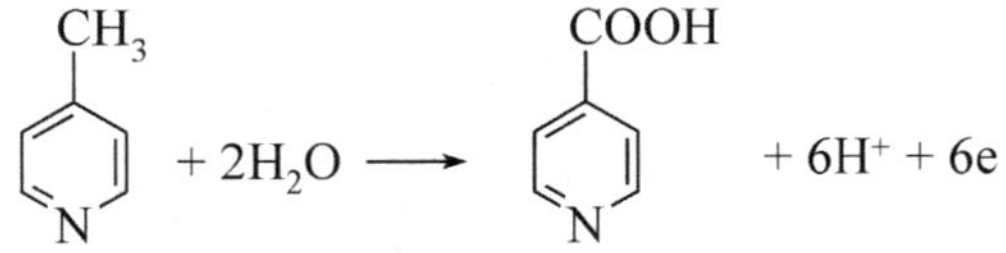

(6.123)

反应中4-甲基吡啶首先在阳极表面逐步失去6个电子，甲基被氧化成羧基而得到异烟酸。

在合成过程中，阳极液为硫酸和4-甲基吡啶的混合液，阴极液为硫酸水溶液，反应过程控制电流密度600A·m^{-2}，电解温度40℃。待反应结束，取出阳极液，用20%NaOH水溶液中和至pH=3.6，冷却后即析出大量粉红色沉淀物，经过滤、水洗、活性炭脱色、再过滤、烘干，即得异烟酸产品。异烟酸的收率为65%左右，电流效率为68%。

§6.11.2　双环戊二烯基铁的电合成[60]

双环戊二烯基铁又名二茂铁，是一种有机金属化合物，主要用作聚酯树脂的固化剂，柴油、重油、煤等燃烧时的催化剂，以及汽油抗震剂和阻燃橡胶添加剂等。

化学法制备二茂铁的技术主要有两类：第一类是无水卤化铁(Ⅱ)与碱金属、镁或汞的环戊二烯基化合物反应制取，反应有金属卤化物副产物生成；第二类是卤化铁(Ⅱ)与环戊二烯在强碱和合适的溶剂存在下反应制取，同样反应后仍生成卤化物副产物。因此，化学法合成二茂铁不但后处理困难，生产成本高，产品纯度低，而且环境污染严重，限制了该产品大规模的生产和应用。

电化学法制备二茂铁在20世纪60年代就有报道。它以环戊二烯和纯铁作原

料，采用无隔膜电解槽，以环戊二烯、二甲基甲酰胺(DMF)、溴化钠组成电解液，纯铁为阳极，通电后在阳极表面先氧化成 Fe^{2+}，然后与阴极附近生成的环戊二烯负离子反应制得二茂铁，其反应式如下

阳极反应

$$Fe \longrightarrow Fe^{2+} + 2e \tag{6.124}$$

阴极反应

$$Na^{+} + e \longrightarrow Na \tag{6.125}$$

随后化学反应

$$Na + C_5H_6 \longrightarrow Na^{+} + C_5H_5^{-} + 1/2H_2 \tag{6.126}$$

$$2C_5H_5^{-} + Fe^{2+} \longrightarrow Fe(C_5H_5)_2 \tag{6.127}$$

二茂铁电合成的工艺流程如图 6.2 所示。

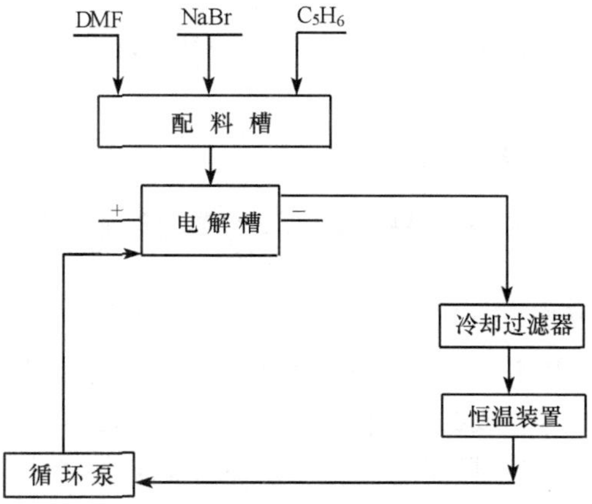

图 6.2　二茂铁电合成工艺流程示意图

在电合成过程中，首先将二甲基甲酰胺、环戊二烯和溴化钠按比例配成电解液，注入无隔膜电解槽内，打开循环泵，恒温至反应温度，再通电电解。待达到预定的电量后，停止电解，取出反应液，经过滤、提纯，得二茂铁。在控制温度 40℃、电流密度 $100A \cdot m^{-2}$ 的反应条件下，电流效率为 75%，产品收率达 80%。

§6.11.3　乙基香兰素的电合成

乙基香兰素是化学合成香料之一，主要用作化妆品、香皂、香烟的定香剂，食品、饮料的调味剂，药物和新型香料的中间体。目前的制备方法以化学法为主，由于该法分离难度大，环境污染严重，问题较多。为克服这些难题，近年提出了电氧化法合成该产品的工艺路线。

电氧化法制备乙基香兰素的初始原料为邻乙氧基苯酚。首先将邻乙氧基苯酚

和三氯乙醛进行缩合反应，生成三氯甲基甲醇，再在碱性溶液中水解得钠盐，然后通过电氧化反应制得乙基香兰素，其反应过程如下

缩合反应

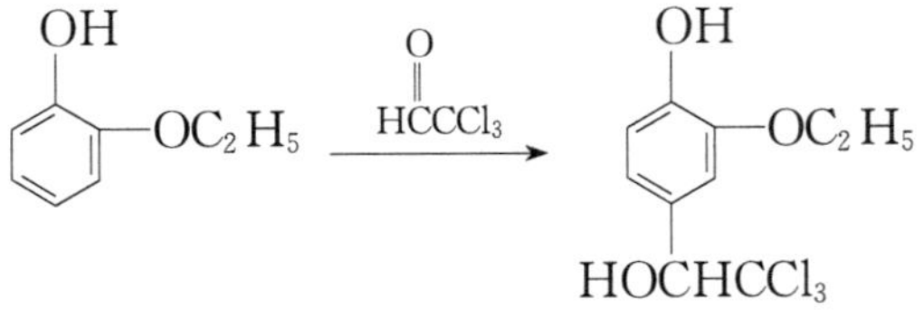

(6.128)

水解反应

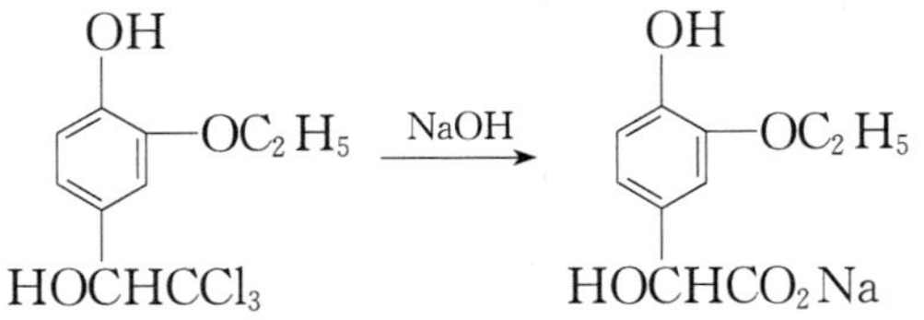

(6.129)

电氧化反应

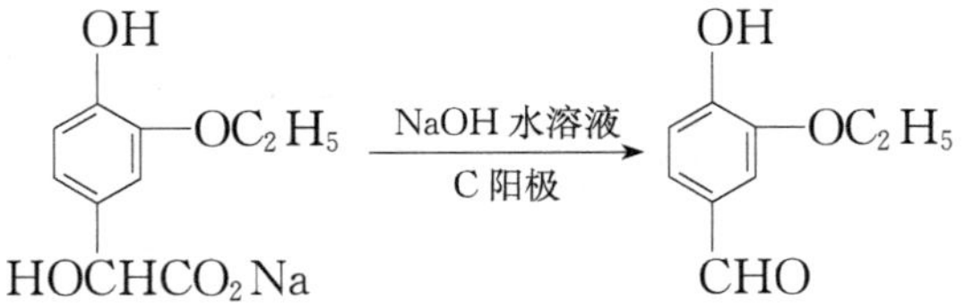

(6.130)

该合成路线中的缩合和水解反应属常规化学反应，国内外早有研究并已成熟，在此不予叙述。经化学反应生成的 3-乙氧基-4-羟基苯乙醇酸钠水溶液可直接进行电氧化反应，但若合成过程只需电氧化反应一步，则反应原料可用 3-乙氧基-4-羟基苯乙醇酸。

该反应一般以石墨作阳极，镍为阴极，以 3-乙氧基-4-羟基苯乙醇酸碱性水溶液为电解液，采用隔膜电解槽。在控制温度 70℃，电流密度 200A · m^{-2}的电解条件下进行电合成反应。

在电合成过程中首先将 3-乙氧基-4-羟基苯乙醇酸碱性水溶液注入电解槽内，升温至电解温度，打开电源，控制合适的电流密度和反应时间。待反应完全后，取出阳极液，冷却至 30℃以下，用硫酸调节 pH3～4 时，有大量二氧化碳气体析出。此时溶液中的乙基香兰素游离在上层，用温热的苯来萃取乙基香兰素，并分离出苯，即得粗品乙基香兰素。若用减压蒸馏进行精制，可得精品乙基香兰素，其产率在 85%～95%之间。

参 考 文 献

[1] Suzukamo G, Takano T, Tamura M, et al. EP21769. 1981

[2]　Degner D, Hannebaum H. DE3142626. 1983
[3]　Uneyama K, Onishi I, Fushita Y, et al. EP41656. 1982
[4]　Bayer A G, Kronig W, Kronrad P. DE1768443. 1970
[5]　Tedoradze G A, Paprotskaya V A, Tomilov A P. SU900568
[6]　Takasu Y, Masaki M, Matsuda Y, et al. J. Appl. Electrochem. , 16, 304, 1986
[7]　Torii S, Uneyama K , Nokami J, et al. USP4532077. 1986
[8]　So Y H. J. Org. Chem. , 26(5), 895, 1985
[9]　Sugai Kahaku Kogyo. JP. 57051272. 1982
[10]　Mitsui Petrochem. Ind. JP. 55034617. 1980
[11]　Klabunde U. DE. 2436111. 1975
[12]　Degner D. DE. 2360494. 1975
[13]　Mayeda E A, Abrahamson D W. EP75828. 1983
[14]　Oehr K H. CA1166600. 1984
[15]　Koehl, W J. USP3649675. 1972
[16]　Mitsubishi Gas Chem. Inds. JP. 74014212. 1975
[17]　Torii S, Wake Y, Okamoto T. JP52125137. 1978
[18]　Degner D, Siegel H. DE2855508. 1980
[19]　Degner D, Roos H, Hannebaum H. EP72914. 1983
[20]　Degner D, Barl M, Hannebaum H. DE2848397. 1980
[21]　Degner D, Rosde E. DE3403789. 1986
[22]　Degner D. DE3421976. 1986
[23]　Klehr M, Buhmann U, Riemann J, et al. DE2738349. 1979
[24]　Malloy T P, Halter M A, House D W. USP4459186. 1984
[25]　Degneer D, Hannebaum H, Nohe, H. DE. 2710420. 1979
[26]　Nedenskov P, Elming N, Nielsen J. Acta Chem. Scand. , 9, 17, 1955
[27]　Gerhardt W, Lehmann R, Disch K, et al. DE. 3143048. 1983
[28]　Sumitomo Chem. Co. JP8438392. 1984
[29]　American Cyanamid Co. USP4021452. 1977
[30]　Steiniger M, Halbritter K, Degner D. DE3438568. 1986
[31]　Rogers T E, Jannson R E, Baizer M M. USP4457813. 1984
[32]　Okamura Seiyu K K. JP. 59200778. 1985
[33]　Takahashi S, Moriyama S, Taguchi I. JP61060893. 1986
[34]　Mitzlaff M, Warning K, Jensen H. DE2557790. 1977
[35]　Mitzlaff M, Warming K, Jensen H. DE2539777. 1977
[36]　Wang P C. USP4459411. 1984
[37]　Udupa H V, et al. Ind 154413. 1986
[38]　马淳安，陈江渭. 科技通报，12(3)，148，1996
[39]　Baizer M M. Proc. Electrochem. Soc. , 83～86, 1983
[40]　Pintauro P N, et al. J. Appl. Electrochem. , 14, 209, 1984
[41]　Pierre G, Kordi M, Cauquis G. EP179676. 1986

[42] 陈银生，张新胜，胡军等. 电化学，6(1)，102，2000
[43] Robertson P M，Berg P，Reimann H，et al. J. Electrochem . Soc.，130，591，1983
[44] Fleche G，Gaset A，Jacquet F. EP 125986. 1985
[45] Kuder J E. USP4404070. 1983
[46] Gossage H E. USP4528076. 1985
[47] Simonet J，Cariou M，Carlieer R. FR2550228. 1985
[48] Schulz B，Grassner H，Jager P，et al. DE2635802. 1978
[49] Wagenknecht J H，Moedritzer K. USP3907652. 1976
[50] Frazier H W，Smith L R，Wagenknecht J H. DE2363634. 1974
[51] Cutler L H. DE2701453. 1977
[52] Torii S，Tanakaa H，Ukida M. DE2743629. 1978
[53] Totii S，Tanakaa H，Ukida M. DE2744423. 1978
[54] Torii S，Tanaka H，Sasaoka M，et al. DE3441974. 1985
[55] Kuraray K K. JP56047579. 1981
[56] Otsuka Kagaku. JP 57185289. 1983
[57] Worbs E，Meyer G，Siggel E，et al. DE1668151. 1970
[58] 乔庆东，于大勇，梁红玉. 精细化工，17(增刊)，78，2000
[59] Gupta P N，Rather G M. J. Indian Chem. Soc.，65(9)，633，1988
[60] 陈俊，马淳安. 精细化工，13(增刊)，64，1996

第 7 章　有机电还原反应

有机电化学合成是基于电解技术来合成有机化合物的一门学科，通常可分为阳极氧化合成和阴极还原合成两大部分。若根据电极上直接发生电子得失的情况分析，有机电化学合成还可分为直接和间接有机电合成，对于后者本书将在第 8 章讨论。本章按照反应物的结构，主要介绍直接在阴极还原的有机电合成反应。

§7.1　含 C═C 双键有机化合物的阴极还原

§7.1.1　烯烃的阴极还原反应

碳-碳双键上接有腈基、羰基、羧基、酯基等基团的活化烯烃在阴极还原时，能发生与其他烯烃不同的反应。由于反应物吸电子基团的存在，使得烯烃双键上的电子云密度较低，很容易得到一个电子而首先还原成阴离子自由基，然后发生自由基的二聚反应或与羰基化合物发生亲核加成反应。以丙烯腈阴极还原为例，其反应历程如下所示

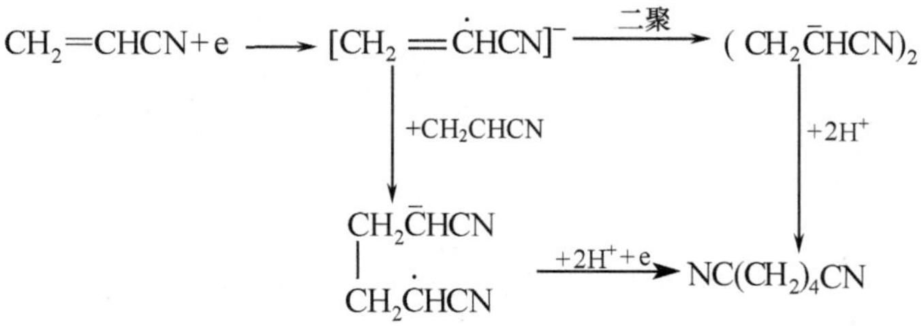

1. 活化烯烃的阴极加氢二聚反应

活化烯烃能在阴极上发生电还原加氢二聚反应，如丙烯腈在阴极上的还原二聚反应[1]

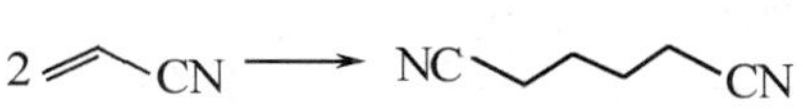

(7.1)

该方法自 1965 年美国孟山都(Monsanto)公司将之实现工业化以后，已成为生产己二腈的重要手段。日本、德国和英国等也相继建成了己二腈的电合成工厂，己二腈电合成法是有机电化学领域目前在工业上取得最成功的反应之一。为了提

高这一合成路线的竞争力，近年来研究重点集中在寻找降低阳极析氧电位的方法，从而进一步降低电合成法的成本[2,3]。

丙烯腈的取代衍生物也能发生类似的反应，如甲基丙烯腈的阴极二聚反应[4,5]

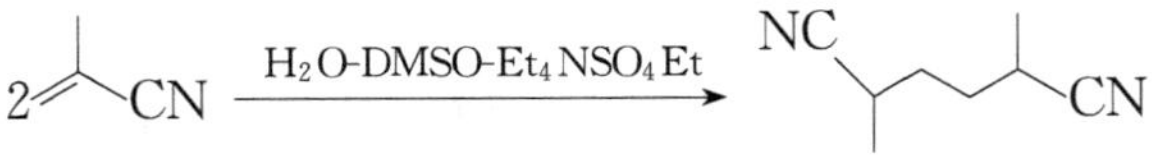

(7.2)

2. 活化烯烃与羰基化合物的 C-C 偶合反应

活化烯烃在阴极上还原时能与羰基化合物发生 C-C 偶合反应，如丙烯腈和脂肪醛反应可生成 γ-羟基腈[6]

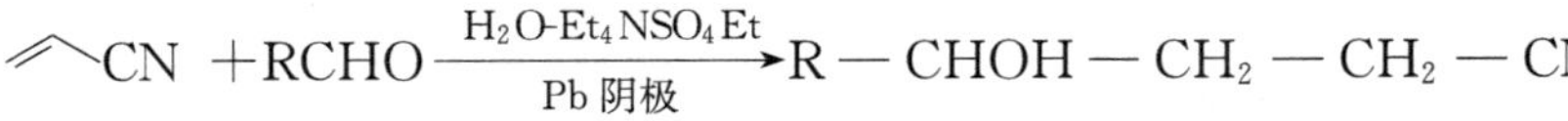

(7.3)

若以丙烯酸酯代替反应式(7.3)中的丙烯腈，则可直接制得丁内酯类化合物[7~12]

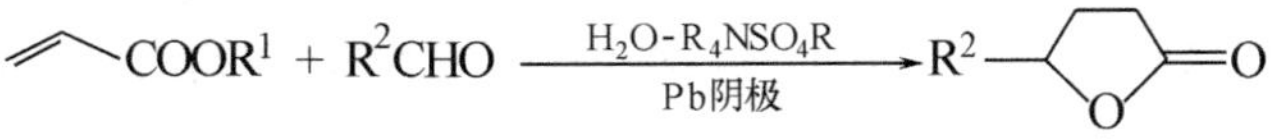

(7.4)

另外，若以酮作为羰基化合物参与反应，在某些合成中可获得很高的收率。

CO_2 作为亲电子试剂参与反应，则可使活化烯烃发生阴极羧酸化反应[13,14]，如

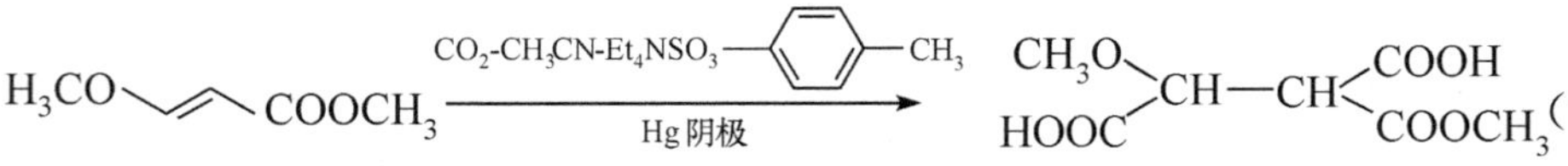

(7.5)

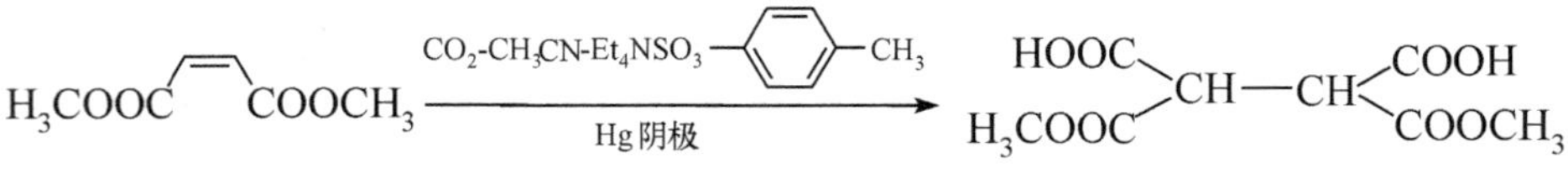

(7.6)

若活化烯烃浓度很高，则在发生上述反应的同时，可能还会发生烯烃的加成二聚反应[14,15]

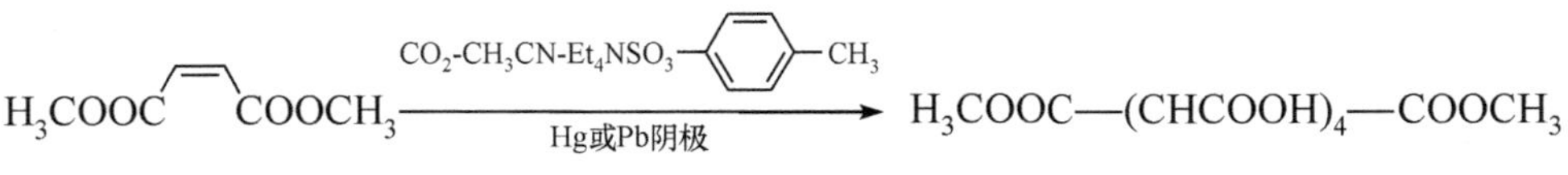

(7.7)

丁二烯在 CO_2 的作用下，也可发生羧酸化反应[16]

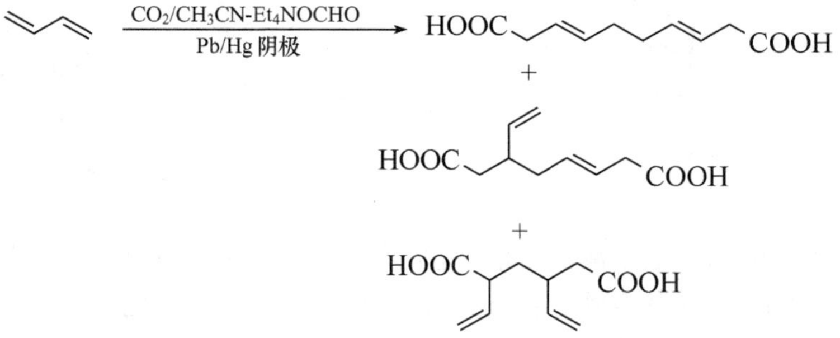

(7.8)

在上面的反应中，若加入铁羰基络合物，则可抑制丁二烯的二聚反应[17]

(7.9)

§7.1.2　含 C-C 双键和叁键化合物的阴极还原反应

含有 C-C 双键和叁键的不饱和有机化合物通过阴极还原可转化成相应的饱和化合物。但此类反应并不像预料的那样容易发生，尤其是对含 C-C 双键的有机化合物，在反应过程中必须使用催化型阴极材料，才能使之还原成相应的饱和化合物。与此相反，催化加氢法可以很容易使不饱和化合物中的 C-C 双键和叁键加氢使之达到饱和。因此，在这一领域的研究中，主要集中在那些具有很高选择性的电合成反应上，如脂环二烯的电化学还原[18]

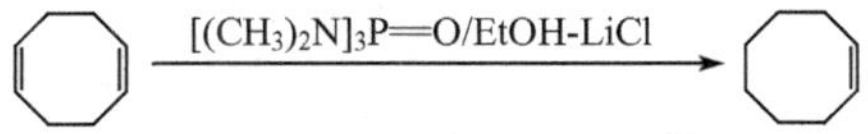

(7.10)

当有羰基化合物存在时，用 C=C 双键选择性还原的方法可合成六氢苯吡喃稠吨酮(抗雄性激素的化合物)[19]

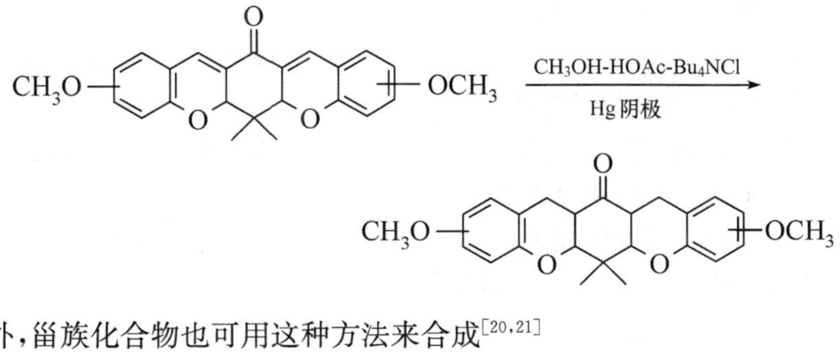

(7.11)

另外，甾族化合物也可用这种方法来合成[20,21]

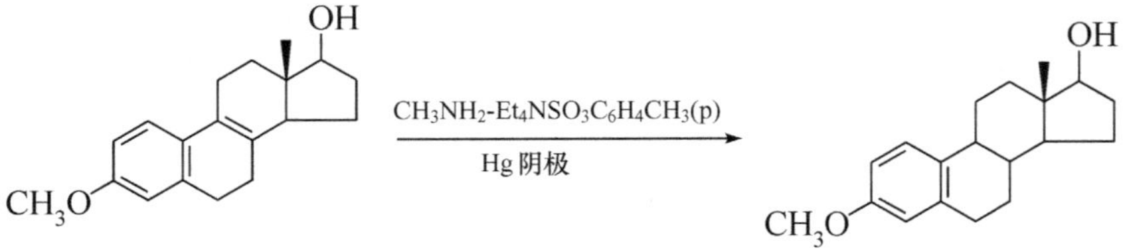

(7.12)

在此反应中也可采用酸性-醇电解液,但必须在分隔式电解槽中进行。当电解液由胺和锂盐组成时,甾族化合物中的芳香 B 环能被选择性地转化为 9－α-H-二氢化合物[22]

(7.13)

采用电化学法可将 C-C 叁键有选择性地还原成双键,如类胡萝卜素的合成反应[23]

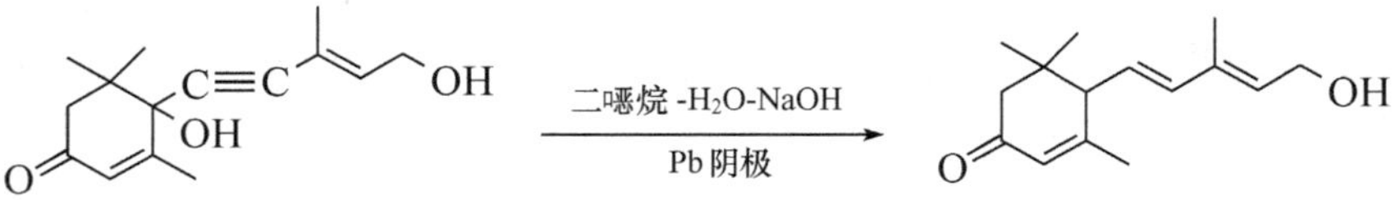

(7.14)

§7.1.3　芳香族化合物的阴极还原反应

芳香族化合物经电化学还原可生成相应的 1,4－二氢化合物,根据所用的电解液不同,可分成以下 2 种工艺路线:

(1) 使用无水电解液。其优点是可使用固体电极,从而避免了汞或汞齐化电极的使用;缺点是电解液的导电性差。

(2) 使用含水电解液,有时含有季铵盐。其优点是电解液的导电性好;缺点是必须使用汞或汞齐化电极和分隔式电解槽。

如苯经电化学还原可生成 1,4－环己二烯产物,但电解液不同时,其转化率、选择性和电流效率等性能都不一样,其部分结果见表 7.1。

表 7.1　1,4-环己二烯电合成的某些条件与结果[24]

电解槽	阴极	阴极液	苯转化率/%	选择性/%	电流效率/%
分隔式	Pt	$[(CH_3)_2N]_3P{=}O$-CH_3OH(80/20)-LiCl	—	29	—
非分隔式	C	EDTA-H_2O(40/75)-HCl-乙基十六烷基二甲基铵溴化物	26	96	79
非分隔式	C	EDA-BF_3-NH_4Cl	20	86	60
非分隔式	Pt	NH_3-NaCl	55	98	25
非分隔式	Al	NH_3-CH_3OH(30%)-NaCl	55	98	40
分隔式	Al	$[(CH_3)_2N]_3P{=}O$-*n*-PrOH-LiCl	5	98	67
分隔式	Hg	二甘醇二甲醚-H_2O-Bu_4NBr	38	96	52
分隔式	Hg	二甘醇二甲醚-H_2O-Bu_4NBr	—	—	81
分隔式	Hg	三噁烷-H_2O-Bu_4NBr	—	95	80
分隔式	Cu/Hg	H_2O-Bu_4NBr	—	92	81
分隔式	Hg	H_2O-$(Bu_4N)_2SO_4$-Bu_4NOH	—	93	67
非分隔式	Hg	H_2O-Bu_4NOH	—	92	—
分隔式	Zn/Hg	二甘醇-Bu_4NBr	43	91	74

EDA:乙烯基二胺。

许多苯的取代衍生物也能发生类似反应,如对二甲苯经电还原可生成 1,4-二甲苯环己二烯(Hg 为阴极,*N*-甲基吡咯烷酮-H_2O-Bu_4NBr 为电解液),其电流效率约为 80%。另外,萘[25]及其取代衍生物[26]也能在阴极上发生还原,其反应式为

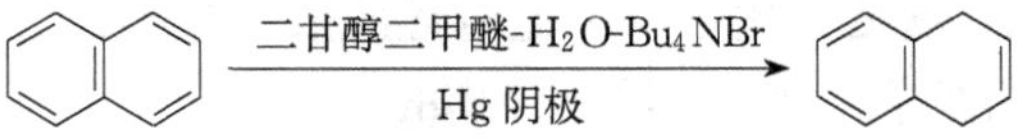

(7.15)

若控制合适的电解条件,也可使萘中的双环还原[27]

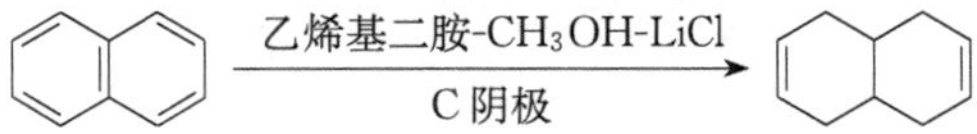

(7.16)

另外,苯的取代衍生物经电还原还可制得 1,2-二氢化合物,如苯二甲酸的电化学还原反应[28]

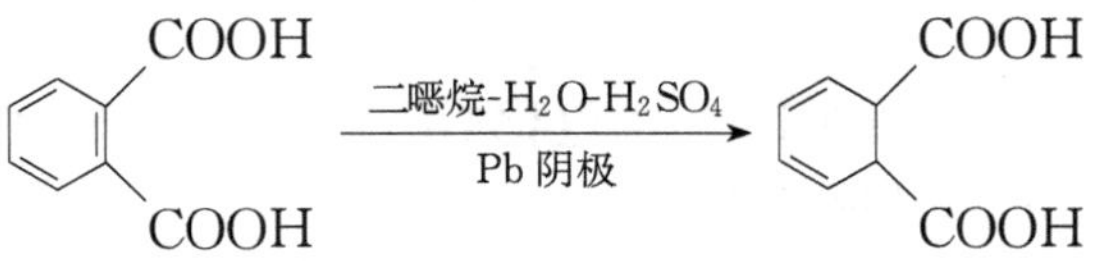

(7.17)

BASF 公司采用此方法实现了 1,2-二氢苯二甲酸电合成的工业化生产。在上述反应条件下,取代苯二甲酸也可进行电还原反应[29]

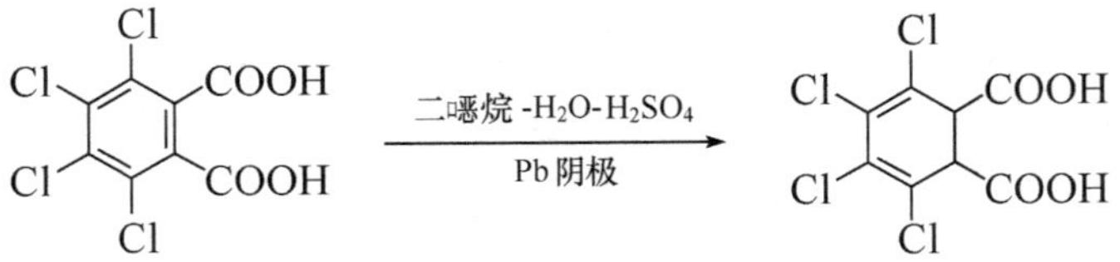

(7.18)

§7.1.4　杂环化合物的阴极还原反应

从工业应用角度出发，以 N-取代吡啶鎓盐的电合成方法来制取联吡啶类化合物，是此领域中重要的反应之一。其产物可用作除草剂[30]

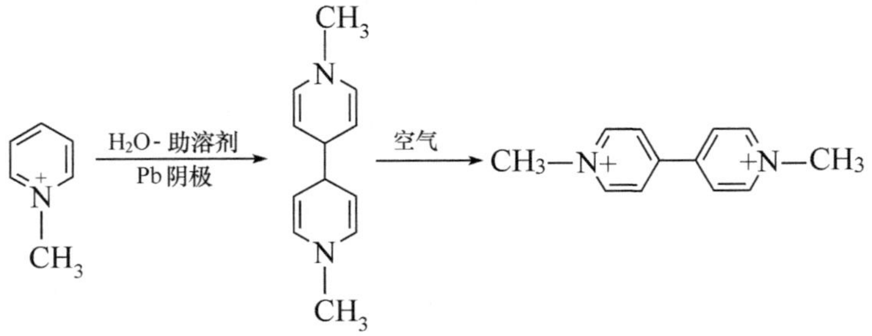

(7.19)

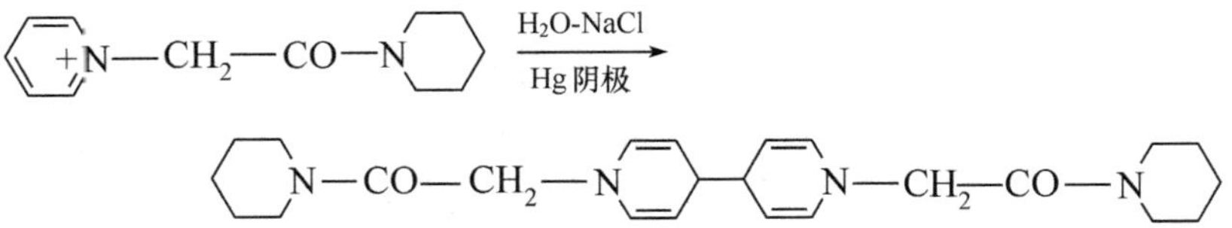

(7.20)

在含水电解液中，吡啶类化合物也能电还原成哌啶类化合物，但在实际应用中难以与催化加氢法相竞争[31,32]，此类化合物的反应如下

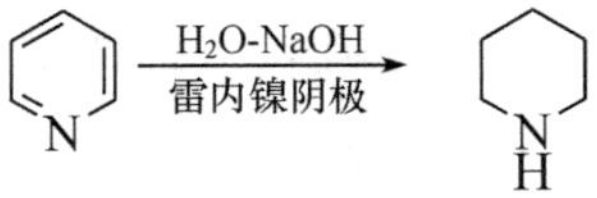

(7.21)

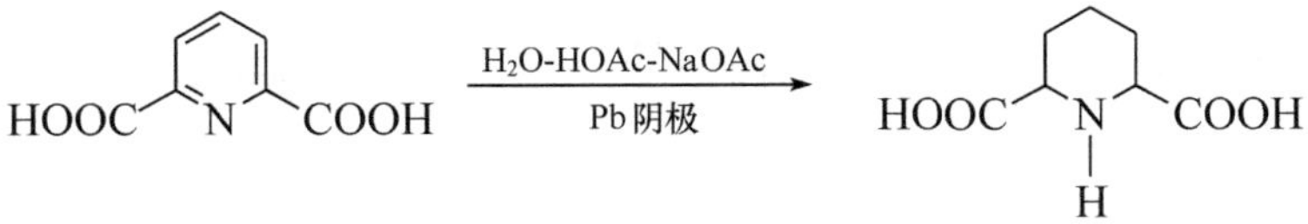

(7.22)

吲哚衍生物[33,34]和四氢咔唑[34]的电化学还原反应已实现了工业化生产，合成产物可用作染料中间体，其反应式为

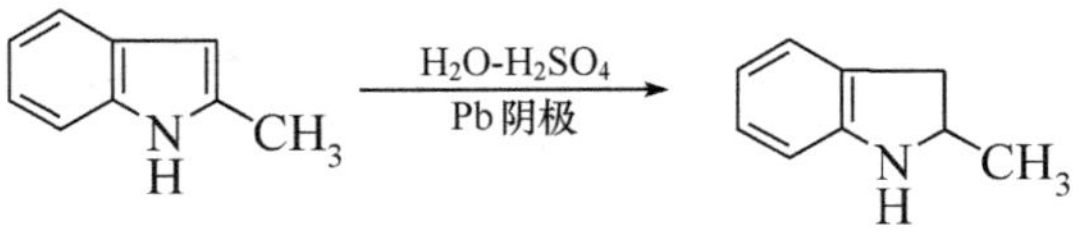

(7.23)

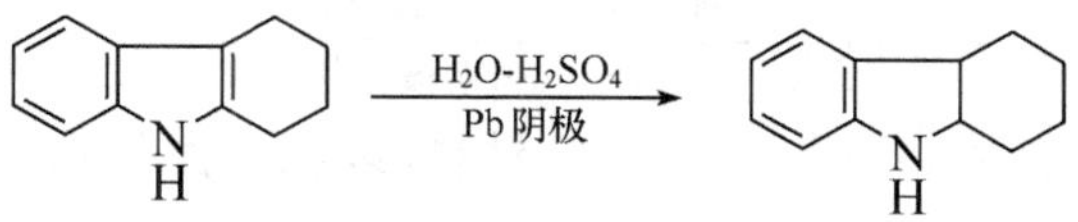

(7.24)

在非质子电解液中，二氮杂环化合物经电化学还原可使其中的氮原子发生羧酸化反应[35]

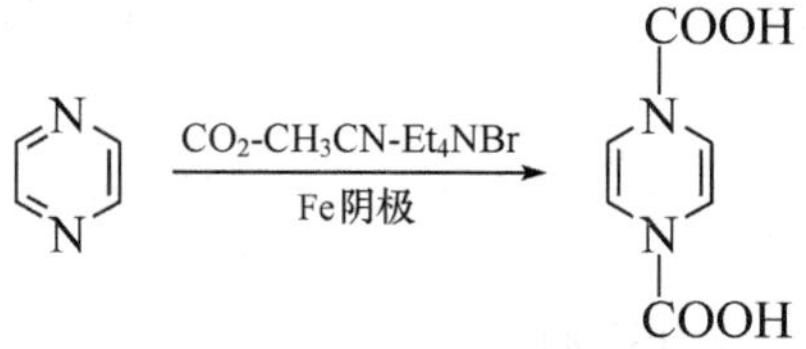

(7.25)

噁唑酮类化合物的电化学还原反应可用来合成取代苯丙氨酸[36]

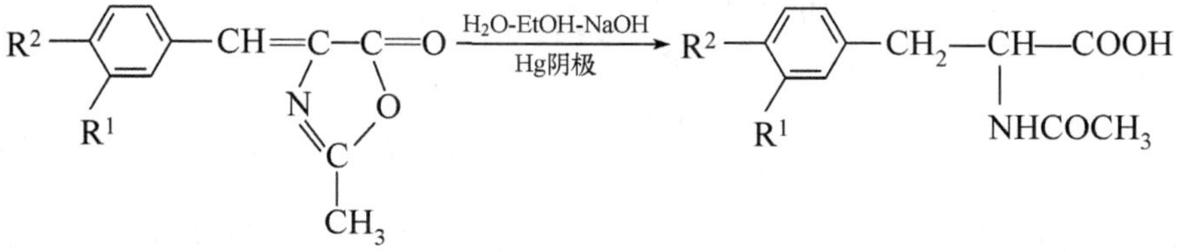

(7.26)

§7.2　有机卤代化合物的阴极还原反应

§7.2.1　脂肪族卤代化合物的阴极还原反应[37,38]

电还原反应可较容易地使脂肪族卤代化合物中的碳-卤键发生断裂，从而去除其中的卤原子，生成相应的烃、有机金属化合物或在其中引入一个 C═C 双键。在酸性介质中，若以铜等低析氢过电位的电极材料为阴极，则可达到部分去卤的目的；而以铅或其他高析氢过电位的电极材料为阴极时，可达到完全去卤或进一步去卤的目的。例如，四氯化碳在铜阴极上还原时，可生成三氯甲烷；而三氯甲烷在铅阴极上又可以进一步还原成二氯甲烷

$$CCl_4 \longrightarrow CHCl_3 \longrightarrow CH_2Cl_2 \tag{7.27}$$

通常情况下，卤代烃电还原的活性次序为

$$RI > RBr > RCl > RF$$

因此，当反应物中存在多种碳-卤键时，一般来说，首先发生 C-I 键的断裂，最后发生 C-F 键的断裂。

在这类反应中，当相邻的碳原子上均有卤素取代时，则可以生成 C═C 双键，例如

$$CF_2Cl—CFCl_2 \xrightarrow[\text{Zn 阴极}]{H_2O\text{-}ZnCl_2\text{-十二烷基磺酸钠}} CF_2=CFCl \qquad (7.28)$$

在非质子阴极液中，若用 Sn 为阴极材料，以烷基卤化物为反应原料，则可制得有机锡化合物

$$n\text{-}C_4H_9Cl \xrightarrow[\text{Sn 阴极}]{CH_3CN\text{-}Et_4NCl} (C_4H_9)_3SnCl \qquad (7.29)$$

该反应若有空气存在时，则会生成二丁基锡氧化物，此产物可作为硫化增强剂和塑料稳定剂。

§7.2.2 C-C 键的偶合反应

有机卤代化合物在进行电还原脱卤反应时，还能发生 C-C 键的偶合反应，如 1,4-丁二醇的电合成反应

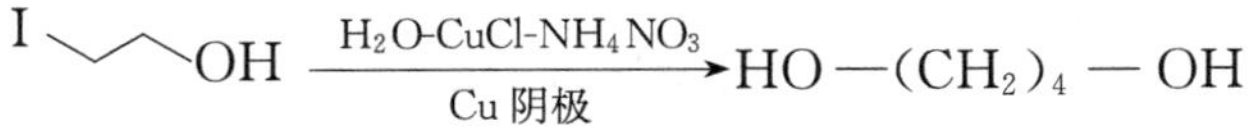
(7.30)

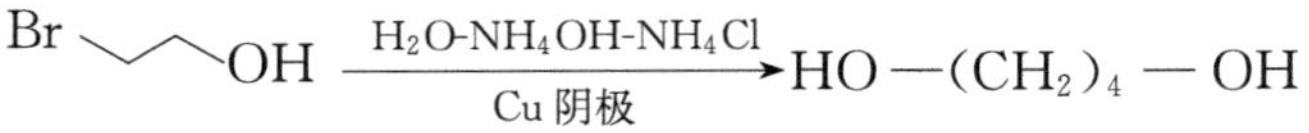
(7.31)

在脱卤反应过程中，在电解液中若加入碱性杂环化合物(如联吡啶、咪唑或 1,2,4-三唑)，则有利于反应进行[39]；若加入羟基保护基，则反应物以醚的形式在阴极上进行电还原反应，并可获得较高的收率[40]，其反应式为

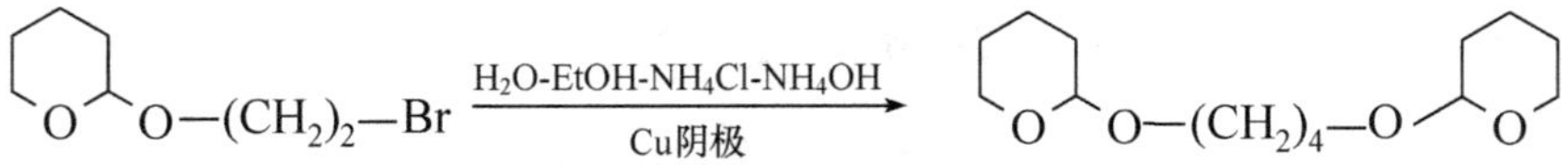
(7.32)

另外，由电还原脱卤反应也可制得己二腈[41]，但无法和丙烯腈阴极加氢二聚反应路线相竞争，该反应式为

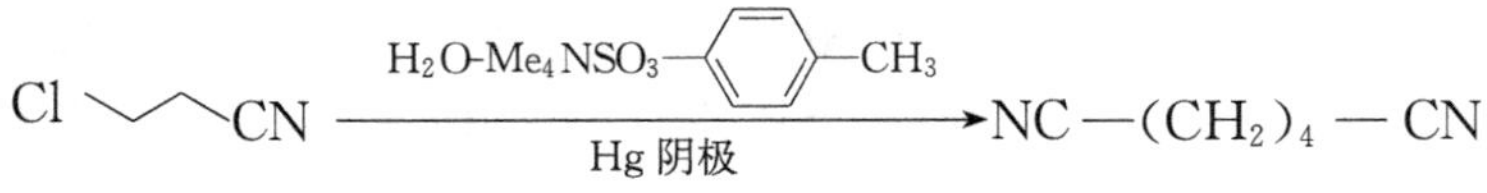
(7.33)

该反应若在非质子溶剂中进行，则有利于提高 C-C 键偶合反应的收率和选择性。

同样，苄氯在阴极上经羧酸化和乙酰化反应可分别制得苯乙酸衍生物[42]和苯丙酮[43]，其反应式分别为

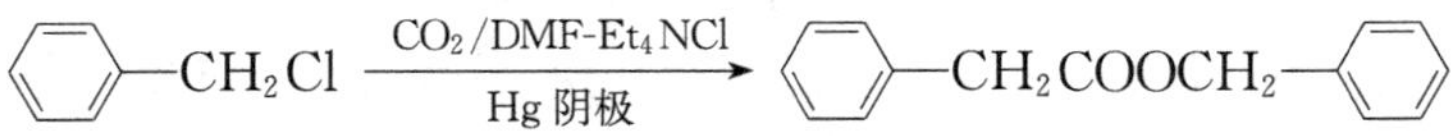
(7.34)

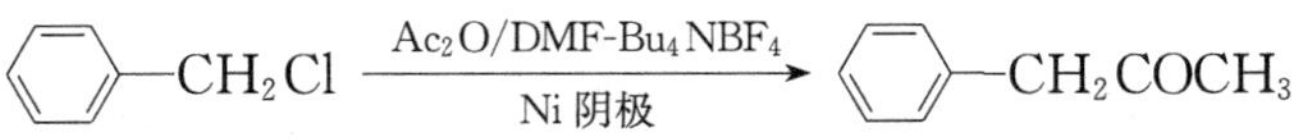
(7.35)

在有机合成领域中，三元环、四元环等高张力的烃类是较难合成的，但通过卤

代烃的电还原反应，则可以制得一些高张力的环烃[37]，例如

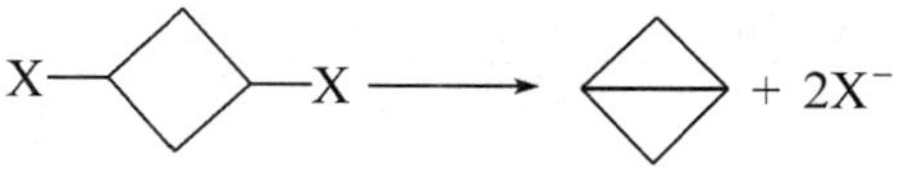
(7.36)

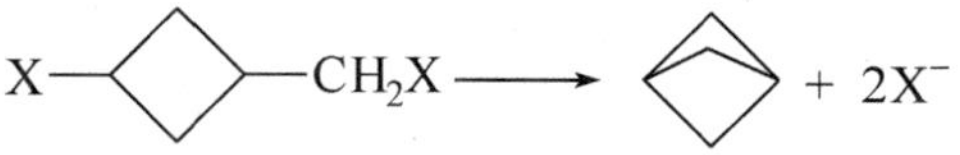
(7.37)

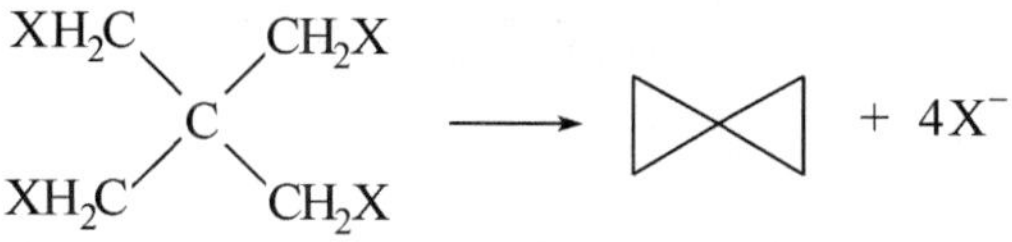
(7.38)

虽然上述这些反应在实验室中较容易实现，但在工业化放大过程中往往会遇到较大的困难。因为这类反应必须采用非质子溶剂，电解液导电性差，所以在成本上难以与现有的化学合成工艺相竞争。

§7.2.3　芳香族和杂环卤代化合物的阴极还原反应

某些具有特殊取代方式的芳香族卤代衍生物采用其他化学合成方法是难以制得的，但用电还原全卤化芳香族化合物和杂环化合物的方法是可以做到的，例如[44]

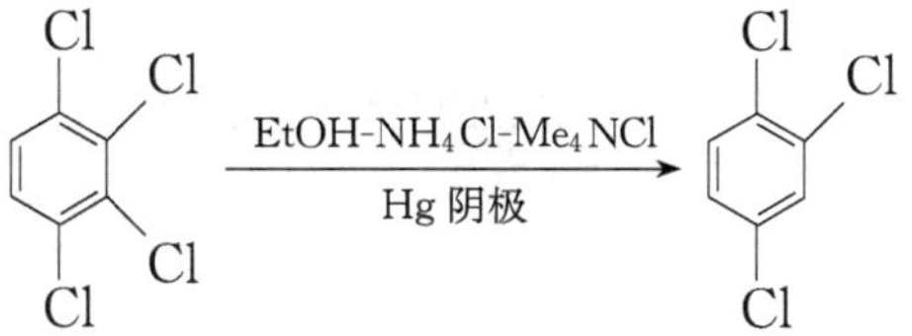
(7.39)

阴极还原法还可以区域选择性去除有机物中的一个卤原子，如抗甲状腺药物的电合成反应[45]

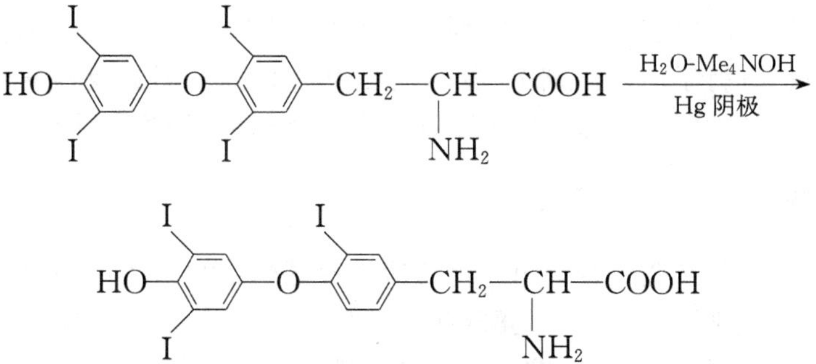
(7.40)

另外，全卤喹啉和异喹啉类化合物经阴极还原也可以去掉其中的一个卤原子，其反应式分别为[46]

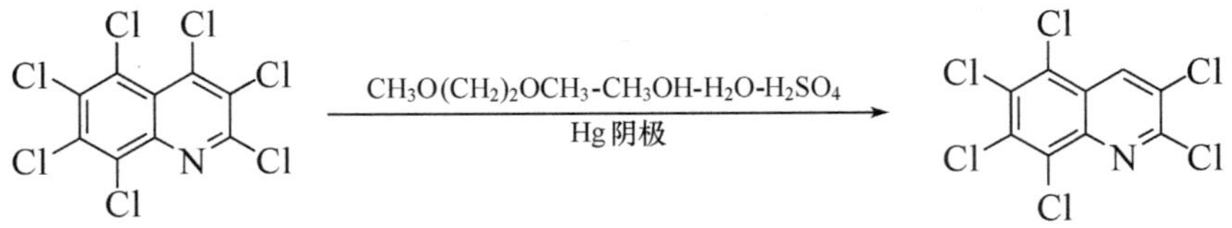

(7.41)

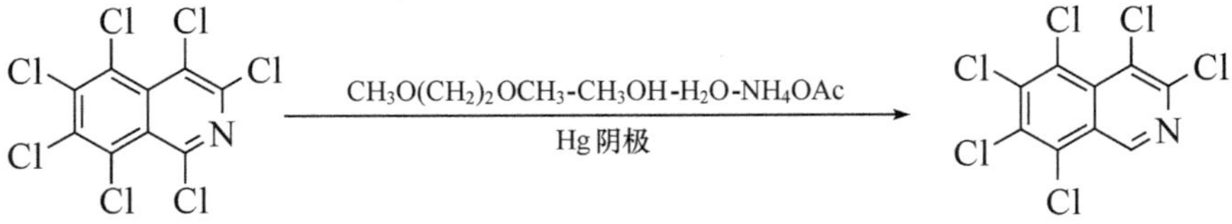

(7.42)

此类反应具有很高的选择性。另外,全卤吡啶也能发生类似的反应[47~49]

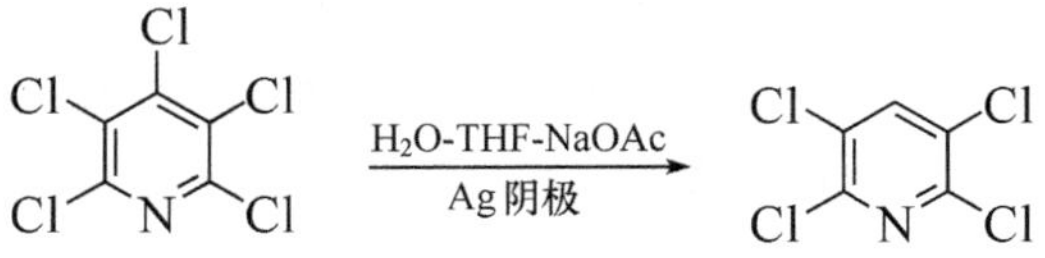

(7.43)

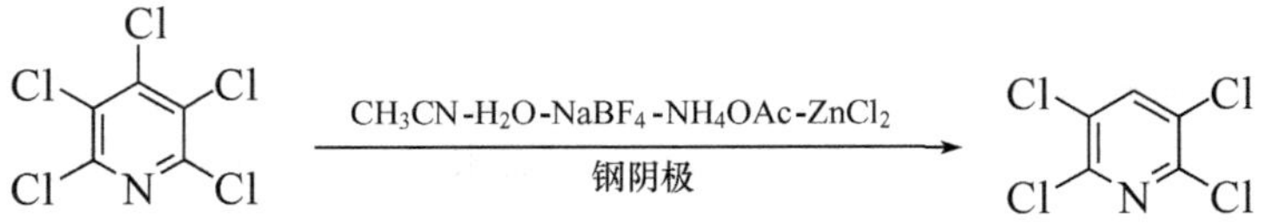

(7.44)

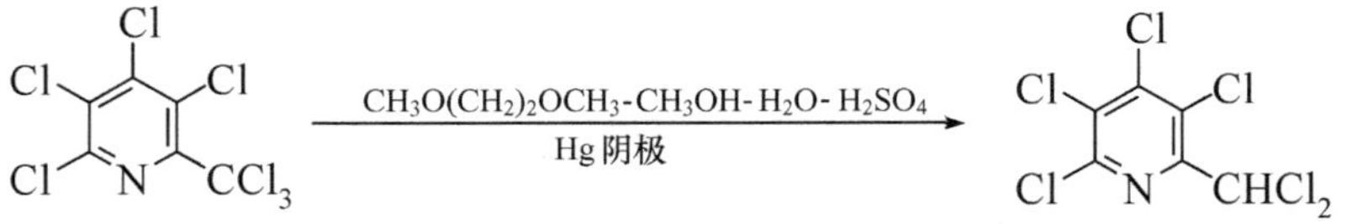

(7.45)

§7.3　羰基化合物及其衍生物的阴极还原反应

醛、酮、酸、酯及酰胺等有机化合物中均含有羰基。人们对羰基化合物的电化学还原反应已进行了广泛的研究,几乎与硝基化合物电还原反应研究那样广泛。通常羰基化合物的阴极还原反应需要在较高的过电位下才能进行。

§7.3.1　醛和酮的电还原反应

电化学法还原羰基化合物可制得相应的羟基衍生物,如山梨糖醇[49a]和甘露糖醇都是通过电化学法还原相应的醛或酮而制得的。另外,在强酸性电解液中,羰基化合物能够被深度还原成烃,例如类胡萝卜素[50]和香料的合成[51]

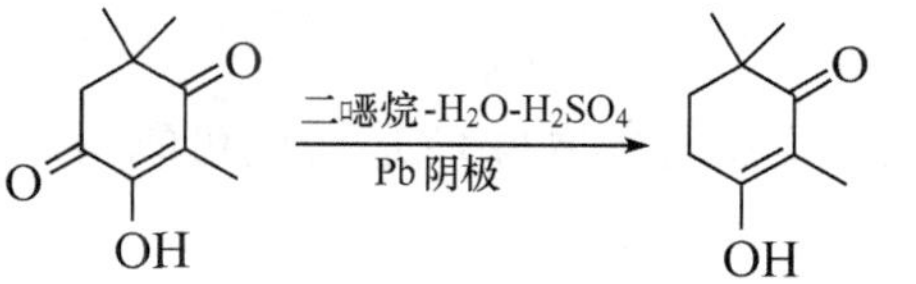

(7.46)

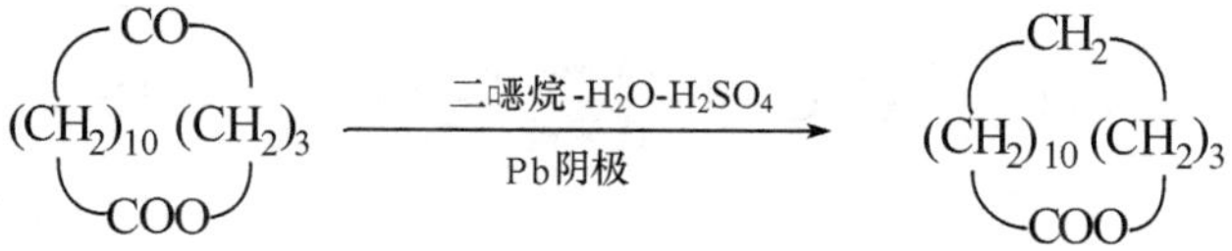

(7.47)

羰基化合物的电化学还原法也可以用于 C-C 键的偶合反应，例如，樟脑可以通过电还原生成龙脑[37]

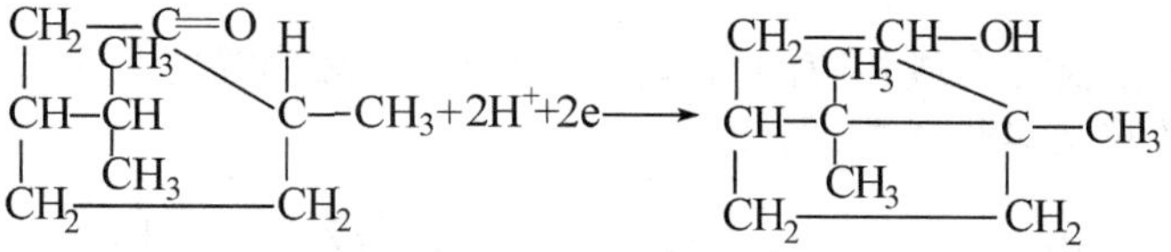

(7.48)

芳香醛电化学加氢二聚反应是相当常见的一种方法，其主要优点是无需使用金属作还原剂，例如 1,2 -双-(羟苯基)-乙二醇的电合成反应[52]

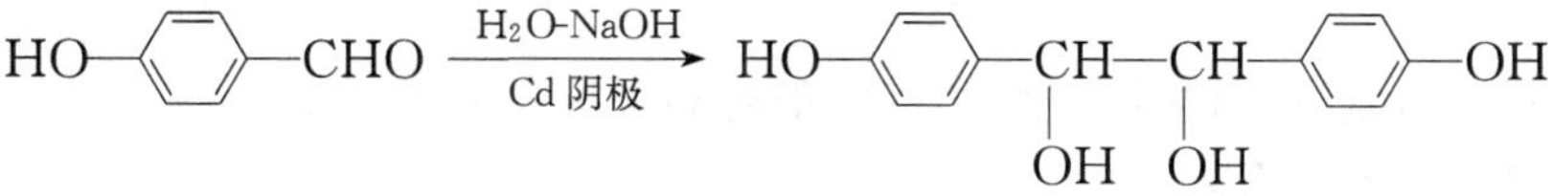

(7.49)

脂肪醛在阴极上也能发生加氢二聚反应，例如 1,2 -乙二醇的电聚合反应[53]

$$CH_2O \xrightarrow[\text{C 阴极}]{H_2O\text{-}KOH} \underset{OH}{CH_2}\text{—}\underset{OH}{CH_2} \qquad (7.50)$$

目前世界上所用的 1,2 -乙二醇均以乙烯为原料通过化学合成法而制得，但随着石油资源的日益减少，基于 C_1 化合物为原料的电合成法将越来越重要。

丙酮阴极还原二聚合成频哪醇是同类反应中研究最透彻的反应之一。研究表明，在电解液中若加入少量的 Cu^{2+} 离子可使电流效率得以很大的提高[54]

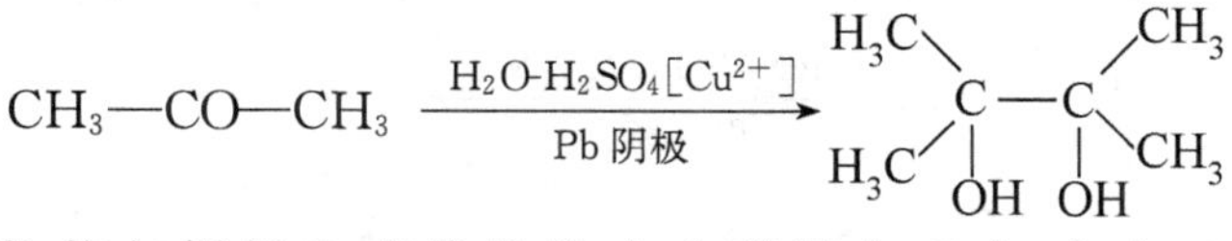

(7.51)

羰基化合物能与烯烃和卤代物发生交联偶合反应，如与乙烯基氯[55] 和 CF_3Br[56] 的反应

(7.52)

$$CH_3—CHO \xrightarrow[\text{C 阴极}]{CF_3Br/DMF\text{-}LiClO_4} CH_3—CHOH—CF_3 \tag{7.53}$$

在非质子电解液中,羰基化合物与 CO_2 反应可制得相应的羟基酸,这一反应可替代 Grignard 合成法[57]

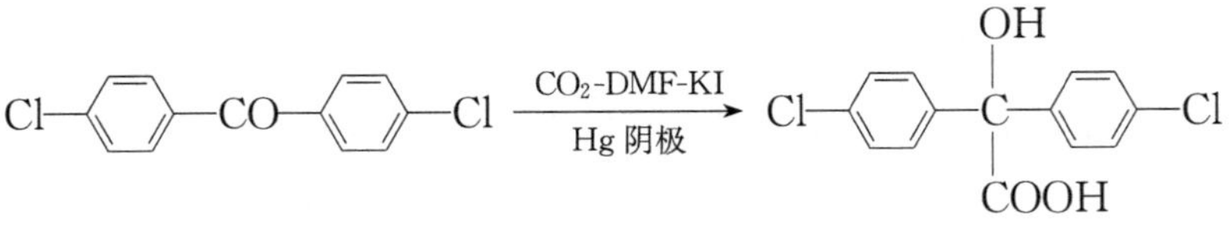

(7.54)

§7.3.2　含有 C═N 双键化合物的电还原反应

肟经电还原反应合成相应的氨基类化合物是比较容易的。某些肟的阴极还原反应具有较高的立体选择性,例如[58]

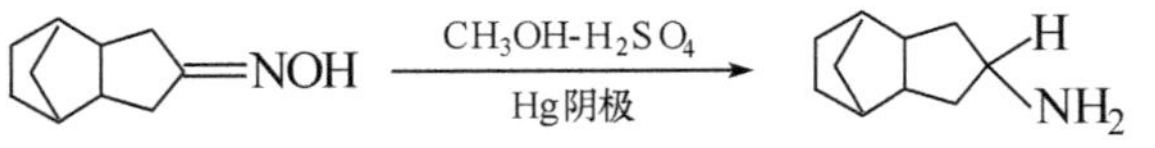

(7.55)

(内式:≥98%)

另外,通过肟的电还原反应还可以很容易地制取某些具有特殊用途的取代嘧啶衍生物[59],如下式反应

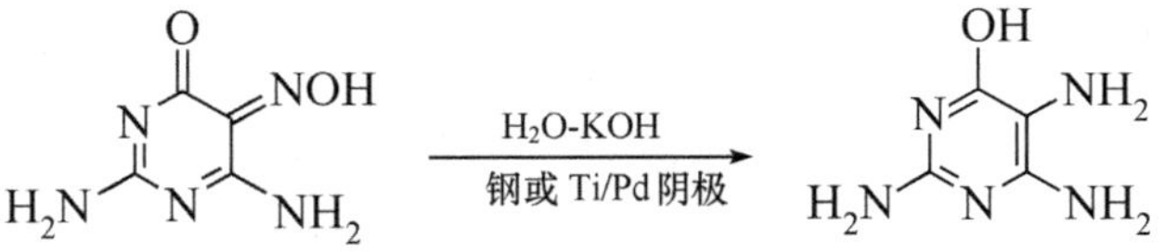

(7.56)

羟胺经电化学还原可使其中的 N-O 键发生断裂,此方法已被用来合成香叶醇,其电还原反应式为

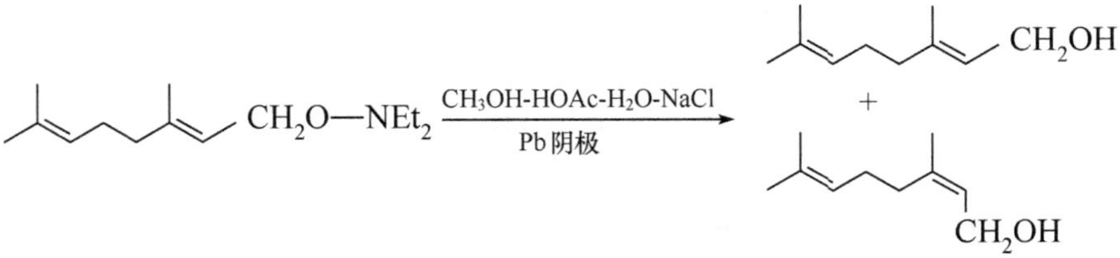

(7.57)

亚胺通过电还原反应可合成相应的胺类化合物,例如 N-二氧磷基甲基甘氨酸的电合成反应[60]

$$H_2O_3P—CH═N—CH_2—COOH \xrightarrow[\text{Hg 阴极}]{H_2O} H_2O_3P—CH_2—NH—CH_2—COOH \tag{7.58}$$

当 CO_2 存在时，在非质子电解液中亚苄基苯胺经阴极还原可以制得 *N*-苯基甘氨酸[61]

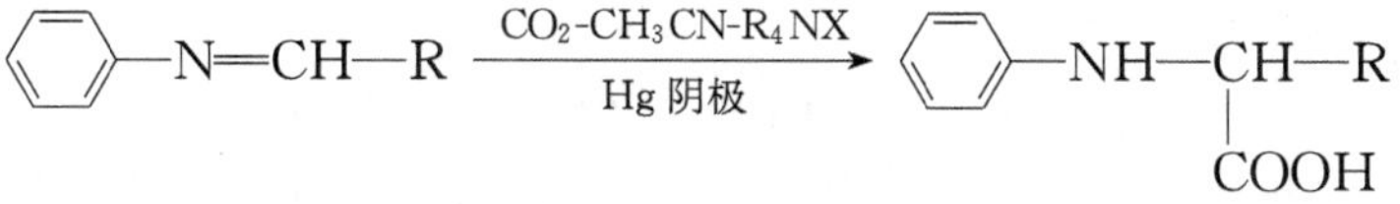

(7.59)

前苏联对 4-氨基四甲基哌啶的电还原反应进行了详细研究，其结果如表 7.2 所示。

表 7.2　4-氨基四甲基哌啶电合成的一些参数

反应物	阴极	电解液	电流效率/%	产率/%	参考文献
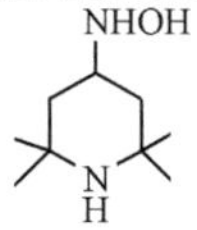	Pb/Hg	H_2O-HCl	55	77	[62]
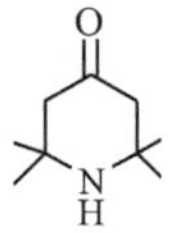	Pb	NH_2OH-H_2O-H_2SO_4	50～83	84～99	[63]
	Pb	N_2H_4-H_2O-KH_2PO_4	62～97	98～99	[64]
		H_2O-HNO_3-H_2SO_4	23	99	[65]

§7.3.3　羧酸的电还原反应

芳香族羧酸经电化学还原可以合成相应的苄基醇，如苯甲酸的电还原反应[66]

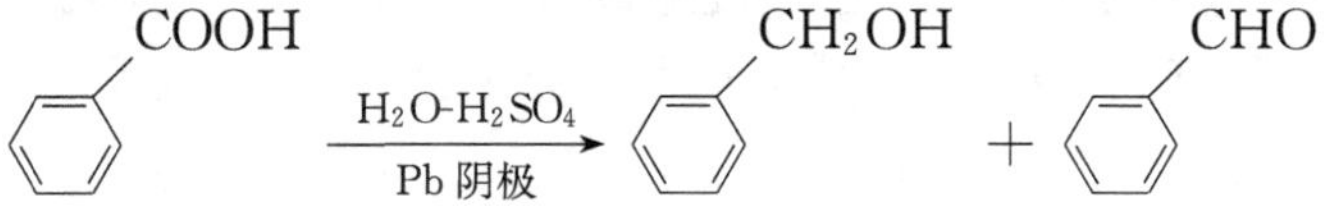

(7.60)

芳香杂环羧酸也可用电化学还原法合成相应的醇[67]

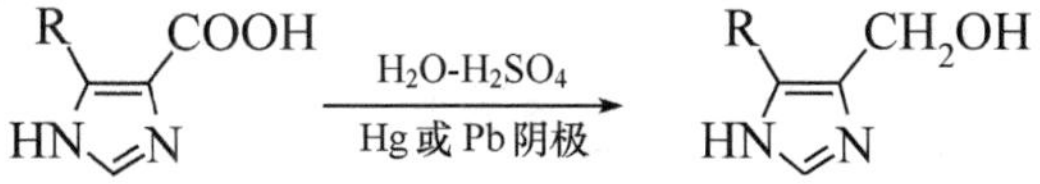

(7.61)

羧酸电还原反应的工业化应用研究，主要集中在乙二酸电还原合成乙醛酸的反应[68,69]

$$\begin{matrix}COOH\\|\\COOH\end{matrix}\xrightarrow[\text{Hg 或 Pb 阴极}]{H_2O}\begin{matrix}COOH\\|\\CHO\end{matrix}\qquad(7.62)$$

若在电解液中加入少量的胺或铵盐，则可使该反应的选择性和电流效率提高到 90%左右。

在非质子电解液中，CO_2 可以被还原成乙二酸，其电流效率可达 90%或更高一些[70]。但由于反应要在分隔式电解槽中进行，而且不能使用质子电解液，此方法在经济上不具有应用价值。若在水溶液中电解，则可将 CO_2 还原成甲酸。

CO 经电化学还原可生成二羟基环丁烯二酮。若以腈为溶剂，则可使电流效率有较大的提高[71]

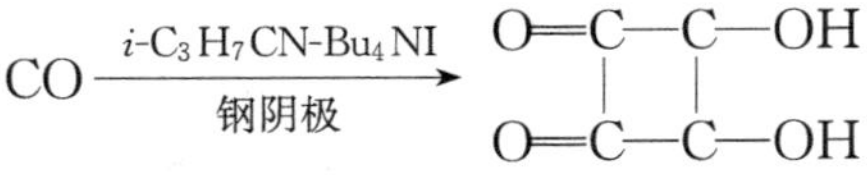

(7.63)

§7.3.4　羧酸酯的电还原反应

与羧酸类化合物类似，用电化学法也可将芳香族和杂环芳香族羧酸酯电还原成相应的苄基醇，如对苯二甲酸二甲酯的阴极还原[72]

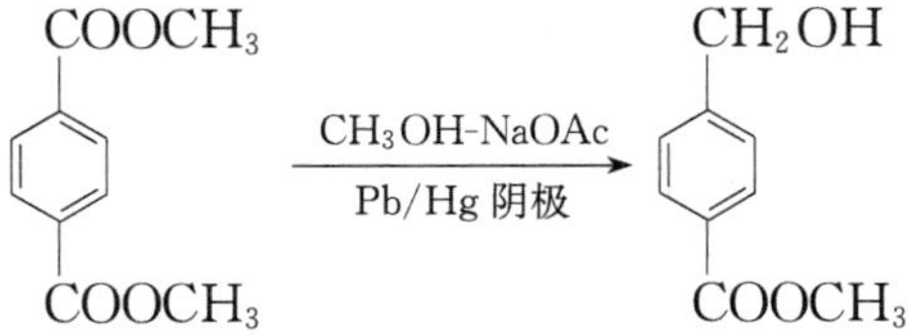

(7.64)

在强酸性条件下，咪唑酸酯经电还原可得到相应的醚和醇的混合物[73]

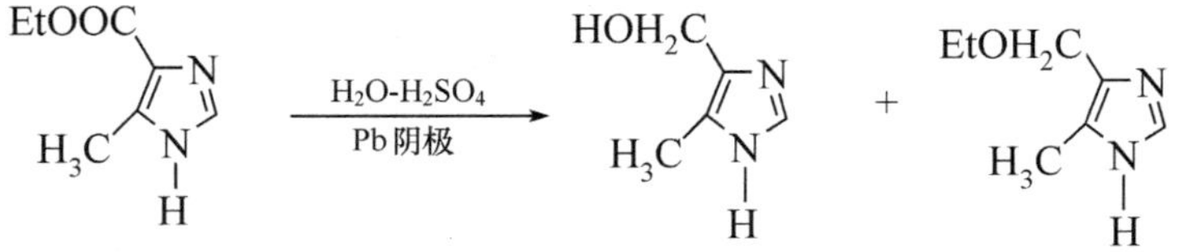

(7.65)

与乙二酸的电还原相类似，乙二酸酯通过电化学还原可合成二羟基乙酸酯。羧酸酯的电还原反应已被用来合成头孢菌素类化合物[74,75]，其反应式为

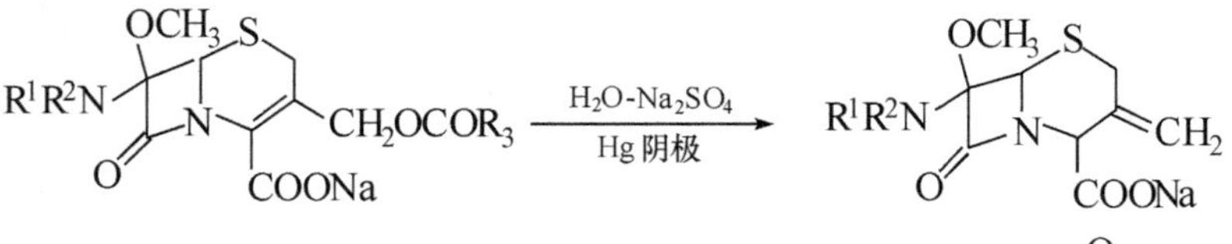

(7.66)

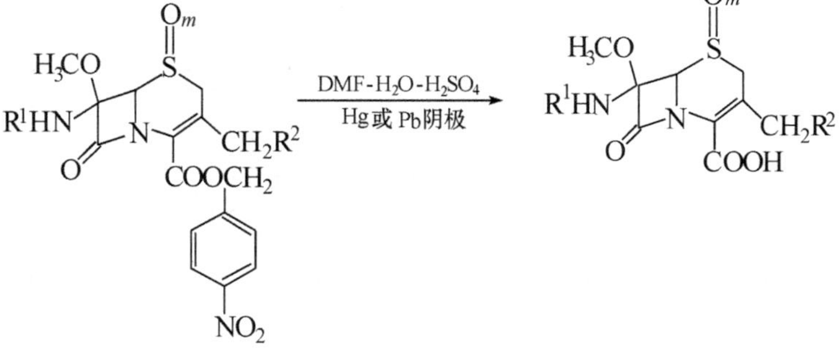

(7.67)

式中，m 为 0 或 1。

内酯类化合物的电还原反应，一般以 Hg 作阴极时才能使反应在较长的时间

内维持较高的电流效率，例如核糖内酯的电还原反应[76]

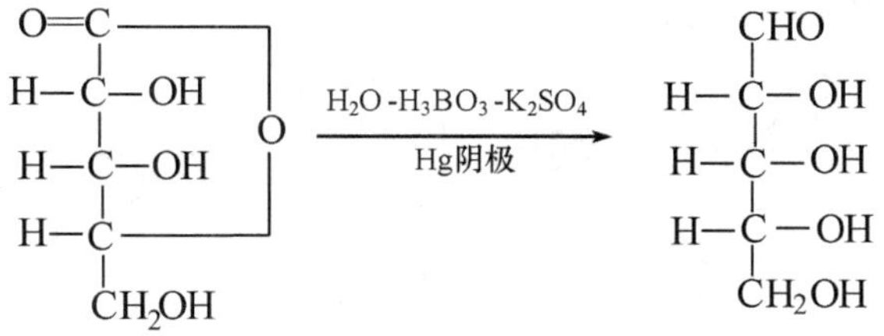

(7.68)

这一反应已在工业上用于合成维生素 B_2。

§7.3.5　酰胺的电还原反应

在不同条件下，酰胺类化合物经电还原反应可合成相应的胺或醇类产物。这一方法已在工业上应用，如吡啶甲酸胺的电还原反应[77]

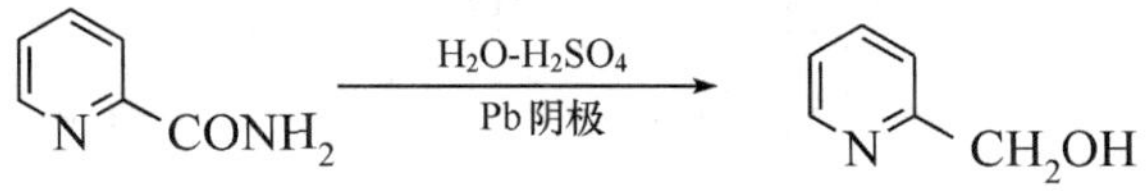

(7.69)

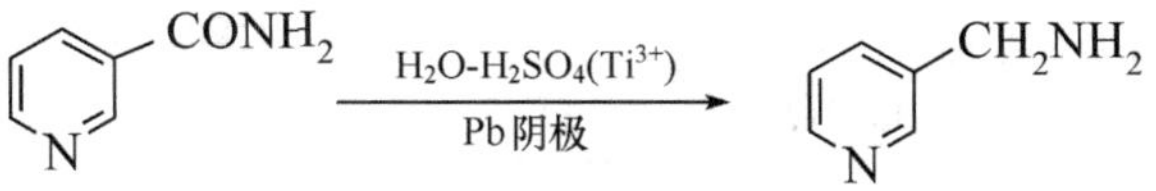

(7.70)

这类反应也可用于立体选择性消去反应和合成氨基酸衍生物[78]

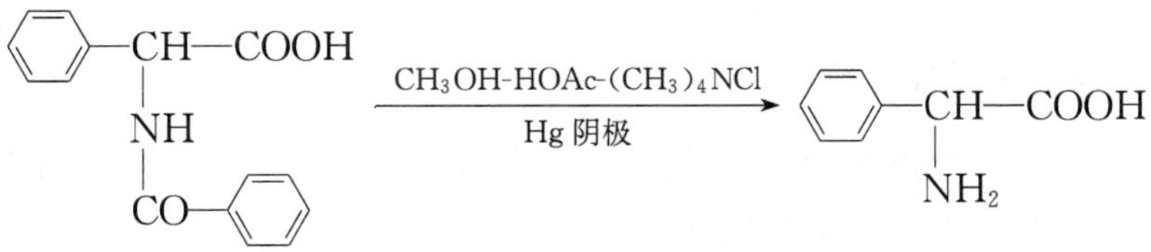

(7.71)

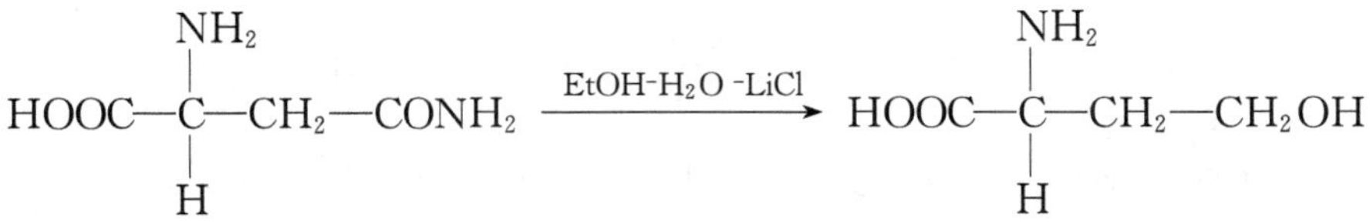

(7.72)

环状亚胺类化合物的电还原反应一般需要在强酸性电解液中进行，这使得在分离产物过程中将会产生大量的废盐[79]，如以下反应

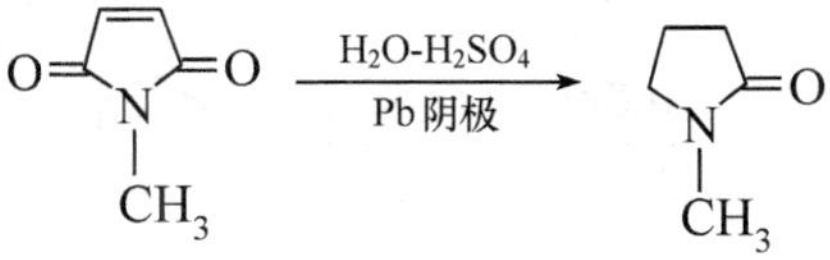

(7.73)

故在这类反应中必须考虑环境污染的问题，若事先将内酰亚胺转化成相应的内酰亚胺醚，则可使废盐的生成量大大减少[80]

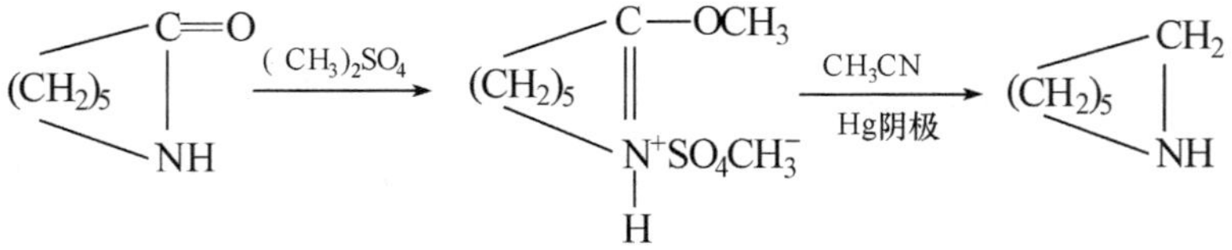

(7.74)

硫代酰胺经电化学还原可使其中的 C-S 键发生断裂，此反应已用于合成某些助剂[81]和药物中间体[82]

$$C_2H_5-\underset{\displaystyle CH_2OH}{\underset{|}{CH}}-NH-\overset{\displaystyle S}{\overset{\|}{C}}-\overset{\displaystyle S}{\overset{\|}{C}}-NH-\underset{\displaystyle CH_2OH}{\underset{|}{CH}}-C_2H_5 \xrightarrow[\text{Pb 阴极}]{H_2O\text{-酸}}$$

$$C_2H_5-\underset{\displaystyle CH_2OH}{\underset{|}{CH}}-NH-(CH_2)_2-NH-\underset{\displaystyle CH_2OH}{\underset{|}{CH}}-C_2H_5 \qquad (7.75)$$

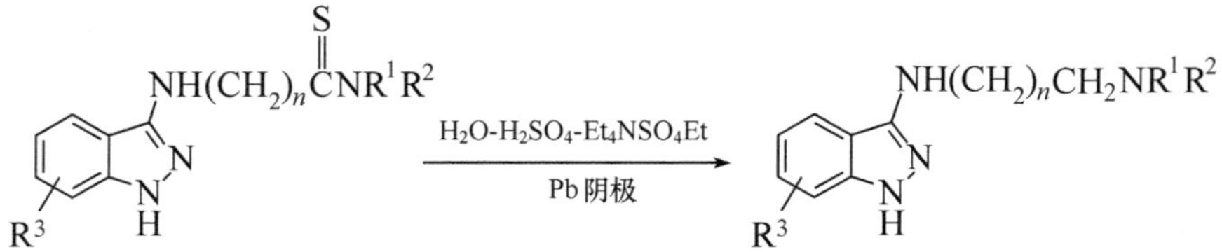

(7.76)

§7.3.6 腈的电还原反应

与酰胺类化合物相类似，在不同的反应条件下腈通过电化学还原可合成相应的胺或醇。如丙烯腈电还原合成烯丙基胺的反应[83]

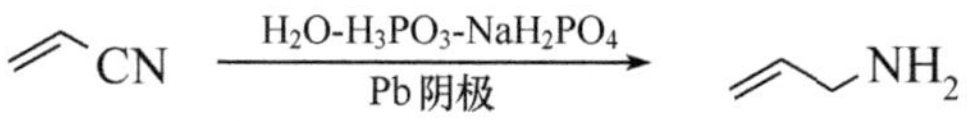

(7.77)

但在工业上烯丙基胺的合成主要以烯丙基氯为反应物而制得。这主要是由于电还原法需在强酸性电解液中进行，在操作和产物分离过程中将生成大量的废盐，导致环境污染，故限制了该法的推广应用。

对于杂环腈的还原反应，电化学法则具有和催化法竞争的优势。Reilly 公司已采用电还原法将相应的腈合成为氨甲基吡啶[84]，其反应式为

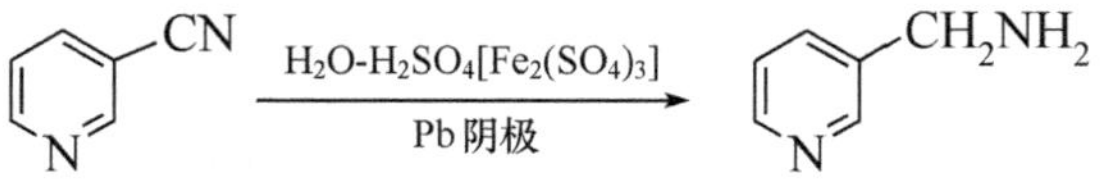

(7.78)

在酸性电解液水溶液中，苯腈通过电还原可合成相应的醇，如下式[85]

(7.79)

另外，在非质子电解液中，腈能发生阴极脱质子化反应，并与 CO_2 反应，生成相应的酸。但由于这些反应的电流效率相当低，目前仅限于实验室研究[86]，例如

$$CH_3CN \xrightarrow[\text{Hg 阴极}]{CO_2\text{-DMF-}Et_4NBF_4} CN—CH_2—COOH \tag{7.80}$$

§7.4　含氮化合物的阴极还原反应

硝基化合物的阴极还原反应是有机电化学中研究最深入、最透彻的反应之一。采用这种方法可以合成许多不同氧化态的中间体。

§7.4.1　芳香族硝基化合物的电还原反应

人们对芳香族硝基化合物的电还原反应已进行了广泛的研究[87~89]，其所能发生的反应如下图所示

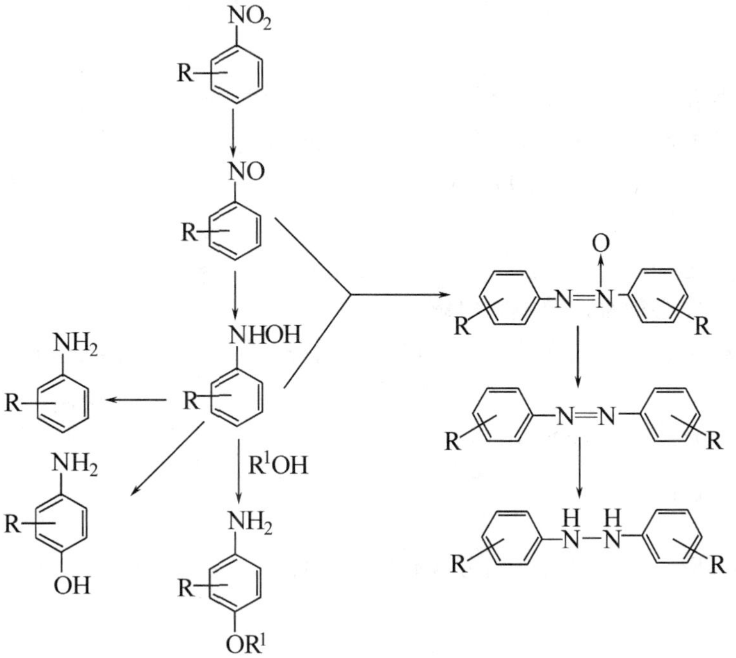

在酸性或中性电解液中芳香族硝基化合物经电还原可制得相应的胺类化合物[90]，如下式反应

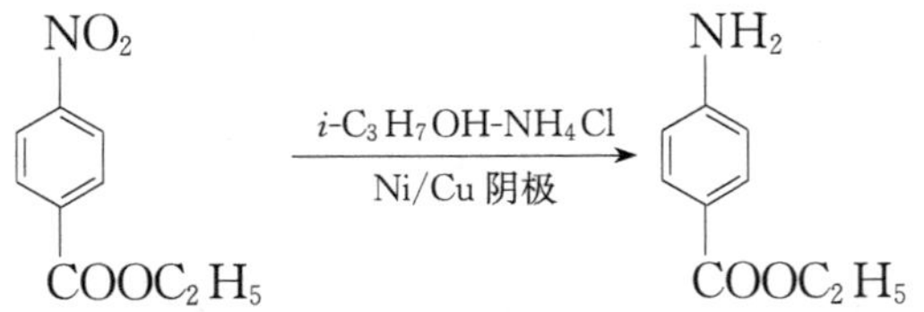

(7.81)

由于上述反应需要在分隔式电解槽中进行，因此有人提出在电解槽阳极室中可合成另一产物，如对硝基甲苯在阳极室中合成氨基苯甲酸的反应[91]

阴极反应

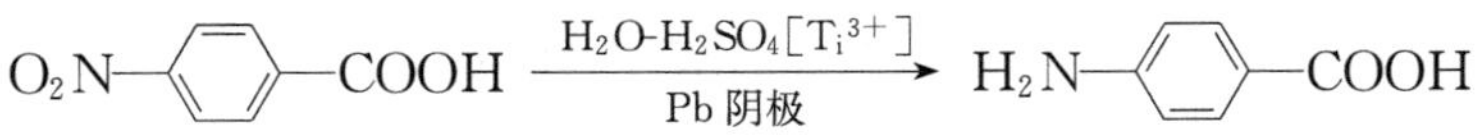

(7.82)

阳极反应

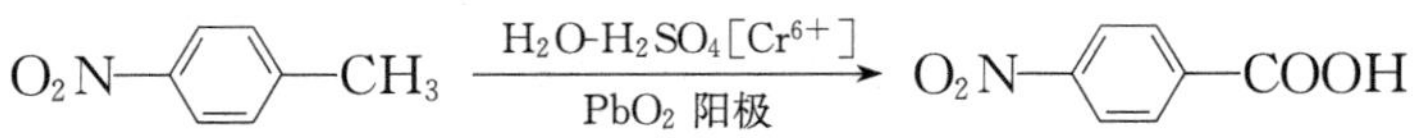

(7.83)

比苯胺类化合物合成更具有应用价值的反应是由硝基化合物直接合成羟胺的反应[92]，如下式

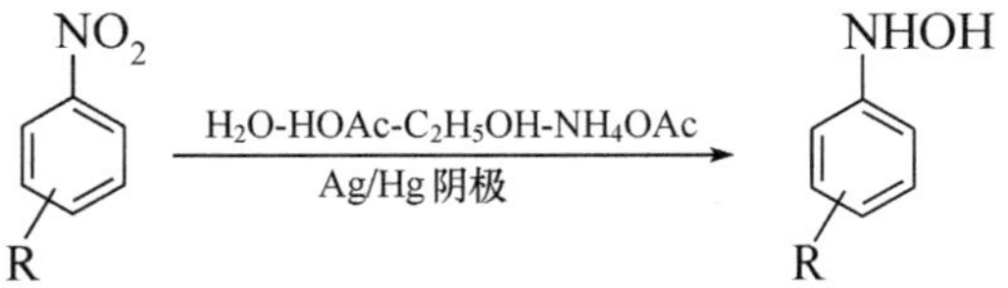

(7.84)

在硝基化合物的电化学还原过程中，将会生成亚硝基化合物这一中间体，反应最后所得的羟胺在阳极上又会被氧化成亚硝基化合物[93]

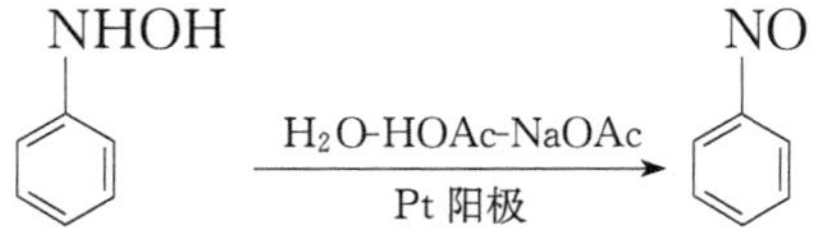

(7.85)

因此这类反应必须采用分隔式电解槽。

羟胺类化合物的电还原反应也可用于制备环异羟肟酸类化合物[94]

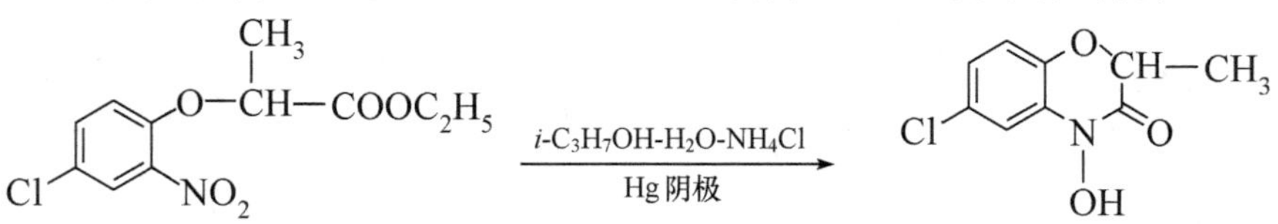

(7.86)

此类反应中最重要的是由芳香族硝基化合物一步合成相应的氨基酚

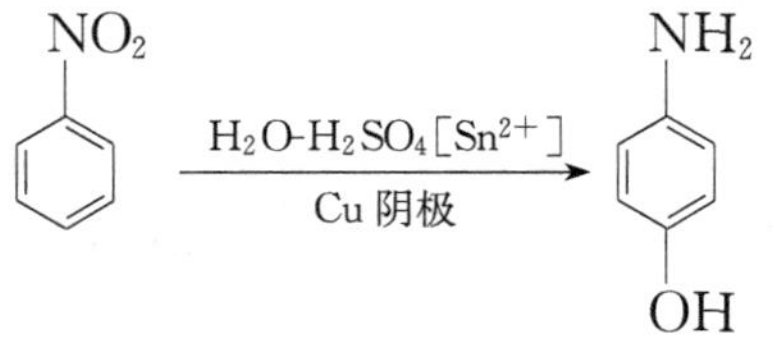

(7.87)

据研究表明,在含硫酸的电解液中,铜为阴极时升高温度有利于反应的进行。另外,在电解液中加入乳化剂可以减少副产物苯胺的生成。在印度,以硝基苯为原料,通过电还原合成对氨基苯酚的反应,已实现了工业化生产。国内对此反应也进行了大量的研究,由马淳安等发明和设计的一种适用于此反应的方法和阴极转动分隔式电解槽,已实现了对氨基苯酚的规模工业化生产[95~103]。

另外,在萘环和蒽醌环上的硝基也能电还原一步合成相应的氨基酚类化合物[104~108]

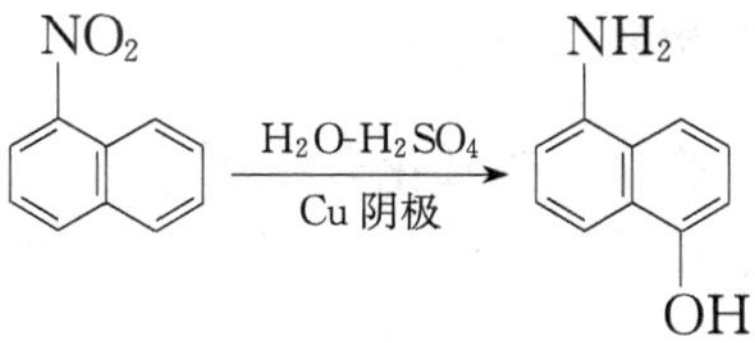

(7.88)

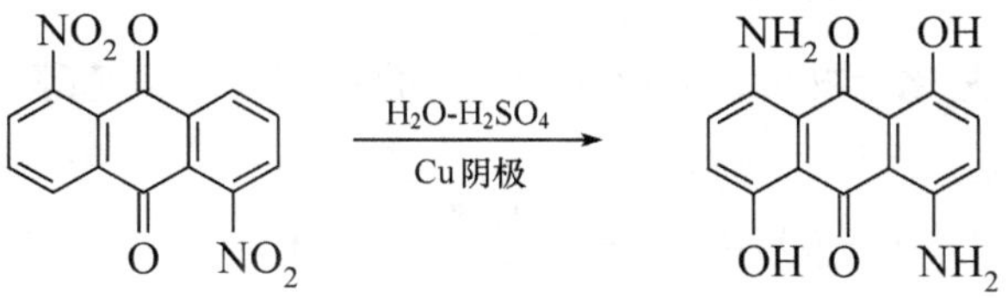

(7.89)

若在含有醇的电解液中电还原芳香族硝基化合物,则可制得苯胺衍生物[109]

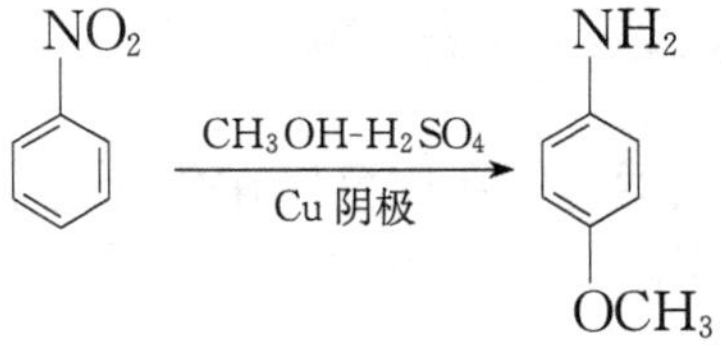

(7.90)

在碱性电解液中,芳香族硝基化合物可以被还原成相应的氧化偶氮化合物、偶氮化合物和叠氮化合物[110,111]

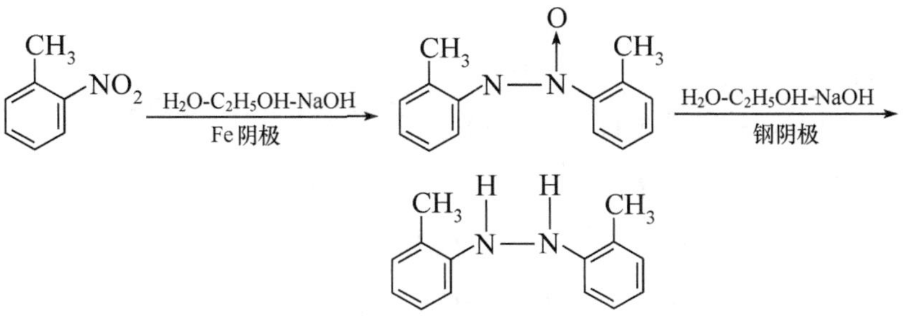

(7.91)

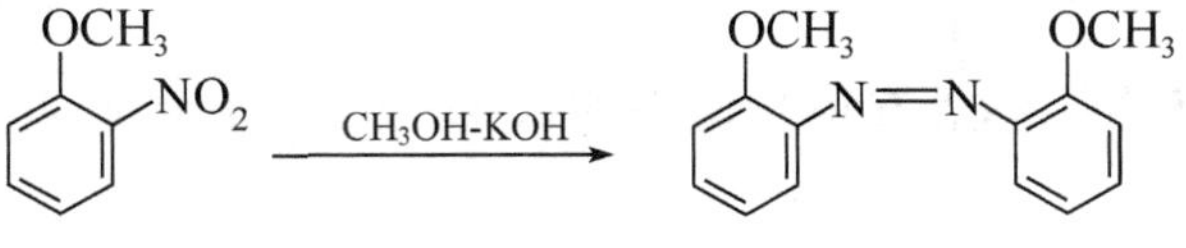

(7.92)

在印度，硝基苯经电化学还原合成二苯肼的工艺已实现工业化生产。相类似，杂环芳香族硝基化合物也可以通过电化学还原合成相应的胺类化合物，如下式反应[112]

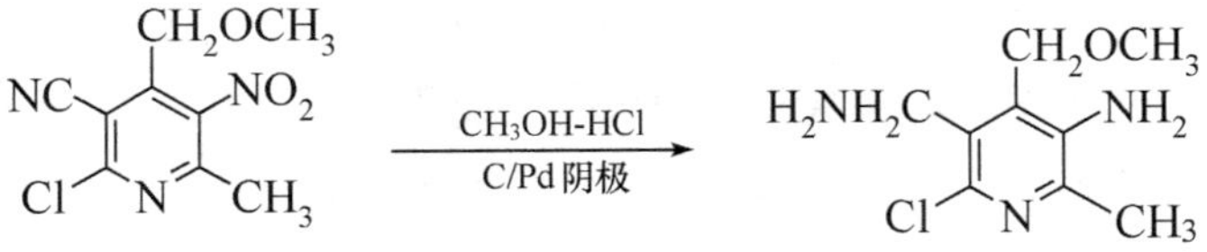

(7.93)

§7.4.2　脂肪族硝基化合物的电还原反应

在不同的反应条件下，脂肪族硝基化合物经电化学还原可合成相应的羟胺或胺类化合物。如硝基甲烷经电还原可生成相应的羟胺[113]

$$CH_3NO_2 \xrightarrow[\text{Cu/PTFE 阴极}]{H_2O\text{-}HCl} CH_3NHOH \qquad (7.94)$$

另外，某些硝基化合物可通过电化学还原合成相应的氨基醇[114]，如下式

$$HOH_2C\text{—}C(CH_3)(NO_2)\text{—}CH_2OH \xrightarrow[\text{Pb 阴极}]{H_2O\text{-}H_2SO_4} HOH_2C\text{—}C(CH_3)(NH_2)\text{—}CH_2OH \qquad (7.95)$$

§7.4.3　不饱和硝基化合物的电还原反应

α,β-不饱和硝基化合物通过电还原可以在化合物中引入一个氨甲基，为此这一方法常用来合成药物中间体[115,116]，例如

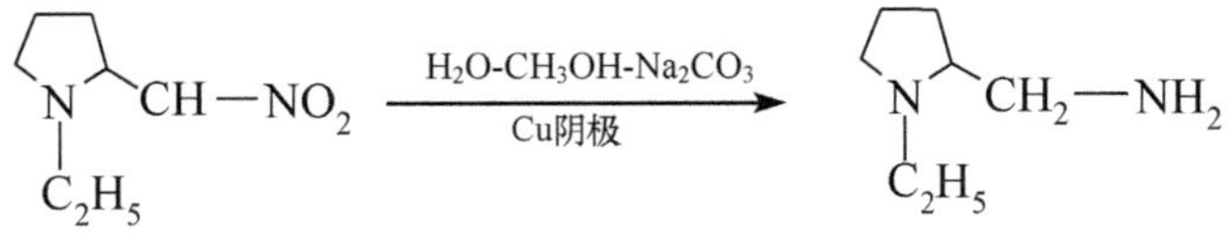

(7.96)

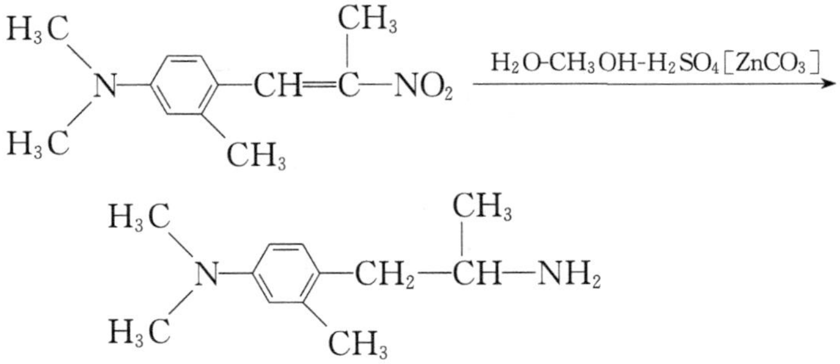

(7.97)

在上述反应过程中，若在电解液中加入少量的羟胺盐，则可以提高反应的收率。

§7.4.4　亚硝基化合物的电还原反应

亚硝基化合物经电还原可以制得氨基联苯胺类化合物[117]、取代对苯二胺类化合物[118]和氨基酚类化合物[119]

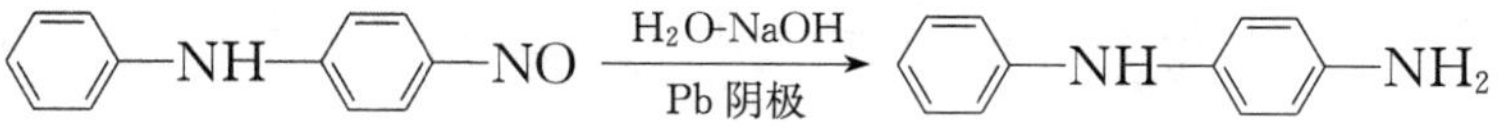
(7.98)

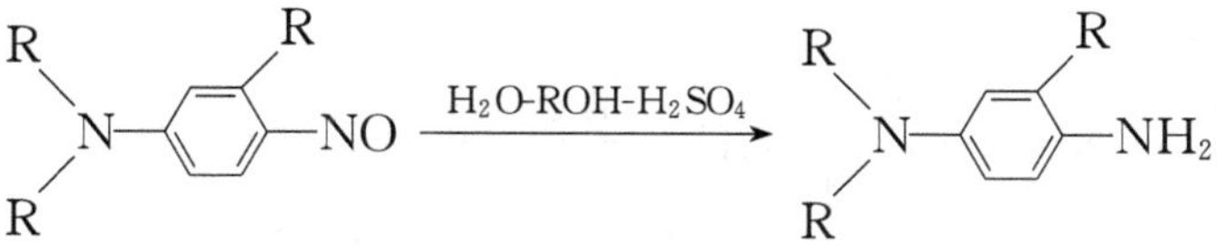
(7.99)

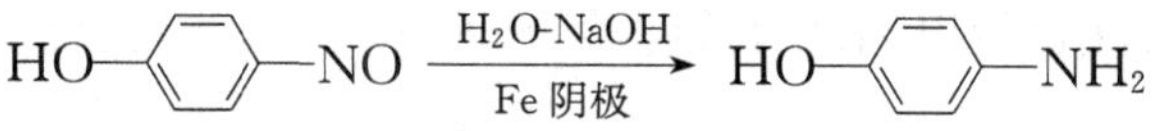
(7.100)

当上述反应有酮类化合物存在时，则亚硝基化合物通过电还原可实现烷基化反应[120]

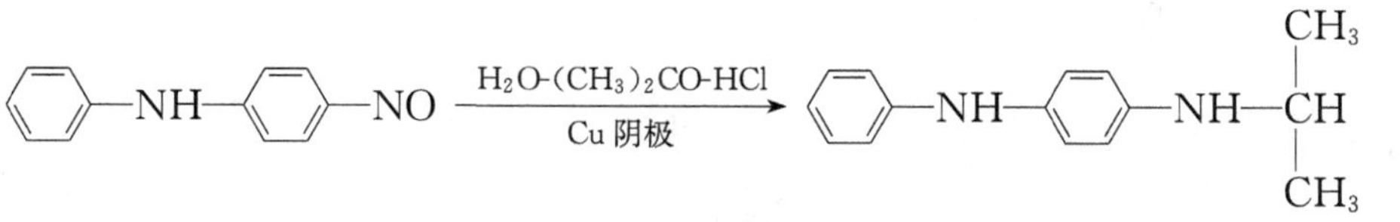
(7.101)

N-亚硝基类化合物经阴极反应可还原成肼[121]

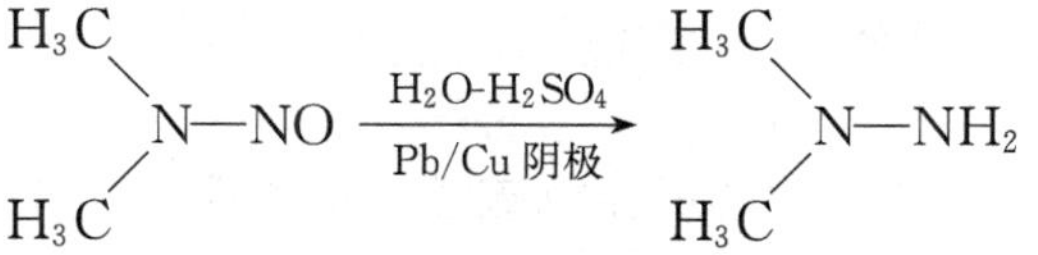
(7.102)

亚硝基吡唑啉酮类化合物通过电还原可制得氨基吡唑啉酮类化合物[122]

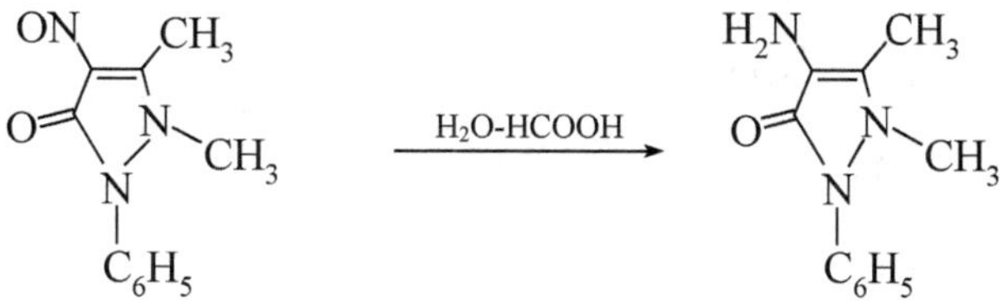
(7.103)

另外，N-氧化物类化合物经电还原可合成相应的胺类化合物，这一反应常被用来合成杀菌剂[123]

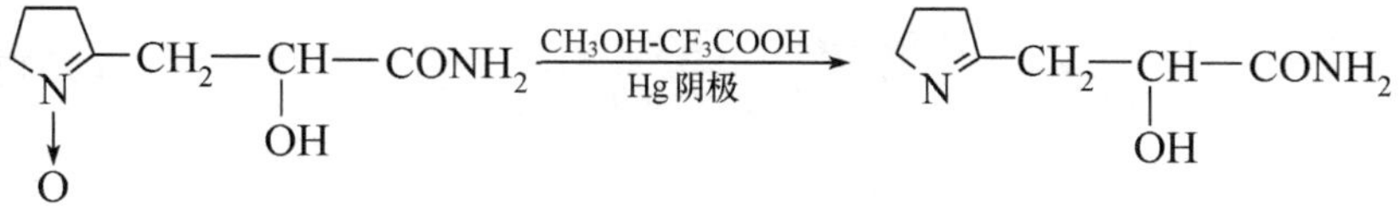
(7.104)

§7.4.5 偶氮化合物的电还原反应

偶氮化合物中的 N-N 键可以用电化学还原的方法使之断裂而生成胺。这一反应可在芳香族化合物中引入氨基[124,125]，例如

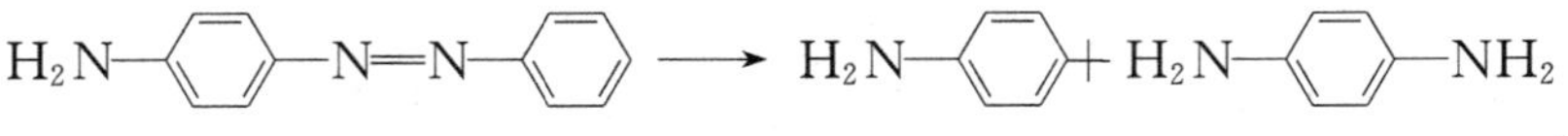

(7.105)

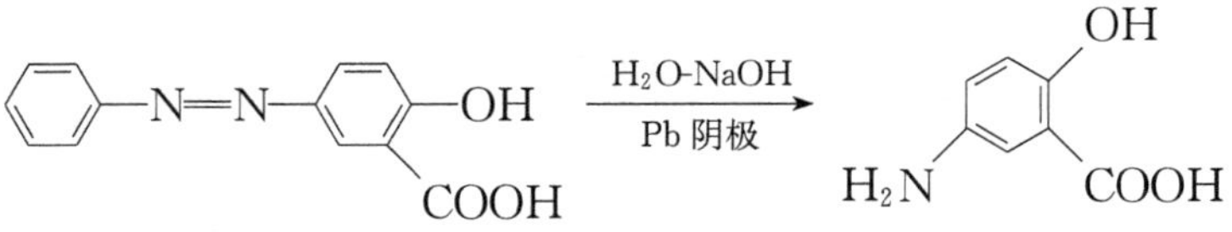

(7.106)

另外，这种方法也可以用来合成嘌呤[126]和苯并三吖嗪化合物[127]

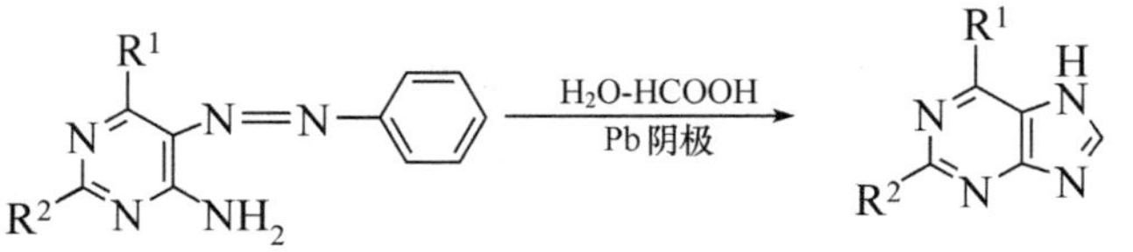

(7.107)

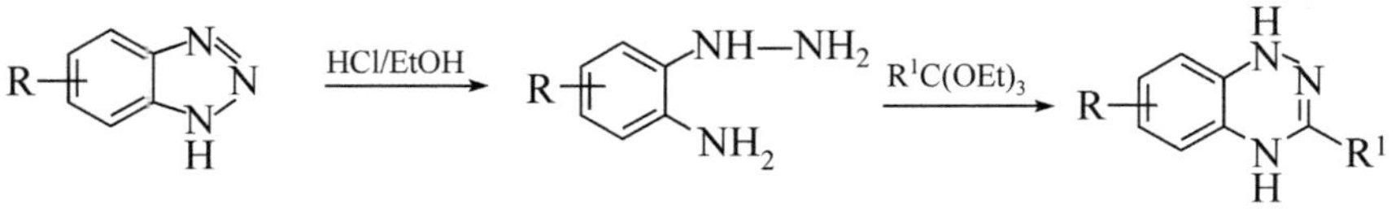

(7.108)

§7.5 含硫、氯磺酰及砷化合物的阴极还原反应

用电化学法可以将二硫化物还原成硫醇。这个反应已实现了工业化生产，如 L-半胱氨酸的电合成反应[128,129]

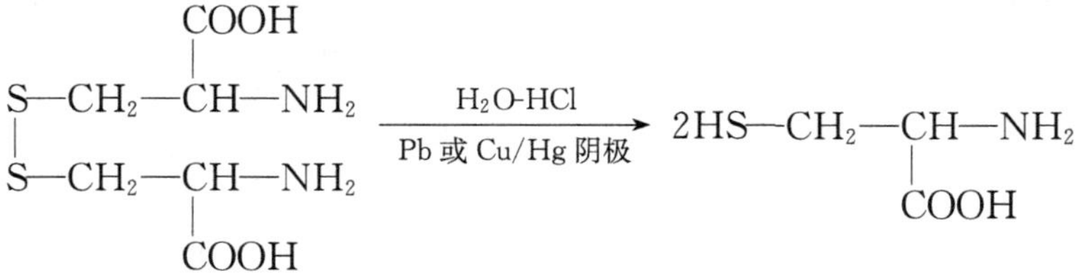

(7.109)

芳香族二硫化物也能发生类似的反应[130]

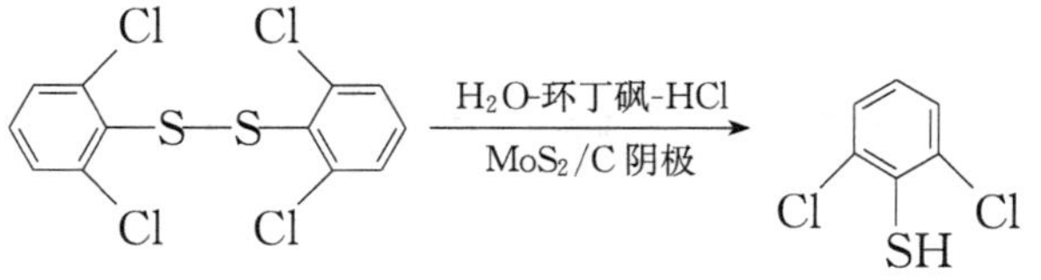

(7.110)

砜类化合物经电还原反应可合成相应的亚磺酸类化合物，如 4 -氧代氮杂环丁烷类化合物的合成[131]

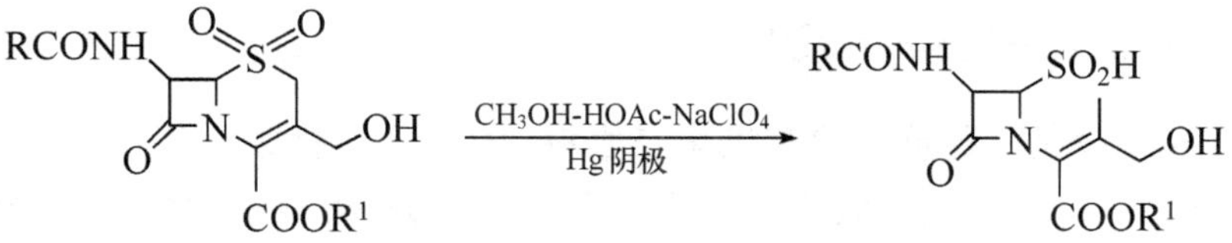

(7.111)

与脂肪族卤代化合物的还原反应相类似，磺酸酯的电还原反应也可用于苯乙酸的烷基化合成反应[132]

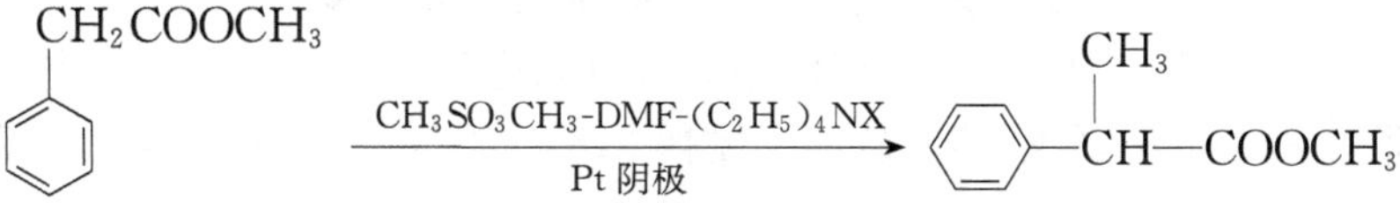

(7.112)

另外，通过电化学还原可将锍盐用于 C-C 键的偶合反应[133]

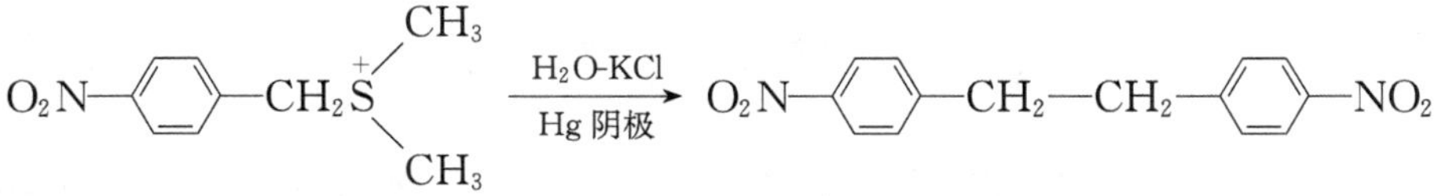

(7.113)

含氯磺酰基的化合物用电化学法可进行逐步还原，首先还原成相应的亚磺酸，然后再还原成为硫醇。例如，对甲苯磺酰氯在醇酸介质中，以铅为阴极材料，在反应过程中首先被还原成对甲苯亚磺酸，然后进一步还原成硫醇，其反应式为

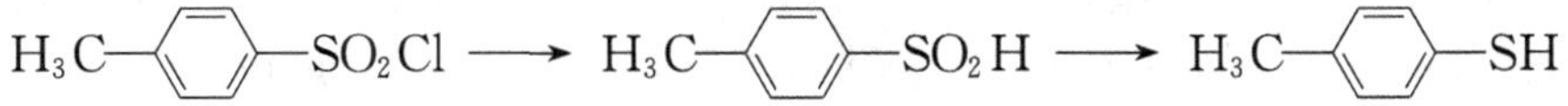

(7.114)

在分离硫醇时，要非常小心，因为它们通常很容易在空气中氧化为二硫化物。

在酸性介质中，用铅、锌汞齐等高过电位的阴极材料作电极时，对氨基苯胂酸类化合物可被还原成相应的胂类化合物；而胂类化合物在有空气存在的条件下，很容易变成相应的偶胂化合物。如在 2mol · L^{-1} 的盐酸水溶液中，锌汞齐化阴极上 4 -氨基苯胂酸可以还原成为 4 -氨基苯胂[38]

(7.115)

若提高酸的浓度(11mol · L^{-1})，则上述反应的产物将变成对偶砷苯胺，其反应式为

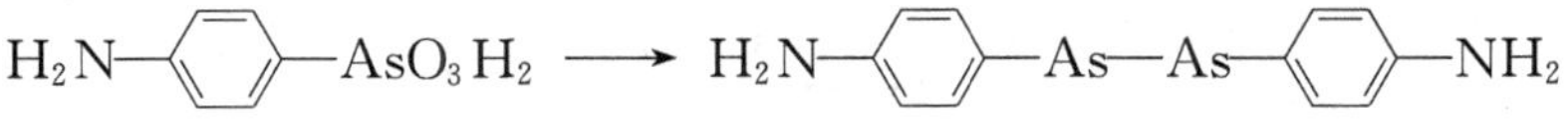

(7.116)

若在稀酸介质中，上述反应产物将能够重新转化成 4 -氨基苯胂。

§7.6　阴极还原电合成实例

§7.6.1　3,5-二氯苯胺的电合成[134]

3,5-二氯苯胺是一种重要的有机化工原料及中间体，主要应用于农药、染料等工业。近年来，3,5-二氯苯胺作为农用杀菌剂异菌脲、菌核净、腐霉利、烯丙基菌核净以及除草剂氯苯脲的中间体，已受到人们高度的重视。目前，国内外一般都用化学法生产该产品。但由于化学法三废污染严重，产品质量较差，大大限制了该产品的生产。因此，寻找一条合适的工艺路线显得非常重要。

以3,5-二氯硝基苯为原料，经电还原法可以将反应物中的硝基首先在电极表面上得到6个电子还原成胺基，从而可制得3,5-二氯苯胺产物。其阴极反应式如下

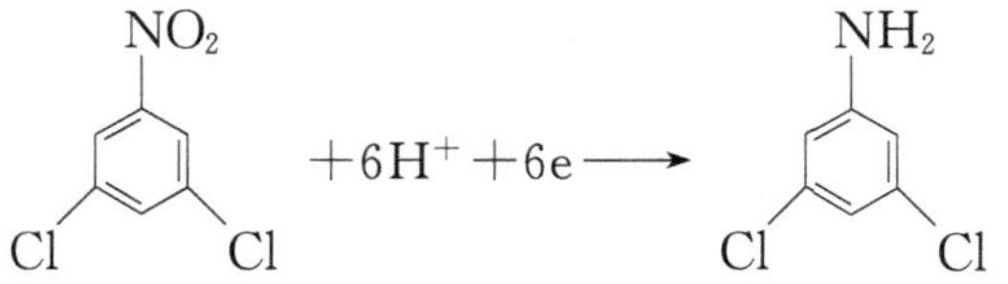

(7.117)

在电合成过程中，以纯铜为阴极，含氟二氧化铅作阳极，采用阴极转动分隔式电解槽，阴极液由3,5-二氯硝基苯、硫酸水溶液和硫酸钛助剂组成，阳极液为硫酸水溶液，电解过程控制温度65℃、电流密度1000A·m^{-2}、电极电位−0.35～−0.45V、阴极转速400r·min^{-1}。当阴极电位升至−0.75V时，停止电解，取出阴极液，用水蒸气蒸馏出未反应的3,5-二氯硝基苯原料。然后，阴极液用碱液中和、结晶、过滤、真空干燥，得3,5-二氯苯胺，产率为90%左右，含量可达98%。

§7.6.2　乙醛酸的电合成

乙醛酸是合成医药、香料及农药等精细化工产品的中间体，也是制造香兰素、青霉素及尿囊素等的原料，市场需求量较大。

乙醛酸可由草酸在阴极上电还原得到，其阴极反应式为

$$\begin{array}{c}COOH\\ |\\ COOH\end{array} + 2H^+ + 2e \longrightarrow \begin{array}{c}CHO\\ |\\ COOH\end{array} + H_2O \qquad (7.118)$$

也可用乙二醛为原料，在阳极上经电氧化而制得

$$\begin{array}{c}CHO\\ |\\ CHO\end{array} + H_2O \longrightarrow \begin{array}{c}CHO\\ |\\ COOH\end{array} + 2H^+ + 2e \qquad (7.119)$$

因此，有人提出将阴、阳两个电极反应同时安排在一个电解槽中进行，即成对

电解合成，这是经济效益很好的一种方案。这里只介绍以草酸为原料，经阴极电还原制备乙醛酸的方法。

在电合成过程中，采用隔膜电解槽，以聚四氟乙烯为基体的强酸型阳离子交换膜为隔膜材料，阳、阴两极均采用纯铅电极或铅合金材料。阴极液为 $1mol \cdot dm^{-3}$ 草酸饱和水溶液；阳极液为 $0.5\ mol \cdot dm^{-3}$ 硫酸水溶液；控制温度 8℃以下，槽电压6.5～7.5V，电流密度 $800 \sim 1\ 200A \cdot m^{-2}$。在合适的电解时间下，阴极液中的乙醛酸浓度可达 4%～5%（质量），乙醛酸的产率≥80%，电流效率≥60%。所得稀乙醛酸溶液经真空蒸发浓缩至 20%以上，过滤后即可作为商品出售。

§7.6.3　*N*,*N*-1,3-二甲基-4-氨基-5-甲酰氨基脲嗪的电合成

N,*N*-1,3-二甲基-4-氨基-5-甲酰氨基脲嗪（FAU）是人工合成咖啡因、可可碱等药物的中间体。该产品通常用铁粉还原法生产，但环境污染较严重，因此人们提出用电解还原法进行合成。该法以 *N*,*N*-1,3-二甲基紫脲酸（NAU）为原料，采用分隔式电解槽，在甲酸溶液中进行电解，阴极上可生成 *N*,*N*-1,3-二甲基-4-氨基-5-甲酰氨基脲嗪，其反应过程如下

阴极反应

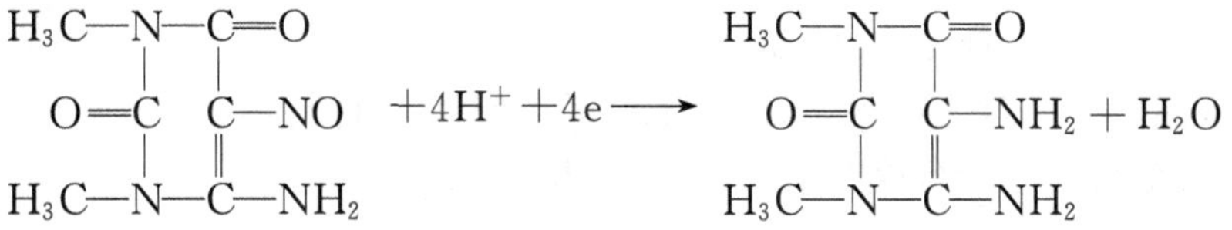

(NAU)　　(DAU)

(7.120)

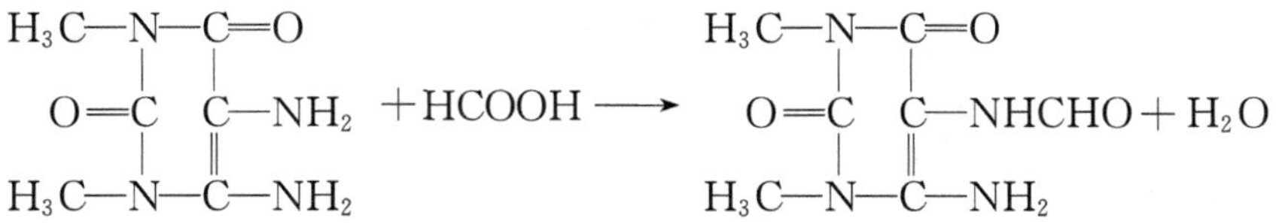

(DAU)　　(FAU)

(7.121)

阳极反应

$$2H_2O \longrightarrow 4H^+ + O_2 + 4e \tag{7.122}$$

在电解过程中阴、阳极均采用镀铂黑的铂电极。阴极液组成为 NAU 溶于 15%的甲酸水溶液中，控制 NAU 浓度为 $0.25mol \cdot dm^{-3}$；阳极液为 15%甲酸水溶液。控制电解温度 30℃以下，阴极电位－1.6～－2.0V（v.s. SCE），电流密度 $400A \cdot m^{-2}$，电解时间约 25min，此时阴极液中的 DAU 产率为 57%，电流效率为

64%。

电解后的阴极液补加甲酸，在 104℃下回流 3h，使 DAU 全部转化为产物 FAU，其产率可达 75%。

§7.6.4 对氨基苯酚的电合成[95~103]

对氨基苯酚(PAP)是一种重要的有机化工原料及中间体，广泛应用于医药、染料、橡胶及摄影等领域。目前，我国生产 PAP 的方法多以对硝基氯苯为原料，经液碱加压水解生成对硝基苯酚钠盐，再经无机酸酸化和还原等反应步骤制得对氨基苯酚。反应过程可表示如下

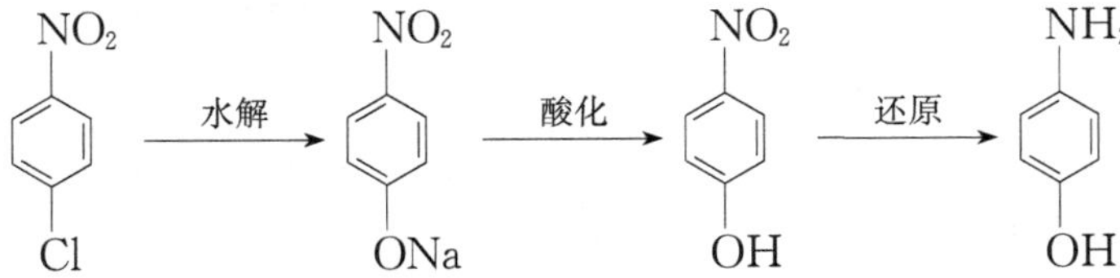

(7.123)

由于该法原料成本高，生产流程长，环境污染严重，产品含铁量高，故难以适应现代化生产的要求。近年来，法国、印度、日本、英国和美国等国都在努力研究和开发硝基苯电解制备对氨基苯酚的新方法。我国也已取得小试、工业模试、中试和工业化试验的成果，目前正在推广应用。

该方法以硝基苯为原料，采用二氧化铅、Ir/Ti 等材料作阳极，汞齐化铜为阴极，通过阴极还原一步合成对氨基苯酚，其电化学反应式为

阴极反应

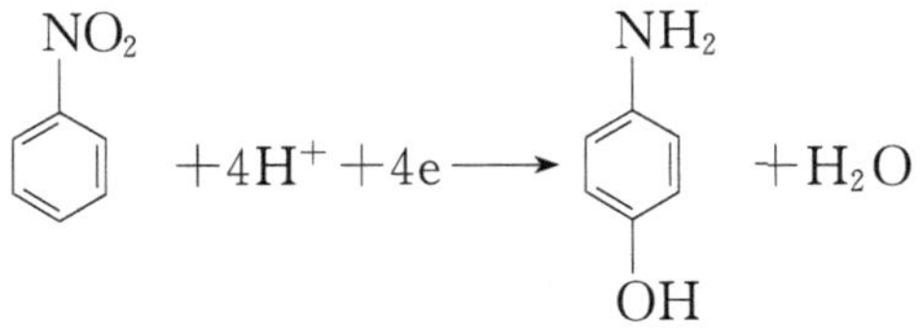

(7.124)

阳极反应

$$2H_2O \longrightarrow 4H^+ + O_2 + 4e \tag{7.125}$$

由于电解法合成对氨基苯酚具有原料成本低、生产过程短、产品纯度高及三废污染少等优点，与常规合成法相比，电解法合成对氨基苯酚具有很强的竞争能力。浙江工业大学马淳安等人在浙江省科技厅的资助下，自 1989 年开始先后完成了 PAP 小试、工业模试和工业化开发等研究，并分别通过了省级技术鉴定。现将工业化研究的一些结果予以简述。

电解过程采用 1 000L 阴极转动分隔式电解槽，以工业硝基苯为原料，用 Ir/Ti 或铅合金作阳极材料，汞齐化铜作阴极材料，阳极液为 25%硫酸，阴极液由 25%硫

酸水溶液、硝基苯及表面活性剂等组成。反应过程中控制反应温度 90℃，电解电流 3 000A，阴极转速 900r · min^{-1}，阴极电流密度 500～600A · m^{-2}，阳极电流密度1 000～1 500 A · m^{-2}，电解工艺流程如图 7.1 所示。PAP 整个合成工艺流程见图 7.2。在电解过程中首先将配制好的阴极液和阳极液按计量分别加入阴极室和阳极室，升温至反应温度，开启转动阴极，并调节好转速。待体系稳定，打开电源开关，通电电解，然后视阴极电位的变化，控制反应终点。待反应结束，将反应液进行中和、水蒸气蒸馏、脱色、过滤、干燥等分离过程，即得 PAP 产品。

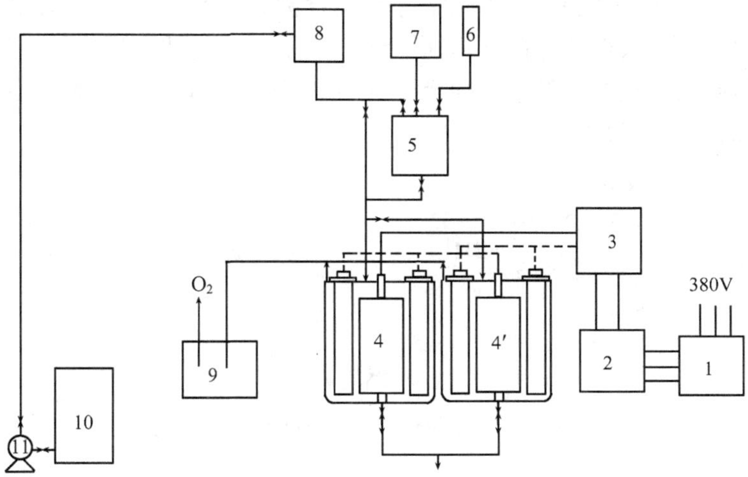

图 7.1　PAP 电解工艺流程示意图

1. 380V/24V 变压器；2. 4 000A/24V 硅整流器；3. 电解控制柜；4,4′. 1 000L 电解槽；5. 乳液配料槽；6. 硝基苯计量槽；7. 助剂计量槽；8. 25%硫酸计量槽；9. 水吸收槽；10. 硫酸配料槽；11. 耐酸循环泵

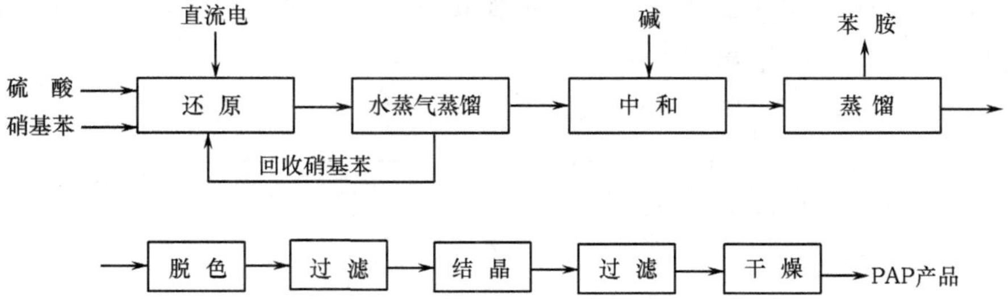

图 7.2　PAP 电解和分离工艺流程示意图

在上述控制条件下，硝基苯的转化率为 91%，PAP 的收率在 70%左右，产品含量 97%以上，直流电单耗 7 350 kWh · $(tPAP)^{-1}$。

§7.6.5　*DL*-高半胱氨酸硫内酯盐酸盐的电合成[135]

DL-高半胱氨酸硫内酯盐酸盐(*DL*-HCT)是一种重要的生化试剂和药物中间体,可用于制备 MR-2407、Citiolone 等药品。化学法合成该产品时,常用金属锌或锡和盐酸与 *DL*-高胱氨酸(*DL*-HC)进行还原反应而制得。由于该法在反应过程中产生大量的氢气、锌盐(或锡盐)和废水,不但环境污染十分严重,而且操作过程危险性较大,为此提出用电化学还原法合成该产品的工艺路线。

采用电还原法合成 *DL*-高半胱氨酸硫内酯盐酸盐,以 *DL*-高胱氨酸为原料,铅合金或纯铅为阴、阳极材料,用圆形板框式电解槽为电化学反应器。反应过程中阳极析氧,阴极在盐酸水溶液中电解还原合成 *DL*-高半胱氨酸硫内酯盐酸盐,其合成过程的反应式为

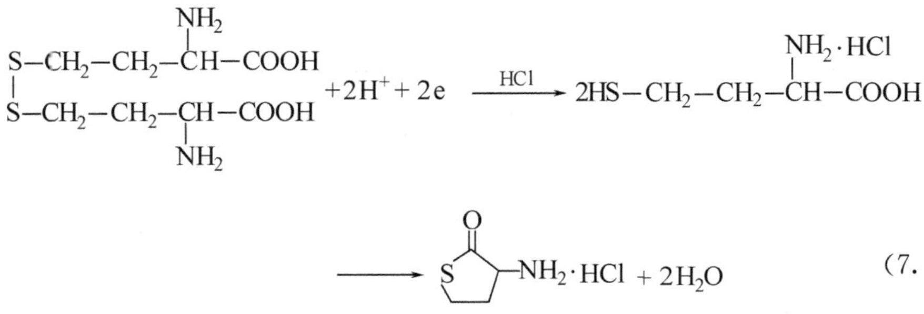

(7.126)

电解工艺流程如图 7.3 所示。先将配制好的阴极液和阳极液按计量分别加入阴极室和阳极室,开启阴、阳极液循环泵。待体系循环稳定,打开直流电源开关,并调好所需的电流密度,然后通电电解。在电解过程中控制反应温度 35℃左右,槽电压 4～5V,电流密度 450～600A · m^{-2},通入理论电量 120%,反应物浓度 2.0 mol · L^{-1}。电解过程阳极产生的氧气经阳极液循环槽排空。电解达到所需的理论电量后,停止电解,取出阴极液。

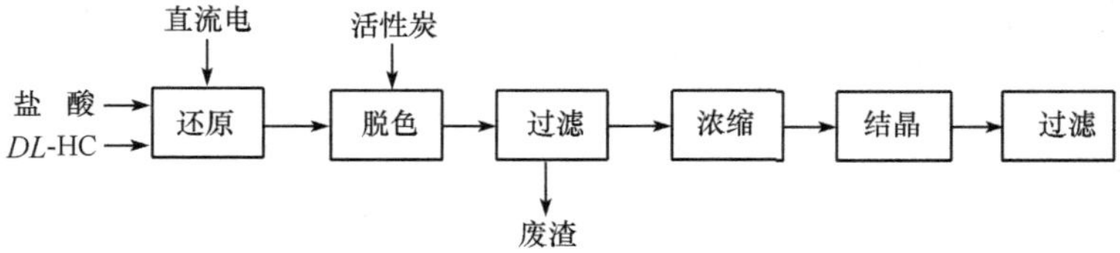

图 7.3　*DL*-高半胱氨酸硫内酯盐酸盐电合成工艺流程示意图

电解后的阴极液经活性炭脱色、过滤后,灌入旋转蒸发器,在 55℃下抽真空浓缩。当蒸发器内壁出现结晶析出时,停止浓缩,并取出浓缩液,经冷却结晶、过滤、

真空干燥后，即得 *DL*-高半胱氨酸硫内酯盐酸盐产品。在控制条件下，该产品的收率可达 92%，含量≥99%。

参 考 文 献

[1] 陈延禧. 电解工程. 天津：天津科学技术出版社，1993
[2] United Technologies Corp. USP 4566957. 1986
[3] Trocciola J C, Landsmann D A. USP 4596638. 1986
[4] Asahi Chem. JP59219485. 1985
[5] Asahi Chem. JP60052587. 1985
[6] Asahi Chem. JP54020298. 1982
[7] Asahi Chem. JP57108274. 1982
[8] Asahi Chem. JP57108275. 1982
[9] Asahi Chem. JP57108276. 1982
[10] Asahi Chem. JP57058289. 1983
[11] Asahi Chem. JP58207382. 1984
[12] Asahi Chem. JP58207383. 1984
[13] Tysse D A. USP3864225. 1975
[14] Tysse D A. USP4013524. 1977
[15] Tilborg W, Smit C J, Engels R. EP28430. 1981
[16] Tilborg W, Smit C J. GB2069533. 1982
[17] Tkatchenko I, Ballivet-Tkatchenko D E, Murr N, et al. FR2542764. 1985
[18] Senoo S, Saotome K. JP74016413. 1974
[19] Hall D A, Heiney R E. USP4082627. 1978
[20] Junghand K, Ropke H. DE2029415. 1972
[21] Junghand K. DE2063101. 1972
[22] Junghans K. DE2814500. 1980
[23] Grass H, Zell R. EP85765. 1984
[24] Steckhan E. Topics in Current Chemistry: Electrochemistry Ⅲ. Berlin Heidelgerg: Springer-Verlag, 1988
[25] Misono A, Naga T, Yamagishi T. JP77045707. 1978
[26] Skaletz D H. DE26182766. 1978
[27] Ginsburg D, Mayer W J W. USP4251332. 1981
[28] Degner D. Technique of electroorg. Synthesis. Techn. Of Chemistry V, PⅡ. J. Wiley & Sons, 1982
[29] Nohe H, Suter H. DE2158200. 1973
[30] Asahi Chem. JP56112488. 1982
[31] Kirilyus V, Murzatova G K, Sokolskii D V. SU657 026. 1979
[32] Matova S B, et al. SU1004369. 1983
[33] Kormachev V V, et al. SU844616. 1981
[34] Nohe H, Hannebaum H. DE2658951. 1978
[35] Wehinger E, Kazda S, Knorr A. DE3239273. 1984
[36] Berntsson P, Vastra F, Gaarder J, et al. DE2243665. 1973

[37] 王光信，张积树. 有机电合成导论. 北京：化学工业出版社，1997
[38] 马淳安. 有机电解合成基础(试行教材). 杭州：浙江工业大学，1991
[39] Asahi Chem. JP59197580. 1985
[40] Baldwin M M, Wyant R E. USP4434032. 1984
[41] Andreades S. USP3475298. 1970
[42] Fauvarque J F, Jutad A, Chevrot C, et al. FR2530266. 1984
[43] Moingeon M, Chaussard J. EP198743
[44] Seiber J N, Stringham R R. USP3677916. 1973
[45] Collange E, Paris M, Autissier N. EP93653. 1984
[46] Seiber J N. USP3687826. 1972
[47] Kyriacou D. EP18069. 1981
[48] Bon C K, Kamp A J, Sobieralski T J. USP4592810. 1981
[49] Seiber J N. USP3687827. 1972
[49a] 马淳安，陈江渭. 科技通报，12(3)，148，1996
[50] Grass H, Widmer E. EP85158. 1984
[51] Degner D, Hoffmann W, Thomel F. DE3127242. 1983
[52] King C J H. USP4157286. 1979
[53] Saito M. DE3018844. 1981
[54] Sugano T T, Schenker B A, et al. USP3992269. 1977
[55] Rakoutz M. FR2138463. 1973
[56] Leroux F, Jaccaud M. EP203851
[57] Agency of Ind. Sci. Techn. JP60024386. 1985
[58] Giese B, Jager P, Konig H, et al. DE2208155. 1973
[59] Yoshida K, Sueoka M. JP61009586. 1986; JP61009587. 1986
[60] Rogers R E, Smith L R. EP186648. 1986
[61] Tokuyama S. JP56090045. 1981
[62] Fioshin M, et al. SU703528. 1980
[63] Surov I, Guigina N, Avrutskaya I, et al. SU790652. 1984
[64] Surov I, et al. SU990760. 1983
[65] Surov I. SU790651. 1983
[66] Schwarzlose G. DE2237612. 1974
[67] King R J, White G R. DE2538621. 1976
[68] Beck F, Jager P, Guthke H. DE1950282. 1971
[69] Goodridge F, Lister K. GB1411371. 1976
[70] Morduchowitz A, Ang P G A. USP4608133. 1986
[71] Barber J J. USP4461681. 1984
[72] Horner L, Skaletz D H, Honl H. DE2428878. 1976
[73] Mendelson W L. USP4055573. 1978
[74] Hall D A. USP4042472. 1977
[75] Hall D A. EP38626. 1982

[76] Takahashi Y, Sekine T, Kikuchi Y. JP48028410. 1973
[77] Toomey J E. EP189678. 1986
[78] Matsuoka M, Kokusenya Y. JP51133229. 1977
[79] Uchiyama H, Ozawa S. JP4727975. 1973
[80] Herbig K, Wiersdorff W, Degner D. DE2408532. 1976
[81] Minami T, Ueno K, Kotaki A. JP4854 007. 1974
[82] Kawakubo H, Yamataka K, Fukuzaki K. JP60172969. 1986
[83] Bautin V I, et al. SU521257. 1976
[84] Toomey J E. USP4482437. 1985
[85] AS Azerb. Chloroorg. SU836007. 1981
[86] Tyssee D A. USP3945896. 1976
[87] 郑勤安. 精细化工，13(增刊)，73，1996
[88] 马淳安，张文魁，黄辉等. 高等学校化学学报，21(增刊)，48，2000
[89] 马淳安，童少平，陈骁军等. 电化学，3(4)，438，1997
[90] Kirilyus I V. SU681051. 1980
[91] Chaussard J, Lahitte C. FR2512844. 1983
[92] Jager P, Zeeh B. DE2262851. 1974
[93] Wagenknecht J H, Laurin D G. USP4071429. 1978
[94] Alt H, Gerogi V, Lindner W. DE2206018. 1974
[95] 马淳安，苏维科，王焕华. 浙江工学院学报，20(1)，1，1992；20(2)，1，1992；20(3)，1，1992
[96] 马淳安. 精细化工，13(增刊)，26，1996
[97] 马淳安，张文魁，黄辉等. 高校化学工程学报，15(5)，453,2001
[98] 马淳安，俞文国. 精细化工，12(1)，39，1995
[99] 马淳安. 中国发明专利，ZL93119242.0. 1999
[100] 马淳安. 中国实用新型专利，ZL93242517.8. 1994
[101] 马淳安，张文魁，黄辉等. 精细化工，17(增刊)，17，2000
[102] 马淳安，张文魁，黄辉等. 电化学，5(4)，395，1999
[103] 马淳安，郑勤安. 浙江工业大学学报，24(2)，138，1996
[104] Ma C A(马淳安), et al. Chinese Chemical Letters, 5(1), 81, 1994
[105] Ma C A(马淳安), et al. Chinese Chemical Letters, 5(2), 117, 1994
[106] 马淳安，童少平，高晓萍. 电化学，3(2)，160，1997
[107] Ma C A(马淳安), Zhang W K(张文魁), et al. Chinese Chemical Letters, 10(11), 945, 1999
[108] 马淳安，童少平等. 浙江工业大学学报，24(1)，11，1996
[109] Hirasjima T, Nishiguchi I. JP55154590; CA94: 164822m, 1981
[110] Borma B V, deGroot H, Van de henvel E, et al. DE3020846. 1981
[111] Nippon Kayaku. JP61246392
[112] Matsuoka M, Ono M. JP7202092. 1982
[113] Kornienko V L, et al. SU677277. 1984
[114] Rignon M, Catonne J C, Denisard F, et al. EP198722
[115] Odo K, Ichihawa E, Tamazawa K, et al. DE2635587. 1977

[116] Andersson S, Holberg H, Nilsson L. DE3323047. 1984

[117] Fioshin M Y, et al. SU582245. 1978

[118] Agency of Ind. Sci. techn. JP57123983. 1983

[119] Greener G P, Porter A S. DE2256003. 1973

[120] Fioshin M Y, et al. SU706366. 1980

[121] Udupa H V, et al. Ind139949. 1980

[122] Andosov V V. SU968032. 1983

[123] Durckheimer W, Martin W. DE2261688. 1974

[124] Sumitomo Chem. JP56072188. 1981

[125] Lund H. WO8603194. 1986

[126] Fujimoto Y, Teranishi M. DE1695341; DE1695342; DE1695343. 1964

[127] McCaskill E S. USP4497950

[128] 陈松茂，倪燕南. 精细化工，13(增刊)，78，1996

[129] 李美霞，张歆，林维明. 精细化工，15(增刊)，294，1998

[130] Dipris D, Pouli D. USP4072584. 1978

[131] Hall D A. USP4436596. 1984

[132] Shono T. DE3442034. 1985

[133] Wessling R A, Settineri W J. USP3480527. 1970

[134] 马淳安，童少平，高晓萍等. 有机化学，18(4)，334，1998

[135] 马淳安，杨振平，陈骁军等. 精细化工，15(2)，52，1998

第 8 章　间接有机电化学合成

直接有机电合成是依靠反应物质(以下简称为基质)在电极表面上直接进行电子交换来获得新物种的一种方法。但有些有机化合物采取直接电合成法却难以获得令人满意的结果,其主要原因在于:在反应过程中电子传递速度慢,影响整体反应速度;反应物质在电解液中溶解度低,难以接近电极表面;反应物或产物易吸附在电极表面上,产生焦油状或树脂状物质,严重污染反应电极,使电合成产率和电流效率降低;在电解过程中,产率或电流效率会迅速下降,使反应难以持续进行等。为此可考虑采用间接电合成的方法来克服这些困难。

§8.1　间接电合成基本原理[1~4]

某些有机化合物本身往往不能直接在电极表面上参加反应,需要选择某种氧化还原对作为"媒质"。这种"媒质"能在电极表面上首先被氧化或还原,然后再与有机化合物(或基质)进行化学反应获得产物。分离出产物后,"媒质"在原电解槽中又通过阳极或阴极再生,重新参与下一次化学反应,如此循环使用。

"媒质"又称介体或电对,是间接有机电合成过程中必不可缺的一种物质,它在电化学反应体系中主要充当具有催化作用的"电子载体"角色。

根据"媒质"反应所在电极的极性不同,间接有机电合成可分为间接电氧化合成和间接电还原合成。间接电氧化合成是"媒质"的还原态与电极进行异相的电子交换转变成氧化态,然后与有机反应物(基质)进行电子交换,将其氧化成产物。间接电还原合成则将媒质的氧化态与电极进行异相电子交换,首先转变成相应的还原态,然后与有机反应物(基质)进行电子交换,并将有机反应物还原成产物。其反应原理如下式所示

间接电氧化合成

$$A \longrightarrow A^{n+} + ne \tag{8.1}$$

$$R + A^{n+} \longrightarrow A + P \tag{8.2}$$

间接电还原合成

$$B + ne \longrightarrow B^{n-} \tag{8.3}$$

$$R + B^{n-} \longrightarrow B + P \tag{8.4}$$

其中，A/A^{n+}、B^{n-}/B 为“媒质”的氧化还原电对，R 为有机反应物或基质，P 为产物。

间接有机电合成的基本原理也可用图 8.1 予以描述。

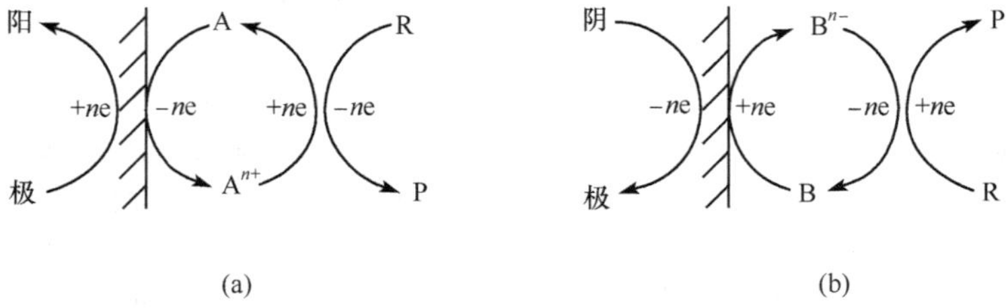

图 8.1 间接有机电合成原理示意图

(a) 间接电氧化反应；(b) 间接电还原反应

由上述原理可知，间接有机电合成的关键问题之一在于“媒质”的选择。一般来说，“媒质”必须具备以下条件：

(1) “媒质”在电极上的反应速度要快，即“媒质”在电极表面上的反应要可逆，或接近可逆；

(2) “媒质”与有机反应物(基质)之间的反应速度要快，选择性要高；

(3) “媒质”的氧化态或还原态在电解液中易溶。

如果一种“媒质”不能同时满足上述的基本条件，则可以选择两种或两种以上的“媒质”同时使用。利用两种“媒质”进行的间接有机电合成体系，称为“双媒质”体系；利用两种以上“媒质”进行的间接有机电合成体系，称为“多媒质”体系。“多媒质”体系的间接有机电合成原理可用图 8.2 来表示(以间接电氧化反应为例)。

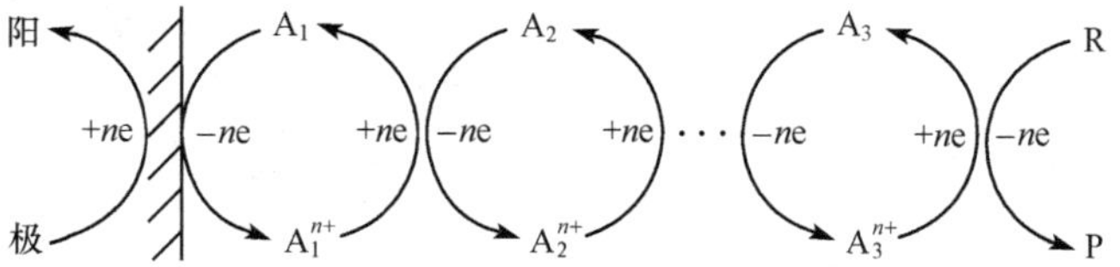

图 8.2 “多媒质”体系间接有机电合成原理示意图

根据有机反应物(基质)的性质，间接有机电合成可以采用“槽内式”和“槽外式”两种操作方式。槽内式间接电合成法是在同一装置中同时进行化学和电化学反应的一种体系，因此这一装置既是化学反应器，同时也兼有电解槽的功能。槽外式间接电合成法需要两种不同的反应装置，即化学反应器和电解槽。在合成过程中首先在电解槽中对“媒质”进行氧化或还原反应，再将电解后的“媒质”从电解槽内转移到化学反应器中，与有机物进行化学反应。待反应结束，分离出产物与“媒质”，然后“媒质”返回电解槽中重新电解再生。

槽内式间接电合成必须满足以下条件：

(1) 电解反应与化学反应的一些基本条件必须相匹配，即这二者的反应速率应相近，温度、压力等反应条件应基本相同。

(2) 反应物或生成的产物不会污染电极表面。因为在反应过程中某些有机化合物较易在电极表面上吸附或形成焦状物使电极表面难以进行电子交换，使整个体系不能进行正常的反应。若采用槽外式间接电合成，则可完全避免上述问题，因而更具有应用价值。槽外式和槽内式间接电合成的基本流程如图 8.3 和图 8.4。

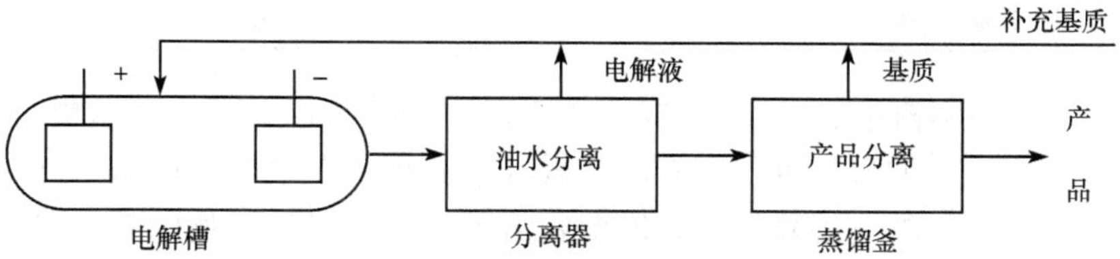

图 8.3　槽内式间接有机电合成流程简图

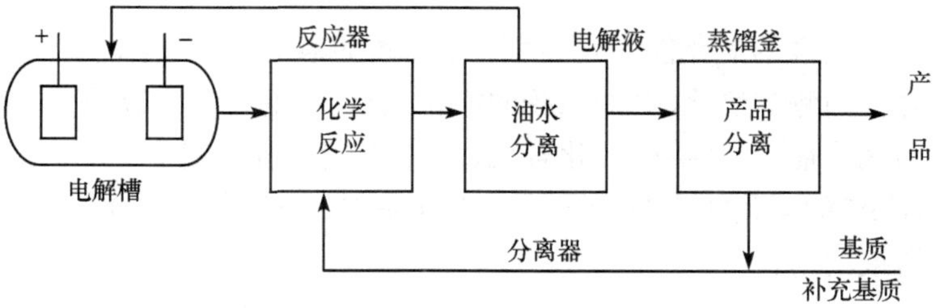

图 8.4　槽外式间接有机电合成流程简图

由于在间接电合成中“媒质”分金属媒质、非金属媒质、有机化合物媒质和过氧化物媒质等种类，而间接有机电合成所用的“媒质”不同，其反应过程的形式也各不相同。为便于论述，以下按“媒质”的种类分别予以介绍。

§ 8.2　金属媒质间接电合成

§ 8.2.1　金属媒质间接电氧化合成[5~9]

金属媒质是指那些具有高、低价金属离子或含金属元素的酸根离子、化合物、络离子等的氧化还原电对。表 8.1 列出了一些常用金属媒质及其标准还原电位

$\varphi^{\ominus}$/V(v. s. NHE)/V 情况。

表 8.1　金属媒质和氧化还原电位之间的关系

金属氧化还原电对	酸性介质中 $\varphi^{\ominus}$/V	金属氧化还原电对	碱性介质中 $\varphi^{\ominus}$/V
$Co^{3+}+e \longrightarrow Co^{2+}$	1.81	$Tl^{3+}+2e \longrightarrow Tl^{+}$	1.25
$Ce^{4+}+e \longrightarrow Ce^{3+}$	1.61	$MnO_2+4H^{+}+2e \longrightarrow Mn^{2+}+2H_2O$	1.23
$MnO_4^{-}+8H^{+}+5e \longrightarrow Mn^{2+}+4H_2O$	1.51	$Fe^{3+}+e \longrightarrow Fe^{2+}$	0.77
$Mn^{3+}+e \longrightarrow Mn^{2+}$	1.51	$TiO^{2+}+2H^{+}+e \longrightarrow Ti^{3+}+H_2O$	0.10
$PbO_2+4H^{+}+2e \longrightarrow Pb^{2+}+2H_2O$	1.46	$Ti^{3+}+e \longrightarrow Ti^{2+}$	−0.37
$Cr_2O_7^{2-}+14H^{+}+6e \longrightarrow 2Cr^{3+}+7H_2O$	1.33	$Cr^{3+}+e \longrightarrow Cr^{2+}$	−0.41

一般来说，用作间接电氧化合成的金属媒质必须满足：高价离子应能使有机物官能团向所要达到的目的进行反应；高、低价金属离子在电解液中易溶；低价金属离子电解氧化再生的电流效率和高价金属离子氧化有机反应物的效率要高；产物容易与含金属离子的溶剂分离。

1. Ce^{4+}/Ce^{3+} 为媒质的间接电合成

Ce^{4+} 具有较强的氧化能力，可用作仲羟基的氧化、环烷酮的开环、肟的羰化、芳香族化合物的侧链氧化、对苯二酚的醌化、硫化物的亚砜化以及含氮化合物的氧化等反应的氧化剂，在间接电氧化合成过程中应用十分广泛。

通常，Ce^{4+} 的氧化能力与所用的介质有关，在 $HClO_4$、HNO_3 和 H_2SO_4 介质中的氧化能力依次为：

$$H_2Ce(ClO_4)_6\text{-}HClO_4 > (NH_4)_2Ce(NO_3)_6\text{-}HNO_3 > Ce(SO_4)_2\text{-}H_2SO_4$$

例如，采用 $(NH_4)_2Ce(NO_3)_6$，在室温下就能把对甲基苯甲醚中的甲基氧化成醛基；用 $Ce(SO_4)_2$，则需加热至 80～85℃ 才能氧化；而氧化能力最强的 $H_2Ce(ClO_4)_6$ 则更易将较难氧化的甲苯氧化为苯甲醛，甚至氧化为苯甲酸。

$(NH_4)_2Ce(NO_3)_6$ 是最常用的 Ce^{4+} 盐氧化剂，通常称为 CAN 试剂。它不仅具有较强的氧化能力，而且在乙酸、乙醇等多种有机溶剂以及在含水的有机溶剂中，均具有较大的溶解度。另外，若在 4mol·L^{-1} NH_4NO_3-H_2O 溶剂中，采用铂或石墨做阳极，则很容易将 Ce^{3+} 氧化再生成 Ce^{4+}，其电流效率高达 90%～98%。由于 Ce^{4+} 的强氧化性，电解所用的电解槽不能用不锈钢材料制作，而应采用玻璃、钛、锆、石英、合金等材料制造。

在间接电氧化合成时，电解体系的组成不同，生成的产物也有所不同。例如，对甲氧基甲苯用 CAN 媒质进行氧化反应时，随着体系内所用溶剂的不同，其产物

的组成也有很大的差异，如下式所示

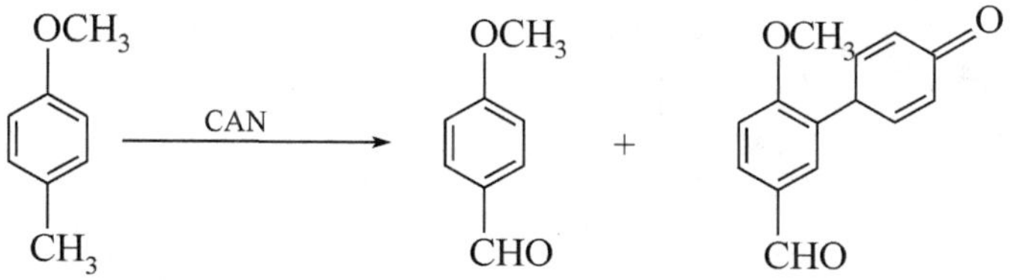

(8.5)

(a) H_2O-50% HOAc	51%	18%
(b) CH_3OH	92%	0%
(c) H_2O-50%CH_3OH	90%	4%

表 8.2 列出了使用 Ce^{4+}/Ce^{3+} 作媒质时间接电氧化反应的一些例子。

另外，若以 CH_3SO_3H 为介质，用 Ce^{4+}/Ce^{3+} 作媒质，以 Pt 材料为电极时，则通过间接电氧化反应可合成相应的芳香醛、酮及醌类化合物等产品。如表 8.3 所示[18,19]。

若采用同一种反应原料分别进行间接和直接电氧化反应，则反应所生成的产物是不同的。因此在设计间接电合成路线时，可根据目的产物的不同选择不同的合成路线，这在有机合成化学中具有很重要的实际意义。例如，对-t-丁基甲苯在 CAN 媒质作用下分别进行间接和直接电氧化反应，则生成的产物分别为

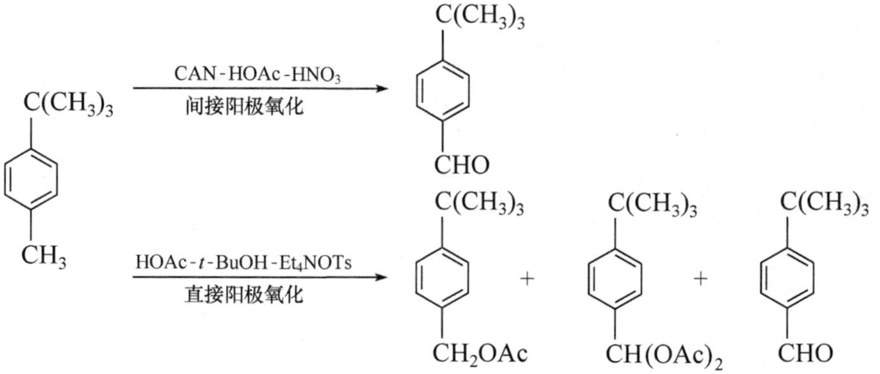

(8.6)

(8.7)

2. Cr^{6+}/Cr^{3+} 为媒质的间接电氧化反应

Cr^{6+} 是一种强氧化剂，其还原态 Cr^{3+} 在 H_2SO_4 或 H_3PO_4 介质中极易在铅阳极上氧化成 Cr^{6+}，故可用 Cr^{6+}/Cr^{3+} 电对作媒质使许多有机反应物通过间接电氧化的方式来合成相应的产品。表 8.4 列出了一些使用 Cr^{6+}/Cr^{3+} 为媒质时的间接电氧化反应的例子。其中，以 Cr^{6+}/Cr^{3+} 作媒质，用邻-甲基苯磺酰胺为原料合成糖精（转化率达 85%）的工艺和以蒽为原料合成蒽醌的工艺都已通过间接电氧化合

表 8.2 Ce^{4+}/Ce^{3+} 作媒质时的间接电氧化反应结果

有机反应物	电解体系（氧化/介质/电极/温度）	产　物	电流效率/%	文献
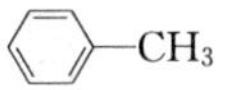	CAN/4mol · L^{-1} HNO_3/Pt-Ti $H_2Ce(ClO_4)_6$/5mol · L^{-1} $HClO_4$/Pt-Ti	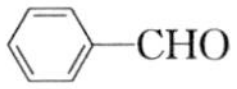	95	[10,11]
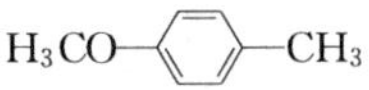	CAN/HNO_3/Pt $Ce(SO_4)_2$/H_2SO_4/Pt	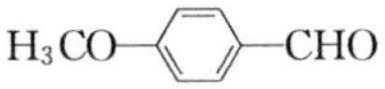	93 72	[12] [13]
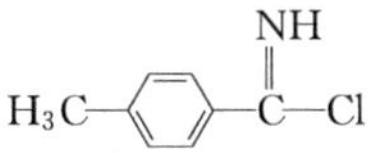	CAN/4mol · L^{-1} HNO_3/Pt-Ti	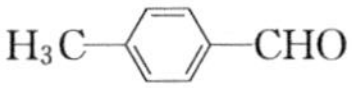		[10]
	$Ce(SO_4)_2$/5%H_2SO_4/PbO_2/80℃ $Ce(SO_4)_2$/H_2SO_4/PbO_2/80℃ CAN/HNO_3/石墨		30 70 73.9	[14] [15]
	CAN/HNO_3/Pt	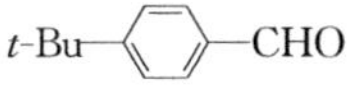	90	[12]
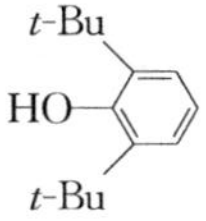	CAN/4mol · L^{-1} HNO_3/Pt-Ti	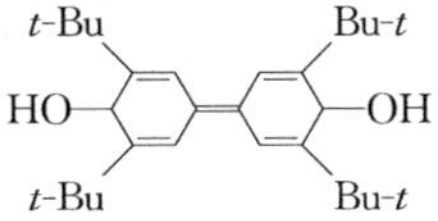	90	[10]
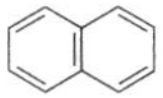	CAN/4mol · L^{-1} HNO_3/Pt $Ce(SO_4)_2$/H_2SO_4/Pt/50℃	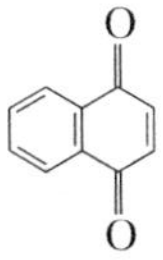	90 95	[16]
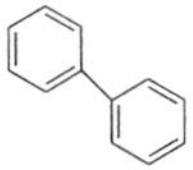	CAN $Ce(SO_4)_2$/60℃	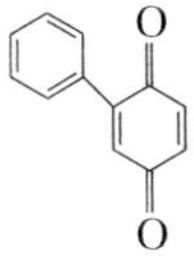	70	

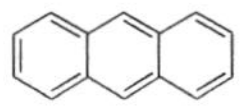	CAN $Ce(SO_4)_2$/22℃	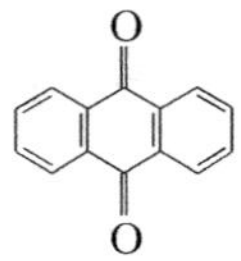		[16]
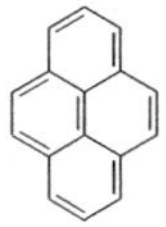	CAN $Ce(SO_4)_2$/22℃	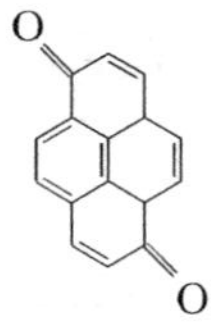		
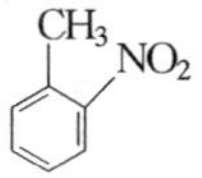	$H_2Ce(ClO_4)_6$/7mol·L^{-1} $HClO_4$ /Pt-Ti/70℃	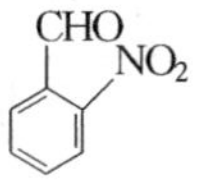		[17]

表 8.3 以 $Ce(CH_3SO_3)_2 \cdot (OH)_2 \cdot H_2O$ 为氧化剂的合成反应

反应物	产　物	转化率 /%[1]	选择性[1] /%[1]	CH_3SO_3H 浓度/mol · L^{-1}
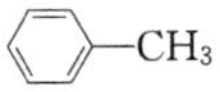	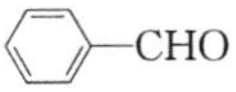	98	93	5.5
	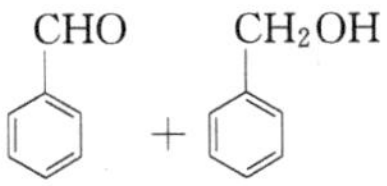	10	57,37	5.5
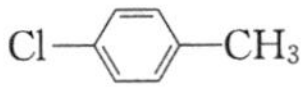	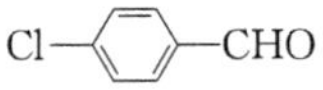	99	87	5
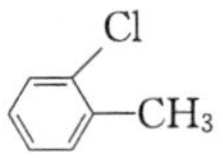	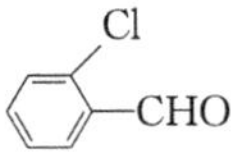	92	73	8
	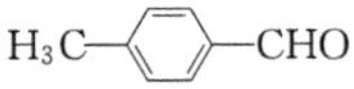	98	80	5
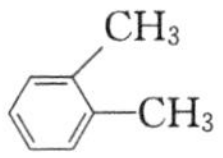	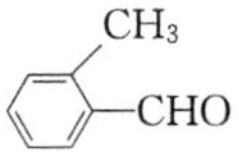	98	81	5
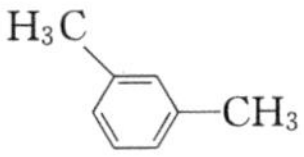	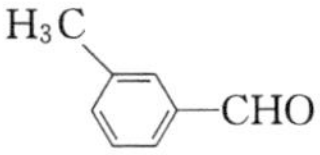	91	77	5
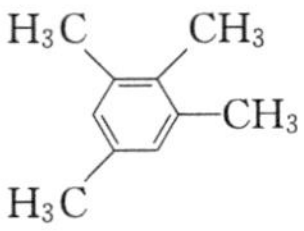	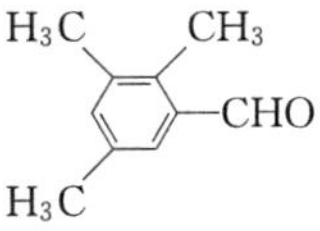	26	63	4
	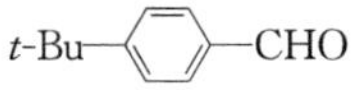	31	88	4
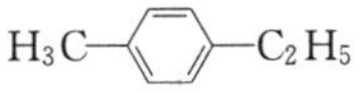	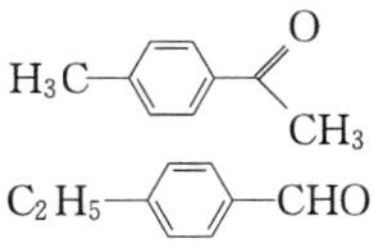	32	70 10	4
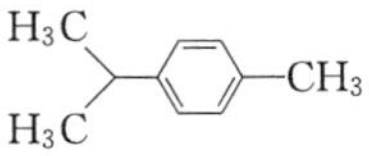	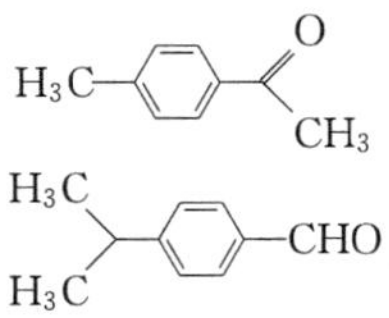	20	53 19	4
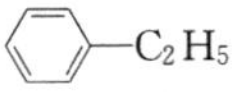	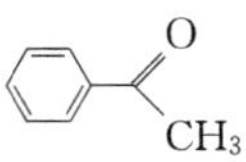	92	48	5

续表

反应物	产　物	转化率 /%[1]	选择性[1] /%[1]	CH_3SO_3H 浓度/mol·L^{-1}
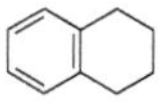	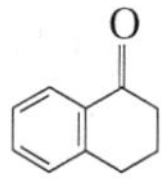	16	62	5
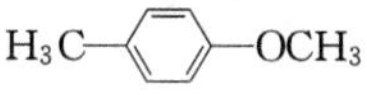	 2),3)	93	84	0.8
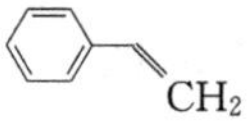	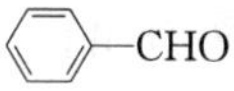	98	89	5
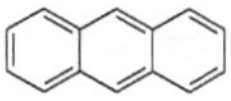	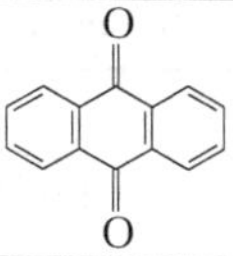 2)	98	95	5
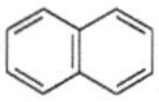	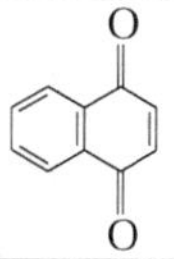 2)	92	98	3
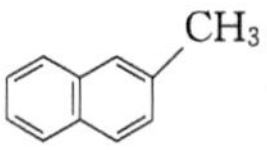	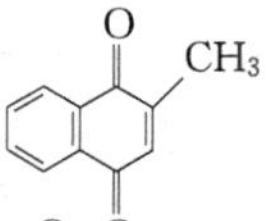 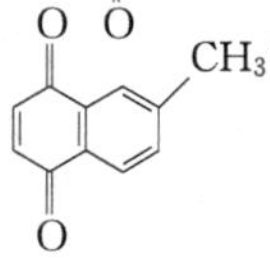 2)~4)	94	67 17	2
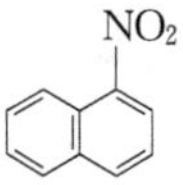	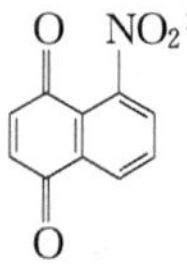 2)	92	90	5
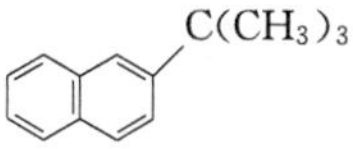	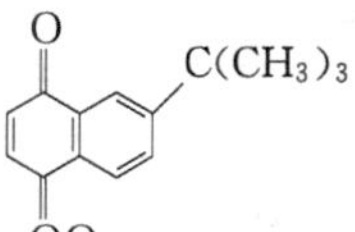 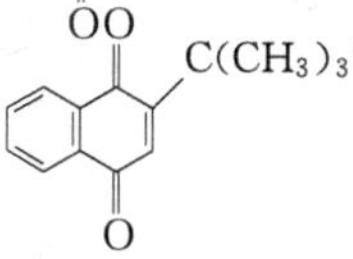 2),3)	100	65 26	1.5

1) 基于反应物；
2) 反应物溶于 1,2-二氯乙烷中(w=4%)；
3) 阳极液含 25%(vol)的乙腈；
4) 含添加剂 Cr^{6+}。

成的方法实现了工业化生产。

另外，在以对-硝基甲苯为起始原料合成苯佐卡因时，首先可用 Cr^{6+} 将对-硝基甲苯通过间接电氧化使之生成对-硝基苯甲酸，然后通过直接电还原反应使之生成对氨基苯甲酸，最后经酯化反应，得苯佐卡因产品。其反应过程如下

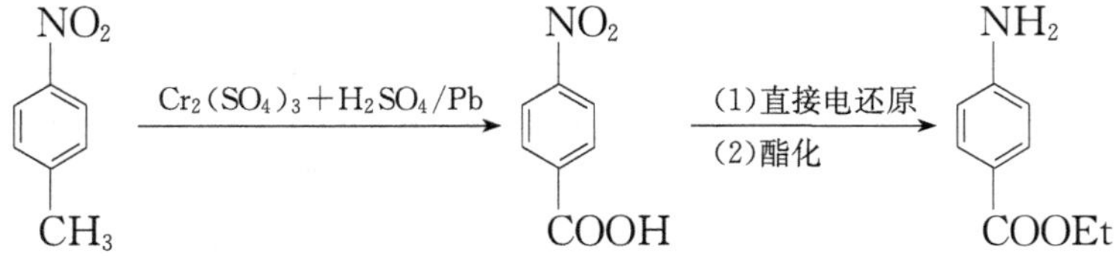

(8.8)

表 8.4　以 Cr^{6+}/Cr^{3+} 为媒质的间接电氧化合成

反应物	电解基本条件（媒质/介质/电极）	产　物	电流效率/%	文献
R—CHCH$_2$OH（—NHOAc）	$K_2Cr_2O_7/Cr_2O_3+H_2SO_4$	R—CHCOOH（—NHOAc）	70	[20]
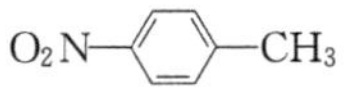	$H_2Cr_2O_7/Cr_2(SO_4)_3+H_2SO_4/Pb$	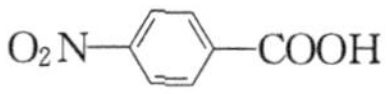		[21,22]
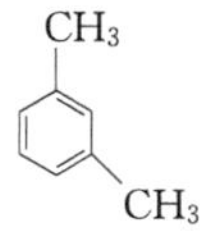	$Na_2Cr_2O_7/Cr_2O_3+50\%H_2SO_4/Pb(H_3PO_4)$	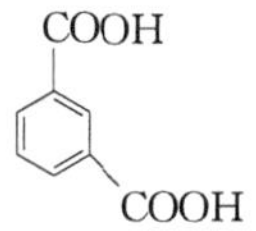	79	[23]
	$Na_2Cr_2O_7/Cr_2O_3+50\%H_2SO_4/Pb(H_3PO_4)$	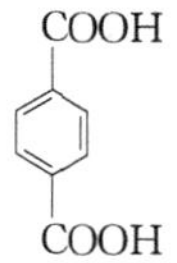	79	
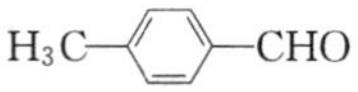	$Na_2Cr_2O_7/Cr_2O_3+50\%H_2SO_4/Pb(H_3PO_4)$		79	
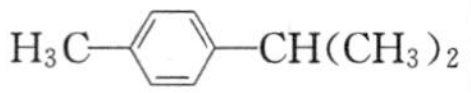	$Na_2Cr_2O_7/Cr_2O_3+50\%H_2SO_4/Pb(H_3PO_4)$		79	
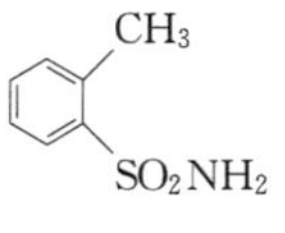	$Na_2Cr_2O_7$/(糖精)Cr_2O_3+浓 $H_2SO_4/Pb\text{-}PbO_2$	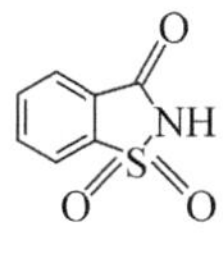	85	[24]
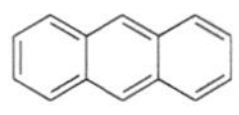	$Na_2Cr_2O_7/Cr_2(SO_4)_3+H_2SO_4$	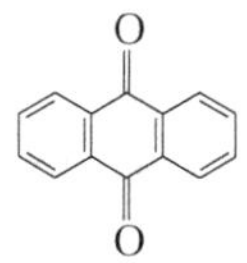		[25]

3. Mn^{3+}/Mn^{2+} 为媒质的间接电氧化反应

Mn^{3+}是氧化芳香族化合物侧链合成相应芳醛的有效氧化剂。媒质再生时，首先将还原态 $MnSO_4$ 溶解于 55%H_2SO_4 中，在 PbO_2-Pb 阳极上通过电解氧化反应可将 Mn^{2+} 氧化为 Mn^{3+}，其电流效率一般为 68%～78%。若在电解液中加入 $(NH_4)_2SO_4$，则电流效率可提高到 80%～97%。

目前，采用槽内式间接电合成方法，以 Mn^{3+}/Mn^{2+} 作媒质，甲苯为原料，通过间接电氧化反应合成苯甲醛的工艺路线已实现了工业化生产。如果在此合成工艺上降低硫酸的浓度或升高电解液温度，则可获得苯甲酸产品。为便于理解，表 8.5 列出了一些以 Mn^{3+}/Mn^{2+} 为媒质的间接电氧化反应的例子。

表 8.5　以 Mn^{3+}/Mn^{2+} 为媒质的间接电氧化合成

反应物	电解基本条件 （媒质/介质/电极/温度）	产　物	电流效率 /%	文献
CH_3OH	$MnSO_4+H_2SO_4$ $+(NH_4)_2SO_4/Pb$	CH_2O	80	[26]
$CH_2(OH)—CH(OH)—CH_2(OH)$		$CH_2(OH)—CH(OH)—CHO$		
		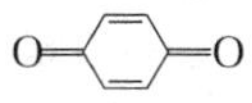		
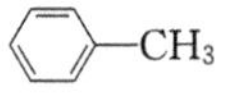	$Mn_2(SO_4)_3/MnSO_4$ + 1mol · L^{-1} H_2SO_4/Pb/60℃ $Mn_2(SO_4)_3/MnSO_4$ + 53%H_2SO_4/Pb/60℃	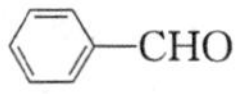	62～70 80～97	
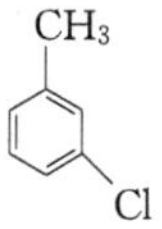	$Mn_2(SO_4)_3/MnSO_4$ + H_2SO_4/Pb/60℃	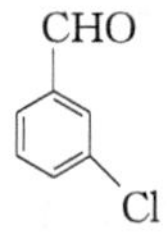	33	
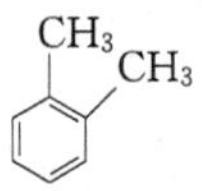	$Mn_2(SO_4)_3/MnSO_4$ + 55% H_2SO_4/PbO_2/35℃	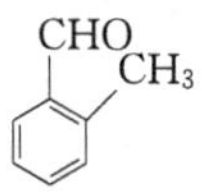	45	
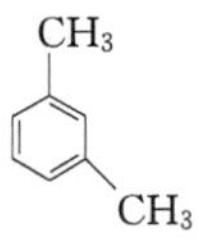	$Mn_2(SO_4)_3/MnSO_4$ + 55% H_2SO_4/PbO_2/35～40℃	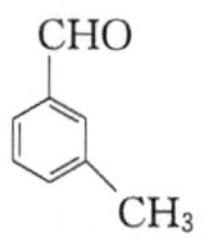	35	
	$Mn_2(SO_4)_3/MnSO_4$ + $(NH_4)_2SO_4+H_2SO_4$/PbO_2/35～40℃	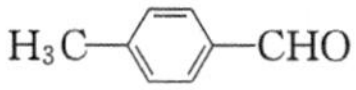		[26,35,37]

续表

反应物	电解基本条件（媒质/介质/电极/温度）	产　物	电流效率/%	文献
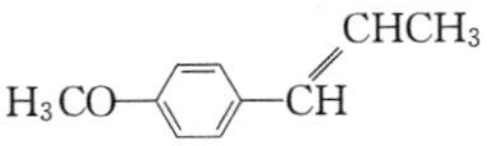	$Mn_2(SO_4)_3/MnSO_4$ + $(NH_4)_2SO_4$ + H_2SO_4/PbO_2/35～40℃	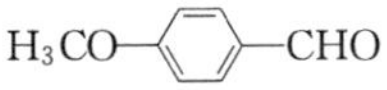		[27]
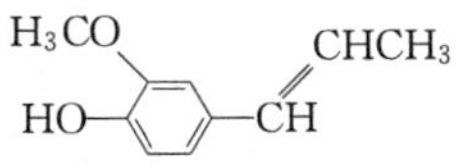	$Mn_2(SO_4)_3/MnSO_4$ + $(NH_4)_2SO_4$ + H_2SO_4/Pb	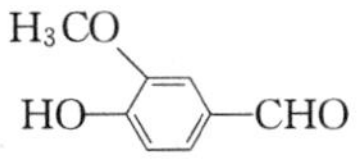		[26,36]
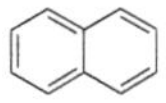		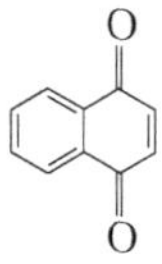		[26]
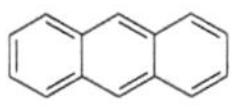		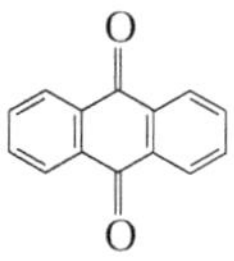		
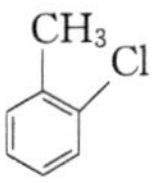	$Mn_2(SO_4)_3/MnSO_4$ + H_2SO_4/PbO_2 Ti	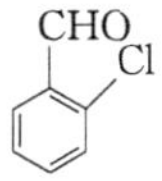	50～55	[28,33]
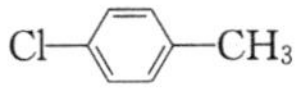		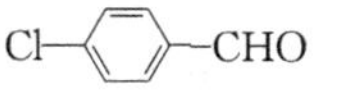	54～65	[28,29,33]
CH_2═CH—CH═CH_2	$Mn(OAc)_3/Mn(OAc)_2$ +HOAc+KOAc/石墨	$CH_3CO(CH_2)_5COOH$		[31]
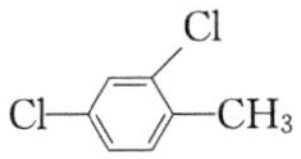	$Mn_2(SO_4)_3/MnSO_4$ + H_2SO_4/PbO_2 Ti/40℃	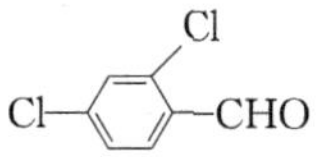	50～56	[32,33]
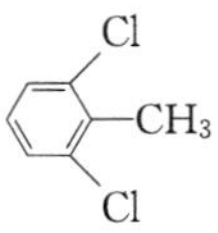		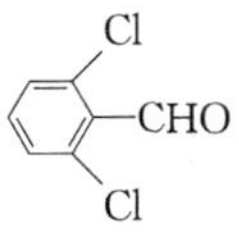	48～53	[33]
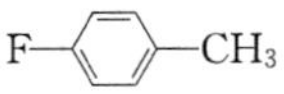		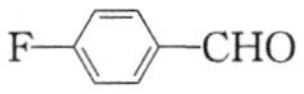		[34]
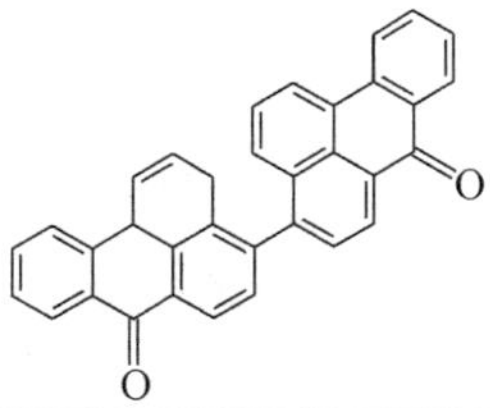	$Mn_2(SO_4)_3/MnSO_4$ + 浓 H_2SO_4/Ti	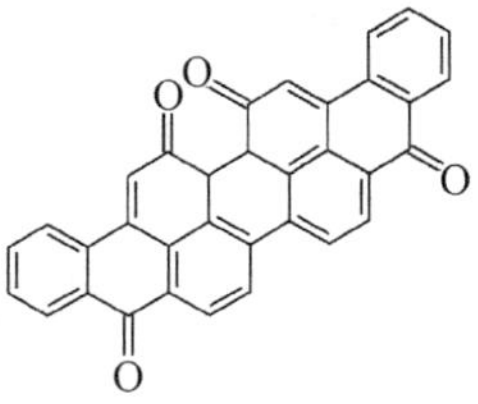		[38]

4. Tl^{3+}/Tl^{2+}为媒质的间接电氧化反应

Tl^{3+}是一种能将有机化合物中的双键通过氧化反应转变成羟基或羰基的氧化剂。表 8.6 列出了一些以 Tl^{3+}/Tl^{2+}为媒质的间接电氧化合成的例子。

表 8.6　以 Tl^{3+}/Tl^{2+}为媒质的间接电氧化合成反应

反应物	电解基本条件（媒质/介质/电极）	产　物	文献
$CH_3CH{=}CH_2$	$Tl(ClO_4)_3/Tl(ClO_4)_2+HClO_4/Pt$	$CH_3CH(OH)CH_2OH$	[9]
	$Tl_2(SO_4)_3/TlSO_4+H_2SO_4/Pt$	$CH_3CH_2COCH_3$	
	$Tl(ClO_4)_3/Tl(ClO_4)_2+HClO_4/Pt$	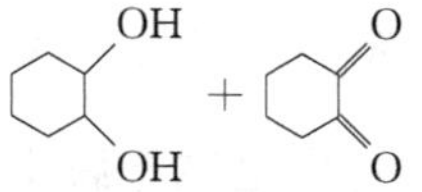	
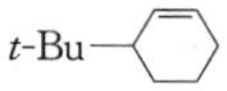	$Tl(ClO_4)_3/Tl(ClO_4)_2+HClO_4/Pt$	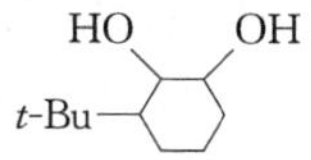	

5. 其他电对为媒质的间接电氧化反应

在其他金属媒质中研究较多的是 Ti^{3+}、Ni^{3+}、Fe^{3+}、Co^{3+}及 Pd^{2+}等氧化剂。Ti^{3+}可使有机化合物中的烯烃双键羧基化、1,2-二醇化，也可使苯氧化成 1,2-环己二醇等。Ti^{3+}可由在 $1mol \cdot L^{-1}$ H_2SO_4 水溶液中，以 Pt 为阳极，电解氧化 Ti^{+}而获得，其电流效率可达 99%[39]。

用 Pd^{2+}/Pd 作媒质时，可将有机化合物中的烯烃双键转变成醛类或羧酸类化合物，如

$$H_2C{=}CH_2 \xrightarrow{1mol \cdot L^{-1}\ H_2SO_4/Pd\text{-}Pt/80℃} CH_3CHO \qquad (8.9)$$

类似地，若用 Hg^{2+}/Hg_2^{2+} 作媒质，则可将丙烯氧化成丙酸；用 OsO_4/Os 作媒质时，可将乙烯氧化成乙二酸。

若用$[Fe(CN)_6]^{3-}/[Fe(CN)_6]^{4-}$和$[OsO_4(OH)_2]^{2-}/[OsO_2(OH)_2]^{2-}$双媒质对乙烯、丙烯、2-甲基丙烯等进行间接电氧化反应，则能以 94%～99%的收率合成出相应的二醇类化合物。

若用 Ni^{3+}/Ni^{2+}作媒质，可将异戊醇电氧化成异戊酸[40]

$$(H_3C)_2CHCH_2CH_2OH \xrightarrow{Ni(OH)_3/H_2SO_4+H_2O/Pt} (H_3C)_2CHCH_2COOH \qquad (8.10)$$

若用 Co^{3+}/Co^{2+} 作媒质，可将邻硝基甲苯氧化成邻硝基苯甲醛[41,42]。以 NH_4VO_3 为媒质时，苯肼在 H_2O-H_2SO_4-(Au-Pt)体系中可通过间接电氧化反应制得相应的苯酚[43]；若用 H_2O_2-Fe^{2+} 直接氧化苯时，则可生成苯酚，其收率可达 64%～30%[44]。

§8.2.2 金属媒质间接电还原合成[6,7,45]

许多低价态金属络合物，物别是过渡金属络合物、碱金属、碱土金属以及铝汞齐等，都是能将有机基质还原成相应产物的活性物质。因此，活性金属是有机间接电还原合成中应用最多的媒质之一。

1. 金属汞齐为媒质的间接电还原反应

金属汞齐，特别是碱金属汞齐是一种很强的还原剂。若用汞作阴极，在含有金属离子的溶液中进行电解，则 M(Hg)/M^{n+} 电对就可作为间接有机电还原反应的媒质。金属汞齐 M(Hg)可以将许多有机化合物还原为新的物质，例如

烯烃双键加氢反应

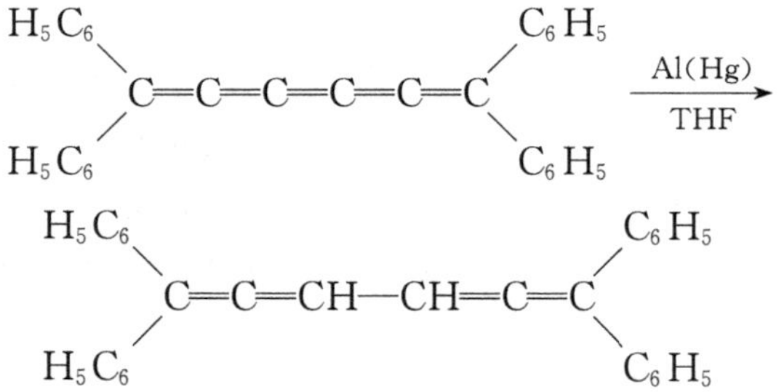

(8.11)

卤代物还原反应

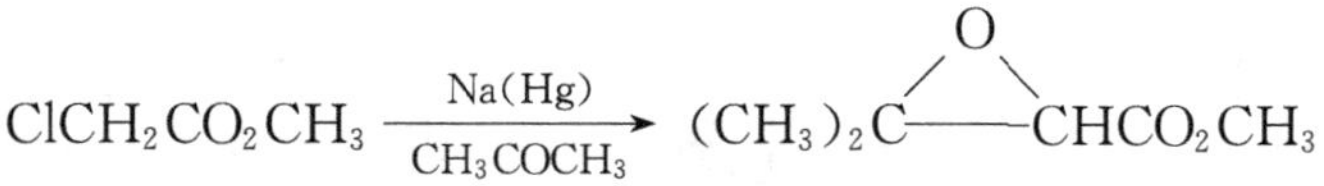

(8.12)

有机汞化合物合成反应

$$RX+Hg \longrightarrow RHgX \xrightarrow{Na(Hg)} 1/2R_2Hg+1/2Hg \quad (8.13)$$

酚的还原反应

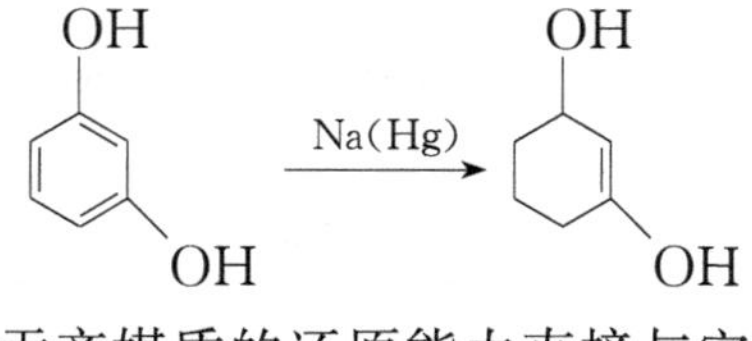

(8.14)

在反应过程中，金属汞齐媒质的还原能力直接与它自身的氧化电位有关，例

如，一些金属汞齐标准氧化电位的排序为

$$Ca > Sr > Ba > K \sim Na > Li$$

因此，Ca(Hg)的还原性最弱，Li(Hg)的还原性最强，其中 Na(Hg)是用的最广的还原剂。

2. 铁、钴、镍络合物为媒质的电还原反应

在间接电还原反应中，通常用铁、钴、镍等络合物作媒质，其中镍络合物应用的最多。这种媒质的电对形式为 Ni^{2+}/Ni，而 Ni^{2+} 络合物通常以 $NiCl_2L_2$ 和 $NiBr_2L_2$ 这两种形式存在。式中 L 表示配体，主要是 Ph_3P，$Ph_3PCH_2CH_2PPh_2$ 等。镍络合物媒质主要用于二聚体的合成，例如

$$Ph—CH_2Cl \xrightarrow[NiCl_2(Ph_3P)_2]{THF+HMPT+LiClO_4/Hg} Ph—CH_2CH_2—Ph \tag{8.15}$$

钴维生素 B_{12}络合物是转化许多有机基质非常有效的媒质，常用作反应过程中保护基团的去除。例如，青霉素的头孢菌素一类化合物在碱性溶液中很容易被破坏，因此常用 β-溴乙基保护基团以酯的形式把它保护起来，但要去除分子中的保护基团却不那么容易。此时，若用钴 B_{12}络合物作媒质，通过间接电还原反应就很容易把 β-溴乙基保护基除去，其反应式如下

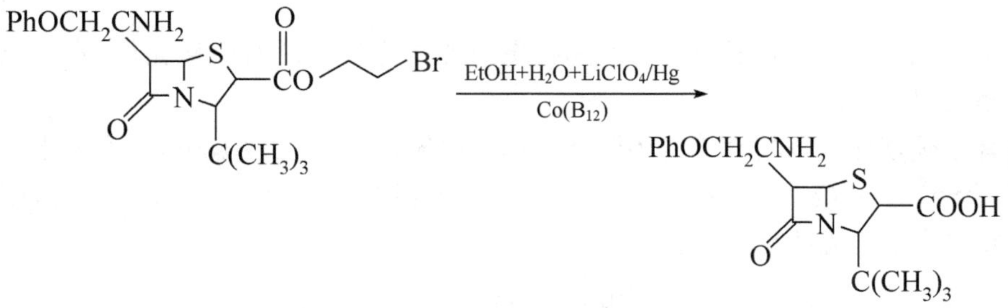

(8.16)

因此在合成这类化合物时，间接电还原反应是一种不可缺少的方法。

钴络合物媒质的另一个重要应用是交叉偶合合成或分子偶合合成。例如，醇与烯的交叉偶合反应

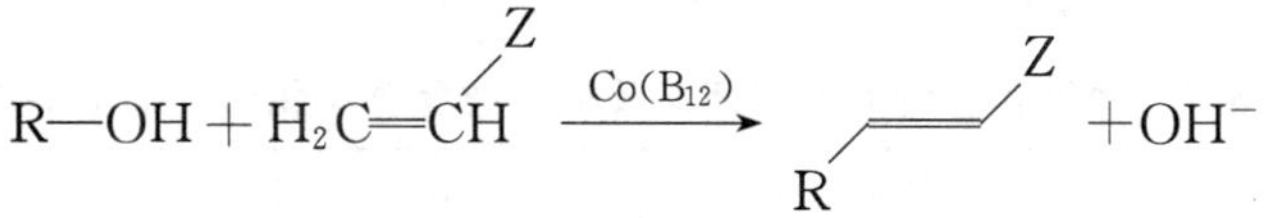

(8.17)

（Z 为吸电子基团，具有活化双键的作用）

以及大分子卤代物的分子内环化反应等。

铁络合物作媒质的应用较少，其中有一个例子是以$[Fe_4S_4(SPh)_4]^{2-}$络离子为媒质，乙炔为原料，通过间接电还原反应合成为乙烯。

3. 铂、铑、钯络合物为媒质的电还原反应

用铂络合物作媒质时，可将相邻两个碳原子上的卤素原子除去转化为双键。例如，可将 1,2-二溴乙烷衍生物转化成乙烯衍生物。

用铑络合物(如 $Rh(Ph_2P)_2Cl$)作媒质时，可间接电还原 CO_2 制备甲酸。

钯离子络合物可用于卤代物间接电还原反应时的媒质，例如

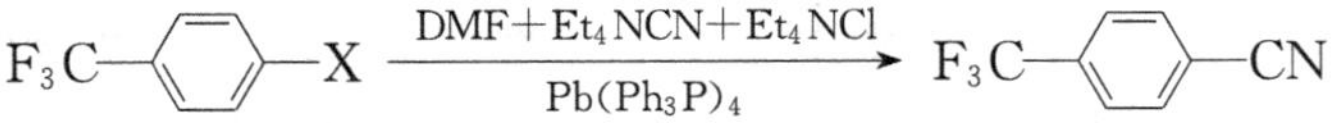

(8.18)

4. 其他媒质电还原反应

利用 Cr^{3+}/Cr^{2+} 作媒质、在盐酸介质中进行间接电还原时，很容易将乙炔还原成乙烯。在间接电还原过程中，Cr^{3+}/Cr^{2+}、Mn^{2+}/Mn 是芳香族羰基化合物合成二聚物的最有效的一类媒质。例如

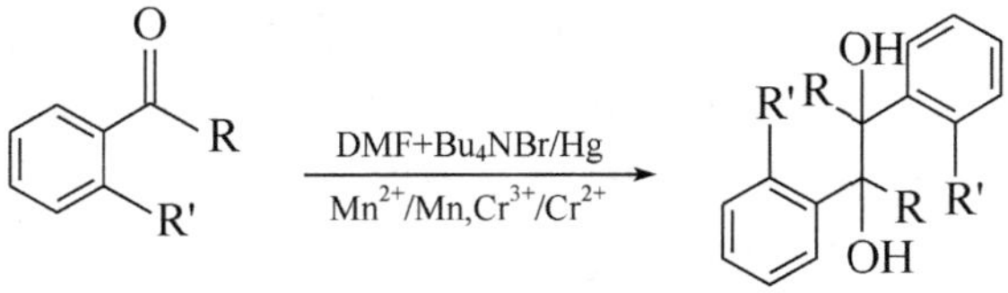

(8.19)

这类有机化合物的合成只有采用间接电还原的方法才能有效地完成，直接电还原法是无法实现的。

芳香族硝基化合物的直接电还原反应选择性较差，电流效率偏低，生产成本较高。若用 Sn^{2+}/Sn 或 Zn^{2+}/Zn 作媒质，以硝基苯为原料进行间接电还原反应，则可以获得较高的苯胺收率，其反应式为

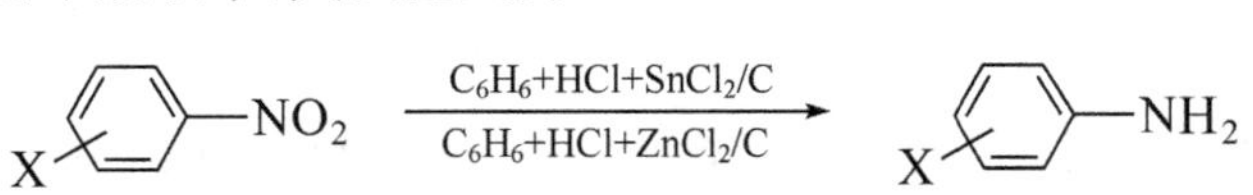

(8.20)

另外，若在 $Ti(SO_4)_2$ 与硫酸形成的悬浊液中进行硝基化合物电还原时，可得到很高的产物收率和电流效率[46]，如表 8.7 所示。

表 8.7　硝基化合物间接电还原反应合成氨基类化合物的某些结果

硝基化合物	氨基化合物	收　率/%	电流效率/%
硝基苯	苯胺	95	95
对-硝基酚	对-氨基酚	99	99
邻-硝基酚	邻-氨基酚	97	97
间二硝基苯	间二氨基苯	99	98.7
2,4-二硝基甲苯	2,4-二氨基甲苯	97	85

在硫酸介质中，以 Ti/TiO_2 为阴极，用 TiO_2/Ti^{3+} 作媒质进行间接电还原反应时，可将乙二酸还原成乙醛酸[47]，将 3-氯-4-氟硝基苯还原成氟哌酸中间体氟氯苯胺[48]，后者的反应式为

阴极反应

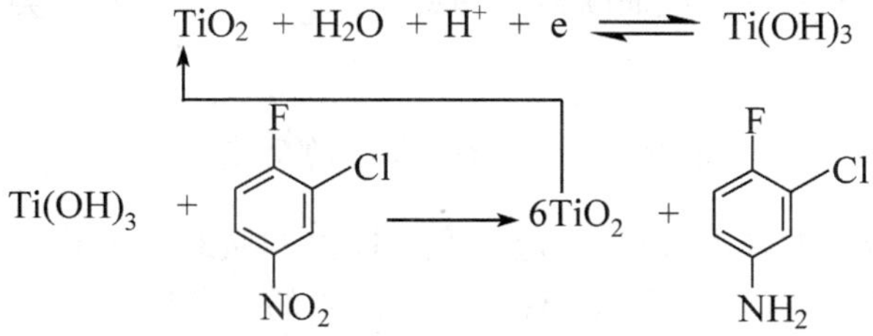

(8.21)

此外，钼和钨的二氮络合物、汞络合物等都可作间接电还原反应的媒质，在此就不一一介绍了。

§8.3　非金属媒质间接电合成[5~9,49]

非金属媒质主要是指卤素的阴、阳离子或含氧阴离子所组成的电对，主要在间接电氧化反应中作氧化剂。表 8.8 列出了卤素在酸性和碱性介质中的氧化还原电位（$\varphi^{\ominus}$），以便在选用此类媒质时作参考。

表 8.8　卤素离子的电极反应与平衡电位 $\varphi^{\ominus}$ 之间的关系

碱性条件下的电极反应	电位 $\varphi^{\ominus}$/V	酸性条件下的电极反应	电位 $\varphi^{\ominus}$/V
$Cl^- + 2OH^- \longrightarrow ClO^- + H_2O + 2e$	0.89	$Cl^-(2Cl^-) \longrightarrow Cl^+(Cl_2) + 2e$	1.36
$ClO^- + 2OH^- \longrightarrow ClO_2^- + H_2O + 2e$	0.66	$1/2Cl_2 + H_2O \longrightarrow HClO + H^+ + e$	1.63
$ClO_2^- + 2OH^- \longrightarrow ClO_3^- + H_2O + 2e$	0.33	$HClO + H_2O \longrightarrow HClO_2 + 2H^+ + 2e$	1.645
$ClO_3^- + 2OH^- \longrightarrow ClO_4^- + H_2O + 2e$	0.36	$HClO_2 + H_2O \longrightarrow ClO_3^- + 3H^+ + 2e$	1.21
$Br^- + 2OH^- \longrightarrow BrO^- + 3H_2O + 2e$	0.76	$ClO_3^- + H_2O \longrightarrow ClO_4^- + 2H^+ + 2e$	1.23
$Br^- + 6OH^- \longrightarrow BrO_3^- + 3H_2O + 6e$	0.61	$Br^-(2Br^-) \longrightarrow Br^+(Br_2)$	1.07
$I^-(2I^-) \longrightarrow I^+(I_2) + 2e$	0.536	$1/2Br_2(l) + 3H_2O \longrightarrow BrO_3^- + 6H^+ + 5e$	1.52
$3I^- \longrightarrow I_3^- + 2e$	0.536	$1/2I_2 + 3H_2O \longrightarrow IO_3^- + 6H^+ + 5e$	1.196
$I^- + 2OH^- \longrightarrow IO^- + H_2O + 2e$	0.49	$1/2I_2 + H_2O \longrightarrow HIO + H^+ + e$	1.45
		$IO_3^- + 3H_2O \longrightarrow H_5IO_6 + H^+ + 2e$	1.60

与金属媒质相比，非金属媒质的间接电氧化反应具有更多的官能团变换，媒质的氧化态能使更多的有机化合物官能团进行多种多样的变化。

§8.3.1　Br^+/Br^-、BrO^-/Br^- 作媒质的间接电氧化反应

在有机化合物的氧化反应过程中，Br^+ 和 BrO^- 是合成一些新键或新官能团的有效氧化剂，一些难以用直接电合成得到的有机化合物，则可以用 Br^+ 或 BrO^- 作氧化剂通过间接电氧化反应而获得。因此，在有机合成领域这类媒质具有重要的应用。

1. 以 Br^+/Br^- 为媒质合成 S-N 键化合物的反应

在有机化合物的合成过程中，通常亲核性强的胺和二硫化合物可在阳极表面上直接发生氧化反应，形成 S-N 键；而亲核性弱的一些胺和二硫化合物则不能发生这种反应。但是，若以 Br^+/Br^- 为媒质进行间接电氧化反应时，则可生成 S-N 键[50]，如下式所示

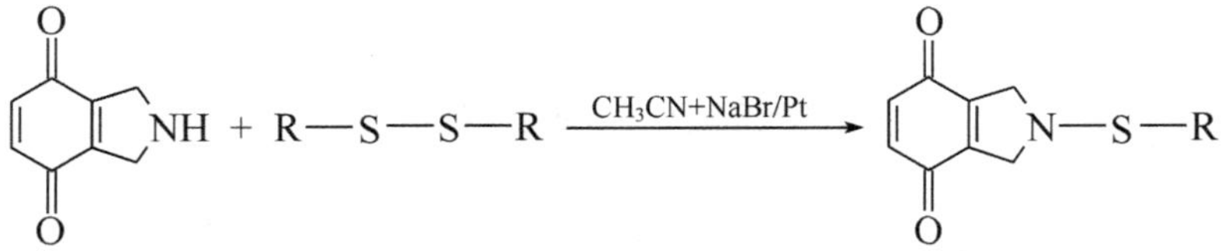

(8.22)

以 I^+ 为媒质进行间接电氧化反应时，也能得到类似的结果。但以 Cl^+ 作媒质时，则反应性能较差。若使用 KBr 或 LiBr 来代替 NaBr 媒质，则会使反应的收率降低。

2. 以 Br^+/Br^- 为媒质合成 P-S 键化合物的反应

与合成 S-N 键化合物相类似，若用 Br^+/Br^- 作媒质进行间接电氧化反应，则可使磷酸酯和二硫醚发生氧化反应形成相应的 P-S 键化合物，如下式所示[51]

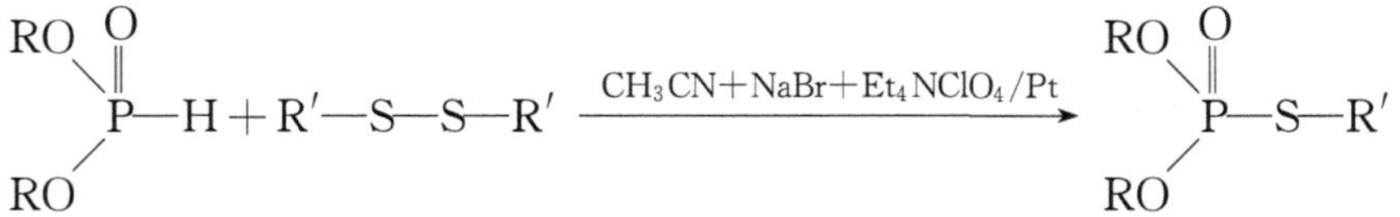

(8.23)

反应过程中若使用其他卤盐作媒质，如 NaI、LiBr、KBr、Et_4NBr 等媒质，虽然有类似的反应性能，但效果都比 NaBr 媒质要差，因此在合成这类有机化合物时通常选用 NaBr 作媒质。

3. 以 Br^+/Br^- 为媒质使烯烃发生环氧化反应的合成

在 NaCl 或 KCl 水溶液中，通过间接电氧化反应可以把乙烯或丙烯氧化成相

应的环氧化合物。但一些复杂的烯烃要进行环氧化反应，只有以 Br^+/Br^- 为媒质时，才能实现，例如[52]

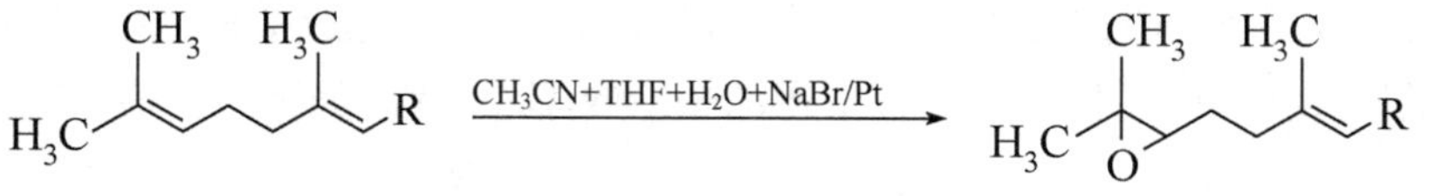
(8.24)

4. Br^+/Br^- 为媒质合成氧硒化合物的反应

以 Br^+/Br^- 作媒质，用烯烃与二硒化合物为原料进行间接电氧化反应时，可以合成相应的氧硒化合物，如下式反应

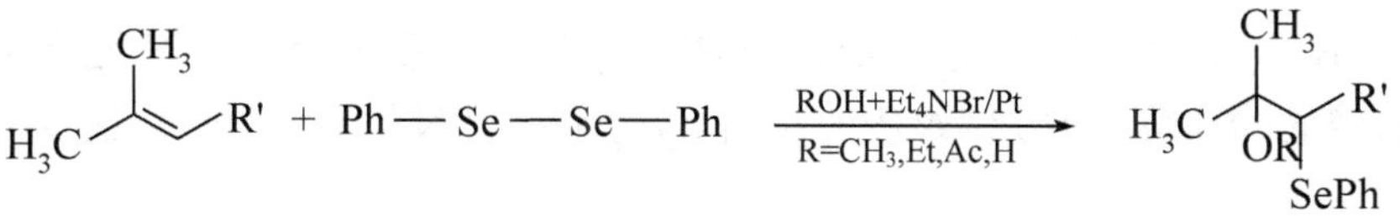
(8.25)

在反应过程中，首先 Br^+ 媒质与 Ph—Se—Se—Ph 反应生成 Ph—Se—Br，然后 Ph—Se—Br 与烯烃化合物反应生成阳离子中间体，最后生成的中间体与溶剂作用生成氧硒化合物[52]。在此反应过程中若用 Cl^+/Cl^- 电对作媒质时也有类似的作用。

5. 以 BrO^-/Br^- 为媒质的间接电氧化反应

以 BrO^-/Br^- 为媒质，在含 2% Bu_4NHSO_4 的乙酸戊酯乳液中进行间接电氧化反应时，苯甲醇很容易被氧化成苯甲醛[54]。同样，以 BrO^-/Br^- 为媒质进行间接电氧化反应，可把乳酸氧化成丙酮酸[55]，其反应式为

$$CH_3\underset{\displaystyle |}{\overset{OH}{C}}HCOOH \xrightarrow{H_2SO_4+KBr/Pt} CH_3\overset{\overset{\displaystyle O}{\|}}{C}COOH \tag{8.26}$$

§8.3.2　I^+/I_2 和 I^+/I^- 为媒质的间接电氧化反应

1. 以 I^+/I_2 为媒质氧化 R-I 键合成酰胺类化合物的反应

以 I^+/I_2 为媒质，通过间接电氧化反应可以将 R-I 类化合物氧化成酰胺类化合物，其产物收率在 45%～65%之间，如下式反应[56]

$$\text{R-I} \xrightarrow[2I^+/I_2]{CH_3CN+H_2O} [R^+ + CH_3CN \longrightarrow RN{=}C^+{-}CH_3] \xrightarrow{H_2O} RN\overset{\overset{\displaystyle O}{\|}}{C}CH_3 \tag{8.27}$$

2. 以 I^+/I^- 为媒质氧化羟基合成酸、酮类化合物的反应

以 I^+/I^- 为媒质，通过间接电氧化反应，可以将伯醇氧化成羧酸，也可以将仲醇氧化成酮类化合物，而且反应过程所得的相应收率均较高，如下式反应[57]

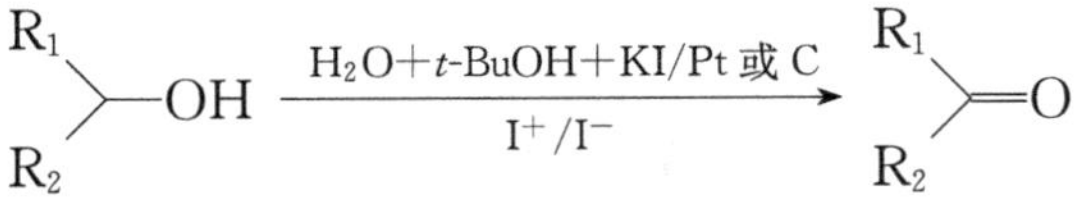
(8.28)

该反应的收率为 52%～64%。

3. 以 I^+/I^- 为媒质氧化合成 P-N 键化合物的反应

与 Br^+ 媒质间接电氧化反应相类似，若以 I^+/I^- 为媒质可合成 P-N 键类化合物。例如，磷酸酯和胺在 I^+/I^- 媒质的作用下，可生成 P-N 键化合物[58]，如以下反应

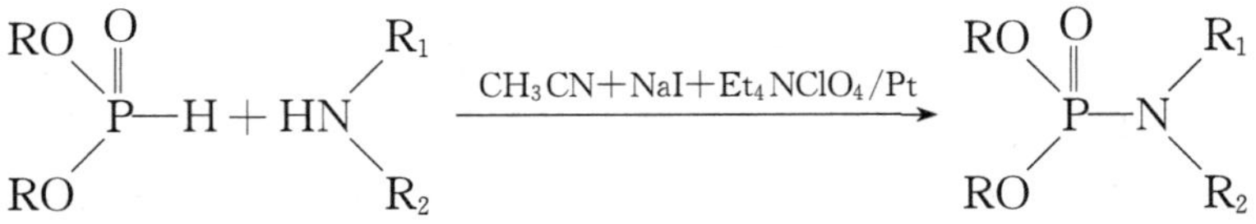
(8.29)

§8.3.3 以 IO_4^-/IO_3^- 为媒质的间接电氧化反应

淀粉中葡萄糖的 1,2－二羟基之间的键在 IO_4^- 氧化下会断裂生成醛基[59,60]，从而为制取双醛淀粉提供了一种新的合成方法。在间接电合成过程中，一般用 PbO_2/Pb 作阳极，以 5% H_2SO_4 作介质，pH 值控制在 0.7～2.0 之间，在这些控制条件下 IO_3^- 可以定量地进行再生。该过程的反应式为

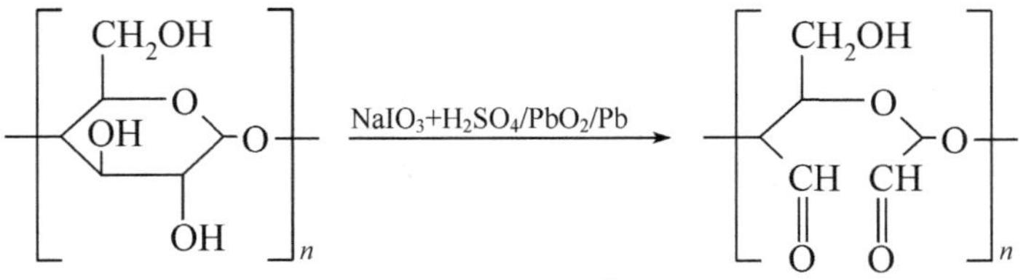
(8.30)

该反应的收率可达 90%以上。

§8.3.4 以其他非金属电对为媒质的间接电氧化反应

除卤素类非金属媒质以外，还有一些其他的非金属电对可用作间接电氧化反应的媒质。例如，以 $S_2O_8^{2-}/SO_4^{2-}$ 作媒质，草酸钾为添加剂，通过间接电氧化反应可将对甲氧基甲苯氧化成对甲氧基苯甲醛[61]，其反应式为

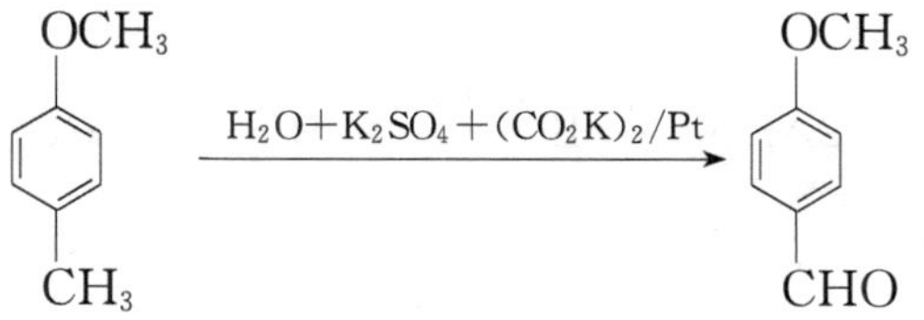

(8.31)

该反应的收率在 45%～82%之间。

§8.4　有机化合物媒质间接电合成

§8.4.1　有机化合物作媒质的间接电氧化反应[5,6,49,62,63]

一些有机化合物在阳极表面上经电氧化后将生成阳离子或阳离子自由基，而这些阳离子或阳离子自由基对某些有机化合物具有很强的氧化能力。同时，在氧化反应过程中自身又会被还原成原来的有机物，若再经阳极氧化又将生成氧化剂，可如此反复循环。因此，根据这些性质这类有机化合物可作为间接电合成中的媒质。

芳叔胺和硫醚组成的阳离子自由基电对常用作间接电氧化反应的媒质。

1. *以芳叔胺作媒质的间接电氧化合成*

以$(p\text{-Br-}C_6H_5)_3N^{\dot{+}}$ /$(p\text{-Br-}C_6H_5)_3N$ 电对组成的媒质，通过间接电氧化反应，可把烷氧基苯甲醚氧化为醛类化合物，并可得到 85%～95%之间的高收率[64]，其反应式如下

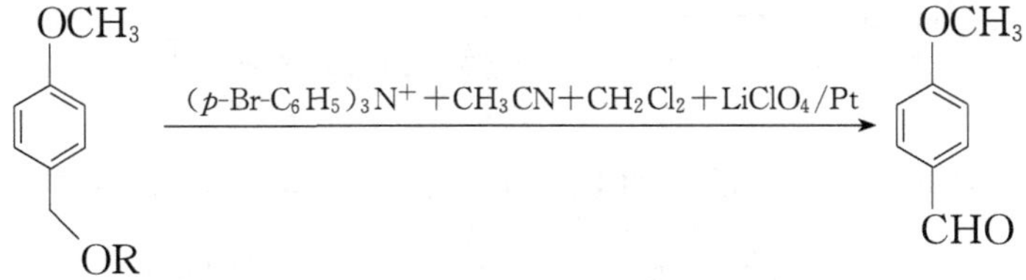

(8.32)

若用$(p\text{-Br-}C_6H_5)_3N^{\dot{+}}$ /$(p\text{-Br-}C_6H_5)_3N$ 电对作媒质，可将 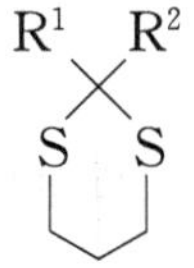 分步氧化，使 C-S 键断裂，生成 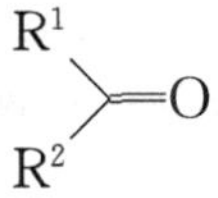 和二硫戊烷 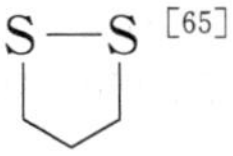 [65]。

若以 $Ar_3N^{\dot{+}}$ /Ar_3N 电对为媒质，可将苯甲醇类化合物氧化成相应的苯甲醛类化合物，并具有很好的选择性和较高的收率，同时在较低的电极电位下即可进行

反应[66]，如下式

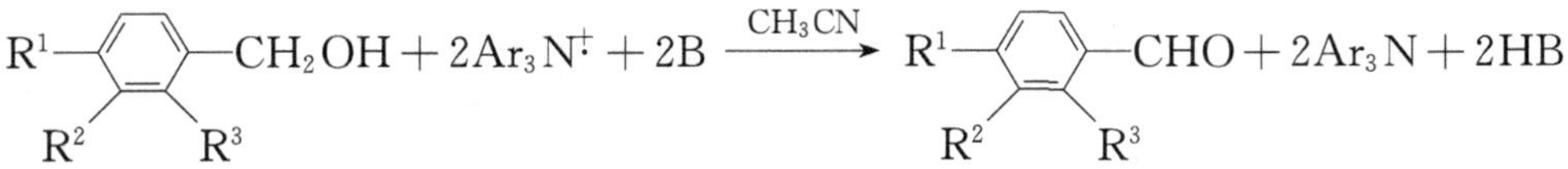

(8.33)

另外，叔胺阳离子自由基可作为合成二硫醚的试剂，其反应式为

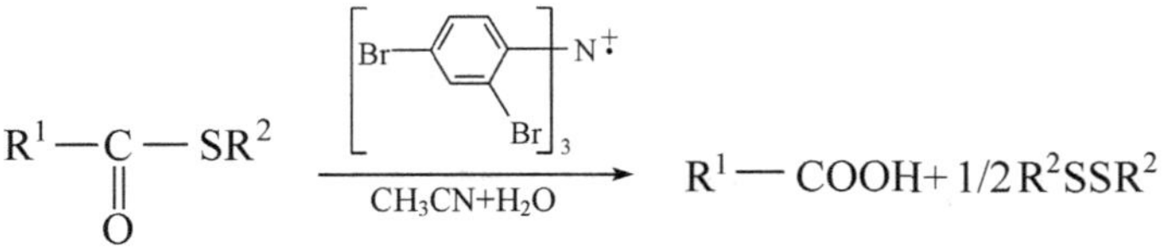

(8.34)

同时还可作为邻-硝基硫酰胺转化成相应硫亚酰胺的氧化剂，如下式反应

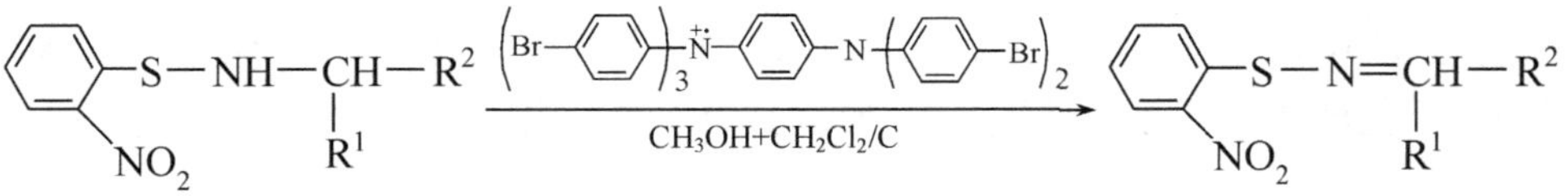

(8.35)

2. 以硫醚作媒质的间接电氧化合成

硫醚在阳极表面上经氧化反应可得到阳离子，然后与仲醇进行反应可生成相应的酮类化合物[67]，其收率在 68%～99%之间，如下式反应

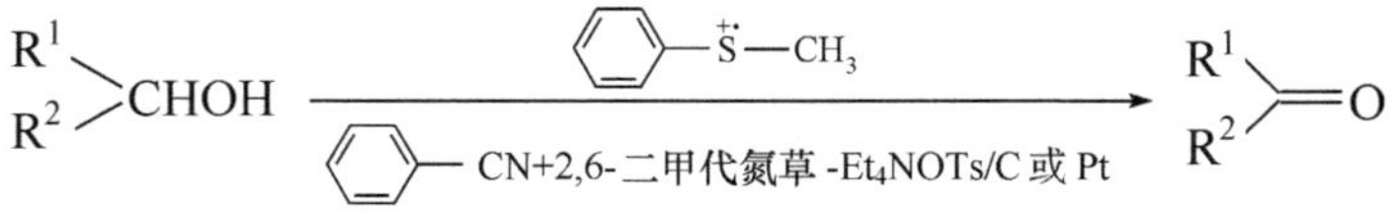

(8.36)

如果在此类反应中加入适量的 Br^-，则 Br^- 可在阳极表面上进行氧化反应生成 Br^+，然后 Br^+ 再将硫醚转变成 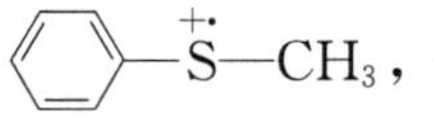，这将成为双媒质间接电氧化合成反应。

§8.4.2 有机化合物作媒质的间接电还原反应[7,49,68]

在间接电合成体系中能作间接电还原反应的有机化合物媒质并不多，通常有两种类型，即生物活性媒质和非生物活性媒质，以下按这两种类型的媒质分别予以简述。

1. 非生物活性媒质间接电还原合成

在非生物活性媒质中，蒽的氧化还原电对 $An/An^{\overline{\cdot}}$ 是最具有代表性的一种媒质。$An/An^{\overline{\cdot}}$ 电对作为媒质的最早应用是在氯代物脱氯间接电还原反应体系中，后来常用于去除保护基的反应过程中。

若以蒽作媒质，经间接电还原反应可将磺酰胺类化合物中的磺酰基(Ts)脱去，并生成氮杂配体或氮氧杂配体，如下式反应

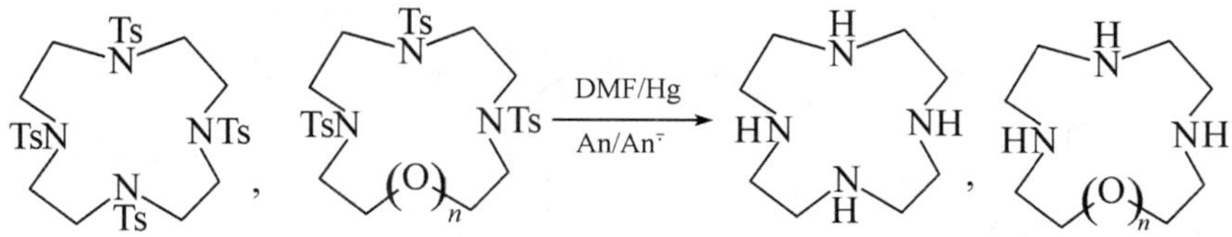

(8.37)

芘和芪类似于蒽，也可作为上式反应中的媒质。如果反应过程中不使用媒质，则反应体系中作为支持电解质的碱金属离子将首先在汞阴极上发生还原反应，就无法实现上式的合成反应。

某些有机反应物在阴极表面上直接还原生成产物，后者可以继续还原成阴离子自由基，因而形成产物与产物阴离子自由基组成的电对，这种电对可作为有机反应物(基质)间接电还原反应的媒质，称为自催化间接电还原合成。例如，以 α,α'-二取代-1,2-二苯基乙烷为反应物，可以通过以下自催化电还原反应合成烯烃类化合物，如以下反应

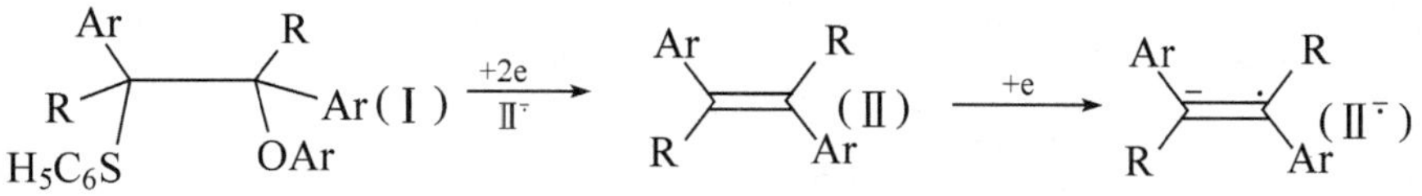

(8.38)

上式中，以Ⅱ/Ⅱ$^{\overline{\cdot}}$ 电对作为Ⅰ间接电还原转变成Ⅱ的媒质。

非生物活性有机化合物作媒质的其他应用例子还有：芘和二价芘阴离子组成电对作为媒质的对-二氯苯的间接电还原合成反应；萘与萘阴离子自由基电对，或芘与二价芘阴离子电对作为媒质的四苯基乙烯环氧化物的间接电还原开环反应等。一些能进行可逆还原反应的有机阴离子常用作卤代物、砜及季胺阴离子间接电还原合成反应的媒质。

2. 生物活性媒质间接电还原合成

一些具有生物活性的有机化合物可作为间接电还原反应中的媒质，这种媒质的还原态具有很强的还原能力，在还原反应过程中很容易将某些有机反应物(基

质)还原成所需的产物。最具有代表性的媒质是酵素 NAD(nicotinamide adenine dinuleotide)及其还原态 NADH 电对。在实际应用过程中,NAD 较难在电极表面上直接进行还原反应,因此 NAD/NADH 电对常与其他电对一起组成多媒质有机间接电还原合成的媒质。

最常用作 NAD 间接电还原的媒质是甲基紫精 MV(methyl viologen)。例如,MV^{2+}/MV 电对常用于羰基双媒质间接电还原合成羟基化合物的媒质,其反应过程如下

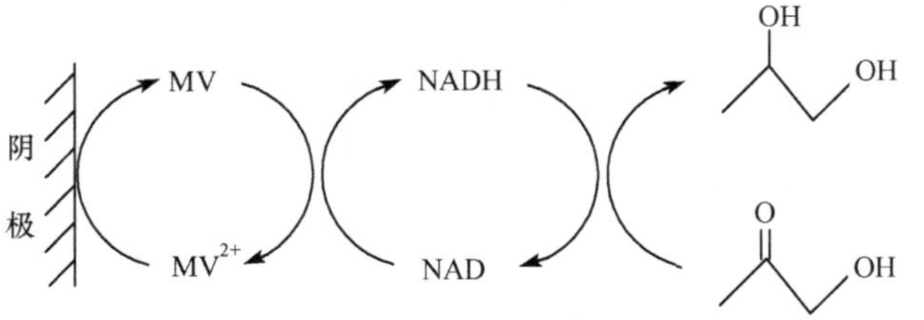

NAD/NADH 电对作媒质的另一个例子是使用有机硫化合物作媒质的多媒质间接电还原合成,其反应过程为

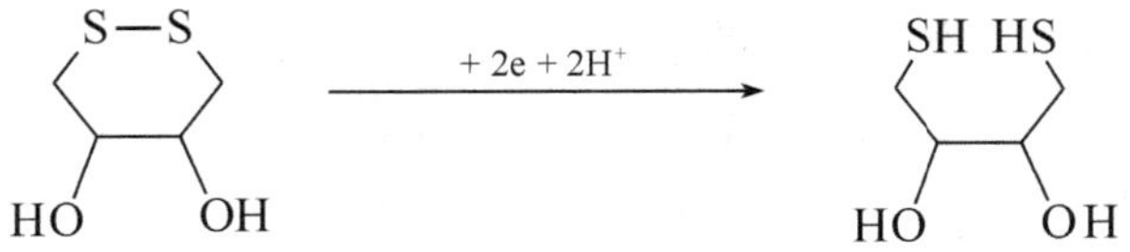

(8.39)

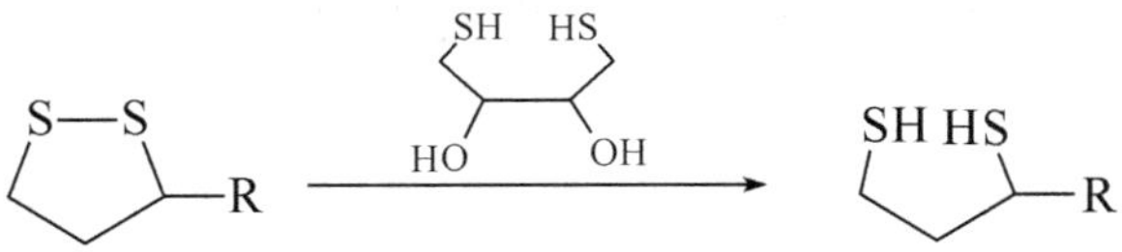

(8.40)

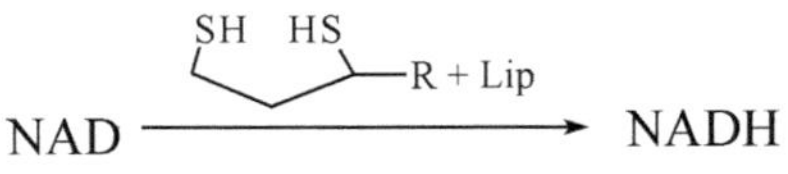

(8.41)

(8.42)

(注:Lip=lipoamide dehydrogenase 硫辛酰胺脱氢酶;
LDH=*L*-lactate dehydrogenase *L*-乳酸脱氢酶)

在有机化合物作媒质的间接电氧化合成研究中,相关的报道很少。近来有人将 NAD/NADH 电对同聚苯胺(PAnH)及氧化态聚苯胺(PAn^{+})电对构成双媒质体系,通过间接电氧化反应可将乙醇氧化成乙醛[69],其反应过程为

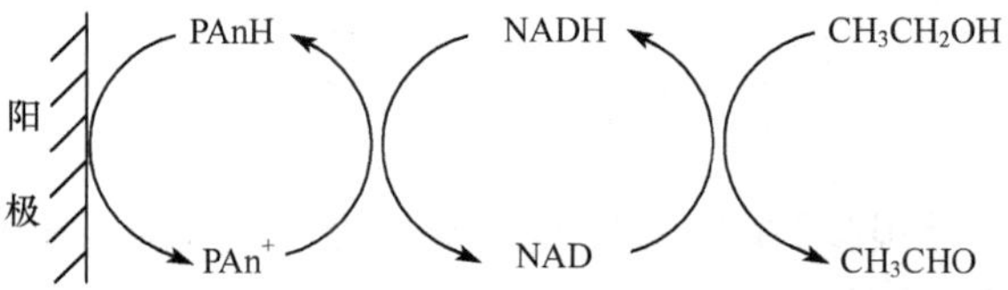

§8.4.3　金属有机化合物作媒质的间接电合成

以金属有机化合物为媒质进行间接有机电合成反应的研究，目前并不多，但此领域具有一定的研究价值。

以 $Ni(acac)_2$ 作媒质时，经间接电还原反应，可以使丁烯在阴极上发生二聚或多聚反应[70]，其反应式可表示为

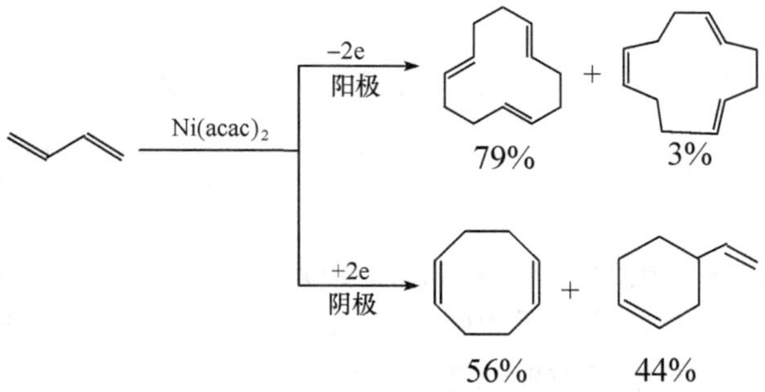

(8.43)

(8.44)

此反应的可能机理是，Ni^{2+} 离子首先在阴极上发生还原反应生成活泼的 Ni 原子，然后在 Ni 原子的催化作用下，使丁二烯发生聚合反应生成相应的产物。

§8.5　过氧化物媒质间接电合成

在 DMSO、DMF、CH_3CN、吡啶等非质子性溶剂中，用季铵盐作支持电解质，在阴极室中通入氧气，此时在阴极室很容易得到过氧化物离子 O_2^-。过氧化物离子在合成化学中起着重要的作用，它可用作电子授予体（电子还原剂）、电生碱、氧化剂、亲核试剂[7]等。

当过氧化物离子起还原剂作用时，则 O_2/O_2^- 电对就起到间接电还原反应的媒质作用。例如，若以 O_2/O_2^- 电对作媒质，在 H_2O_2 存在的条件下进行间接电合成反应时，很容易发生芳环酚化反应，使之生成相应的产物，如以下反应

$$O_2 + e \longrightarrow O_2^- \tag{8.45}$$

$$O_2^- + H_2O_2 \longrightarrow OH\cdot + OH^- + O_2 \tag{8.46}$$

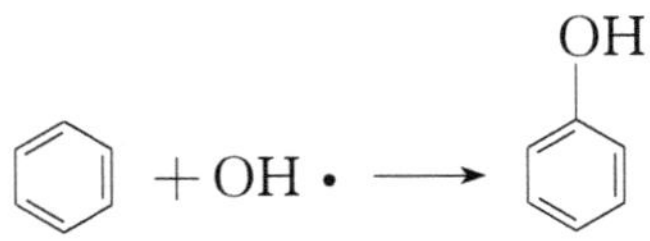

(8.47)

但是，由于 $O_2^{\overline{\cdot}}$ 的活性很强，在 $O_2/O_2^{\overline{\cdot}}$ 电对充当媒质的同时，$O_2^{\overline{\cdot}}$ 也将起到氧化剂、电生碱或亲核试剂的作用。

例如，在氧存在的条件下，通过间接电还原反应可将 α-二酮还原成羧酸，其反应过程如下

$$O_2 + e \rightleftharpoons O_2^{\overline{\cdot}} \tag{8.48}$$

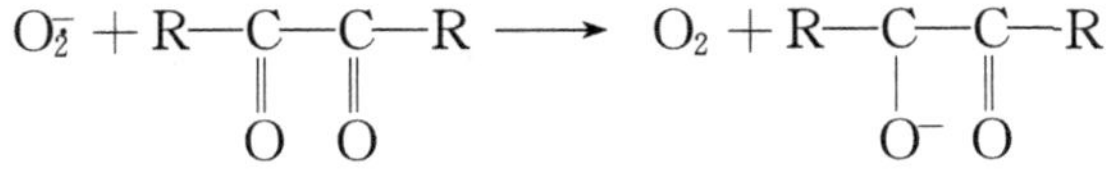

(8.49)

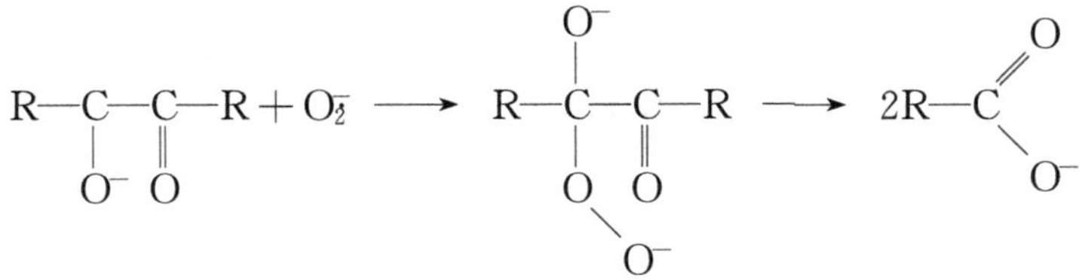

(8.50)

在反应过程中，$O_2/O_2^{\overline{\cdot}}$ 电对首先将二酮转变成二酮阴离子，接着 $O_2^{\overline{\cdot}}$ 过氧化物离子充当氧化剂作用将二酮阴离子中的 C－C 键断开生成为羧酸。这一过程也可称为间接电还原-氧化合成，但有时由于 $O_2^{\overline{\cdot}}$ 的氧化性过强，致使反应的选择性很低。

在水溶液中，氧气经阴极还原通常生成 H_2O_2，而 H_2O_2 也可作为阴极氧化的氧化剂。为了增强 H_2O_2 的氧化能力，也可将由阴极得到的 H_2O_2 再与金属离子如 Fe^{2+}、V^{4+}、Cu^{+}[71]等进行反应，使之生成 HO· 自由基（即所谓电化学法产生的 Fenton 试剂）。HO· 自由基可作为阴极氧化剂，但 Fenton 试剂一般只能用于简单分子的阴极氧化。若在钨酸盐催化下的 H_2O_2 体系，则可用于如硫醚、胺类及烯烃类等较复杂有机物的氧化。例如，以 WO_5^{2-}/WO_4^{2-} 为电对作催化剂生成的 H_2O_2，可氧化合成二甲基亚砜（DMSO）[72]，其反应式如下

$$O_2 + 2e + 2H_2O \longrightarrow H_2O_2 + 2OH^- \tag{8.51}$$

$$H_2O_2 + WO_4^{2-} \longrightarrow WO_5^{2-} + H_2O \tag{8.52}$$

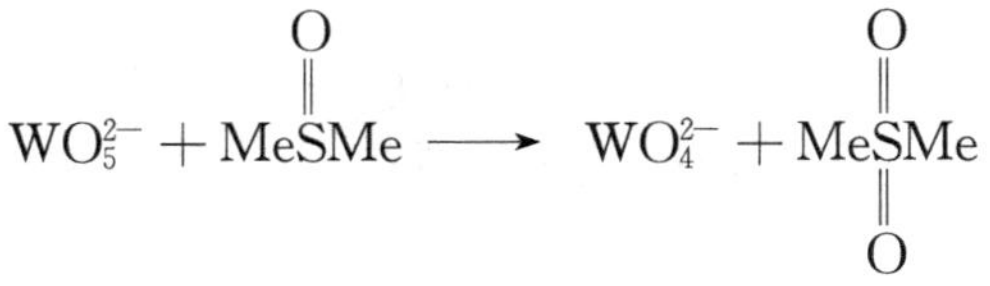

(8.53)

其反应示意图为

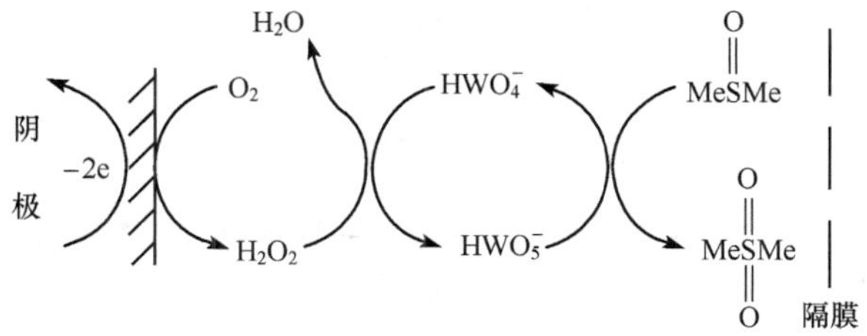

§8.6　间接有机电合成实例

§8.6.1　邻硝基苯甲醛的合成[41]

邻硝基苯甲醛是一种重要的有机化工原料及中间体，广泛应用于医药、染料等工业。目前，邻硝基苯甲醛主要的合成方法包括：醇钠缩合法、醇钾缩合法、溴化法及直接氧化法等。这些方法普遍存在着合成步骤多、选择性差、收率低、环境污染严重等问题，故人们提出用间接电氧化法合成邻硝基苯甲醛的方法。

该法以邻硝基甲苯为原料，Co^{3+}/Co^{2+} 电对为氧化媒质，其间接电氧化合成的通式表示如下

电化学氧化反应

$$M^{n+} \longrightarrow M^{(n+1)+} + e \tag{8.54}$$

化学合成反应

$$M^{(n+1)+} + R \longrightarrow M^{n+} + P \tag{8.55}$$

式中，M^{n+} 和 $M^{(n+1)+}$ 为 Co^{3+}/Co^{2+} 氧化媒质，R 为邻硝基甲苯，P 为产物邻硝基苯甲醛。式(8.54)表示在电解槽中的阳极氧化反应，式(8.55)表示在化学反应器中的化学反应。合成过程的流程如下图所示：

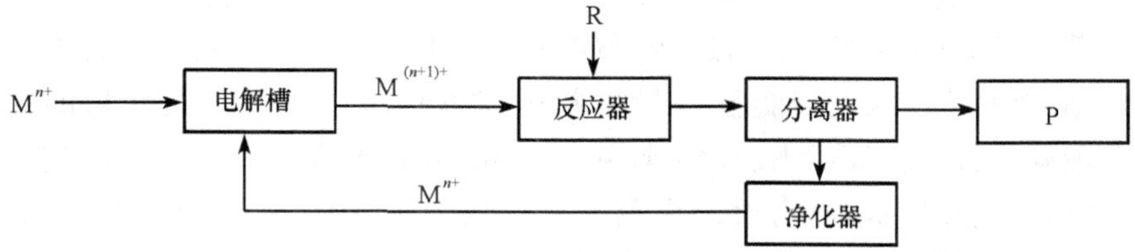

由图可见，低价氧化媒质（M^{n+} 即 Co^{2+}）首先在电解槽内氧化成高价氧化媒质（$M^{(n+1)+}$ 即 Co^{3+}），然后将后者注入化学反应器内与邻硝基甲苯(R)进行反应，使之生成产物邻硝基苯甲醛(P)，同时 Co^{3+} 被还原成 Co^{2+}。反应后的混合物经分离器分离出产物 P，再将 Co^{2+} 返回到电解槽内重新电解。Co^{3+}/Co^{2+} 氧化媒质可如此循环使用。合成过程的反应式及氧化机理可表示如下

电化学氧化反应

$$Co^{2+} \longrightarrow Co^{3+} + e \qquad (8.56)$$

化学合成反应

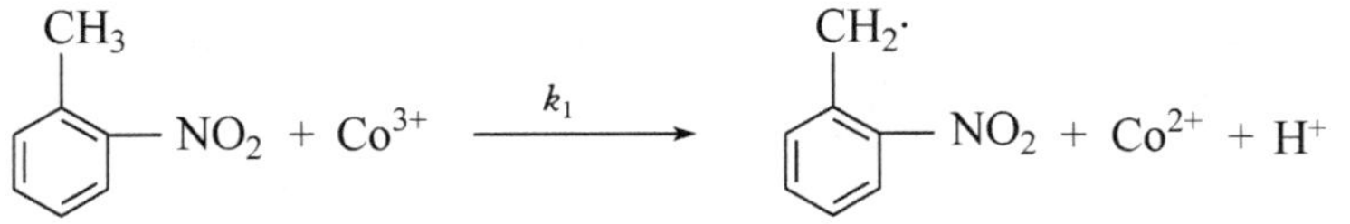

(8.57)

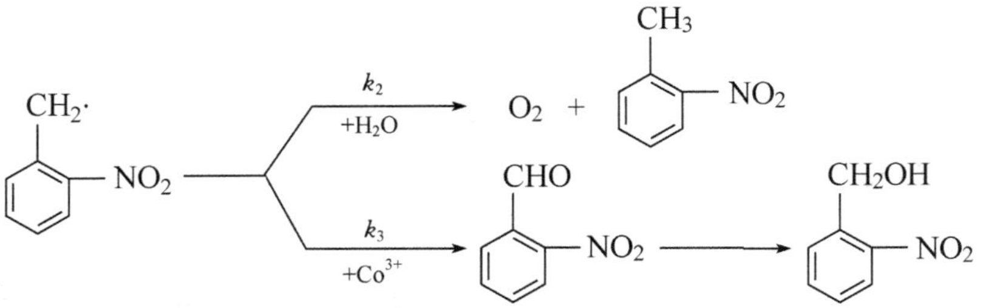

(8.58)

在化学合成过程中，邻硝基甲苯首先与 Co^{3+} 作用生成活泼的自由基（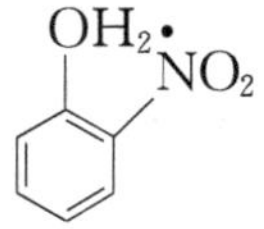）。若自由基与水反应，则析出氧气，自身生成反应物（邻硝基甲苯）；若自由基与过剩的 Co^{3+} 作用，则生成邻硝基苯甲醛产物。如果产物深度氧化，则生成副产物邻硝基苯甲醇。因此，在反应过程中产物收率的大小直接与反应速度常数 k_2 和 k_3 的比值有关，且此值直接受硫酸浓度的制约。

在合成过程中将预先配制好的阴极、阳极液按计量分别注入分隔式电解槽中的阴极室和阳极室。插入二氧化铅阳极和铅阴极。控制体系反应温度 11℃，待稳定后，打开稳压电源开关，调节电流密度 200～500A · m^{-2}，通电电解。达所需转化率后，停止电解，其槽内阳极液即为 Co^{3+} 溶液。将电解后的 Co^{3+} 溶液在低温状态下注入三口烧瓶中，用 9.3mol · L^{-1} H_2SO_4 作反应溶液，并加入过量 70 倍的邻硝基甲苯，控制反应温度 12℃，通 N_2 气搅拌进行化学反应。在反应过程中反应液由 Co^{3+} 溶液的特征绿色转变至 Co^{2+} 的特征红色时，反应完毕。反应后的混合液倒入分液漏斗进行分离。水层用活性炭吸附除油后，加水稀释至电解反应所需的硫酸浓度，重新作阳极液；有机层用蒸馏水洗涤 2 次，用无水硫酸钠干燥，减压蒸馏。蒸出未反应的邻硝基甲苯后，收集 149～151℃ · (20mmHg[1])$^{-1}$ 馏分，冷却至室温，即得黄色邻硝基苯甲醛产物，收率达 74.5%。

§8.6.2　环氧丙烷的合成

环氧丙烷广泛应用于合成聚醚、表面活性剂和丙二醇等化工产品，目前世界上

1) mmHg 为非法定计量单位，1mmHg＝133.322 4Pa。

年生产能力超过 450×10^4 t,国内年生产量在 25×10^4 t 左右,是一种重要的基础化工原料。目前,工业上生产环氧丙烷的方法主要有两种,即共氧化法和氯醇法。由于这两种方法在生产过程中存在着生产工艺长、副产物多、设备腐蚀性大和三废污染严重等问题,故国内外都在努力寻找合适的生产工艺。其中电化学直接或间接合成法是该工艺今后发展的主要方向,也是环氧丙烷实现绿色化学合成的一种主要手段。

利用间接电氧化法合成环氧丙烷是有机化合物合成的最典型例子之一。该方法首先在氯化钠水溶液中通入丙烯,然后通电电解。在电解过程中溶液内的 Cl^- 离子首先在阳极上放电生成 Cl· 原子或 Cl_2,然后与水进行反应产生 HClO,HClO 再与溶液中的丙烯发生加成反应,生成氯丙醇中间产物,如下式所示

$$CH_3CH{=}CH_2 + HClO \longrightarrow CH_3CH(OH)CH_2Cl \tag{8.59}$$

在上述反应的基础上,将含有氯丙醇的阳极液输入阴极室进行氯丙醇脱氯反应,然后生成环氧丙烷产物,其反应式为

$$CH_3CH(OH)CH_2Cl \xrightarrow{OH^-} CH_3{-}\underset{\diagdown O \diagup}{CH{-}CH_2} + HCl \tag{8.60}$$

其合成过程的工艺流程如图 8.5 所示。

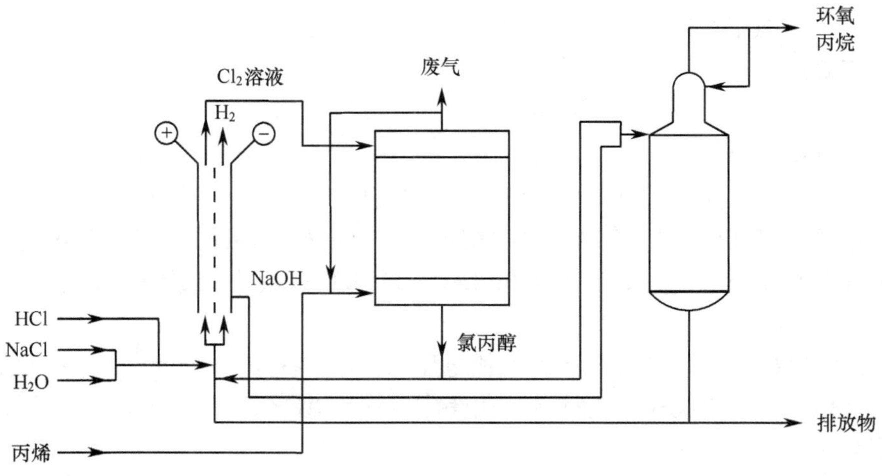

图 8.5　Simmrock 生产环氧丙烷工艺流程示意图

该生产工艺吸收了氯碱工业中的新技术,在生产过程中采用了全氟磺酸型阳离子交换膜电解槽,显著提高了电流效率、电压效率和产品的纯度。同时用阴极室产生的碱液与氯丙醇反应,不再像化学合成法那样需用石灰乳进行皂化反应,从而消除了 $CaCl_2$ 副产物的生成,既保护了环境,又节省了能耗,因此是一种较合适的

生产工艺。

§8.6.3 对硝基苯甲酸的合成

对硝基苯甲酸广泛应用于医药、染料等合成的中间体。化学方法以对硝基甲苯为原料，用铬酸作氧化剂，在控制条件下进行氧化反应来制取对硝基苯甲酸。该法在合成过程中产生大量的含铬废水，对环境造成严重污染。若以铬盐为媒质，采用间接电氧化法合成对硝基苯甲酸，则由于媒质通过电氧化再生后可循环使用，因而不但可节省大量的氧化剂，而且可大幅度减少对环境的污染。

在 90℃下，对硝基甲苯与重铬酸反应可生成对硝基苯甲酸，其反应式为

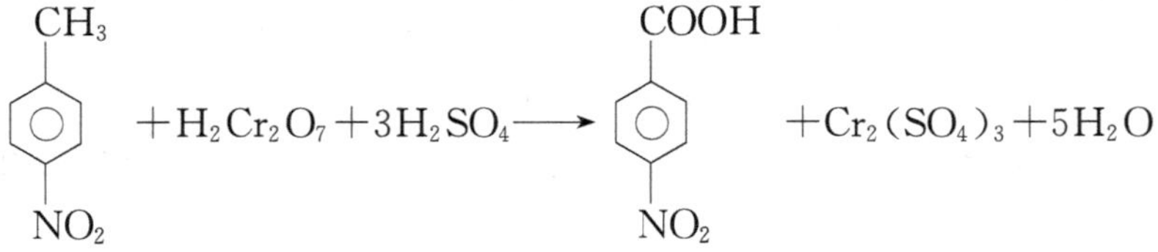

(8.61)

化学反应后，重铬酸被还原成 Cr^{3+} 的媒质可送入电解槽中进行氧化反应，再生后可循环使用。电解时发生的电极反应如下

阳极反应

$$2Cr^{3+}+3SO_4^{2-}+7H_2O \longrightarrow Cr_2O_7^{2-}+3SO_4^{2-}+14H^{+}+6e \qquad (8.62)$$

阴极反应

$$6H^{+}+6e \longrightarrow 3H_2 \qquad (8.63)$$

电解反应

$$Cr_2(SO_4)_3+7H_2O \longrightarrow H_2Cr_2O_7+3H_2SO_4+3H_2 \qquad (8.64)$$

通常，电解反应在陶瓷分隔电解槽中进行。阳极采用二氧化铅，阴极为铅棒。阳极液为 40g$Cr_2(SO_4)_3$ 溶于 400mL40% H_2SO_4 溶液中制成，阴极液为150mL 10% H_2SO_4 水溶液。

电解时控制体系温度 30±3℃，槽电压 3.2V 左右，电流密度 550A · m^{-2}。当阳极液由墨绿色变成棕红色时，停止电解。一般 $H_2Cr_2O_7$ 收率可达 95.8%，电流效率为 81.8%。

取含 $Cr_2O_7^{2-}$ 的阳极液与等摩尔的对硝基甲苯混合，加热至 90℃，并搅拌。回流反应电解液自棕红色转变为墨绿色时，停止反应。反应混合物冷却至室温，对硝基苯甲酸结晶析出，然后进行抽滤。滤液返回电解槽中循环使用，滤饼为粗产品对硝基苯甲酸。将粗产品溶于温热(<60℃)的 5%氢氧化钠溶液中，冷却后抽滤。同时搅拌下往滤液中加入 15%硫酸水溶液，此时将析出淡黄色结晶。重新抽滤，并用水洗涤沉淀物至滤液中无 SO_4^{2-} 为止，沉淀物即为精制的对硝基苯甲酸，产率

为 82.5%。

参 考 文 献

[1] 马淳安. 有机电解合成基础(试行教材). 浙江工业大学,1991
[2] 李伟善. 广州化工, (**4**),48,1990
[3] 王光信. 张积树. 有机电合成导论. 北京:化学工业出版社,1997
[4] 李伟善. 广州化工, **22**(**3**),45,1994
[5] 郑录, 罗兰. 大学化学, **3**(**2**),8,1988
[6] Baiger M M, Lund H L. Organic Electrochemisty. New York and Basel:Mmarcel Dekker, Inc. ,1983
[7] Kyriacau D K, Jannakoudakis D A. Electrocatalysis for Organic Synthesis. New York:John Wiley & Sons,1986
[8] Yoshida K. Electrooxidation in Organic Chemistry. New York:John Wiley & Sons, 1984
[9] 李伟善. 广州化工, **23**(**2**),36,1995
[10] Rennie et al. Ger. Pat. 1804728. 1972
[11] Kramer K, Robertson P M, IBL N. *J. Appl. Electrochem.* ,**10**,29,1980
[12] Torri S, et al, unpublished results
[13] Matswotia M, et al. JP75144617
[14] Ramaswang R, et al. *Bull. Chem. Soc. Jap.* , 35,1751,1962
[15] 罗世忠, 冯柏成, 王光信. 精细化工(增刊),**13**, 41,1996
[16] Chidamgaram S. *J. Electrochem. Soc. India*,**17**,95,1968
[17] Marco F, Norberto B. US4689433. 1987
[18] Robert P, Robert M, Joseph T, et al. *Org. Chem.* , **54**,1526,1989
[19] Robert P, Robert M. US4639298. 1987
[20] Gegolin H P, et al. *Chem. Ing. Tech.* , **48**,797,1976
[21] Pathg M S V, et al. *India. Chem.* , *Annu.* ,67,1970
[22] 陈松茂. 有机化工产品电解合成. 上海:上海科学技术文献出版社,1994
[23] Ergelbrecht R M, et al. US3726914. 1973; US3714003. 1973
[24] Blasiah E, et al. *Przem Chem.* , **46**,447,1967
[25] Thatclur C J. US1397562,1922
[26] Lang W. US808075. 1905; Ger. Pat. 189178. 1902
[27] Chidamgaram S. *J. Electrochem. Soc. India*,**17**,95,1968
[28] 刘伟, 王文英, 丁克强等. 精细化工(增刊),**13**,39,1996
[29] 滕雅娣, 田一光, 尚世智. 沈阳化工学院学报,**11**(**3**),178,1997
[30] 邓宏坤, 贾振斌, 蒋殿录等. 河北师范大学学报(自然科学版), **23**(**2**),232,1999
[31] 邓叔华, 周亮, 黄慧民等. 湖北化工, (**1**),33,1999
[32] 刘伟, 范小振, 张文育等. 河北化工, (**2**),12,1998
[33] 王瑞芝, 张宏坤, 张雪英等. 精细化工,**15**(**3**),48,1998
[34] 张宏坤, 贾振斌, 蒋殿录等. 河北师范大学学报(自然科学版), **23**(**2**),232,1999
[35] 王光信, 张积树, 佟敏增等. 精细化工, **8**(**4**),35,1991
[36] 程华, 袁挽表. 精细化工,**10**(**3**),16,1993

[37] Ramaswamy R, Venkatachalapathy M S, Udupa H V K. *J. Electrochem. Soc.* ,**110(3)**,202,1963
[38] Comninellis C, Plattner E. *J. Appl. Electrochem.* ,**14**,533,1984
[39] Maclean A F, et al. US3479262. 1969
[40] Chernobaev I P, et al. *Zh. Pirkl. Khim.* , **48**,819,1975
[41] 马淳安，虞红强，赵典树. 合成化学，**3(4)**,345,1995
[42] Comninellis C, Plattner E, Javet P. *J. Appl. Electrochem.* , **9**,753,1979
[43] Singh H M, et al. *Proc. Nat. Acad. Sci.* , *India Sect. A.* , **41**,225,1971
[44] Wellmann J, et al. *Chem. Ber.* ,**110**,3561,1977
[45] 李韦善. 广州化工，**23(4)**,32,1995
[46] 陈敏元. 现代化工，**(1)**,57,1983
[47] 沈广霞，褚道葆，周幸福等. 第十届全国电化学会议论文集(下)，杭州,D030,1999
[48] 顾家山，褚道葆，周幸福等. 精细化工,**16(4)**,31,1999
[49] Torri S. Recent Advances in Electroorganic Synthesis. Kodansha, Ltd,1987
[50] Torri S, et al. *J. Org. Chem.* , **44**,1554,1979
[51] Torri S, et al. *J. Org. Chem.* , **44**,2938,1979
[52] Torri S, et al. *Tetrahedron Lett.* ,**(48)**,4661,1979
[53] Torri S, et al. *Tetrahedron Lett.* ,**21**,2741,1980
[54] Pletcher D, Tomov N. *J. Appl. Electrochem.* , **7(6)**,501,1977
[55] 李红，江琳才. 精细化工,**16(3)**,27,1999
[56] Miller L L, et al. *Tetrahedron Lett.* ,**(51/52)**,4495,1974
[57] Shena T, et al. *ibid*,**(2)**,165,1979
[58] Torri S, et al. *ibid*,**(46)**,4471,1979
[59] Pfeifer V P, et al. *Ind. & Eng. Chem.* , **52**,201,1960
[60] 刘铎，刘光洁，申守清等. 精细化工,**17(2)**,72,2000
[61] Andreeva L K, et al. Ger. Offen. 2221116. 1972
[62] Fry A J, Britton W E. Topics in Organic Electrochemisty. New York:Plenum Press,1986
[63] Weinberg N L. Techniques of Chemistry, Vol. V, Part Ⅱ, Technique of Electroorganic Synthesis. New York:John Willey & Sons,1975
[64] Schmidt W, et al. *Angew Chem. Int. Ed. Engl.* ,**17**,673,1978
[65] Platen M, et al. *Tetrahedron Lett.* ,**(6)**,511,1979
[66] Karl-Heinz G B, Eberhard S, Werner S. *Acta Chemica Scandinavia* , **B37**,499,1983
[67] Shono T, et al. *Tetrahedron Lett.* ,**165**,3861,1979
[68] Frimer A, et al. *Tetrahedron Lett.* , **52**,4631,1977
[69] 穆绎林，杨一飞. 第十届全国电化学会议论文集(下)，杭州,H030,1999
[70] Lehmkuhl H, et al. *J. Orgnometal. Chem.* , C30,1970
[71] 马淳安，褚有群. 精细化工(增刊),**13**,48,1996
[72] 顾登平，王瑞芝，张宏坤等. 电化学，**6(1)**,84,2000

第 9 章　金属有机化合物的电合成

含有金属-碳(M-C)键的金属有机化合物常常用作防爆剂、稳定剂、防腐剂、催化剂及颜料等。自 1849 年佛朗克兰(Frankland)合成出有机锌以来,已有许多金属有机化合物被开发出来。目前已有锂、钠、锌、镉、汞、砷、锑、硒、镁、锰、铁、钛等的有机化合物实现了工业化生产。然而合成金属有机化合物通常是一项相当复杂的工作,因此,长期以来人们一直致力于寻找新的、简便的合成方法。在齐格勒(Ziegler)采用电解方法合成出烷基铝和烷基铅后,金属有机化合物的电化学合成技术得到了迅速发展,现已广泛应用于各种生产领域中。

§9.1　金属有机化合物电合成原理[1]

大多数金属有机化合物的电解合成都是在金属电极上进行的。一般来说,这些反应可以看成是按自由基反应机理进行的,通过氧化还原反应而得到金属有机化合物。

在阴极上,烷基离子通过阴极还原反应形成烷基自由基,然后直接与阴极金属反应生成产物

$$R^{+} + e \longrightarrow R\cdot \tag{9.1}$$

$$R\cdot + M \longrightarrow RM \tag{9.2}$$

式中,R 为烷基、芳基等,M 为金属。同时,阴极金属发生溶解而腐蚀。如在酸性介质中,用汞作阴极电解还原丙酮可制得二异丙基汞

(9.3)

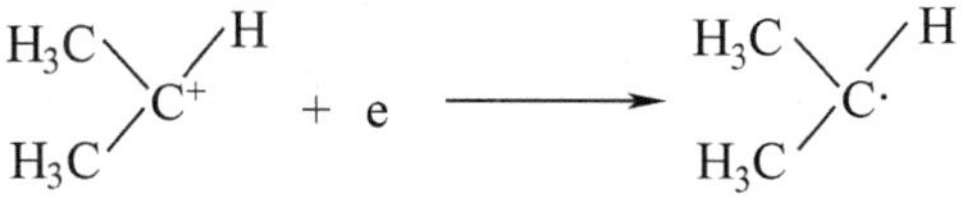
(9.4)

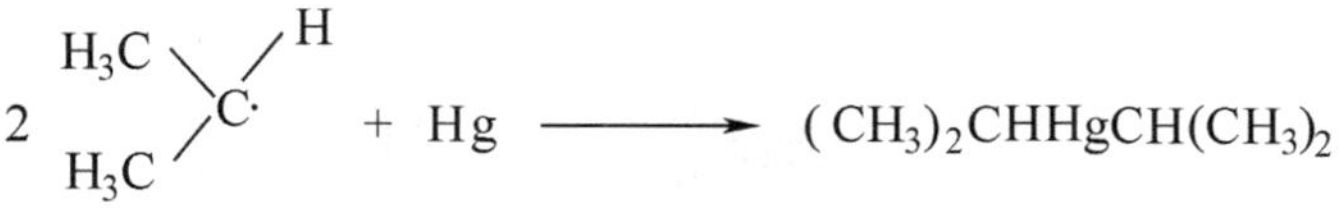
(9.5)

在阳极上，其反应过程不同于阴极反应，即很少直接通过有机化合物与阳极金属发生反应而得到产物；而通常是由一种金属有机化合物在阳极上发生氧化而生成金属离子和烷基自由基，烷基自由基再与阳极金属发生反应生成一种新的金属有机化合物。

$$RM \longrightarrow M^{+} + R^{-} \tag{9.6}$$

$$R^{-} - e \longrightarrow R\cdot \tag{9.7}$$

$$R\cdot + M' \longrightarrow RM' \tag{9.8}$$

式中，M′为阳极金属。

由于在电解过程中生成了化学性质极其活泼的烷基自由基中间体，因此，无论是在阳极上发生氧化反应，还是在阴极上发生还原反应，生成的自由基都会发生二聚作用或失去 H 原子而形成不饱和化合物，从而使所得到的最终产物为混合物。

$$R\cdot + R\cdot \longrightarrow R—R \tag{9.9}$$

$$RCH_2\cdot + RCH_2\cdot \longrightarrow RCH = CHR + H_2 \tag{9.10}$$

由于具有 R_2M 形式的金属有机化合物的导电率均非常低，导电性一般以如下次序下降

$$R_2Mg > R_2Be > R_2Zn > R_2Cd > R_2Hg$$

因此，常在电解液中加入一些盐、金属氢化物或其他的金属有机化合物作为支持电解质，以增加溶液导电能力。

§9.2 阴极还原反应

§9.2.1 鎓离子的电解还原

采用不同金属作阴极材料电解还原鎓离子，如硫鎓离子、季铵离子、磷鎓离子以及砷鎓离子等，可制得不同的金属有机化合物。

1. 硫鎓离子的电解还原

硫鎓离子在不同的电解条件下可得到不同的电解还原产物，如以汞作阴极，电解三苯溴化硫可发生如下反应[2]

$$(Ph)_3S^{+} \xrightarrow[H_2O,\ 25℃]{Hg} (Ph)_2S + PhSHg \tag{9.11}$$

$$(Ph)_3S^{+} \xrightarrow[\text{惰性溶剂},\ <0℃]{Hg} (Ph)_3S\cdot 1/2Hg \tag{9.12}$$

若用铅作阳极，则得到有机铅化合物，如

$$(C_2H_5)_2S^+ \xrightarrow[CH_3CN]{Pb} (C_2H_5)_4Pb + (C_2H_5)_2S \tag{9.13}$$

2. 季铵离子的电解还原

$$(Et)_4N^+ \xrightarrow[CH_3CN]{Pb} (Et)_4Pb \tag{9.14}$$

3. 磷鎓离子的电解还原

$$(Ph)_3P^+(CH_2)_nCN \xrightarrow[DMF]{Hg} [NC(CH_2)_n]_2Hg \quad n=2,3,4 \tag{9.15}$$

4. 碘鎓离子的电解还原

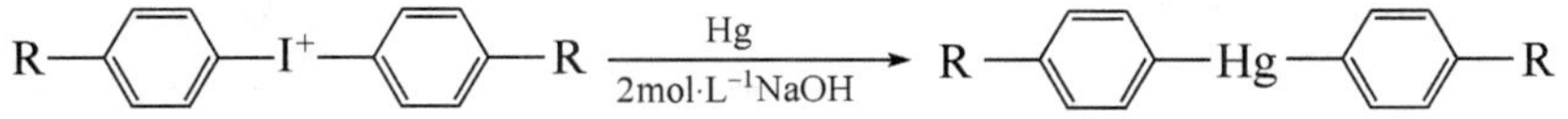

(9.16)

(R=H、CH_3、OCH_3，产率分别为 51%、41%、58%)

5. 锑鎓离子的电解还原

$$(Ph)_3Sb^+ \xrightarrow[KCl(aq)]{Hg} (Ph)_2Hg + (Ph)_2Sb \tag{9.17}$$

6. 砷鎓离子的电解还原[3]

$$(Ph)_4As^+ \xrightarrow[H_2O,0\sim10℃]{Hg} Ph + (Ph)_3As \tag{9.18}$$

§9.2.2　羰基化合物的电还原

在 Hg 阴极上，酮和某些醛常常发生电化学还原生成有机汞化合物[4]。这一反应绝大多数在酸性水溶液中进行，其反应式如下

$$2R_2CO + Hg + 6H^+ + 6e \longrightarrow (R_2CH)_2Hg + 2H_2O \tag{9.19}$$

用这种方法合成金属有机化合物时，原料主要采用脂肪酮和脂环酮。金属阴极汞和铅最容易反应，其他金属电极也有应用，如，酮在镉和锗阴极上电解生成了相应的金属有机化合物；丙酮用锌作阴极还原时，阴极会大量损失，这是由于有不稳定的有机锌化合物生成。

在硫酸溶液中由不对称酮合成金属有机化合物时，提高溶液温度和酸浓度，有利于金属有机化合物的生成[5,6]，并且产率随着电流密度的增加，有一个最大值[7]。

醛在阴极上还原时，很容易生成金属有机化合物。如，柠檬醛电解时得到有机铅化合物[8]，丙醛和丁醛在锡阴极上还原生成含有碳、氢和锡的有机化合物，但其结构尚未得到确定[9]。醛电解还原生成物中，惟一经过鉴定的是由苯甲醛电解还原为二苄基汞[10]

$$2C_6H_5CHO + Hg \xrightarrow[-2H_2O]{6H^+ + 6e} (C_6H_5CH_2)_2Hg \tag{9.20}$$

有人曾对香草醛、茴香醛、水杨醛、丙醛、胡椒醛、糖醛和对-羟基苯甲醛在铅、镉和汞阴极上的电还原反应进行了研究，但未能合成出相应的金属有机化合物[10,11]。表9.1中列出了部分由羰基化合物电解合成金属有机化合物的实例。

表9.1　羰基化合物电合成金属有机化合物实例[8]

阴极	介质	反应物	产物
Hg	40% H_2SO_4	丙酮	二异丙基汞
Hg	H_2SO_4	甲乙酮	二仲丁基汞
Hg	$HCl+CH_3COOH$	甲基苄基酮	双(苯基异丙基)汞
Hg	5% H_2SO_4	环己酮	二环己基汞
Hg	3% H_2SO_4	2-甲基环己酮	双(甲基环己基)汞
Hg	3% H_2SO_4	3-甲基环己酮	双(3-甲基环己基)汞
Hg	3% H_2SO_4	4-甲基环己酮	双(4-甲基环己基)汞
Hg	$HCl+CH_3COOH$	环戊酮	二环戊基汞
Hg	50% H_2SO_4	苯甲醛	二苄基汞
Hg	45% H_2SO_4	1-乙酰萘	双(1-萘乙基)汞
Pb	20% H_2SO_4	丙酮	四异丙基铅
Pb	20% H_2SO_4	甲乙酮	四仲丁基铅
Pb	20% H_2SO_4	二乙酮	四(3-仲戊基)铅

§9.2.3　不饱和化合物的电解还原[12]

不饱和化合物电解时，在双键断裂的位置上形成金属-碳键，另一个碳原子则发生质子化

$$2RCH{=}CH_2 + M + 2H^+ + 2e \longrightarrow RCH_2CH_2MCH_2CH_2R \tag{9.21}$$

这类反应中研究最详细的是不饱和腈在锡阴极上的电解还原。另外，当硫、硒、碲存在时，丙烯腈在石墨阴极上电解还原可生成相应的元素有机化合物，较低的电流密度和较高的温度有利于上述反应的进行。

甲基乙烯基酮在汞阴极上还原时，也可生成金属有机化合物。二甲基乙烯基

甲醇也能发生类似的反应。表 9.2 中列出了部分由不饱和化合物电合成金属有机化合物的实例。

表 9.2　不饱和化合物电合成金属有机化合物实例[8]

阴极	介质	反应物	产物
石墨	0.5mol · L^{-1} H_2SO_4	丙烯腈、硒	双(β-氰乙基)硒
石墨	0.5mol · L^{-1} H_2SO_4	丙烯腈、碲	双(β-氰乙基)碲
石墨	0.5mol · L^{-1} H_2SO_4	丙烯腈、硫	双(β-氰乙基)硫
铅	$CH_3COOK+CH_3COOH$	苯乙烯、磷	2-苯乙基磷
锡	0.7mol · L^{-1} NaOH	丙烯腈、锡	四(β-氰乙基)锡
锡	0.5mol · L^{-1} K_2HPO_4	丙烯腈、锡	六(β-氰乙基)二锡
汞		甲基乙烯基酮	$Hg(CH_2CH_2COCH_3)_2$

§9.2.4　有机卤化物的电解还原

在汞、锡、铅或铜阴极上，有机卤化物电解还原合成相应金属有机化合物的通式如下

$$RX+e \longrightarrow [RX\cdot] \longrightarrow R\cdot + X^- \tag{9.22}$$

$$M+nR\cdot \longrightarrow MR_n \tag{9.23}$$

式中，R、X 及 M 分别代表烃基、卤素和金属；R · 为烃自由基；MR_n 为金属有机化合物。表 9.3 中列出了一些由有机卤化物电合成金属有机化合物的实例。

表 9.3　有机卤化物电合成金属有机化合物实例[16]

阴极	介质	反应物	产物
Hg	$LiBr+CH_3OH$	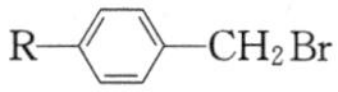	$Hg(CH_2C_6H_4R)_2$
Hg	$(CH_3)_4NBr+CH_3CN$	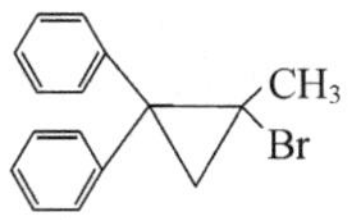	HgR_2
Sn	$(C_2H_5)_4NBr+CH_3CN$	C_2H_5Br	$Sn(C_2H_5)4$
Sn	CH_3OH 或 CH_3CN	RX	SnR_4
Pb	碳酸丙烯酯	C_2H_5Br	$Pb(C_2H_5)_4$
Pb	$(C_2H_5)_4NBr$	C_2H_5Br	$Pb(C_2H_5)_4$
Pb	LiBr	C_2H_5Br	$Pb(C_2H_5)_4$
Pb	$(C_2H_5)_4NBr+CH_3CN$	CH_3Cl,Br,I	PbR_4
		C_2H_5Cl,I	PbR_4

除了形成以上金属有机化合物外，RX 在水溶液中进行电还原时还可以生成 R_3SnSnR_3[13]、RHgX[14]、R_2TiX[13]等。

由于丙烯腈在 Hg 和 Pb 上的阴极还原电位极负，因而无法以这两种金属为阴极材料来电解还原丙烯腈制得相应的金属有机化合物；而 β-碘代丙腈则很容易反应，在 0.25mol·L^{-1} H_2SO_4 或 0.5mol·L^{-1} Na_2SO_4 水溶液中，以锡、汞、铅和铊等为阴极，电解 β-碘代丙腈可制得相应的产物，且具有较高的产率[15]。

$$ICH_2CH_2CN \xrightarrow{Sn} (NCCH_2CH_2)_4Sn \qquad (9.24)$$

$$ICH_2CH_2CN \xrightarrow{Pb} (NCCH_2CH_2)_4Pb \qquad (9.25)$$

$$ICH_2CH_2CN \xrightarrow{Hg} (NCCH_2CH_2)_2Pb \qquad (9.26)$$

$$ICH_2CH_2CN \xrightarrow{Tl} (NCCH_2CH_2)_2Tl \cdot I \qquad (9.27)$$

§9.2.5　有机金属盐的电解还原

有机金属盐化合物在阴极上发生电还原可生成相应的有机金属化合物，如

$$CH_3HgOAc \xrightarrow[\text{吡啶},H_2O]{Pt} (CH_3)_2Hg \qquad (9.28)$$

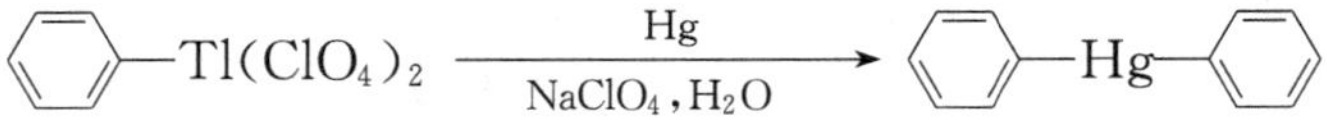

(9.29)

$$(Et)_3PbOH \xrightarrow[95\%\ EtOH]{Pb} [(Et)_3Pb]_2 \qquad (9.30)$$

$$(Ph)_3GeCl \xrightarrow[Bu_4NClO_4,DME]{Hg} (Ph)_3GeH \qquad (9.31)$$

§9.3　阳极氧化反应

迄今为止，金属有机化合物的阳极电合成过程研究，大多是在溶液中或者在有机络合物电解质熔融体中进行的。

由于 RMR 型的金属有机化合物及其在极性溶剂溶液中的导电能力都非常低[17,18]，因此不可能进行电解。但它们与某些 MX 型的盐、卤代烷、金属氢化物及其他金属有机化合物混合后，具有良好的导电性。1924 年 Hein 首先观测到这一现象。他发现二乙基锌和乙基钠混合物的导电性与 0.1mol·L^{-1}氯化钾溶液相当。他认为这一现象是由于络合物离解而产生的

$$NaZn(C_2H_5)_3 \longrightarrow Na^+ + Zn(C_2H_5)^- \quad (9.32)$$

至今，人们对大量类似组成的络合物进行了研究，其中最有实用价值的是镁、铝和硼的有机络合物。表 9.4 中列出了一些此类络合物的导电性。

表 9.4　用于金属有机化合物合成的某些络合物的导电性能

络合物	溶剂	当量电导/$\Omega^{-1} \cdot cm^2 \cdot eq^{-1}$
$NaF \cdot 2Al(C_2H_5)_3$	熔融	4×10^{-2}
$KF \cdot 2Al(C_2H_5)_3$	熔融	7×10^{-2}
$NaAl(C_2H_5)_4$	熔融	3.3×10^{-2}
$KAl(C_2H_5)_4$	熔融	8×10^{-2}
$NaB(C_2H_5)_4$	水(饱和液)	9×10^{-3}
	水(10%～15%溶液)	5×10^{-2}
C_2H_5MgBr	乙醚(1mol·L^{-1}溶液)	3.2×10^{-2}
C_2H_5MgI	乙醚(1mol·L^{-1}溶液)	7×10^{-2}

§9.3.1　有机镁络合物的电解氧化

对有机镁的乙醚溶液进行电解时，铝、锌或镉阳极发生了溶解，而阴极上则沉积出金属镁[19]。Evans[20]认为铝阳极在乙基溴化镁中溶解生成了三乙基铝，反应如下所示

表 9.5　格氏试剂的电解氧化[8]

阳极	阴极	电解质	溶剂	产物
铝	铂	C_2H_5MgI	乙醚	$Al(C_2H_5)_3$
铝	铝	$C_6H_{13}MgBr$	二乙二醇乙醚	$Al(C_6H_{13})_3$
铝	铝	C_6H_5MgBr	二右二醇乙醚	苯基铝
硼	铂	RMgCl	乙醚	BR_3
硼	铂	C_6H_5MgCl	乙醚	$B(C_6H_5)_3$
硼	铂	$C_6H_{13}MgCl$	乙醚	$B(C_6H_{13})_3$
锌	锌	$C_6H_{13}MgCl$	二乙二醇乙醚	$(C_6H_{13})_2Zn$
铅	铅	$RMgCl+RCl(R=CH_3,C_2H_5)$	$RO(C_2H_4O)_nR$+苯+THF	$PbR_4(R=CH_3,C_2H_5)$
铅	钢	C_2H_5MgBr	乙醚	$Pb(C_2H_5)_4$
铅	钢	$C_2H_5MgBr+C_2H_5Cl$	二乙二醇二乙醚	$Pb(C_2H_5)_4$
铅	钢	$CH_3MgCl+C_2H_5Cl$	二乙二醇乙醚	PbR_4 混合物$(R=CH_3,C_2H_5)$
铅	铅	$CH_2=CHMgCl$	四氢呋喃	$Pb(CH=CH_2)_4$
铅	铅	$CH_3CH=CHMgCl$	4-甲氧基四氢呋喃	$Pb(CH=CHCH_3)_4$
硅	镍	C_2H_5MgBr	乙醚	$Si(C_2H_5)_4$

$$6C_2H_5MgBr + 2Al \longrightarrow 3Mg + 3MgBr_2 + 2Al(C_2H_5)_3 \tag{9.33}$$

由此反应来制备金属有机化合物的方法已引起了人们的广泛兴趣。

格氏试剂的电解已成功地用于铅、硼、磷和其他元素金属有机化合物的合成，见表 9.5。由于乙醚操作起来相当危险，所以在对格氏试剂进行电解氧化时，常用高沸点的醚(如二丁醚)作溶剂。

通过电解氧化有机镁络合物可以很经济地制得四乙基铅。这种制备方法曾作过几次重大改进，有些专利提出用聚醚，如 $C_6H_5CH_2(OCH_2CH_2)_nOC_2H_5$ 作为电解质的溶剂，也有专利采用四氢呋喃为溶剂。

§9.3.2　有机铝的电解氧化

自 Ziegler 发现了三乙基铝的实用制备方法[21]后，有机铝在制备其他金属有机化合物中得到了广泛应用。1956 年，Ziegler 以 $NaF \cdot 2Al(C_2H_5)_3$ 络合物为电解

表 9.6　由烷基铝电解合成金属有机化合物的实例[8]

阳极	阴极	电解质	产物
铝	铜	$NaAl(C_2H_5)_4$	$Al(C_2H_5)_3$
铝	铜	$NaAl(C_4H_9)_4$	$Al(C_4H_9)_3$
镁	铜	$NaAl(C_2H_5)_4$	$Mg(C_2H_5)_2$
镁	钢	$NaAl(CH_3)_4 + NaAl(C_2H_5)_4$	$Mg(C_2H_5)_2$
镁	钢	$LiAl(CH_3)_4 + NaAl(C_4H_9)_4(1/3)$	$Mg(C_4H_9)_2$
镁	钢	$RbAl(CH_3)_4 + NaAl(CH_3)_4(1/5)$	$Mg(CH_3)_2$
锌	铜	$NaAl(CH_3)_4 + NaAl(C_2H_5)_4$	$Zn(C_2H_5)_2$
锌	铜	$Na[Al(C_2H_5)_3(OC_2H_5)]$	$Zn(C_2H_5)_2$
锌	铜	$NaAl(CH_3)_4 + NaAl(C_6H_5)_4(1/10)$	$Zn(C_6H_5)_2$
锌	铜	$NaF \cdot 2Al(C_3H_7)_3$	$Zn(C_3H_7)_2$
锡	汞	$NaAl(CH_3)_4 + NaAl(C_2H_5)_4$	$Sn(C_2H_5)_4$
锡	汞	$NaAl(CH_3)_4 + NaAl(C_2H_5)_4(2/1)$	$Sn(C_2H_5)_4$
锡	铜	$NaF \cdot 2Al(C_2H_5)_3$	$Sn(C_2H_5)_4$
锡	铜	$LiAl(CH_3)_4 + NaAl(C_8H_{17})_4(3/10)$	$Sn(C_8H_{17})_4$
锑	铜	$NaF \cdot 2Al(C_2H_5)_3$	$Sb(C_2H_5)_3$
锑	铜	$Na[Al(C_2H_5)_3(OC_4H_9)]$	$Sb(C_2H_5)_3$
锑	汞	$KAl(C_2H_5)_4$	$Sb(C_2H_5)_3$
汞	汞	$NaF \cdot 2Al(C_2H_5)_3$	$Hg(C_2H_5)_2$
汞	铜	$Na[Al(C_2H_5)_3(OC_4H_9)]$	$Hg(C_2H_5)_2$
镉	铜	$Na[Al(C_2H_5)_3(OC_4H_9)]$	$Cd(C_2H_5)_2$
铋	铜	$Na[Al(C_2H_5)_3(OC_4H_9)]$	$Bi(C_2H_5)_2$
铟	铜	$NaF \cdot 2Al(C_2H_5)_3$	$Zn(C_2H_5)_2$

质进行了四乙基铅的电化学合成[8]。在这一电解过程中，铝盐沉积在阴极上，而铅阳极在发生溶解的同时生成了四乙基铅。

这一组成的电解质还可用于锌、锑、铟、镁、硅和锗的烷基化合物合成，如表 9.6所示。

Ziegler 曾于 1959 年指出，如果以 $NaAl(C_2H_5)_4$ 型络合物为电解质，铝为阳极，在阴极上有金属钠沉积出来，而阳极上生成三乙基铝[22]

$$3NaAl(C_2H_5)_4 + Al \longrightarrow 4Al(C_2H_5)_3 + 3Na \tag{9.34}$$

部分三乙基铝和钠、氢气及乙烯反应可以得到最初的反应物，从而解决了电解质的再生问题

表 9.7　有机铝络合物电解氧化制备四乙基铅(铅为阳极)[8]

阴极	电解质	电流密度 /mA · cm^{-2}	温度 /℃	产率 /%
铂	$Al(C_2H_5)_3)(Et_2O)$	0.7	25	99
汞	$KAl(C_2H_5)_4$	0.465	111	100
汞	$NaAl(C_2H_5)_4$	0.8		92
钢	$NaAl(C_2H_5)_2(CH_3)_2$			
钢	$NaAl(CH_3)_4+NaAl(C_2H_5)_4+CaAl(C_2H_5)_5$	0.125	100	
钢、铜	$NaAl(CH_3)_4+NaAl(C_2H_5)_4$	0.25	100	77
铜	$MAl(CH_3)_4+MAl(C_2H_5)_4$(M=25%K,75%Na)	0.5	100	96
铜	$NaAl(CH_3)_4+CsAl(C_2H_5)_4$(2/1)	0.25	80	
铜	$NaAl(CH_3)_4+KAl(C_2H_5)_4+LiAl(C_2H_5)_4$	0.25	100	
铜	$NaF \cdot 2Al(C_2H_5)_3$	0.022	28～45	87
铜	$NaAl(C_2H_5)_4+KCl$		100	
铜	$Na[Al(CH_3)_3(OC_{10}H_{21})]$	0.04	100	
铜	$M[Al(C_2H_5)_3(OC_4H_9)]$(M=K,Na)	0.04	100	93
铜	5mol · L^{-1}$NaAl(C_2H_5)_4$+5mol · L^{-1} $Na[Al(C_2H_5)_3(OC_4H_9)]$	0.053	100	95
铜	$NaAl(C_2H_5)_4+Al(C_2H_5)_2(OC_4H_9)$ $+Na[Al(C_2H_5)_3(OC_4H_9)]$		100	
铂	$NaF \cdot Al(C_2H_5)_3$	0.25	80	
铁/铜	$NaAl(C_2H_5)_4+NaF \cdot Al(C_2H_5)_3$ $+NaF \cdot 2Al(C_2H_5)_3$	0.08	70	98
汞	$NaAl(C_2H_5)_4+NaF \cdot 2Al(C_2H_5)_3$	0.25～0.5	112～117	100
汞	$LiAl(C_2H_5)_3(OC_6H_5)$	0.005	105	
汞	$Kal(C_2H_5)_4+KF \cdot Al(C_2H_5)_3$	0.185	85	98.5

$$2Na + H_2 + 2C_2H_4 + 2Al(C_2H_5)_3 \longrightarrow 2NaAl(C_2H_5)_4 \quad (9.35)$$

此外，使用该电解质时，阴极上生成的钠会形成汞齐或以液体的形式存在，很容易从电极上除去。表 9.7 和表 9.8 中列出了一些可用于四乙基铅和其他烷基化物合成的电解质体系。

表 9.8 有机铝络合物电解氧化制备四烷基铅（铅作阳极）[8]

阴极	电解质	电流密度 /A · cm^{-2}	温度 /℃	产物	产率 /%
汞	$NaAl(CH_3)_4$+THF	0.14	90	$Pb(CH_3)_4$	90
汞	$NaAl(CH_3)_4$+二甘醇二甲醚	0.3	100	$Pb(CH_3)_4$	96
汞	$Na[Al(CH_3)_3(OC_4H_9)]$	0.14	90	$Pb(CH_3)_4$	94
汞	$Na[Al(CH_3)_3(OC_2H_5)]$	0.05	105	$Pb(CH_3)_4$	
铜	$PbAl(CH_3)_4+NaAl(CH_3)_4(5/1)$	0.25	100	$Pb(CH_3)_4$	
铜	$NaAl(C_2H_5)_4+NaAl(C_3H_7)_4$			$Pb(C_3H_7)_4$	95
铜	$KAl(CH_3)_4+KAl(i\text{-}C_3H_7)_4(1/8)$	0.25	180	$Pb(i\text{-}C_3H_7)_4$	
铜	$NaF \cdot 2Al(i\text{-}C_3H_7)_3$	0.022	50	$Pb(i\text{-}C_3H_7)_4$	
铜	$Na[Al(C_3H_7)_3(OC_9H_{11})]+NaAl(C_3H_7)_4$	0.04	100	$Pb(C_3H_7)_4$	90
铜	$NaAl(C_2H_5)_4+NaAl(C_4H_9)_4$			$Pb(C_4H_9)_4$	
铜	$NaAl(C_4H_9)_4+Na[Al(C_4H_9)_3(OC_{10}H_{21})]$	0.04	100	$Pb(C_4H_9)_4$	80
铜	$NaAl(C_3H_7)_4+Na[Al(C_3H_7)_3(OC_6H_5)]$	0.04	100	$Pb(C_3H_7)_4$	80
铜	$K[Al(C_4H_9)_3(OC_4H_9)]$	0.002	90	$Pb(C_4H_9)_4$	
钢	$NaAl(i\text{-}C_4H_9)_4+KAl(i\text{-}C_4H_9)_4$	0.2		$Pb(i\text{-}C_4H_9)_4$	
铜	$NaF \cdot 2Al(C_6H_5)_3$			$Pb(C_6H_5)_4$	
铜	$NaAl(CH_3)_4+NaAl(C_6H_5)_4(1/10)$	0.25	220	$Pb(C_6H_5)_4$	
铜	$LiAl(CH_3)_4+NaAl(C_{10}H_{21})_4(3/10)$	0.25	40	$Pb(C_{10}H_{21})_4$	
钢	$NaB(C_6H_5)_4+NaAl(C_2H_5)_4(2/3)$		110	$Pb(C_6H_5)_4$ $+Pb(C_2H_5)_4$	
钢	联苯$+NaAl(C_6H_5CH_2)_4+KAl(C_6H_5CH_2)_4$			$Pb(C_6H_5CH_2)_4$	
钢	$NaAl(C_6H_{11})_4+KAl(C_6H_{11})_4$	0.25	100	$Pb(C_6H_{11})_4$	

尽管通过电解氧化有机铝络合物的方法能够合成出各种各样的金属烷基化合物，但使用这类电解质最大的困难是它们的反应活性太高，特别是三乙基铝在空气中易燃，因此在反应过程中要特别注意安全。

§9.3.3 有机硼络合物的电解氧化

在阳极上电解氧化 $MR \cdot BR_3$ 和 $MBR_4 \cdot MAlR_4$ 型有机硼络合物可制得多种金属烷基化合物，如表 9.9 所示。二乙二醇二甲醚作溶剂，为了提高其导电性，可加入少量的水；另有报道认为，在水溶液中用可溶性阳极电解四烷基硼络合物也能合成出相应的金属有机化合物[23]。目前,这一方法已经用于汞、铋、铅等烷基衍生物的合成。锡和锑阳极,因易发生钝化,所以其相应产物的产率不高。

表 9.9　有机硼络合物电合成金属有机化合物[8]

阳极	阴极	络合物	溶剂	产物	产率/%
铅	铜	$B(C_2H_5)_3+KCN$		$Pb(C_2H_5)_4$	
铅	铜	$NaB(C_2H_5)_4$	二乙二醇二乙醚	$Pb(C_2H_5)_4$	100
铅	铜	$NaB(C_2H_5)_4+KB(C_2H_5)_4$	二乙二醇二乙醚	$Pb(C_2H_5)_4$	高
铅	汞	$NaB(C_2H_5)_4$	水	$Pb(C_2H_5)_4$	91
铅	铜	$NaB(C_2H_5)_4+NaAl(CH_3)_2(C_2H_5)_2$		$Pb(C_2H_5)_4$	高
铅	铜	$B(C_6H_{11})_3+KB(C_6H_{11})_4$	环己烷	$Pb(C_6H_{11})_4$	高
铅	铜	$NaB(C_8H_{17})_4$	二乙二醇二甲醚	$Pb(C_8H_{17})_4$	高
汞	汞	$NaB(C_2H_5)_4$	水	$Hg(C_2H_5)_2$	81
铋	汞	$NaB(C_2H_5)_4$	水	$Bi(C_2H_5)_3$	98

§9.3.4　碱金属有机化合物的电解氧化

通常,碱金属有机化合物的电解氧化只能形成二聚产物,而不能得到其他金属有机化合物[24]

$$Me_2N-\underset{\underset{S}{\|}}{C}-SNa \xrightarrow{Ni} Me_2N-\underset{\underset{S}{\|}}{C}-S-S-\underset{\underset{S}{\|}}{C}-NMe_2 \tag{9.36}$$

$$C_4H_9Li \xrightarrow{Hg} C_8H_{18} \tag{9.37}$$

只有当碱金属与其他金属形成金属有机配位化合物时,才有可能得到金属有机化合物[25]

$$NaZn(C_2H_5)_3 \xrightarrow{Mg} Mg(C_2H_5)_2 \tag{9.38}$$

$$KAl(CH_3)_4+KAl(n\text{-}C_3H_7)_4 \xrightarrow{Mg} Mg(n\text{-}C_3H_7)_2 \tag{9.39}$$

§9.3.5　碱土金属有机化合物的电解氧化

此类反应中以合成有机镁化合物研究的最多,一般是先将烷基铝盐熔融,然后在 Mg 阳极上进行电解

$$2MAlR_4 \xrightarrow{Mg} MgR_2+2AlR_3+2M \tag{9.40}$$

式中,M——碱金属;

R——烷基或芳基。

§9.3.6　涉及有机卤代物的反应

这类反应可看作是氧化插入反应，生成相应的有机金属卤化物。根据所使用金属的不同，其反应有以下两种形式

$$RX + M(+) \longrightarrow RMX \tag{9.41}$$

或

$$2RX + M(+) \longrightarrow R_2MX_2 \tag{9.42}$$

式中 M(+)为金属阳极。反应中既可用纯的烷基或芳基卤代物，也可以加入乙腈或甲醇/苯进行稀释。

下文中根据金属阳极材质的不同，对此类反应予以介绍。

1. 镉

卤化烃基镉不能由金属和有机卤代物经过催化或光化学反应而制得。另外，R_2Cd 和 CdX_2 及由 Schlenk 平衡而生成的 RCdX 三者的分离是相当困难的，而通过电化学方法来合成 CH_3CdI 和 C_2H_5CdI 却很容易。但是这种产物的化学活性很高，很容易反应，因此在实际合成过程中，通常在电解液中加入 2,2′-联吡啶等络合物，使产物得以稳定[26,27]

$$Cd(+) \xrightarrow[\text{丙酮}]{CH_3I, C_2H_5I} CH_3CdI, C_2H_5CdI \tag{9.43}$$

$$Cd(+) \xrightarrow[\text{丙酮}]{RX, L} RCdX \cdot L \tag{9.44}$$

式中，$R=CH_3$、C_2H_5、C_4H_9、C_6H_5；

X=Cl、Br、I；

L=联吡啶、邻二氮菲等。

$$Cd(+) \xrightarrow{RX, Pr_4NX} Pr_4N[RCdX_2] \tag{9.45}$$

式中，$R=CH_3$、C_2H_5、$n\text{-}C_4H_9$、C_6H_5、C_6F_5、CF_3；

X=Cl、Br、I。

此外，在电解液中可加入过量的 $R_4'NX$，使易反应的 RCdX 形成能在溶液中稳定存在的 $RCdX_2^-$。在这一直接电解合成过程中，可生成一系列卤化有机金属阴离子[26]。

2. 锌

与卤代烃的反应，金属锌要比镉活泼。卤化烷基锌通过 RX 和金属或者 Zn/Cu直接反应很容易得到，但是相应的芳基化合物不能采用这一方法制备，而可

以用电化学的方法来合成。另外，在该有机金属卤化物的合成中，产物通常是中性双官能团配位体的络合物或者阴离子 $RZnX_2^-$[28]，如下例所示

$$Zn(+)\xrightarrow[CH_3CN]{RX,L}RZnX\cdot L \tag{9.46}$$

式中，$R=CH_3$、C_2H_5、C_6H_5、C_6F_5、$C_6H_5CH_2$；

$X=Cl$、Br、I；

L=联吡啶。

$$Zn(+)\xrightarrow[CH_3CN]{RX,(C_4H_9)_4NX}(C_4H_9)_4N[RZnX_2] \tag{9.47}$$

式中，$R=CH_3$；

$X=I$。

3. 锡

R_2SnX_2 型化合物可以由锡和 RX 经过催化反应(典型实例 100～180℃，1～2h)或其他化学方法来合成。但不管哪种方法，产物均为一卤、二卤和三卤化物的混合物，因此要采用复杂的分离方法才能获得所需的产物[28]。前苏联科学工作者最早采用电化学方法合成出 $(C_4H_9)_2SnCl_2$，反应过程如下所示

$$Sn(+)\xrightarrow{CH_3I,C_2H_5I}R_2SnI_2 \tag{9.48}$$

$$Sn(+)\xrightarrow[CH_3OH+C_6H_6]{RX,L}R_2SnX\cdot L \tag{9.49}$$

式中，$R=CH_3$、C_2H_5、n-C_4H_9、C_6H_5；

$X=Cl$、Br、I；

L=联吡啶、邻二氮菲、二磷或乙二甲基亚砜、二乙腈。

由反应式可见，在锡阳极上发生电化学氧化反应直接生成 R_2SnX_2，而且后者能够以纯净的物质被分离出来，或者用双官能团配位体加以稳定[29]。产物经过有机分析方法鉴定，确实是纯的 R_2SnX_2，而不含 R_3SnX 和 $RSnX_3$ 等杂质。由此说明了产物在电解过程中一旦生成，能很快从溶液中分离出来。由于产物在所用溶剂中的溶解度较小，从而抑制了 $RSnX_3$ 等副产物的生成。

4. 铟

当用这一金属元素时，发现这类反应超出了基本的电化学反应，因为生成了 R_2InX或 $RInX_2$ 化合物(作为联吡啶复合物)，具体产物取决于所用的有机卤代物[28]。$R_4N[R_2InX_2]$型的阴离子络合物可以按一般的方法把 R_4NX 加入到溶液中来制得，反应如下所示

$$In(+) \xrightarrow[C_6H_6 + CH_3CN + bipy]{C_2H_5Br} C_2H_5InBr_2 \cdot bipy \qquad (9.50)$$

$$In(+) \xrightarrow[C_6H_6 + CH_3CN + bipy]{RX} RInX_2 \cdot bipy \qquad (9.51)$$

$$(R = C_2H_5, C_6H_5, C_6H_5CH_2; X = Cl, Br, I)$$

$$In(+) \xrightarrow[C_6H_6 + CH_3CN + bipy]{CH_3I} (CH_3)_2InI \cdot bipy \qquad (9.52)$$

$$In(+) \xrightarrow[C_6H_6 + CH_3CN]{RX + (C_2H_5)_4NX} (C_2H_5)_4N[RInX_3] \qquad (9.53)$$

$$(R = CH_3, C_2H_5, C_6H_5, C_6H_5CH_2; X = Cl, Br, I)$$

$$In(+) \xrightarrow[C_6H_6 + CH_3CN]{CH_3I + (C_4H_9)_4NI} (C_4H_9)_4N[(CH_3)_2InI_2] \qquad (9.54)$$

根据上述结果,可以认为在任一个电极上的插入反应其产物都是 RInX,后者非常不稳定,易发生如下反应

$$RInX + RX \longrightarrow R_2InX + X \qquad (9.55)$$

$$RInX + RX \longrightarrow RInX_2 + R \qquad (9.56)$$

两者之间的选择,有多种因素,主要取决于产物中金属最稳定的氧化态(+3 价的金属)。另外,实验结果表明,镓和铊的金属有机化合物的制备反应原理与铝相同[30~32]

$$Al(+) \xrightarrow{AlI_3 + CH_3I} CH_3AlI_2 \qquad (9.57)$$

$$Al(+) \xrightarrow{CH_2Cl_2} Cl_2AlCH_2AlCl_2 \qquad (9.58)$$

§9.3.7　不用有机卤代物的反应

需要注意的是,在有些电化学过程中有机卤代物并不是必不可少的。因为电化学还原可以使卤素和异元素之间的键断裂,而不是卤素和碳之间的键。已经证明,对 Ph_3SnX 型化合物,电解还原物是 $Ph_3Sn\cdot$ 和 X^-[33]。因此用镉作阳极时,电化学产物是 $Ph_3SnCdBr$。后者可以用联吡啶加以稳定,即形成 $Ph_3SnCd(bipy)Br$ 复合物,并没有分解为 Ph_6Sn_2[28]

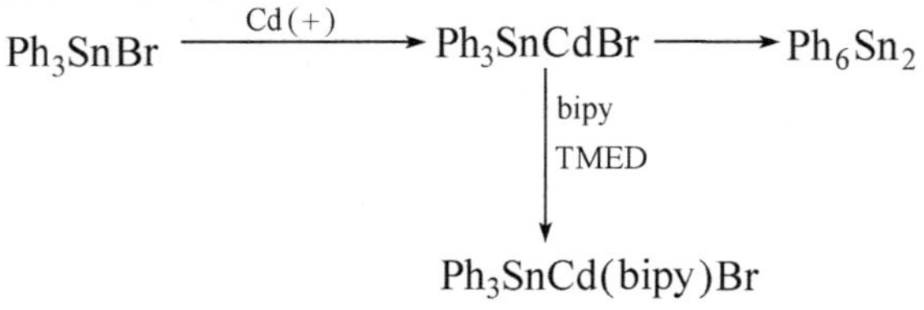

§9.3.8　涉及金属-金属键的反应

在汞阴极上金属-金属键合的双核羰基化合物的反应，我们在前面已经介绍过了。对于消耗阳极上的反应可能生成 $M'[M(CO)_n]_2$ 型化合物。以下列出了一些用此方法合成 M-M′键的反应，为了测定方便，产物多数用中性双官能配位体进行稳定[28]

$$M(+)\xrightarrow[C_6H_6+CH_3OH+bipy]{Mn_2(CO)_{10}} M[Mn(CO)_5]_2\cdot bipy\quad (M=Zn,Cd) \tag{9.59}$$

$$Cd(+)\xrightarrow{CO_2(CO)_8} Cd[CO(CO)_4]_2 \tag{9.60}$$

$$M(+)\xrightarrow{CO_2(CO)_8,L} M[CO(CO)_4]_2L \tag{9.61}$$

(M =Zn,Cd;L = bipy，TMED)

§9.4　金属有机化合物电合成实例

§9.4.1　四烷基铅电合成[34,35]

这里述及的四烷基铅系指四乙基铅(TEL)和四甲基铅(TML)。四乙基铅($Pb(C_2H_5)_4$)是应用最广泛的汽油抗爆剂，它可提高汽油的辛烷值，改善其燃烧特性。近年来，为防止铅对环境的污染，用量有所限制(如美国限定应低于 $130mg\cdot L^{-1}$)，但全世界产量仍达 $50\times10^4 t\cdot a^{-1}$。

采用化学法(用钠铅合金与氯乙烷反应)生成四乙基铅的缺点，是反应后残渣中含铅量高，且难以回收。

1964 年美国纳尔科(Nalco)公司用格利雅试剂(Grignard)，即 C_2H_5MgCl 和铅丸进行电解合成成功地制得了四乙基铅。整个反应的第一步是制格利雅试剂，即在双甘醇二丁基醚溶剂中使金属与氯乙烷反应，制得 C_2H_5MgCl

$$C_2H_5Cl+Mg\longrightarrow C_2H_5MgCl \tag{9.62}$$

然后将所得到的溶液以铅为阳极进行电解合成

阳极反应

$$4C_2H_5MgCl+Pb\longrightarrow Pb(C_2H_5)_4+2MgCl_2+2Mg^{2+}+4e \tag{9.63}$$

阴极反应

$$4MgCl^++4e\longrightarrow 2Mg+2MgCl_2 \tag{9.64}$$

由于反应过程中，不断加入氯乙烷溶液可与阴极析出的镁重新生成格利雅试剂，因而总反应为

$$4C_2H_5Cl+Pb+2Mg\longrightarrow Pb(C_2H_5)_4+2MgCl_2 \tag{9.65}$$

所得的副产物 $MgCl_2$，可用于生产 Mg。

四乙基铅电解合成的流程如图 9.1 所示。

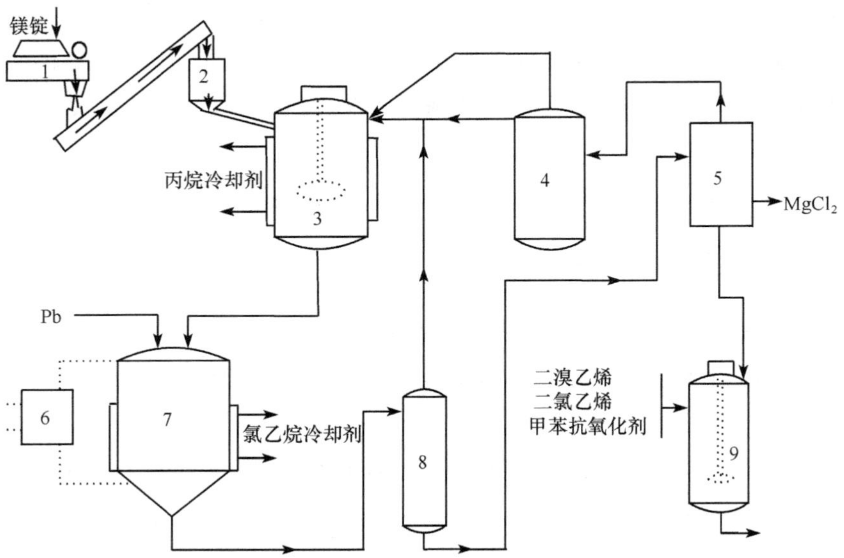

图 9.1　四乙基铅电合成的生产流程

1. 镁片切片机；2. 漏斗式斜槽；3. 格利雅反应器；4. 醚类提纯；5. 烷基铅回收；6. 整流器；7. 电解槽；8. 汽提塔；9. 搅拌器

早期的四乙基铅电合成反应器是高比电极面积的固定床电解槽，每槽的容积为 $3m^3$，共 10 个。槽内装有内径为 5cm、长 75cm 并内衬多孔隔膜的钢管，管内装满作阳极的铅丸，而钢管的内壁则作为阴极。格利雅试剂和过量的卤代烷从管内通过，管外则通冷却液，使电解液温度保持在 40～50℃。

后来，纳尔科公司对上述电解槽进行了改进。铅丸不再放在钢管内，而装满整个电化学反应器。由许多矩形钢片组成的阴极则垂直地插入铅球构成的固定床内。阴极表面覆盖一层钢丝网，既可增加阴极的比表面，又可提高阴极附近的电解液流速。钢丝网外覆盖的玻璃纤维布，使阴极与铅丸阳极绝缘。这种电解槽的体积约 $3\sim6m^3$，高为 6m，在 70 000A 电流下工作，阴极电流密度为 $50\sim100A\cdot m^{-2}$。阳极材料为纯度达 99.8%的纯铅，阴极则为碳钢，电解液采用醚类为溶剂，如四甘醇二乙醚(沸点高于 100℃)，电解质为 20%的格利雅试剂。为使阴极表面析出的镁溶解，溶液中氯乙烷与格利雅试剂之比应达到 0.9∶1。这种电解槽的槽压约 8V，直流电耗约为 4 000～5 000kWh · t^{-1}。

电解合成生产四甲基铅的流程与四乙基铅相同，只需将原料中的氯乙烷改为氯甲烷。

§9.4.2　蒽镁电合成[36]

蒽镁是活性镁的中间体。某些反应通过普通镁粉是不能进行的,而通过蒽镁反应却能发生。如:蒽镁真空分解可得高活性的金属镁,这种镁常压加氢可得氢化镁;通过蒽镁可形成通常难以得到的格氏试剂。

对蒽镁的研究始于 1965 年。当时,Ramsden 发现镁与蒽在非质子溶剂 THF 中形成蒽镁

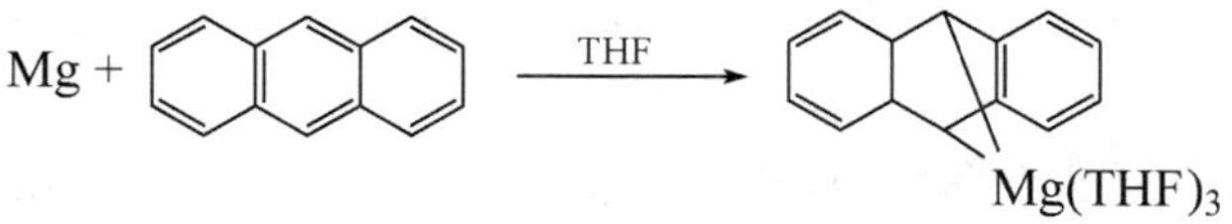

(9.66)

蒽镁的传统合成方法存在以下缺陷:

(1) 对水汽和氧相当敏感。微量的水和氧均可使反应迟迟不能发生,只有当其消耗完反应才能以正常速度进行。

(2) 反应速度不快。以普通镁粉参与反应时,要使蒽的转化率大于 90%,反应时间常超过 200h。

以镁为“牺牲”阳极,石墨为阴极,在无隔膜电解槽中通过有机电合成的方法可以合成蒽镁。这种方法具有反应时间短,反应起始时微量的水和氧对反应的进行无大影响,反应速度可通过调整电流控制等优点。电合成反应机理如下

阳极反应

$$\mathrm{Mg} - 2e \longrightarrow \mathrm{Mg}^{2+} \tag{9.67}$$

阴极反应

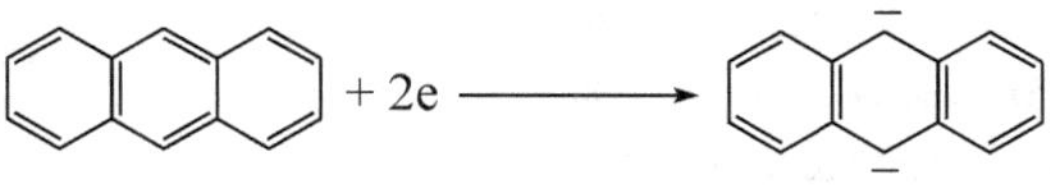

(9.68)

总反应

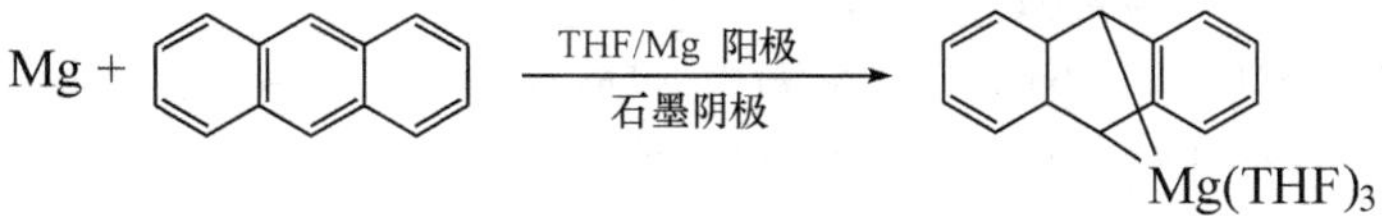

(9.69)

§9.4.3　烷氧基金属化合物的电合成[37]

烷氧基金属化合物也称金属醇盐或金属酸酯。这类有机金属化合物分子中具有 M-O-C 结构,通式为 $M(OR)_n$。M 代表金属,R 代表烷基、环烷基、芳基、芳烷

基、酰基等。某些烷氧基金属化合物可作为酯化、聚合、缩合等反应的催化剂,某些则可用作涂料、树脂、油漆等含有羟基及羧基的聚合物的交联剂及高分子复合材料加工中的偶联剂。通过水解、缩聚等化学反应再经加热或烧结,由烷氧基金属化合物可制取具有某种特殊性能的材料,通过热分解可由其制取超细高纯金属氧化物粉末。因此,烷氧基金属化合物具有相当广泛的用途。

化学法合成烷氧基金属化合物大多是以金属氯化物为反应物,其反应如下

$$MCl_n + nROH \longrightarrow M(OR)_n + nHCl \tag{9.70}$$

但这种方法存在产率低、后续步骤分离提纯复杂等缺点,因此人们一直在努力寻求更有效的合成方法。

电化学法因具有反应从外部控制、常温常压下操作、副产物少、容易实现连续自动化和密闭生产、基本无环境污染等优点,而引起人们的关注。迄今为止,已有20余种金属的各种烷氧基化合物采用电化学合成法制得。

烷氧基金属化合物的电化学合成,通常在以离子膜分隔的双室电解槽中进行。以欲制备的烷氧基金属化合物中的那种金属作为"牺牲"阳极,常用铂或石墨作为惰性阴极,有时也可采用钢、铝、镍等金属作阴极。电解反应通常直接在相应的醇中进行,也可采用 N,N-二甲基甲酰胺(DMF)为溶剂。为了增加电解液的导电性可添加少量的盐作支持电解质,根据阳极金属的性质,可供选择的盐有:Me_4NCl、R_4NBr、R_4NBF_4、$LiClO_4$、Bu_4NCl、NaCl、$CaCl_2$、NH_4Cl、$AlCl_3$、NaBr、LiCl、KI 等。

参 考 文 献

[1] 姚天平. 有机电化学及其工业应用(陈松茂编). 58,1992
[2] Mckinney P S, Rosenthal S. *J. Electroanal. Chem.*, **16**, 261,1968
[3] Horher L, Haufe J. *Chem. Ber.*, **101**, 2903,1968
[4] Tafel J, Schmitz K. *Z. Electrochem.*, **8**, 281,1902
[5] Haggarty J. *Trans. Electrochem. Soc.*, **56**, 421,1926
[6] Orai T. *Bull. Chem. Soc. Jap.*, **32**, 184,1959
[7] Brown O R, Zister K. *Discuss. Faraday Soc.*, **45**, 106,1968
[8] Tedoradze G A. *J. Organometallic Chem.*, **88**, 1,1975
[9] Khomiakov V G, Tomilov A P, Soldatov V G. *Elektrokhimiya*, **5**, 850,1969
[10] Arai T, Ogura T. *Bull. Chem. Soc. Jap.*, **33**, 1018,1966
[11] Schepss W. Chem. *Ber.*,**46**, 2564,1963
[12] 吴绍祖,张玉兰. 有机电化学和工业,**2**, 4,1986
[13] Tomilov A P, Smirnov Y D, Varshavskii S L. *J. Gen. Chem. USSR*, **35**, 390,1965
[14] Tomilov A P, Smirnov Y D. *Zh. Vses. Khim. Obshch. D. I. Mendeleeva*, **10**, 101,1965
[15] Tomilov A P, et al. *Zh. Obshch. Khim*, **35**, 391,1965
[16] 王光信,张积树. 有机电合成导论. 北京:化学工业出版社,1997

[17] Dotzer R. *Chem. Ing. Tech.*, **36**, 616,1964
[18] Gillet I. *J. Electrochem. Soc.*, **108**, 71,1961
[19] French H, Drane M. *J. Amer. Chem. Soc.*, **52**, 4904,1930
[20] Evans W, Lee F. *J. Amer. Chem. Soc.*, **56**, 654,1934
[21] Ziegler K, Gellert H G, Zosel K, et al. *Ann. Chem.*, **589**, 91,1954
[22] Ziegler K. *Brennst. Chemie*, **40**, 209,1959
[23] Ziegler K. Steudel O W. *Ann. Chem.*, **652**, 1,1962
[24] Morgat J L, Palland R. *Compt. Rend*, **260**, 574,1965
[25] Hein F, Segit F A. *Z. Anorg. Allgem. Chem.*, **158**, 153,1926
[26] Habeeb J J, Osman A, Tuck D G. *Chem. Commun.*, (**17**),696,1976
[27] Habeeb J J, Tuck D G. J. *Organometallic Chem.*, **146**, 213,1978
[28] Tuck D G. *Pure & Appl. Chem*, 51, 2005,1979
[29] Habeeb J J, Tuck D G. *J. Organometallic Chem.*, **134**, 363,1977
[30] Chadwick J R, Kinsella E. *J. Organometallic Chem.*, **4**, 334,1965
[31] Lehmkuhl H. *Justus Liebig Ann Chem.*, **40**, 705,1967
[32] Mottus E H, Ort M R. *J. Electrochem. Soc.*, **117**, 885,1970
[33] Dessy R E, Kitching W, Chivers T. *J. Amer. Chem. Soc.*, **88**, 453,1966
[34] 陈松茂. 有机化学产品电解合成. 上海:上海科学技术文献出版社, 1994
[35] 陈敏元等. 有机电化学及其应用. 邯郸市化工自动化应用技术研究所出版, 1989
[36] 肖亚平, 贝浼智. 化学试剂, **16**(**1**), 49,1994
[37] 邓红梅, 朱吉庆. 湖南化工, (**1**), 16,1994

第 10 章　有机电氟化合成

有机氟化物，是指有机化合物分子中与碳原子连接的氢被氟取代而生成的一类化合物。这类化合物具有反应活性低、表面性能独特、热稳定及机械性能好等优点，广泛应用于高强度塑料、制冷剂、人造血液、抗癌剂、电器元件、杀虫剂和润滑剂等领域。

电化学氟化(CEF)是指利用电极反应将氟直接引入有机物的一种方法。与传统的化学氟化法相比，电化学氟化具有设备相对简单、反应条件温和、反应过程和加氟量易控制等特点，同时可保持反应物原有的官能团不变。因此，目前电化学氟化法已逐渐取代了化学氟化法，已成为实验室和工业上合成有机氟化物的主要方法之一[1,2]。

§10.1　电化学全氟化合成

电化学全氟化法，一般指美国化学家 Simons 1941 年发明的[3~8]一种电解制备全氟化合物的方法，故称 Simons 方法。由于保密关系，直到 1949 年才申请专利。1946 年美国 3M 公司开始将 Simons 方法应用于工业中，1952 年实现批量生产。目前，3M 公司在电解氟化法的研究与生产规模上仍处于世界领先地位，已形成商品牌号为 Flourad FC 的氟表面活性剂系列产品。此外，日本油墨公司在有机电氟化合成领域也取得了成功，见表 10.1 和表 10.2 所示。

目前，电解氟化法工艺虽然有一定的改进，但基本上仍沿用 Simons 法的生产工艺。即在电氟化过程中，首先将需要氟化的有机物溶解或分散在无水氟化氢中(通常有机物与氟化氢的比例为 1∶30～40)，一般在低于 8.0V 的直流电压下进行电解。电解过程中阴极产生氢气，阳极则发生电氟化反应。当电解电压控制在 5～7V时，氟离子不会在阳极氧化生成单质而释出氟气，但可以使有机物发生电氟化反应，并且氟化过程中只有氢原子被氟原子取代，而其他一些官能团，如酰基($R-C(=O)-$)、磺酰基(RSO_2-)等仍将保持不变。

图 10.1 是 Simons 法电解氟化生产流程图，该电解槽槽体由耐氟化氢腐蚀的铜、镍、钼、铁以及低碳钢等金属制成，阳极材料采用金属镍板，阴极材料则采用铁

或镍板。电氟化过程中，阴极产生的氢气，从电解液中逸出后通过管道首先进入电解槽外部的回流冷凝器（内部温度控制在－10～－40℃之间），将氢气中夹带出来的大部分氟化氢冷凝成液态后，HF 返回到电解槽中，氢气则通过含有氟化钠的洗气罐，在罐中将被冷凝的氟化氢吸收。接着氢气通过橡胶洗气罐，这些洗气罐中装有 Na_2S 水溶液，可以将混在氢气中的氟化氧（OF_2）、氟气（F_2）等氧化性杂质气体吸收掉。最后经过液氮低温冷却，进一步除去氢气中的气体杂质，净化后的氢气经过收集可以利用。阳极则发生有机物的电氟化反应，由于氟化后的有机物一般不溶于氟化氢，且密度比液态氟化氢大，因此逐渐沉积在电解槽的底部。经过一定的反应时间后将电解氟化产物放出，再经过分离净化即得所需产品。

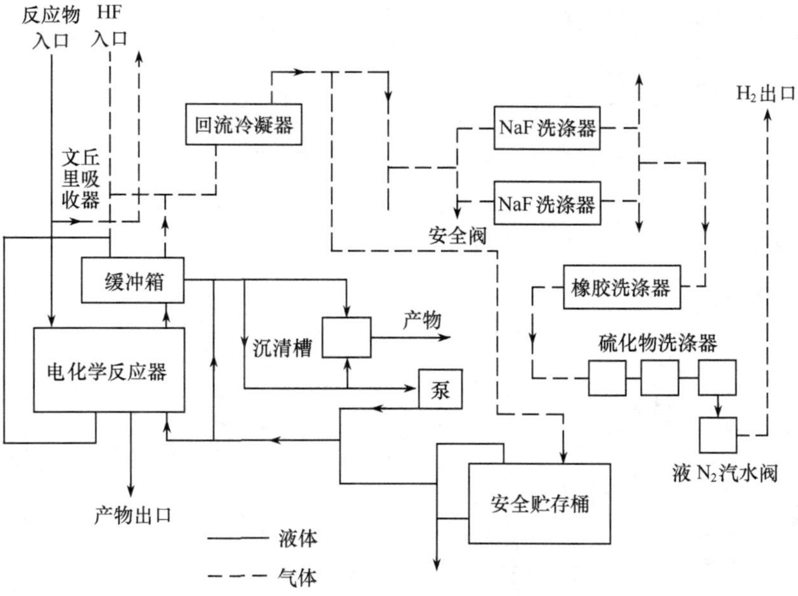

图 10.1 电氟化法生产流程图

一般电化学全氟化反应需要考虑以下 5 个方面的问题：

1. 溶剂

通常采用的溶剂为无水液态氟化氢（AHF），此溶液既可作为溶剂，同时也是反应过程中的氟源。无水氟化氢具有合适的沸点（19.5℃），可以溶解大多数有机物，并有良好的离子导电性，对于微溶于 AHF 的有机物如烷烃等则需加入 NaF 或 KF 等氟化盐作为支持电解质。

表 10.1 美国 3M 公司电解氟化法生产 Fluorad FC 牌号系列氟表面活性剂

商品名称 Fluorad	外观	化学成分	有效含量 w/%	离子性	主要用途
FC-10	蜡状固体	[N-乙基-N-羟乙基]全氟辛基磺酰胺 $C_8F_{17}SO_2—N(C_2H_5OH)—C_2H_5$	>95	含氟中间体(非离子)	可合成多种氟表面活性剂
FC-26	无色或淡黄色粉末	全氟辛酸 $C_8F_{17}COOH$	100	含氟中间体(阴离子)	
FC-93	清澈液体	全氟辛基磺酸铵 $C_8F_{17}SO_3NH_4$	25(水-异丙醇溶液)	阴离子	起泡剂,润湿剂
FC-95	白色或淡黄色粉末	全氟辛基磺酸钾 $C_8F_{17}SO_3K$	100	阴离子	润湿剂,铬雾抑制剂,0.1%水溶液 $\gamma=22mN\cdot m^{-1}$
FC-98	白色或淡黄色粉末	全氟烷基磺酸钾 R_fSO_3K	100	阴离子	润湿剂,发泡剂,0.1%水溶液 $\gamma=40mN\cdot m^{-1}$
FC-99	清澈液体	全氟烷基磺酰胺 $R_fSO_3NR_3$ ($R=H,C_nH_{2n+1}$)	25(水-异丙醇溶液)	阴离子	电解池添加液,金属、塑料蚀刻添加剂
FC-00	黏稠液体	全氟烷基磺酸钠 R_fSO_3Na	25(水-异丙醇溶液)	阴离子	应用于电解及金属加工工业
FC-09	淡黄液体	全氟烷基羧酸钾 R_fCOOK	25(水-异丙醇溶液)	阴离子	涂料、地板蜡流平剂,润湿剂
FC-118	无色液体	全氟辛基羧酸铵 $C_7F_{15}COONH_4$	20(水溶液)	阴离子	含氟单体乳液聚合乳化剂
FC-120	清澈低黏液体	全氟烷基磺酸铵 $R_fSO_3NH_4$	25	阴离子	涂层润湿剂,流平剂,清洗剂
FC-121	清澈低黏液体	全氟烷基磺酸铵 $R_fSO_3NH_4$	25	阴离子	涂层润湿剂,流平剂,清洗剂
FC-126	流动粉末	全氟烷基羧酸铵 R_fCOONH_4	100	阴离子	含氟单体乳液聚合乳化剂,在碱性介质中有良好表面活性
FC-128	琥珀色液体	全氟烷基羧酸钾 R_fCOOK	100	阴离子	涂料润湿流平剂
FC-129	琥珀色液体	全氟烷基羧酸钾 R_fCOOK	50	阴离子	涂料润湿流平剂
FC-134	淡黄色粉末	全氟烷基季铵碘 $R_fN^+R_3I^-$	100	阳离子	润湿剂,铺展剂

FC－135	淡黄色粉末	全氟烷基季铵碘 $R_fN^+(R)_3I^-$	50(水-丙醇溶液)	阳离子	润湿剂铺展剂
FC－143	白色粉末	全氟辛酸铵盐 $C_7F_{15}COONH_4$	100	阴离子	含氟单体聚合乳化剂，碱性介质中使用的润湿剂
FC－170－C	淡黄色液体	全氟烷基聚乙烯醇 $R_f(OCH_2CH_2)_nOH$	95	非离子	涂料、地板蜡润湿剂，流平剂
FC－171	淡黄色液体	全氟烷基聚乙烯醇 $R_f(OCH_2CH_2)_nOH$	100	非离子	涂料、地板蜡润湿剂，流平剂
FC－430	淡黄色黏稠液体	全氟烷基酯化物 $R_fCOO(CH_2CH_2O)_nH$	100	非离子	水基，有机溶剂基涂料润湿剂，铺展剂
FC－431	淡黄色黏稠液体	全氟烷基酯化物 $R_fCOO(CH_2CH_2O)_nH$	50	非离子	水基，有机溶剂基涂料润湿剂，铺展剂
FC－432	低黏度液体	全氟烷基酯化物 $R_fCOO(CH_2CH_2O)_nH$	25	非离子	水基，有机溶剂基涂料润湿剂，铺展剂
FC－740	淡黄色液体	脂肪族全氟烷基聚酯	50(芳香烃溶液)	非离子	石油捕集剂
FC－742	淡黄色液体	脂肪族全氟烷基聚酯	50(醋酸溶液)	非离子	石油捕集剂
FC－750	棕色液体	碘化全氟烷基季铵盐 $R_fN^+(R)_3I^-$	5(水-异丙醇溶液)	阳离子	石油捕集剂、酸腐蚀抑制剂
FC－751	棕色液体	两性氟表面活性剂	25(水-丁醇聚氧乙烯醚溶液)	两性	石油捕集剂
FC－754	棕色液体	氯化全氟烷基季铵盐 $R_fN^+(R)_3Cl^-$	50	阳离子	石油捕集剂
FC－760	液体	氟烷基烷氧醚	50	非离子	石油捕集剂

资料来源：Michael and Irene Ash“Handbook of Surfactants”，Gower Pub. Co. (1993)。

表 10.2　日本大日本油墨公司电解氟化法生产的 MEGAFAC(メガファック)牌号氟表面活性剂

商品名称 MEGAFAC	结构	离子性	有效成分形态	溶解性($w=10\%$)23℃											表面张力/$mN\cdot m^{-1}$ (0.5%,23%)					特征
				水	甲基	二甲基甲酰胺	丙酮	四氯乙烯	乙酸乙酯	甲苯	丁基溶纤基	庚烷	异丙醇/水 50/50	异丙醇	水 73.0	二甲基甲酰胺 36.5	甲苯 30.5	醋酸溶纤剂 30.1	异丙醇/水 50/50	
F-110	全氟烷基磺酸盐(C_8)	阴离子	100%粉状	S	S	S	S	I	I	I	I	I	S	SS	34.0 饱和	–	☆	–	24.4	耐药品性、耐热性、水溶性
F-116	全氟烷基磺酸盐(C_8)	阴离子	100%粉状	VS	SS	SS	SS	I	I	I	SS	I	SS	I	27.6	☆	☆	☆	☆	耐药品性、耐热性、水溶性
F-120	全氟烷基羧酸盐	阴离子	100%粉状	S	S	SS	S	I	I	I	SS	I	VS	SS	15.7	35.9	☆	–	16	降低表面张力、润湿性、水溶性
F-1420	全氟烷基环氧乙烷加成物 EQ=10	非离子	100%膏状~液体	VS	VS	VS	VS	VS	VS	VS	VS	I	VS	VS	19.0	33.2	28.2	27.7	23.8	降低表面张力,水溶性,润湿性,渗透性,低起泡性,可溶于几乎所有溶剂
F-1440	EQ=20		100%半固体	VS	VS	VS	VS	VS	VS	VS	VS	I	VS	VS	19.5	34.9	28.1	28.6	24.0	
F-150	全氟烷基三甲基铵盐	阳离子	100%粉状	S	VS	VS	S	I	I	I	S	I	VS	S	17.0	34.9	☆	–	29.1	降低表面张力,渗透性
F-160	全氟烷基氨基磺酸盐	两性	100%水/丁基溶纤剂溶液	VS	S	SS	SS	I	I	I	S	I	VS	S	17.0	–	☆	–	☆	降低表面张力,起泡性
F-171	含亲水基的全氟烷基低聚物	非离子	20%丁基溶纤剂溶液	VS	VS	VS	VS	VS	VS	VS	VS	I	VS	VS	30.6	24.0	27.5	27.8	17.6	水溶性,润湿性
F-160	全氟烷基氨基磺酸盐	两性	100%水/丁基溶纤剂溶液	VS	S	SS	SS	I	I	I	S	I	VS	S	17.0	–	☆	–	☆	降低表面张力,起泡性
F-171	含亲水基的全氟烷基低聚物	非离子	20%丁基溶纤剂溶液	VS	VS	VS	VS	VS	VS	VS	VS	I	VS	VS	30.6	24.0	27.5	27.8	17.6	水溶性,润湿性

F-172	含亲水基的全氟烷基低聚物	非离子	20%乙酸乙酯	SS	S	VS	VS	S	VS	VS	VS	I	S	VS	☆	23.0	24.0	23.9	24.0	油溶性，润湿性
F-173	含亲水基的全氟烷基低聚物	非离子	20%乙酸乙酯	SS	VS	VS	VS	VS	VS	VS	VS	SS	S	VS	☆	24.7	27.6	27.9	19.0	油溶性，润湿性
F-177	含亲水基亲油基的全氟烷基低聚物	非离子	100%溶液	VS	VS	VS	VS	VS	VS	VS	VS	I	VS	VS	20.0	19.2	20.4	18.8	18.7	水溶性，油溶性，润湿性，脱模性
F-178A	含全氟烷基的低聚物	非离子	30%萜烯溶液	I	I	SS	VS	VS	VS	VS	S	VS	I	SS	☆	-	20.3	☆	☆	憎水性，Teflon 分离性氟橡胶脱模剂
F-178K	含全氟烷基的低聚物	非离子	30%萜烯溶液	I	I	I	SS	VS	VS	VS	VS	VS	I	I	☆	☆	26.3	-	☆	憎水性，流平性
F-179	含全氟烷基的低聚物	非离子	20%异丙醇溶液	VS	VS	VS	VS	SS	VS	VS	VS	VS	VS	VS	25.6	21.7	25.9	21.1	20.8	低起泡性，流平性
F-183	含亲油基全氟烷基聚氨酯	非离子	50%乙酸乙酯溶液	I	VS	VS	VS	SS	VS	S	VS	I	S	VS	☆	33.1	26.8	27.1	31.0	油溶性，润湿性
F-184	含亲油基全氟烷基聚氨酯	非离子	20%乙酸乙酯溶液	I	VS	VS	VS	VS	VS	VS	VS	S	S	VS	☆	32.1	25.6	25.2	30.0	油溶性，润湿性，脱模性
F-191	全氟烷基磷酸酯	阴离子	100%蜡状	SS	S	VS	VS	SS	S	SS	S	I	VS	VS	13.4 饱和	—	—	—	—	憎油性，脱模性，低起泡性
F-812	全氟烷基羧酸盐 15%溶液	阴离子	15%水/甲醇溶液	S	VS	VS	VS	I	I	I	VS	I	VS	VS	15.7	34.2	☆	☆	24.1	流平剂
F-815	特殊配方氟表面活性剂制品	非离子	乙醇溶液																	低起泡性，流平性
F-824		阳离子	半透明水溶液																	起泡性，泡沫调整性
F-833		阴离子	水/二乙二醇单丁醚溶液																	渗透性，起泡性，泡沫调整性

注：VS. 易溶；S. 溶解；SS. 微溶；I. 不溶；☆. 不能使之溶解；—. 未测定。　　资料来源：橋本豐《工業材料》(日)1996。

2. 电极材料

电氟化过程通常要消耗阳极材料，对于某些反应体系其阳极材料消耗速度很快。目前常用的阳极材料有 Ni、Ni 合金和 Pt 等，这些材料比较耐腐蚀，相应的电氟化产率也较高；Al、Co、Cu、Fe、Mg、Ti、Zn、Zr 等材料，因腐蚀速度较快及氟化产率较低，一般用的较少；Ag、Bi、Cd、Mo、Sb、Ta、Tl、W 等由于在 HF 中溶解速度很快，一般不能作为阳极材料使用。阴极材料通常采用 Fe、Cu 和 Ni 等金属材料。

3. 电流密度和槽电压

选择电解电位和电流密度的主要标准是既保证反应物氟化，又不产生 F_2。实践表明，采用 Ni 阳极，AHF 为溶剂时，最佳工作电流密度为 20～50mA · cm^{-2}，相应的槽电压为 5～8V。

4. 反应物浓度

反应物浓度对电氟化反应的电流效率和反应物的 C-C 键、C-N 键等断裂的程度具有显著的影响，一般反应物浓度以 5%～15%为宜。在此范围内，反应物浓度较高有利于发生部分氟化反应，较低则有利于全氟化反应。

5. 反应温度

从理论上来说，反应温度在 0℃时进行电氟化反应是最有利的，但在实际的反应过程中一般控制在 0～20℃之间。

除 Simons 方法外，Philips 公司还提出了以多孔碳为阳极，在熔融的 KF · 2HF(100℃)中进行电解的电氟化法。KF · 2HF 电解质不浸湿多孔碳阳极，氟气在阳极表面析出并进入到阳极孔中，一些具有挥发性的有机反应物(如烷烃等)从阳极底部引入并通过阳极，在阳极孔中与氟气发生反应而得到产物。对具有挥发性的有机物和产物来说，Pillips 电氟化法是 Simons 方法的补充[9～11]。

能进行电化学全氟化合成的有机物很多，包括烃、醇、醛、胺、羧酸和磺酸等化合物，本章将对此分别进行简述。在本章的反应式中凡未注反应条件的，一般是指以 Ni 或 Pt 作阳极，在无水 HF 中进行的电氟化反应。

§10.1.1 烷烃化合物[1,2]

烷烃难溶于 HF 液体，电解时需加入支持电解质来提高导电性，也可采用经分散悬浮或乳化的烷烃溶液来改善传质条件，这类化合物一般在 5～8V 槽电压和 0～5℃的温度下进行电氟化反应，如正辛烷和正己烷的全氟化反应

$$n\text{-}C_8H_{18} \xrightarrow{\text{Ni 阳极},\text{NaF}} n\text{-}C_8F_{18} \quad (\text{产率 } 11\%) \qquad (10.1)$$

$$n\text{-}C_6H_{14} \longrightarrow n\text{-}C_6F_{14} \quad (\text{产率 } 22\%) \qquad (10.2)$$

若反应物先与—CF_2 或—CF_3 基团结合，既可提高电氟化反应的产率，又可使原来不发生氟化的反应得以进行，如

$$n\text{-}C_6H_{15}CF_2CH_3 \longrightarrow n\text{-}C_6F_{14} + C_mF_{2m+2} \quad (\text{产率 } 62\%, m=1\sim5) \qquad (10.3)$$

显然，式(10.3)反应比式(10.1)和式(10.2)的产率高得多。通常环己烷不能发生电氟化反应，若接上—CF_2 后则可发生如下反应

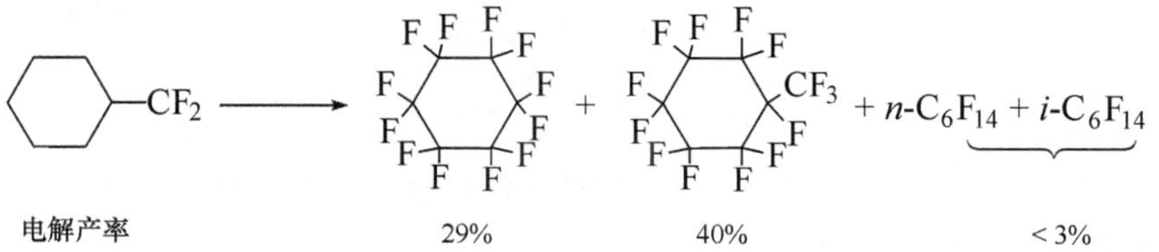

(10.4)

§10.1.2　卤代烃化合物[1,2]

液态 HF 中若存在导电性添加剂时，卤代烃中的 I 和 Br 易被 F 取代，而 Cl 则较难，如以下反应

$$CBrCl{=}CCl_2 \xrightarrow[\text{Ni 阳极},\text{NaF}]{0\sim5^\circ\text{C},5\sim7\text{V(槽电压)}} CF_2Cl{-}CCl_2F \quad (\text{产率 } 90\%) \qquad (10.5)$$

$$CH_3I \xrightarrow[\text{Ni 阳极},\text{NaF}]{0\sim5^\circ\text{C},5\sim7\text{V(槽电压)}} CHF_3 + CF_4 \quad (\text{产率 } 90\%) \qquad (10.6)$$

§10.1.3　醇、醛化合物[1,2]

不多于 3 个碳原子的伯醇和伯醛较易发生电化学全氟化反应，如

$$CH_3CH_2OH \longrightarrow CF_3COF \quad (\text{产率 } 29\%) \qquad (10.7)$$

$$CH_3CHO \longrightarrow CF_3COF \quad (\text{产率 } 14\%) \qquad (10.8)$$

若分子式中含有氟原子时，电氟化的产率更高，如

$$CH_3CH_2COF \longrightarrow CF_3CF_2COF \quad (\text{产率 } 44\%) \qquad (10.9)$$

$$CH_3CHFCOF \longrightarrow CF_3CF_2COF \quad (\text{产率 } 59\%) \qquad (10.10)$$

$$CH_3CF_2COF \longrightarrow CF_3CF_2COF \quad (\text{产率 } 86\%) \qquad (10.11)$$

§10.1.4　芳香族类化合物[1,2]

苯可以发生两类电氟化反应，一类是以 Pt 或 Ni 为阳极材料，在 1.4～1.6V 的槽压下苯缩聚为黑色导电性膜(部分氟化物，其氟含量≤10%)；另一类则是苯的

全氟化反应，如

$$C_6H_6 \xrightarrow[\text{Ni 阳极，HF}]{4\sim7\text{V 槽电压}} \text{环-}C_6F_{12}+C_5F_{12}+C_4F_{10}+C_3F_8+C_2F_6+CF_4+CF_3H \tag{10.12}$$

带吸电子基团（如 CH_3CO—，C_6H_5CO—，—COF，—CCl_3—CF_3，—NO_2 等）的芳香化合物，电氟化过程中不发生聚合反应，产率可达 50%～80%

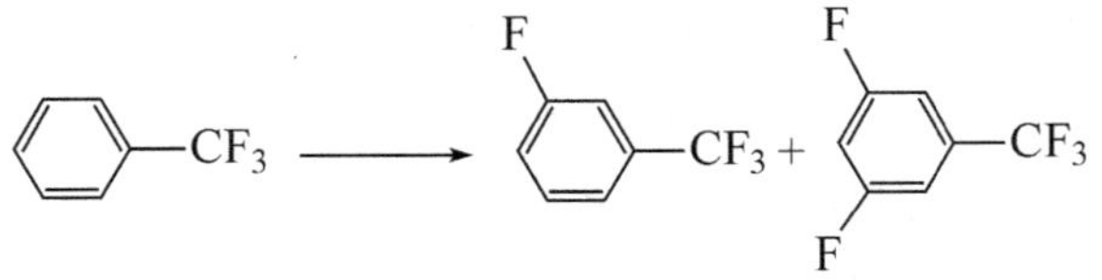

(10.13)

电解产率　　60%　　10%

带给电子基团（如—C_3H_7，—C_4H_9，—OCH_3）的芳香化合物在进行电氟化时，其产物一般生成对位和邻位的异构氟化物，如

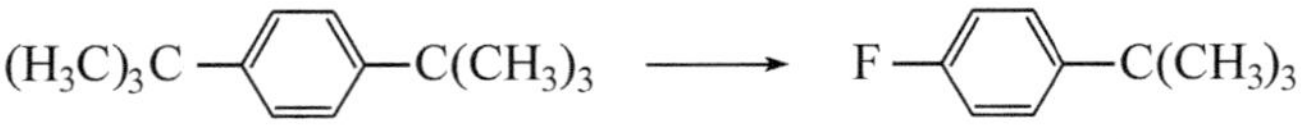

(10.14)

§10.1.5　胺类化合物[1,2]

电氟化法合成胺类氟化物是工业化生产的惟一途径。胺易溶于 HF，电解氟化过程较平缓。伯胺和仲胺较易裂解，全氟化产率一般比较低，而叔胺全氟化产率较高，如

$$(CH_3)_2NCOCl \longrightarrow (CF_3)_2NCOF+(CF_3)_2NCOCl \tag{10.15}$$

电解产率　　37%　　很少

§10.1.6　醚类化合物

醚类化合物经电解氟化可以得到链状化合物，如

$$(C_2H_5)_2O \longrightarrow (C_2H_5)_2O + CF_3COF + C_2F_6 \tag{10.16}$$

还可得到闭环化合物，如

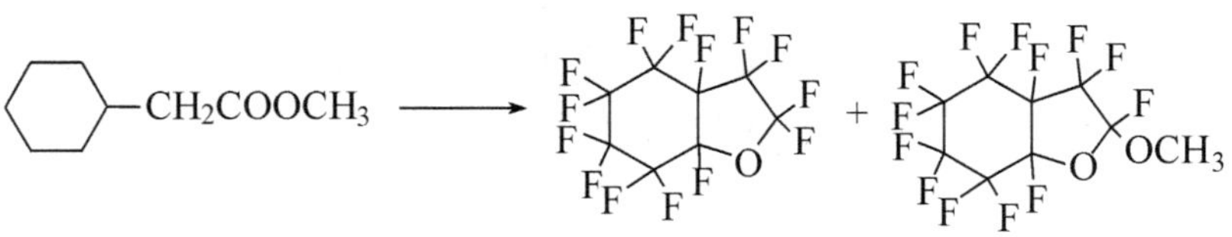

(10.17)

电解产率　　19%　　9%

这类化合物已用于制造人造血液和移植器官的保存液等。

§10.1.7　羧酸及其衍生物[1,2]

在 HF 液体中，羧酸易离解生成 OF_2，而 OF_2 很容易与反应物发生副反应，同时也会发生 Kolbe 反应。因此，羧酸的全氟化产率较低，如式(10.18)。但酸酐和羧酸衍生物的全氟化产率较高，如式(10.19)和式(10.20)所示

$$CH_3COOH \longrightarrow CF_3COF \quad (产率 17\%) \tag{10.18}$$

$$(CH_3CO)_2O \longrightarrow CF_3COF \quad (产率 32\%) \tag{10.19}$$

$$CH_3COF \longrightarrow CF_3COF \quad (产率 80\%) \tag{10.20}$$

随着碳链的增长，全氟烷基酰氟的产率下降很快，一个重要原因是由于在电氟化过程中生成了分子内环化的副产物(五元和六元全氟环醚)。若在原料的 γ 或 δ 位引入氟原子，由于分子内成环较难，因此全氟烷基酰氟的产率也比较高[12]。

$$CF_3CH_2CH_2COF \xrightarrow{ECF} n\text{-}C_3F_7COF \quad (产率 31\%) \tag{10.21}$$

$$n\text{-}C_4F_9CH_2CH_2COCl \xrightarrow{ECF} n\text{-}C_7F_{15}COF \quad (产率 28.6\%) \tag{10.22}$$

$$n\text{-}C_4F_9CF_2CH_2CH_2COCl \xrightarrow{ECF} n\text{-}C_7F_{15}COF \quad (产率 60\%) \tag{10.23}$$

全氟辛酰氟经水解得到的全氟辛酸是一种高效的表面活性剂，它的衍生物已广泛应用于纺织品、纸张和皮革的表面整理，能达到防油、防水和去污的作用，同时由全氟辛酰氟经衍生物配制的溶液还可用作高效灭火剂等。

§10.1.8　磺酸及其衍生物[1,2]

磺酸及其衍生物的电解氟化研究较早，投入工业化生产的时间也较长，对电氟化技术的发展有较大的影响。目前，其他合成方法还无法与电氟化法相竞争。这类化合物的氟化产率很高，且与链长有关，如

$$C_nH_{2n+1}SO_2Cl \longrightarrow \underset{A}{C_nF_{2n+1}SO_2F} \xrightarrow{水解} \underset{B}{C_nH_{2n+1}SO_3H} \tag{10.24}$$

n[1)]	1	2	3	4	5	6	7	8
A 产率/%	87	79	68	58	45	36	31	25
B 产率(以 A 为基准)/%	92	90	88	86	83	80	77	70

1) n 为式(10.24)中的化学计量系数。

如用脂肪磺酰氟代替脂肪磺酰氯作原料，产率会更高，但磺酰氯在工业上更容易得到。

由于体系的复杂性以及实验数据重复性较差，关于有机物电解全氟化的机理，

至今尚无定论。一般认为有机物电氟化反应发生在金属镍阳极表面形成的氟化镍层附近，与有机物的阳极表面吸附有关。

Simons 等最早提出了电氟化过程的自由基反应机理，该机理认为在电解氟化过程中，氢离子在阴极上首先被还原成氢原子，然后生成氢气

$$2H^{+} + 2e \longrightarrow 2H\cdot \longrightarrow H_2\uparrow \qquad (10.25)$$

在镍阳极上，当电解电压高于 2.8V 时，氟离子失去电子被氧化成氟原子自由基(F·)，同时吸附在阳极表面的氟化镍(NiF_2)层上

$$2F^{-} \xrightarrow[\text{镍阳极}]{E>2.8V} 2\dot{F}_{\text{吸附}} + 2e \qquad (10.26)$$

然后，有机物与电极表面吸附的氟自由基反应生成氟化氢和有机物自由基

$$RH + \dot{F}_{\text{吸附}} \longrightarrow R\cdot + HF \qquad (10.27)$$

接着有机物自由基与另一个氟原子自由基结合形成有机氟化物

$$R\cdot + \dot{F}_{\text{吸附}} \longrightarrow RF \qquad (10.28)$$

反应按比方式继续进行，直到该有机物中碳原子上的氢原子全部被氟化。

另一种观点认为，在金属镍阳极表面首先生成高价金属氟化物，如 NiF_3、NiF_4，它们作为氧化剂取代有机物中的氢原子使之氟化，直到有机物中的氢全部被取代成为全氟烷基化合物，阳极反应为

$$Ni + 4F^{-} - 4e \longrightarrow NiF_4 \qquad (10.29)$$

$$RH + NiF_4 \longrightarrow NiF_2 + RF + HF(\text{R 为烃基}) \qquad (10.30)$$

此外，也有观点认为有机化合物与高价的氟化镍(NiF_3、NiF_4)形成的配合物吸附在阳极表面，并发生氟取代氢而形成有机氟化物。

到目前为止，被人们广泛接受的是一种称为 E—C—E—C(E 为电化学反应，C 为化学反应)的四步离子反应机理。1960 年，由 Burdon 和 Schmidt 两个研究小组分别独立提出，并在 1972 年得到了实验验证。这种观点认为，在低电压时，阳极并没有发生氟离子被氧化成氟原子自由基的反应，而是有机物被氟化。

具体反应可分为四个步骤(分别称为 E、C、E、C)

$$\geqslant C-H \xrightarrow[E]{-e} \left[\geqslant C-H\right]^{+} \xrightarrow[C]{-H^{+}} \left[\geqslant C\right]^{\cdot} \xrightarrow[E]{-e} \left[\geqslant C\right]^{+} \xrightarrow[C]{+F^{-}} \geqslant C-F \qquad (10.31)$$

以 $CH_3-\underset{\displaystyle CH_3}{\underset{|}{CH}}-COF$ 为例，将四步反应表示如下：

第一步，有机物被吸附在阳极表面，失去一个电子，被氧化成阳离子(E)

$$CH_3-\underset{\underset{\displaystyle CH_3}{|}}{CH}-COF \xrightarrow{-e} CH_3-\underset{\underset{\displaystyle {}^{+}CH_3}{|}}{CH}-COF \qquad (10.32)$$

第二步，有机物阳离子失去质子成为自由基(C)

$$CH_3-\underset{\underset{\displaystyle {}^{+}CH_3}{|}}{CH}-COF \xrightarrow{-e} CH_3-\underset{\underset{\displaystyle \cdot CH_2}{|}}{CH}-COF \qquad (10.33)$$

第三步，生成的自由基再失去一个电子成为阳离子(E)

$$CH_3-\underset{\underset{\displaystyle CH_2}{|}}{CH}-COF \xrightarrow{-e} CH_3-\underset{\underset{\displaystyle {}^{+}CH_2}{|}}{CHCOF}\ (\rightleftharpoons CH_3\overset{+}{C}HCH_2COF) \qquad (10.34)$$

同时发生分子重排反应

第四步，氟离子与有机物阳离子发生亲核反应，生成含氟有机化合物(C)

$$CH_3-\underset{\underset{\displaystyle {}^{+}CH_2}{|}}{CHCOF} + F^- \longrightarrow CH_3-\underset{\underset{\displaystyle CH_2F}{|}}{CH}-COF \qquad (10.35)$$

同时有下述反应发生

$$CH_3\overset{+}{C}HCH_2COF + F^- \longrightarrow CH_3\underset{\underset{\displaystyle F}{|}}{CH}CH_2COF \qquad (10.36)$$

由于这种观点能较好地解释电解氟化过程中的异构和环化等现象，因此被人们普遍接受。而异丁酰氟电解实验的反应物中也确实发现有正丁酰氟的氟化物存在，有力支持了E—C—E—C四步反应机理，因为只有 $CH_3-\underset{\underset{\displaystyle {}^{+}CH_2}{|}}{CH}-COF$ 发生分子重排异构化反应才能生成 $CH_3\underset{\underset{\displaystyle F}{|}}{CH}CH_2COF$ 。

§10.2　电化学选择性氟化合成

与电化学全氟化不同，电化学选择性氟化通常是在有机溶液中进行的，而且阳极一般采用 Pt 而不是 Ni，有机溶剂则可采用腈、砜等，通常需要加入支持电解质，如乙基氟化胺和四烷基四氟硼酸铵等。

1970 年，前苏联化学家 Rozhkov 等在含有 $Et_3N\cdot 3HF$ 的 MeCN 溶液中，采用恒电位电解方法电解萘，得到了 α-氟代萘[13]

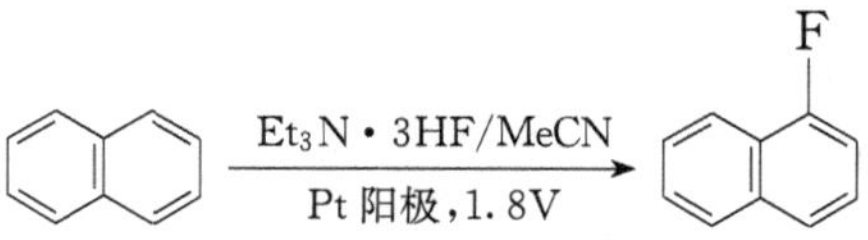

(10.37)

后来又采用相同的方法电解取代苯、烯烃和硅烷等，分别得到了一些单氟取代的衍生物[13,14]

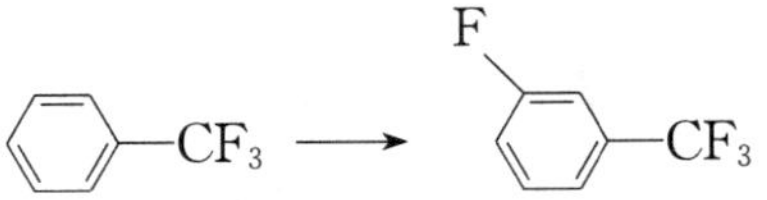
（产率 60%）　　(10.38)

$$R_4Si \longrightarrow R_3SiF \quad (产率 45\% \sim 80\%) \tag{10.39}$$

式中，R=CH_3、C_2H_5、$C_6H_5CH_2$。另外，酮、芳香烯烃等也主要发生选择性氟化[18]

$$RCOR \longrightarrow RCOF + RF \tag{10.40}$$

$$(C_6H_5)_2C=CH_2 \longrightarrow (C_6H_5)_2CFCH_2F \quad (产率 60\%) \tag{10.41}$$

近年来，在氟取代的芳香化合物中，已筛选出有效的药物、除草剂等，因此采用电化学选择氟化法在芳香烃上导入氟原子的研究近年来逐渐受到了重视。

在相同条件下，Malley 和 Laurent 等分别得到了多环芳香烃[20]和多甲基苯[21]的单氟产物，并且 Laurent 等还对下述反应进行了详细研究[22~24]

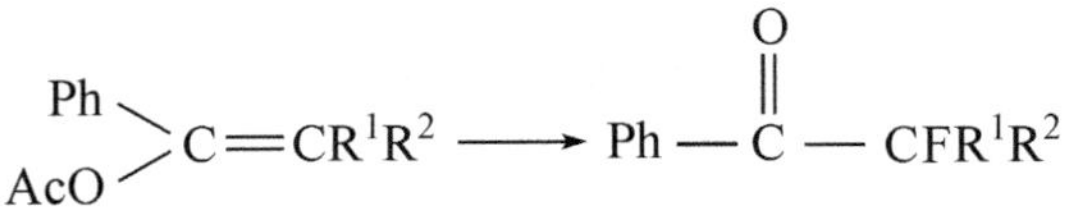
(10.42)

R^1	R^2	产率 %
H	H	48
H	Me	63
Me	Me	44
H	Ph	45

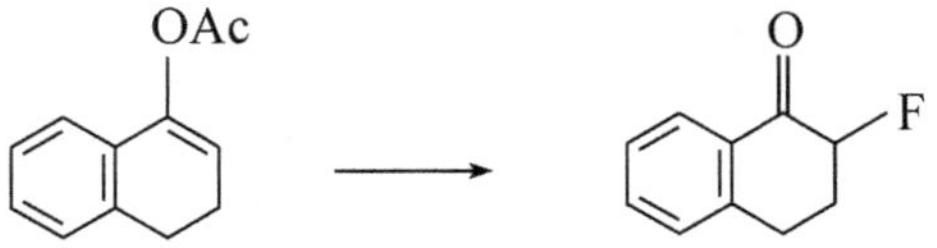
(产率 51%)　　(10.43)

(产率 87%)　　(10.44)

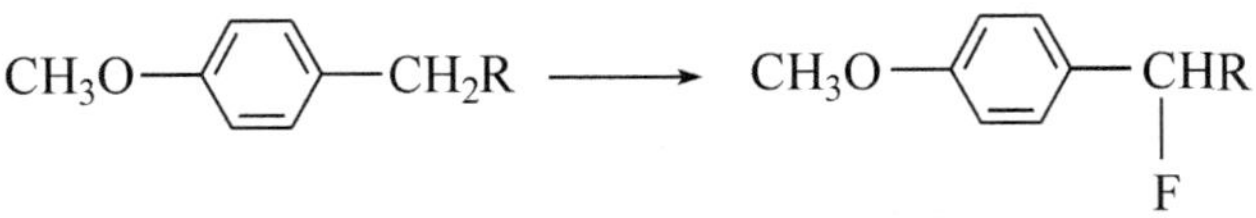
(10.45)

R	产率 %
$CO_2C_2H_5$	69
CN	65
$COCH_3$	69

用环丁砜代替 MeCN，单氟化苄基化合物的产率可大幅度提高[25]，在含有 HF-Py-Et_3N 的 MeCN 溶液中，Makino 等得到了以下的单氟化物[26~28]

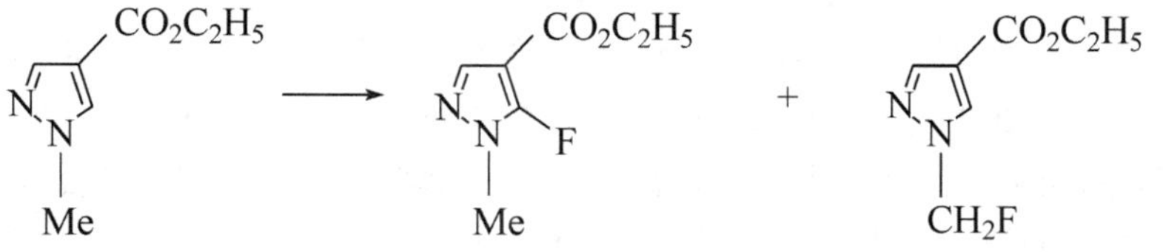

电解产率　33%　7%　(10.46)

这方面的研究目前正越来越引起人们的兴趣。

关于选择性部分氟化的机理[1,2]，有两种不同的看法：一种观点认为，反应物先在阳极氧化，生成的阳离子直接与 F^- 反应得到氟碳化合物；另一种观点认为，开始时在阳极表面生成活性氟化物，该中间产物使反应物氟化。前一种看法的实验依据是：生成 F_2 需很高的标准电位（>2.8V），而许多有机物在较低的阳极电位下就已被氧化，且伴有阳离子生成。后一种看法认为的“活性氟化物”目前尚未被实验证实，因此多数人认为选择性氟化是按照第一种机理进行的，可按 ECEC 或 EECC（E 为电化学反应，C 为化学反应）模式进行，即

$$RH \xrightarrow{-e} [RH]^{\ddagger} \xrightarrow{+F^-} [RHF]^{\cdot} \longrightarrow [RHF] \xrightarrow{-H^+} RF \tag{10.47}$$

或者

$$RH \xrightarrow{-2e,\,-H^+} R^+ \xrightarrow{+F^-} RF \tag{10.48}$$

然而，上述机理是根据 Pt 电极上的选择性电氟化反应而得出的，改变电极后，机理是否会变尚待证实。

§10.3　有机电氟化合成实例

1. 三氟乙酸的电化学合成[29]

三氟乙酸是合成医药、农药等的中间体，也可作为催化剂、生物试剂及塑料添加剂等。凡含有乙基的酸、酸酐、酯、醇、酮、醛和酰卤等化合物均可通过电氟化制取三氟乙酸。以乙酰氟为原料，无水氟化氢为氟化剂，通过以下电合成过程可制得三氟乙酸

阳极反应　$$CH_3COF + 6F^- \longrightarrow CF_3COF + 3HF + 6e \tag{10.49}$$

阴极反应　$$6H^+ + 6e \longrightarrow 3H_2\uparrow \tag{10.50}$$

电解反应　$$CH_3COF + 3HF \longrightarrow CF_3COF + 3H_2 \tag{10.51}$$

电解时采用板框式电解槽，阳极由 42 块 400mm×160mm×2mm 的镍板组

成，阴极由 44 块同样尺寸的铁板组成，阴、阳极相间排列，极间距 5～8mm。反应温度为 20℃，控制槽电压 5～6V，电流密度 558A · m^{-2} 进行电解。电解后的电解液用碳酸钠溶液中和至 pH 为 8～9，此时三氟乙酰氟水解成三氟乙酸钠

$$CF_3COF + H_2O \longrightarrow CF_3COOH + HF \tag{10.52}$$

$$2CF_3COOH + Na_2CO_3 \longrightarrow 2CF_3COONa + CO_2 + H_2O \tag{10.53}$$

三氟乙酸钠溶液滤去杂质后蒸发浓缩，经冷却过滤出三氟乙酸钠，然后缓缓加入 95%硫酸，加热回流 4h，使三氟乙酸钠全部转变成三氟乙酸

$$2CF_3COONa + H_2SO_4 \longrightarrow 2CF_3COOH + Na_2SO_4 \tag{10.54}$$

粗产品精馏后，可得到纯度>99%的三氟乙酸，产率达 87%。改用辛酰氯为原料，用相同的设备和类似的工艺可制得全氟辛酸，不过产率较低。

2. 全氟环醚的制备[30]

全氟环醚，俗称氟碳化合物（fluorocarbon compounds），可用通式 $O(CF_2)_m—CF(CF_2)_nCF_3$ 表示。式中 m 为 3 或 4 的整数；n 是 0 或其他能使分子中的全部碳原子数保持 6～10 的整数。它是一种高密度、低黏度、低表面张力、低冰点、无色、无臭、无毒、不燃的透明液体，具有很高的化学稳定性，在常温或高温下，不被已知的氧化剂所氧化；在作溶剂时，不参与任何化学反应；全氟环醚还具有低介电常数、高电阻和低功率因数等优良电性能。因而它被广泛地用作电气设备的冷却剂、电绝缘介质、化学反应中的介质、热传递介质、水力机械流体、润滑剂和溶剂等。

常用全氟环醚的结构式如下

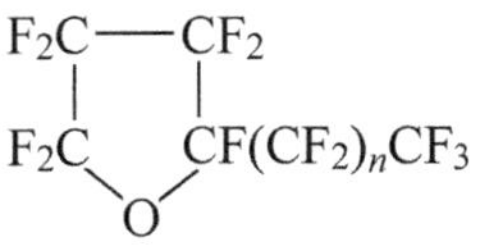

或

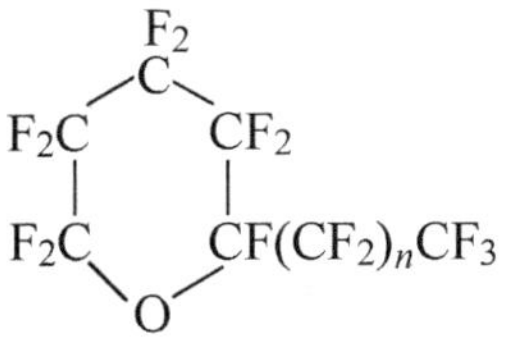

n 代表的意义与上面通式中表示的相同。

全氟环醚可以用与产品同碳数的一元羧酸在无水氟化氢中电氟化制备。其工艺如下：在电解槽中先加入无水氟化氢，再按比例加入正己酸，使它在电解液中的浓度保持在 4%。然后通入直流电进行电解，槽电压控制在 5～6V，电解液温度控制在 20℃。在电解过程中不断地补加正己酸和氟化氢，以使电解液的浓度保持基本不变。氟化产物自槽底排放阀排出，先用碱性溶液洗涤，再用水洗涤，静置、分离出不溶于水的油层，经干燥、精馏，最后可得到沸点为 54～55℃，符合上述结构式的全氟环醚，产率为 40%。

在无水氟化氢中以辛酰氯为原料电氟化生产全氟辛酸时也副产相当数量的全氟环醚(也有全氟烷烃),其产率可达 35%。

参 考 文 献

[1] Banks R E (Ed.). Preparations, Properties, and Industrial Applications of Organofluorine Compounds. New York: John Wiley & Sons, 1982

[2] Baizer M M, Lund H (Eds.). Organic Electro-Chemistry. New York and Basel: Marcel Dekket Inc., 1983

[3] Simons J H. *J. Electrochem. Soc.*, **95**,47,1949

[4] Simons J H, Francis H T, Hogg J A. *J. Electrochem. Soc.*, 95, 53,1949

[5] Simons J H, Harland W J. *J. Electrochem. Soc.*, **95**, 55,1949

[6] Simons J H, Pearlson W H, Brice T J, et al. *J. Electrochem. Soc.*, **95**, 95,1949

[7] Simons J H, Dresuder R D. *J. Electrochem. Soc.*, **95**, 64,1949

[8] Simons J H. USP2519983

[9] Roberts R O, Cheremisinoff R P. Industrial Appliations of Electroorganic Synthesis. Ann. Arbor Michegan,1982

[10] Childs W V. In: Weinberg N L, ed. Technique of Electroorganic Synthesis. New York: Wiley,1982. Part 3, 341

[11] Childs W V. In: Little R D, Weinberg N L, ed. Electroorganic Synthesis. New York: Marcel Dekker, 1991, 225

[12] Napoli M, Conte L, Gambaretto G P, et al. *J. Fluorine Chem.*, **45**, 213,1989

[13] Rozhkov I N, Bukhtiarov A V, Kuleshova N D, et al. *Dokl. kacl. Nauk. SSSR*, **193**, 1322,1970

[14] Burdon J, Parsons I W, Tstlow J C. *Tetrahedron*, **28**, 43,1972

[15] Rozhkov I N. *Russ. Chem. Rev.*, **45**, 615,1976

[16] Gambaretto G P, Napoli M, Conte L, et al. *J. Fluorine Chem.*, **27**, 149,1985

[17] Rozhkov I N. In: Baizer M M, Lund H, ed. Organic Electrochemistry. New York: Marcel Dekker, 1983, 805

[18] Rozhkov I N, Alyev I Y. *Tetrahedron*, 31, 977,1975

[19] Rozhkov I N, Gambaryan, N P, Galpern E G. *Tetrahedron Lett.*, **48**,19,1976

[20] King P F, O'Malley R F. *J, Org. Chem.*, **49**, 2803,1984

[21] Bensadat A, Bodennee G, Laurent E, et al. *J. Fluorine Chem.*, **20**, 333,1982

[22] Laurent E, Tardivel R, Thiebault H. *Tetrahedron Lett.*, **24**, 903,1983

[23] Brigrand T, Laurent E. *Tetrahedron Lett.*, **31**, 2887,1990

[24] Laurent E, Marquet B, Tardivel R. *Tetrahedron*, **45**, 4431,1989

[25] Laurent E, Marquet B, Tardivel R. *J. Fluorine Chem.*, **49**, 115,1990

[26] Makino K, Yoshioko H. *J. Fluorine Chem*, **39**, 435,1988

[27] Makino K, Yoshioko H. JP0129366

[28] Makino K, Yoshioko H. JP012964

[29] 王光信,张积树. 有机电合成导论. 北京:化学工业出版社,1997

[30] 宋显秋. 化学试剂,7(1),43,1985

第 11 章　特殊有机电化学合成

在传统有机电合成基础上发展起来的一些方法，如成对电合成、固体聚合物电解质(SPE)电合成法、电化学聚合(ECP)和电化学不对称合成等为特殊有机电合成。相对于传统的有机电合成而言，这些方法都有其自身独特的优点：成对电合成法克服了传统有机电合成中只利用阴极或阳极一侧电极上反应，而另一侧未被利用的缺点，从理论上而言，成对电合成法电能的利用率比传统有机电合成法提高一倍；SPE 电合成法不需要支持电解质，可避免因此而产生的副反应，产物易分离、提纯，同时 SPE 电合成法可在较低的槽压和较大电流密度下工作，比通常的电合成方法更节省电能和资源，反应的选择性也高，可用于开发新的有机电合成反应；电化学聚合和电化学不对称合成则可用于一些具有特殊功能的高聚物新材料和有光学活性的手性化合物的合成。因此，这些特殊有机电合成方法在有机电合成工业中具有良好的发展前景。

§11.1　成对有机电化学合成

§11.1.1　成对有机电合成简述[1~3]

所有电化学反应都是成对出现的，即同时发生阴极还原和阳极氧化反应。但在通常的有机电合成过程中，往往只利用某一电极(阳极或阴极)上的反应来合成产物，而另一电极(阴极或阳极)上的反应未被利用，是“牺牲”的反应，如通常水溶液中 H_2 或 O_2 的析出。在这种情况下，有一侧电极通过的电流未被利用，显然是很不经济的。

所谓成对电合成，是指在阴极和阳极上发生的电化学反应都生成最终产物(一种或两种)，即在阴、阳极上同时得到各自的产物或在阴、阳极上同时得到一种有用的产物。成对电合成的优点在于：可以大大提高电流效率，理论上可达 200%；可以大大提高电合成的时空效率；与单电极反应相比，可降低生产成本和节省电能，提高电能效率。

隔膜电解槽或无隔膜电解槽对成对电合成有较大的影响，在隔膜电解槽中，因为只需考虑某一电极的反应，而不必考虑另一电极反应对它的影响，因而研究相对简单；而在无隔膜电解槽中，反应物、生成的中间体以及产物和所使用的媒质均可能在电极上发生，因此必须严格控制条件(如电极电位、槽电压、电流密度、温度、反应物浓度等)，以防止副反应的发生。在这种情况下，应先在隔膜电解槽中进行各个半反应的研究，然后再进行成对电解。另外，在无隔膜电解槽中要求生成两种不同的产物时，产物的分离比较麻烦，若只要求得到一种产物，则较易实现。

§11.1.2　成对有机电合成的类型[1,3]

在同一电解槽中若能同时进行阴、阳极电极反应，构成成对电解合成，则要求匹配的这对反应必须有大致相同的电解条件，如槽电压、电解温度及反应时间等。目前有机物的成对电合成大体上可分为以下几种类型：

1. $S_1 \xrightarrow{+ne} P_1,\ S_2 \xrightarrow{-ne} P_2$　(11.1)

两种不同的原料 S_1 和 S_2 分别在阴、阳极上反应生成产物 P_1 和 P_2，根据产物的性质不同，电解既可在隔膜电解槽中进行，也可在无隔膜槽中进行。例如，BASF 公司开发的邻苯二甲酸的还原反应，与乙炔基醇的电氧化配对，在无隔膜槽中实现成对电合成，电极反应如下

阴极(Pb)反应

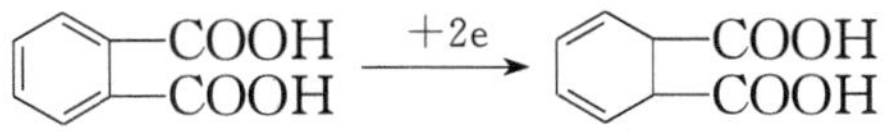
(11.2)

阳极(PbO_2/Ti)反应

$$HOCH_2—C≡C—CH_2OH \xrightarrow{-8e} HOOC—C≡C—COOH \quad (11.3)$$

成对电合成氨基丙酸和乙醛酸也是成功的实例，反应在隔膜电解槽中进行(采用有聚氧乙烯保护层的复合阳离子交换膜作为隔膜)，电极反应如下

阴极(Pb)反应

$$2\begin{array}{c}COOH\\|\\COOH\end{array} + 4e \xrightarrow{H_2O} 2\begin{array}{c}CHO\\|\\COOH\end{array} \quad (11.4)$$

阳极(PbO_2)反应

$$NH_2CH_2CH_2CH_2OH \xrightarrow{1.5mol \cdot L^{-1} H_2SO_4} NH_2CH_2CH_2COOH + 4e \quad (11.5)$$

2. $P_1 \xleftarrow{+ne} S \xrightarrow{-ne} P_2$　(11.6)

反应物 S 在阳极上被氧化成产物 P_2，在阴极上被还原成产物 P_1，在阴、阳极上采用不同的电极反应进行配对，这类成对电合成方法既可在隔膜电解槽中也可在无隔膜电解槽中进行。这种方法的典型例子是用葡萄糖作反应物，在阴极(铅或铅合金电极)上经直接电还原获得山梨糖醇，在阳极(DSA 或石墨或铅合金)上用 Br_2/Br^- 媒质进行间接电氧化反应得到葡萄糖酸。另外，糠醛分别在阴、阳极上反

应也可同时生成糠醇和糠酸两种产品。

3. $S \xrightarrow{\pm ne} I \xrightarrow{\mp ne} P$ (11.7)

反应物 S 首先经电氧化或电还原反应生成中间体 I，中间体 I 再经电还原或电氧化反应生成最终产物 P。这类成对电合成反应必须在无隔膜电解槽中进行。例如，由 2，3 -丁二醇电合成 2 -丁酮的过程

$$CH_3—CH(OH)—CH(OH)—CH_3 \xrightarrow{-2e} CH_3—C(=O)—CH(OH)—CH_3 \xrightarrow{+2e} CH_3—C(=O)—CH_2—CH_3 \qquad (11.8)$$

4. $S \underset{\mp ne}{\overset{\pm ne}{\rightleftarrows}} Q + P$ (11.9)

反应物 S 经电氧化或电还原反应生成产物 P 和副产物 Q，Q 再经电还原或电氧化反应生成反应物 S 而重新加以利用。这类成对电合成需在无隔膜电解槽中进行，适用于原料价格较贵的反应。例如

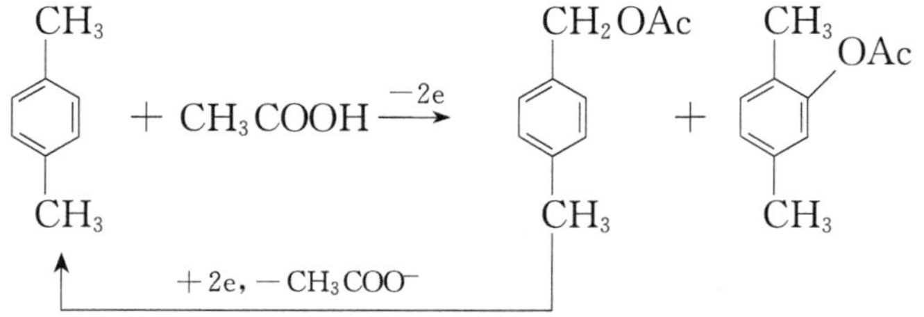

(11.10)

§11.1.3 成对电合成在有机电合成中的应用

目前成对电合成应用于工业化的产品较少，有待于更深入的研究和开发，表 11.1列出了一些研究过的成对电合成例子。

§11.2 SPE 电合成反应

SPE（固体聚合物电解质）电合成法是 20 世纪 80 年代初发展起来的一类有机电合成新方法。1981 年 Ogumi 等首次将 SPE 复合电极成功地应用于对苯醌和马来酸的电还原反应[9,10]，为有机电合成工业开辟了一条新的途径。

§11.2.1 SPE 复合电极的制备方法及类型[11~13]

SPE复合电极的制备主要有4种方法：热喷法或机械施压法、电化学沉积

表 11.1 一些成对电合成反应

序号	产物	电极材料		槽型	电极反应		文献
		阴极	阳极		阴极	阳极	
1	葡萄糖酸钙＋山梨糖醇	Zn/Hg	石墨	无隔膜	$HOCH_2(CHOH)_4CHO+2e+2H^+$ $\longrightarrow HOCH_2(CHOH)_4CH_2OH$	$2Br^- \longrightarrow Br_2+2e$ $Br_2+H_2O \longrightarrow HOBr+H^++Br^-$ $HOCH_2(CHOH)_4CHO \xrightarrow[+CaCO_3]{HOBr+H_2O}$ $\frac{1}{2}[HOCH_2(CHOH)_4COO]_2Ca$	[4]
2	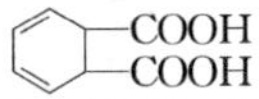 ＋ HOOC—C≡C—COOH	纯 Pb	Ti/PbO_2	无隔膜	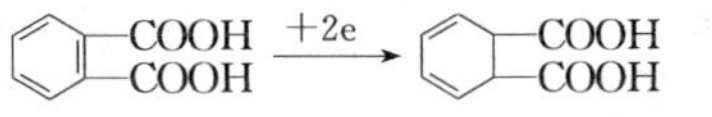	$HOCH_2—C\equiv C—CH_2OH \xrightarrow{-8e}$ HOOC—C≡C—COOH	[5]
3	CH_2—COOH | CH_2—COOH ＋ HOOC-CHO	Pb	DSA	隔膜	CH—COOH ‖ CH—COOH $\xrightarrow{+2e+2H^+}$ CH_2—COOH | CH_2—COOH	$2Cl^- -2e \longrightarrow Cl_2$ CHO—CHO $+Cl_2+H_2O \longrightarrow$ CHO—COOH $+2H^+ +2Cl^-$	[7]
4	$HOOC—CH(NH_2)—CH_2—SH$ ＋ $HOOC—CH(NH_2)—CH_2—SO_3H$	Pt	Pt	隔膜	$(HOOC—CH(NH_2)—CH_2S)_2+2e+2H^+$ $\longrightarrow 2HOOC—CH(NH_2)—CH_2—SH$	$2Br^- -2e \longrightarrow Br_2$ $(HOOC—CH(NH_2)—CH_2S)_2+5Br_2+6H_2O$ $\longrightarrow HOOC—CH(NH_2)—CH_2—SO_3H+10HBr$	[6]
5	$CH_3—C(=O)—CH_2—CH_3$	Zn/Hg	石墨	隔膜	$CH_3—CH—CH—CH_3 \xrightarrow{-2e} CH_3—C(=O)—C(OH)—CH_3 \xrightarrow{+2e} CH_3—C(=O)—CH_2—CH_3$		[8]
6	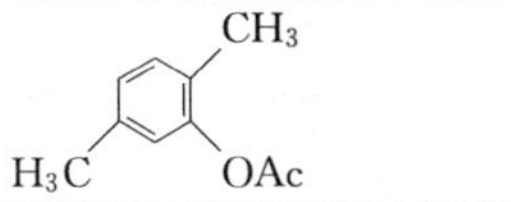	石墨	石墨	无隔膜	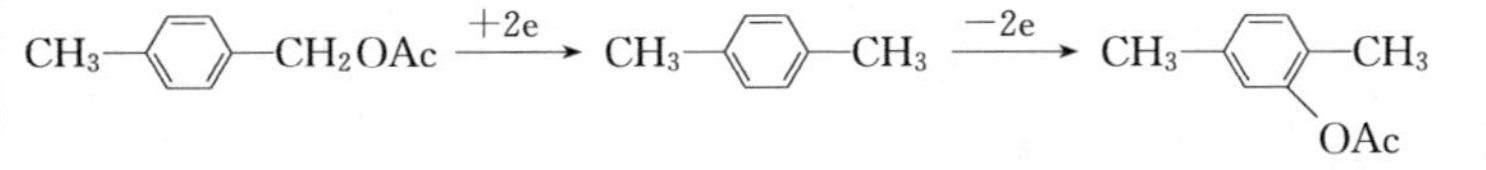		[3]

法、渗透法和浸渍-还原法。后两种方法属于化学沉积法，表 11.2 列出了 4 种制备方法的主要优缺点。

表 11.2 SPE 复合电极 4 种制备方法的比较

方法	主要优点	主要缺点
热喷法或机械施压法	是美国通用电力公司致力于商业应用而开发的一项较成熟的技术	催化颗粒细，黏合剂及表面活性剂使电催化活性降低，铂用量较大
电化学沉积法	零间距电沉积，能使多种贵金属沉积于离子膜的表面	只能沉积于膜表面，设备昂贵，结构复杂
渗透法	属化学沉积，设备简单，金属颗粒附着力强，无黏合剂的不利影响，贵金属盐得以充分利用，应用较广泛	金属颗粒较粗大，主要分布于膜外表面，贵金属有效利用率较低、用量较大（一般 $4\text{mg}\cdot\text{cm}^{-2}$）
浸渍-还原法，简称 I-R 法	在渗透法的基础上发展起来的，金属颗粒可在膜的内表面还原，颗粒较细，结构致密，贵金属用量降低了一个数量级（$0.55\text{mg}\cdot\text{cm}^{-2}$），电催化性能较高	条件的优化很重要，过细、过致密的结构有可能影响基质在膜中的传输

按制备方法分类，SPE 复合电极可分为黏接式、沉积式和置换式三种类型。黏接式 SPE 复合电极一般用热喷法或机械施压法制备，通常由 SPE 膜、催化膜和导电支撑网三部分组成，多用于燃料电池体系，近年在有机电合成中的应用也逐渐增多。沉积式 SPE 复合电极主要采用化学沉积方法制备，通常分为浸渍法和渗透法两种。置换式 SPE 复合电极是利用 SPE 膜内的活性离子（如 H^+）将外部的电催化离子置换到膜内，而获得具有电催化活性的 SPE 电极，通常用于间接有机电合成。

§11.2.2 SPE 电合成法的原理及优点[1,12]

SPE 复合电极由多孔金属层和 SPE 膜构成，其中膜表面的金属层作为电子导体和电催化剂。SPE 膜有两方面作用：一是起隔膜作用，将阴极和阳极室隔开；同时 SPE 膜还可传递电子，起导电作用。电化学反应发生在 SPE、电催化层和有机溶剂的三相界面上。

图 11.1 是 SPE 电合成的原理示意图，SPE 膜将有机原料 S_1 和 S_2H 隔开，两侧的金属电催化层分别作为阴、阳极，电解时发生如下反应

阳极反应

$$S_2H \longrightarrow S_2 + H^+ + e \tag{11.11}$$

阴极反应

$$S_1 + H^+ + e \longrightarrow S_1H \qquad (11.12)$$

电解反应

$$S_1 + S_2H = S_1H + S_2 \qquad (11.13)$$

采用两面镀有金属层的 SPE 电极进行电解反应可生成两种产物,相当于成对电合成。若用一面镀有金属层的 SPE 电极进行有机电合成,则在有机相一侧得到产物,另一侧则发生普通电极反应。

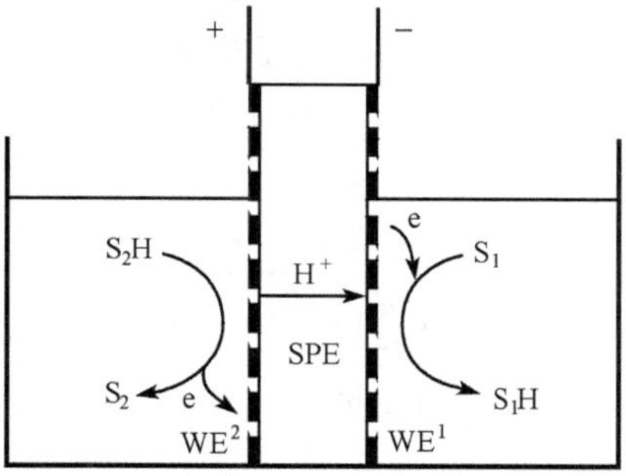

图 11.1　SPE 电合成法示意图

1. 直接电解反应原理[12]

SPE 复合电极在有机电合成和水电解中的反应原理如图 11.2 所示。图中 SPE 膜采用阳离子交换膜,膜两侧为金属催化剂涂层,其中一侧为阳极,另一侧为阴极。阳极室盛水,阴极室装有机物反应原料,当在两极间施加电压时,阳极发生析氧反应并给出氢离子(H^+),H^+通过 SPE 膜移往阴极,在阴极侧发生还原反应,产生氢气或参加有机电还原反应。

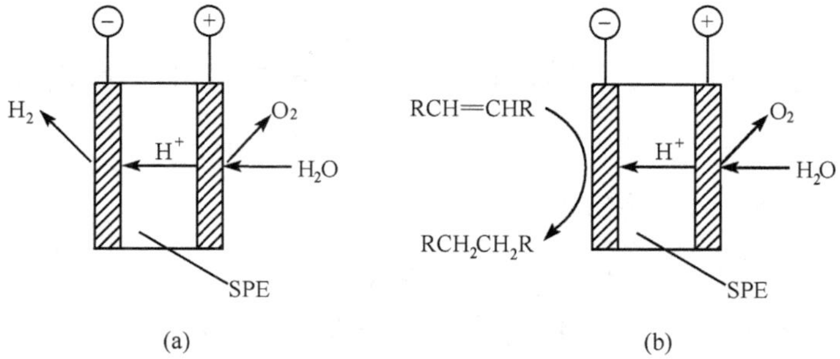

图 11.2　SPE 复合电极直接电解反应基本原理图

(a) 水解;(b) 烯烃电还原

显然,阳极产生的氢离子在 SPE 膜内是可以移动的,其作用类似于支持电解质,这种 SPE 复合电极在反应时电催化剂与有机反应物直接发生反应,故称直接电解反应。

2. 间接电解反应原理[12]

间接有机电合成常用置换式 SPE 电极。反应时,首先将膜内的金属离子氧化或还原,然后在膜内被氧化或被还原的电催化剂与有机反应物进行反应。同时,电催化剂的价态返回到未反应前的状态，例如，采用 Mn^{2+}-SPE 电极对肉桂酸进行间接电氧化反应，其反应原理如图 11.3 所示。

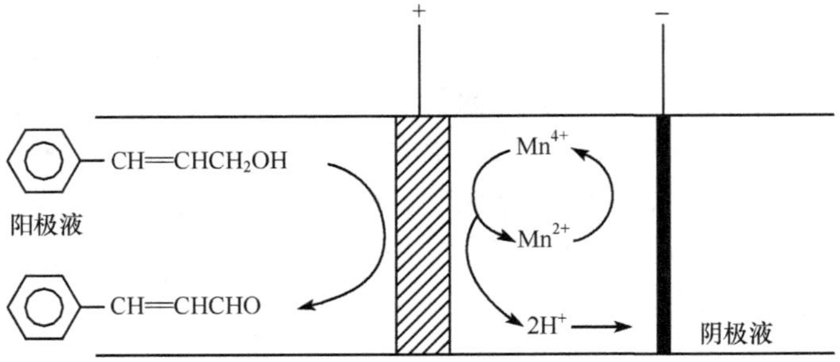

图 11.3　肉桂醇间接电氧化反应原理图

电解时，Mn^{2+}-SPE 电极内的 Mn^{2+} 首先被氧化为 Mn^{4+}（MnO_2），然后 Mn^{4+} 与肉桂醇进行后续化学反应，生成相应的肉桂醛或肉桂酸，自身又被还原为 Mn^{2+}，反应过程产生的 H^+ 在膜内起导电作用，反应式为

$$Mn^{2+} + 2H_2O \longrightarrow MnO_2 + 4H^+ + 2e \tag{11.14}$$

$$C_6H_5CH{=}CHCH_2OH + MnO_2 + 2H^+ \longrightarrow C_6H_5CH{=}CHCHO + 2H_2O + Mn^{2+} \tag{11.15}$$

这类置换式 SPE 电极在反应过程中间接与有机物进行后续化学反应，故称间接电解反应。

3. SPE 电合成的主要优点

SPE 电合成法相对于传统的有机电合成法主要有以下优点：

（1）电解体系中不需加支持电解质，可避免副反应发生，产物易于分离、提纯；

（2）有机反应物可直接进行电解而不用溶剂，克服了有机物溶解度的限制，即使使用溶剂，选择余地也较大；

（3）由于电极、电解质和隔膜的一体化，明显减小了电解槽的欧姆电压降，比常规有机电合成方法更节省电能；

（4）电解反应的选择性高，有利于开发新的有机电合成反应；

（5）可大幅度减少污水和污物的排放量，环境污染大大降低。

§11.2.3　SPE 复合电极在有机电合成中的应用

近年来，SPE 复合电极技术在有机电合成领域中的应用研究十分活跃，人们对有机官能团的氧化或还原反应、烯烃的甲氧基化反应、双键烯烃的电还原及脱卤反应等进行了较广泛的研究，并取得了一些有价值的结果。

1. 有机官能团的电氧化反应[14~16]

有机官能团的电氧化反应可分为两类，一类是有机官能团直接在电极表面发生氧化反应生成所需产物；另一类是通过离子膜中的活性金属离子进行间接电氧化反应，膜中的低价离子先氧化成高价离子，然后高价离子与有机官能团进行后续化学反应生成产物，而高价离子又被还原为低价离子，依此进行循环反应。例如，环己醇在 SPE 电极上电氧化为环己酮的反应过程（如图 11.4所示）和肉桂醇电氧化为肉桂醛的反应过程（如图 11.3 所示）。这类有机官能团的电氧化反应是一种间接电化学反应，电流效率较高，一般可达 65%～85%之间。若用 Pt-Nafion 复合电极直接电氧化醇，其电流效率只有 50%左右。因此，该类反应采用间接电氧化法较为合适。表 11.3 是一些有机官能团在不同 SPE 复合电极上的氧化还原反应。

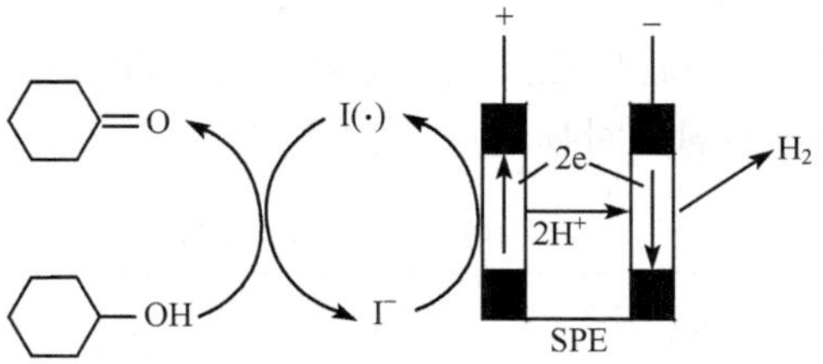

图 11.4　环己醇在 I/Pt-Nafion 复合电极上电氧化过程的原理图

表 11.3　有机官能团在不同 SPE 复合电极上的氧化还原反应

反应体系	反应物	SPE 电极	溶剂	产物
有机官能团的电氧化反应	环己醇	Pt-SPE	/	环己酮
	肉桂醇	Mn,Pt-SPE	THF	肉桂酸
	肉桂醇	PbO_2,Pt-SPE	THF	肉桂酸
	脂肪族醇	Ti/IrO_2-SPE	二氯甲烷	脂肪醛
	1,3,5-三甲基苯	PbO_2-SPE	/	三甲基对苯二酚
	抗坏血酸	Fe,Pt-SPE	硫酸	脱氢抗坏血酸
	香叶醇	Mn,Pt-SPE	/	柠檬醛
有机官能团的电还原反应	硝基苯	Pt-SPE	THF	苯胺,对氨基苯酚
	硝基苯	Cu,Pt-SPE	THF	苯胺
	硝基苯	Ni,Pt-SPE	THF	苯胺
	偶氮苯	Cu,Pt-SPE	THF	苯胺,苯胲
	对硝基甲苯	Cu,Pt-SPE	THF	对硝基苯甲酸
	苯甲醛	Cu(Pb),Pt-SPE	THF	苯甲醇
	苯胂酸	Cu-SPE	THF	苯胂醇

2. 双键烯烃的电还原反应[17]

Ogumi 等人采用 Pt-SPE 复合电极研究了在不加支持电解质的情况下双键烯烃电化学还原过程，其结果如表 11.4 所示。这些反应虽然电流效率不高，但产物收率都很高，在无支持电解质的条件下均可在乙醇或正己烷溶剂中反应，产物易分离，溶剂易回收，对环境污染少。

表 11.4　双键烯烃在 Pt-SPE 复合电极上的电还原反应

反应物	产物	溶剂	浓度 /mol·L^{-1}	电流 /A	电流效率 /%	产物收率 /%
顺丁烯二酸二乙脂	1,4-丁二酸二乙脂	乙醇	0.08	2.0	30	100
苯乙烯	乙苯	乙醇	0.04	3.0	35	75
α-甲基苯乙烯	1-甲基-4-乙基苯	乙醇	0.04	3.0	35	100
环辛烯	环辛烷	正己烷	0.06	2.0	44	100
环辛烯	环辛烷	正己烷	0.06	10.0	19	100
丁烯酸乙脂	丁酸乙脂	乙醇	0.04	3.0	29	70
甲基丙烯酸丁脂	甲基丙烯酸丁脂	乙醇	0.04	3.0	35	85

在相同的电还原条件下，不同的 SPE 复合电极具有不同的电流效率，如表 11.5 所示。对这些有机物电还原体系，必须选用合适的 SPE 复合电极，才能获得良好的反应性能。同时，不同的溶剂对反应的电流效率也有较大的影响。

表 11.5　不同 SPE 复合电极在相同还原条件下的电流效率

反应物及起始溶度 /mol·dm^{-3}	溶剂	电流/mA	电流效率/%			
			SPE 复合电极			
			Pt-SPE	Au-SPE	Au,Pt-SPE	Pt,Au-SPE
α-甲基苯乙烯(0.05)	正己烷	3	11	0	2	25
	乙醇	3	33	0	8	65
顺丁烯二酸二乙脂(0.05)	正己烷	3	12	0	0	39
	乙醇	3	30	2	2	45
对苯醌(0.01)	DEE	3	38	41	42	/
	乙醇	3	50	42	29	/

3. 硝基化合物的电还原反应[18~20]

硝基化合物在 Pt-Nafion 复合物电极上可发生电还原反应，生成胺基及氨基酚类化合物。在 Pt-Nafion 电极上修饰一层铜，形成 Cu，Pt-Nafion 复合电极，可提高氨基化合物的选择性。在该类电极上电还原时，产物胺基化合物的选择性和电流效率都很高。图 11.5 给出了硝基苯在 Cu，Pt-Nafion 复合电极上电还原生成苯胺的电流效率与电流密度的关系。在较宽的电流密度范围内，该反应的电流效率都在 95%以上，说明这种电极具有较高的电还原选择性。Inaba 等发现，对硝基甲苯、对硝基苯酚、邻硝基甲苯等在 Cu，Pt-Nafion 电极上电还原形成氨基化合物的选择性比在铜电极上更高，其原因可能是硝基化合物与 Nafion 膜之间存在着亲水/憎水相互作用。

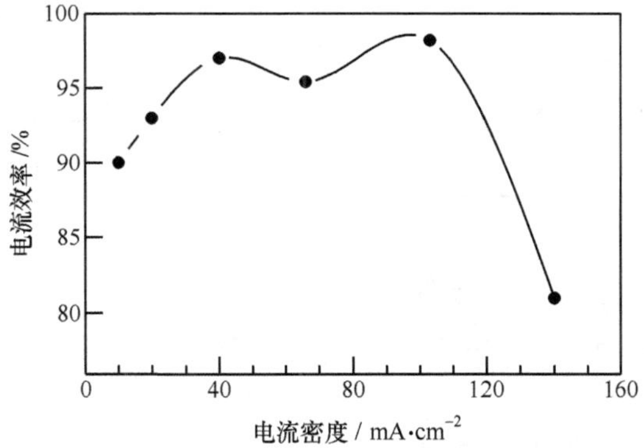

图 11.5　硝基苯在 Cu，Pt-SPE 复合电极上还原为苯胺的电流效率与电流密度的关系

§11.3　电化学聚合反应

采用电化学聚合（electrochemical polymerization 简称 ECP）的方法可合成具有特殊功能的高聚物材料，在高科技领域内具有十分广泛的应用前景。因此，近年来该领域的研究发展非常迅速。

§11.3.1　电化学聚合反应概述[22,23]

电化学聚合简称为电聚合（electropolymerization），有时也称为电引发聚合（electroinitiated polymerization）或电解聚合（electrolytic polymerization），是指应

用电化学方法在阴极或阳极上进行聚合反应，反应过程中包含电化学步骤。

电化学聚合通常采用双电极体系，也可采用三电极体系，工作电极可用石墨、各种金属、金属氧化物和半导体材料等。由于电聚合产物的导电性通常较差，通常采用恒电位电解法（也有用恒电流电解法、电位扫描法、矩形波电解法和交流电电解法等），电聚合速度会随电解时间增加而不断下降。电解液一般包含溶剂、支持电解质和有机单体。溶剂可以采用水，但主要是有机溶剂，如乙腈、乙酸、丙酮、丙烯碳酸酯、二氯乙烷、二甲基亚砜、三氯甲烷和四氢呋喃等。为使溶液导电，通常需加入支持电解质，如铵盐、钾盐、钠盐和锂盐等，常见的聚合用单体见表 11.6。

表 11.6 ECP 中的单体种类

单体	反应类型
含羟基、氨基的芳香化合物	氧化聚合
杂环化合物	氧化或还原聚合
苯和多环芳烃	氧化聚合
乙烯基化合物	氧化或还原聚合
乙炔及衍生物	还原聚合

电化学聚合法制备高聚物膜的主要特点如下：

(1) 改变聚合时间和电极电位，可控制高聚物膜的厚度；

(2) 膜的再现性高；

(3) 可以合成各种导电聚合物；

(4) 改变电极、溶剂、pH 值、支持电解质或电聚方式，可得到结构不同、性质不同的功能膜。

§11.3.2 电化学聚合的原理[22,23]

电化学聚合反应主要在电极表面上发生，但在整个聚合过程中也包括附近液相化学反应。因此，ECP 反应一般是多相聚合反应，是电化学与化学步骤联合的复杂动力学过程，主要包括以下三个阶段：链的引发、链的增长和链的终止。

1. 链的引发

在 ECP 过程中，存在以下重要的链引发过程：

(1) 直接引发过程

直接引发过程，即电极和单体 M 间直接进行电子传递，从而产生活性中心。如在阴极上发生以下引发反应

$$M + e \longrightarrow \cdot M^- \tag{11.16}$$

然后由阴离子基 $\cdot M^-$ 来引发单体的阴离子型加聚反应。阳极上也可有类似的反应，其反应产物阳离子基 $\cdot M^+$ 随后引发单体的阳离子型加聚反应。

(2) 间接引发过程

间接引发过程，即电子转移过程发生在电极与溶液中存在的非聚合组分(电化学活性物质)之间，形成了具有聚合能力的活性物质，该活性物质再与单体反应而引发聚合过程。阴极上的一般反应式为

$$C^+ + e \longrightarrow C \cdot \tag{11.17}$$

$$C \cdot + M \longrightarrow C^+ + \cdot M^- \text{或} C \cdot + M \longrightarrow C{-}M \cdot \tag{11.18}$$

此处电化学活性物质 C^+ 是支持电解质的阳离子，如 H^+、碱金属阳离子或四烷基铵离子等，随后引发的是阴离子型或自由基型加聚反应。同样，阳极上也可发生类似反应，此时支持电解质中的阴离子在阳极放电，导致在阳极区发生阳离子型或自由基型聚合。最简单的情况是阳极腐蚀产物的引发

$$A(\text{阳极金属}) \longrightarrow A^+ + e \tag{11.19}$$

$$A^+ + M \longrightarrow A^{2+} + \cdot M^- \tag{11.20}$$

(3) 化学氧化还原反应引发

在此过程中，一个组分的阴极还原产物和第二个组分反应形成引发自由基。ECP 反应引发过程的类型依赖于电极电位，对给定系统的引发可以通过调节电极电位来控制，而电聚合引发速度可由电解电流决定。

2. 链的增长

活性中心 R· 产生后，便开始和单体 M 发生链的增长反应

$$R \cdot + M \longrightarrow R + M \cdot \tag{11.21}$$

$$M \cdot + M \longrightarrow M \cdot_2 \tag{11.22}$$

$$M \cdot_2 + M \longrightarrow M \cdot_3 \tag{11.23}$$

ECP 反应中聚合物的链增长既可以发生在电极表面，也可发生在电解质溶液中。后一种情况与普通聚合反应区别不大，前者则有独特性质。电流通过一般不会影响聚合过程中的链传递，但离子聚合的链传递速度随外电场增加而增加，电场也可使离子对成为有较高增长速度的自由离子。因此，高外加电压会影响聚合过程。

3. 链的终止

ECP 反应中聚合物活性链的末端，无论是吸附状态或溶解状态的离子或自由

基，均可通过与终止剂 HX 或传递剂 HT 反应而结束链增长，如下所示

$$M_n\cdot + HX \longrightarrow M_nH + X\cdot \text{（无反应活性）} \quad (11.24)$$

$$M_n\cdot + HT \longrightarrow M_nH + T\cdot \text{（有反应活性）} \quad (11.25)$$

$$T\cdot + M \longrightarrow TM\cdot \text{ 或 } M\cdot + T \text{（无反应活性）} \quad (11.26)$$

$$TM\cdot \text{ 或 } M\cdot \longrightarrow TM\cdot_{n+1} \quad (11.27)$$

此处 M 和 M_n 分别表示单体和聚合物。自由基末端无论是否被吸附，它们之间将发生复合或歧化反应而终止。

§11.3.3 电化学聚合的类型[22,23]

电化学聚合反应的类型，可以根据产生引发物质的电极过程类别或按照链增长的历程来区分。按前者可把电聚合分为阴极聚合和阳极聚合，按后者可把电聚合分为电化学加成聚合和电化学缩合聚合。

1. 阴极聚合反应

阴极聚合反应可以由自由基或两种自由基阴离子（一种由电极与单体间电子转移产生，另一种由电极与支持电解质中阳离子之间电子转移产生）进行引发。

（1）阴极自由基聚合

阴极自由基聚合大多数发生在酸性溶液的电解中，如氢离子还原产生的氢原子可以引发甲基丙烯酸甲酯（MMA）、丙烯酸、乙酸乙烯等物质的聚合，一般这些体系的电流效率很低，这是由于在链引发前自由基有损失。

除了氢自由基引发的机理外，阴极自由基聚合还存在数种可能的引发机理。例如 MMA 的 ECP 过程，当把氧从溶液中完全排除时，电聚合反应并不发生。于是有人提出 MMA 的 ECP 引发是由于氧在铅电极上还原会生成 H_2O_2，然后 H_2O_2 与电子作用生成 OH·，OH·自由基再引发 MMA 的聚合。另一种可能的阴极自由基聚合的引发机理，是从质子化的单体 H^+M 生成单体自由基 HM·，这种观点由于 H^+M 的还原半波电位比 H^+ 更正而得到证实。

（2）阴极阴离子聚合反应

阴极阴离子聚合反应发生必须具备以下条件：

1）支持电解质和溶剂的还原电位比单体的还原电位更负；

2）用控制电位电解取代恒电流电解；

3）溶剂有良好的导电性。

在这些条件下，单体在阴极上还原是主要的电化学过程，通过阴极还原形成自由基阴离子，然后二聚化生成二聚离子。由于烷基取代铵盐比许多单体的还原电

位更负，因此常用作阴离子聚合的支持电解质。

2. 阳极聚合反应

阳极聚合也有三种方式，包括阳极自由基聚合和阳极单体直接氧化引发以及支持电解质中的阴离子间接氧化引发三种方式。

(1) 阳极自由基聚合

大多数阳极自由基聚合是在羧酸支持电解质中产生自由基引发的，反应式为

$$RCO_2^- - e \longrightarrow RCO_2 \cdot \longrightarrow R \cdot + CO_2 \tag{11.28}$$

$$2R \cdot \longrightarrow R - R \tag{11.29}$$

$$R \cdot + \;\rangle C{=}C\langle \;\longrightarrow\; R{-}\overset{|}{\underset{|}{C}}{-}\overset{|}{\underset{|}{C}}\cdot \tag{11.30}$$

聚合发生在电极表面或本体溶液中，低电流密度时一般易形成烯烃和烷烃。

(2) 阳极阳离子聚合

阳极阳离子聚合是由一种支持电解质阴离子在阳极放电产生的物质引发的，具有以下特征：

1) 聚合反应的电流效率高；

2) 电解时阳极液的 pH 值会下降；

3) 电极极性转换，聚合速率下降；

4) 阳极常有颜色；

5) 电解终止后，聚合仍会进行，甚至可持续数天。

3. 电化学缩合聚合

电缩聚反应，是单体分子的官能团以及作为中间产物的聚合物分子链链端的官能团在电极上电解氧化或还原，然后官能团之间发生相互作用而偶合的聚合反应。一个典型的例子，是在阳极上通过二羧酸盐 $^-O_2C-R-CO_2$ 的偶合反应来合成聚烷烃 R_n，其链增长的机理为

$$^-O_2C - R_n - CO_2^- - e \longrightarrow {}^-O_2C - R\cdot_n + CO_2 \tag{11.31}$$

$$^-O_2C - R\cdot_n + {}^-O_2C - R\cdot_m \longrightarrow {}^-O_2C - R\cdot_{n+m} + CO_2 \tag{11.32}$$

进行电缩聚反应时，选择溶剂的一个条件是溶剂的电化学活性应小于单体。由于水的电化学活性通常大于有机化合物，所以绝大多数电缩聚反应在有机溶剂中进行。有机分子通常容易被氧化，而不容易被还原，因此大多数电缩聚反应又是在阳极上发生的。可进行电缩聚反应的单体的特点是，在电极表面具有较高的吸附活性，如芳香族化合物(苯、甲苯、联二苯、苯胺、苯酚、对氨基苯甲酸等)、杂环化

合物(吡啶、吡咯、噻吩等)、稠环化合物、二苯基冠醚等。

电缩聚反应一般来说由于所需过电位较高,其电化学反应是不可逆的,因而不存在聚合物和单体之间的缩聚平衡,这是其与通常化学聚合反应的不同之处。电缩聚反应过程中的聚合物分子链必须首先吸附在电极表面上,然后才能经电化学反应进一步被聚合。由于聚合物大分子链上各链节吸附时的协同作用,使得高分子量聚合物的吸附能力大于低分子量聚合物,加上高分子量聚合物离开电极表面的扩散速度要小于低分子量聚合物,因此高分子量聚合物较低分子量聚合物更易于继续生长。这就使得电缩聚反应聚合产物分子量的分布一般宽于化学缩聚反应。

因为电缩聚反应的链增长步骤是在电极表面上进行的电化学步骤,所以该类反应与通常的化学缩聚反应有着本质的区别,有可能得到用其他方法不能得到的聚合物且得到的聚合物膜往往与电极表面有良好的结合力。

4. 电化学加成聚合

电加聚反应,是指引发剂或单体在电极上电解氧化或电解还原来产生活性中心(包括自由基、阳离子基和阴离子基三种),然后由活性中心来引发乙烯基类单体、环状单体或氰基类单体的加聚反应。在电加聚反应过程中,决定聚合产物组成的链增长步骤是在电极表面附近的液相中进行的化学步骤,因此电加聚得到的聚合产物在组成上与化学加聚方法相同。

按参加聚合反应的单体种类的不同,电加聚反应可以分为三类:电化学乙烯基加成聚合反应、电化学开环加成聚合反应和电化学氰基加成聚合反应。其中第一类占绝大多数。

电加聚反应具有一系列的缺点:

(1) 产生能引发聚合反应活性中心的电流效率很低;

(2) 所得聚合产物多半分子量较低,产率也不高;

(3) 因聚合产物会从电极表面脱附而难以得到满意的聚合物膜;

(4) 聚合产物在电极表面上的沉积会阻碍电活性物质向电极表面传输。

因此目前电聚合反应的研究重点已逐渐转向电缩聚反应。

§11.3.4　激光诱导的电聚合反应

激光具有能量集中且可调的特点,可影响甚至控制电化学反应过程,同时对加工条件的要求也相对简单[24]。目前,利用激光进行材料微加工已成为研究热点。在金属电极表面进行激光诱导电聚合,也成为电聚合反应的一个重要研究方向。

利用激光照射可使电聚合在较负的电位下进行,一般认为存在两个可能的反应机理：一是在强激光的照射下，电极表面光照点处温度将显著升高，使该处的聚合起始电位明显负移，从而诱导电聚合[25]；二是由于入射光子的作用导致自由基的生成并可在较负的电位下聚合。Haraguchi 等[26]利用 1 064nm 的红外激光观察到了苯胺的激光诱导电聚合，他们认为能量较低的光子使苯胺生成自由基的可能性很小，因此是激光的热效应导致聚合电位的负移。田中群等[27]利用 632.8nm 的 He-Ne 激光使吡咯在 0.25V 时便在金电极上发生氧化聚合(若无激光照射，则发生聚合的电位为 0.72V)，而且所得到的聚合物结构与常规高电位下聚合的产物结构十分相似，由此推测激光热效应是导致聚合起始电位负移的主要原因(若是由于光照产生自由基，聚合物的结构应与常规聚合产物的有所不同)。

利用激光诱导对电化学过程的影响，可实现导电聚合物有选择性的微区电聚合，并有望应用于电化学微米加工。

§11.4　电化学不对称合成[28]

电化学不对称合成，是指在手性诱导剂、物理作用(如磁场、偏振光)等诱导作用存在下，将潜手性的有机化合物通过电极过程转化为相应的有光学活性的化合物的一种合成方法。与通常的不对称合成方法相比，电化学不对称合成具有反应条件温和、易于控制、手性试剂用量小及产物较纯、易于分离等优点。但作为一个与有机化学、电化学等学科相关的新兴研究领域，也存在许多不足之处，如产物光学纯度(optical purity 即 o. p.)不高、手性电极寿命不长、重现性不佳等。目前，关于电化学不对称合成的机理也不十分清楚，这些都有待于进一步研究。

进行电化学不对称合成需要手性诱导源，主要是反应物分子的空间效应、手性电极(包括吸附了电解液中手性诱导剂的电极、共价键型修饰电极和聚合物薄膜修饰电极)、手性支持电解质、手性溶剂和外加物理作用等。

§11.4.1　分子内电化学不对称诱导

分子内电化学不对称诱导指当潜手性的反应物分子空间位阻较大或已含手性中心，在电解过程中接近电极时有立体选择性，或者生成的中间体在后续步骤立体选择，于是相应电极反应产物有光学活性，也就不需要另加不对称诱导。

例如，有关樟脑和降樟脑衍生物的电化学不对称还原研究，1967 年 Fry 等[29]研究在不含手性诱导剂的电解液中用汞阴极还原樟脑肟(1)和樟脑肟(2)，反应如下所示

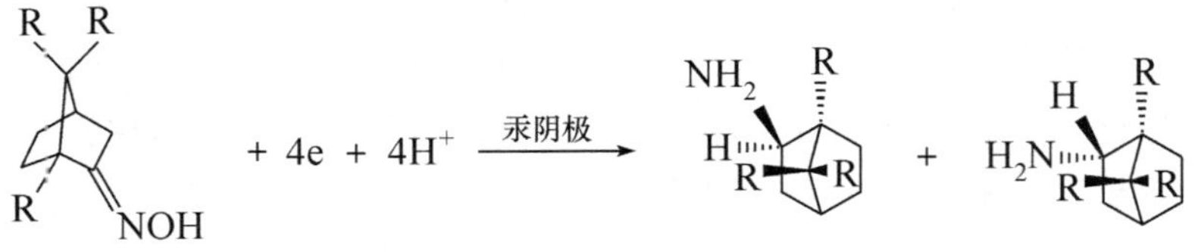

(11.33)

1　R=CH$_3$　　99%　　1%

2　R=H　　0　　100%

之后，他们[30]进行了 N-苯基樟脑亚胺 **3** 和 N-苯基降樟脑亚胺 **4** 选择性电还原研究，阴极为汞，产物及收率见式(11.34)，导致产物不对称性的根本原因是反应物分子的空间位阻。

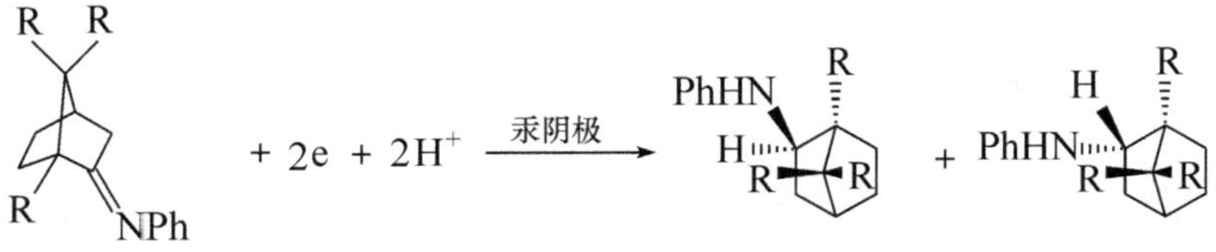

(11.34)

3　R=CH$_3$　　99%　　1%

4　R=H　　0　　100%

§11.4.2　手性支持电解质的诱导

采用该方法进行电化学不对称合成时，手性诱导剂通常作为电解液的支持电解质加入。由于手性诱导剂在电极上吸附一般较弱[31]，为了在电极附近形成足够强的不对称诱导环境，所用手性诱导剂的浓度一般较高($>0.1\text{mol}\cdot\text{L}^{-1}$)，有的甚至达到饱和，主要是麻黄碱(包括衍生物)、奎尼定等生物碱。这方面在 20 世纪 60～70 年代研究较多，由于生物碱价格较贵、毒性较大，且产物光学纯度较低，因此近年来研究较少。

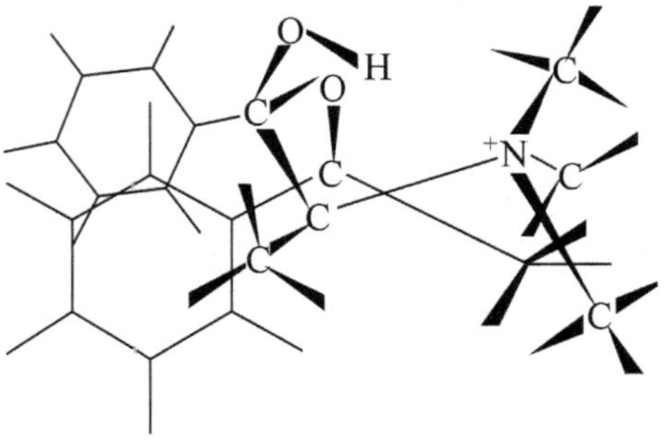

图 11.6　苯乙酮在手性电解液中电还原过程与 **5** 通过氢键形成的过渡态(纸面为汞电极表面)

德国的 Horner[32～37] 等在这方面做了大量的工作，主要是使用麻黄碱及其衍生物和冠醚作为手性支持电解质，通过还原芳基烷基酮可生成相应有光学活性的醇，光学纯度最高可达 19%。研究表明，手性支持电解质的构型决定产物的旋光性和光学纯度，电位、电流密度、温度、溶剂、电极材料、pH 及反应物的结构对产物的光学纯度和比率都有影响。依据实验事实，他们提出了如下假设，可以成功地解释二甲基麻黄碱鎓离子（PhCH(OH)— CH(CH_3)— $\overset{+}{N}(CH_3)_3$，**5**）存在下苯乙酮的电化学不对称还原过程：(a)鎓离子中心 $\overset{+}{N}(CH_3)_3$、α 和 β 碳上的氢原子以及苯环附着在电极表面，而 OH 和 CH_3 伸向溶液；(b)反应物分子中的羰基与支持电解质分子如 **5** 中的羟基形成氢键，根据 Cram 法则，形成的过渡态如图 11.6；(c)电子从汞表面转移到有一定立体取向的苯乙酮的羰基上形成负碳离子，质子化后最终生成手性的醇。

§ 11.4.3　吸附型手性电极的诱导

前已述及，使用手性诱导剂为支持电解质，而一般手性诱导剂的浓度较高，利用吸附型手性修饰电极则可克服这一缺点。电解液中手性诱导剂的浓度很低（一般约 1.0×10^{-4} mol · L^{-1}），不作为支持电解质使用，但其对所用电极是强吸附的。以士的宁为例，当在电解液中浓度为 1.0×10^{-4} mol · L^{-1} 时，其在汞电极表面已可达饱和浓度 2.3×10^{-10} mol · cm^{-3}，假使表面层厚度为 10^{-7} cm，体积摩尔浓度可达 1.0mol · L^{-1}[38]。

常用手性吸附诱导剂是一些生物碱，如士的宁、奎尼定、吐根碱等。Grimshaw 等人[39,40]在少量生物碱的存在下，用汞阴极还原 **6**，发现不同生物碱对 **7** 的旋光性、光学纯度及 **7** 与 **8** 的比率均有影响，其中使用鹰爪豆碱效果较好，结果如下

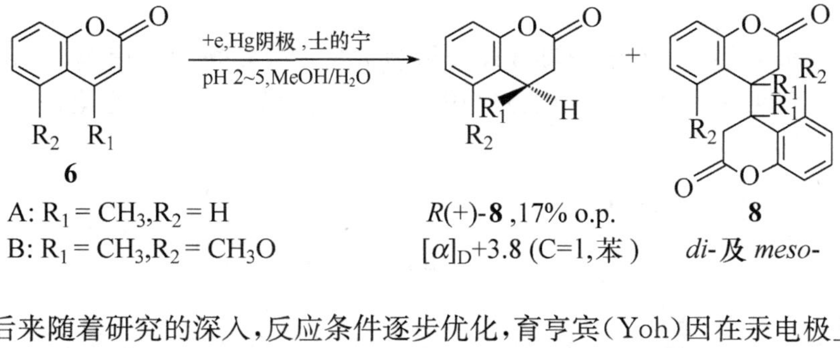

(11.35)

后来随着研究的深入，反应条件逐步优化，育亨宾(Yoh)因在汞电极上强吸附而被较多用作手性吸附诱导剂[41]。育亨宾诱导甲基对硝基苯硫醚(**15A**)不对称氢化的机理[42]见式(11.36)。

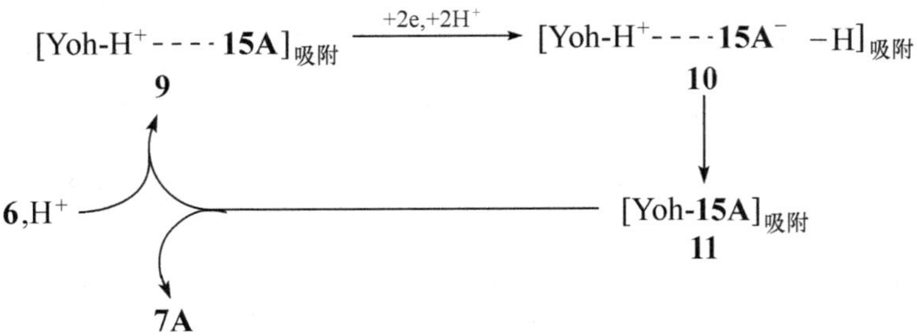

(11.36)

按此机理，吸附在汞阴极上的质子化的 Yoh 与 **15A** 作用生成配合物 **9**，经两电子还原生成两性离子配合物 **10**，随后 Yoh-H$^+$ 作为质子授体的对映体发生选择性质子化，接着 Yoh 重新质子化。

§11.4.4　共价键型手性修饰电极的诱导

“共价键型手性修饰电极”是 Miller 等人[43] 于 1975 年将光活性分子共价键键合到石墨电极上而首先设计的，其电极修饰过程如下

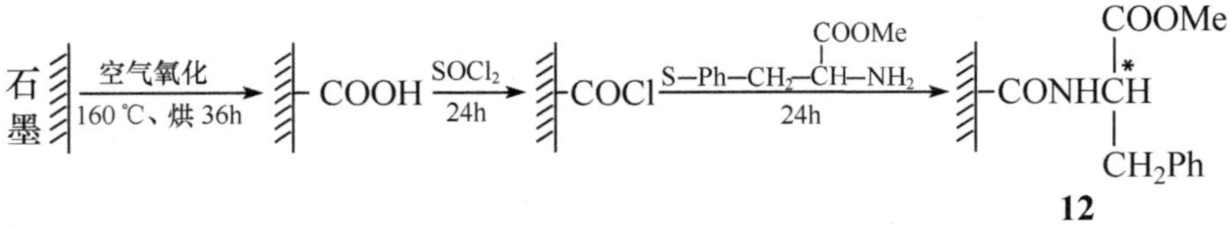

(11.37)

用此电极还原 4－乙酰吡啶 **13**，产物为 R(－)-**14**，光学纯度为 14.5%，见式(11.38)；若用 R－苯丙胺酸甲酯修饰电极时，**14** 的构型恰好相反；若不修饰，则产物无光学活性。

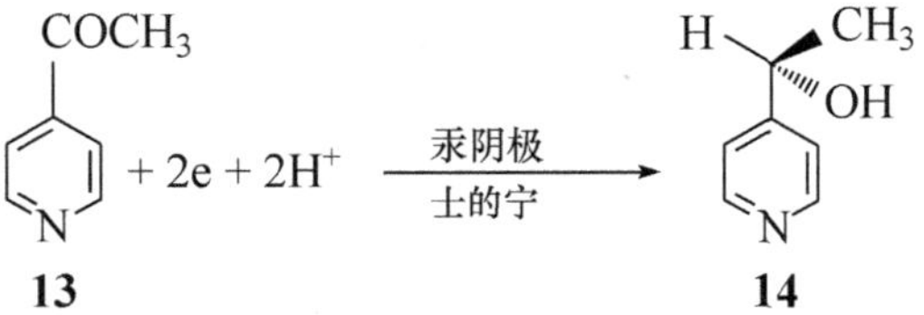

(11.38)

碳电极和金属氧化物电极上的手性表面应用研究目前进展不大，其电解产物的光学纯度还不高，与手性表面作用机理也不清楚。Miller 等[44] 曾将(－)-樟脑酸酐通过酯键修饰到 DSA(主要成分为钛和铁的氧化物)和 SnO_2 上，分别用于 **15A** 和 **15B** 的不对称氧化，产物 **16** 虽有光学活性但很低，如式(11.39)所示

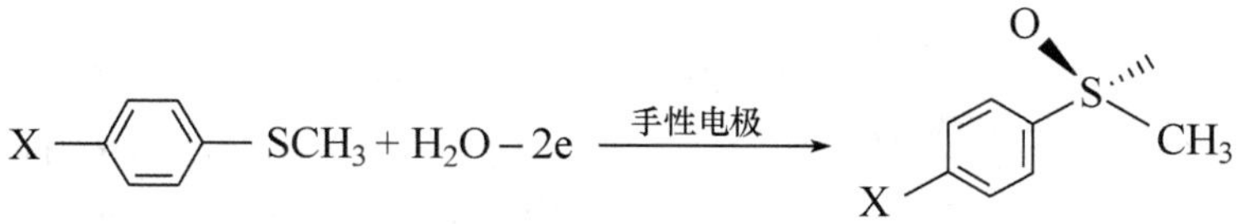

(11.39)

15　　　　　　　　　　　　*S*(−)-**16**

A: X = NO_2　　　　DSA　　　　0.9% o.p.

B: X = CH_3　　　　SnO_2　　　　1.4% o.p.

§11.4.5　聚合物薄膜修饰电极的诱导

如上所述将小分子的手性物种以共价键修饰到电极表面以诱导不对称合成，是一种较为理想的方法，只需极少量诱导剂就能有效发挥作用。然而由于电极表面手性物质覆盖率低、电极寿命短、制备较难等原因，人们又开发了手性聚合物薄膜修饰电极用于不对称合成，目前已取得了较大的成果。

聚合物薄膜修饰电极是将聚合物以共价键形式修饰到电极表面。图 11.7 是一些聚合物修饰石墨电极表面的结构示意图，由于这些电极的膜是以共价键 ($-\overset{\overset{O}{\|}}{C}-NH-$)连接，因此寿命比浸覆法电极要长得多。

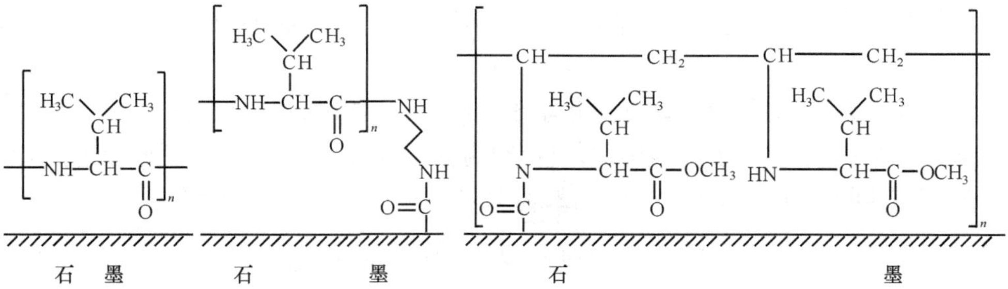

图 11.7　几种聚合物修饰石墨电极表面结构示意图

首次用于不对称合成的聚合物薄膜修饰电极，是在聚-*L*-缬氨酸修饰石墨电极上进行的对潜手性的烯烃不对称还原反应[45]。电极修饰方法为：将抛光净化后的石墨电极浸入聚-*L*-缬氨酸的三氟乙酸溶液中，然后减压抽干即成。在磷酸盐缓冲溶液（pH 6.0）中，于 0℃对甲基顺丁烯二酸 **17** 进行不对称还原的结果见式(11.40)。

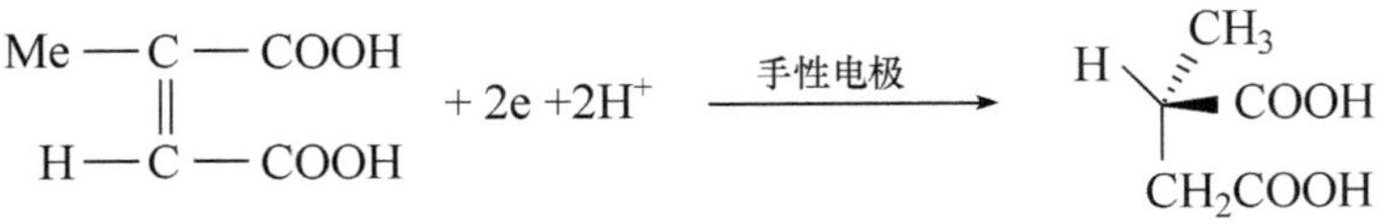

(11.40)

17　　$S(-)$-**18**,25% o.p. ,80%c.y.

§11.4.6　磁场的诱导及其他

以磁场、偏振光等外加物理作用来代替不对称合成体系中的不对称源进行合成,称之为绝对不对称合成,相应地可派生出电化学绝对不对称合成。研究磁场对不对称反应的影响很有意义,我们知道生命最初是由原始海洋中的氨基酸、核苷酸等有机小分子发展而来的,其光学活性的产生与地磁场、偏振光和电场等关系极为密切[46],研究磁场下的电化学不对称合成就是有鉴于此的。

在磁场中,无论反磁性或顺磁性物质,只要磁场强度足够大,均能沿一定方向排列。在电化学还原过程中,主要是反应物的电极反应中间体(如游离基、负碳离子等)在电极表面与磁场发生作用而定向排列,在后续步骤中部分保留原有构型,导致立体选择性还原或氧化。如在 980～1680 Gs 的磁场中,用汞阴极还原苯甲酰甲酸和丙酮酸,生成的扁桃酸和乳酸均为 $L(+)$-对映体过量,光学纯度与磁场感应强度成正比,当磁力线与汞电极表面垂直时才能产生不对称诱导,磁场的极性对产物的旋光度及光学纯度没有影响;当磁力线与汞电极表面平行时,产物无光学活性[47]。

另外,用手性溶剂也可诱导电化学不对称合成,如以 S,S-(+)-1,4-二(二甲胺基)-2,3-二甲氧基丁烷为溶剂,溴化锂为支持电解质,用汞阴极还原苯乙酮,产物为旋光性的 R,R-(+)-(2,3-二苯基-2,3-丁二醇),光学纯度为 6%[48]。

§11.5　特殊有机电合成实例

§11.5.1　成对有机电合成实例

1. 葡萄糖酸钙和山梨糖醇的成对电合成[4]

葡萄糖酸钙和山梨糖醇在葡萄糖工业生产中占有重要地位,并广泛应用于食品、医疗和轻工等行业。以往葡萄糖酸盐的生产方法包括发酵法、催化氧化法和电解氧化法三种,而山梨糖醇则单独用催化加氢法或电解还原法合成。虽然这两类产品所用的原料都是葡萄糖,但需用两种不同的生产装置及工艺才能进行生产,故设备投资大、成本高、能耗大,尤其是电化学法生产这两类产品时,每次电解只能在阳极或阴极上合成一种产品,而另一个电极则生成氧气或氢气,白白浪费电能。若使用成对电合成法在同一电解槽内同时合成葡萄糖酸盐和山梨糖醇，则解决了这个问题。

葡萄糖酸钙和山梨糖醇的成对电合成，转动阴极为锌汞齐化电极，石墨板为固定阳极。电化学反应式如下

阳极反应

$$2Br^- \longrightarrow Br_2 + 2e \tag{11.41}$$

$$Br_2 + H_2O \longrightarrow HOBr + H^+ + Br^- \tag{11.42}$$

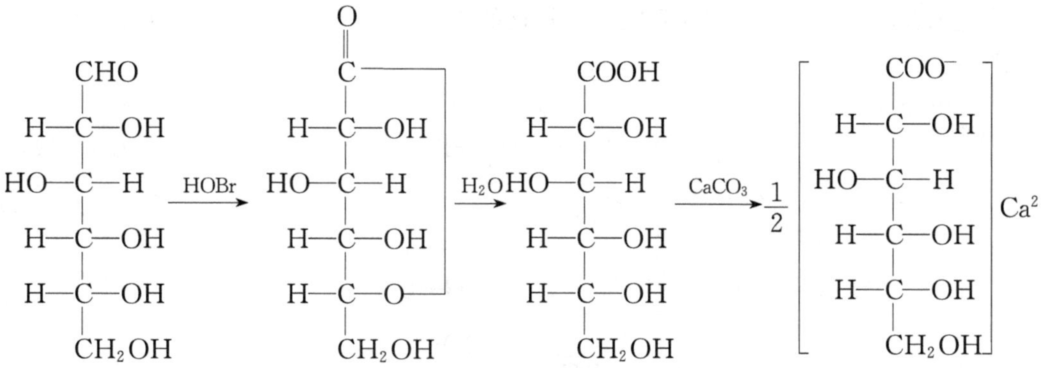

葡萄糖　葡萄糖-δ-内酯　葡萄糖酸　葡萄糖酸钙

(11.43)

阴极反应

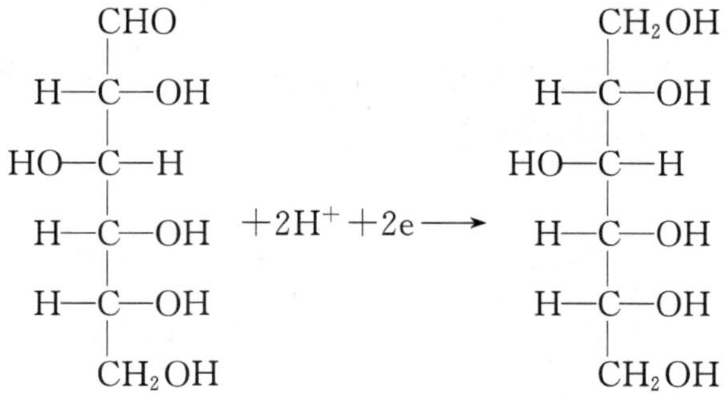

葡萄糖　山利糖醇

(11.44)

控制如下条件进行电解：电解液组成为 1.6mol · L^{-1} 葡萄糖＋0.2mol · L^{-1} NaBr＋22g $CaCO_3$＋400ml H_2O，温度 60℃，pH 值 6～7，阴极转速 400r · min^{-1}，阴极电位－1.95V(v. s. SCE)，电流密度 300A · m^{-2}。结果表明：在该条件下，成对电合成葡萄糖酸钙和山梨糖醇的总电流效率为 103.8%，总收率为 73.8%，葡萄糖的转化率为 93.5%。

2. 葡萄糖酸和丁二酸的成对电合成[49]

葡萄糖酸是一种食品添加剂的中间体，由它可制备一系列葡萄糖酸盐，如钙盐、锌盐、钠盐、铁盐、铜盐等，这些盐中所含的金属都是人体所必需的元素。丁二酸也是一种重要的化工原料，广泛应用于医药、农药、合成高分子材料、香料和食品添加剂等行业。

反应在酸性阳离子交换膜电解槽中进行，阳极室是葡萄糖和溴化钠的水溶液，溴化钠在电解过程中不仅起到间接电氧化的媒质作用，而且还作为阳极的支持电解质。

电极反应

$$2Br^- - 2e \longrightarrow Br_2 \qquad (11.45)$$

氧化反应

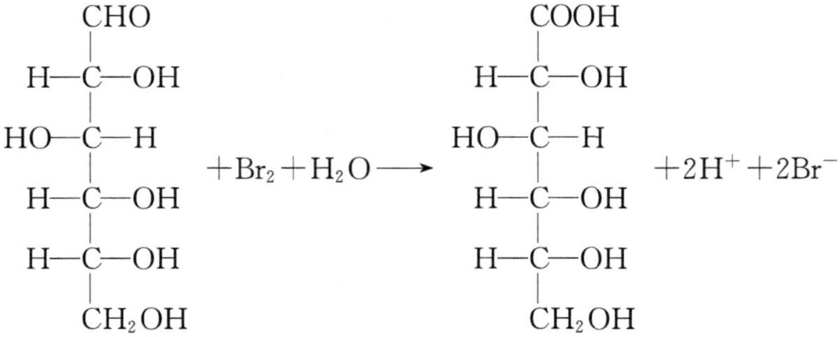

(11.46)

阴极室为顺丁烯二酸酐和氯化钠的水溶液，氯化钠作为支持电解质。在阴极室首先是顺丁烯二酸酐水解成顺丁烯二酸

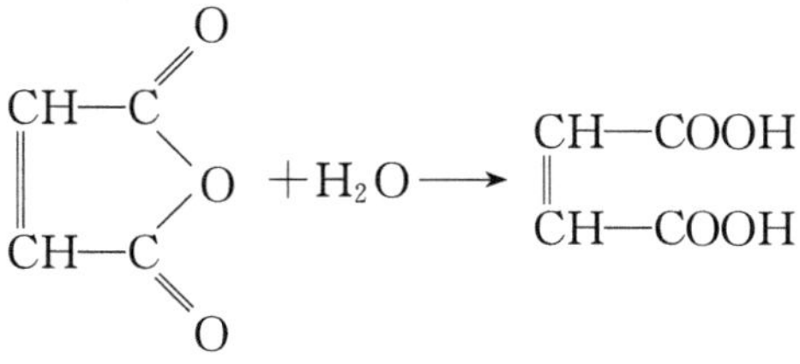

(11.47)

电极反应

$$2H^+ + 2e \longrightarrow 2H\cdot \qquad (11.48)$$

顺丁烯二酸再进行加成反应

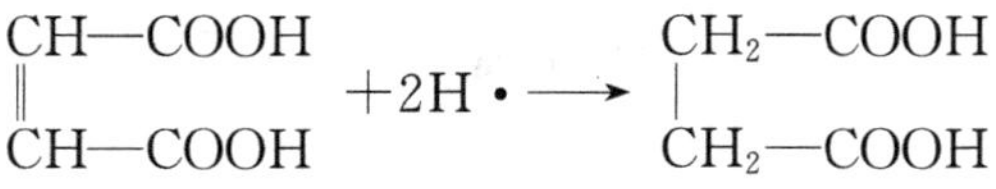

(11.49)

阴、阳极的总反应

$$\begin{matrix} CH—COOH \\ \| \\ CH—COOH \end{matrix} + \begin{matrix} CHO \\ | \\ (CHOH)_4 \\ | \\ CH_2OH \end{matrix} \longrightarrow \begin{matrix} CH_2—COOH \\ | \\ CH_2—COOH \end{matrix} + \begin{matrix} COOH \\ | \\ (CHOH)_4 \\ | \\ CH_2OH \end{matrix} \quad (11.50)$$

阴极最佳工艺条件为：顺丁烯二酸酐浓度 1mol · L^{-1}，氯化钠浓度 2.5%，电流密度 10A · dm^{-2}，1.2 倍理论电量，温度 40℃。

阳极最佳工艺条件为：葡萄糖浓度 0.1mol · L^{-1}，溴化钠浓度 2%，电流密度 2A · dm^{-2}，1.2 倍理论电量，温度 50℃。

成对电解同时合成葡萄糖酸和丁二酸的电流效率均在 80%以上，总电流效率为 166%，且具有工艺简单、无三废排放等特点。

3. 硝酮的成对电解合成[50]

硝酮是贵重的中间体及良好的自旋捕获剂，如 1，3 -二极化合物广泛用于各种生物活性氮化合物的合成。已报道的合成硝酮的方法，一般采用钯盐、钨盐为氧化剂催化氧化相应的胺和胲；以 I^-/I_2 为氧化还原媒质，二级胺的胲经电化学氧化可获得高产率的硝酮，而成对电解合成硝酮是一种更有效的合成方法。

以 $WO_4{}^{2-}/WO_5{}^{2-}$ 为阴极还原媒质、Br^-/Br_2 为阳极氧化还原媒质，催化氧化 *N*-羟基二级胺合成硝酮的电极反应如下

阴极反应

$$O_2 + 2e + H_2O \longrightarrow H_2O_2 \quad (11.51)$$

$$H_2O_2 + HWO_4{}^- \longrightarrow HWO_5{}^- + H_2O \quad (11.52)$$

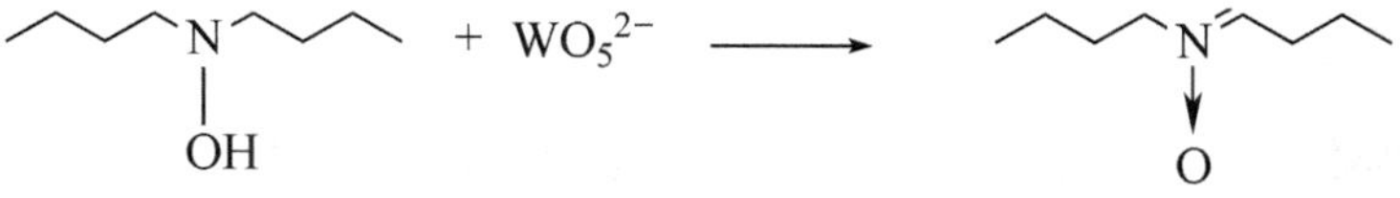

(11.53)

阳极反应

$$2Br^- - 2e \longrightarrow Br_2 \quad (11.54)$$

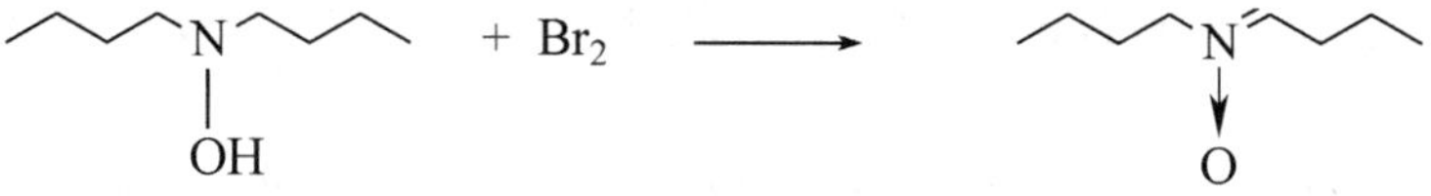

(11.55)

电解实验可以在 H 型阴离子膜电解槽或无隔膜电解槽中进行，阴、阳极分别为石墨和 DSA 电极。在隔膜电解槽中，阴极液为含二丁基- *N* -羟基胺 16mmol · L^{-1}、Na_2WO_4 2mmol · L^{-1} 和 Na_2HPO_4 0.2mmol · L^{-1} 的 60cm^3 水溶液，阳极液为含 Na_2HPO_4 0.2 mmol · L^{-1}、二丁基- *N* -羟基胺 32mmol · L^{-1} 和 NaBr 0.05mol · L^{-1} 的 30cm^3 水溶液。在无隔膜电解槽中，电解液为含二丁基- *N* -羟基

胺 25mmol · L^{-1}、Na_2WO_4 2mmol · L^{-1}、NaBr 0.05mol · L^{-1} 和 Na_2HPO_4 0.05mol · L^{-1}的 80cm^3 水溶液。

30℃下，通电量 2F · mol^{-1}，在两种电解槽中成对电解合成硝酮的电流效率均可达到 180%。

§11.5.2　SPE 电合成实例

1. 苯胺的 SPE 电合成[51]

苯胺是重要的有机化工原料，广泛用于合成医药、农药和染料等领域，一般采用硝基苯催化加氢法制得，尽管硝基苯电还原生成苯胺的方法早已在工业上应用，但电解条件、产品收率及电流效率等均有待改善和提高。

这里介绍在 Cu，Pt-SPE 复合电极上硝基苯电还原合成苯胺的工艺，其电极反应式为

阴极反应

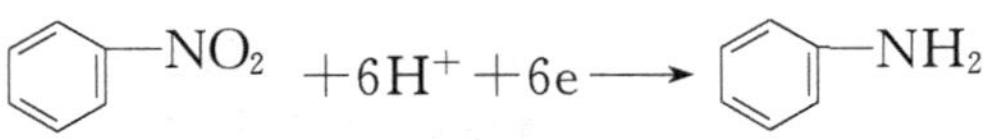

(11.56)

阳极反应

$$2H_2O \longrightarrow O_2 + 4H^+ + 4e \qquad (11.57)$$

实验用电解槽被 SPE 复合电极分隔成两部分，每部分的体积为 6cm^3，工作电极是 Cu，Pt-SPE 复合电极，对电极是 Pt 电极，阴极液为含硝基苯 70%(体积比)的乙酸溶液，阳极液为 0.025mol · L^{-1} 的 H_2SO_4 溶液。控制电流密度为 32mA · cm^{-2}、电量 800C 进行电解，苯胺收率可达 100%，电流效率可达 80%。

2. 苯甲醛的 SPE 电合成

苯甲醛是一种重要的有机合成中间体，其用途也很广泛。国内外有关苯甲醛电合成的研究报道很多，一般以锰盐、铈盐或过硫酸盐等为媒质，间接电氧化甲苯来合成苯甲醛。在 Pt-SPE 复合电极上苯甲醇可氧化成苯甲醛，但大多数采用的是美国杜邦公司生产的 Nafion 膜，这里介绍使用国产 NF-1 型离子膜的苯甲醛的 SPE 电合成[13]。

实验用电解槽为三电极体系，采用浸渍-还原法工作电极(阳极)用 NF-1 型国产离子膜制备的 Pt-SPE 复合电极，辅助电极(阴极)为铂丝，参比电极为 Ag/AgCl 电极。电极反应如下

阳极反应

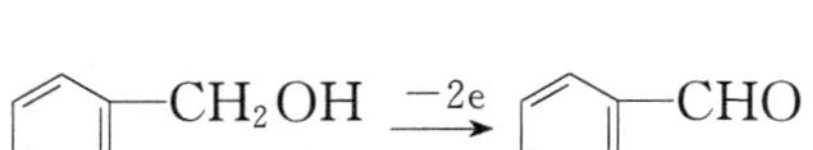

(11.58)

阴极反应

$$2H^{+}+2e \longrightarrow H_2 \tag{11.59}$$

电解条件如下：阴极液为 0.5mol · L^{-1}的 H_2SO_4 溶液，阳极液为 0.4mol · L^{-1}的苯甲醇（以丙酮为溶剂），温度 47℃，电流密度 200A · m^{-2}。

实验结果表明，在 Pt-SPE 电极（NF-1 型离子膜）上苯甲醇电氧化合成苯甲醛的电流效率可达 84%，收率可达 88%。

§11.5.3　电化学聚合实例

1. 苯胺的电聚合

聚苯胺具有其他芳环导电聚合物所共有的性质，并以其较高的电导率和电荷储存能力、较好的环境稳定性、原料易得及制备简单等优点，而被认为是目前最有希望获得实际应用的导电高分子聚合物。

自 1980 年 Diaz 采用电化学氧化聚合法制备出电活性的聚苯胺薄膜以来，人们对苯胺的电化学聚合和电化学性质已做了大量的研究工作，结果证明聚苯胺的形成是通过阳极偶合机理完成的，具体过程可由下式[52]表示

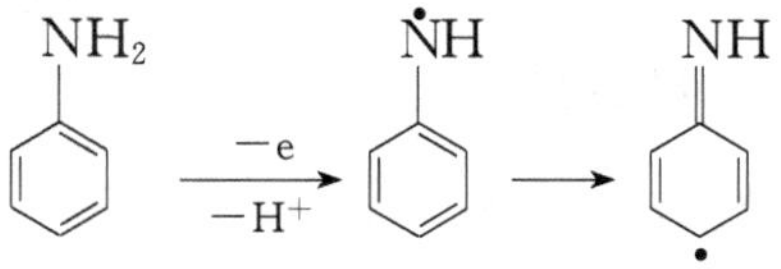

(11.60)

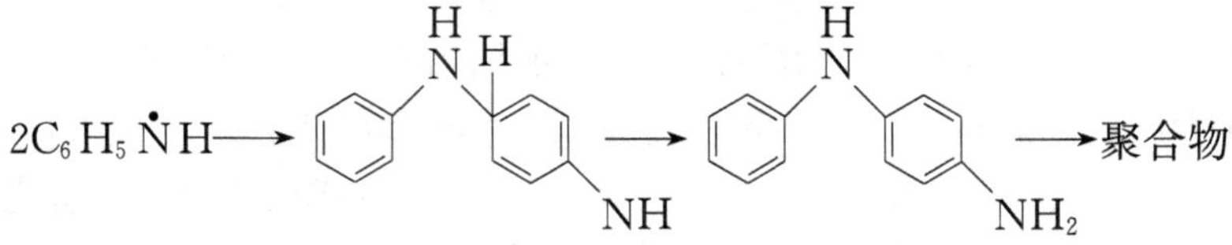

(11.61)

聚苯胺链的形成是活性链端（— NH_2）反复进行上述反应、不断增长的结果，由于在酸性条件下聚苯胺链具有导电性，保证了电子能通过聚苯胺链传导至阳极，使增长继续。只有当头-头偶合反应发生，形成偶氮结构，才使得聚合反应停止。

孙东豪等[53]利用环盘电极研究了酸性介质中苯胺的电化学聚合行为，所用环-盘电极为日本的 HR-103A 型，Pt 盘电极、Pt 片（1cm×1cm）和 SCE 电极分别作为工作电极、辅助电极和参比电极，电解液为苯胺的盐酸溶液，反应在氮气氛中进行。实验中在环电极上检测到了动力学长寿命的阳离子自由基中间体，由此证实了酸性溶液中苯胺的电聚合反应是通过阳离子自由基中间体进行的，属于自由基聚合反应机制。

2. 吡咯的电聚合

聚吡咯(PPy)是一种导电高聚物，由于制备方法简单、电导高，以及在空气中稳定性好等特点，特别引起了人们的兴趣。

电化学聚合反应在吡咯水溶液中进行，支持电解质可为甲苯磺酸、对甲苯磺酸钠、十二烷基苯磺酸、十二烷基硫酸钠等。一般采用恒电流法，利用调节电流密度来控制膜的厚度和质量。

Warren[54]指出，电聚合过程中若电流密度太低，吡咯环上的氧化可能较聚合反应来得快，结果聚吡咯链较短，电导亦低。以 TsONa 为电解质时的最佳电流密度为 2.8mA · cm^{-2}；以 TsOH 为电解质时，电流密度只要大于 0.2mA · cm^{-2}就可制得电导率较高的稳定 PPy 膜。电流密度若小于 0.2mA · cm^{-2}，则会使反应时间过长，副反应增多，PPy 膜电导率下降。在最佳条件下电聚合制得的 PPy 膜的电导率为 120Ω^{-1} · cm^{-1}，抗拉强度 46MPa，模量为 1.75GPa。

浅原照三报道以乙腈为溶剂，Et_4NBF_4、$LiClO_4$ 为支持电解质，在氩气中三电极体系电解槽内，用金阳极在 0.6V(相对 Ag/$AgNO_3$ 0.1mol · L^{-1}参比电极)时进行电聚合，在阳极得到黑色的 PPy 膜，膜厚 10μm，电导率为 510Ω^{-1} · cm^{-1}。

§11.5.4　电化学不对称合成实例

1. 乙酰吡啶的电化学不对称还原

采用有生物碱吸附的汞阴极不对称还原乙酰吡啶，Kopilov 等[55,56]研究较早，发现番木鳖碱及士的宁效果较好，以士的宁为手性诱导剂，他们研究了一系列条件对产物光学纯度的影响。2-,3-和 4-乙酰吡啶 **19**,**20**,**13** 还原生成的频哪醇 **24**,**25**,**26** 均无光学活性，为 *dl*-和 *meso*-组成的混合物，生成的 **21** 和 **23** 有光学活性，而 **22** 为外消旋体，见式(11.62)～式(11.64)所示。

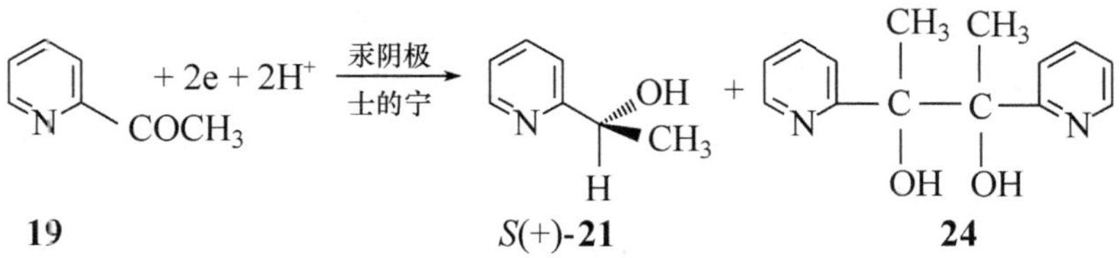

19　　*S*(+)-**21**　47% o.p.　　**24**

(11.62)

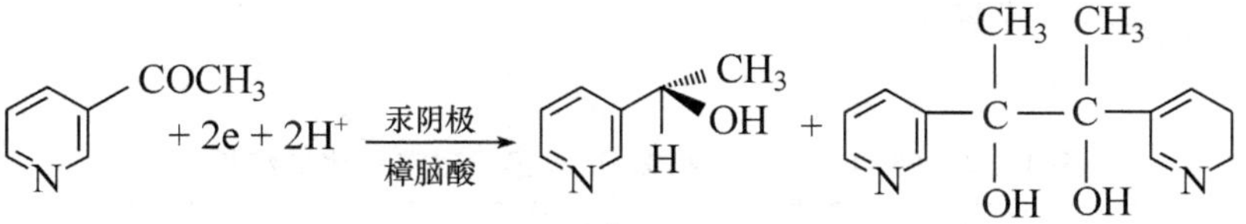

20　　$R(-)$-**22**　7.4% o.p.　　**25**

(11.63)

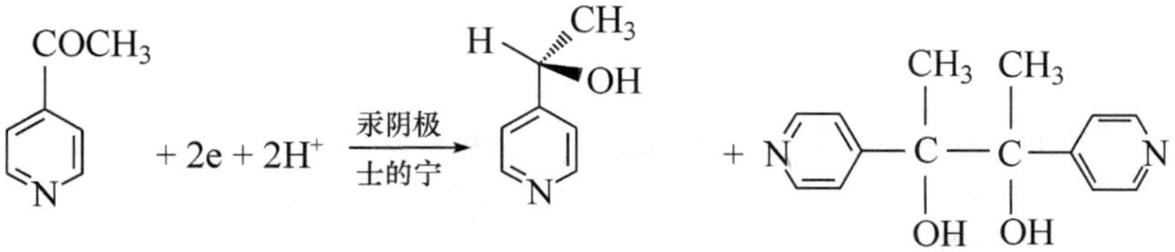

13　　$S(+)$-**23**　41% o.p.　　**26**

(11.64)

2. 苯基环己基硫醚的电化学不对称氧化

Komori 等[57]用聚-L-缬氨酸修饰 Pt 电极研究了苯基环己基硫醚 **27** 的电化学不对称氧化，产物为苯基环己基亚砜 **28**。有关结果见式(11.65)和表 11.7，图 11.8是聚-L-缬氨酸修饰 Pt 电极的表面结构示意图，表 11.7 是聚-L-缬氨

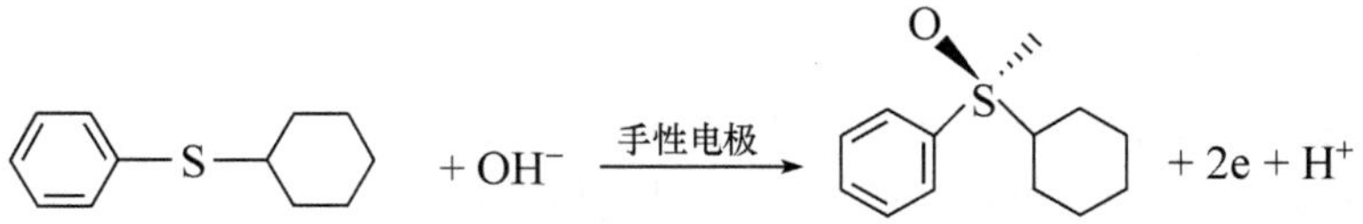

(11.65)

27　　**28**

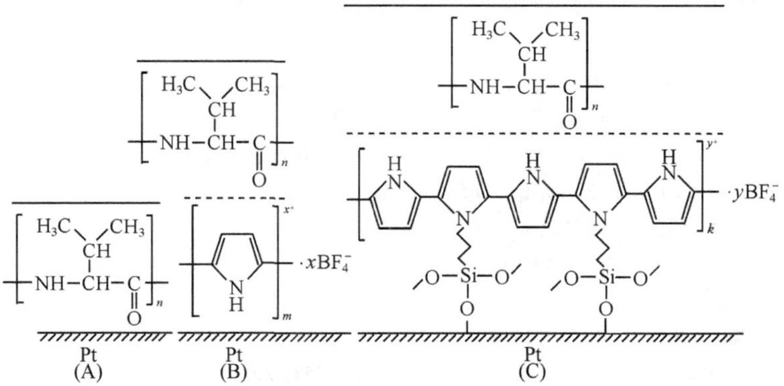

图 11.8　聚-L-缬氨酸修饰 Pt 电极的表面结构示意图

酸修饰 Pt 电极不对称氧化的结果。

表 11.7　聚-L-缬氨酸修饰 Pt 电极不对称氧化的结果

电极类型	28[α]$_D^{20}$的(c,乙腈)	28,o. p. /%	28,c. y. /%
A	−540°(0.7)	28.0	34.0
B	−81.1°(0.3)	40.0	14.5
C	−106.2°(0.7)	54.0	31.2

参　考　文　献

[1] 王光信，张积树. 有机电合成导论. 北京：化学工业出版社，1997

[2] 顾登平，张雪英，崔宝秋等. 精细化工，**17(6)**，336～338,2000

[3] 李玮，顾登平，张宏坤等. 精细化工，**15**(增刊)，271～277,1998

[4] 马淳安，陈江渭，科技通报，**12(3)**，148,1996

[5] Funt B L，Tanner J. In：Weinbery N L，ed. Technique of electro-organic synthsis. New York：Wiley-Interscience，1975. 559～665

[6] Sanchez-Cano G，Montiel V，Aldeg A，Tetranedron，**47**，877，1991

[7] 张宏坤，张雪英，顾登平. 精细化工，**14(5)**，56,1997

[8] Baizer M M，Nonaka T，Park K，et al. J. Appl. Electrochem.，**14**，197～208,1984

[9] Ogumi Z，et al. *Electrochim. Acta.*，**26**，1779,1981

[10] Ogumi Z，et al. *Electrochim. Acta.*，**28**，1687，1983

[11] 方真荣. 有机化合物在 SPE 复合电极上的反应特性及动力学特征的研究：[学位论文]. 浙江工业大学，2000

[12] a. 马淳安，高晓萍，张文魁等. 精细化工，**15**(增刊)，322～326,1998
b. 马淳安，张文魁，黄辉等. 浙江工业大学学报，**27(4)**，265～270，1999

[13] 高晓萍. SPE 电极的制备及性能研究：[学位论文]. 浙江工业大学，1999

[14] Ogumi Z，Mizoe T，Yoshida N，et al. *Bull. Chem. Soc. Jpn.*，**60**，4233，1987

[15] Ogumi Z，Mizoe T，Zen-ichiro T. *Bull. Chem. Soc. Jpn.*，**61**，4183，1988

[16] Chen Z，Mizoe T，Ogumi Z，et al. *Bull. Chem. Soc. Jpn.*，**64**，537～542，1991

[17] Ogumi Z，Nishio K，Yoshizawa S. *Electrochim. Acta.*，**26(12)**，1779，1981

[18] Ogumi Z，Inaba M，Shinichi O. *Electrochim. Acta.*，**33**，365,1988

[19] Inaba M，Ogumi Z，Ion-ichiro T. *J. Electrochem. Soc.*，**140**，19，1993

[20] Inaba M，James T，Ogumi Z，et al. *J. Electrochem. Soc.*，**140**，706,1993

[21] 江军华，吴秉亮，周元全. 精细化工，**13**(增刊)，7～9，1996

[22] 邝生鲁等. 应用电化学. 武汉：华中理工大学出版社，1994

[23] 廖川平. 化学通报，**2**，37～41,2000

[24] 任斌，田中群. 电化学，**2(1)**，9，1996

[25] Gholamian M，Contractor A Q. *J. Electroanal. Chem.*，**252**，291，1988

[26] Jin J Y，Teramae N，Haraguchi H. *Chem. Lett.*，(1)，101，1993

[27] 高劲松，蔡雄伟，田中群. 应用化学，**2**(**14**)，72～74，1997
[28] 张五昌，陈刚，陈良等. 合成化学，**3**(**1**)，7～18，1995
[29] Fry A J，Newberg J H. *J. Am. Chem. Soc.*，**89**(**24**)，6374，1967
[30] Fry A J，Reed R G. *J. Am. Chem. Soc.*，**91**(**12**)，6448，1969
[31] Tronel-Peyoz E，Schuhmann E，Jubault M. *J. Electroanal. Chem.*，**129**(**1-2**)，265，1981
[32] Horner L，Degner D. Tetrahedron *Lett.*，(**56**)，5889，1968
[33] Horner L，Degner D. *Electrochim. Acta.*，19(11)，611，1974
[34] Horner L，Schneider R. Tetrahedron *Lett.*，(**33**)，3133，1973
[35] Brown D，Horner L. *Justus Liebigs Ann. Chem.*，77，1977
[36] Horner L，Brich W. *Chem. Ber.*，111，574，1978
[37] Horner L，Brich W. *Justus Liebigs Ann. Chem.*，710，1978
[38] Køster H，Wendt H. *J. Electroanal. Chem.*，**138**(**1**)，209，1982
[39] Gourley R N，Grimshaw J，Miller P G. *J. Chem. Soc.*，*Chem. Commun.*，(**24**)，1278，1967
[40] Gourley R N，Grimshaw J，Miller P G. *J. Chem. Soc.*，*Chem. Commun.*，(**17**)，2318，1970
[41] Schoo N，Sch!? fer H J. *Liebigs Ann. Chem.*，(**6**)，609，1993
[42] Tallec A. *Bull. Soc. Chim. Fr.*，(9/10)，743，1985
[43] Watkins B F，Behling J R，Kariv E，et al. *J. Am. Chem. Soc.*，**97**(**12**)，3549，1975
[44] Frith B E，Miller L L. *J. Am. Chem. Soc.*，**98**(**25**)，8272,1976
[45] Abe S，Nonaka T，Fuchigami T. *J. Am. Chem. Soc.*，**105**(**11**)，3630，1983
[46] Barron L D. *J. Am. Chem. Soc.*，**108**(**17**)，5539，1986
[47] Takahashi F，Tomii K，Takahashi H. *Electrochim. Acta.*，**31**(**1**)，127，1986
[48] Seebach D，Oei H A. *Angew. Chem.*，**87**，629，1975
[49] 李玮，张宏坤，顾登平. 精细化工，**15**(增刊)，282～284，1998
[50] 李玮，野中 · 勉. 精细化工，**15**(增刊)，278～279，1998
[51] Inaba M，Ogumi Z，Takehara Z. *J. Electrochem. Soc.*，**140**(**1**)，19～22，1993
[52] 张其锦，翟焱. 大学化学，**13**(**4**)，41～43，1998
[53] 孙东豪，穆绍林. 苏州丝绸工学院学报，**19**(**3**)，21～25，1999
[54] Warren L F，et al. *J. Electrochem. Soc.*，**134**，101，1987
[55] Kopilov J，Schatzmiller S，Kariv E. *Electrochim. Acta.*，**21**(**7**)，535，1976
[56] Kopilov J，Kariv E，Miller L L. *J. Am. Chem. Soc.*，**99**(**10**)，3450，1977
[57] Komori T，Nonaka T. *J. Am. Chem. Soc.*，**105**(**17**)，5690，1983

第 12 章　有机电合成工业与应用

有机电合成工业可追溯到 19 世纪中期,1849 年由柯尔贝(Kolbe)发现短链脂肪酸可电合成长链烃的反应,并成为最早实现工业化生产的有机电合成反应。但在此以后的 100 多年中,有机电合成的研究仅限于实验室规模,发展相当缓慢。20 世纪 30 年代曾有几个有机电合成反应实现了工业化,其中包括硝基苯电还原制苯胺、葡萄糖电还原制山梨醇和甘露糖醇等,但持续不久。由于催化加氢技术的成熟,使得这些电合成方法在工业上失去了竞争力。

20 世纪 60 年代,现代电化学科学及技术获得了长足的发展,电催化及电极过程动力学研究取得了长足的进步,出现了各种新的电化学研究方法,新型电极材料和隔膜材料及电化学反应器也不断涌现,为有机电合成工业化创造了条件。1964 年美国纳尔科化学公司(Nalco Chemical Co.)建成了年产 18 000t 的四乙基铅(TEL)电解工厂,1965 年美国孟山都(Monsanto)公司建成了年产 15 000t 的己二腈电合成工厂,标志着有机电合成技术开始进入工业化时代。

从此,有机电合成技术在工业上取得了广泛的应用,除孟山都公司和纳尔科化学公司外,用电合成方法生产有机产品的著名企业还有 3M 公司、道化学公司(Dow Chemical Co.)和杜邦公司(DuPont Co.)等。此外,德国的巴斯夫(BASF)、赫司特公司(Hoechest Co.)、英国的荷里第公司(Holliday Co.)、日本的旭化成公司、大冢化学公司、印度的中央电化学研究所、前苏联及我国的一些企业也相继开发了一些有机电合成产品及技术。至今已实现工业化或正在进行工业化试验的有机电合成产品已逾 100 种,如表 12.1[1,2]所示。

表 12.1　已工业化或工业化试验成功的有机电合成产品

序号	产品	主要原料	开发国或企业
1	溴仿	乙醇	印度中央电化学研究所
2	碘仿	乙醇	Shering A G Co.
3	苯酚乙烷	对羟基苯甲醛	Monsanto Co.
4	环氧丙烷	丙烯	Dow Chemical Co.
5	六氟环丙烷	六氟丙烷	Hoechest Co.
6	1,6-己二胺	己二腈	前苏联
7	邻苯胺	邻硝基甲苯	印度
8	联苯胺	硝基苯	印度

续表

序号	产品	主要原料	开发国或企业
9	三聚氰胺	氢氰酸	Sohlo Co.
10	己二腈	丙烯腈	Monsanto Co.
11	氨基己酚	己二腈	前苏联
12	对苯二酚	苯	Union Co.
13	2,4-二氨基酚	间硝基苯	印度
14	邻氨基酚	邻硝基苯	印度
15	对氨基酚	对硝基苯	印度
16	对氨基酚	硝基苯	Bayer Co.
17	2-氨基-4-甲基苯酚	2-硝基-4-甲基苯酚	印度
18	2-萘酚	萘	BASF
19	乙二醇	甲醛	Electro Synthesis Co.
20	四甲基乙二醇	丙酮	BASF
21	邻氨基苄醇	邻氨基苯甲酸	BASF
22	对甲氧基甲酰苄醇	对苯二甲酸二甲酯	Hoechest Co.
23	间二甲基氨基苄醇	间二甲基氨基苯甲酸	BASF
24	麦芽醇	糖醇	Otsuka Co.
25	乙基麦芽醇	糖醇	Otsuka Co.
26	山梨醇	葡萄糖	印度
27	甘露糖醇	葡萄糖	印度
28	三氯乙醛	乙醇	Shering A G Co.
29	苯甲醛	甲苯	ETHS Co.
30	4-特丁基苯甲醛	4-特丁基甲苯	BASF
31	4-特丁氧基苯甲醛	4-特丁氧基甲苯	BASF
32	水杨醛	水杨酸	前苏联
33	对氯苯甲醛	对氯甲苯	中国
34	对氟苯甲醛	对氟甲苯	中国
35	对甲基苯甲醛	对二甲苯	中国
36	邻甲基苯甲醛	邻二甲苯	中国
37	茴香醛	对甲基苯甲醚	BASF
38	甲乙酮	丁烯	Exxon Co.
39	丙炔酸	炔丙基醇	BASF
40	丁炔二羧酸	1,4-二羟基-2-丁炔	BASF
41	草酸	二氧化碳	Dechema Institute
42	异丁酸	异丁醇	前苏联
43	氟代甲磺酸	三氟磺酰基甲烷	3M Co.
44	氟代羧酸	饱和羧酸	3M Co.

续表

序号	产品	主要原料	开发国或企业
45	过氟代辛酸	辛酰氟	3M Co.
46	琥珀酸	顺丁烯二酸	印度
47	山梨酸	丁二烯、醋酸	Monsanto Co.
48	四癸二酸	辛二酸单甲酯	Soda Aromatic Co.
49	十二烷基二羧酸		日本
50	*L*-半胱氨酸	胱氨酸	中国
51	对氨基苯甲酸	对硝基苯甲酸	印度
52	对氨基苯甲酸	对硝基甲苯	Electrite de France Co.
53	二氢邻苯二甲酸	邻苯二甲酸酐	BASF
54	对羟基苯基乙酸		Otsuka Co.
55	间氨基苯磺酸	间硝基苯磺酸	Holliday Co.
56	二丙酮-2-酮-*L*-古罗糖酸	二丙酮-*L*-山梨醇	Hoffmann-La Roche Co.
57	3,6-二氯吡啶羧酸	四氯吡啶羧酸	Dow Chemical Co.
58	菸酸	喹啉	前苏联
59	尼克酸	3-甲基吡啶	Rell & Tar Chemical Co.
60	葡萄糖酸钙	葡萄糖	Sandoz Co.
61	果糖酸钙	果糖	Sandoz Co.
62	癸二酸酯	己二酸酯	BASF
63	氨基甲酸酯	草酸乙酯	Shell Co.
64	十六二酸酯	壬二酸甲酯	Soda Aromatic Co.
65	异氰酸酯	草酸乙酯	Shell Co.
66	2-甲基-1-萘基乙酸酯	2-甲基萘	BASF
67	苯醌	苯	Stavely Co.
68	苯醌	偶氮氨基苯	Hoechest Co.
69	芘醌	芘	Holliday Co.
70	萘醌	萘	Holliday Co.
71	2-甲基萘醌	2-甲基萘	Holliday Co.
72	蒽醌	蒽	Holliday Co.
73	二苯甲醚	邻硝基苯甲醚	印度
74	对氨基苯甲醚	硝基苯	BASF
75	对氨基苯乙醚	硝基苯	印度
76	过氟代二烷基醚	二烷基醚	3M Co.
77	1-氨基-4-甲氧基萘	硝基蒽醌	BASF
78	1,4-二氢萘	萘	Hoechest Co.
79	二甲砜	二甲基硫	Glay Atoff Co.
80	苯肽	酞氨酸铵	BASF

续表

序号	产品	主要原料	开发国或企业
81	3-氨基甲基吡啶	3-氰基吡啶	印度
82	哌啶	吡啶	Robinson Bros Co.
83	四氢喹啉	喹啉	前苏联
84	异吲哚	邻苯二酰亚胺	Ciba-Geigy Co.
85	*N*,*N*-二甲基氨基乙基四氯异吲哚	*N*,*N*-二甲基氨基乙基四氯邻苯二酰胺	Ciba-Geigy Co.
86	氨基胍盐	硝基苯	印度
87	苯胺盐酸盐	硝基苯	印度
88	1,4-环己二烯	苯	Exxon Co.
89	2,2′-二氯肼撑苯	邻硝基氯苯	印度
90	2,5-二甲氧基二氢呋喃	呋喃	BASF
91	2-乙基二氢呋喃	2-乙基呋喃	BASF
92	六氢呋喃	四氢咔唑	BASF
93	4-甲基-5-羟基甲基咪唑	4-甲基咪唑-5-羧酸	BASF
94	2-甲基吲哚因	2-甲基吲哚	Holliday Co.
95	四烷基铅	格利雅试剂、铅	Nalco Chemical Co.
96	四烷基铅	烷基铝钾、铅	MPI Co.
97	四甲基二秋蓝姆化二硫	二甲基二硫酸盐	DuPont Co.
98	二茂铁	环戊二烯	中国
99	邻磺酰苯酰亚胺	邻甲苯磺酸胺	印度
100	二醛淀粉	淀粉	印度

本章主要介绍目前已工业化或接近工业化的有机电合成产品所使用的典型电解槽结构、电极材料和隔膜材料、传质和传热方法及一些有代表性的工业化有机电合成实例。

§12.1　工业电解槽结构

有机电合成工业化过程中要解决的重要问题之一是要设计出合适的电解槽。电解槽的设计主要受到两个因素的支配：一是单位生产率的电解槽造价；二是单位产物的电能费用。增加电解槽中电极的有效面积能降低造价，采用最小的阴、阳极极间距，可使电能的消耗降低到最低限度。

围绕上述两个基本因素，在工业化有机电合成中出现了多种多样的电解槽结构设计方法。

§12.1.1　板框式电解槽

板框式电解槽是大规模有机电合成工业中最常用的电解槽，这类电解槽使用板状、多孔板或网状电极，电极之间用绝缘垫圈或框架隔开以形成电解液室，电极可以用绝缘板增强，在垫圈之间可夹入隔膜，将电解槽机械地分隔成阴极室和阳极室。由多个电极组成的板框式或压滤机式的密封结构中，电解液和电流可根据实际操作需要采用串联或并联的方式输入电解槽中。

1. Foreman/Veatch 型电解槽[3,4]

Foreman 和 Veatch 设计了一种适用于有机电合成的电解槽，如图 12.1 所示。

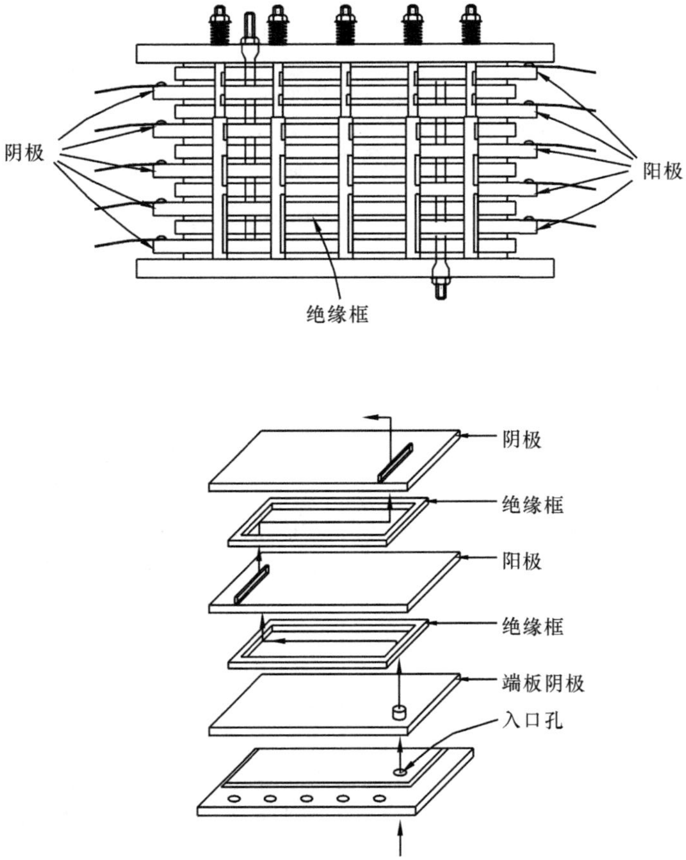

图 12.1　Foreman/Veatch 型电解槽

其结构相当简单,由许多电极板和绝缘框架交错堆叠而成。电解液通过电极上的狭孔连续地从一个电极室流到另一个电极室,而电流则采用并联的方式输入到交错放置的电极板上。若要移走电解槽内反应生成的热量,则可在电极间插入热交换板。

Foreman/Veatch 电解槽对氧化和还原反应均适用,但只限于无隔膜电解体系。据报道,它已被用于从丙烯醛电合成溴代醇的生产中。阴、阳极间距最小可达 3mm,最适宜的电流密度范围为 30～500A · dm^{-2}。若对此设计稍作改进,也可用于有隔膜电解体系。

2. 孟山都型电解槽[3~5]

孟山都公司在早期的丙烯腈电还原偶合制备己二腈的工业化生产设备中,采用了一种有隔膜的板框式电解槽,如图 12.2 所示。铅阴极和铅合金阳极分别置于聚丙烯板的两侧,由穿过聚丙烯板的极耳将阴、阳极连接起来。这种将一个槽的阳极同相邻槽的阴极由内部实现电连接的方法是一种高效率、低成本的串联方式。带有聚丙烯框的离子交换膜插入到阴、阳电极之间,把一个电解槽分成阴极室和阳极室。

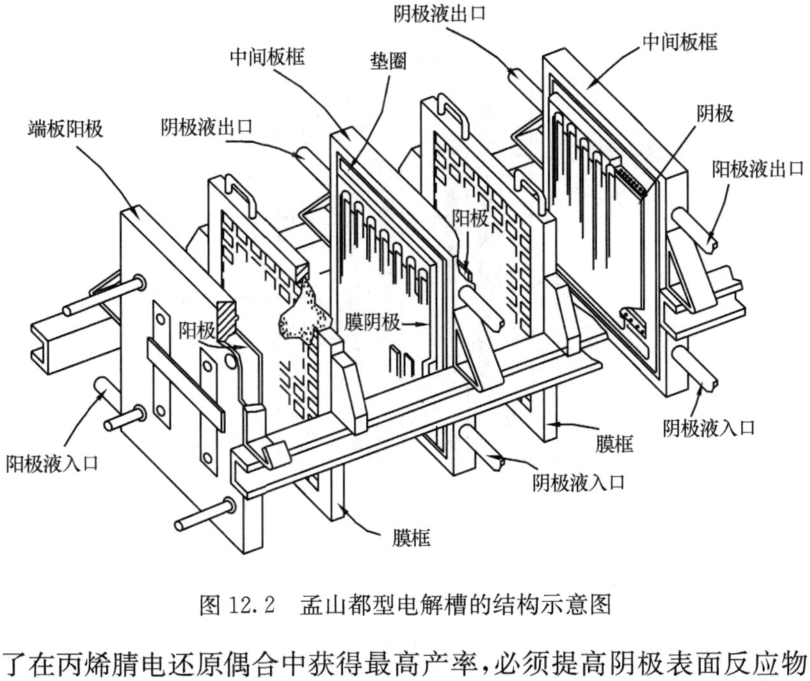

图 12.2　孟山都型电解槽的结构示意图

为了在丙烯腈电还原偶合中获得最高产率,必须提高阴极表面反应物和产物的扩散速度。在孟山都型电解槽设计中,使电解槽在湍流区中工作,同时阴极室中的电解液流速维持在 1～2.5m · s^{-1}，可消除扩散效应。阴、阳极液采取并联的方式通过聚丙烯中间框底部的孔引入电解槽，并从接近中间框顶部的孔排出，而电流则采取串联的方式导入。

此种电解槽中能维持电解液的高速循环，电流密度可达 100A · dm^{-2}。电解液的高速循环不仅降低了极化效应，而且能很方便地通过外部换热器来移走热量。

3. Keating/Sutlic 式电解槽[3,6]

Keating 和 Sutlic 设计了一种以拉伸金属为电极的板框式电解槽，如图 12.3 所示。电解槽的槽体由氯化的聚氯乙烯制成，阴极为低碳钢，阳极为钛基贵金属氧化物，隔膜为带塑料框的离子交换膜，电解槽的外形尺寸为 61cm×119cm。为确保所需的膜与电极间距，在隔膜的两侧装有塑料网作支撑物。在这种电解槽中，若采用平板电极，单槽中有效电极面积仅为 0.46m^2，但采用拉伸金属电极后，单槽中的有效电极面积增大到 0.84m^2。

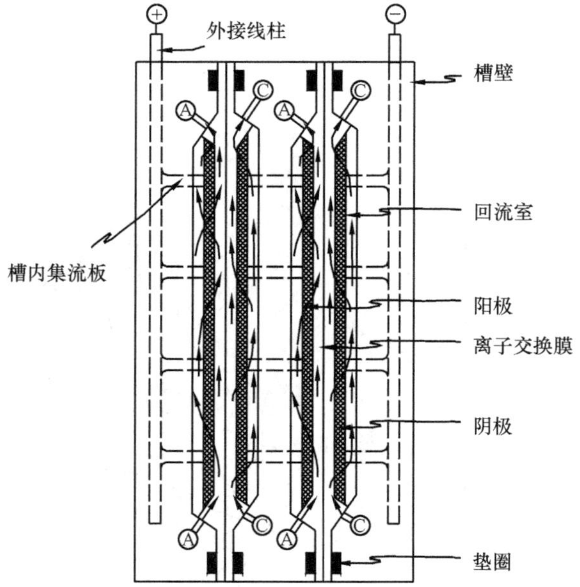

图 12.3 Keating/Sutlic 型电解槽的结构示意图

4. 旭化成型电解槽[4]

1971 年，旭化成公司采用与孟山都公司不同的电解槽实现了丙烯腈的电解偶合制取己二腈的大规模工业化生产，电解槽由 Murakoshi 等在板框式电解槽基础上进行重新设计，其结构如图 12.4 所示。

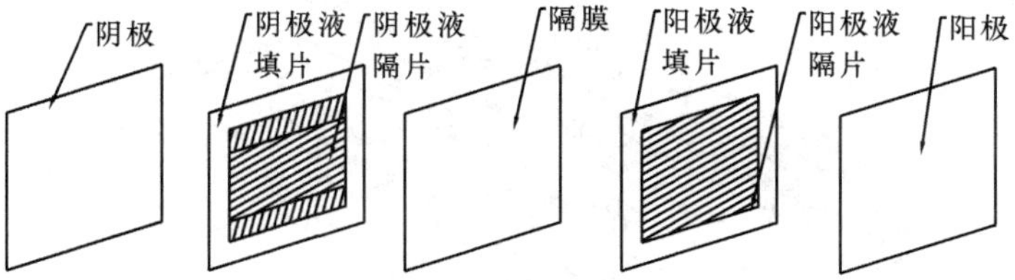

图 12.4　旭化成型电解槽的结构示意图

旭化成电解槽由多个单槽组成，每个单槽由阳极板、阳极液填片、离子交换膜、阴极液填片和阴极板组成。在电解槽内设有电解液扩散区，以便电解槽中的阴、阳极液能在相应的电极室内均匀分布，防止由于液流短路而出现电流效率下降的现象。在填片框内设置了一个塑料湍流促进片，以保持隔膜与电极之间的距离、提高隔膜和电极表面物质的扩散速度。

§12.1.2　箱式电解槽

将板状电极插入矩形槽中就形成了箱式电解槽，槽内壁通常加有衬里，可视为实验室烧杯型电解槽的直接放大。Holmes 和 Gardiner[7] 设计了此类型电解槽，槽的外形尺寸为 64cm×70cm×137cm，其中安装了 20 块镀铂的钛阳极（50cm×75cm×2.5mm），厚 6mm 的阴极板置于阳极板之间，阴、阳极间距为 5mm，阳极的有效表面积可达 186cm^2。

Kryshchenko 设计的用于半工业化生产异丁酸的 1 000A 电解槽是箱式电解槽的另一个应用实例，其结构如图 12.5 所示[8]，槽体由乙烯板焊接而成，尺寸为 70cm×40cm×40cm。几排镍基 PbO_2 阳极板栅悬挂在槽盖上，阳极板上包有乙烯框以确保镍基体免受稀硫酸电解液的侵蚀。若以易钝化的钽或钛等金属为基体，则无需添加保护框。在阳极间插入铜质平面盘管作为阴极，同时兼起冷却管的作用。

Le Duc 对箱式电解槽的结构进行详细研究后，设计了一种用于电合成链烯氧化物的电解槽（图 12.6）[9]。这种电解槽具有如下特点：

（1）阳极为空心的多孔石墨板，链烯气体可由此引入；

（2）由钢丝网制成的扁平管状阴极；

（3）由沉积在扁平管状阴极外表面上的石棉纤维制成隔膜。

电解槽中阴、阳极交错放置，阴、阳极间距为 10mm 左右，槽底及侧面的小室用于分配输入槽内的链烯气体及排出阴极产物。输入槽内阳极室的稀盐水通过石棉隔

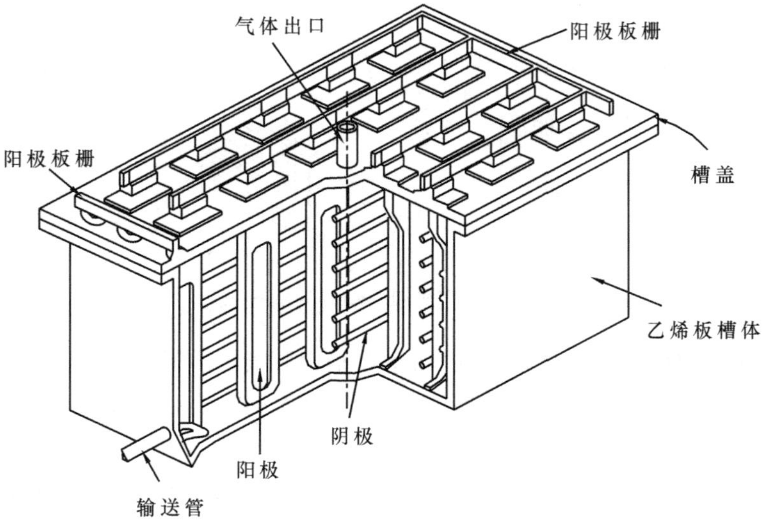

图 12.5 用于异丁酸合成的 Kryshchenko 型电解槽示意图

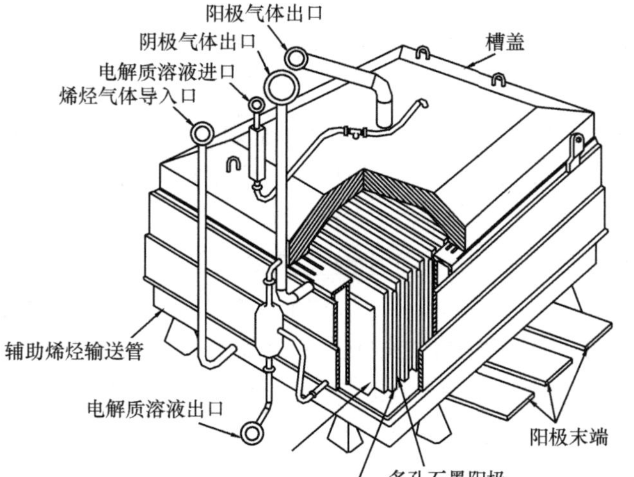

图 12.6 用于生产链烯氧化物的箱式电解槽示意图

膜进入阴极室。电解槽由 16 块阳极板、15 块阴极板及两端的两块半阴极板组成，能通过 3.1×10^4 A 的电流，相应的表观电流密度为 110A · dm^{-2}。

§12.1.3　颗粒状电极电解槽

在许多电解槽设计中采用微小的颗粒状或球状材料(如碳粒、石墨粒、各种金属球)制成三维电极,与圆筒形或平板状电极相比,这类电极具有极高的电极表面积/电解槽体积比。根据颗粒在槽内的情况,这种电解槽可分为固定床电极电解槽和流动床(沸腾床)电极电解槽。

1. 固定床电极电解槽

典型的固定床电极电解槽是在圆筒形容器中加入金属颗粒制成的,容器壁通常作为电解槽的一个电极,而金属粒子床则作为另一个电极。纳尔科公司的 Braithwaite 根据此原理设计了用于生产四烷基铅的电解槽,其结构如图 4.20 所示[10,11]。电解槽的结构类似于列管式换热器,电解槽内有大量的圆形钢管,管长为 75cm,直径为 5cm,它起阴极和单槽外壳的双重作用。管内有一个由聚丙烯编织网制成的圆筒形隔膜组件,隔膜外侧包有一层金属丝网,并用一根螺旋形缠绕在金属丝网外侧的杆将金属网与管壁隔开。圆筒形隔膜中填入铅丸制成铅粒子床,作为牺牲阳极;床层中插入一根铅棒作为阳极集流体。电解槽内的铅粒在反应过程中被消耗掉以后,可由槽顶补充铅丸。含有格利雅(Grignard)试剂的醚溶液输入到阳极室中,然后通过隔膜进入阴极室,并沿螺旋形阴极室向下流入多管电解槽底部的收集池中。

2. 流动床(沸腾床)电极电解槽

Backhusrt 及其合作者[12]设计出一种用于工业有机电合成的流动床电极电解槽,其结构如图 12.7 所示。Backhurst 电解槽中的一个电极或两个电极由一层细小的(75～1 000μm)金属或镀有金属的球组成。当电解液由下向上流动时,床层进入流化态,其体积将膨胀 10%～20%。阴极流动床的微粒可采用纯铜、镀铜玻璃或镀铜聚苯乙烯等,其中镀金属的玻璃或聚苯乙烯微粒更常用,因为它们比较便宜,同时通过调整基质密度和粒径,可使其适用于不同流速的电解液。电流由网状金属导体输入到流动床中。这种电解槽通常采用圆筒形结构,隔膜也为圆筒形,从而形成内、外两个环形的电极室,电解液通过槽底的烧结玻璃分布器进入电极室。

流动床电极可提供极高的有效电极面积/电解槽体积比,一个体积为 153cm^3 的电解槽,有效电极面积可达 11 500cm^2。电解槽的电流负载能力及电流～电压关系与电合成工艺的经济性间的关系极为紧密。据报道,此种电解槽已被用于间硝基苯磺酸阴极还原制备间氨基苯磺酸,输入床层的电流可达 175$A \cdot cm^{-3}$。

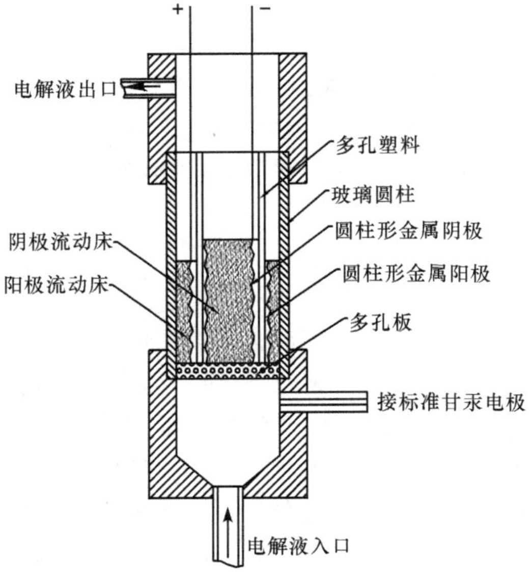

图 12.7　Backhurst 型流动床电极电解槽示意图

§ 12.1.4　毛细间隙电解槽

Back 和 Guthke[13]设计了一种无隔膜电解槽，其结构如图 4.15 所示，由于它

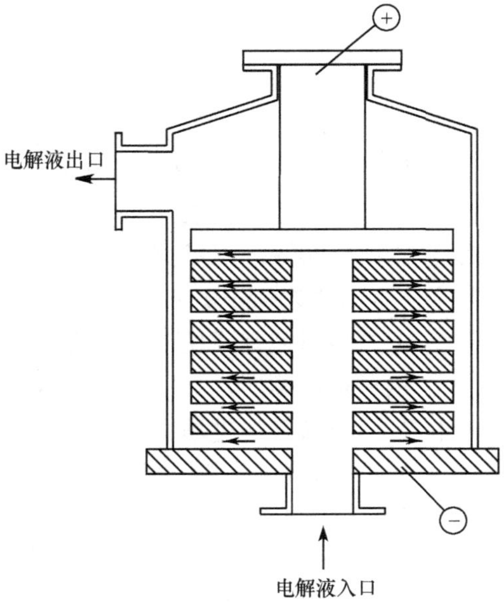

图 12.8　改进型毛细间隙电解槽结构示意图

的极间距相当小（125～200μm），故被称为毛细间隙电解槽，其改进型的结构如图 12.8所示[14,15]。这种电解槽由一块底板和一堆中心有孔的圆形电极组成，电极之间用 0.3～1.0mm 厚的间隔物隔开，电极堆放在底板上，并通过将底板和槽盖压紧使之固定。底板和顶板起集流体的作用，电解液由槽底引入，然后从槽顶部排出。BASF 公司采用毛细间隙电解槽实现了己二腈和癸二酸二甲酯的工业化生产[1]。

§12.1.5　旋转电极电解槽

绝大多数有机电合成采用压滤机式电解槽，但这种电解槽单位槽体积中有效电极表面积低，生产效率不高。若反应过程受传质步骤控制，则使电解液在电极表面上处于流动状态或用转动工作电极的方法可增加电解槽的生产能力。图 4.18 是一个用于阳极氧化葡萄糖制备葡萄糖酸钙的转动电极电解槽[15]，目前这种电解槽也已成功地用于水杨醛和联苯胺的电合成。在这类电解槽中，电极由一个机械转动装置驱动，可以方便地取出进行电极表面的清理工作。转动电极可以是圆筒形的，也可以由盘形电极以适当的方式堆叠而成。在旋转圆筒电极表面上电流分布均匀，而盘形电极则具有重量轻、单位槽体积电极表面积高的优点。马淳安[17,18]根据此原理制成了一种阴极转动分隔式电解槽，如图 4.19 所示，目前已成功地用于对氨基苯酚的工业化生产中。

§12.1.6　Swiss-Roll 电解槽

Swiss-Roll 电解槽[19]最基本的特征是槽内电极和隔膜紧密地堆叠在一起，如图 4.21 所示。电极和隔膜的叠层结构绕一根轴卷成一个紧凑的电极组，然后将之放入容器中即制成 Swiss-Roll 电解槽。由于结构简单，制造成本相当低。若要进行放大，只需在轴上卷入更多层的电极即可。所用的电极可以是片状或网状结构，也可采用拉伸金属作电极。惰性塑料布、离子交换膜或多孔塑料纤维板均可作为隔膜材料。Swiss-Roll 电解槽可看作窄极间距的平行板电解槽的一个变例，它已被用于双丙酮- L -山梨醇(DAS)阳极氧化制备双丙酮- 2 -酮- L -古罗糖酸(DGA)[20]。

§12.2　电极材料及隔膜材料

电解槽的研制与设计包括结构和材料两方面的内容，二者共同决定电解槽的工作特性。对电解槽而言，材料主要指电极材料和隔膜材料，它们可称为电化学功能材料。本节主要介绍目前在有机电合成工业中得到广泛应用的电极材料和隔膜材料。

§12.2.1 电极材料

电极材料是电化学反应中一种特殊的功能材料，它涉及到有机电合成过程中的能耗、反应收率和选择性，并有可能决定有机电合成工艺的成败。有些情况下，电极形状不同，电极的性能也会发生不同的变化。因此，电极的选择是一个相当复杂的过程。迄今为止，人们已对多种电极材料进行了研究，其结果如表 4.5 所示。

常用的阳极材料有铂、石墨、碳、氧化铅、DSA(形稳阳极)、氧化镍、氧化银、氧化锰、氧化铁及金等。阴极由于在电解过程中不存在自溶和阳极溶解，可选用的材料较多，常用的有汞、铅、锡、锌、镉、镍、蒙乃尔合金、铬、铝、铜、铁、钢铁、石墨、碳、银、铂及金等。表 12.2 中列出了部分有机化工产品电解时所用的电极材料[21]。

表 12.2 有机化工产品电解常用的电极材料

产品	原料	公司/国家	状况	阳极	阴极
己二腈	丙烯腈	孟山都	工业化	Pb-Ag	Pb
		孟山都	工业化	钢	Cd
		旭化成	工业化	Pb-Sb	Pb
		BASF AG	中试	PbO_2/C	C
		UCB-MCT	中试	Fe_2O_3	C
		Phillips 石油	小试	Pb	Pb
丁炔二酸	丙炔醇	BASF AG	中试	PbO_2	
胺基胍	硝基胍	印度	工业化	Pb	Zn/钢
对氨基酚	硝基苯	中国	中试	Pb	Cu
苯甲醛	甲苯	瑞士	小试	Pt/Ti	
联苯胺	硝基苯	印度	工业化	Ni/钢	Pb/钢
葡萄糖酸钙	葡萄糖，$CaCO_3$	中国、印度	工业化	C	C
溴化氰	HCN，NH_4Br	Sohio	中试	C	钢
L-半胱氨酸	*L*-胱氨酸	中国	小试	C	Pb
二氢酞酸	苯二甲酸	Calres	中试	Pb	Hg
		BASF AG	工业化	PbO_2/Pb	Pb
2,5-二甲基-2,5-二氢呋喃	呋喃 甲醇	BASF AG	工业化	C	C
氟化物	有机物，KF，HF	Phillips	中试	多孔 C	
	有机物，HF	UK	中试	多孔 Ni	多孔 Ni
乙醛酸	乙二酸	UK，中国	中试	DSA	Pb
六羟基二锡烷	R. Sncl	法国	小试	C	Hg
异吲哚	邻苯二甲酰亚胺	CIBA	部分工业化	Pb	Hg

续表

产品	原料	公司/国家	状况	阳极	阴极
乙酸萘酯	萘、乙酸	BASF AG	中试	8%石墨添加剂	20%聚丙烯
频哪醇	丙酮	Diamond Shamrock	中试	DSA	Pb
		BASF AG	中试	PbO_2/C	C
	对羟基苯甲醛	Monsanto	中试	钢	Hg
丙炔酸	丙炔醇	BASF AG	中试	PbO_2	
氧化丙烯	丙烯	Kellog	中试	C	钢
		Bayer		C	钢
		UK	中试	C	
邻羟基苯甲醛	邻羟基苯甲酸	印度	中度	Pb-Ag	Hg-Cu
癸二酸	己二酸单甲酯	前苏联	工业化	Pt/Ti	钢
		BASF AG	工业化	Pt	
山梨醇	葡萄糖	Atlas		Pb	Hg-Pb
四烷基铅	RCl,Pb,RMgCl	Nalco	工业化	Pb	钢
	Pb,LAIR	Ziegler	中试	Pb	Hg
琥珀酸	马来酸	中国	工业化		Pb
四烷基秋兰姆二硫化物	CR_2,Me_2NH	DuPont	工业化	Pt/Ti	钢

§12.2.2　隔膜材料

在有机电合成工业中，为了避免阴、阳两极产物相混，简化产物分离以及防止发生副反应，常常采用隔膜将阴、阳极液隔开。例如，在生成氢气和氧气（或氯气）的电解槽中必须安装隔膜，以避免形成爆炸性的气体混合物。在有机电合成工业中，隔膜可分为以下两种基本类型：非选择透过性膜和选择透过性膜。

1. 非选择透过性膜

非选择透过性隔膜适用于那些允许阴、阳极液少量混合的有机电合成反应。实验室中常用的陶瓷隔膜，由于容易破碎，在工业电解槽中应用较少。非选择透过性膜材料主要有以下几类：

(1) 编织布型(滤布型)

玻璃、聚丙烯、聚氯乙烯、聚四氟乙烯、尼龙等；

(2) 非编织布型

石棉、塑料毡等；

(3) 多孔塑料

聚乙烯、聚氯乙烯、聚四氟乙烯、橡胶等。

2. 选择透过性膜

选择透过性膜具有允许带某种电荷的离子通过而阻止带相反电荷的离子通过的能力，因而在有机电合成中具有广泛的用途。根据膜内所含活性基团的不同，可分为阳离子选择透过性膜（阳离子交换膜）和阴离子选择透过性膜（阴离子交换膜）。

在有机电合成工业中，电解通常在酸性或碱性电解液中进行，因此要求隔膜不但具有离子交换性、优良的导电性和一定的机械强度，而且要求化学稳定性好，耐酸、碱和强氧化、还原性介质的腐蚀。到目前为止，尚未开发出有机电合成专用的离子交换膜，有机电合成工业及研究中一般仍使用氯碱及电渗析用的离子交换膜，因此使用寿命受到很大限制。含氟离子交换膜的综合性能优异，具有良好的化学稳定性，高温下几乎耐任何强酸、强碱和强氧化剂的腐蚀，对有机溶剂和水也不溶胀和膨胀，能在－62～150℃范围内长期使用，机械强度也很好，因此在有机电合成中得到了广泛应用。

目前，国内外有很多厂家研制及生产离子交换膜，其性能可见表 4.13 和表 4.15。

§12.3　传质与传热

传质与传热是工业化有机电合成电解槽设计过程中所必须考虑的两个重要因素。

§12.3.1　传质

工作中的电解槽内，电极表面上反应物的浓度要低于本体溶液，而产物浓度则高于本体溶液。若反应过程中反应物自本体溶液向电极表面或产物自电极表面向本体溶液的传质速率很低，则可能产生严重的浓差极化，导致槽压升高、副反应增多和电流效率下降等问题。在工业电解槽中，提高传质速率的方法有以下几种：

(1) 采用旋转圆筒或圆盘电极；

(2) 在电解槽外设置输液泵来驱动槽内的电解液流动：

1) 在压滤机型槽内设置电解液分布板；

2) 在槽内设置湍流促进板；

(3) 设置叶轮式或叶片式搅拌器；

(4) 采用流动床电极；

(5) 槽内设置流化的非导电性粒子床;

(6) 使电极发生振动;

(7) 用喷射气流搅动电解液。

目前最常用的方法是用泵来驱动电解液使之发生流动,孟山都合成己二腈的早期工艺中就通过在槽内设置电解液分布板的方法来促使电解液处于湍流状态,从而消除极化效应[5]。Asahi 公司则采用在电解槽内设置湍流促进板的方法来解决其己二腈电合成过程中的浓差极化问题[22]。在水杨酸电还原制备水杨醛的电解槽中,采用旋转电极的方法来消除浓差极化。马淳安在电合成对氨基苯酚的电解槽(图 4.19)中,采用转动阴极的方法来强化传质是旋转电极法的另一个应用实例。

Beck 和 Guthke[13]则采用振动电极的方法(频率为 10～100Hz,振幅为 0.5～1.5mm)来增强由己二酸一甲酯柯尔贝合成癸二酸二甲酯过程中的传质速率,从而明显地减小了反应过程中的浓差极化。另一种增强传质的方法则是由 Le Goff 及其合作者[23]开发出来的,它使非导电性的微粒在电极附近处于流化状态,可使浓差极化非常小,能显著提高电流密度。另外还有人提出用喷射气流来增强工业电解槽中的传质速率的方法[24～26]。

§12.3.2　传热

在工业有机电合成中,为了获得高时空产率,都尽可能采用高的电流密度来电解,但有机电合成中电解液的导电性通常都很差。随着电流密度的升高,电解槽内产生的热量也快速增加,因此如何经济地移走电解槽内产生的热量几乎是每一个有机电合成工艺放大过程中所必须面对的问题。工业化大规模电解槽中常用以下方法中的一种或多种联合使用来移走热量:

(1) 使电解液在电解槽与槽外热交换器之间循环流动;

(2) 当采用多级电解槽时,则在槽间加入冷却单元;

(3) 在电解槽内设置冷却盘管或在槽外加冷却夹套;

(4) 通过槽内或槽外电解液的蒸发带走热量。

§12.4　工业有机电合成实例

§12.4.1　己二腈电合成工艺[1～3,15]

己二腈($(CH_2CH_2CN)_2$)是制造尼龙 66 的中间体,同时又可作为橡胶生产的助剂和除草剂。己二腈的化学合成法包括己二酸法、丁二烯氯化-氰化法、丁二烯直接氢氰化法和丙烯腈加氢二聚法等,其中最后一种方法可以通过电化学反应进行。它首先由拜兹(Baizer)在 1963 年提出,即将丙烯腈通过阴极加氢生成己二腈。美国孟山都公司在 1965 年将这一方法实现了工业化,建成了年产 1.5 万吨己二腈的车间,后来又在公司所属的 Decatar Alabma 工厂建成年产量达 10 万吨的生产装置,取得重大经济效益。由于这一方法原料价廉易得,反应易控制,很快得到推广,成为现今世界上规模最大的有机电合成工业。

己二腈的电解合成分为两步,它以石油工业的丙烯为原料,首先将其加工为丙烯腈

$$2CH_2=CH-CH_3 \xrightarrow{NH_3+O_2,\text{催化剂}} 2CH_2=CHCN \tag{12.1}$$

然后,通过电解,在阴极表面加氢二聚生成己二腈

$$2CH_2=CHCN+2H_2O+2e \longrightarrow NC(CH_2)_4CN+2OH^- \tag{12.2}$$

阳极则发生析 O_2 反应

$$H_2O \longrightarrow 2H^+ + \frac{1}{2}O_2 + 2e \tag{12.3}$$

总反应

$$2CH_2=CHCN+2H_2O \longrightarrow NC(CH_2)_4CN+\frac{1}{2}O_2 \tag{12.4}$$

除以上反应外,同时还会发生一系列的副反应,使产率下降,如生成丙腈及三聚物的反应;由于阴极附近 pH 提高,生成羟基丙腈和双氰基乙基醚;由于丙烯腈还原电位很负(相对饱和甘汞电极为−1.9V),阴极可能发生析 H_2 反应。为了提高产率,Baizer 提出用季胺盐作为电解质,其阳离子在阴极表面吸附,形成缺水层,可避免丙烯腈自由基阴离子的直接质子化,抑制生成丙腈的副反应,同时还能有效地提高丙烯腈在含水介质中的溶解度。

早期的孟山都公司电合成己二腈工艺过程有以下特点:

(1) 阴极液含有高浓度的丙烯腈(16%)和季胺盐(40%),阳极液为 5%的 H_2SO_4。

(2) 采用阳离子交换膜作为隔膜,防止阴极区物质进入阳极液中。

(3) 用析氢过电位高的阴极材料,如铅,防止析氢。

(4) 阳极采用 Pb-Ag 合金,可降低析氧的过电位,提高电极的抗蚀性。

(5) 为避免上述阴极副反应发生,需将 OH^- 尽快移出阴极区,即使阴极液高速($1\sim3m\cdot s^{-1}$)流动,为此在阴极上固定一些聚乙烯条作为湍流加速器。

早期的孟山都电解槽采用压滤机型结构(如图 12.2),采用阳离子交换膜隔膜和双极性电极,共有 16 组电解槽,每组包括 24 个单元槽。其生产流程如图 12.9 所示。

这一生产工艺的缺点是:

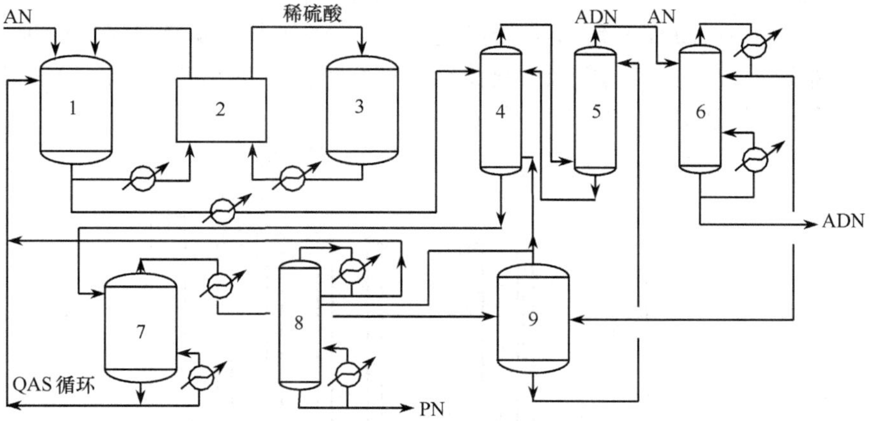

图 12.9　早期孟山都法合成己二腈的工艺流程

1. 阴极液加料塔；2. 电解槽；3. 阳极液加料塔；4. AND 萃取塔；5. QAS 萃取塔；
6. AN 分离塔；7. QAS 浓缩器；8. PN 回收塔；9. 滗析器；
AND. 己二腈；QAS. 季铵盐；AN. 丙烯腈；PN. 丙腈

(1) 因采用隔膜和低电导率的阴极液导致能耗高。研究表明，槽压中的 70% 是由这两部分压降构成的。

(2) 大量采用季胺盐，成本高，回收麻烦。

(3) 电解槽结构复杂，并需定时更换隔膜。

为了克服以上缺点，20 世纪 70 年代以来孟山都公司和其他厂家进行了大量研究工作，开发出第二代电解槽及生产工艺，工艺大为改进，并降低了投资和能耗。新工艺的电解质为由丙烯腈和含 10%～15%Na_2HPO_4 支持电解质水溶液组成的乳浊液。水溶液中仅 0.4%的季胺盐，而丙烯腈在水溶液中却达到饱和(7%)，季胺盐采用磷酸六亚甲基双乙基二丁基铵后，产物收率提高，同时较易用水萃取，便于与有机相分离。

由于采用无隔膜电解，阳极材料应悉心选择，一般的 PbO_2 阳极会使丙烯腈降解，而贵金属和过渡金属不耐蚀，所溶解的金属离子还会促进阴极析 H_2 反应，降低电流效率。孟山都公司采用了碳钢阳极，同时在溶液中加入 2%的硼砂和 0.5%的 EDTA，使阳极腐蚀降低了 95%。

第二代电解槽不用隔膜，结构简化，降低了投资和能耗。电解槽为复极式压滤机型结构，如图 12.10 所示，共有 50～200 块矩形碳钢电极，其阴极面为镀镉层(厚 0.1～0.2mm)，极距为 2mm，电解液流速约 1～2m · s^{-1}。乳浊液在贮槽和电解槽之间循环，并连续地抽出部分有机相分离产物。乳浊液的有机相中含 55%～60%

的己二腈、25%～30%的丙烯腈，而乳浊液的水相中含有15%的 Na_2HPO_4、2%硼砂、0.5%的 Na_2EDTA 和0.4%的双季胺盐。部分水相溶液需连续处理，以防止有机副反应产物的生成，并及时排出金属电极溶解的离子。改进后的己二腈电合成工艺流程框图如图12.11所示。

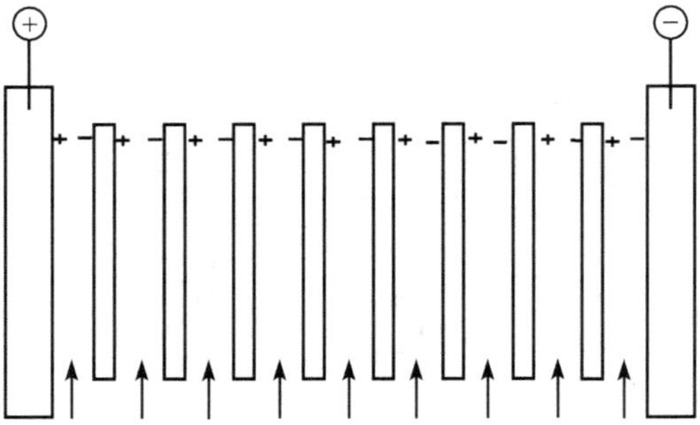

图12.10　己二腈电合成使用的改进电解槽示意图

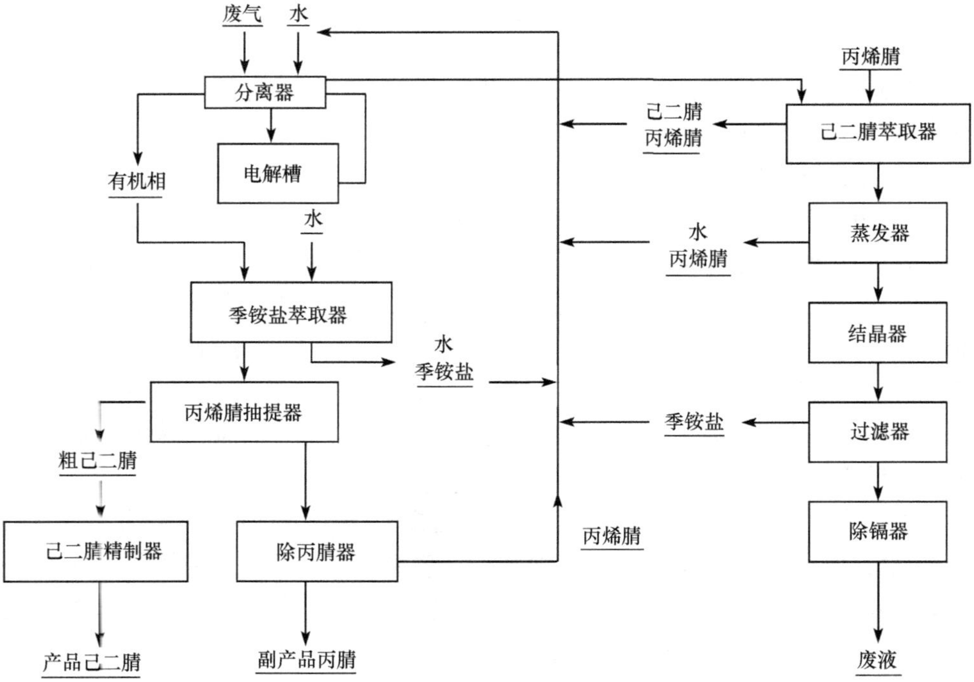

图12.11　改进后的己二腈电合成工艺流程框图

表12.3列出了第一代和第二代孟山都电合成己二腈电解槽及工艺的主要参

数及技术经济指标，显然第二代电合成技术不仅槽压和能耗显著降低，而且设备投资也大幅下降，取得了巨大经济效益。1978 年，孟山都公司和 Motedison 公司采用上述新工艺分别在英、美两国各建成年产量达 10 万吨的电解合成己二腈工厂，堪称有机电合成的盛举。

表 12.3　孟山都第一代和第二代电合成己二腈工艺的比较

工艺特点及指标		第一代(1965 年) 采用隔膜	第二代(1978 年) 不用隔膜
己二腈选择性/%		92	88
极间距/cm		0.7	0.18
电解液电阻率/Ω· cm		38(阴极液)	12
电解液流速/m · s^{-1}		2	1～1.5
电流密度/A · cm^{-2}		0.45	0.20
槽电压	理论分解电压估算值/V	2.50	2.50
	过电位/V	1.22	0.87
	电解液中欧姆压降/V	6.24	0.47
	隔膜欧姆压降/V	1.69	—
	总和/V	11.65	3.84
能耗/kWh · t^{-1}		6 700	2 500
温度/℃		30～50	—

与此同时，日本、德国的有关厂家也进行了不同的研究，以期改进己二腈电合成工艺。日本旭化成公司致力于电解质的改进，加入异丙醇防止丙烯腈和季胺离子在阳极氧化，同时维持电解液的 pH 稳定，并可起助溶剂作用。其电解液组成为丙烯腈 55%、异丙醇 28%、水 16%、季铵盐 1%，己二腈的电解合成收率大于 90%，并且不用隔膜，槽压及能耗大幅度下降(在 3 000kWh · t^{-1}以下)。

德国巴斯夫公司则在电化学反应器结构方面有所创新，提出复极式毛细间隙电解槽(见图 4.5 及图 12.8)，极间距降至 0.2mm 以下，结构紧凑，而电解液中的季胺盐降至 0.5%以下，收率仍大于 90%，能耗低于 3 000kWh · t^{-1}。每一电槽有 100 个圆盘电极，在电流密度为 10A · dm^{-2}下电解，12 个电槽的产量达 140 吨/月。

§12.4.2　四烷基铅的电解合成[1,3]

四烷基铅系包括四乙基铅(TEL)和四甲基铅(TML)。四乙基铅($Pb(C_2H_5)_4$)是应用最广泛的汽油抗爆剂，它可提高汽油的辛烷值，改善其燃烧特性。

近年来，为防止铅对环境的污染，用量有所限制（如美国限定应低于 $130mg \cdot L^{-1}$），但全世界年产量仍达 50 万吨。

采用化学法（用钠铅合金与氯乙烷反应）生成四乙基铅的缺点是反应后残渣中含铅量高，且难以回收。1964 年美国纳尔科公司采用格利雅试剂 C_2H_5MgCl 和铅丸进行电解合成成功地制得了四乙基铅。整个反应的第一步是制备格利雅试剂，即在双甘醇二丁基醚溶剂中使金属与氯乙烷反应，制得 C_2H_5MgCl

$$C_2H_5Cl + Mg \longrightarrow C_2H_5MgCl \tag{12.5}$$

然后将所得到的溶液以铅为阳极进行电解合成

阳极反应

$$4C_2H_5MgCl + Pb \longrightarrow Pb(C_2H_5)_4 + 2MgCl_2 + 2Mg^+ + 4e \tag{12.6}$$

阴极反应

$$4MgCl^+ + 4e \longrightarrow Mg + 2MgCl_2 \tag{12.7}$$

由于反应过程中，不断向溶液加入氯乙烷可与阴极析出的镁重新生成格利雅试剂，因而总反应为

$$4C_2H_5Cl + Pb + 2Mg \longrightarrow Pb(C_2H_5)_4 + 2MgCl_2 \tag{12.8}$$

所得的副产物 $MgCl_2$ 可用于生产 Mg。

早期的四乙基铅电合成反应器采用高比电极面积的固定床电解槽，每槽的容积为 $3m^3$，共 10 个，槽内装有内径为 5cm、长 75cm 并内衬多孔隔膜的钢管，管内装满作为阳极的铅丸，钢管的内壁作为阴极（见图 4.20 所示）。格利雅试剂和过量的卤代烷从管内通过，管外则通冷却液，使电解液温度保持在 40～50℃。

后来，纳尔科公司对上述电解槽进行了改进，铅丸不再放在钢管内，而装满整个电化学反应器，由许多矩形钢片组成的阴极则垂直地插入铅球构成的固定床内。阴极表面覆盖一层钢丝网，既增加阴极的比表面，又提高阴极附近的电解液流速，钢丝网外覆盖的玻璃纤维布，使阴极与铅丸阳极绝缘。电解槽的体积约 $3\sim6m^3$，高 6m，在 70 000A 电流下工作，阴极电流密度为 $50\sim100A \cdot m^{-2}$。阳极材料为纯度达 99.8％的纯铅，阴极则为碳钢，电解液采用醚类为溶剂，如四甘醇二乙醚（沸点高于 100℃），电解质为 20％的格利雅试剂。为使阴极表面析出的镁溶解，溶液中氯乙烷与格利雅试剂之比应达到 0.9∶1。电解槽的槽压约 8V，直流电耗约为 $4\,000\sim5\,000kWh \cdot t^{-1}$。

四乙基铅电解合成的流程如图 9.1 所示，电解合成生产四甲基铅的流程与四乙基铅相同，只需将原料中的氯乙烷改为氯甲烷。

§12.4.3　癸二酸的柯尔贝法电合成[27]

癸二酸在化学工业中用途很广。癸二酸酯是聚氯乙烯的良好增塑剂，以癸二

酸和六亚甲基二胺为原料的聚酰胺树脂具有很高的电绝缘性能。但是原料价格昂贵,很大程度上限制了癸二酸的普遍应用。以前用来制造癸二酸的原料是从蓖麻籽分离出来的蓖麻油,因此开发癸二酸的新合成工艺显得非常迫切。

制造癸二酸的一种可行方法是电化学缩合己二酸一甲酯

$$2CH_3OOC(CH_2)_4COOH \longrightarrow CH_3OOC(CH_2)_3COOCH_3 + 2CO_2 + 2H^+ + 2e \tag{12.9}$$

前苏联已实现癸二酸电合成的工业化生产,其过程包括三个连续阶段:制备己二酸一甲酯,按上述反应进行电化学合成癸二酸二甲酯和皂化由电解所得的癸二酸二甲酯。

1. 反应条件

己二酸一甲酯阴极偶合反应(勃拉翁-乌奥克尔反应)是人们熟知的电解羧酸时发生的柯尔贝反应的一个特例

$$2RCOOH \longrightarrow R—R + 2CO_2 + 2H^+ + 2e \tag{12.10}$$

当铂阳极在羧酸盐水溶液中的电极电位升至 1.9～2.2V 时,阳极上的析氧反应将被羧酸离子的放电所取代

$$RCOO^- \longrightarrow RCOO\cdot \tag{12.11}$$

生成的羧酸自由基,吸附在电极表面上,会脱去羧基

$$RCOO\cdot \longrightarrow R\cdot + CO_2 \tag{12.12}$$

随后释出的自由基二聚化

$$2R\cdot \longrightarrow R—R \tag{12.13}$$

在有机溶剂介质,例如甲醇中,阳极反应产物的产率要比水中高,因为在这种情况下,只有很小一部分电流消耗在溶剂的氧化上。

因为羧酸离子的放电过程在高正电位区进行,所以目前这一过程的惟一电极材料是铂。据报道,柯尔贝在玻璃石墨上也可获得满意的产率。

电流密度决定于获得高正电位的必要性,在 2～3kA · m^{-2} 范围内最为经济。

2. 溶液成分

电合成癸二酸在含 46％己二酸一甲酯的甲醇溶液中进行。这种溶液的电导率较低,因此用纯碱将其部分(～10％)中和,生成的己二酸一甲酯钠盐能很好地离解

$$CH_3OOC(CH_2)_4COONa \rightleftharpoons CH_3OOC(CH_2)_4COO^- + Na^+ \tag{12.14}$$

从而使溶液具有良好的导电能力,起着支持电解质的作用。升高温度不会降低癸

二酸二甲酯的产率，但能明显提高溶液的电导。因此电解应尽可能在高的温度下进行，但温度值受甲醇沸点所限制。在上述条件下，癸二酸二甲酯的电流效率为75％，产率为82％。

3. 电解槽

采用箱式电解槽合成癸二酸二甲酯(图4.11)。它是一个不锈钢制成的矩形槽体，其中固定一组由交替的阳极和阴极钻孔板组成的电极。阴极板由不锈钢制成，阳极则由焊有铂箔的钛制成。槽盖上有接管，用于导出水气乳浊液。后者沿着垂直管道进入位于电解槽上方2～3m高处的外伸冷却器。在冷却器内甲醇蒸气被冷凝，气体与液体相分离。气体排入大气，而液体沿管道返回电解槽。这样，电解槽中溶液的搅拌通过建立空气升液器来实现。工业电解槽预定负载12～15kA。

4. 工艺流程

制造癸二酸的工艺流程如图12.12所示。己二酸、甲醇和回收的己二酸二甲酯混合物进入酯化器，在压力9.91×10^5～14.8×10^5Pa和温度200～220℃下形成己二酸一甲酯。节流后送入蒸馏釜蒸出酯化产物中的甲醇和水，后二者送入精馏塔以制取无水甲醇，再返回酯化过程。

己二酸酯的混合物以及未反应的己二酸在蒸去甲醇和水后，送入2个串联安

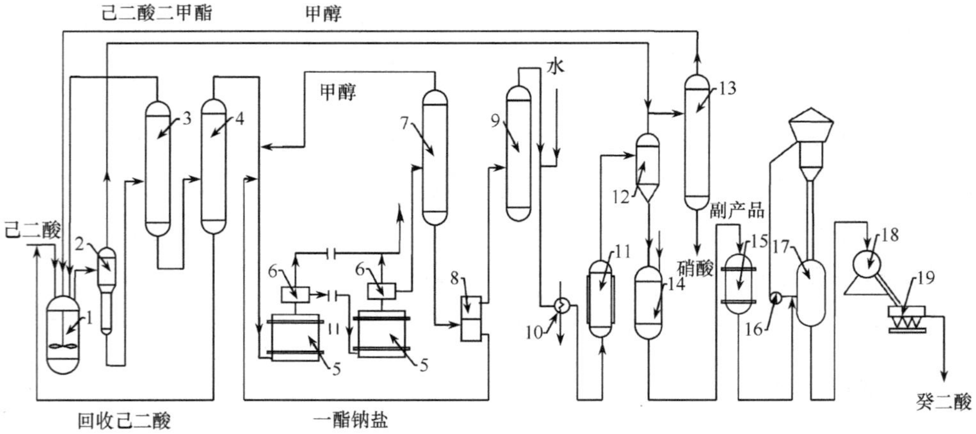

图12.12 制造癸二酸的工艺流程

1. 酯化器；2. 蒸馏釜；3,4,7,9,13. 精馏塔；5. 串联电解槽；6. 相分离器；8. 分离器；10. 加热器；11. 连续运行的高压釜；12. 蒸馏釜；14. 己二酸一甲酯水解装置；15. 过滤器；16. 泵；17. 结晶器；18. 真空过滤器；19. 沸层干燥器

装的真空精馏塔:塔(3)中蒸出己二酸二甲酯,后者重新返回酯化过程,塔(4)中蒸出己二酸一甲酯。未反应的己二酸自塔(4)的釜中返回酯化过程。

己二酸一甲酯送入串联电解槽(5) 内,在含有己二酸一甲酯钠盐的甲醇溶液中,在铂阳极上进行癸二酸二甲酯的电化学合成。每个串联电解槽与一个气液相分离器组合成套。部分液体自相分离器(6)送入精馏塔(7),在温度 30～85℃的真空(5.9kPa)条件下蒸出甲醇,然后送入容器(8)以分离有机层和水-盐层。水-盐层经蒸发浓缩(流程中未画出)后返回电解,而有机层则进行精馏以分离副产品——己二酸二甲酯、戊酸酯和烯戊酸酯——和析出癸二酸二甲酯。

精馏后的癸二酸二甲酯在温度 200～250℃,压力约 59×10^{5} Pa 下连续操作的高压釜中进行水解。癸二酸二甲酯和水的混合物在进入高压釜前先经过加热器(10)进行预热。在蒸馏器(12)经节流和蒸出甲醇后,癸二酸溶液在连续操作装置(14)中用 0.1%～0.5%硝酸溶液处理使癸二酸一甲酯和二甲酯以及副产物完全水解。随后,所得的癸二酸溶液用活性炭纯化,经过滤器(15)过滤,送入真空结晶器(17)中结晶。癸二酸晶体在真空过滤器(18)分离析出,并在沸层干燥器(19)中干燥。

§12.4.4 有机氟化物的电解合成[1,27]

有机化合物分子中与碳原子连接的氢被氟取代生成的化合物称为有机氟化物。如果全部碳-氢键转化为碳-氟键,称全氟有机化合物;如部分取代则称单氟或多氟有机化合物。有机氟化物由于具有极好的耐蚀性、耐湿性、电性能和表面性能,应用十分广泛。

电氟化技术是美国化学家 Simons 于 1940 年发明的,它利用电化学反应,将氟直接引入反应物分子而生成有机氟化物。传统的化学氟化有许多不足之处,如反应和操作都较复杂,加氟量不易控制,并且因操作不当可能引起爆炸。而电解氟化可在较安全和温和的条件下进行,反应过程及加氟量均较易控制,生产设备亦较简单,具有很大的优越性,已成为有机氟化物合成的重要方法。1951 年,美国 3M 公司首先将电解氟化实现工业化生产。

电解氟化的过程一般是将有机化合物溶于无水氟化氢中(有时加入少量支持电解质,提高导电能力),通电后阴极析氢,而有机化合物的碳-氢键则在阳极转化为碳-氟键,多重键被氟饱和,并可能发生一些降解反应。通用的电化学氟化工艺流程如图 12.13 所示。

有机氟化反应应考虑以下问题:

(1) 溶剂。常用无水氟化氢(沸点为 19.5℃),它既能溶解无机物,又可溶大多数有机物,并有良好的导电性能。在无水 HF 中的电解氟化,常形成全氟有机化合

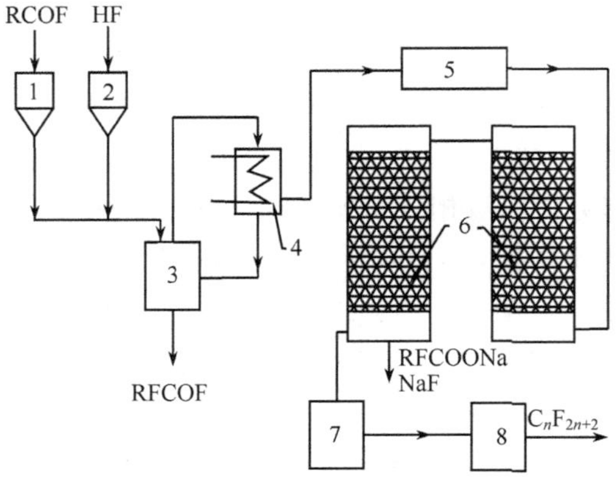

图 12.13　电化学氟化工艺流程

1,2. 供料料斗；3. 电解槽；4. 回流冷却器；5. HF 吸收塔；
6. 碱性洗涤塔；7. 压缩机；8. 冷凝器

物。近年来也使用有机溶剂，如乙腈、砜等进行电解氟化，得到的是部分氟化物，电解液中常加入支持电解质，如四乙基氟化铵、四烷基四氟硼酸铵等。

(2) 电极材料。电解氟化时，阳极材料易损耗。常用的阳极材料有镍、镍铁合金、铂和多孔碳等，这些阳极材料耐蚀性较好，反应收率较高。

(3) 电流密度。应悉心选择，既使反应物氟化，又不产生 F_2。在采用镍阳极和 HF 介质时，最佳电流密度约为 20～50mA · cm^{-2}，对应的槽压为 5～8V。

(4) 反应物浓度。一般以 5%～15%为宜。在此范围内若反应物浓度较高，有利于部分氟化反应；若反应物浓度较低，则有利于全氟化反应。

(5) 反应温度。一般控制在 0～20℃。

Simons 最初提出的电解氟化装置采用无隔膜电解槽，以无水液态氟化氢为溶剂，在镍阳极上发生有机物的氟化。为提高导电性，可在电解液中加入 NaF 和 KF，电解温度低于 20℃，电流密度为 10～20mA · cm^{-2}。

1951 年美国 3M 公司首先投产的电解氟化装置，采用了 10kA 的电解槽，每天可生产 115kg 碳氟化合物，电解槽为高 180cm、直径 120cm 的钢槽，交错排放着镍阳极和铁阴极，合成产物包括从最简单的碳氟化物(CF_4)到较大分子量的全氟叔胺和有机酸等多种有机氟化物。

菲利蒲石油公司对 3M 公司的电解氟化系统进行了改进，采用了多孔碳阳极，有机原料通过这些孔送入，通过调节有机原料的进料速率及阳极电流，可改变氟化程度。电解液为 KF 和 HF 混合液(摩尔比为 1 : 2)，工作温度为 60～105℃，电流密度为 6～30A · dm^{-2}，槽压为 4～12V，电流效率可达 80%～100%。

能进行电解氟化的有机化合物很多，如烃、醇、酮、醛、胺、羧酸和磺酸等。

§ 12.4.5　对氨基苯酚的电合成[2]

对氨基苯酚（PAP）是一种重要的有机合成中间体，用于合成医药、染料等精细化学品，在橡胶工业及摄影等领域也有应用。一般的化学合成方法从对硝基氯苯出发，经水解、酸化和还原等反应步骤制得对氨基苯酚。反应过程简写为

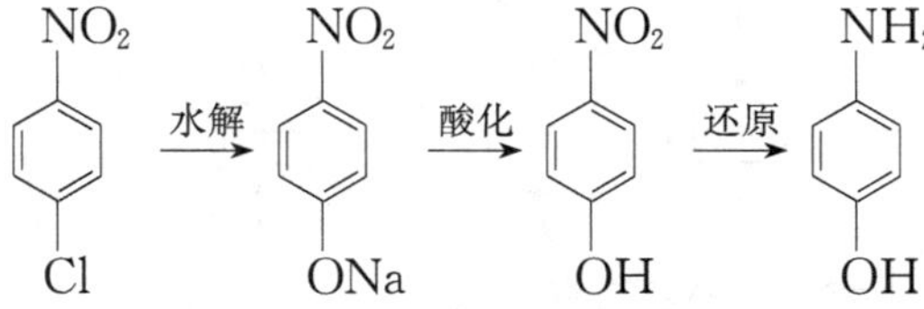

(12.15)

使用这种方法生产对氨基苯酚，流程长，成本高，环境污染严重。近年来，法国、印度、英国和美国等研究开发电解硝基苯制对氨基苯酚的新方法。我国也取得了电合成对氨基苯酚小试和工业模拟试验的成功。

1. 原理

电合成在隔膜式电解槽中进行。阴极液由硝基苯、硫酸、助剂及水组成，阳极液一般采用硫酸溶液。硝基苯在阴极上直接电还原成产物对氨基苯酚，阳极上发生的是水的电解。反应式为

阴极反应

$$C_6H_5NO_2 + 4H^+ + 4e \longrightarrow HOC_6H_4NH_2 + H_2O \qquad (12.16)$$

阳极反应

$$2H_2O \longrightarrow 4H^+ + O_2 + 4e \qquad (12.17)$$

电解反应

$$C_6H_5NO_2 + 2H_2O \longrightarrow HOC_6H_4NH_2 + O_2 \qquad (12.18)$$

经过研究，硝基苯在阴极上电还原的机理为

$$C_6H_5NO_2 \xrightarrow{2H^+ + 2e} C_6H_5NO \xrightarrow{2H^+ + 2e} C_6H_5NHOH \begin{cases} \xrightarrow{H^+} HOC_6H_4NH_2 \\ \xrightarrow{2H^+ + 2e} C_6H_5NH_2 \end{cases} \qquad (12.19)$$

因此，用电合成方法生产对氨基苯酚不但一步可以完成，而且副产品苯胺也是十分有用的化工产品。

2. 工艺流程

根据小试及工业模拟试验的结果，设计出的电合成对氨基苯酚的工艺流程框

图如图 12.14 所示。

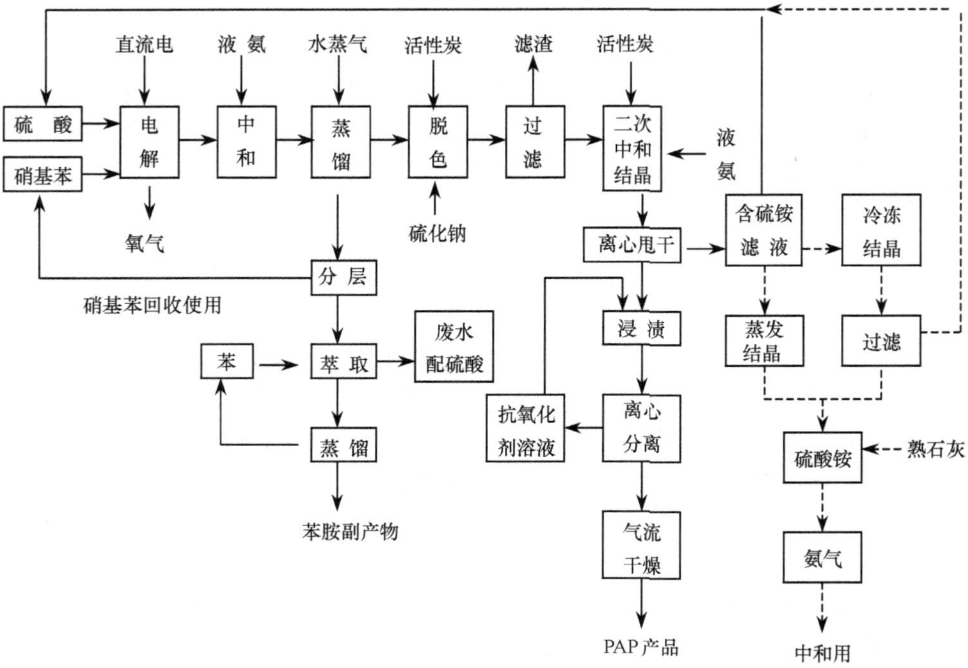

图 12.14　对氨基苯酚电合成工艺流程框图

由硝基苯、硫酸和水组成的阴极液和作为阳极液的硫酸溶液分别加在电解槽的阴极室和阳极室中。电解后，在阴极上发生电还原反应，生成产物对氨基苯酚和副产物苯胺。含有产物的阴极液从电解槽中流出后被送入蒸馏釜中进行水蒸气蒸馏，蒸出未反应完的硝基苯返回阴极室重新使用，其余部分送入中和罐中脱色。滤去吸附了杂质的脱色剂后，滤液在结晶罐中冷却结晶出对氨基苯酚。过滤，滤液作为母液返回结晶罐中重复使用；滤饼经干燥后即为产品对氨基苯酚。

电合成法使用的原料硝基苯比化学合成法使用的原料对氯硝基苯便宜，加之电合成法工艺流程短，反应条件温和，环境污染小，所以是一种竞争力很强的新方法。

§12.4.6　对苯二酚电合成

对苯二酚主要用于摄影胶片的黑白显影剂中，也可用作生产蒽醌染料、偶氮染料的原料，用来制备涂料的稳定剂和抗氧化剂等，另外还可用作阻聚剂、橡胶防老化剂、合成氨脱硫工艺辅助溶剂等。传统的制造对苯二酚工艺由苯硝化成硝基苯，硝基苯还原成苯胺，然后苯胺被氧化成对苯醌，最后对苯醌经还原成为对苯二酚。

由此 4 步组成的工艺过程长而复杂，而电解法不仅缩短了工艺而且消耗能量仅为化学法的三分之一，所以具有明显的优越性。

1. 反应原理

由苯来电解合成对苯二酚过程中成功地利用了阴、阳极反应。苯在阳极上氧化至对苯醌

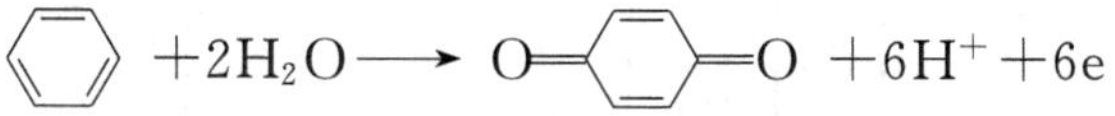

(12.20)

在阳极区获得的苯醌进入阴极区，在阴极上还原为对苯二酚

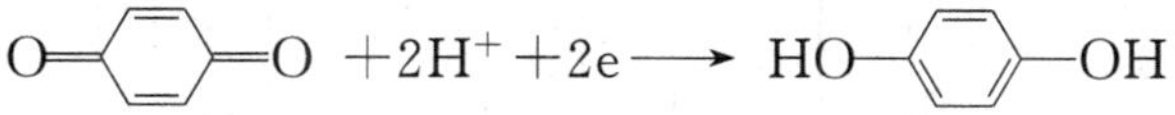

(12.21)

氧化阶段在 20%的硫酸溶液中进行。苯在硫酸溶液中的溶解度不大。因此反应要在强烈搅拌的条件下进行，以达到苯的乳化。含 1%银的铅合金作阳极。为了使苯有效地乳化，阳极液在电极间区域的流动速度应不低于 $0.08\mathrm{m \cdot s^{-1}}$，电极间空隙约为 2mm。电极高度为 1m 时，与阳极液的接触时间为 1.2s。在电流密度 $4.0\mathrm{kA \cdot m^{-2}}$ 和上述操作条件下，苯醌在阳极氧化产物中含量约为 3%。

苯醌在阴极区的还原是在铅阴极和 15%硫酸溶液中进行的。由于苯醌易溶于苯，在阳极液中几乎不转入水相，而对苯二酚却相反，易溶于水而不溶于苯，因而生产工艺流程可以大为简化。反应在装有阳离子交换膜的压滤机型电解槽中进行。

2. 工艺流程

对苯二酚的生产工艺流程如图 12.15 所示。

图中用粗线标出的阳极液回路，借助量液泵不断地将苯送入气体分离器(3)，混合物脱去电解过程析出的氧和二氧化碳。循环阳极液是 20%硫酸和苯的比例为 2∶1 的混合物。部分阳极液不断地送入分离器(4)，在其中含醌的苯进行澄清并分离，然后送入阴极回路的气体分离器(5)。在第二个分离器内，硫酸溶液除去电解泥后，返回电解。

蒸发器(6)用于保持阴极回路的温度不超过 40℃。蒸发器内借助真空泵(7)维持较小真空度。部分苯被蒸发，使阴极液冷却至所需温度。阴极液由 15%硫酸和苯的比例为 8∶1 的混合物组成。随着反应的进行，部分阴极液进入弗洛连斯容器(11)，使含对苯二酚的酸溶液分离。此溶液进入真空结晶器(13)，析出的对苯二酚结晶在压滤器(16)中加以分离，在塔(17)中用苯洗涤。对苯二酚在离心机上脱去剩余水分，然后经干燥室(23)干燥产品送去分装。

电化学法可以制得非常纯净的对苯二酚。按参与反应的苯计，总产率达

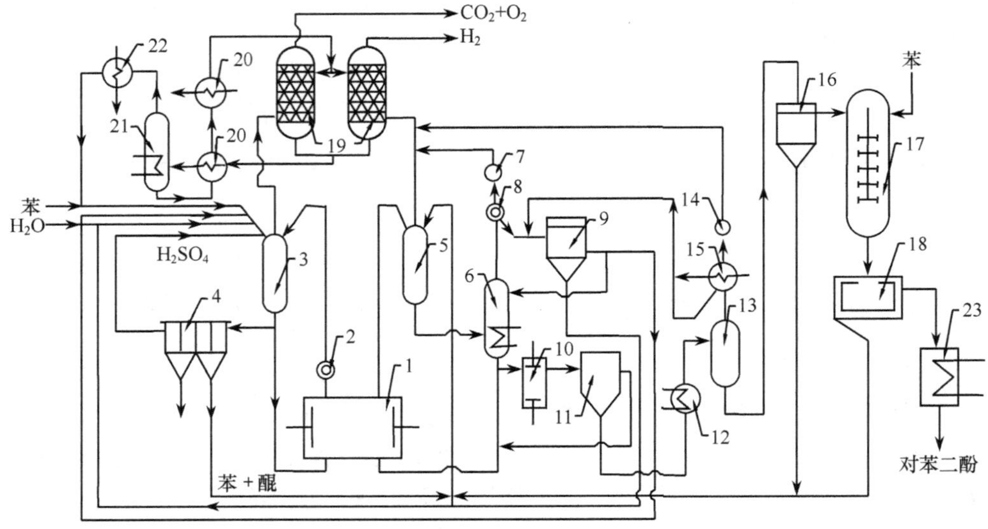

图 12.15 对苯二酚电合成工艺流程

1. 电解槽；2,8. 观察孔；3,5. 气体分离器；4. 分离器；6. 蒸发器；7,14. 真空泵；9. 过滤器；10. 凝聚器；11. 弗洛连斯容器；12,15,20,22. 冷却器；13. 真空结晶器；16. 压滤器；17. 洗涤塔；18. 离心分离器；19. 吸收塔；21. 苯蒸出装置；23. 干燥室

80%，直流电能消耗 15 000kWh · t^{-1}，每吨对苯二酚的主要消耗系数是 0.940t 苯和 16 500kWh 电能。

§12.4.7 丁二酸的电合成

丁二酸俗名琥珀酸，是一种重要的化工原料，广泛用于医药、农药、合成材料、感光材料、香料及食品加工等领域。有多种化学方法可制取丁二酸，如醇、醛等的氧化，顺丁烯二酸的催化加氢等。这些方法生成的副产物多，难以制得高纯度的产品，且三废污染严重。电合成法有化学法不可比拟的优点，如成本及设备投资很低，常温、常压下便可反应，容易控制副反应，能制得高纯丁二酸以及母液可以循环使用，并且三废污染低等，从而使得丁二酸的电合成工艺具有明显的优越性。

1. 原理

目前已开发出了有隔膜法、无隔膜法及成对电合成法等多种合成丁二酸的电化学技术[2,28~31]，其基本原理为：以顺丁烯二酸为原料，在阴极上进行电还原加氢反应可制得丁二酸，反应如下

阴极反应

$$\begin{array}{l}\text{CH—COOH}\\ \|\\ \text{CH—COOH}\end{array} + 2H^+ + 2e \longrightarrow \begin{array}{l}\text{CH}_2\text{—COOH}\\ |\\ \text{CH}_2\text{—COOH}\end{array} \tag{12.22}$$

阳极反应

$$H_2O \longrightarrow 2H^+ + 1/2O_2 + 2e \tag{12.23}$$

总反应

$$\begin{array}{l}\text{CH—COOH}\\ \|\\ \text{CH—COOH}\end{array} + H_2O \longrightarrow \begin{array}{l}\text{CH}_2\text{—COOH}\\ |\\ \text{CH}_2\text{—COOH}\end{array} + 1/2O_2 \tag{12.24}$$

阴极电还原加氢反应中所需的 H^+ 正好由阳极上水的电氧化反应所提供，所以电能利用率较高。

2. 工艺流程

由于目前离子交换膜，尤其是国产膜的性能尚难以完全满足有机电合成的需要，其性价比较低，因此采用无隔膜电合成技术具有一定的优越性。丁二酸无隔膜电合成的工艺流程如图 12.16 所示。

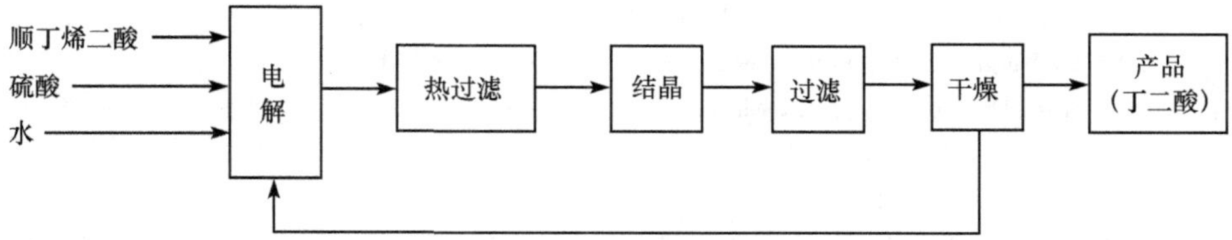

图 12.16　丁二酸电合成工艺流程框图

丁二酸的无隔膜电合成以铅基二氧化铅为阳极，不锈钢为阴极，以 $1mol \cdot L^{-1}$ 的硫酸为支持电解质，顺丁烯二酸的浓度为 $1.5mol \cdot L^{-1}$，在 60～70℃的温度下进行电解；流出电解槽的电解液冷却到室温后即可析出丁二酸晶体，再经过滤、干燥得到产品。丁二酸的收率＞80％，总电流效率＞70％。

参 考 文 献

[1]　陈延禧. 电解工程. 天津:天津科学技术出版社，1993

[2]　王光信，张积树. 有机电合成导论. 北京：化学工业出版社，1997

[3]　Baizer M M，Lund H. Organic Electrochemistry. Marcel Dekker，Inc.，1983

[4]　陈敏元等. 有机电化学及其应用. 邯郸市化工自动化应用技术研究所，1989

[5]　Danly D E，Mcwhorter R W. Br. Pat. 1196631；CA:71,871883，1969

[6]　Keating K B，Sutlic V D. AIChE Symp. Series，**185**(**75**)，76，1979

[7]　Holmes A M，Cardiner W C. USP 3055821，1962

[8] Kryshchenko K I, Fioshin M Y, Bakhchisarayts′yan N G, et al. Sov. Chem. Ind., (**7**), 12, 1969; CA:71,101253, 1969
[9] J, A M Duc, L., USP 3342717. 1967; CA:67,7528v. 1967
[10] Braithwaite D G. USP 3391067. 1968
[11] Braithwaite D G, Amico J S, Gross P L, et al. USP 3141841. 1964
[12] Backhurst J R, Coulson J M, Goodridge F. et al. J. Electrochem. Soc., **116**(**11**), 1600, 1969
Fleischmann M, Oldfield J W. J. Electroanal. Chem., **29**, 211~231, 1971
Fleischmann M, Oldfield J W, Porter D F. ibid., **29**, 241,1971
Backhurst J R, Fleischmann M, Goodridge F, et al. Br. Pat. 1194181. 1970
[13] Beck F, Guthke H. Chem-Ing-Tech., **41**, 943, 1969
[14] Wenisch F, Noke H, Hannebaum H, et al. AIChE Symp. Series, **75**(**185**), 14, 1979
[15] Weinberg N L, Tilak B V. Techniques of Chemistry. John Wiley & Sons, Inc.,1982
[16] Ganesan S, Udupa K S, Subramanian G S, et al. Chem. Age India, **13**, 346,1964
[17] 马淳安. ZL93119242.0. 1993
[18] 马淳安. ZL9324517.8. 1993
[19] Robertson P M, Schwager F, Ibl N. J. Electroanal. Chem, **65**, 883, 1975
[20] Robertson P M, Cetlon P, Matic D, et al. AIChE Symp. Series, **75**(**185**), 115, 1979
[21] 陈松茂. 有机化工产品电解合成. 上海:上海科学技术出版社, 1994
[22] Seko M. Chem. Econ. Eng. Rev., **7**(**10**), 20, 1975; CA:84,60033. 1976
[23] Goff P L, Vergnes P, Coeuret F, et al. Ind. Eng. Chem., **61**(**10**), 8,1969
[24] Despic A R. Electrochem. Soc., Meet., Chicago, 1973
[25] Ibl N. Chem-Ing.-Tech., **43**, 202, 1979
[26] Kuhn A. Chem. Ind., **13**, 447, 1978
[27] 库特利雅夫采夫 H T 等著, 陈国亮, 柴华丽, 祝大昌等译. 应用电化学, 上海:复旦大学出版社, 1992
[28] 张宏坤, 顾登平. 电化学, **5**(**3**), 304, 1999
[29] 张宏坤, 王瑞芝, 李珊等. 河北师范大学学报(自然科学版), **22**(**4**), 508, 1998
[30] 张宏坤, 张雪英, 顾登平. 精细化工, **14**(**5**), 56, 1997
[31] 浙江工业大学化工系. 丁二酸无隔膜电解生产技术可行性报告, 1994

主要参考书

电化学基础和技术部分

查全性等. 1987. 电极过程动力学导论. 第二版. 北京:科学出版社
田昭武. 1984. 电化学研究方法. 北京:科学出版社
张祖训,汪尔康. 2000. 电化学原理和方法. 北京:科学出版社
吴浩青,李永舫. 1998. 电化学动力学. 北京:高等教育出版社,施普林格出版社(德国)
杨文治. 1985. 电化学基础. 北京:北京大学出版社
李荻等. 1999. 电化学原理. 北京:北京航天航空大学出版社
郭鹤桐,覃奇贤. 2000. 电化学教程. 天津:天津大学出版社
陈延禧. 1993. 电解工程. 天津:天津科学技术出版社
Anson F 著,黄慰曾等编译. 1983. 电化学和电化学分析. 北京:北京大学出版社
巴德 A J,福克纳 L R 著,谷林锳等译. 1986. 电化学方法原理及应用. 北京:化学工业出版社
周仲柏,陈永言. 1989. 电极过程动力学基础教程. 武汉:武汉大学出版社
日根文男著,安家驹,陈之川译. 1985. 电解槽工学. 北京:化学工业出版社
藤嶋昭等著,陈震,姚建年译. 1995. 电化学测定方法. 北京:北京大学出版社
周伟舫等. 1985. 电化学测量. 上海:上海科学技术出版社
刘业翔. 1996. 功能电极材料及其应用. 长沙:中南工业大学出版社
王振 . 1986. 离子交换膜——制备、性能及应用. 北京:化学工业出版社
Greef R, Peat R, Peter L M, et al. 1985. Instrumental Methods in Electrochemistry. Ellis Horwood Limited
Atkins P W, Holker J S E, Holliday A K. 1975. Electrode Kinetics. Oxford University Press

有机电化学合成部分

Baizer M M, Lund H. 1983. Organic Electrochemistry—An Introduction and a Guide. Marcel Dekker, Inc.
Fry A J. 1989. Synthetic Organic Electrochemistry. John Wiley & Sons, Inc.
Fry A J, Britton W E. 1986. Topics in Organic Electrochemistry. Plenum Press
Kunihisa Yoshda. 1984. Electrooxidation in Organic chemistry. John Wiley & Sons, Inc.
Weinberg N L, Tilak B V. 1982. Technigue of Electroorganic Synthesis. John Wiley & Sons, Inc.
王光信,张积树. 1997. 有机电合成导论. 北京:化学工业出版社
王志忠,刘旭光. 1994. 应用有机电化学. 北京:化学工业出版社
松田好晴 著,陈敏元译. 1989. 有机电解合成基础. 昆明:云南科学技术出版社
Allen M J 著,章学清,丁大纲译. 1965. 有机电极过程. 北京:中国工业出版社
江琳才. 1993. 电合成. 北京:高等教育出版社